W0260456

FLAMMENPHOTOMETRIE

ZWEITE, NEUBEARBEITETE AUFLAGE

VON

DR. RER. NAT. R. HERRMANN

PRIVATDOZENT, LEHRBEAUFTRAGTER
FÜR SPEKTROSKOPISCHE VERFAHREN IN DER CHEMIE
GIESSEN

UND

DR. C. TH. J. ALKEMADE

O. PROFESSOR FÜR EXPERIMENTALPHYSIK
AM PHYSIKALISCHEN INSTITUT DER UNIVERSITÄT UTRECHT

MIT 61 TEXTABBILDUNGEN UND 74 REGISTRIERKURVEN

SPRINGER-VERLAG BERLIN HEIDELBERG GMBH
1960

URSPRÜNGLICH ERSCHIENEN BEI SPRINGER-VERLAG OHG. BERLIN · GÖTTINGEN · HEIDELBERG 1960

ISBN 978-3-662-11750-7 ISBN 978-3-662-11749-1 (eBook)
DOI 10.1007/978-3-662-11749-1

Additional material to this book can be downloaded from http://extras.springer.com

BRÜHLSCHE UNIVERSITÄTSDRUCKEREI GIESSEN

Aus dem Vorwort der ersten Auflage

Die Verbesserung der spektrochemischen Analysen mit Hilfe der Flammenanregung ging dank der methodischen Fortschritte und der zunehmenden Leistungsfähigkeit der Apparaturen in den letzten 10 Jahren außerordentlich stürmisch voran. Die Literatur darüber ist in den Fachzeitschriften sehr vieler Disziplinen verstreut, so daß es schwer ist, sich über das Gesamtgebiet einen Überblick zu verschaffen. In der vorliegenden Monographie wollen wir versuchen, einen solchen Überblick zu geben. Wir hoffen damit, die mitunter fehlende Verbindung zwischen den einzelnen Fachrichtungen auf diesem Gebiet wieder herzustellen.

Unser Bestreben ging dahin, die Dinge, die für den praktischen Analytiker von Bedeutung sind, wie Apparatekunde, Meßtechnik, Besprechung der Vor- und Nachteile der einzelnen Methoden und ihre Grenzen u. ä., in den Vordergrund zu stellen, während die Theorie der Anregung der Atome und Moleküle in der Flamme, die historische Entwicklung u. ä. demgegenüber nur kurz behandelt werden konnten. Einen verhältnismäßig großen Raum nehmen die „Fehlerquellen und ihre Beseitigung" ein, da die Beherrschung der Fehlerquellen unseres Erachtens eine notwendige Voraussetzung für ein erfolgreiches Arbeiten ist.

Bei der Darstellung der Apparate und der Meßtechnik haben wir einige Firmenerzeugnisse als Beispiel herangezogen. Irgendein Werturteil ist damit nicht verbunden. Weiterhin wurden auch Verfahren für spezielle Anwendungen mit aufgenommen, selbst wenn die dafür erforderlichen Apparaturen zur Zeit nicht im Handel sind. Vielleicht können solche Ausführungen einzelnen Bearbeitern ein Anreiz sein, noch leistungsfähigere Methoden und Apparate für ihre Aufgaben zu entwickeln. Aus diesem Grunde haben wir auch an manchen Stellen die prinzipiellen Grenzen ausführlicher dargestellt, die jeder Methode gesetzt sind und die man, zumindest mit den zur Zeit zur Verfügung stehenden Mitteln, nicht überschreiten kann.

Um den Umfang dieses Buches in erträglichen Grenzen zu halten, konnten wir in den „Anwendungen" unmöglich alle inzwischen ausgearbeiteten Analysenverfahren erwähnen. Es sind nämlich schon über 700 Analysenmaterialien verschiedenster Art und Herkunft mit Flammen untersucht worden. Für viele dieser Materialien gibt es bereits eine ganze Reihe von Analysenmethoden. Wir haben daher nur ein kurzes Referat über die jeweiligen Anwendungen gebracht und verweisen im übrigen auf das umfangreiche Literaturverzeichnis am Schluß.

Gießen, im Januar 1956 R. Herrmann

Vorwort zur zweiten Auflage

Die günstige Aufnahme, die die verhältnismäßig schnell vergriffene 1. Auflage der „Flammenphotometrie" im In- und Ausland erfuhr, veranlaßt uns, an der Ausrichtung des Buches auch in der 2. Auflage festzuhalten. Seitdem sind aber sehr viele neue Publikationen über die Grundlagen und Anwendungen der Flammenphotometrie erschienen. Dadurch hat sich unser Wissen auf diesem Gebiet inzwischen erheblich vertieft. Das machte eine völlige Überarbeitung und eine Erweiterung notwendig. Insbesondere ist hervorzuheben, daß die anfangs oft empirisch ausgeübte Flammenphotometrie durch zahlreiche physikalisch-chemische Grundlagenforschungen z. B. über Mechanismen bei Emissionsbeeinflussungen durch Störpartner in der Flamme u. ä. zu einer wohlfundierten „Wissenschaft" emporgewachsen ist. Es ist das Anliegen dieser neuen Auflage, diese Grundlagenforschung mit ihren zahlreichen Beziehungen zur Praxis der Flammenphotometrie in gebührendem Maße zu berücksichtigen. Daneben waren zahlreiche Fortschritte auf apparativem und methodischem Gebiet einzuarbeiten, die in über 2500 Einzelpublikationen in den verschiedensten Zeitschriften des In- und Auslandes niedergelegt sind. Diese eben geschilderte Aufgabe überschreitet die Leistungsfähigkeit eines einzelnen. Der Verfasser der 1. Auflage (H.) ist daher dankbar, daß er Herrn Professor Dr. Alkemade in Utrecht als Mitarbeiter gewinnen konnte.

Einige Kapitel wurden stark gekürzt. Trotzdem ließ sich eine Erweiterung des Gesamtumfanges nicht vermeiden. Um den Umfang des Buches in erträglichen Grenzen zu halten, mußten wir uns auch bei den Anwendungen wieder, wie in der 1. Auflage, auf die Hauptsachen beschränken. Wir ließen uns dabei von verschiedenen Gesichtspunkten leiten, die in der Einleitung zu den Anwendungen niedergelegt sind. Die Zahl der Abbildungen im Text wurde reduziert, um dafür Raum für die 74 neu aufgenommenen Registrierkurven von Flammenspektren im Anhang zu gewinnen. Für einen großen Teil der Abbildungen, die beibehalten wurden, sind neue Vorlagen beschafft worden. Es war nicht möglich, die mehr als 2500 Titel der bei uns verzeichneten flammenphotometrischen Publikationen in das Literaturverzeichnis der 2. Auflage aufzunehmen. Wir mußten uns auf etwa $^1/_3$ aller uns bekannten Publikationen beschränken, wobei die getroffene Auswahl kein Werturteil darstellen soll. Wir haben vorzugsweise die neueren Arbeiten (bis Herbst 1959) — in eingeschobenen Nachträgen zum Teil bis Frühjahr 1960 — in den am weitesten verbreiteten Zeitschriften, und zwar davon nur die in den vier Hauptsprachen: Englisch, Deutsch, Französisch und Russisch verfaßten, aufgenommen. Arbeiten mit vielen Literaturzitaten sind mit einem Stern versehen und können dem Leser als weitere Literaturquelle, insbesondere für die älteren Arbeiten dienen.

Da die Bedeutung der registrierenden Methoden ständig zunimmt, wurden die Photographien von Flammenspektren der 1. Auflage durch die genannten 74 Registrierkurven von Flammenspektren ersetzt.

Beide Autoren haben vielen in- und ausländischen Kollegen und Firmen für zahlreiche Verbesserungsvorschläge und Korrekturhinweise, für die Überlassung von Sonderdrucken, Abbildungen usw. zu danken. Unter diesen Kollegen möchten wir insbesondere Herrn PAUL T. GILBERT, B. S., M. A. in Firma Beckman Instruments, Fullerton, California, hervorheben, der beim Übersetzen der 1. deutschen Auflage in die englische Sprache auf manche Unklarheiten und Fehler hinwies, deren Korrekturen in der 2., hier vorliegenden Auflage berücksichtigt werden konnten. Auch sei auf seine Verdienste um die Erweiterung des Kapitels 81, der Tabelle in Kapitel 90 sowie die auf ihn zurückgehende Zusammenstellung von Registrierkurven und das Wellenlängenverzeichnis im Anhang hingewiesen. Frau Dr. FR. PRUCKNER, München, und Herr Ing. KAMIL MARCINKA, Bratislava, haben uns beim Heraussuchen von Publikationen mit flammenphotometrischem Inhalt, Frau M. HERRMANN und Fräulein R. EUSSNER, Gießen, bei der Einarbeitung der Literatur und der Überarbeitung der Verzeichnisse von Flammenlinien vorzügliche Hilfe geleistet.

Für zahlreiche Korrekturhinweise und wertvolle Verbesserungsvorschläge sind wir Frau Dr. L. SIMON und Herrn W. LANG, Gießen, zu Dank verpflichtet.

Der Springer-Verlag hat in Zusammenarbeit mit verschiedenen Druckereien dazu beigetragen, daß die nicht unerheblichen drucktechnischen und buchbinderischen Schwierigkeiten zur Wiedergabe der herausklappbaren 26 Tafeln mit den 74 Darstellungen von Flammenspektren überwunden wurden. Ihm und den beteiligten Druckereien gilt unserer besonderer Dank dafür.

Gießen und Utrecht, Frühjahr 1960

R. HERRMANN C. Th. J. ALKEMADE

Inhaltsverzeichnis

Einleitung

1. Prinzip der Methode und Begriffsbestimmung

Bringt man in eine Bunsenflamme gewisse Metallsalze, z. B. Kochsalz, so verursacht die verdampfende Substanz in der Flamme ein deutliches, im gewählten Beispiel intensiv gelbes Leuchten. Andere Salze geben der Flamme andere Farben, z. B. färben die Salze von Strontium und Lithium die Flamme karminrot, von Calcium ziegelrot, von Barium gelbgrün, von Kupfer smaragdgrün, von Kalium blauviolett, von Arsen, Antimon und Blei fahlblau bis fahlgrün usw. Diese Flammenfarben sind charakteristisch für gewisse Kationen, mitunter auch für gewisse Verbindungen wie CuOH. Man verwendet diese Leuchterscheinungen daher oft als Hilfsmittel bei qualitativen chemischen Analysen. Beim gleichzeitigen Einbringen von mehreren Metallsalzen versagen allerdings diese einfachen Methoden, weil das Auge das Gemisch mehrerer Farben nicht trennen kann. Mitunter liegen auch die charakteristischen „Farben" in einem Spektralbereich, in dem das Auge nicht mehr empfindlich ist.

Betrachtet man nun das von einer mehrfach gefärbten Flamme ausgehende Mischlicht im Spektroskop, so sieht man ganz bestimmte, für die einzelnen Elemente bzw. Verbindungen charakteristische Spektrallinien bzw. Banden (Anhäufung von Linien s. unten). Anhand von Spektrallinientafeln oder Tabellen kann man einige qualitative Aussagen über die Zusammensetzung der in die Flamme hineingebrachten Stoffe machen. Über diese genügend bekannten qualitativen Verfahren soll hier nicht weiter gesprochen werden.

Sorgt man nun durch geeignete Maßnahmen dafür, daß die Flamme über längere Zeit konstant brennt, und daß die Substanzzufuhr zur Flamme ebenfalls konstant bleibt, so ist die Intensität dieser beobachteten Spektrallinien bzw. Banden, der zum Leuchten gebrachten Elemente ein Maß für deren Konzentration. Eine Eichung ist mit Substanzen gleicher Zusammensetzung, aber bekannter Konzentration möglich. Aus der anfangs erwähnten qualitativen Methode ist nunmehr eine quantitative Relativmethode geworden.

Je nachdem, wie man die Spektrallinien bzw. Banden voneinander trennt und deren Intensitäten mißt, spricht man von Flammenphotometrie (Kap. 39—58), Flammenspektrophotometrie (Kap. 59—69) und Flammenspektrographie (Kap. 70—75). Wir wollen diese Methoden unter dem Oberbegriff „Flammenmethoden" zusammenfassen. Darunter verstehen wir also nicht Beobachtungen an reinen Flammen mit dem Ziel, die komplizierten Vorgänge in der Flamme selbst aufzuklären. Es sollen hier vielmehr quantitative Untersuchungen der Flammenausstrahlung zur Konzentrationsbestimmung der in die Flamme hineingebrachten Substanzen als Flammenmethoden bezeichnet werden.

Die für die Messung dieser spektralen Intensitäten erforderlichen Apparaturen — Filterphotometer, Spektrophotometer und Spektrographen — wollen wir unter dem Oberbegriff „Flammenphotometer" zusammenfassen.

Bevor wir auf die historische Entwicklung der Flammenphotometrie in Kap. 4 eingehen, wollen wir zunächst in den zwei folgenden Abschnitten behandeln, wie sie sich von den benachbarten Gebieten ,,Analytische Chemie" und ,,Spektralanalyse mit Bogen oder Funken" unterscheidet.

2. Vergleich mit chemischen Analysen

Chemische Analysen werden als Normal- und Eichverfahren immer ihre Berechtigung behalten. Sie sind im übrigen immer anwendbar, während Flammenmethoden nur bei gewissen, in der Flamme direkt oder indirekt nachweisbaren Elementen bzw. Verbindungen durchzuführen sind. Die Flammenmethoden bieten gegenüber den chemischen Bestimmungsmethoden in einigen Fällen erhebliche Vorteile. Auf der anderen Seite stehen dem auch einige Nachteile gegenüber.

Die Hauptvorteile der Flammenmethoden sind folgende:

1. Man kann in einer einzigen Lösung die Konzentrationen der meisten Metalle bestimmen, ohne chemische Trennverfahren anwenden zu müssen. Die Bindungen dieser Metalle an Säurereste usw. spielen nur eine untergeordnete Rolle. Die beobachteten Linien und auch viele Banden (s. unten) sind spezifisch für diese Elemente (bzw. ihre Verbindungen in der Flamme).

2. Der Zeitbedarf für viele gleichartige Flammenanalysen ist viel geringer als der bei chemischen Analysen. Man wird sie daher gern zu routinemäßigen Serienbestimmungen an gleichartigen Analysenmaterialien heranziehen. Der Zeitgewinn ist um so deutlicher, je zeitraubender und umständlicher die entsprechende chemische Bestimmung ist. Dieser Vorteil tritt gerade bei der Bestimmung der flammenphotometrisch leicht nachweisbaren Alkalien in Erscheinung, da der quantitative chemische Nachweis, z. B. von Kalium als Kaliumperchlorat, sehr umständlich ist.

3. Der Substanzbedarf ist oft geringer als der für chemische Mikro- oder Ultramikrobestimmungen. Man wird diesen Vorteil bei speziellen Anwendungen wie Biologie, Medizin, Kriminalistik usw. ausnutzen.

4. Im allgemeinen gute, z. T. sogar bessere Genauigkeit als die von chemischen Verfahren, insbesondere beim Vorliegen von geringen Konzentrationen. Die Genauigkeit bleibt auch beim Übergehen zu relativ niedrigen Konzentrationen, von Messungen in der Nähe der unteren Nachweisbarkeitsgrenze (Kap. 90) abgesehen, erhalten. Flammenmethoden eignen sich daher besonders für die Untersuchung von Verunreinigungen, von Spurenelementen usw. in einer größeren Menge eines anderen Stoffes.

5. Die Analysen können, abgesehen von der einmaligen Einrichtung der Methode, von angelernten Kräften durchgeführt werden.

6. Im allgemeinen geringer Arbeitsaufwand für die Vorbereitung der Proben.

7. Spezielle Vorteile bei der Bestimmung einiger Elemente, z. B. stört bei einigen chemischen Kaliumanalysen die NH_3-Bildung bei leicht zersetzlichen organischen Substanzen.

Die Nachteile der Flammenmethoden im Vergleich zu den chemischen Verfahren sind folgende:

1. Es handelt sich wie bei allen spektrochemischen Methoden um Relativmessungen. Man ist auf den Vergleich mit Eichsubstanzen angewiesen.

2. Relativ großer apparativer Aufwand im Vergleich zu dem einer chemischen Bestimmung.

3. Großer Arbeitsaufwand für das einmalige Einrichten einer Methode für einen bestimmten Anwendungsfall (Herstellung von Eichlösungen, Eichkurven usw.). Er lohnt sich im allgemeinen nur dann, wenn anschließend viele gleichartige Analysen durchgeführt werden, oder wenn die entsprechende chemische Bestimmungsmethode sehr langwierig ist.

4. Es können nur etwa 60 Elemente bestimmt werden, vorausgesetzt, daß die Konzentrationen ausreichen (Kap. 90). Jedoch erfährt man im allgemeinen nichts über die nicht in der Flamme anregbaren Elemente und Radikale und kaum etwas über die Bindung, z. B. an die Säurereste (Ausnahmen Kap. 87).

5. Störungen durch Lösungspartner erschweren die Arbeitsweise (Kap. 11 und 96—100). Solche Störungen sind im übrigen noch von den apparativen Bedingungen wie Flammentemperatur, Art der Zerstäubung usw. abhängig. In schwierigen Fällen können Flammenmethoden zu erheblichen Fehlern führen, insbesondere dann, wenn unzweckmäßige Methoden und Apparate angewandt werden. Allerdings ist das Beheben solcher Störungen meist weniger schwierig und insbesondere weniger zeitraubend als das Beheben von Störungen, die bei der Durchführung eines chemischen Analysenganges auftreten können. — Jedes neue Analysenmaterial erfordert im allgemeinen das Ausarbeiten einer neuen flammenphotometrischen Arbeitsvorschrift. Die Übernahme solcher Vorschriften aus der Literatur ist nur bedingt möglich.

Die Flammenmethoden können also die chemischen Methoden nur z. T. ersetzen. In einigen Fällen allerdings bieten sie erhebliche Vorteile, so daß sie als willkommene Ergänzung der chemischen Methoden verwandt werden.

Vor der Inangriffnahme einer flammenanalytischen Methode wird man sich fragen müssen, ob nicht andere Analysenverfahren besser oder schneller zum Ziel führen. Die erstmalige Anschaffung der für die Durchführung solcher Analysen benötigten Apparatur wird nur dann gerechtfertigt sein, wenn die Vorteile dieses Analysenverfahrens voll zur Geltung kommen. Hat man aber einmal eine solche Einrichtung und ist mit der Methode vertraut, dann wird man sie auch in anderen Fällen gern einsetzen, wo die Vorteile nicht so deutlich hervortreten.

3. Vergleich mit anderen emissionsspektralanalytischen Verfahren

Innerhalb der Emissionsspektralanalyse unterteilt man nach der Art der Anregungsquellen, z. B. in Emissionsanalyse mit dem Bogen, in Emissionsanalyse mit dem Funken und in Emissionsanalyse mit der Flamme. Viele Gesichtspunkte, die für die Spektralanalyse mit Funken und Bogen gelten, sind auch bei Flammenmethoden richtig.

Ein Vergleich der in diesem Buch dargestellten Flammenmethoden mit den übrigen Methoden (meist Funken oder Bogen) ist schwer. Einmal werden mit diesen Anregungsverfahren verschiedenartige analytische Aufgaben angegangen bzw. ganz verschiedene Analysenmaterialien untersucht. Zum anderen sind auch die übrigen nicht mit der eigentlichen Anregung zusammenhängenden Meßmethoden (lichtelektrische Integration usw.) bei den einzelnen Anregungsverfahren oft grundverschieden. — Wir wollen trotzdem, um die Unterschiede zu veranschaulichen, einen solchen Vergleich durchführen und dabei die in der

Praxis allerdings kaum gegebene Voraussetzung machen, daß in allen Fällen direkt, d.h. ohne Anwendung einer Leitlinie (Kap. 51) und ohne Anwendung von Integrationsverfahren (Kap. 47) gemessen wird. Weiterhin sei vorausgesetzt, daß, wie meist üblich, das flüssige Analysenmaterial in die Flamme hineinzerstäubt wird, während beim Bogen und Funken das feste oder gepulverte Material durch die Wärmeeinwirkung des Bogens bzw. Funkens in das jeweilige Anregungsgebiet hinein verdampft. — Unter diesen Voraussetzungen kann man folgende Vorteile der Flammenmethoden herausstellen:

1. Im allgemeinen größere Genauigkeit, weil das Zerstäuben in eine Flamme eine reproduzierbare Art der Einbringung von Analysensubstanzen in das Anregungsgebiet darstellt. Die Flamme selbst läßt sich mühelos über Stunden konstant halten. Es entfallen Fehler durch verschiedene Schmelz- und Siedepunkte des Elektrodenmaterials, durch den Abbrand usw.

2. Häufig größere Bestimmungsgeschwindigkeiten, weil Vorfunkzeiten und ähnliches entfallen.

3. Meist bessere Nachweisempfindlichkeiten für die Alkalien und mitunter auch noch für die Erdalkalien, weil im Gegensatz zum Bogen oder Funken die Alkaliatome in der Flamme nur in beschränktem Maße ionisiert sind. Das führt in der Flamme zu einem überaus starken Leuchten der Grundlinien und einer vernachlässigbaren Emission des Ionenspektrums. Es sei bemerkt, daß das einfach ionisierte Alkaliatom und das zweifach ionisierte Erdalkaliatom in der Flamme praktisch kein Licht emittieren.

4. Flammenspektren sind verhältnismäßig linienarm. Dadurch ist die spektrale Trennung und Identifizierung einzelner Elemente selbst beim Vorhandensein vieler anderer Elemente verhältnismäßig leicht.

5. Wesentlich geringerer apparativer Aufwand und damit weniger Platzbedarf im Vergleich zur Ausrüstung eines spektrochemischen Laboratoriums (unter Anwendung von Bogen- bzw. Funkenanregung). Wegen der Linienarmut von Flammenspektren kommt man mit kleinen Apparaten, oft schon mit Filtergeräten aus.

6. Die Abhängigkeit der Emissionen von anderen Partnern der Analysensubstanz ist bei der Flammenanregung in vielen Fällen geringer als bei den anderen Anregungsquellen mit höheren Temperaturen.

7. Die Analysenmethoden lassen sich mit geringeren Vorkenntnissen einrichten und durchführen.

8. Da im Gegensatz zu den häufigsten Anwendungen der Spektralanalyse (mit Bogen und Funken) hier meist mit Flüssigkeiten gearbeitet wird, ist das Herstellen von Vergleichslösungen leichter als beispielsweise das Herstellen von Vergleichslegierungen.

Vermerkt sei, daß dieser Vergleich insofern ein schiefes Bild gibt, als man bei der Anregung mit Bogen und Funken fast ausschließlich mit der Leitlinienmethode und Integrationsverfahren bzw. mit der photographischen Platte (Spektrographie) arbeitet. Bei Flammenmethoden ist das prinzipiell auch möglich (Kap. 47, 51 und 70—75), jedoch hat man das kaum nötig, weil die Reproduzierbarkeit der Intensitäten in einer Flamme ohne Anwendung dieser Kunstgriffe für viele Anwendungsfälle schon ausreicht.

Nachteile der Flammenanalysen im Vergleich zu den übrigen spektrochemischen Verfahren:

1. Es lassen sich in den meist üblichen Flammen weniger Elemente direkt nachweisen. Verwendet man hingegen die Dicyanflamme, erhält man Verhältnisse, die denjenigen des Bogens sehr nahe kommen.

2. Die in den üblichen Flammen schwerer anregbaren Elemente müssen in höheren Konzentrationen vorliegen.

3. Feste Substanzen müssen zweckmäßigerweise erst in Lösung gebracht werden (Ausnahme Kap. 21).

4. Es entstehen anstelle von scharfen Linien oft Banden von Verbindungen wie CaO, CaOH[1], CuOH und ähnliche (Kap. 8 und 81). Durch die Ausgedehntheit dieser Banden wird die spektrale Trennung von z. B. der gelben Na-Linie und den Ca-Banden oft erschwert. Dadurch entstehen sog. Blindwertstörungen, die die Genauigkeit und Empfindlichkeit der Analyse verschlechtern (Kap. 11 und 94—95).

Man wird also je nach der Art des Analysenmaterials (fest oder flüssig, metallisch oder nichtmetallisch usw.) und je nach den zu bestimmenden Elementen und deren Konzentrationen und je nach den begleitenden Elementen und deren Störmöglichkeiten der einen oder anderen Art der Anregung den Vorzug geben. Liegt das zu bestimmende Material in fester, metallischer, elektrisch leitender Form vor, wird man im allgemeinen lieber mit dem Funken (oder Bogen) arbeiten, weil man diese Materialien dann direkt als Elektroden benutzen kann, vorausgesetzt, daß dafür genügend Material zur Verfügung steht. Auf der anderen Seite geben nichtmetallische, feste Proben bei Anwendung des Funkens (oder Bogens) aus den oben genannten Gründen weniger gut reproduzierbare Analysenergebnisse. Man wird in solchen Fällen, sofern nur irgend möglich, die flammenphotometrische Methode bevorzugen. Beim Vorliegen von flüssigen Proben ist die Flammenphotometrie im allgemeinen die Methode der Wahl.

Ähnliche Gegenüberstellungen, wie hier zwischen den Vor- und Nachteilen der Flammenmethode und denen der anderen emissionsspektralanalytischen Verfahren, kann man auch zwischen den Flammenmethoden und anderen physikalisch-chemischen Verfahren, wie z. B. der Spektrophotometrie (Kolorimetrie), der Polarographie usw., durchführen. Es zeigt sich dabei, daß die Flammenphotometrie mit anderen derartigen Analysenverfahren hinsichtlich Empfindlichkeit und Genauigkeit durchaus konkurrenzfähig ist [*175*].

4. Historische Entwicklung

Die ersten Anfänge der Flammenphotometrie reichen bis in die Mitte des 18. Jahrhunderts zurück (z. B. GEOFFRY, 1732; MALVILL, 1752; MARGGRAF, 1758). Die Autoren beschreiben, meist neben anderen Beobachtungen, die Färbungen von Alkohol- und Kerzenflammen durch Metallsalze und benutzen z. T. sogar die Art der Färbung zur Unterscheidung der verschiedenen Stoffe (MARGGRAF, 1758). Diese Vorläufer der qualitativen Flammenmethoden waren sich aber der Tragweite ihrer Beobachtungen nicht bewußt, und ihre am Rande vermerkten Beobachtungen wurden kaum beachtet. Mit der Verbesserung der Instrumententechnik (Prisma, Spektroskop) ergaben sich neue Beobachtungsmöglichkeiten.

[1] Bei der hohen Temperatur der Flamme tritt neben Ca, CaO auch noch CaOH (nicht $Ca(OH)_2$!) stabil auf. Wir kommen darauf im Kapitel 8 zurück.

So beschreibt z. B. Wollaston (1802) bereits die gelbe Na-Linie, hält diese aber zunächst noch für eine Eigentümlichkeit der Flamme selbst. Fraunhofer beschrieb nicht nur das Sonnenspektrum, sondern fand auch, daß die Linie D im Sonnenspektrum mit der gelben Flammenlinie identisch ist, ohne aber daraus weitere Schlüsse zu ziehen.

Eine Reihe von weiteren, auch wieder in anderem Zusammenhang durchgeführten Versuchen (z. B. Herschel, 1823) brachten noch keine völlige Klarheit in diese vielen Einzelbeobachtungen. Man muß hierbei berücksichtigen, daß die meisten der damals noch benutzten Flammen leuchtende Kerzenflammen mit niedriger Temperatur und starker Eigenstrahlung waren, was für den Nachweis von schwachen Spektrallinien keineswegs günstig war. Auch muß man bedenken, daß die Reinheit der damals erhältlichen Substanzen noch viel zu wünschen übrig ließ. Das erschwerte die Zuordnung der Spektrallinien zu bestimmten Stoffen.

Einen für seine Zeit erstaunlichen Weitblick zeigte Talbot (1826 und 1836), der in seinen Veröffentlichungen zwar sehr kurz, aber im Prinzip schon richtig die Arbeitsweise der qualitativen Flammenanalysen herausstellte. Auch seine Arbeit blieb ohne nachhaltigen Eindruck.

Erst die umfassenden Untersuchungen von Kirchhoff und Bunsen, die zur Entdeckung weiterer Elemente führten, brachten die entscheidende Wende. Die Flammenmethoden wurden von da ab als qualitatives Forschungsmittel allgemein anerkannt. Bunsen hatte 1855 den Bunsenbrenner mit seiner farblosen und heißen Flamme entwickelt, dessen Benutzung ihm bei den anschließenden Untersuchungen über die Emission der Metallsalze sehr nützlich war. Außerdem entwickelte er zusammen mit Kirchhoff ein für die damaligen Verhältnisse sehr leistungsfähiges Spektroskop. Beiden Autoren gelang 1860 der allgemein anerkannte Nachweis, daß die sichtbaren Spektrallinien nicht den Verbindungen, sondern einzelnen Elementen zugeordnet werden müssen. Mit dieser Erkenntnis war der Grundstein für eine wissenschaftliche Spektrochemie gelegt. Aus den Beobachtungen von Fraunhofer konnten sie jetzt schließen, daß z. B. Na und K auf der Sonne vorhanden ist, nicht jedoch Lithium.

Kirchhoff und Bunsen entdeckten bereits im gleichen Jahr in Mineralwässern ein bis dahin unbekanntes Element Caesium, und ein Jahr später folgte durch sie mit der gleichen Methode die Entdeckung des Rubidiums und durch Crookes die Entdeckung von Thallium. Es folgten bald eine ganze Reihe von weiteren Neuentdeckungen, z. B. Indium, Gallium usw. Heute sind alle Lücken im periodischen System gefüllt. Trotzdem behalten die von den Pionieren der qualitativen Flammenmethoden angewandten Verfahren nach wie vor ihre Bedeutung für schnelle qualitative Untersuchungen im Laboratorium, insbesondere dann, wenn Spuren der leicht anregbaren Elemente in größeren Mengen einer anderen Substanz als Verunreinigung nachgewiesen werden sollen.

Der erste Versuch einer quantitativen Analyse geht auf Champion, Pellet und Grenier (1873) zurück. Sie gaben für quantitative Na-Analysen ein «spectronatromètre» an. Es besteht im Prinzip aus zwei Flammen, von denen die eine mit Na-Salzen gesättigt wird, während in die andere die zu analysierende Substanz eingebracht wird. Die gelben Lichtintensitäten beider Flammen werden verglichen. Dazu befindet sich vor der gesättigten Flamme ein Blaukeil, der so verschoben wird bis die Intensitäten beider Natriumlinien gleich erscheinen. Die Stellung des Keils ist ein Maß für die gesuchte Konzentration. Es wird mit Substanzen bekannten Na-Gehaltes geeicht. Das Einbringen der Substanz in die Flamme erscheint bei den älteren Verfahren recht umständlich. Saubere Platindrähte werden durch die zu analysierenden Substanzen gezogen, getrocknet und dann mit Hilfe eines Uhrwerks langsam und gleichmäßig durch die Flamme gezogen.

Wesentlich moderner mutet uns das bereits 1879 von Gouy angegebene Zerstäuberverfahren für das Einbringen der Substanzen in die Flamme an. Jedoch interessierten ihn weniger quantitative Analysen, als vielmehr quantitative Aussagen über die Leuchtvorgänge in der Flamme. Es folgten eine Reihe von weiteren Versuchen einer quantitativen Analyse. Genannt seien z. B. Beckmann und Waentig [*125*] sowie Klemperer (1910). Diese älteren Verfahren blieben aber ohne nachhaltigen Einfluß.

Das Schwergewicht der spektroskopischen Forschung lag nämlich um die Jahrhundertwende bis etwa 1930 auf dem Gebiete der Bogen- und Funkenanalyse (Lockyer 1873, Hartley 1882, Pollack und Leonard 1907 u. a.), bedingt durch die Fortschritte der Elektrotechnik, und bedingt dadurch, daß man zunächst noch auf der Suche nach neuen, schwerer anregbaren Elementen war und mit Hilfe der komplizierten Spektren Einsicht in den Aufbau der Atome gewinnen wollte. Diese Entwicklung wurde noch gefördert durch die Fortschritte der optischen Industrie, die Spektroskope und Spektrographen immer größerer Dispersion bereitstellen konnte. Die mit Hilfe dieser Bogen- und Funkenanregungen gewonnenen Fortschritte, z. B. die Einführung der Leitlinienmethode durch Gerlach (1925), kamen aber später auch wieder den Flammenmethoden zugute.

Erst der schwedische Pflanzenphysiologe und Agrikulturchemiker Lundegårdh und seine Mitarbeiter konnten durch zahlreiche Arbeiten und Veröffentlichungen von 1928 ab bis in die letzte Zeit der Flammenspektrometrie zu der ihr gebührenden Anerkennung verhelfen. Für ihn waren Flammenmethoden nicht Selbstzweck, sondern eine willkommene Mikromethode zur Untersuchung der ihn interessierenden Stoffwechselbeziehungen im pflanzlichen Organismus und ihrer Abhängigkeit von Umwelteinflüssen (Kap. 105). Lundegårdh mußte anfangs noch mit photographischen Platten arbeiten, und hat auch später fast ausschließlich spektrographische Methoden angewandt. Seine in seinem zweibändigen Werk [*33*] niedergelegten Beobachtungen und Erfahrungen haben heute noch Gültigkeit. Lundegårdhs Methoden wurden 1936 von Mitchell [*39*, *493*] in England und 1939 von Ells und Marshall in den USA, 1940 von Hasler in der Schweiz und ebenso von Schuffelen in den Niederlanden und später von anderen aufgenommen und verfeinert.

Jansen, Heyes und Richter gelang es 1935 die von Lundegårdh schon versuchte direkte Photometrierung der Spektren erheblich zu verbessern. Ihre Meßanordnung bestand aus Monochromator, Photozelle und Elektrometer. Sie unternahmen 1935 einen Vorversuch zur Trennung der gelben Na- und der roten K-Linien mit Filtern, ohne die praktische Bedeutung dieses Vorgehens erkannt zu haben. Ihre weiteren Arbeiten wurden mit Monochromatoren durchgeführt. Erst Schuhknecht [*631—633*] gelang es, auf Grund seiner Untersuchungen und Veröffentlichungen der Flammenphotometrie mit Filtern die gebührende

Anerkennung zu verschaffen. Er schlug für K-Analysen die Abtrennung der roten K-Linie mit einer besseren Filterkombination (Kap. 40) vor, mit deren Hilfe auch bei ungünstigem Konzentrationsverhältnis Na : K noch einwandfreie K-Analysen möglich waren. Auf Grund seiner, später gemeinsam mit WAIBEL durchgeführten Arbeiten wurden handelsübliche Geräte (Siemens und Zeiss) entwickelt. Damit war einer verbreiteten Anwendung der Flammenphotometrie im engeren Sinne, d. h. mit Filtern, der Weg geöffnet. Die Zahl der Veröffentlichungen, insbesondere auf landwirtschaftlichem Gebiet, ging sprunghaft in die Höhe. Diese Filterphotometer waren so lichtstark, daß es möglich wurde, anstelle der Photozellen die einfacheren Selen-Sperrschicht-Photoelemente von LANGE [*30*] zu verwenden.

Die entsprechende Entwicklung in den USA begann später. Das erste brauchbare amerikanische Filterphotometer von BARNES, RICHARDSON, BERRY und HOOD [*90*] aus dem Jahre 1945 entspricht etwa dem Instrument von SCHUHKNECHT und WAIBEL. Aber schon ein Jahr später kamen BERRY, CHAPPEL und BARNES [*140*] mit ihren Filterphotometern mit Leitlinien-Eichung (internal standard) heraus. Die Anfänge des Leitlinienprinzips gehen allerdings auf die Spektralanalyse mit Bogen und Funken zurück. 1925 erwähnte sie erstmals GERLACH, um sie dann später mit SCHWEITZER u. a. weiter zu entwickeln. Bei flammenspektrographischen Verfahren scheint LUNDEGÅRDH [*33*] erstmals mit Leitlinien gearbeitet zu haben. Auch JANSEN, HEYES und RICHTER haben sie dabei angewandt. Bei flammenphotometrischen Verfahren mit Filtern wurde diese Methode von uns (H.) in Deutschland aufgenommen und zum Mehrstrahlverfahren, jeweils mit Leitlinienkompensation, ausgebaut [*339*, *340*, *342*, *344*].

Eine wesentliche Ausweitung des Anwendungsbereiches der Flammenphotometrie ergab sich seit 1949 durch das Aufkommen von leicht bedienbaren Flammenspektrophotometern (Monochromatoren mit Flammenzusatz, Kap. 60 u. 63), die wegen ihres geringen Lichtleitwertes mit Flammen hoher Leuchtdichte (Zerstäuberbrennerkombinationen mit Flammen hoher Temperatur) und mit hochempfindlichen Strahlungsempfängern (Verfielfachern) ausgerüstet werden mußten. Dadurch wurden Analysen von Elementen mit verhältnismäßig schwachen, linienreichen, womöglich im UV liegenden Spektren möglich. Die Zahl der routinemäßig mit Flammenmethoden erfaßbaren Elemente stieg dadurch erheblich. Außerdem wurden durch die für diese Geräte entwickelten Zerstäuber-Brenner-Kombinationen (Kap. 33) neue Anwendungen erschlossen. Man kann nämlich mit solchen Kombinationen gefahrlos brennbare Substanzen wie Benzin, Öl usw. direkt in die Flamme hinein zerstäuben, wodurch die Zahl der Anwendungen, z. B. in der Öl- und Treibstoffindustrie, erheblich stieg.

Auf der anderen Seite wurden die verhältnismäßig einfachen Filtergeräte durch die Fortentwicklung der Interferenzfilter, der Strahlungsempfänger und Verstärker gefördert und es zeigte sich unter anderem, daß eine Reihe von Störungen (z. B. die Phosphor- und Aluminiumstörung bei flammenphotometrischen Erdalkalibestimmungen) durch gute Tröpfchenaussonderung in der Zerstäuberkammer weitgehend geschwächt werden können. Diese Vorteile haben diesen wohlfeilen Geräten, gemeinsam mit der einfacheren Bedienung, einen festen Platz bei vielen Routineanalysen in den verschiedensten Laboratorien geschaffen, die ihnen auch die Monochromatorgeräte nicht mehr streitig machen können.

Für die Flammenspektrophotometer ergeben sich andererseits neue Möglichkeiten durch die Fortschritte auf dem Gebiete der Registrierinstrumententechnik. Es gibt einfach zu bedienende, verhältnismäßig wohlfeile Registrierzusätze zu Spektrophotometern, die das Durchregistrieren von Flammenspektren zu einer routinemäßigen Angelegenheit werden ließen. Dadurch ergeben sich Vorteile für analytische Laboratorien hinsichtlich gleichzeitiger Analyse verschiedener Elemente, hinsichtlich Fehler-Erkennung und -Ausschaltung, hinsichtlich Erkennung von Verunreinigungen usw.

Große Fortschritte wurden in den letzten Jahren auch bei der Weiterentwicklung der Methoden zu Mikro- und Ultramikromethoden erzielt. Das ist dem Einsatz von Mehrstrahlgeräten, von Integrierverfahren und ähnlichen methodischen und elektronischen Neuerungen zu verdanken.

Zur Zeit können etwa 60 Elemente in den üblichen Flammen direkt nachgewiesen werden. Davon zeigen etwa 40 Elemente Linien oder charakteristische scharfe Banden. Etwa 15 weitere Elemente zeigen ein oft noch ausreichend spezifisches Spektrum, so daß man häufig noch quantitative Untersuchungen in Anwesenheit anderer Elemente durchführen kann. Einige davon (Ce, Mo, Nb, U, Zr) zeigen allerdings im wesentlichen nur noch ein Kontinuum mit sehr schwachen Banden oder Linien. Diese können daher meist nur in Abwesenheit anderer Elemente quantitativ bestimmt werden [*307*]. Die restlichen 40 Elemente des periodischen Systems sind in den üblichen Flammen direkt nicht nachweisbar, sie können aber oft unter Heranziehung indirekter Methoden (Kap. 87) auch mit Flammenmethoden quantitativ bestimmt werden. Einige von diesen sind bis jetzt noch nicht untersucht. Unter Umständen erweisen sich später einige davon als noch bestimmbar, während der Rest entweder zu selten vorkommt oder radioaktiv ist.

Verwendet man hingegen die neuerdings empfohlene $(CN)_2$-Flamme (Vallee, Gilbert u. a.), so ergibt sich ein wesentlich günstigeres Bild. Nur 18 Elemente (H, C, Si, N, P, O, S, F, Cl, Br, I, At, He, Ne, A, Kr, Xe und Am) geben kein brauchbares Flammenspektrum, 18 weitere Elemente (Th, Pt, U, Np, Cm, Bk, Cf, E, Fm, Cr, Hf, Nb, Ta, W, Ge, As, Sb, Se) geben schwache Banden oder mehr oder weniger starke Kontinua, während die 65 restlichen Elemente starke Linien oder scharfe charakteristische Banden zeigen [*304*].

Die Bedeutung der Flammenphotometrie ist heute im wesentlichen dadurch gegeben, daß viele Metallkonzentrationen mit ihrer Hilfe schnell und genau bestimmt werden können. Viele Untersuchungen, an die sich früher niemand heranwagte, erfordern jetzt nur noch wenig Zeit.

Neben dieser Verbreitung der Methoden auf viele Anwendungsgebiete, kam es auch zu einer Vertiefung der Kenntnisse über die Grundlagen. Die dem praktischen Analytiker mitunter recht lästigen Störungen durch Lösungspartner in der Flamme (Kap. 96—100), waren Anregung für physikalisch-chemische Untersuchungen, über die wir in den Kap. 5—11 berichten werden. Bei diesen teils theoretischen, teils experimentellen Untersuchungen kamen der reinen Forschung die Fortschritte der Apparatetechnik, insbesondere die inzwischen erheblich gesteigerte Genauigkeit, sehr zugute.

Die Entwicklung geht z. Z. so stürmisch voran, daß wir es durchaus für möglich halten, daß es in einigen Jahren, zumindest in bestimmten Anwendungsfällen, keine Flammenmethoden im ursprünglichen Sinne mehr geben wird. Z. B. könnte die Flamme mit ihren recht komplizierten Vorgängen durch eine andere Energiequelle für eine reproduzierbare Anregung ersetzt werden. Als Beispiel können wir das Aufkommen der Absorptionsflammenphotometrie erwähnen, die seit der 1. Auflage dieses Buches schon einige Male zu praktischen Analysen angewandt wurde und für die, beim Abschließen dieses historischen Überblickes, gerade handelsübliche Geräte für eine verbreitete Anwendung vorbereitet werden.

Für ein eingehenderes Studium der älteren Geschichte der Flammenphotometrie verweisen wir auf die Literatur: [*26*, *33*, *37*, *39*, *152*, *469* u. a.].

Die Grundlagen

Obwohl dieses Buch hauptsächlich als Einführung in die Praxis der Flammenphotometrie gedacht ist und obwohl diese flammenphotometrische Methode auf den ersten Blick bestechend einfach aussieht, müssen wir eine Besprechung der Grundlagen voranstellen. Bei näherer Beschäftigung mit flammenphotometrischen Analysen bemerkt man nämlich, daß in der Praxis viele Komplikationen auftreten, die ohne Kenntnis der Theorie nicht oder nur unvollkommen zu beheben sind. Im übrigen können solche, für den theoretisch nicht vorgebildeten Anfänger, meist unvermutet auftretenden Störungen bei leichtfertigem Arbeiten zu erheblichen Analysenfehlern führen. Will man solche Komplikationen rein empirisch beheben, muß man jeweils recht langwierige Voruntersuchungen über viele Fehlermöglichkeiten anstellen. Die daraus resultierende Arbeitsvorschrift wird umständlich sein, weil man die bestmögliche Fehlerbeseitigung nicht ohne Kenntnis der Ursachen angeben kann, und das empirisch erarbeitete Analysenverfahren hat dann jeweils nur einen sehr beschränkten Gültigkeitsbereich. Ohne Kenntnis der Grundlagen dieses Verfahrens wird immer eine Unsicherheit übrig bleiben, weil der Bearbeiter nie weiß, ob er nicht irgendeinen wesentlichen Gesichtspunkt übersehen hat. Beim Übergang zu einer anderen Analysensubstanz oder beim Übergang zu einem anderen Gerät, muß man, bei rein empirischen Vorgehen, sich jeweils erneut mit den gerade dabei vorkommenden Fehlern auseinandersetzen, ohne allgemeine Regeln für das Auftreten oder Beseitigen solcher Fehler angeben zu können.

Verschafft man sich hingegen ein leidliches theoretisches Wissen über die Grundlagen dieses Verfahrens, dann weiß man sofort, worauf es ankommt. Man findet schnell einen Überblick über die sonst beängstigende Vielheit der verschiedenen Störmöglichkeiten, weil man sie auf Grund des theoretischen Wissens besser klassifizieren und damit übersichtlicher darstellen kann. Dann kann man leichter beurteilen, ob die anderen Orts aufgestellte Arbeitsvorschrift auf den eigenen Fall übertragen werden darf, welche Gesichtspunkte dabei zusätzlich beachtet werden müssen, bzw. welche anderen Dinge man übernehmen oder gar vernachlässigen kann. Man verfällt dann nicht so leicht in den Fehler, daß man Beobachtungen, z. B. über vorkommende Fehler am eigenen Gerät, ohne weiteres verallgemeinert und diese womöglich noch als allgemeingültige Erkenntnis veröffentlicht.

Trotz der erheblichen Fortschritte, die in den letzten Jahren bei der Erforschung der Grundlagen der flammenphotometrischen Methoden erzielt wurden, müssen wir zugeben, daß es heute noch manches ungeklärte Problem gibt. Dies sollte ein Ansporn für die physikalisch-chemisch ausgerichteten Wissenschaftler sein, sich dieser für die Praxis so wichtigen Aufgaben auch weiterhin anzunehmen.

5. Über die Flamme

Für die Anregung von Atomen zur Lichtemission benötigt man ein Medium hoher Temperatur, das gleichzeitig einen so großen Energieinhalt hat, daß es durch die Verdampfungs- und Dissoziationsprozesse beim Hineinbringen von Analysensubstanz nicht zu stark abgekühlt wird. Die Temperatur soll so hoch liegen, daß die flüssigen Bestandteile des als Nebel in die Flamme gebrachten Analysenmaterials wegdampfen, daß anschließend auch noch die übrig bleibenden festen Partikelchen verdampfen, und daß die meist nicht emissionsfähigen Moleküle möglichst vollständig zu atomarem Dampf dissoziieren. Im übrigen soll dieses Medium selbst möglichst kein Licht aussenden, damit man die Emissionen der hineingebrachten Analysensubstanzen gut beobachten kann. Ein solches Medium stellt im einfachsten Falle die nicht leuchtende Bunsenflamme dar, bei der Brenngas mit Luft oder mit Sauerstoff verbrannt wird. Ein Flammenphotometer enthält immer eine solche oder eine ähnliche Flamme (s. unten), ferner Einrichtungen zum Einbringen der Analysensubstanz in die Flamme, Anordnungen zum Messen der von der Flamme ausgehenden Emissionen u. ä. Wir wollen uns in diesem Kapitel mit der Flamme befassen.

Würde in dem beobachteten Flammenteil thermodynamisches Gleichgewicht herrschen, dann würde für eine Erklärung der Emissionserscheinungen die Angabe der Temperatur dieses Flammenteiles genügen, und es wäre unnötig, sich darüber auszulassen, wie diese Temperatur beim Verbrennungsprozeß selbst entsteht. Da aber bei einigen Anwendungen auch der Innenconus, d. h. die eigentliche primäre Verbrennungszone (s. Abb. 1) selbst interessiert, und weil einige weitere sekundäre Erscheinungen bei Analysen oberhalb der eigentlichen Verbrennungszone ihren Ursprung unmittelbar in dieser Zone haben, wollen wir im folgenden auch die innere Verbrennungszone mit in die Betrachtung einbeziehen. Dabei müssen wir allerdings zugeben, daß vieles trotz der Unzahl von Veröffentlichungen über technisch wichtige Verbrennungsprozesse (Heizung, Motorenantrieb, Raketenantrieb usw.) bis jetzt noch unklar ist, und es gilt nach wie vor die Bemerkung von Gaydon und Wolfhard [*11*], die früher feststellten, daß man über die Vorgänge in den Sternatmosphären mehr weiß als über die Vorgänge im Bunsenbrenner. Wir wollen im folgenden auf die einzelnen Probleme dieser Art nicht eingehen, sondern wollen nur einen Grundriß derjenigen Kenntnisse über die Flamme geben, die uns für das Verständnis der nachfolgenden Abschnitte wesentlich erscheinen. Im übrigen verweisen wir auf die Literatur [z. B. *11*, *12*, *25*, *31*, *37*].

Die in der Flammenphotometrie meist verwandten Flammen wollen wir in 2 Gruppen einteilen:

a) In Flammen, bei denen das zuströmende Gas und die zuströmende Luft, bzw. der zuströmende Sauerstoff schon vor der Verbrennungszone gut gemischt werden. Wir sprechen dann von vorgemischten Flammen. Da die in der Flammenphotometrie verwandten vorgemischten Flammen meist eine laminare Strömung[1] (s. unten) aufweisen, spricht man auch von laminaren Flammen.

b) In Flammen, bei denen Gas und Sauerstoff (Luft) erst in der Flamme gemischt werden. Wir sprechen dann von nicht vorgemischten Flammen[2]. Da die in der Flammenphotometrie verwandten nicht vorgemischten Flammen meist eine starke Turbulenz aufweisen, spricht man auch von turbulenten Flammen.

Bei den unter a) genannten vorgemischten Flammen ist man im allgemeinen bestrebt, die Strömung des Gasgemisches aus dem Brenner möglichst laminar zu halten, damit eine stabile und geräuschlose Flamme entsteht. Bei den vorgemischten laminaren Flammen wird die Analysensubstanz mit Hilfe eines „Indirektzerstäubers"[3] (Kap. 26), der einen selbständigen Apparateteil ausmacht, dem Luftstrom beigemischt. Dies Nebel-Luft-Gemisch wird dann noch mit dem Brenngas gut durchmischt, um dann, wie schon beschrieben, in laminarer Strömung im Brennerrohr hochgeführt zu werden (vgl. Abb. 9).

In einem gewissen Gegensatz zu der eben genannten Anordnung stehen Zerstäuber-Brenner-Kombinationen (vgl. Kap. 33 u. Abb. 21) ohne vorherige Durchmischung der Gase. Kurz oberhalb der konzentrischen Gas- und Sauerstoffdüsen brennt die nicht vorgemischte turbulente Flamme, in die mit Hilfe einer dritten, zentralen Flüssigkeitsdüse die Analysensubstanz direkt in die Flamme hinein zerstäubt wird. Wir sprechen dann von Direktzerstäubern (Kap. 33). Anordnungen dieser Art haben sich in den letzten Jahren immer mehr durchgesetzt, weil es mit ihrer Hilfe möglich ist, hochexplosive Gasmischungen (Wasserstoff-Sauerstoff oder Acetylen-Sauerstoff u. ä.) mit ihren heißeren Flammen gefahrlos zu verbrennen und auch brennbare Lösungsmittel, wie Benzin u. ä., direkt zu analysieren. Dazu haben sie noch einige weitere Vorteile, auf die wir in Kap. 33 zurückkommen. Die oberhalb dieser Zerstäuberbrennerkombinationen brennenden Flammen sind stark turbulent. Diese Turbulenz wird durch die hohe Geschwindigkeit hervorgerufen, mit der der Sauerstoff aus der sehr schmalen, ringförmigen Sauerstoffdüse austritt und dabei gleichzeitig die Flüssigkeit zerstäubt. Diese Turbulenz fördert übrigens die Mischung von Gas und Sauerstoff *in* der Flamme, wodurch eine vollständige Verbrennung ermöglicht wird.

Wir wollen zunächst die einfacheren *laminaren, vorgemischten* Flammen besprechen, die eine deutlich erkennbare Struktur aufweisen. Das einfachste Beispiel dieser Art ist die nicht leuchtende Bunsenflamme. Wir können hier, wie Abb. 1 zeigt, drei Zonen unterscheiden:

1. *Die primäre Verbrennungszone.* Man nennt sie auch den Innenconus (Abb. 1), weil sie bei runder Brenneröffnung (z. B. beim Bunsenbrenner) eine kegelige Form aufweist. Die Dicke dieser Verbrennungszone beträgt bei Atmosphärendruck und

[1] Unter einer laminaren Strömung versteht man eine Strömung, bei der die Stromfäden parallel zueinander verlaufen. Im Gegensatz dazu versteht man unter einer turbulenten Strömung eine solche, bei der die einzelnen Volumenelemente eine nicht ausgerichtete unregelmäßige Bewegung untereinander ausführen. Es kommen im letzten Falle also auch Bewegungen senkrecht zur allgemeinen Fortbewegungsrichtung des Gasstromes vor.

[2] Auch Übergänge zwischen diesen zwei Hauptgruppen, also Flammen mit nur teilweiser Vormischung sind möglich [*513, 728*]. Man findet solche Anordnungen aber selten.

[3] Die Bezeichnung „Indirektzerstäuber" rührt daher, daß in diesem Falle die Analysensubstanz nicht direkt (also indirekt) in die Flamme hineingesprüht wird.

laminarer Strömung etwa 0,1 mm. Bei Flammen, die mit C- und H-haltigen Gasen, z. B. Leuchtgas, betrieben werden, erkennt man diese kegelige Zone an einer starken bläulich-grünlichen Lichtemission, die den Radikalen C_2 und CH zugeschrieben wird (Kap. 9). Solche und ähnliche Radikale spielen bei den Verbrennungsprozessen eine wichtige intermediäre, aber noch nicht völlig geklärte Rolle. In dieser ersten Verbrennungszone herrscht kein thermodynamisches Gleichgewicht. Sowohl die Lichtemission, die Ionisation und die Konzentration der Radikale ist in dieser Zone außerordentlich groß. In diesem Innenconus der Flamme werden nur ausnahmsweise flammenphotometrische Analysen durchgeführt.

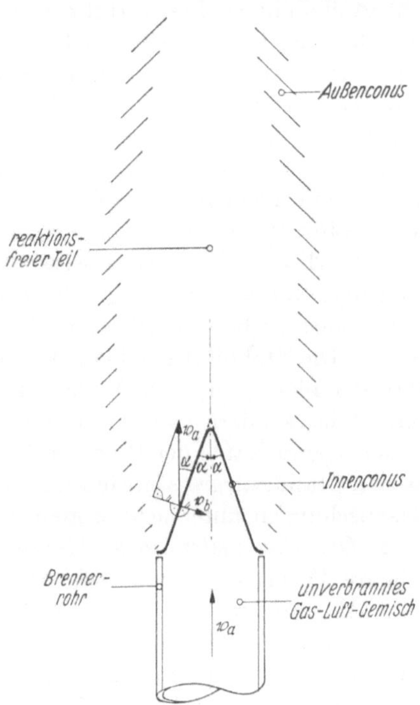

Abb. 1. Längsschnitt durch eine vorgemischte laminare Bunsenflamme (schematisch). Die zweigestrichenen Strecken, bzw. Vektoren (//) sind untereinander gleich; ⊡ bedeutet rechter Winkel. Erklärung s. Text

Die Front dieser Verbrennungszone hat das Bestreben, sich in Richtung auf das unverbrannte Gasgemisch hin fortzubewegen. Die dabei auftretende Verbrennungsgeschwindigkeit wird im wesentlichen durch die Wärmeleitfähigkeit des Gasgemisches bestimmt. Durch diese Wärmeleitung wird nämlich das zuströmende kalte Gasgemisch bis auf die Zündtemperatur vorerhitzt. In einigen Fällen wird diese Verbrennungsgeschwindigkeit auch durch die Diffusion von Radikalen, wie z. B. H, aus der Verbrennungszone heraus, in Richtung auf das zuströmende Gas zu, mitbestimmt. Es stellt sich, in den für die Praxis wichtigen Fällen, ein stabiler Zustand für jeden Punkt dieser kegelförmigen Flammenfront ein, der dadurch charakterisiert ist, daß die senkrecht auf der Verbrennungsfront stehende Komponente der Gasausströmgeschwindigkeit $\mathfrak{v}_a$ in jedem Punkt der immer senkrecht zur Verbrennungsfront stehenden Verbrennungsgeschwindigkeit $\mathfrak{v}_b$ gerade das Gleichgewicht hält. In Abb. 1 ist diese Komponentenbildung und die Kompensation dieser zwei Größen (zweigestrichen) für einen Punkt der Flammenfront als Beispiel gezeigt.

Quantitativ ergibt sich aus der Abb. 1 folgendes: Nehmen wir an, daß das zuströmende Gas- und Luftgemisch über den ganzen Brennerrohrquerschnitt die gleiche Ausströmgeschwindigkeit $\mathfrak{v}_a$ und die Verbrennungsgeschwindigkeit überall, entlang der ganzen primären Front, den gleichen Absolutwert v_b hat, so gilt:

$$\sin\alpha = \frac{v_b}{v_a}.$$

Hieraus sieht man, daß bei runder Brenneröffnung die primäre Verbrennungszone die Form eines Kegels mit dem Öffnungswinkel 2α annehmen muß. Abweichungen von den genannten Voraussetzungen bedingen eine Abplattung des Innenconus.

Aus der zuletzt abgeleiteten Gleichung ergibt sich, daß bei zunehmender Ausströmgeschwindigkeit $\mathfrak{v}_a$ der Kegel immer spitzer werden muß, bis bei allzu großer Ausströmgeschwindigkeit die Flamme vom Brenner fortgeblasen wird. Wird dagegen die Ausströmgeschwindigkeit kleiner als die Verbrennungsgeschwindigkeit ($v_b/v_a > 1$), so gibt es ebenfalls keinen stabilen Zustand, die Verbrennung schlägt dann in das Brennerrohr zurück. Bei großer Brenneröffnung von etwa 1 cm und darüber kann dies Zurückschlagen von einer unangenehmen, aber meist ungefährlichen explosionsartigen Erscheinung begleitet sein. Gegen dieses Zurückschlagen hilft ein Aufteilen der freien Brenneröffnung in viele kleine metallische Bohrungen in einer aufgesetzten Brennerkappe, wie dies beim Mékèrbrenner (Kap. 32) der Fall ist. Die Wärmeabgabe an diese metallische Kappe ist bei hinreichend kleinen Bohrungen und hinreichend großem Wärmeleitvermögen des gewählten Metalles so groß, daß die Flamme in solchen Fällen in den Bohrungen erlischt. In Tabellenwerken [z. B. *31*] kann man die höchstzulässige Bohrungsöffnung für eine gegebene Gasmischung bei gegebenem Wandmaterial und gegebener Bohrungslänge nachlesen, die ein solches Zurückschlagen verhindert. — Die Stabilität der Flammenfront — und damit der Flamme selbst — wird übrigens nicht nur vom Verhältnis v_b/v_a wie oben in vereinfachender Weise dargestellt, sondern auch noch von anderen sekundären Effekten, die sich z. B. an der oberen Kante der Brennerrohröffnung abspielen, mitbestimmt. Diese praktischen Stabilitätsgrenzen sind für verschiedene Brennerformen und verschiedene Gasmischungen untersucht worden [*31*].

2. *Die reaktionsfreie Zone.* Unmittelbar im Anschluß an die eben besprochene primäre Verbrennungszone folgt die sog. reaktionsfreie Zone (Abb. 1), die sich unter Umständen bis zu großen Höhen erstrecken kann, und in der bei dieser Flammenart die flammenphotometrischen Analysen meist durchgeführt werden. Da in dieser Zone nahezu vollständiges thermodynamisches Gleichgewicht herrscht, kann man den Zustand dieser Zone für die Flammenphotometrie durch die Angabe der in ihr herrschenden Temperatur allgemein charakterisieren. Diese bestimmt bei gegebener Meßanordnung und Zerstäubung, welche Elemente noch nachgewiesen werden und welche Spektrallinien bei einem gegebenen Element noch zur Messung herangezogen werden können. Über weitere Einzelheiten zur Rolle der Flammentemperatur in der flammenphotometrischen Praxis sprechen wir in Kap. 14. Es sei aber hier noch folgendes zur sich einstellenden Temperatur ausgeführt: sie wird einerseits durch die chemisch gewonnene Energie bestimmt, die bei der Reaktion freigegeben wird, andererseits aber durch die Wärmemenge, die man aufwenden muß, um das verbrennende Gas hochzuheizen. Ferner geht noch merkliche Energie durch die zu leistende Druckarbeit gegen die Atmosphäre verloren. Das Zusammenspiel dieser 3 Einflüsse bewirkt, daß bei kontinuierlicher Änderung des Mischungsverhältnisses Gas/Luft die Temperatur durch ein Maximum läuft (Abb. 10). Bei wesentlich höheren Temperaturen als 2000° K muß man zusätzlich noch damit rechnen, daß die zur Dissoziation, z. B. von CO_2 in CO und O_2 erforderliche Energie, die zu erwartende Temperatur herabsetzt. Im übrigen bewirkt dieser Dissoziationseinfluß, daß die maximale Temperatur nicht genau beim stöchiometrischen Mischungsverhältnis gefunden wird.

Das kalt zuströmende Gasgemisch dehnt sich nach Passieren des Innenconus aus zwei Gründen beträchtlich aus: 1. Das Gas wird erhitzt und zeigt daher eine thermische Ausdehnung. 2. Infolge der Verbrennung nimmt bei den Kohlenwasserstoffen die Molzahl zu. Diese Ausdehnung des Gases kann eine Verbreiterung der Flamme, aber auch eine Vergrößerung der vertikalen Steiggeschwindigkeit zur Folge haben. Diese Steiggeschwindigkeit wird einerseits durch den Auftrieb der heißen Gase in Luft noch erhöht, zum anderen aber wieder durch Reibungseffekte in der Randzone herabgesetzt.

Wir sagten oben, daß in der reaktionsfreien Zone nahezu thermisches Gleichgewicht herrscht. Diese Aussage trifft allerdings nicht für ein Strahlungsgleichgewicht zu. Bei völligem Gleichgewicht sollte die Flamme nämlich wie ein schwarzer Körper (Hohlraumstrahlung) strahlen. Wenn das der Fall wäre, könnte kein in diese Flamme hineingebrachtes Element die Eigenstrahlung der Flamme vermehren und eine Flammenphotometrie wäre unmöglich. Dies ist zum Glück nicht der Fall. Im sichtbaren Bereich ist die Strahlungsdichte der reaktionsfreien Zone, insbesondere bei Verwendung von Wasserstoff-Flammen (vgl. Kap. 9) außerordentlich gering. Sogar bei den sog. leuchtenden (rußenden) Flammen ist die Strahlungsdichte immer noch verhältnismäßig klein im Vergleich zur Strahlung eines schwarzen Körpers gleicher Temperatur.

Auch in anderer Hinsicht gibt es in dieser sog. reaktionsfreien Zone noch Abweichungen von einem allgemeinen Gleichgewichtszustand. Bis zu etwa 1 cm Höhe über dem Innenconus kann die Konzentration von Radikalen wie H, OH, O und NO und, bei Kohlenwasserstoff-Flammen, auch die Konzentration von Flammenelektronen[1] wesentlich über dem zu erwartenden Gleichgewichtswert liegen. Dies wird einerseits dadurch hervorgerufen, daß diese Radikale und Elektronen in der dicht darunter befindlichen primären Verbrennungszone (s. oben) in erheblich höherer Konzentration vorkommen[2] und zum anderen dadurch, daß träge, oft ternäre Rekombinationsprozesse eine Rolle spielen. Als Beispiel für einen relativ selten vorkommenden Dreierstoß wollen wir die Reaktion

$$\mathrm{H + OH + R \rightarrow H_2O + R}$$

nennen, wobei R irgendein Flammenmolekül bedeutet [*169*]. Da solche Reaktionen nicht sehr häufig vorkommen, laufen sie träge ab. Auf die Bedeutung dieser Abweichungen vom Gleichgewichtszustand für die Flammenphotometrie kommen wir später noch zurück.

3. *Die sekundäre Verbrennungszone* oder der Außenconus. Wenn die Flamme, wie üblich, in Luft brennt, bildet sich außen um die Flamme eine zweite Verbrennungszone, die bei Mékèrbrennern mehr die Form eines Zylinders annimmt. Durch molekulare und/oder turbulente Diffusion dringt O_2 (und N_2) aus der umgebenden Luft in die Flamme hinein, wobei das in der reaktionsfreien Zone vorhandene CO am Rande zu CO_2 unter schwach blau-violetter Lichtemission oxydiert wird (vgl. Kap. 9). Wenn die primäre Verbrennung durch mangelhafte Luftzumischung zum Gasgemisch unvollständig ist, tritt dieser Außenconus deutlicher in Erscheinung. Unter diesen Umständen kann es sogar vorkommen,

[1] Unter Flammenelektronen verstehen wir solche freien Elektronen, die von den Flammengasen und nicht von hineingebrachten Metalldämpfen geliefert werden.

[2] In der primären Reaktionszone werden etwa 10^{12} Elektronen/cm^3 gefunden [*11*]. Der Wasserstoffpartialdruck p_H beträgt etwa 0,01 atm in Wasserstoff-Flammen oberhalb der 1. Reaktionszone [*169*].

daß die Temperatur am Rande des Außenconus durch die frei werdende sekundäre Verbrennungswärme höher als in der Flammenmitte ist. Dieser Außenconus hat einen stabilisierenden Einfluß auf die Flamme. Andererseits ruft seine Lichtemission eine Untergrundstrahlung hervor, die bei praktischen Analysen, besonders in der Nähe der unteren Nachweisbarkeitsgrenzen zu beachten ist.

Bei den soeben besprochenen vorgemischten Flammen bemüht man sich im allgemeinen, eine laminare Strömung auch innerhalb der Flamme zu haben, weil dann die Flamme besonders stabil und ruhig brennt. Das setzt voraus, daß schon das Zuströmen des Gas-Luft-Gemisches laminar erfolgt.

Ob eine Strömung in einem Rohr (oder in einer Flamme) laminar ist oder turbulent erfolgt, erkennt man aus der dimensionslosen Reynoldsschen Zahl

$$Re = \frac{v \cdot d \cdot \varrho}{\eta}.$$

Hierin bedeutet v die mittlere Strömungsgeschwindigkeit, d den Durchmesser des Rohres (der Flamme), ϱ die Dichte und η die Viscosität des Gases. Für $Re < 2300$ ist die Strömung im Rohr laminar, für $Re > 3200$ ist sie turbulent; in dem Zwischenbereich ist sie teils laminar, teils schwach turbulent. Wenn man eine laminare Strömung erstrebt, müssen außerdem das Brennerrohr, bzw. die Bohrungen in der Brennerkappe eine gewisse Mindestlänge L_m haben, die mit der Reynoldsschen Zahl wie folgt zusammenhängt:

$$L_m = 0{,}03 \cdot Re \cdot d\,,$$

wobei d wieder den Durchmesser des Rohres bzw. der Bohrungen in der Brennerkappe bedeutet.

Abgesehen von dieser rechnerischen Unterscheidung kann man eine turbulente Flamme an der größeren Unruhe und am Geräusch erkennen, das sie hervorruft. Die Flammenfront erscheint, bedingt durch die unregelmäßigen Bewegungen in der Reaktionszone, mehr verwischt und somit dicker. Solche Turbulenz wird man bei diesen vorgemischten Flammen tunlichst vermeiden. Allerdings können sich auch bei sonst gut laminaren Flammen am äußeren weiter oben gelegenen Rand des Außenconus mehr oder weniger regelmäßige Wirbel bilden, die in noch größerer Flammenhöhe schließlich in eine starke unregelmäßige Turbulenz übergehen.

Die Gleichmäßigkeit dieser Wirbel zeigt sich aus der ziemlich konstanten Frequenz, die man dabei beobachtet [*65*]. Durch diese Turbulenz werden die Flammengase mit der kalten Umgebungsluft schließlich so stark vermischt und abgekühlt, daß die Flamme dort ihre Begrenzung findet. Die die Turbulenz auslösenden Wirbel werden vermutlich dadurch hervorgerufen, daß kalte Umgebungsluft durch die Flammengase mitgeschleppt wird, wobei dieser kalte Luftstrom die kritische Reynoldssche Zahl (s. oben) überschreiten könnte [*65*]. Interessant ist in diesem Zusammenhang die Beobachtung, daß diese Wirbeleffekte verschwinden, wenn man nahe an die Flamme parallel zu ihr eine Platte hinstellt.

Eine Beschreibung der *nicht vorgemischten Flammen* oberhalb von Zerstäuberbrennerkombinationen läßt sich viel schwieriger durchführen, da hierbei die Struktur viel schlechter erkennbar ist, bedingt durch die überlagerte starke Turbulenz (s. oben). Wir wollen uns daher hier darauf beschränken, einige Unterschiede zu der oben näher beschriebenen vorgemischten (laminaren) Flamme aufzuzeigen:

a) Die Flammenform ist bei den nicht vorgemischten turbulenten Flammen meist eine andere, nämlich mehr kolbenförmig (vgl. Abb. 23 u. 25). Die innere Verbrennungszone ist hier zwar noch erkennbar, sie ist aber durch die Turbulenz stark verwaschen und verbreitert.

b) Turbulente Flammen erzeugen im Gegensatz zu den laminaren Flammen ein kräftiges zischendes Geräusch, das beim Zerstäuben von Flüssigkeit noch zunimmt.

c) Die Verbrennungsprozesse laufen aus folgenden Gründen etwas anders ab. Einerseits ist die Durchmischung von Gas und Sauerstoff oberhalb der Brenneröffnung weniger vollständig als bei vorgemischten Flammen. Andererseits fördert die turbulente Bewegung der Gase die Entzündung des zuströmenden Gasgemisches. Die Verbrennungsgeschwindigkeit liegt dementsprechend hier wesentlich höher. Sie kann aber, wegen der unvollständigen Mischung von Ort zu Ort innerhalb der Flamme stark verschieden sein. Auch ist bei den turbulenten Flammen die Aufnahme von sekundärer Luft aus der Umgebung viel größer als bei laminar strömenden Flammen.

d) Die Flammentemperatur ist bei gleicher Gaszusammensetzung bei den turbulenten Flammen meist niedriger.

Wie schon erwähnt, nimmt das Flammengeräusch mit zunehmender Turbulenz zu, weil die Flammenfront immer unregelmäßiger und aufgerissener wird. Die Verbrennung ändert daher dauernd Richtung und Geschwindigkeit. Das allein führt schon zu Druckstößen. Bei nicht vorher gemischten Flammen mit starker Turbulenz können darüber hinaus Volumenelemente von nicht verbrannten Gasmischungen tief in die Zone bereits primär verbrannter Gase hineingetragen werden, wo sie von allen Seiten erhitzt werden. Das führt zu kleinen Explosionen, die ihrerseits auch sehr starke Druckstöße aussenden. Dieser dadurch verursachte Lärm ist, insbesondere bei Gasen mit sehr hoher Verbrennungsgeschwindigkeit wie H_2—O_2 oder C_2H_2—O_2 sehr groß und nimmt nicht nur beim Zerstäuben von Lösungsmitteln, sondern auch bei ungünstiger Einstellung des Gas-Sauerstoff-Verhältnisses (d. h. bei starkem Ablösen von der Brennerspitze) noch weiter zu. Das erfordert an den Geräten besondere Vorkehrungen für die Geräuschdämpfung (Kap. 35 und 63). Möglicherweise führen diese Druckstöße auch zu einer Nachzerstäubung der hineinzerstäubten Flüssigkeitstropfen (Kap. 6), wodurch mehr Metallatome zur Verfügung gestellt werden und somit zur Intensitätserhöhung der Analysenlinien beitragen.

Bemerkenswert ist die erhebliche Änderung von Form, Größe und Eigenstrahlung dieser nicht vorgemischten turbulenten Flammen beim Hineinzerstäuben von Flüssigkeit (Abb. 25). Die Ursachen dafür sind noch nicht völlig geklärt. Es steht jedenfalls fest, daß das Zerstäuben von wäßrigen Lösungen die Flammentemperatur erheblich herabsetzt [*85*, *228*]. Für die Praxis der Flammenphotometrie ergibt sich daraus, daß man, insbesondere beim Messen von diesen Flammenarten den Anteil des Flammenuntergrundes nicht bei leer brennender Flamme bestimmen darf (Kap. 95). Man muß vielmehr das benützte Lösungsmittel mit den darin befindlichen übrigen Lösungspartnern dabei zerstäuben.

Eingehendere weitere Untersuchungen über die Struktur und die Eigenschaften dieser turbulenten Flammen bei Zerstäuberbrennerkombinationen erscheinen uns sehr nützlich, obwohl einige Ansätze für solche Untersuchungen schon vorhanden sind [*152*, *228*, *233*].

6. Das Hineinbringen der Analysensubstanz in die Flamme

Die zu analysierende Substanz soll als leuchtender Atom- oder Moleküldampf in der Flamme erscheinen. Dazu muß die Analysenlösung drei verschiedene Prozesse durchlaufen: 1. Sie muß zerstäubt und als Aerosol in die Flamme hineingebracht werden (Transport). 2. Sie muß in atomaren Dampf verwandelt werden, wobei noch Dissoziation und Ionisation eine Rolle spielen (Verdampfung). 3. Dieser

Dampf muß zur Lichtemission angeregt werden (Anregung). Diese eben genannten drei Vorgänge besprechen wir der Reihe nach in den Kap. 6, 7 und 8.

Das Hineinbringen der Analysensubstanz (Vorgang 1) soll selbstverständlich reproduzierbar und konstant bei möglichst geringem Verbrauch an Analysenflüssigkeit erfolgen. Diese Forderungen besprechen wir ausführlich in den Kap. 21 bis 31 und 33. Es handelt sich dabei meist um Flüssigkeitszerstäuber, in denen die Analysenflüssigkeit mit Hilfe eines Preßluft- oder Sauerstoffstrahles zu einem feinen, salzhaltigen Nebel (flüssiges Aerosol) zerstäubt wird. Solche pneumatische Zerstäuber findet man heute in fast allen Flammenphotometern. Hier soll nur das Prinzipielle über die pneumatischen Zerstäuber ausgeführt werden.

Bei der Zerstäubung wird die Analysenlösung zu kleinen Tröpfchen verteilt, die entweder direkt der Flamme zugeführt werden (sog. Direktzerstäuber, Kap. 33), oder erst nach Passieren einer Zerstäuberkammer, wo die größeren Nebeltröpfchen ausgesondert werden (sog. Indirektzerstäuber, Kap. 24—26). Die flüssigen Bestandteile der kleineren Nebeltröpfchen werden in der Flamme, teilweise schon vorher in der Zerstäuberkammer und in den Zuleitungen zum Brenner, weggedampft. Es bilden sich, meist nur kurzzeitig, Salzkristalle (feste Aerosole), die durch weitere Erhitzungen in der Flamme in atomaren oder molekularen Dampf übergehen. Die in der Flamme stattfindende (weitere) Verdampfung der Flüssigkeit in den Tropfen, sowie die anschließende Verdampfung der festen Partikelchen, wollen wir unter dem Oberbegriff „Verdampfung“ zusammenfassen. Davon wollen wir im Kap. 7 ausführlicher sprechen.

Der hier zu besprechende Transport der Analysensubstanz bis in die Flamme und die anschließende Verdampfung wären völlig problemlos, wenn alle angesaugte Analysenlösung als Dampf in der Flamme erscheinen würde. Leider gibt es aber verschiedene Verluste. Einerseits geht bei Indirektzerstäubern in der Zerstäuberkammer und in den Zuleitungen zum Brenner durch Aussondern der größeren Tropfen viel verloren, andererseits gibt es, insbesondere bei den Direktzerstäubern, Verluste durch unvollständige Verdampfung der größeren Nebeltröpfchen in der Flamme. Es entzieht sich also ein mehr oder weniger großer Teil der angesaugten Analysenflüssigkeit der Anregung. Dadurch wird einerseits die Lichtintensität in der Flamme verringert und somit die untere Nachweisbarkeitsgrenze verschlechtert. Andererseits werden aber die nie ganz vermeidbaren Unterschiede in den physikalischen Eigenschaften (wie Oberflächenspannung u. ä.) der einzelnen Analysenproben untereinander diese Verluste einmal größer, das andere Mal kleiner werden lassen. Das führt zu Fehlern im Analysenergebnis. Wir sprechen dann von Transportbeeinflussungen bzw. Verdampfungsbeeinflussungen, auf die wir im Kap. 11 zurückkommen. Die Größe der genannten Verluste und damit auch ihre Variabilität wird weitgehend durch die Tröpfchengrößenverteilung des Nebels bestimmt. Wir werden daher hier von Faktoren sprechen, die die Tröpfchengrößenverteilung ändern. Da der Einfluß dieser Faktoren auf die Zerstäubung und auf die anschließende Verdampfung sehr verwickelt ist und noch sehr viele apparative Dinge wie Form und Größe des Zerstäubers, der Zerstäuberkammer u. ä. hierbei mit hineinspielen, kann die nachfolgende Besprechung dieser Einflüsse auf die Tröpfchengrößenverteilung nur qualitativ sein.

Daß auch bei Direktzerstäubern Verluste an Analysensubstanz vor der Anregung infolge unvollständiger Verdampfung auftreten können, kann man aus verschiedenen Beobachtungen schließen. Zum Beispiel führt eine Oberflächenspannungserniedrigung auch bei Direktzerstäubern zu größeren Lichtintensitäten [*233*, *575*]. Auch die Messung von Linie und Untergrund in einer Flamme bei überwachter Flüssigkeitszufuhr [*347*] weist auf solche Verluste hin. Da die Verdampfungsverluste wieder mit der Tröpfchengrößenverteilung zusammenhängen, hat die nachfolgende Diskussion über die Einflüsse der Tröpfchengrößenverteilung also auch für Direktzerstäuber Bedeutung.

Bei den pneumatischen Zerstäubern wird die Analysenflüssigkeit aus dem Probenbehälter (Petrischale, Uhrglas u. ä.) durch die Ansaugcapillare meist infolge der Saugwirkung des Preßluftstrahles angesaugt. In manchen Fällen übertrifft der Unterdruck durch die Saugwirkung (etwa 1000 mm Wassersäule, abgekürzt: mmWS) ganz erheblich den entgegengesetzt wirkenden hydrostatischen Druck der hochgehobenen Wassersäule in der Capillare sowie die Capillarkraft [*65*, *139*, *182*]. Wenn das der Fall ist, ist die *Ansauggeschwindigkeit*, d. h. die je Minute angesaugte Flüssigkeitsmenge gemessen in ml/min, nur wenig vom Höhenunterschied zwischen dem Niveau und der untergehaltenen Analysenflüssigkeit und der Flüssigkeitsdüse im Zerstäuber abhängig, was praktische Vorteile mit sich bringt. Sie ist dann auch wenig von Dichte- und Oberflächenspannungsunterschieden zwischen den einzelnen Analysenflüssigkeiten, jedoch noch etwas von Viscositätsunterschieden abhängig (s. unten). Anderenfalls beobachtet man beim Sinken des Flüssigkeitsniveaus im Probenbehälter gleichzeitig ein Sinken der Intensitäten am Meßinstrument, bzw. es kommen größere Fehler in die Meßergebnisse bei stärker variierender Dichte und Oberflächenspannung (vgl. Kap. 101).

In fast allen Fällen ist die Strömung in der Ansaugcapillare wegen der niedrigen Reynoldsschen Zahl (vgl. Kap. 5) laminar [*228*, *233*]. Es dürfte hier also das Hagen-Poiseuillesche Gesetz gelten, nach dem die Ansauggeschwindigkeit proportional der Druckdifferenz vom Anfang bis Ende der Capillare, proportional der 4. Potenz des Capillardurchmessers d, aber umgekehrt proportional der Viscosität geht. Die Abhängigkeit von d^4 wurde experimentell bei einem Zerstäuber bestätigt [*139*]. Die genannte Abhängigkeit von der Viscosität scheint aber in den meisten Fällen geringer zu sein [*139*, *182*, *228*, *718*, *760*]. Es wird mitunter angenommen, daß eine Änderung der Ansauggeschwindigkeit eine proportionale Änderung der Lichtemission, d. h. eine proportionale Änderung der Atomkonzentration in der Flamme zur Folge habe. Diese Annahme dürfte aber nur in wenigen Fällen zu Recht bestehen [*133*], in vielen anderen Fällen wurde sie durch Experimente widerlegt [*65*, *140*, *270*, *513*, *545*]. Offenbar hat in diesen häufiger vorkommenden Fällen die Ansauggeschwindigkeit auch einen (meist kompensierend wirkenden) Einfluß auf die Flammentemperatur (Kap. 14) und/oder auf die Tröpfchengrößenverteilung, von der wir anschließend sprechen werden.

Welcher Teil der angesaugten Analysenlösung schließlich als Metalldampf in der Flamme für die Anregung bereitgestellt wird, hängt also in höherem Maße von der *Tröpfchengrößenverteilung* beim Zerstäubungsvorgang ab, oder, genauer gesagt, vom Anteil der Flüssigkeitsmenge, der bei der Zerstäubung unterhalb eines gewissen Tropfendurchmessers bleibt. Die größeren Tropfen mit ihrem verhältnismäßig hohen Volumen- und Massenanteil gehen also der Anregung verloren. Über Zerstäubungsprozesse selbst ist quantitativ trotz seiner großen technisch-industriellen Bedeutung noch wenig bekannt. Man stellt sich qualitativ vor, daß die aus der Ansaugcapillare austretende Flüssigkeit zu ausgefransten Flüssigkeitsfetzen zerrissen wird, die sich infolge der Oberflächenspannung anschließend zu Tröpfchen zusammenziehen. Diese Tröpfchen können unter Einwirkung des starken Luftstromes oder durch Aufschlagen auf Prallflächen u. ä. zu noch kleineren Tröpfchen zerplatzen [*32, 37*]. Auf einen Tropfen in einem Luftstrahl wirken sowohl tangentiale wie auch radiale Kräfte. Die tangentialen Kräfte entstehen durch Reibung an der strömenden Luft, die radialen Kräfte durch zentrales Auftreffen von Luft auf den Tropfen. Dieser Staudruck ist $\varrho_l \cdot v^2$, wobei ϱ_l die Dichte der Luft in g/cm³; v die Relativgeschwindigkeit der Luft gegen den Tropfen bedeuten. Diesen eben genannten 2 Kräften stehen die den Tropfen zusammenhaltenden Kräfte, Viscosität und Oberflächenspannung gegenüber. Bei hinreichend großen Relativgeschwindigkeiten kann man die Viscositätskräfte vernachlässigen und es tritt dann ein Zerplatzen des Tropfens ein, wenn die Kräfte durch den Staudruck den Druck der Oberflächenspannung $2\sigma/r$ (σ = Oberflächenarbeit; r = Radius des Tropfens) mindestens um das Dreifache übertreffen [*358, 442*]. Man bekommt unter diesen Voraussetzungen also folgende Beziehung für den kritischen Radius r^*

$$\varrho_l \cdot v^2 = 6\sigma/r^*.$$

Hieraus läßt sich der größtmögliche Tröpfchendurchmesser $2r^*$ bei der Zerstäubung ausrechnen, der bei den Gasstromzerstäubern in der Flammenphotometrie in der Größenordnung $10\,\mu$ liegen dürfte. Wichtiger als dieses rechnerische Ergebnis ist der funktionale Zusammenhang zwischen dem kritischen Durchmesser einerseits und dem Strömungsdruck und der Oberflächenspannung andererseits, welcher durch diese Beziehungen wiedergegeben wird.

Die Bedingungen, unter denen ein Gasstromzerstäuber arbeitet, weichen aber erheblich von denen ab, für die die obengenannte einfache Beziehung für den kritischen Durchmesser $2r^*$ genau gilt (der Preßluftstrahl ist nicht homogen usw.). Die größtmöglichen Tropfendurchmesser und erst recht die Größenverteilung der Tropfen lassen sich also nicht leicht vorausberechnen. Man ist auf empirische Formeln angewiesen, die aber nur unter bestimmten Bedingungen für gewisse Anordnungen gelten [*32*].

Wir geben hier eine solche empirische Formel für den mittleren Tropfendurchmesser D_0 [nach *520*] wieder, die nur für Unterschallgeschwindigkeiten und wäßrige Lösungen bei Ringspaltzerstäubern (Kap. 26) gilt:

$$D_0 = \frac{586\sqrt{\sigma}}{v\sqrt{\varrho}} + 597\left(\frac{\eta}{\sqrt{\sigma\varrho}}\right)^{0,45} \cdot \left(\frac{1000 \cdot Q_1}{Q_2}\right)^{1,5}.$$

Hierin bedeutet D_0 = Durchmesser eines einzelnen gemittelten Tropfens in μ, wobei die Mittlung so erfolgt ist, daß dies gemittelte Tröpfchen das gleiche Volumen/Oberflächenverhältnis wie der gesamte Flüssigkeitsnebel hat; (für D_0 gilt annähernd auch, daß die Masse aller der Tropfen, die einen Durchmesser $< D_0$ haben, etwa die Hälfte der gesamten Masse ausmachen); σ = Oberflächenspannung in dyn/cm; v = Geschwindigkeit der Preßluft in der Austrittsöffnung der Düse in m/sec; ϱ = Dichte der Flüssigkeit in g/cm³; η = Zähigkeit in dyn sec/cm²; Q_1 = Flüssigkeitszufuhr in cm³/sec; Q_2 = Luftverbrauch in cm³/sec. Diese empirische Gleichung gilt für die Grenzen $0{,}8 < \varrho < 1{,}2$; $30 < \sigma < 73$ und $0{,}01 < \eta < 0{,}3$. Für Werte, die außerhalb dieses Gültigkeitsbereiches liegen, lassen sich andere empirische Beziehungen ableiten [*520*]. Bemerkenswert ist, daß die Gültigkeit dieser empirischen Formel sich als ziemlich unabhängig von den gerade gewählten geometrischen Anordnungen der Ringspaltdüsen erwiesen hat. Bei sparsamer Zerstäubung gilt $Q_2 > 3000\,Q_1$ [*341, 347*]. Dann kann man den zweiten Summanden der oben genannten Formel vernachlässigen. Die Größe der zerstäubten Tröpfchen wird dann praktisch nur noch von σ, ϱ und v bestimmt und es entfällt der Einfluß von der Viscosität η. Das steht in guter Übereinstimmung mit der weiter oben angegebenen Beziehung über den maximalen Tröpfchendurchmesser, bei der die Viscosität auch keine Rolle spielt. Aus beiden Formeln sieht man, daß die Feinheit des Nebels durch Zunahme der Luftgeschwindigkeit und durch Abnahme der Oberflächenspannung σ besser wird. Besonders die Oberflächenspannung erweist sich bei flammenphotometrischen Untersuchungen als sehr wichtig.

Sehen wir von einer möglichen Nachzerstäubung durch Druckstöße in turbulenten Flammen (Kap. 5) ab, so ist die eben diskutierte Tröpfchengrößenverteilung bei Direktzerstäubern identisch mit der Verteilung der Tröpfchen, die in die Flamme hineinkommen. Es hängt also dann nur vom Wegdampfen des Lösungsmittels und vom Verdampfen der festen Partikelchen ab, wieviel der Analysensubstanz rechtzeitig für eine Anregung bereitgestellt wird.

Bei Indirektzerstäubern liegen diese Dinge anders. Hier wird die Größenverteilung der in die Flamme hineinkommenden Tropfen, sowie die Menge des in die Flamme hineinkommenden Lösungsmittels, noch durch das Niederschlagen der größeren Tröpfchen in der Zerstäuberkammer und in den Zuleitungen des Brenners oder durch andere Tröpfchenaussonderungseinrichtungen (Zentrifugen u. ä.) mit beeinflußt. Dazu kommen noch Einflüsse einer möglichen Nachzerstäubung an Prallflächen (Kap. 26), Rekombinationsprozesse — kleinere Tröpfchen lagern sich aneinander und bilden größere — und schließlich der recht erhebliche Einfluß der Verdampfung des Lösungsmittels in der Zerstäuberkammer usw. auf die Tröpfchengröße. Über diese entgegengesetzt wirkenden Rekombinations- und Verdampfungsprozesse wollen wir hier noch etwas ausführen:

Die Rekombination ist nur dann zu beachten, wenn die Wahrscheinlichkeit für das Zusammenkommen zweier Tröpfchen in der Verweilzeit (zwischen Zerstäubung und Eintritt in die Flamme) nicht zu klein ist. Bei einem Ringspaltzerstäuber wurde nur dann eine merkliche Zunahme des mittleren Tröpfchendurchmessers (infolge Rekombination) festgestellt, wenn Q_2/Q_1 (s. oben) kleiner als etwa 5000 ist [*32, 520*]. Bei den üblichen Preßluftzerstäubern dürfte diese Bedingung tatsächlich erfüllt sein, d. h. man darf die Rekombination nicht vernachlässigen. Leider läßt sich dieser Effekt quantitativ schwer abschätzen.

Rechnerisch und experimentell läßt sich zeigen, daß der Verdampfung der Tropfen in der Zerstäuberkammer eine große Bedeutung für die in die Flamme gelangende Tröpfchengrößenverteilung zukommt [*65, 139, 182, 228, 241, 563, 680*] (d. h. Versuche mit und ohne Heißkammer, Kap. 30, Zerstäubung mit vorgeheizter trockener Luft oder mit feuchtigkeitsgesättigter Luft usw.). Auch hierbei läßt sich der Endeffekt der Verdampfung auf die Größenverteilung und somit auf die Flammenemission schwer vorhersagen. Man kann aber die Größe dieses Effektes durch folgende theoretische Überlegungen abschätzen:

Wir betrachten dazu den Masseverlust je Zeiteinheit von einem ruhenden kugelförmigen Tröpfchen in stillstehender trockener Luft infolge Verdampfung. Hierfür gilt die Gleichung von LANGMUIR [*444*], die unter der Annahme abgeleitet ist, daß die freie Weglänge der Luftmoleküle klein gegenüber dem Tropfendurchmesser ist:

$$-\frac{\mathrm{d}m}{\mathrm{d}t} = \frac{4\pi M\cdot D}{R\cdot T}\cdot p_s\cdot r;$$

mit m = Masse des Tröpfchens; t = Zeit; M = Molekulargewicht des Dampfes; D = Diffusionskoeffizient des Dampfes in Luft; R = Gaskonstante; T = absolute Temperatur; p_s = Sättigungsdruck des Dampfes und r = Radius des Tröpfchens. Daraus ergibt sich die Abnahme der Tröpfchenoberfläche F mit der Zeit:

$$-\frac{\mathrm{d}F}{\mathrm{d}t} = \frac{8\pi M D}{\varrho \cdot R T} \cdot p_s$$

mit ϱ = Dichte der Tröpfchensubstanz. Die letztgenannte Gleichung besagt, daß bei festgehaltener Temperatur die Schrumpfung der Oberfläche mit konstanter Geschwindigkeit erfolgt, also: $-\mathrm{d}F/\mathrm{d}t$ = const. Für Wassertröpfchen bei Zimmertemperatur beträgt diese Konstante etwa 10^{-4} cm²/sec, so, daß ein Tröpfchen mit einem Durchmesser von 50 μ in etwa einer Sekunde völlig verdampft sein dürfte [vgl. *55*, *685*]. Diese eine Sekunde entspricht ungefähr der Verweilzeit eines Tröpfchens in der Zerstäuberkammer, so daß man zunächst annehmen darf, daß alle Tröpfchen eines Indirektzerstäubers mit einem Ausgangsdurchmesser von weniger als 50 μ bereits vor Erreichen der Flamme ihren Flüssigkeitsmantel völlig verloren haben. Aus mehreren Gründen ist diese Rechnung aber nur näherungsweise gültig: 1. Es ändert sich bei der Verdampfung die Tröpfchentemperatur (unter bestimmten Annahmen errechnet man eine Temperaturerniedrigung von 14° C, was eine 2,5mal geringere Verdampfungsgeschwindigkeit zur Folge hat [*65*]). 2. Die Luft in der Zerstäuberkammer wird durch die vielen hineinzerstäubten Flüssigkeitströpfchen mit Wasserdampf angereichert. Man sollte daher in der obigen Gleichung p_s durch $(p_s - p_o)$ ersetzen, wobei p_o den räumlichen Mittelwert des Dampfdruckes in der Zerstäuberkammer bedeutet. 3. Man sollte bei der Schrumpfung der Tröpfchen beachten, daß der Tröpfchenradius, sowie die dabei zunehmende Salzkonzentration einen Einfluß auf den Dampfdruck p_s haben. 4. Die Verdampfung findet nicht bei ruhenden Tropfen statt. Die Tröpfchen bewegen sich vielmehr relativ zur ebenfalls bewegten Luft. Dadurch wird die Verdampfungsgeschwindigkeit vergrößert. 5. Auch ist eine Abweichung des oben genannten Gesetzes $-\mathrm{d}F/\mathrm{d}t$ = const. zu erwarten, wenn das Verdünnungsmittel aus der Mischung zweier oder mehrerer verschiedener Lösungen, z. B. aus Glykol und Wasser, besteht. Dann ändert sich während der Verdampfung die Wasser- bzw. die Glykolkonzentration und es resultieren verschiedene Verdampfungsgeschwindigkeiten [*290*].

Aus der obigen nur annähernd geltenden Formel $-\mathrm{d}F/\mathrm{d}t$ = const. sieht man leicht, daß bei zunehmender Feinheit der Zerstäubung, also bei kleiner werdendem mittleren Tröpfchenradius die je Zeiteinheit verdampfte Menge Lösungsmittel zunimmt. Dieser Verdampfung ist übrigens eine obere Grenze gesetzt, dadurch, daß schließlich die Luft mit Feuchtigkeit gesättigt sein kann. Bei einem Verbrauch von 10 l/min trockener Luft beträgt bei der sich einstellenden Temperatur die maximal verdampfbare Menge Wasser ungefähr 0,1 g/min. Diese Menge ist von der gleichen Größenordnung wie die Menge an mehr oder weniger eingedampftem Nebel, die in die Flamme eingebracht wird.

Die Güte eines Indirektzerstäubers kann man durch den sog. Wirkungsgrad kennzeichnen [*341*]. Diese Zahl, in Prozent ausgedrückt, gibt denjenigen Anteil des ursprünglich angesaugten Analysenelementes an, der tatsächlich bis in die Flamme kommt. Dieser Wirkungsgrad beträgt in den meisten Fällen nur 1—6%

[*139, 269, 341, 513, 741*]. Gelegentlich wurden aber auch Werte zwischen 10—15% genannt [*65, 341*]. Durch Verminderung der Ansauggeschwindigkeit, z. B. durch Wahl einer längeren oder engeren Ansaugcapillare, scheint der Wirkungsgrad beträchtlich besser zu werden [*540a*].

Man bestimmt den Wirkungsgrad mit meist ausreichender Genauigkeit aus Messungen der Ansauggeschwindigkeit am Zerstäuber und Messung der Ablaufgeschwindigkeit derjenigen Flüssigkeitsanteile, die sich an den Wandungen der Zerstäuberkammer niederschlagen, und die man in ein Meßgefäß einlaufen lassen kann. Die Differenz dieser beiden Werte würde in erster Näherung den bis in die Flamme kommenden Anteil ergeben. Da sich dieser Wirkungsgrad aber auf die Salz- bzw. die Metallzufuhr und nicht auf die Flüssigkeitszufuhr bezieht, muß dieser so ermittelte Wert wegen der inzwischen eingetretenen Eindampfung der angesaugten, zerstäubten und wieder niedergeschlagenen Flüssigkeit korrigiert werden. Die Größe dieser Eindampfung läßt sich mit Hilfe des gleichen Flammenphotometers anschließend leicht bestimmen. In einem Fall wurde eine Konzentrationszunahme von etwa 10% gefunden [*65*]. — Außerdem muß aber noch damit gerechnet werden, daß in den Schlauchleitungen und im Brenner etwas Salz verloren gehen kann. Das sieht man beim Ausbau von Brennern oder Schlauchleitungen, die längere Zeit in Betrieb waren und sich dann meist innen mit einer Salzkruste überzogen haben. — Es braucht also das Produkt aus Ansauggeschwindigkeit, Salzkonzentration und dem so ermittelten Zerstäuberwirkungsgrad nicht unbedingt mit der Salzzufuhr identisch zu sein, die je Zeiteinheit in die Flamme hineinkommt [*65*].

Mit den in die Flamme gebrachten mehr oder weniger stark eingedampften Nebeltröpfchen wird die Analysensubstanz „tropfenweise" zur Verdampfung (Kap. 7) und Anregung (Kap. 8) gebracht. Das hat zur Folge, daß die Lichtemission der Flamme nicht gleichmäßig erfolgt, sondern statistischen Schwankungen unterworfen ist. Diesen Effekt kann man etwa mit dem Schroteffekt (s. Kap. 65) vergleichen, der in diesem Falle auf die endliche Ladung der einzelnen Elektronen zurückgeht. Dieses tropfenweise Verdampfen und Anregen der Analysensubstanz in der Flamme hat, innerhalb des im Beobachtungskegel liegenden Flammenteiles, statistische Intensitätsschwankungen im Meßstrahl zur Folge, deren relative Größe umgekehrt proportional $\sqrt{N}$ ist, wobei N die effektive (mittlere) Zahl der je Zeiteinheit in den Beobachtungskegel hineingebrachten Aerosolteilchen bedeutet. Diese die Meßgenauigkeit begrenzenden Intensitätsschwankungen hängen also von der Feinheit der Zerstäubung ab. Bei einem Indirektzerstäuber mit hohem Zerstäubungsdruck betrug die relative Größe dieser Emissionsschwankung (bei einer Einstellzeit des Instrumentes von etwa 1 sec) ungefähr 0,1% [*65*]. Bei Anwesenheit gröberer Tröpfchen, die insbesondere bei Direktzerstäubern zu erwarten sind, könnte dieser Wert merklich größer sein.

Zusammenfassend können wir folgendes feststellen: für das Hineinbringen der Analysensubstanz in die Flamme verwendet man meist Zerstäuber. Die Eigenschaften dieser Zerstäuber werden im wesentlichen durch die von ihnen geschaffene Tröpfchengrößenverteilung charakterisiert. Bei Indirektzerstäubern wird diese Verteilung in der Zerstäuberkammer, in den Zuleitungen zum Brenner und im Brenner selbst noch durch mehr oder weniger große Eindampfung der Tröpfchen und durch Rekombinationseffekte sekundär beeinflußt. Diese primär entstandene und die davon abhängende, sich weiter einstellende (sekundäre), Tröpfchengrößenverteilung bestimmt bei Indirektzerstäubern, welcher Anteil der angesaugten Analysensubstanz bis in die Flamme transportiert wird. Hierbei spielen Verluste in der Zerstäuberkammer, in den Zuleitungen zum Brenner und im Brenner selbst eine Rolle. Diese Verluste werden durch den (Zerstäubungs-) Wirkungsgrad der gesamten Anordnung charakterisiert. Bei Direktzerstäubern gelangt zwar alle angesaugte Flüssigkeit bis in die Flamme, der Wirkungsgrad beträgt 100%. Hier können aber erhebliche Verluste durch unvollständige Verdampfung der Nebel- und Salzteilchen in der Flamme vorkommen (Kap. 7). Auch diese Verluste hängen wieder von der primären Tröpfchengrößenverteilung des Nebels ab. Diese primäre Tröpfchengrößenverteilung wird in allen Fällen wesentlich durch den bei der Zerstäubung angewandten Druck, durch die Ansauggeschwindigkeit der Flüssigkeit und durch die Eigenschaften des Lösungsmittels wie Oberflächenspannung, Viscosität usw. beeinflußt. Bei den Indirektzerstäubern wird die in die Flamme kommende (sekundäre) Tröpfchengrößenverteilung noch zusätzlich durch vorheriges (teilweises) Eindampfen des Lösungsmittels und durch Niederschlagen der größeren Tröpfchen mit beeinflußt. Beim Eindampfen sind der Sättigungsdruck sowie die sich dabei einstellende Temperatur die wesentlichsten Kenngrößen.

7. Über die Verdampfung, Dissoziation und Ionisation der Analysensubstanz in der Flamme

Im vorangegangenen Kapitel haben wir über das Hineinbringen der Analysensubstanz in die Flamme gesprochen. Hier wollen wir über die Umwandlung der in die Flamme hineingebrachten Aerosolteilchen in emissionsfähigen Atom- oder Moleküldampf sprechen, während wir den Emissionsprozeß selbst erst im nächsten Kapitel behandeln.

Zerstäuben wir z. B. eine NaCl-Lösung, so wird zunächst das in den Nebeltröpfchen befindliche Lösungsmittel verdampfen. Dann anschließend werden die dabei entstandenen Salzteilchen weiter erhitzt und auch verdampft und die dabei frei werdenden NaCl-Moleküle dissoziieren. Dabei entsteht emissionsfähiger atomarer Na-Dampf. Gleichzeitig bilden sich aber auch nicht emittierende Na-Verbindungen, z. B. NaOH-Moleküle und ionisierte Na-Atome (Na-Ionen). Dieses gebundene oder ionisierte Na entzieht sich dem flammenphotometrischen Nachweis, und bei quantitativen Analysen ist dieser Tatsache unter Umständen Rechnung zu tragen, z. B. dann, wenn Lösungspartner die Ionisation oder die Molekülbildung merklich beeinflussen. Wir werden hier daher nacheinander von der Verdampfung des Lösungsmittels, anschließend von der Verdampfung der Salzpartikelchen, von der molekularen Dissoziation und von der Ionisation sprechen.

Die Verdampfung. Wenn die im Zerstäuber erzeugten Nebelteilchen in die Flamme gelangen, werden sie schnell bis zum Siedepunkt erhitzt und es wird dann die von der Flamme zugeführte Wärme zunächst dazu verwandt, um das Lösungsmittel in den Tropfen zu verdampfen. Die für die vollständige Verdampfung des Lösungsmittels erforderliche Zeit hängt wesentlich vom Anfangsdurchmesser der Tröpfchen ab. Nur bei sehr kleinen Tröpfchen konnte nachgewiesen werden, daß die Verweilzeit in der Vorerhitzungszone einer laminaren, vorgemischten Flamme bereits ausreicht, um alle Flüssigkeit zu verdampfen. Im allgemeinen tritt bei solchen Flammen eine völlige Verdampfung erst nach dem Passieren der Reaktionszone (Kap. 5), d. h. erst innerhalb der eigentlichen Flamme ein. Die für völlige Verdampfung verbrauchte Zeit t ist dabei durch den Anfangsdurchmesser d_o festgelegt nach der von VAN DER HELD gefundenen Beziehung $d_o^2 = C \cdot t$, wobei C eine Konstante ist, die noch von der Flammentemperatur, vom Siedepunkt des

Lösungsmittels und von der Wärmeleitung des Lösungsmitteldampfes abhängt [*65*]. Die gleiche Abhängigkeit $d^2 = C' \cdot t$ hatten wir schon im Kap. 6 für die Verdampfung der Tröpfchen in der Zerstäuberkammer mit Hilfe der Langmuirschen Formel in Differentialform abgeleitet. Hier dürfte die Beziehung nach VAN DER HELD, in der andere physikalische Eigenschaften des Lösungsmittels eine Rolle spielen, richtiger sein, da bei den hohen Temperaturen in der Flamme die Diffusion keine wesentliche Rolle spielen dürfte. Da die Verweilzeit der Nebelteilchen, bzw. ihrer Folgeprodukte (Salzpartikel usw.) von der Steiggeschwindigkeit der heißen Gase in der laminaren Flamme abhängt, läßt sich für ein Tröpfchen bekannter Größe ausrechnen, in welcher Höhe der Flamme es vollständig verdampft ist. Für Wassertröpfchen mit einem Anfangsdurchmesser von $1\,\mu$ in einer C_2H_2-Luftflamme mit einer Steiggeschwindigkeit von etwa 10 m/sec berechnet man eine Mindesthöhe von 0,03 mm. Bei Vergrößerung dieser Beobachtungshöhe auf 3 mm tragen sogar noch Tropfen mit einem Anfangsdurchmesser von $10\,\mu$ zur Ausstrahlung bei, d. h. in diesen laminaren Flammen mit Indirektzerstäubern sind in den üblichen Beobachtungshöhen von etwa 1—3 cm innerhalb der Flamme praktisch alle Tröpfchen verdampft. Bei noch größeren Tröpfchen, wie sie insbesondere bei Zerstäuber-Brennerkombinationen zu erwarten sind, dürften die in diesen turbulenten Flammen mit ihrer hohen Ausströmgeschwindigkeit gegebenen geringen Verweilzeiten nicht ausreichen, um alle Tröpfchen rechtzeitig, d. h. bis zur praktischen Beobachtungshöhe von 1—3 cm, einzudampfen. Es treten dann Substanzverluste durch nicht vollständiges und rechtzeitiges Eindampfen des Lösungsmittels ein (Kap. 6). Bei solchen turbulenten Flammen könnte allerdings die Verdampfungsgeschwindigkeit durch die turbulente Bewegung der Gase größer als bei laminaren Flammen sein. Quantitativ sind die Verhältnisse in diesen turbulenten Flammen schwer zu übersehen.

Die für die Verdampfung der Flüssigkeit und die weitere Erhitzung des Dampfes verbrauchte Energie beträgt bei den vorgemischten Flammen mit Indirektzerstäubern meist nur einen geringen Bruchteil des Wärmeinhaltes der Flammengase [*37*, *65*]. Die Flüssigkeit in den Tröpfchen ist hier schon vor dem Eintritt in die Flamme teilweise verdampft (Kap. 6), wobei die dazu benötigte Energie (teilweise) durch Wärmezufuhr aus der Umgebung in die Zerstäuberkammer, bzw. in die Zuleitungen zum Brenner kompensiert wird. Bei Zerstäuber-Brennerkombinationen ohne vorherige (teilweise) Eindampfung der Flüssigkeit und mit ihren wesentlich größeren Flüssigkeitszufuhren zur Flamme könnte aber diese für die Verdampfung benötigte Energie recht bedeutend sein und eine merkliche Abkühlung der Flamme bedingen [*85*, *228*], insbesondere, wenn die Flüssigkeit vollständig verdampft, was aber nicht unbedingt der Fall zu sein braucht (Kap. 6).

Im Beispiel einer NaCl-Lösung bleibt nach vollständiger Verdampfung des Lösungsmittels ein NaCl-Partikelchen übrig, das bis zum Schmelzpunkt (etwa 1100° K) bzw. dann bis zum Siedepunkt (etwa 1750° K) erhitzt wird. Da die Temperatur der meisten Flammen höher als der Siedepunkt liegt, sind die NaCl-Partikelchen bzw. die geschmolzenen NaCl-Tropfen (ohne Lösungsmittel) also nicht stabil. Es ist zu erwarten, daß diese Tropfen, auch bei höheren Na-Konzentrationen schnell und vollständig verdampfen. Die für diese zuletzt genannten Prozesse verbrauchten Energien sind im Vergleich zum Wärmeinhalt der Flamme [*37*] ganz zu vernachlässigen.

Bei komplizierten Salzen, wie z. B. Nitraten, Carbonaten, Phosphaten usw., können vor der Verdampfung durch die Einwirkung der Flammentemperatur noch chemische Umwandlungen auftreten, wobei Oxyde, Metaphosphate u. ä. entstehen. Die Flammentemperatur ist zwar oft niedriger als der Schmelzpunkt solcher Verbindungen, wie z. B. CaO (2850° K), aber man kann berechnen, daß in den normalerweise vorkommenden Fällen auch bei vollständiger Verdampfung des CaO aus der festen Phase der Dampfdruck immer noch weit unter dem Sättigungsdruck des CaO bei Flammentemperatur liegt. Wenn diese Verdampfungsgeschwindigkeit aus der festen Phase groß genug ist, geht auch bei solchen Verbindungen mit hochliegendem Siedepunkt die Analysensubstanz vollständig und rechtzeitig in die Dampfform über. Bei anderen Verbindungen, wie z. B. Ca-Aluminaten und Ca-(Pyro-)Phosphaten, die sich in Flammen beim Zusammenkommen von Ca und Al (bzw. P) bilden, vorausgesetzt, daß diese Elemente vorher zusammen in der Analysensubstanz vorkamen, reicht jedoch die Verweilzeit in der Flamme für eine vollständige Verdampfung nicht aus (Kap. 98).

Die molekulare Dissoziation. Zerstäuben wir z. B. eine NaCl-Lösung, so befindet sich wegen der beschränkten Dissoziation der NaCl-Moleküle nur ein Teil des Na als freie Atome in der Flamme. Der andere, unter Umständen sehr kleine Teil, bleibt als Chlorid gebunden und wird damit der Emission entzogen. Wir wollen zunächst hier untersuchen, von welchen Faktoren dieser Dissoziationsgrad

$$\alpha = \frac{p_{\mathrm{Na}}}{p_{\mathrm{Na}} + p_{\mathrm{Na\,Cl}}}$$

(mit p_{Na} = Partialdruck des Na usw.) abhängt und welche Bedeutung ihm in der Flammenphotometrie zuzuschreiben ist.

Beim Vorhandensein eines chemischen Gleichgewichtes in der Flamme[1] brauchen wir für die Beschreibung dieses Dissoziationsgrades nicht die kinetischen Vorgänge, die zur Dissoziation oder zur Molekülbildung führen, erst einzeln zu betrachten. Es genügt, dafür das Massenwirkungsgesetz, das allgemein aus der statistischen Thermodynamik ableitbar ist, hinzuzuschreiben:

$$K_p(T) = \frac{p_{\mathrm{Na}} \cdot p_{\mathrm{Cl}}}{p_{\mathrm{Na\,Cl}}}$$

mit

$$\log K_p(T) = -1{,}588 + 1{,}5 \log (G_1 \cdot G_2/G_{12}) + \log (U_1 \cdot U_2/U_{12}) + \\ + \frac{5}{2} \log T - 5040\, V_D/T$$

In dieser Beziehung ist p_{Na}, der Partialdruck des Na, in Atmosphären, die Dissoziationsenergie V_D in eV und T in °K einzusetzen. G_1, G_2 und G_{12} sind im hier besprochenen Beispiel die Atom- bzw. die Molekulargewichte von Na, Cl und NaCl und U_1, U_2 und U_{12} sind die sog. Zustandssummen, die für die beteiligten Partner und die Temperatur charakteristisch sind. Wenn wir annehmen, daß Na und Cl keine anderen Reaktionen in der Flamme eingehen und daß in der Ausgangslösung

[1] Für das hier besprochene Beispiel des NaCl ist ein chemisches Gleichgewicht wegen der außerordentlich schnell ablaufenden Dissoziationsreaktion von NaCl bei hohen Temperaturen [*194*] zu erwarten.

nur NaCl vorhanden war, so bekommt man aus der obigen Gleichung für den Dissoziationsgrad α die Beziehung

$$\frac{\alpha^2}{1-\alpha} = \frac{K_p(T)}{\overline{p}_{\text{Na}}}$$

mit $\overline{p}_{\text{Na}} = p_{\text{Na}} + p_{\text{NaCl}}$. Aus dieser Beziehung ergibt sich folgendes:

1. Die Dissoziation wird vollständiger, wenn die Lösungskonzentration bzw. der dazu proportionale Gesamtpartialdruck $\overline{p}_{\text{Na}}$ in der Flamme abnimmt. Wie man direkt aus der obigen Formel entnimmt, ist eine Abnahme von $\overline{p}_{\text{Na}}$ gleichbedeutend mit einer Zunahme von K_p, was ja eine bessere Dissoziation, also einen größeren Dissoziationsgrad α bedingt. Hieraus folgt zunächst weiter, daß die Eichkurve eine konvexe Krümmung aufweisen sollte, da die atomare Lichtemission proportional $p_{\text{Na}} = \alpha \overline{p}_{\text{Na}}$ und $\overline{p}_{\text{Na}}$ an sich proportional der Salzkonzentration ist, aber α mit steigenden Werten von $\overline{p}_{\text{Na}}$ immer kleiner wird.

2. Die Dissoziation wird bei höherer Temperatur immer vollständiger, da K_p stark mit der Temperatur zunimmt (s. oben).

3. Bei gleicher Na-Konzentration der Lösung könnten für verschiedene Na-Salze die Emissionen verschieden sein (Einfluß von V_D; es ist nämlich V_D für NaCl 4,24; für NaBr 3,84 und für NaJ 3,11 eV [*29*]).

Wenn in der Lösung noch andere Cl-haltige Verbindungen vorkommen, würde dadurch der Partialdruck von Cl (p_{Cl}) in der Flamme erhöht werden. Dies würde nach dem Massenwirkungsgesetz den Dissoziationsgrad des NaCl und damit die Na-Emission erniedrigen.

In einem Experiment wurde dieser Effekt tatsächlich beobachtet [*455*]. Die Intensität der Rb-Linie 780/95 mμ wird bei geringer Rb-Konzentration von etwa 0,001% beim Zugeben von NaCl in hoher Konzentration von etwa 1% erheblich gesenkt. Man berechnet für Flammen von etwa 2000° K eine Dissoziationskonstante $K_p = 6{,}3 \cdot 10^{-6}$ atm. Für RbCl, bei einem geschätzten Rb-Partialdruck von 10^{-6} atm, beträgt dann der Dissoziationsgrad $\alpha = 88\%$. Nur dieser Teil des Rubidiums ist emissionsfähig. Würde der Wert von p_{Cl} 10fach vergrößert werden (z. B. durch Zugabe von NaCl), so würde α dann kaum noch 40% betragen, Rb also nur noch weniger als die Hälfte des obigen Wertes emittieren.

Wenn in der Flamme Wasserstoff im Überschuß vorhanden ist, muß man damit rechnen, daß unter Umständen ein größerer Teil des Chlor als HCl in der Flamme gebunden wird. Dadurch sinkt die Konzentration des freien Cl, was die Dissoziation des NaCl fördert. Diese und ähnliche Reaktionen des Wasserstoffes in der Flamme mit den Anionen der Alkalisalze fördern deren Dissoziation. Deshalb dürften die obengenannten Effekte im normalen Konzentrationsbereich nicht in Erscheinung treten. Schon GOUY fand (1877), daß die Emission des Na in der Flamme für alle Na-Halogenide und für die anderen Na-Salze praktisch gleich ist.

Die theoretische Berechnung des Dissoziationsgrades unter Mitberücksichtigung der HCl-Bildung in der Flamme wird noch dadurch erschwert, daß die atomare H-Konzentration in der Flamme erheblich höher liegen kann, als es dem Gleichgewichtswert entspricht (s. unten). Man kommt dann nicht mehr mit dem Massenwirkungsgesetz allein aus, sondern muß dann alle Reaktionen kennen, die zur HCl- und NaCl-Bildung in der Flamme führen [vgl. *169*]. Solche Abweichungen vom Gleichgewichtswert sind sicher auch dafür verantwortlich zu machen, daß bei einer Messung des Dissoziationsgrades von Alkalichlorid ein zu großer Wert gefunden wurde [*65*].

Im allgemeinen kann man für die Praxis der Flammenphotometrie feststellen, daß eine Minderung der Emission von Alkali in der Flamme durch Bildung von

Halogen-Salzen nur dann merkbar in Erscheinung tritt, wenn die Lösung noch andere Cl-haltige Substanzen in großer Konzentration enthält. Bei Zugaben von HCl, KCl usw. können dabei aber auch aus anderen Gründen Emissionsbeeinflussungen entstehen, auf die wir im Kap. 11 zurückkommen. Emissionsbeeinflussungen durch Verschiebung des Dissoziationsgleichgewichts durch Zugaben von größeren HCl-Konzentrationen (etwa 1 mol/l) können sowohl in Propan-Luft-, Acetylen-Luft-, Wasserstoff-Sauerstoff- sowie in Acetylen-Sauerstoff-Flammen festgestellt werden [*65, 157, 233, 263, 640*]. Der Einfluß auf K ist dabei größer als der auf Na wegen der unterschiedlichen Dissoziationsenergie (KCl: 4,40 eV bzw. NaCl: 4,24 eV; s. [*29*]). Dieser Einfluß nimmt in heißeren Flammen ab.

Man kann den Einfluß von steigenden Zugaben von HCl mit der Konzentration C auf die Alkaliemission unter Vernachlässigung sekundärer Effekte, wie Cl_2-Bildung, leicht mit der folgenden Beziehung beschreiben [*65, 228*]:

$$\frac{J_0}{J} = 1 + k \cdot C,$$

worin J_0 die Emission ohne, bzw. J mit Zugabe von HCl und k eine Konstante bedeuten, die nur vom Analysenelement und von den apparativen Gegebenheiten (Flamme, Zerstäuber) abhängt. Betrachtet man nun die Emissionssenkung für 2 Alkalimetalle, z. B. für K und Na und schreiben wir für K

$$\frac{J_0}{J} = \frac{1}{U_\mathrm{K}}$$

und entsprechend für Na

$$\frac{J_0}{J} = \frac{1}{U_\mathrm{Na}},$$

so bekommen wir durch Subtraktion und Einbeziehung der obigen Gleichungen

$$\frac{1}{U_\mathrm{K}} - \frac{1}{U_\mathrm{Na}} = (k_\mathrm{K} - k_\mathrm{Na}) \cdot C,$$

worin $(k_\mathrm{K} - k_\mathrm{Na})$ positives Vorzeichen hat, da die Dissoziationsenergie von KCl größer als die von NaCl ist. Man kann unter einer durchaus gerechtfertigten Annahme zeigen, daß dieser letzte Ausdruck unabhängig von einer etwaigen Zerstäuberbeeinflussung durch HCl (Kap. 11) ist, was übrigens für die erstgenannte Formel nicht gilt [*65*]. Diese letztgenannte Beziehung konnte in einigen Fällen experimentell gesichert werden [*65, 67*].

Es steht noch nicht fest, ob die Erniedrigung der Alkaliemission durch Zugaben von hohen Sulfatkonzentrationen auch auf einen Dissoziationsmechanismus zurückgeführt werden kann [*233*]. Sicher ist aber, daß dabei das komplizierte SO_4-Ion abgebaut wird.

Wenn die gebildeten Halogenide selbst Licht emittieren, wie z. B. beim CaF und CuCl (aber nicht bei den Alkalihalogeniden), kann man die Emissionen dieser Verbindungen zur „indirekten" flammenphotometrischen Bestimmung von F bzw. Cl benützen [*277*].

Bisher haben wir molekulare Verbindungen wie z. B. NaCl betrachtet, bei denen alle Bestandteile mit der Analysenlösung in die Flamme gebracht wurden. Es können sich aber auch molekulare Verbindungen zwischen dem Analysenelement und Bestandteilen der Flammengase bilden. Das ist z. B. bei der Bildung von LiOH, CaO, CaOH, CuH u. ä. der Fall. Die Bedeutung dieser Molekülbildungen hängt davon ab, ob man die Atomlinien zur Messung heranziehen will — dann wird jede Molekülbildung eine Schwächung der Atomemission bedeuten — oder ob man gerade die Bandenemission des gebildeten Moleküls zur Messung heranziehen will.

Die Bildung von Oxyden scheint bei den Alkalien nicht groß zu sein. Hingegen bilden sich häufiger nicht-emissionsfähige Hydroxyde in der Flamme. Die Neigung dazu nimmt bei den Elementen Na, K, Rb, Cs, Li in der aufgezählten Reihenfolge zu [*391*, *663*]. In der Propan-Luftflamme, in der Wasserstoff-Luftflamme und erst recht in den heißen Flammen dürfte eine NaOH-Bildung zu vernachlässigen sein [*65*, *663*]. Bei Li und den schwereren Alkalien ist sie aber beträchtlich. In einer Acetylen-Luftflamme mit Indirektzerstäuber wurde sogar ein Verlust von 90% des atomaren Li-Gehaltes gefunden[1]. Da in den Flammengasen das OH in erheblichem Überschuß im Vergleich zum hereingebrachten Alkaligehalt vorhanden ist und da jedes Hydroxyd nur ein Metallatom enthält, ist zu erwarten, daß der Dissoziationsgrad unabhängig vom Alkaligehalt ist. Man braucht also keine Krümmung der Eichkurve durch die Hydroxydbildung zu befürchten (s. obige Ausführungen über NaCl). Es tritt nur ein prozentual konstanter Verlust an emissionsfähigen Atomen ein.

Bei den theoretischen Berechnungen über die Hydroxydbildung besteht die Schwierigkeit, daß der Gehalt an OH-, H- und O-Radikalen kurz über den Verbrennungskegeln erheblich größer als der zugehörige Gleichgewichtswert ist. Dies liegt daran, daß die Rekombination solcher Radikale, die in der Verbrennungszone in sehr hohen Konzentrationen gebildet werden, nur langsam vor sich geht, weil dazu Dreierstöße erforderlich sind [*171*]. Da ein Gleichgewicht fehlt, muß man hier die tatsächlich im einzelnen ablaufenden Reaktionen betrachten, die zur Hydroxydbildung führen. Für Li gilt, nach [*169*], folgendes: In jedem Teil der Flamme steht das LiOH mit dem im Überschuß vorhandenen Wasserstoff in einem (partiellen) Gleichgewicht

$$\mathrm{Li} + \mathrm{H_2O} \rightleftarrows \mathrm{LiOH} + \mathrm{H}$$

Die hohe H-Konzentration kurz über der Reaktionszone bewirkt also, daß die Hydroxydbildung dort geringer als im Zustand des völligen Gleichgewichtes ist. Da aber die H-Konzentration mit zunehmender Flammenhöhe durch Rekombination abnimmt, nähert es sich seinem Gleichgewichtswert [*169*, *171*], und es wird sich auch die LiOH-Bildung dem Gleichgewichtswert nähern, d. h. es bildet sich in größeren Flammenhöhen mehr LiOH. Die atomare Li-Emission wird also mit zunehmender Flammenhöhe abnehmen. Es sei in diesem Zusammenhang erwähnt, daß der H_2O-Gehalt, der viel größer als der H-Gehalt ist, dabei praktisch als konstant zu betrachten ist.

Nun zu den Erdalkalien: Obwohl zumindest ein Teil der sichtbaren Erdalkalibanden den Hydroxyden zuzuschreiben ist (Kap. 8), kommt in der Flamme doch der größte Teil der Erdalkalien als Oxyd vor [*393*]. Die Werte der Dissoziationsenergien der Erdalkalioxyde und Hydroxyde scheinen noch nicht eindeutig bekannt zu sein. Sicher ist, daß z. B. in der C_2H_2-Luft-Flamme ein nicht zu vernachlässigender Teil des Ca auch als Atom vorliegt, so daß die atomare Ca-Emission zur Analyse herangezogen werden kann. — Im Gegensatz dazu kommt z. B. beim Uran das Metall praktisch nur als Molekül in der Flamme vor, so daß das Uranspektrum nur Banden enthält. In der sehr heißen Dicyan-Flamme sind die meisten Metalle aber nur als Atome oder Ionen vorhanden [*304*].

---

[1] Nach unveröffentlichten Messungen von G. R. D. ZYDERVELD (Utrecht).

Die Ionisation. Es ist seit ARRHENIUS (1891) bekannt, daß in Flammen eine Ionisation auftritt, die noch verstärkt wird, wenn Metallsalze in die Flamme hineingegeben werden. Von allen Metallen zeigen die Alkalien die stärkste Ionisation. Es wird dabei jeweils ein positives Alkali-Ion und ein freies Elektron gebildet. Da die Elektronenhülle eines Alkali-Ions der der Edelgase sehr ähnlich ist, senden diese Ionen in der Flamme kein Licht aus. Wegen der Verluste an strahlungsfähigen Atomen wirkt sich eine Ionisation der Alkalien in der flammenphotometrischen Praxis immer nachteilig aus. Bei den Erdalkalien, die 2 Valenzelektronen besitzen, strahlt auch das einfach ionisierte Atom noch Licht aus. Dies hat aber für die praktische Flammenphotometrie nur geringe Bedeutung, da die Erdalkalien viel schwächer ionisiert werden als die Alkalien.

Ein Maß für die Ionisation eines Metalles und des dadurch bedingten atomaren Lichtverlustes ist der Ionisationsgrad

$$\beta = \frac{p_{K^+}}{p_{K^+} + p_K}$$

worin p_{K^+} und p_K den Partialdruck des K-Ions, bzw. des Atoms bedeuten. Entsprechende Gleichungen, wie hier für K als Beispiel hingeschrieben, gelten analog auch für die anderen Alkalien. Die Gesamtpartialdrücke in der Flamme sind wieder den Konzentrationen in der Ausgangslösung proportional. Unter der Voraussetzung eines thermischen Gleichgewichtes läßt sich der Ionisationsgrad aus der Sahaschen Gleichung

$$J(T) = \frac{p_{K^+} \cdot p_e}{p_K}$$

berechnen, worin p_e den Partialdruck (in Atmosphären) der freien Elektronen und J die Ionisationskonstante bedeutet, die selbst wieder eine Funktion der absoluten Temperatur ist. Die Temperaturabhängigkeit dieser Ionisationskonstante ergibt sich aus der folgenden Beziehung:

$$\log J(T) = -6{,}18 + \log (U_i/U_a) + \frac{5}{2} \log T - 5040\, V_i/T.$$

Hierin sind die Zustandssummen U_i und U_a für das Ion bzw. für das Atom gleich 1 bzw. gleich 2 zu setzen. V_i ist die Ionisierungsenergie, ausgedrückt in eV. Man beachte die Ähnlichkeit dieses Ausdruckes mit der Formel für die molekulare Dissoziation.

Nimmt man als Beispiel zunächst an, daß nur die Reaktion

$$K^+ + e \rightleftharpoons K$$

in der Flamme vorkommt, dann ergibt sich für β die Beziehung:

$$\frac{\beta^2}{1-\beta} = \frac{J(T)}{\bar{p}_K}$$

worin $\bar{p}_K = p_K + p_{K^+}$ den Gesamtalkaligehalt in Atmosphären bezeichnet. Man berechnet hieraus z. B., daß bei $\bar{p}_K$ gleich 10^{-6} atm und $T = 2500°$ K ungefähr die Hälfte des K ionisiert ist, während unter den gleichen Bedingungen das Na nur zu 7% als Ion in der Flamme vorkommt. Setzt man einen gleichgroßen Ca-Gehalt voraus, berechnet man einen Ionisationsgrad von nur etwa 1% [*11*]. Diese so unterschiedlichen Ionisationsgrade gehen auf die unterschiedlichen Ionisierungsenergien zurück (K: 4,34 eV; Na: 5,14 eV; Ca: 6,11 eV). Die Ionisationsenergien der für die Flammenphotometrie wichtigsten Elemente sind in Tab. 1 aufgeführt.

Bei der Besprechung der Dissoziation hatten wir schon von der Temperaturabhängigkeit des Dissoziationsgrades α und der Abhängigkeit vom Gesamtgehalt gesprochen. Das entsprechende gilt hier für die Temperaturabhängigkeit usw. des Ionisationsgrades β. Nur wirken sich die Temperatur- bzw. die Konzentrationsabhängigkeit von Dissoziation und Ionisation verschieden aus, da eine Zunahme von β eine Abnahme der atomaren Emission bedeutet. Man hat also bei zunehmender Temperatur eine immer stärker werdende Abnahme der atomaren Konzentration durch die Ionisation in der Flamme zu erwarten, die sogar die Zunahme der thermischen Emissionsanregung (Kap. 8) kompensieren bzw. sogar übertreffen kann (Kap. 14). Auch steigt der prozentuale Atomkonzentrationsverlust mit abnehmender Gesamtkonzentration. Diese Abhängigkeit des prozentualen Emissionsverlustes von der Lösungskonzentration bedingt eine konkave Krümmung der Eichkurve (Kap. 10). Schließlich sieht man aus der allgemeinen Sahagleichung, daß die Zugabe eines dritten Partners, z. B. eine Zugabe von Caesium, das selbst viele Elektronen in die Flamme abgibt und dadurch den Wert von p_e steigert, den Ionisationsgrad des K herabsetzt. Hierdurch wird die atomare Emission des ursprünglichen Elementes erhöht und es entsteht eine Emissionsbeeinflussung, die in der Praxis der Flammenphotometrie Störungen verursacht (Kap. 11 u. 97). Alle diese Effekte werden in der Flammenphotometrie häufig festgestellt, und sie waren daher schon öfter Gegenstand quantitativer Deutungsversuche [*65, 179, 233, 371, 603, 612, 660, 661, 675*]. Wir verweisen hierbei auch auf die hochfrequentelektrischen und auf die massenspektrometrischen Messungen der Flammenionisation [*127, 423, 425, 694*].

Tabelle 1. *Die Ionisations- und Anregungsenergien sowie die Wellenlängen für die Grundlinien einiger wichtiger Elemente* (nach [*29, 37a*])

Element	Wellenlänge der Grundlinie in mμ	Ionisatons-energie in eV	Anregungs-energie für die Grundlinie in eV
Li	670,8	5,39	1,84
Na	589,0/6	5,14	2,10
K	766,5/9,9	4,34	1,61
Rb	780,0/94,8	4,18	1,56
Cs	852,1/94,3	3,89	1,39
Cu	324,8/27,4	7,72	3,80
Ag	328,1/38,3	7,57	3,67
Mg	285,2	7,64	4,35
Ca	422,7	6,11	2,93
Sr	460,7	5,69	2,69
Ba	553,6	5,21	2,24
Zn	(370,2)	9,39	(4,04)
Cd	(326,1)	8,99	(3,80)

Die quantitative Deutung der Ionisationserscheinungen wird in vieler Hinsicht erschwert. Einerseits ist es jetzt noch nicht geklärt, wie weit im Einzelfalle mit Gleichgewichtszuständen bei der Ionisation gerechnet werden darf. Hierbei sind auch Überlegungen über den zeitlichen Ablauf des Ionisations- und Rekombinationsmechanismus von Bedeutung [*180, 423, 536*]. Zum anderen muß man auch andere Partner berücksichtigen, die die Ionisation beeinflussen, z. B. negative Ionen wie OH^-, O^- und Cl^-, die sich besonders in kühleren Flammen auswirken [*11, 127, 535*]. Im Gleichgewichtszustand sollten solche Ionen zwar dem Sahaschen Gesetz gehorchen, aber der Wert der Elektronenaffinität ist nicht immer hinreichend genau bekannt. Außerdem dürfen wir, wie oben schon ausgeführt, im Hinblick auf die Konzentration dieser Radikale nicht mit Gleichgewichtszuständen rechnen, insbesondere kurz oberhalb der Reaktionszone. Weiterhin wurde durch massenspektrometrische Untersuchungen nachgewiesen, daß in den Flammen noch kompliziertere ionisierte Metallmoleküle, wie z. B. $(BaOH)^+$ vorkommen [*91, 424, 695*], die diese Verhältnisse noch unübersichtlicher gestalten.

Eine besondere Schwierigkeit entsteht in C_2H_2-Luftflammen (vielleicht auch in einigen anderen Flammen, s. unten) dadurch, daß die Flammengase selbst, also ohne daß Metallsalze in die Flamme hineingebracht werden, durch Ionisation freie Elektronen, sog. Flammenelektronen, liefern können, deren Konzentration wesentlich über der des thermischen Gleichgewichtes liegen kann [*63, 65*]. Wegen der hohen Ionisierungsenergie der einzelnen Bestandteile der Flammengase sollte man zunächst eine sehr niedrige Elektronenkonzentration in der reinen Flamme erwarten, selbstverständlich unter der Voraussetzung, daß keine metallischen Verunreinigungen oder Rußteilchen in der Flamme vorkommen [*11, 371*]. Die erhebliche positive Abweichung der gefundenen Elektronenkonzentration von der erwarteten dürfte auf die langsame Rekombination bestimmter Ionen mit Elektronen zurückgeführt werden können [*11, 65*]. Man beobachtet nämlich, daß diese Abweichung mit zunehmender Flammenhöhe, d. h. mit größerer Entfernung von der primären Verbrennungszone immer kleiner wird, d. h. sich immer mehr dem Gleichgewichtswert nähert. Bemerkenswert erscheint in diesem Zusammenhang die Tatsache, daß die Anwesenheit von Flammenionen über der primären Verbrennungszone auch massenspektrometrisch festgestellt werden konnte [*424, 425*]. Es ist noch nicht ganz geklärt, wie stark solche Flammenelektronen in anderen Kohlenwasserstoffflammen und in turbulenten Flammen vorkommen und bei der flammenphotometrischen Analyse in Erscheinung treten (s. unten) [*65, 233*].

Wenn in einer Flamme freie Flammenelektronen vorkommen, äußert sich dies bei praktischen Analysen in verschiedenen Effekten, die alle auf eine Verminderung der Ionisation des Analysenelementes zurückzuführen sind [*65*]. Bei niedrigen Metallkonzentrationen, wo die Metallionenkonzentration sehr klein im Vergleich zur Konzentration an Flammenelektronen ist, können wir in der Saha-Gleichung (s. oben) einen konstanten Wert für p_e einsetzen, d. h. es spielt in diesem Konzentrationsbereich die Metallkonzentration keine Rolle. Der Ionisationsgrad ist dann praktisch unabhängig von der Metallkonzentration und die Eichkurve verläuft dementsprechend in diesem Konzentrationsbereich geradlinig, d. h. die charakteristische konkave Ionisationskrümmung wird hierbei nicht angetroffen. Durch diese Zurückdrängung der Ionisation im unteren Konzentrationsbereich wird zugleich die tatsächliche Nachweisbarkeitsgrenze verbessert und es wird die gegenseitige Ionisationsbeeinflussung von z. B. $K \rightleftharpoons Na$ (Kap. 97) herabgesetzt. Da sich die Konzentration der freien Flammenelektronen mit zunehmender Flammenhöhe verringert, vermindert sich ihr günstiger Einfluß, und die Metallionisation wird, bei gleichbleibender Temperatur, höher. Damit beobachtet man aber eine Abnahme der atomaren Metallemission mit zunehmender Beobachtungshöhe in der Flamme. Auch ändert sich dabei die Form der Eichkurve (vgl. oben).

Zusammenfassend möchten wir noch bemerken, daß die hier besonders beschriebene Dissoziation und Ionisation in der Praxis oft gleichzeitig und in ihren Auswirkungen kaum voneinander abtrennbar auftreten können, z. B. wenn KCl zerstäubt wird. Die sich z. T. widersprechenden Forderungen hinsichtlich optimaler Flammentemperatur, optimaler Beobachtungshöhe in der Flamme, optimalem Verdünnungsgrad usw., die man aus den obigen Abschnitten über die Dissoziation, bzw. über die Ionisation ableiten kann, erfordern dann einen Kompromiß.

8. Über die Strahlung von Atomen und Molekülen in der Flamme

In den vorangegangenen Kapiteln haben wir dargestellt, wie die Analysenlösung in die Flamme hineingebracht wird, und wie sie bis zum anregbaren Atom- bzw. Moleküldampf in der Flamme umgewandelt wird. Wir wollen hier nun auf die Entstehung und die Eigenschaften dieser von den Atomen bzw. Molekülen ausgehenden Strahlung eingehen, wobei wir zunächst ihre spektrale Zusammensetzung und erst später die Intensitäten dieser Strahlung und den Anregungsmechanismus berücksichtigen wollen. Selbstverständlich können wir hier nur einen kurzen Abriß der wichtigsten Vorstellungen aus der Atom- und Molekülphysik geben und verweisen für ein eingehenderes Studium auf Spezialliteratur [z. B. *5*, *12*, *17*, *19*, *37*, *47*, *54*].

Die spektrale Zusammensetzung. Wir wollen das prinzipiell Wesentliche dazu am Beispiel des Na-Atoms behandeln, das bekanntlich aus einem positiven Kern und 11 Elektronen (11 ist die Ordnungszahl vom Na im periodischen System) besteht, die sich auf bestimmten Bahnen um die Kerne bewegen, wobei die Anordnung dieser Bahnen auf einzelnen Schalen zu denken ist. 10 dieser Elektronen befinden sich unter den in der Flamme vorkommenden Temperaturen unveränderlich in ihren abgeschlossenen inneren Schalen. Nur das 11. äußerste Elektron, das sog. Leucht- oder Valenzelektron, ist für die hier zu besprechenden Strahlungsprozesse verantwortlich. Wir wollen uns für die weitere Veranschaulichung der Strahlungsprozesse des Rutherford-Bohrschen Atommodells bedienen. Mit dessen Hilfe beschreibt man einen Anregungsprozeß durch den Übergang des Leuchtelektrons von seiner Grundbahn mit der Energie E_0 auf eine weiter außen liegende, energiereichere Bahn mit der Energie E_i. Man sagt auch, das Atom als ganzes befindet sich dann in einem angehobenen oder angeregten Zustand. Für eine bestimmte Atomart gibt es nur ganz diskrete Anregungszustände mit zugehörigen diskreten Energiewerten E_1, E_2, E_3, ... E_i ..., die charakteristisch für das Atom sind. Wegen des Gesetzes von der Erhaltung der Energie muß bei einem solchen Übergang ein Energiebetrag $E_i - E_0$ von außen irgendwie zugeführt werden. „Fällt" nun das Leuchtelektron aus einer äußeren, energiereicheren Bahn (Energie E_i) nach einer weiter innen gelegenen Bahn (Energie E_j) zurück, wird umgekehrt ein Energiebetrag $E_i - E_j$ frei. Die freiwerdende Energie kann in Form eines Photons (Lichtquants) ausgestrahlt werden. Für die Energie ($h \cdot \nu$) dieses Photons muß die Bohrsche Frequenzbedingung $h \cdot \nu = E_i - E_j$ (mit h = Plancksches Wirkungsquantum = $6{,}60 \cdot 10^{-27}$ erg · sec und ν = Frequenz des ausgesandten Lichtes) gelten. Da die Energiewerte E_i bzw. E_j charakteristisch für jede Atomart sind, sind es auch die Differenzenergien $E_i - E_j$ und somit auch die Frequenzen bzw. die Wellenlängen $\lambda = c/\nu$ (mit c = Lichtgeschwindigkeit) der ausgesandten Strahlen. Auf dieser Tatsache beruht die sog. qualitative Flammenanalyse, wobei man aus den Wellenlängen der emittierten Strahlung auf die Art der Atome schließt, die in der Flamme vorhanden sind.

Es hängt also von der Anordnung der Energiestufen des Atoms (sog. Termschema) ab, welche Wellenlängen im Spektrum zu erwarten sind, wobei Auswahlverbote für bestimmte Übergänge zu beachten sind. Warum nur bestimmte Elektronenbahnen des Atoms möglich und warum gewisse Übergänge „verboten" sind, ist mit Hilfe der Wellenmechanik erklärbar und soll hier nicht besprochen werden. Wir geben hier nur als Beispiel das Termschema des Na-Atoms in Abb. 2 wieder. Außerdem haben wir in Tab. 1 die Anregungsenergien für die Anregung der Grundlinien der wichtigsten Elemente in eV angegeben.

Jeder Term, der einen möglichen Energiezustand des Atoms (eine bestimmte Elektronenbahn) darstellt, ist durch einen waagerechten Strich gekennzeichnet, dessen Höhe dem zugehörigen Energiewert entspricht. Die Energie der einzelnen Terme bezogen auf die Energie im Grundzustand ist in eV (= Elektronenvolt) ausgedrückt, wobei $1\ \mathrm{eV} = 1{,}60 \cdot 10^{-12}$ erg ist. Die Pfeile zwischen den einzelnen Termen deuten an, welche Übergänge „erlaubt" sind. Jedem Übergang bzw. jedem Pfeil entspricht also eine bestimmte Spektrallinie, deren Wellenlänge seitlich an die Pfeile in Å-Einheiten[1] angeschrieben ist. Man erkennt in Abb. 2. die bekannte gelbe Na-Doppellinie 5890/96 Å, die einem Übergang von der ersten Anregungsstufe nach dem Grundzustand entspricht. Diese Linie erscheint als Dublett, d. h. als 2 dicht beieinander liegende Einzellinien, da hier die erste Anregungsstufe in zwei sehr nahe beieinander liegende Einzelterme aufgespalten ist. Auch die ultraviolette Na-(Doppel-)Linie 3302/03 Å stellt einen solchen Übergang nach dem Grundzustand dar. Im Gegensatz dazu stellt z. B. die ultrarote Linie 8183/95 einen Übergang von einem höheren Term auf einen niedriger gelegenen Term, aber nicht auf den Grundzustand dar. Auch die letztgenannte Linie ist in Flammen nachweisbar (s. Spektrallinientafel im Anhang). Linien, die auf einem Übergang nach dem Grundzustand beruhen, nennt man Resonanzlinien. Sie spielen bei den später zu besprechenden Absorptionsvorgängen eine Rolle.

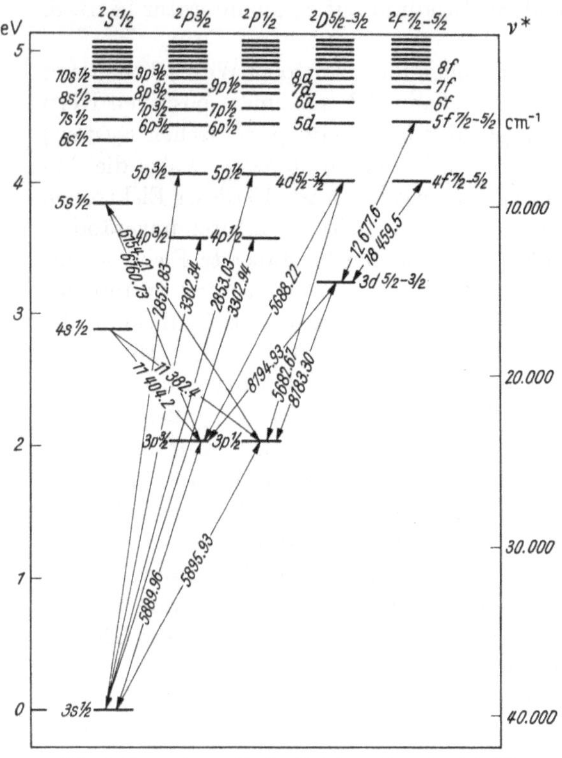

Abb. 2. Termschema für das Natrium-Atom (nach [15])

Jede Energiestufe im Termschema der Abb. 2 wird durch 3 Quantenzahlen gekennzeichnet: die Hauptquantenzahl (n), die Bahndrehimpuls-Quantenzahl (l) und die innere Quantenzahl (j). Das Bestehen dieser Quantenzahlen hängt mit der Quantisierung der Energie, des Bahndrehimpulses und des Spins (= Rotation um die eigene Achse) des Elektrons zusammen. Die Hauptquantenzahl kennzeichnet die Schale, in der sich das Leuchtelektron befindet. Sie wird vor das Termsymbol geschrieben. In unserem Na-Beispiel ist $n = 3, 4, 5, \ldots$, da die ersten zwei inneren Schalen abgeschlossen, d. h. durch Elektronen voll besetzt sind und für unsere Betrachtung ausscheiden (s. oben). Die Bahnimpulsquantenzahl kennzeichnet die Exzentrizität der Elektronenbahn. Sie kann die Werte $l = 0, 1, 2, 3, \ldots (n - 1)$ annehmen. Diese Werte werden im Termsymbol durch die Buchstaben s, p, d, f usw. gekennzeichnet bzw. als $S, P, D, F, \ldots$ -Zustand des

[1] Später geben wir Wellenlängen in den in der Technik üblichen Einheiten mμ (1 mμ = 1 nm = 10^{-7} cm oder 10 Å = 1 mμ) an.

Atoms beschrieben. Die innere Quantenzahl j beschreibt, wie der Bahndrehimpuls und der Spin des Leuchtelektrons durch die ihnen entsprechenden Magnetfelder gekoppelt sind. Sind die Umlaufrichtung der Bahnbewegung und die Rotationsrichtung des Spins gleich gerichtet, so ist $j = l + {}^1/_2$, sind sie entgegengesetzt gerichtet, so ist $j = l - {}^1/_2$. Andere Möglichkeiten für j gibt es bei dem hier besprochenen Na-Atom nicht. Der Wert von j wird rechts unter das Termsymbol geschrieben. Die dicht beieinander liegenden Terme der untersten Anregungsstufe von Na $3p_{3/2}$ bzw. $3p_{1/2}$ (s. Abb. 2) unterscheiden sich also nur im j-Wert. Diesen verschiedenen j-Werten entspricht ein sehr geringer Unterschied der Anregungsenergie und damit ein sehr geringer Wellenlängenunterschied. Die gelbe Na-Linie erscheint daher als Doppellinie. Im übrigen sind alle Grundlinien der Alkalien solche Doppellinien.

Die Spektren der Alkalien sind untereinander sehr ähnlich, da sie alle nur ein Leuchtelektron besitzen. Hingegen besitzen die Erdalkalien in der äußeren, nicht abgeschlossenen Schale 2 Elektronen. Deren Spektren ähneln wieder untereinander, sie unterscheiden sich aber von den Alkalispektren. Das einfach ionisierte Erdalkali-Atom emittiert im Gegensatz zum ionisierten Alkali-Atom in der Flamme ein Linienspektrum, das dem Spektrum des neutralen Alkali-Atoms verwandt ist. Das Termschema eines Erdalkali-Atoms unterscheidet sich prinzipiell vom Termschema eines Alkali-Atoms, z. B. von dem in Abb. 2 dargestellten dadurch, daß die Resonanzlinien (z. B. die blaue Ca-Linie bei 4227 Å) nicht doppelt, sondern einfach sind. Außerdem wird bei Anwesenheit von Erdalkalien in der Flamme zusätzlich ein Bandenspektrum (Molekülspektrum) emittiert, das für die Praxis der Flammenphotometrie meist von größerer Bedeutung ist als ihr Linienspektrum. Wir müssen daher hier auch das Aussehen und die Entstehung dieser Molekülspektren kurz beschreiben. Molekülspektren treten im übrigen auch bei der Eigenstrahlung der Flamme auf, worauf wir in Kap. 9 zurückkommen. Wir beschränken uns wieder auf einige kurze Andeutungen und verweisen für ein eingehenderes Studium auf die Literatur [*5*, *12*, *19*, *37*, *41*, *54*].

Entsprechend wie bei den Atomen werden auch die von den *Molekülen* bzw. *Radikalen* (z. B. OH) ausgesandten Frequenzen durch die Gleichung $h\nu = E_i - E_j$ bestimmt, worin E_i die (innere) Energie des angeregten Moleküls und E_j seine (innere) Energie nach Ausstrahlung eines Lichtquants bedeutet. Hierbei sind wieder Auswahlregeln zu beachten, die bestimmte Energieübergänge „verbieten". Ähnlich wie bei den Atomen gibt es auch bei den Molekülen diskrete Anregungszustände mit dadurch bedingten diskreten Frequenzen im Spektrum, die für das betreffende Molekül charakteristisch sind. Nur ist die Anhäufung der Anregungsstufen im Termschema der Moleküle meist viel größer als bei den Atomen, so daß das Molekülspektrum sehr linienreich erscheint. Bei ungenügendem Auflösungsvermögen des verwandten Spektralapparates, bzw. bei stark verbreiterten Molekküllinien, sind diese vielen dicht beieinander liegenden Molekküllinien dann nicht mehr voneinander zu trennen, und man beobachtet dann im Spektrum ein „Intensitätsgebirge" und spricht von (Molekül-)Banden bzw. von einem Bandenspektrum, im Gegensatz zum Linienspektrum der Atome. Beispiele für Registrierungen solcher Molekülspektren sind in Abb. 6 und in den Registrierkurven am Schluß dieses Buches (Tafel XXIII/63 u. XXVI/73—74 u. a.) wiedergegeben.

Die Gründe für diese komplizierten Molekülspektren bzw. diese vielen Anregungsstufen der Moleküle sind folgende. Die Energie der Moleküle setzt sich aus drei ziemlich unabhängigen Teilen zusammen:

1. Aus der Elektronenanregungsenergie, die der Elektronenanregungsenergie der Atome entspricht. Auch hier können Elektronen gewisse Quantensprünge zwischen verschiedenen Bahnen (Termen) ausführen.

2. Aus der Schwingungsenergie, indem die im Molekül vorhandenen Atomkerne Schwingungen gegeneinander, verschiedene Schwingungen um Symmetrieachsen u. ä., ausführen. Ebenso wie bei der Elektronenanregung gibt es hier auch diskrete Schwingungszustände mit dazugehörigen Schwingungsenergien. Die Größe dieser Energien hängt mit den Schwingungsamplituden zusammen. Bei komplizierteren Molekülen gibt es außerordentlich viele Schwingungsmöglichkeiten.

3. Aus der Rotationsenergie. Es kann ein z. B. hantelförmig gebautes Molekül um eine auf der Molekülachse senkrecht stehende, durch den Schwerpunkt hindurchgehende Rotationsachse rotieren. Auch alle diese möglichen Rotationszustände sind auf Grund der Wellenmechanik gequantelt, d. h. es gibt nur diskrete Werte der Rotationsenergie, wobei den verschiedenen Rotationszuständen verschiedene Umdrehungsfrequenzen entsprechen. Nur sind die Energieunterschiede zwischen zwei je aufeinander folgenden Rotationszuständen meist viel geringer als die Energieunterschiede zwischen den Schwingungszuständen, und diese sind ihrerseits meist viel geringer als die Energieunterschiede zwischen zwei aufeinander folgenden Anregungszuständen des lichtemittierenden Elektrons.

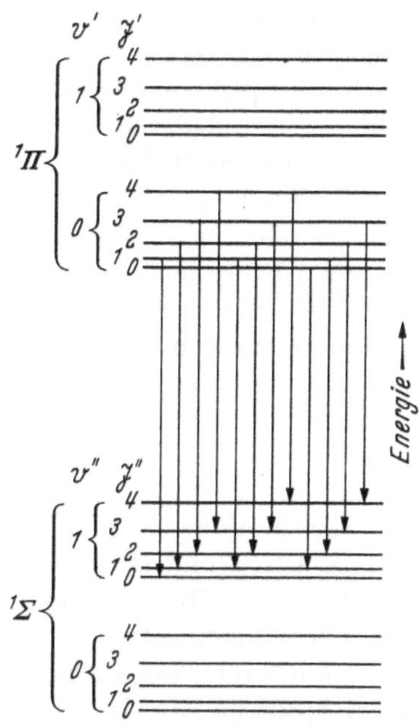

Abb. 3. Termschema eines zweiatomigen Moleküls (schematisch). Die als Beispiel eingezeichneten erlaubten Übergänge bei vorgegebenem Elektronenübergang $^1\Pi \rightarrow {}^1\Sigma$ und vorgegebenem Schwingungsübergang $v' = 0 \rightarrow v'' = 1$ bilden zusammen eine Bande. Im Interesse einer deutlichen Darstellung sind die Abstände zwischen den Schwingungs- und Rotationstermen übertrieben groß gezeichnet

Die möglichen diskreten Werte der Gesamtenergie des einfachsten zweiatomigen Moleküls (Hantelmolekül) sind im Termschema der Abb. 3 schematisch dargestellt.

Die Bahn des Leuchtelektrons wird hier z. B. durch $^1\Sigma$ (Grundzustand) bzw. $^1\Pi$ gekennzeichnet (nähere Ausführungen über die Bedeutung dieser Symbole siehe die oben zitierte Literatur). Diese Elektronenzustände können mit irgendeinem Schwingungszustand, welcher durch die Quantenzahl $v = 0, 1, 2 \ldots$ gekennzeichnet wird, kombiniert auftreten. Und schließlich kann jeder Schwingungszustand wieder mit irgendeinem Rotationszustand kombiniert erscheinen, wobei der Rotationszustand durch die Quantenzahl $J = 0, 1, 2, 3 \ldots$ charakterisiert wird. Bei gleichbleibendem Elektronen- und Schwingungszustand machen sich Übergänge zwischen den einzelnen möglichen Rotationszuständen ($J' \rightarrow J''$) meist nur im fernen ultraroten Teil des Spektrums bemerkbar, da die Energieunterschiede sehr gering sind. Kombinierte Schwingungs- und Rotationsübergänge ($v' \rightarrow v''$; $J' \rightarrow J''$) bei konstantem Elektronenzustand treten meist im nahen Ultrarot in Erscheinung. Bei den in der Flammenphotometrie wichtigen Molekülbanden im sichtbaren und ultravioletten Teil des Spektrums sind aber, abgesehen von Rotations- und Schwingungsübergängen, auch immer Elektronenübergänge mit beteiligt.

Im Beispiel der Abb. 3 bilden alle Moleküllinien, die bei einem Übergang ($^1\Pi \rightarrow {}^1\Sigma$; $v' \rightarrow v''$; $J' \rightarrow J''$) mit fest vorgegebenem v'- bzw. v''-Wert, aber variierten J''- bzw. J'-Werten vor sich gehen, zusammen eine solche Bande. Hierbei sind den J''-, J'-Kombinationen gewisse Auswahlregeln gesetzt. Da den verschiedenen J-Werten nur geringe Energieunterschiede entsprechen, liegen die Linien einer Bande sehr nahe beieinander. Diese Linien haben meist eine gewisse Konvergenzstelle im Spektrum, einen sog. Bandenkopf, und die Banden zeigen im ganzen betrachtet eine stufenweise Abschattierung, die, vom Bandenkopf aus gesehen, entweder nach der roten oder nach der violetten Seite des Spektrums gerichtet ist. Jede erlaubte Kombination $v' \rightarrow v''$ gibt wieder eine andere Bande.

Das Bandenspektrum der Flammengase selbst werden wir in Kap. 9 näher besprechen. — Über die Herkunft der Erdalkalibanden im Sichtbaren (s. auch Kap. 81) besteht in der Literatur noch keine völlige Übereinstimmung. Obwohl der größte Teil der Erdalkalielemente in den üblichen Flammen als Oxyd vorliegt [*393*] und verschiedene Banden zweifellos als Oxydbanden zu bezeichnen sind (z. B. die blauen, die ultravioletten und ultraroten Banden des Ca und Sr [*41, 393*]), muß andererseits wenigstens ein Teil der Banden dem CaOH, dem SrOH, bzw. dem BaOH zugeschrieben werden. Solche, bei Zimmertemperatur ungewöhnliche Verbindungen können in der Flamme stabil auftreten. Intensitätsmessungen an Banden mit konstanter Temperatur, aber variiertem OH-Gehalt [*170, 393*], ferner Beobachtungen der Isotopieverschiebungen im Spektrum solcher Elemente bei Verwendung von Deuterium anstelle von Wasserstoff [*186, 285, 286, 376, 441*] zeigten, daß die Ca-Banden um 554 und 623 mμ, die Sr-Banden um 610 und 660 mμ, ferner die Ba-Banden um 500 mμ solche Hydroxyd-Banden sein müßten. Jedoch besteht über die Richtigkeit einiger dieser Zuordnungen zwischen den einzelnen Beobachtern [*376*] noch keine Einigkeit. Wir möchten zu dieser Frage keine Stellung nehmen und diese Banden vorläufig als CaO(H)-, SrO(H)-Banden usw. bezeichnen. Es steht jedenfalls fest, daß der größte Teil der Erdalkali-Banden nicht durch Polimermoleküle, wie z. B. Ca_2, Ca_2O usw., erklärt werden kann [*375, 393*]. Eine prinzipiell mögliche Bandenemission von Erdalkalichloriden erscheint, zumindest bei den normalen Cl-Konzentrationen, in der Flammenphotometrie keine Rolle zu spielen [*361*].

Beim Hineinbringen von vielen Elementen, wie z. B. Mo, Ni usw., in die Flamme, wird neben einem Linien- oder Bandenspektrum auch ein schwaches *Kontinuum*[1] emittiert, das sich in der Flammenphotometrie durch eine Anhebung der Untergrundstrahlung bemerkbar macht. Solch eine zusätzliche kontinuierliche Strahlung könnte z. B. auf die Temperaturstrahlung (Schwarzkörperstrahlung) von nicht völlig verdampften Oxydteilchen solcher Elemente zurückgehen. Daneben kann auch ein Kontinuum entstehen, wenn sich in der Flamme Rekombinationsvorgänge, z. B. zwischen K^+-Ionen und freien Elektronen [*6*] bzw. zwischen Na-Atomen und OH-Radikalen [*71, 395, 534*], abspielen. Bei der Bildung des neutralen K-Atoms bzw. des NaOH-Moleküls wird nämlich Energie frei, die aus der diskreten Ionisierungs- bzw. Dissoziationsenergie und der kontinuierlich verteilten kinetischen Anfangsenergie der teilnehmenden Partner zusammengesetzt ist. Diese Energien können dann in Form von Lichtquanten ausgestrahlt

[1] Unter einem Kontinuum verstehen wir eine Strahlung, die nicht an einzelnen diskreten Wellenlängen (Frequenzen) des Spektrums Intensitäten (Spektrallinien), sondern vielmehr eine zusammenhängende kontinuierliche Strahlung, ähnlich wie bei einem Temperaturstrahler (z.B. glühendem Wolfram), aufweist.

werden, wobei die Frequenzen, bzw. die Wellenlängen wegen des kontinuierlich verteilten kinetischen Anteiles — innerhalb gewisser Grenzen — auch kontinuierlich verteilt sind. Diese Kontinua sind natürlich grundsätzlich von solchen zu unterscheiden, die auf apparative Unzulänglichkeiten, z. B. auf Streulichtanteile zurückgehen (Kap. 94). Von dem (echten) Kontinuumanteil der Flammengase werden wir im Kap. 9 sprechen.

Die Intensität der Strahlung. In den vorangegangenen Abschnitten besprachen wir den Zusammenhang zwischen dem Atom- bzw. Molekülbau und den Wellenlängen der im Spektrum vorkommenden Linien bzw. Banden. Da die quantitative Flammenphotometrie auf Insentitätsmessungen von Linien bzw. Banden zurückgeht, wollen wir hier noch besprechen, von welchen Faktoren diese Intensitäten bestimmt werden.

Wir wollen dazu der Einfachheit halber das oben begonnene Beispiel des in die Flamme hineingebrachten Na-Salzes fortführen. Die Zahl der freien Na-Atome je cm^3 in der Flamme sei N, die Flammendicke sei l und der Teil der Flamme, der vom Strahlungsempfänger erfaßt wird, sei O. Dann befinden sich im Volumenanteil $l \cdot O$ der Flamme also $N \cdot l \cdot O$ Na-Atome. Diese Atome stoßen mit den Molekülen der Flammengase zusammen, wobei Energie von den Flammenmolekülen auf die hineingebrachten Na-Atome übertragen werden kann. Dadurch gehen fortwährend Na-Atome vom Grundzustand zu irgendeinem der in Abb. 2 dargestellten Anregungszustände über, und es fallen aber auch angeregte Na-Atome in den Grundzustand zurück. Wenn wir die in vielen Fällen durchaus berechtigte Annahme machen, daß in den Flammen ein thermodynamisches Gleichgewicht herrscht, so ergibt sich aus der statistischen Thermodynamik folgender Zusammenhang zwischen der Anzahl der angeregten Atome N^* je cm^3 zur oben genannten Gesamtzahl aller Atome N/cm^3:

$$N^* = N \frac{g_a}{g_o} e^{-E_a/kT},$$

die sog. *Boltzmannsche Formel*, worin E_a die Anregungsenergie (s. Tab. 1), k die Boltzmannsche Konstante, T die absolute Temperatur und g_a, bzw. g_o die sog. statistischen Gewichte des Anregungszustandes, bzw. des Grundzustandes bedeuten. Die Energien der Terme sind hierbei, wie üblich, vom Grundzustand aus gerechnet. Die hier wiedergegebene, etwas vereinfachte Formel gilt nur näherungsweise unter der, allerdings berechtigten Annahme, daß der Anteil der angeregten Atome N^* klein im Vergleich zur Gesamtzahl der Atome N ist.

Die hier nicht näher erläuterten statistischen Gewichte hängen theoretisch mit den gequantelten Einstellmöglichkeiten des Atoms in bezug auf ein (gedachtes) Magnetfeld zusammen. Für einen Atomzustand mit einer inneren Quantenzahl J gilt: $g = 2J + 1$; g ist also von der Größenordnung 1—10 (vgl. das Thermschema in Abb. 2).

Für jeden Übergang von einem höher gelegenen Term zu einem tiefer gelegenen, z. B. dem Grundzustand, gibt es eine charakteristische temperaturunabhängige Größe, die sog. *Einsteinsche Übergangswahrscheinlichkeit A*. Diese Größe gibt die Wahrscheinlichkeit dafür an, daß solch ein angeregtes Atom in der Zeiteinheit spontan unter Aussendung eines Lichtquants in den tiefer gelegenen Zustand, z. B. in den Grundzustand, zurückfällt. Befinden sich im Mittel N^* Atome/cm^3 im Anregungszustand, so senden $N^* \cdot A$ dieser angeregten Atome je Zeiteinheit ein Lichtquant mit der Energie $h \cdot \nu$ aus. Das Flammenvolumen $O \cdot l$ wird also eine Spektrallinie der Frequenz ν mit der Intensität

$$I = \left(A \cdot h \cdot \nu \cdot N \frac{g_a}{g_o} \cdot e^{-E_a/kT}\right) O \cdot l \text{ erg/sec}$$

in den ganzen Raum abstrahlen, wobei in dem speziellen Fall einer Resonanzlinie $E_a = h \cdot \nu$ zu setzen ist. Hiervon wird durch die Photozelle nur ein Teil erfaßt, der von dem Raumwinkel abhängt, unter dem die Flamme die Photozelle „sieht" und noch von dem Anteil abhängt, der in den optischen Bauelementen (Filtern, Linsen usw.) durch Absorption, Streuung usw. verlorengeht.

Drückt man die Anregungsenergie in eV aus, so erhält man für den obengenannten Exponentialfaktor $10^{-5040\, V_a/T}$. Für die gelbe Na-Linie mit $V_a = 2{,}10$ eV z. B. erhält man für diesen Faktor den Wert $5{,}8 \cdot 10^{-5}$ bei 2500° K, bzw. entsprechend für die Na-Linie bei 330 mμ mit $V_a = 3{,}7$ Volt einen Faktor von $4 \cdot 10^{-8}$. Man sieht aus diesen Zahlen, daß bei sonst gleichbleibenden Bedingungen, wie Temperatur usw. die Intensitäten dieser Resonanzlinien stark mit abnehmender Wellenlänge abnehmen. Im genannten Beispiel erscheint die Na 330 mμ-Linie auch deshalb viel schwächer als die gelbe Na-Linie, weil ihr A-Wert etwa 100mal geringer ist (vgl. obige Formel). Dieser Exponentialfaktor nimmt auch stark mit abnehmender Temperatur ab. Bei 2000° K z. B. erhält man für den Exponentialfaktor der gelben Na-Linie nur noch $5 \cdot 10^{-6}$ (Kap. 14). Es folgt auch, daß solche Resonanzlinien, welche von einem Übergang von der niedrigsten Anregungsstufe zum Grundzustand herrühren, meist auch die stärksten Linien im Spektrum sind (z. B. die gelbe Na-Doppellinie). Man nennt solche Linien daher auch Restlinien oder letzte Linien, da sie bei fortgesetzter Verdünnung der Analysensubstanz als letzte „verschwinden". Die Resonanzlinien der wichtigsten Elemente mit ihren Anregungsenergien sind in Tab. 1 verzeichnet. Die Wellenlängen der übrigen Resonanzlinien ergeben sich aus den Tabellen im Anhang.

Natürlich sind die Anregungsenergien E_a und die anderen, die Intensität I in der obigen Formel bestimmenden Größen (T, A usw.) nicht die einzigen Faktoren, welche bei vorgegebener Lösungskonzentration die Intensität der Strahlung bestimmen. Diese hängt auch von den im vorigen Kapitel besprochenen Verdampfungs-, Dissoziations- und Ionisationsprozessen ab. So tritt z. B. die Resonanzlinie von Uran trotz ihrer niedrigen Anregungsenergie von 1,44 eV nicht in Erscheinung, da die Uranmoleküle sehr wenig dissoziieren.

Auch die Intensitäten der Molekküllinien, bzw. der meist integral gemessenen Banden, werden durch ähnliche Formeln wie oben für die Atomlinien beschrieben. Die Beziehungen sind hier nur wesentlich verwickelter wegen der komplexen Struktur des Molekülspektrums. Wir wollen daher nicht näher darauf eingehen und nur erwähnen, daß die Intensitätsverhältnisse innerhalb einer Bande, besonders die Stelle der maximalen Intensität, direkt mit der Flammentemperatur zusammenhängt. Wir verweisen auf die Literatur [*11*].

Bis jetzt haben wir stillschweigend vorausgesetzt, daß jedes von einem Atom oder Molekül in der Flamme ausgehende Lichtquant ungehindert die Flamme verlassen kann. Nun gilt aber ganz allgemein, daß jedes Medium, das Strahlung von bestimmter Frequenz emittieren, auch Strahlung der gleichen Frequenz absorbieren kann. Bei dieser Absorption eines Lichtquants findet der gleiche Prozeß wie oben bei der Emission, nur in umgekehrter Richtung statt. Das in einem Zustand niedriger Energie, z. B. im Grundzustand befindliche Atom, geht bei der Absorption in einen angeregten Zustand über. Ein Teil der in der Flamme erzeugten Lichtquanten wird also wieder absorbiert, wobei das absorbierende Atom in einen höheren Anregungszustand übergeht. Da ein angeregtes Atom in der Flamme seine Energie meist durch (sog. unelastische) Zusammenstöße mit

Flammenmolekülen und nicht durch das Ausstrahlen eines (neuen) Lichtquants verliert, bedeutet das Auftreten von Absorption im allgemeinen einen Strahlungsverlust. Die oben angegebene Intensitätsformel sollte dementsprechend korrigiert werden. Die Wahrscheinlichkeit für das Auftreten von Absorption eines Lichtquants ist um so größer, je größer die Konzentration der gleichartigen Atome im unteren Energiezustand z. B. im Grundzustand ist. Die Absorptionswahrscheinlichkeit wächst also mit der Lösungskonzentration, was eine konvexe Krümmung der Eichkurve bedingt (Kap. 10). Sie wächst auch mit zunehmender Flammendicke, da dabei die Länge des Weges, den das Lichtquant im Mittel zurückzulegen hat, bevor es die Flamme verläßt, zunimmt. Bei vorgegebener Konzentration der Atome im unteren Energiezustand und bei vorgegebener Flammendicke hängt die Wahrscheinlichkeit für das Auftreten von Absorption eines Lichtquants weiter noch von der oben bei der Emission schon genannten Einsteinschen Übergangswahrscheinlichkeit A ab. Da sich in den Flammen mit ihren verhältnismäßig niedrigen Temperaturen die meisten Atome noch im Grundzustand befinden (beachte oben den sehr geringen Boltzmann-Faktor für Flammentemperaturen), ist solch eine Absorption praktisch nur bei den Resonanzlinien zu erwarten. Man nennt den hier besprochenen Absorptionseffekt *Selbstabsorption*, da hier die Absorption durch Atome gleicher Art, wie die bei der Emission beteiligten, erfolgt (vgl. Kap. 10).

Die Selbstabsorption beeinflußt nicht nur die Gesamtintensität einer Spektrallinie, sondern auch den spektralen Intensitätsverlauf, besonders die spektrale Breite der Linie. Auch bei sog. „monochromatischer" Linienstrahlung haben wir es nicht nur mit einer einzigen Wellenlänge, sondern mit einem allerdings sehr schmalen Wellenlängenbereich (sagen wir $\Delta\,\lambda < 0{,}2\ \mathrm{m}\mu$) zu tun. Die Ursachen dafür sind in Stoßverbreiterung[1] und Verbreiterung der Linie durch Dopplereffekt[2] zu suchen. Die Abb. 4 zeigt den Intensitätsverlauf für eine solche verbreitete Linie in Abhängigkeit von der Wellenlänge.

Wir wollen hier anhand der Abb. 4 nur eine qualitative anschauliche Behandlung der Selbstabsorption im Zusammenhang mit der Linienverbreiterung geben und verweisen den Leser für ein eingehenderes Studium auf die Literatur [*38*, *51*, *538*].

Nehmen wir als Beispiel eine Linie des gelben Na-Resonanzdubletts. Im Bereich geringer Na-Konzentrationen, wo die Selbstabsorption noch zu vernachlässigen ist, hat die „Linie" überall die gleiche glockenförmige Spektralverteilung, welche durch die oben genannte Stoß- und Dopplerverbreiterung gegeben ist. Bei diesen niedrigen Konzentrationen erscheint die Linie bei jeder Konzentration mit der gleichen Halbwertsbreite[3]. Eine Verdoppelung der Konzentration bedeutet

---

[1] Unter Stoß- (oder sog. Lorentz-)Verbreiterung verstehen wir Linienverbreiterungen, die auf eine Störung des Ausstrahlungsprozesses zurückgehen, indem beim Ausstrahlen ein Zusammenstoß mit einem (z. B. Flammen-)Molekül stattfindet.

[2] Unter Dopplereffekt verstehen wir eine Verschiebung der beobachteten Wellenlänge, die auf eine Relativbewegung des lichtemittierenden Atoms gegen den z. B. ruhenden Beobachter zurückgeht. Infolge der ungeordneten, thermischen Bewegung der Atome in der Flamme treten Relativbewegungen in allen Richtungen und mit verschiedener Geschwindigkeit auf, wodurch die Linie über einen (engen) Wellenlängenbereich verschmiert erscheint.

[3] Unter Linienbreite verstehen wir hier die Breite der Spektrallinie in $\mathrm{m}\mu$, gemessen an der Stelle der Intensitätskurve der Abb. 4, wo die Intensität 50% von $J_{\max}$ der betreffenden Linie beträgt.

hier eine Verdoppelung aller Ordinatenwerte und folglich auch der Gesamtintensität der Spektrallinien. Diese Gesamtintensität ist proportional der unter einer jeden Glockenkurve gelegenen Fläche, die als Beispiel für die Kurve a in Abb. 4 schraffiert wurde. Die Gesamtintensität (proportional der schraffierten Fläche) wird in diesem Konzentrationsbereich noch durch die oben abgeleitete Intensitätsformel richtig wiedergegeben, wobei offenbar die tatsächliche Linienverbreiterung noch keine Rolle spielt. Bei höheren Na-Konzentrationen wird die Selbstabsorption merkbar, und zwar am stärksten bei der Wellenlänge der maximalen Intensität der Linie, da nach einem allgemeinen Gesetz Emissions- und Absorptionsvermögen eng miteinander verknüpft sind (s. Kurve c und d in Abb. 4). Die Spektralverteilung zeigt dann also eine gewisse Abplattung. Zwar steigt hier noch die Emission im Maximum mit zunehmender Konzentration, aber diese Steigung ist schwächer, als sie es ohne Selbstabsorption sein würde (vgl. die gestrichelten Kurven oberhalb Kurve c und d in Abb. 4). Bei noch höheren Na-Konzentrationen erreicht die Emission im zentralen Teil der verbreiterten Linien einen Sättigungswert (Kurve e und f), welcher der Intensität der Schwarzkörperstrahlung bei dieser Temperatur und Wellenlänge entspricht und der grundsätzlich nicht überschritten werden kann (Kurve g). Die Strahlungsintensität im Maximum der Linie ist dann also konstant und durch das Plancksche Strahlungsgesetz gegeben. Bei weiter zunehmender Konzentration wächst die Linie dann gleichsam nicht mehr in die Höhe, sondern nur noch in die Breite. Die Gesamtintensität (die unter der Kurve gestrichelt zu denkende Fläche) wächst dann zwar immer noch mit zunehmender Konzentration, aber schwächer als proportional. In Kap. 10 kommen wir bei der Besprechung der Eichkurven darauf zurück. Es sei hier noch vermerkt, daß selbst bei den größten praktisch verwirklichbaren Na-Konzentrationen die Breite der gelben Na-Linie kaum mehr als 0,1 mμ beträgt. Die hier geschilderten Linienverbreiterungen spielen sich also in einem so engen Wellenlängenbereich ab, daß man sie mit den üblichen in der Flammenphotometrie gebräuchlichen Monochromatoren nicht auflösen kann.

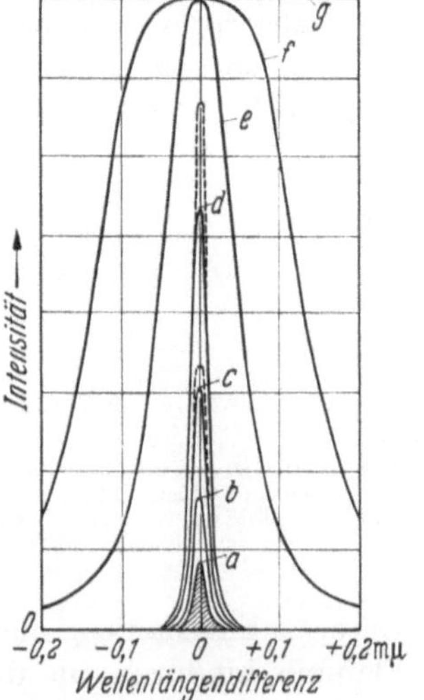

Abb. 4. Die Linienbreiten einer Resonanzlinie (schematisch) bei wachsender Atomkonzentration in der Flamme von a, b, c, d, e bis f. Die Kurve g (gleichzeitig die obere Bildbegrenzung) stellt einen sehr kleinen Ausschnitt aus der Planckschen Strahlungsverteilung dar. Der Intensitätsmaßstab ist für die Kurven a—d gemeinsam, für die Kurven e—g ebenfalls gemeinsam, aber gegenüber dem Maßstab von a—d stark verkleinert. Die gestrichelten Kurven stellen die gleichen Verhältnisse ohne Selbstabsorption dar. Die schraffierte Fläche zeigt die in der Flammenphotometrie bestimmte Gesamtintensität für die Kurve a

Bisher haben wir bei unseren Betrachtungen angenommen, daß der durch Metalldampf gefärbte Teil der Flamme eine homogene Temperatur aufweist. Man muß aber bei den in der Flammenphotometrie üblichen Flammen mit einer kälteren Randzone rechnen, die auch Metalldämpfe enthält. Bei großen Na-Konzentrationen z. B. kann die Selbstabsorption des gelben Na-Lichtes so stark werden, daß im Maximum der Linie praktisch alle durch die heißeren Innenteile der Flamme ausgesandten Strahlen in dieser Randzone absorbiert werden und damit verlorengehen (s. oben). Die absorbierte Strahlung wird dabei zwar ersetzt durch die Strahlung, die die Randzone selbst aussendet; aber da die Randzone kälter ist, reicht dieser Ersatz nicht ganz aus, um den erlittenen Strahlungsverlust der Mittelteile der Flamme auszugleichen. In der Spektralverteilung der Linie erscheint somit an der Stelle des ursprünglichen Maximums eine Einsenkung (Abb. 5). Man nennt diese Erscheinung, bei der das Maximum der ursprünglichen Linie gleichsam umgekehrt erscheint, ,,Selbstumkehr''. Sie ist ebenso, wie die Selbstabsorption, nur bei den Resonanzlinien zu erwarten. Die Gesamtintensität einer Linie mit Selbstumkehr ist gegenüber einer Linie ohne Selbstumkehr geschwächt. Diese Schwächung nimmt mit wachsender Konzentration zu, so daß die Eichkurve noch stärker konvex gekrümmt erscheint als bei einer Flamme mit homogener Temperatur, wobei nur Selbstabsorption und keine Selbstumkehr im Spiel ist (Kap. 10).

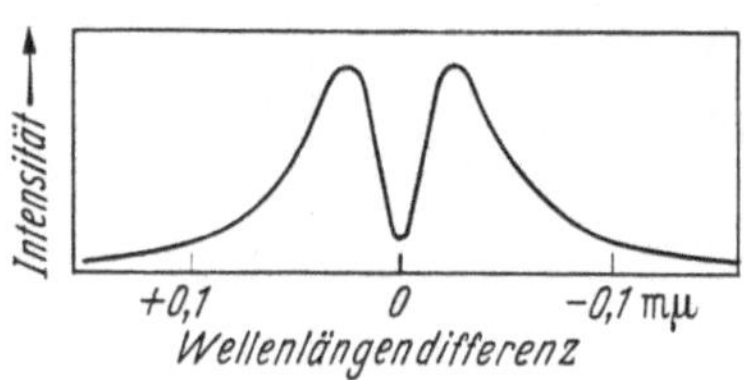

Abb. 5. Die Registrierkurve über *eine* Linie des gelben Na-Dubletts bei hoher Konzentration (0,1 Mol/l) mit deutlich ausgeprägter Selbstumkehr [372]

Die Abhängigkeit der Absorption von der Konzentration der absorbierenden Atome ist die Grundlage für den neuesten Zweig der Flammenanalyse, die *Absorptionsflammenphotometrie* [*66*, *72*, *353*, *608*, *722*]. Hierbei geht die monochromatische Strahlung einer Gasentladungslampe, die Dampf von Na, Cd, Mg usw. enthält, durch eine Flamme hindurch, in die die zu untersuchende Na-, Cd- bzw. Mg-Lösung hineinzerstäubt wird. Die Größe der Absorption dieser Strahlung wird aus der Abnahme des Ausschlages am photoelektrischen Meßinstrument hinter der Flamme im Vergleich zur leerbrennenden Flamme erschlossen, bzw. man verwendet ein Zweistrahlmeßverfahren, wie es auch bei anderen Absorptionsmeßverfahren üblich ist. In einem Meßstrahl befindet sich dabei keine oder nur eine leer brennende Flamme zur automatischen Kompensation, im anderen (Meß-)Strahl die absorbierende Flamme. Durch Anwendung einer diskriminierenden Lichtmodulationsmethode (z. B. mit phasen- und frequenzrichtigem Wechselstrommeßinstrument; vgl. Kap. 65), läßt sich erreichen, daß die Strahlung der von Metalldampf gefärbten Absorptionsflamme nicht mitgemessen wird. Mit Hilfe einer Eichkurve kann man aus den gemessenen Absorptionswerten die gesuchte Konzentration ermitteln. Alle Eichkurven sind grundsätzlich gekrümmt und zeigen für größere Konzentrationen einen Sättigungswert, nämlich dort, wo man sich der 100%igen Absorption nähert. Diese nur für die Resonanzlinien brauchbare Absorptionsmethode hat den Vorteil, daß die Empfindlichkeit und Nachweisbarkeitsgrenze nicht mehr von der Höhe der Anregungsstufen abhängen (vgl. dieses Kapitel). Die Absorption der Resonanzlinie beruht ja auf einem Übergang aus dem Grundzustand, und in der Flamme befinden sich nahezu alle Atome in diesem Zustand. Ein zweiter damit zusammenhängender Vorteil besteht darin, daß der Einfluß von Änderungen der Flammentemperatur auf das Meßergebnis viel geringer als bei der Emissionsmethode ist. Dadurch werden bestimmte Störungen ausgeschaltet (Kap. 11). Andere Störungen wie z. B. die Ionisationsbeeinflussungen werden durch dieses Verfahren allerdings nicht beseitigt (Kap. 11). Aus dem Vorangehenden ergibt sich, daß die Absorptionsmethode, insbesondere für die schwerer anregbaren Elemente wie Mg, Zn, Cd usw., mit weiter im UV liegenden Resonanzlinien gut brauchbar ist. (Die Nachweisbarkeitsgrenzen für Mg, Zn und Cd liegen z. B. bei 0,1 mg/l für die Absorptionsmethode; vgl. dazu die entsprechenden Werte für die Emissionsflammenphotometrie in Kap. 90.) Für die Durchführung einer Absorptionsmethode ist der Einsatz eines Monochromators nicht unbedingt nötig [*66*], was einen weiteren Vorteil darstellt.

Auf Grund des Kirchhoffschen Gesetzes ist das Emissionsvermögen (als Faktor geschrieben) immer gleich dem Absorptionsvermögen. Auf Grund dieser Beziehung erscheint es bei oberflächlicher Betrachtung zunächst gleichgültig zu sein, ob man mit einer Emissions- oder mit einer Absorptionsmethode mißt. Bei genauerer Betrachtung ergeben sich aber folgende Vorteile für die Absorptionsflammenphotometrie:

a) Die Temperaturschwankungen der Flamme wirken sich (im Gegensatz zur Emissionsmethode) auf die Absorption (auf den Absorptionsfaktor) und damit auf das Meßergebnis kaum aus, wenn wir von der Verdampfung der Tröpfchen, der Dissoziation u. ä. absehen. Das Konstanthalten der Intensität des hinter der Flamme befindlichen Gasentladungsstrahlers ist technisch viel leichter lösbar als das Konstanthalten der Flammentemperatur bei der Emissionsmethode.

b) Da man die effektive Strahlungstemperatur des hinter der Flamme befindlichen Gasentladungsstrahlers sehr hoch wählen kann, sind die absoluten Meßgrößen (= Intensität mal Absorptionsfaktor) wesentlich größer als die bei der Emission gefundenen absoluten Intensitäten. Man kommt also mit weniger empfindlichen optisch-elektrischen Meßanordnungen aus, oder (und) man kann Flammen mit niedrigerer Temperatur wählen, die bestimmte Vorteile (z. B. geringere Beeinflussung durch Ionisation) haben.

Man kann die eben genannten Eigenschaften a) und b) der Absorptionsflammenphotometrie dadurch kurz zusammenfassen, daß man sagt, man habe hierbei die relativ niedrige Flammentemperatur der üblichen (Emissions-) Flammenphotometrie durch die konstante und höhere effektive Strahlungstemperatur der bei der Absorptionsflammenphotometrie benutzten Gasentladungslampe ersetzt. Bekanntlich können die „effektiven Strahlungstemperaturen" wegen der Anregung in Gasentladungslampen durch beschleunigte Elektronen beträchtlich sein.

Der Anregungsmechanismus. Wir hatten in der obigen Darstellung angenommen, daß ein thermodynamisches Gleichgewicht vorliegt und daß die Besetzungszahl einer Anregungsstufe (einer Spektrallinie) durch die Boltzmannsche Formel wiedergegeben wird. Mit dieser Besetzungszahl hängt wieder die uns interessierende Intensität dieser Spektrallinie zusammen. Unter Gleichgewichtsbedingungen gilt die Boltzmannsche Formel, ungeachtet der besonderen Art des vorliegenden Anregungsmechanismus für den Übergang des Atoms in den Anregungszustand. Es hätte dann wenig Sinn, die möglichen und noch ziemlich ungeklärten Anregungsmechanismen in diesem Buch näher zu besprechen. Es können aber in der Flamme Abweichungen vom Gleichgewichtszustand vorkommen, die Einflüsse auf die Anregung der Metallatome in der Flamme nehmen. Wir wollen diese Einflüsse als Abschluß dieses Kapitels hier kurz besprechen und werden dabei den Anregungsmechanismus auch allgemein betrachten.

Man unterscheidet folgende Anregungsmechanismen:

a) Anregung durch Absorption von Strahlung.

b) Anregung durch Stoß (Übergang von Translationsenergie in Anregungsenergie).

c) Anregung durch Umwandlung von innerer Energie (Schwingungsenergie von Molekülen) in Anregungsenergie.

d) Anregung durch Chemiluminescenz.

Wir wollen jetzt der Reihe nach diese verschiedenen Anregungsarten durchsprechen und ihre Bedeutung für die Flammenphotometrie erörtern.

Die am stärksten in Erscheinung tretenden Abweichungen vom thermischen Gleichgewicht sind die Abweichungen der beobachteten Strahlungsdichte in der Flamme bei fast allen Wellenlängen λ vom theoretisch zu erwartenden Gleichgewichtswert. Völliges Gleichgewicht würde nur herrschen, wenn die Flamme statt in einer Umgebung von Zimmertemperatur, in einem Hohlraum brennen würde, dessen Temperatur gleich der Flammentemperatur ist. Nur im Maximum der Spektralverteilungskurve einer Resonanzlinie nähern sich bei sehr hohen Metallkonzentrationen, die im Inneren einer Flamme vorhandenen Strahlungsdichten der Strahlungsdichte eines Hohlraumstrahlers gleicher Temperatur (s. oben). Wir untersuchen hier, inwieweit diese Abweichung der Strahlungsdichte einen Einfluß auf die Anregung der Linienemission hat.

Würde die Anregung des Atoms vom Grundzustand in den Anregungszustand hauptsächlich durch *Strahlungsabsorption* vorgehen, so würde, besonders bei geringen Atomkonzentrationen in der Flamme, die Besetzung der zugehörigen Anregungsstufe viel geringer sein als der Boltzmannschen Besetzung entspricht, denn bei kleinen Atomkonzentrationen ist die Strahlungsdichte sehr klein und damit auch die Wahrscheinlichkeit dafür, daß ein Atom durch Absorption von Strahlung angeregt wird. Experimentell hat sich jedoch gezeigt, daß bei den üblichen Flammen die Abweichungen von der Boltzmannschen Besetzung dort nur gering ist. Es muß also neben der Anregung durch Strahlungsabsorption noch einen anderen wirksameren Anregungsmechanismus geben, der die Besetzung der Anregungsstufen besser dem Gleichgewichtswert nähert. Die geringe Bedeutung der Strahlungsabsorption für die Anregung des gelben Na-Dubletts in einer C_2H_2-Luftflamme konnte indirekt auch durch Fluorescenzmessungen gezeigt werden [*147*]. Wegen der verhältnismäßig geringen Konzentrationen an freien Elektronen scheidet die Anregung durch *Elektronenstoß*, die z. B. beim Bogen eine wesentliche Rolle spielt, hier aus, sofern wir vom Innenkegel der Flamme absehen. Ebenso konnte in Übereinstimmung mit Fluorescenzversuchen gezeigt werden, daß Anregung des Leuchtelektrons durch *Übertragung von Translationsenergie* beim Zusammenstoß mit Atomen, Molekülen oder Radikalen ein viel zu selten vorkommender Prozeß ist[1]. Größere Bedeutung hat hingegen, wie ebenfalls Fluorescenzversuche zeigen, die Anregung der Metallatome durch *Umwandlung von innerer molekularer Schwingungsenergie* der Flammenmoleküle in Energie des Leuchtelektrons der Metallatome beim Zusammenstoß von Flammenmolekülen mit Metallatomen [*11*, *17*, *284*]. Diese Energieumwandlung wird dadurch erleichtert, daß nahezu immer eine Energiestufe des angeregten Moleküls ungefähr der in Frage stehenden Anregungsstufe des Metallatoms entspricht, bedingt durch die große Anzahl der möglichen Energiestufen eines Moleküls (s. oben die Ausführungen über die Bandenspektren). Man kann also von einer Art Resonanz sprechen, wobei bekanntlich eine große Wirksamkeit zu erwarten ist. Beim Zusammenstoß mit anderen Flammenmolekülen wird andererseits die Über-

[1] Schon die klassische Theorie zeigt, daß Energieübertragung bei Zusammenstößen zwischen einem Atom und einem Leuchtelektron wegen ihres großen Massenunterschiedes ein nur wenig wirksamer Prozeß ist.

tragung von Schwingungsenergie in Translationsenergie vermutlich dadurch erleichtert, daß diese Energieübergänge stufenweise vor sich gehen, wobei jedesmal das Molekül in einen dicht darunter liegenden Schwingungszustand übergeht und jeweils nur einen kleinen Teil seiner Schwingungsenergie abgibt. In dieser indirekten Weise hängt also die Anregung der Metallatome letzten Endes doch wieder von der Verteilung der Translationsenergie, d. h. von der „kinetischen Temperatur" der Flamme ab. Da alle Prozesse umkehrbar sind, muß man annehmen, daß angeregte Metallatome bei Zusammenstößen durch Umwandlung ihrer Anregungsenergie in molekulare Schwingungsenergie inaktiviert werden. Gerade das Zusammenspiel von Aktivierung und Inaktivierung bewirkt, daß der sich dabei einstellende Gleichgewichtszustand durch die Boltzmannsche Formel für die Besetzung der Anregungsstufen beschrieben werden kann.

Übrigens scheint auch die Umwandlung von Schwingungsenergie in Translationsenergie und umgekehrt nicht beliebig schnell zu erfolgen. Wenn in den hochsteigenden Gasen nach dem Passieren der inneren Verbrennungszone die mittlere Translationsenergie (welche mit der Temperatur zusammenhängt) plötzlich ansteigt, dauert es noch einige Millisekunden, bevor sich die mittlere Schwingungsenergie der Moleküle diesem neuen Zustand völlig angepaßt hat. Da aber Anregung der Metallatome wieder mit dieser mittleren Schwingungsenergie der Moleküle zusammenhängt, bedingt diese Verzögerung des Ansteigens der mittleren Schwingungsenergie gleichzeitig eine Verzögerung der Metallemission kurz oberhalb der inneren Verbrennungskegel [*65, 194, 447*].

Auch *chemische Prozesse* können in der Flamme zur Anregung von Metallatomen beitragen [*11*]. Hierbei wird die freiwerdende chemische Energie in Anregungsenergie des Atoms umgewandelt. Als Beispiel nennen wir [nach *534*]

$$\mathrm{Na} + \mathrm{H} + \mathrm{H} \rightarrow \mathrm{Na}^* + \mathrm{H}_2,$$

wobei Na* ein angeregtes Na-Atom darstellt. Natürlich tritt auch die umgekehrte auslöschende Reaktion auf. Da aber kurz über den Verbrennungskegeln die H-Konzentration den Gleichgewichtswert ganz erheblich übersteigt (s. Kap. 7), ist hier die Anregung viel häufiger als die Löschung. Die allmähliche Abnahme des H-Überschusses mit zunehmender Flammenhöhe bedingt dann einen Abfall der Na-Emission mit zunehmender Beobachtungshöhe, der übrigens auch bei anderen Elementen wie Tl, Ag, Mn gefunden wurde [*534*]. Solche sog. *Chemiluminescenz*-Effekte sind besonders in den kühleren Flammen ($T \leqq 2000°$ K) stärker bemerkbar, da sie in den heißen Flammen durch die dort stärker hervortretende thermische Anregung maskiert werden. Einen ähnlichen Chemiluminescenzeffekt besprachen wir schon oben im Zusammenhang mit der kontinuierlichen Emission der Metalle. Bei der Besprechung der Eigenstrahlung der Flamme in Kap. 9 werden wir noch weitere Beispiele dazu kennenlernen.

Die hier geschilderten komplizierten und keineswegs vollständig geklärten Verhältnisse in Flammen besagen aber nicht, daß man die Flamme als Anregungsquelle für analytische Zwecke nicht gebrauchen könne. Auch wenn eine Abweichung von einem vollständigen Gleichgewichtszustand vorliegt, dürften doch die Anregungsbedingungen dabei in einer gegebenen Flamme in sich gut reproduzierbar sein.

9. Über die Eigenstrahlung der Flamme

Die von der optisch-elektrischen Anordnung eines Flammenphotometers erfaßte Strahlung der Flamme setzt sich aus 2 wesentlichen Komponenten zusammen, aus der Eigenstrahlung der Flammengase und aus der überlagerten Strahlung der Analysensubstanzen. Hier wollen wir die Eigenstrahlung der Flamme behandeln. Für die Entstehung dieser Strahlung gelten naturgemäß wieder die im Kap. 8 schon ausgeführten grundsätzlichen Bemerkungen. Zur Strahlung der hineingebrachten Metallatome besteht allerdings der Unterschied, daß die Eigenstrahlung im allgemeinen unerwünscht ist und fast ausschließlich von Molekülen herrührt. Registrierkurven der Spektralverteilung von Flammen zeigen wir z. B. in Abb. 6 und im Anhang. Wir können hier natürlich nur die für die Flammenphotometrie wesentlichsten Gesichtspunkte zu dieser Flammeneigenstrahlung erwähnen und verweisen für ein eingehenderes Studium auf die Spezialliteratur [*11*, *12*, *31*, *37*, *41*, *227*].

Die unerwünschte Eigenstrahlung der Flamme interessiert bei praktischen Analysen aus folgenden Gründen: Sie beeinflußt die Auswahl der Analysenlinien und Banden (Kap. 82). Es darf nicht vorkommen, daß die Flammeneigenstrahlung eine Linie oder Bande weitgehend maskiert, oder exakter ausgedrückt, man sollte immer ein gutes Verhältnis Nutzintensität der Analysenlinie oder Bande zu Störintensität der Flamme (im Durchlässigkeitsbereich des Gerätes) durch passende Auswahl der Flammen bzw. durch passende Auswahl der Wellenlängen anstreben. Damit hängt folgendes zusammen: Auch unter möglichst konstant gehaltenen Verhältnissen weist die Eigenstrahlung der Flamme immer noch mehr oder weniger schnelle, zeitliche Schwankungen auf. Diese beschränken die Genauigkeit der Messungen und begrenzen den noch nachweisbaren Konzentrationsbereich nach unten (sog. Nachweisbarkeitsgrenze; s. Kap. 90). Auch können über die leider nicht immer konstante Eigenstrahlung der Flamme verschiedene Fehler in das Meßergebnis hineinkommen (Kap. 11). Die Eigenstrahlung hängt nämlich von den, zum Teil variablen apparativen Bedingungen ab, und kann unter Umständen auch von Lösungspartnern in der zerstäubten Lösung beeinflußt werden. Auch solche Störungen lassen es ratsam erscheinen, ein günstiges Verhältnis Nutzintensität zur Störintensität der Flamme anzustreben.

Man darf also für praktische Flammenanalysen nicht nur die Forderung stellen, daß die zu bestimmenden Analysenlinien oder Banden möglichst gut in der auszuwählenden Flamme angeregt werden (Forderung nach hoher Temperatur), sondern muß gleichzeitig fordern, daß bei der zu messenden Wellenlänge die Flammenuntergrundstrahlung im Durchlässigkeitsbereich der Optik (Filter, Monochromator) möglichst klein ist. Zwischen diesen beiden Forderungen muß man in der Praxis oft Kompromisse ziehen, wobei als Maß für die Güte einer Flamme bzw. einer Anregungsquelle auch das oben genannte Verhältnis Nutzintensität zu Störintensität herangezogen werden muß. So ist z. B. die C_2H_2—O_2-Flamme sehr heiß und regt die eingebrachten Atome gut an (Kap. 14). Trotzdem verwendet man in manchen Fällen besser die etwas kühlere H_2—O_2- Flamme mit etwas schlechterer Anregung, da ihre Eigenstrahlung wesentlich kleiner ist, bzw. weil das genannte Verhältnis Nutzintensität zu Störintensität in Wasserstoff-Flammen oft besser ist.

Daß die (nicht leuchtenden bzw. nicht rußenden) Flammen bezüglich ihrer Eigenstrahlung sehr günstige Anregungsquellen sind, sieht man sehr deutlich, wenn man die Flammenstrahlung mit der Strahlung eines schwarzen Körpers (Hohlraumstrahlung) gleicher Temperatur vergleicht. In einer C_2H_2-Luftflamme beträgt die Eigenstrahlung bei 589 $m\mu$ nur 10^{-4}%, bei 345 mμ und bei 285 mμ nur 10^{-1}% der entsprechenden Schwarzkörperstrahlung [*65*]. Diese geringe Eigenstrahlung hängt mit der Transparenz der Flamme zusammen. Nach dem Kirchhoffschen Gesetz ist nämlich das Absorptionsvermögen gleich dem Emissionsvermögen eines jeden Körpers. Nur bei den Wellenlängen, wo die ultravioletten OH-Banden stark in Erscheinung treten (bei 306 mμ) und in einigen ultraroten Spektralbereichen ist die Flammenstrahlung in etwa mit der Strahlung eines Schwarzkörpers zu vergleichen [*12, 373*].

Eine allgemeingültige Darstellung der Flammeneigenstrahlung läßt sich kaum geben, da diese wellenlängenabhängige Strahlung nicht nur von der Art des Gasgemisches, sondern auch noch von vielen anderen Faktoren abhängt. So spielen das Mischungsverhältnis Gas/Luft bzw. Gas/Sauerstoff, der Reinheitsgrad der verwandten Gase (Kap. 15), die Art des Brenners, das Zuströmen der Gase (laminar oder turbulent), die in die Flamme hinein zerstäubten Lösungsmittel (Kap. 95) und die Beobachtungshöhe in der Flamme dabei eine Rolle. Auch hängt das Aussehen eines Flammenspektrogrammes bzw. das Aussehen einer spektralen Registrierkurve einer leer brennenden Flamme noch vom Auflösungsvermögen des Spektralapparates ab. Bei größeren Spaltbreiten werden Feinheiten der Struktur verwischt und Molekülbanden werden dann immer kontinuumähnlicher.

Die inneren Verbrennungskegel werden nur selten für flammenphotometrische Analysen ausgenützt (Kap. 32 u. 87). Sie emittieren bei Kohlenwasserstoff-Flammen und bei CO-Flammen ein auffallend starkes blaugrünes Licht. Die Strahlung der inneren Verbrennungszone rührt einerseits von C_2-Molekülen her, die die bekannten Swan-Banden zwischen 436 bis 686 mμ emittieren (s. Tafel I/2), andererseits von CH-Radikalen mit Banden zwischen 310 bis 320 und 337—438 mμ und schließlich von OH-Radikalen mit Banden im ultravioletten Teil (s. unten). Die auffallend starke Intensität der Strahlung dieser ersten Verbrennungszone beruht auf der Chemiluminescenz (s. unten) und entspricht also nicht einer Gleichgewichtsstrahlung.

Der größte Teil der uns hier mehr interessierenden Strahlung der Flamme oberhalb dieser inneren Verbrennungszone rührt von der 2. Verbrennungszone her, die die Flamme als Mantel umschließt (Kap. 5). Bei den üblichen Flammen läßt sich die Strahlung der innen liegenden Teile, des sog. reaktionsfreien Raumes, nicht von der Strahlung dieser 2. außen liegenden Reaktionszone trennen. Wir wollen daher hier beide Teile gemeinsam behandeln. Bei den turbulenten Flammen wäre eine solche Trennung übrigens unmöglich, da hier durch die starke Turbulenz die 2. Reaktionszone tief nach innen in die Flamme hineingreift, wodurch diese Unterschiede verwischt werden.

Die Strahlung des reaktionsfreien Teiles einer Flamme läßt sich mit einer besonderen Anordnung nach SMITHELLS (Kap. 32) oder mit einer Flamme untersuchen, die in einer Stickstoffatmosphäre brennt. Es zeigt sich dabei, daß dieser reaktionsfreie Teil kaum leuchtet. Man sieht hauptsächlich nur schwache OH-Banden. Diese Beobachtung deutet darauf hin, daß die meisten der unten beschriebenen Strahlungen von Chemiluminescenzeffekten in der 2. Reaktionszone herrühren.

In dem oberhalb der inneren Verbrennungszone von H_2-Flammen liegenden Flammenteil erscheinen die OH-Banden mit Intensitätsmaxima bei 281, 306 (besonders stark) und um 345 mμ (s. Anh.[1]), ferner die O_2-Banden zwischen 250—400 mμ. Daneben kann auch ein schwaches Kontinuum auftreten, das auf ein Wiedervereinigungsleuchten von NO + O bzw. H + OH (vgl. Kap. 8) zurückgeht. Die Strahlung der O_2-Banden und des NO-Kontinuums kann man merklich verringern, wenn man die H_2-Flamme mit einem geringen Überschuß an Gas

[1] Siehe Tafel III/8 untere Kurve.

betreibt. Die starke H_2O-Strahlung bei 0,9—1,1 μ und bei 1,8—3,0 μ macht diese Spektralbereiche für Flammenanalysen ungeeignet.

Kohlenwasserstoff-Flammen, wie z. B. die C_2H_2—O_2-Flamme, zeigen gleichzeitig die Banden bzw. die Kontinua der H_2- und CO-Flammen. Neben den obengenannten OH-Banden beobachtet man noch ein merkliches Kontinuum zwischen 300—500 mμ (s. Anh.[1]), dem diffuse Banden überlagert sind. Dies Kontinuum, das man auch in CO-Flammen findet, beruht auf der Chemiluminescenz bei der Reaktion $CO + O \rightarrow CO_2 + h\nu$. Dies Kontinuum erklärt die bekannte blaue Farbe der Flamme. Die Intensität dieses Kontinuums hängt im übrigen noch davon ab, wie vollständig die 1. Verbrennung in der Flamme war und dies hängt wieder von der primären O_2-Zufuhr ab. Im ultraroten Bereich treten neben den H_2O-Banden[2] auch noch CO-Banden bei 2,3—2,8 μ und CO_2-Banden um 4,5 μ auf, wodurch die Anwendungsmöglichkeit der Flamme als Anregungsquelle in diesem ultraroten Bereich abermals weiter eingeschränkt wird (Abb. 6).

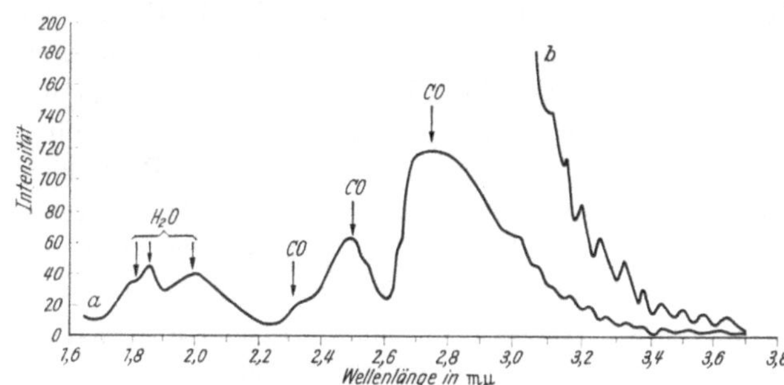

Abb. 6. Emissionsspektrum einer C_2H_2—O_2-Flamme. *a*) oberhalb des Innenkegels, *b*) wie vorher, jedoch mit sehr hohem O_2-Gehalt. Man sieht im letzten Falle zahlreiche Rotationslinien von OH und anderen (nach [*555*])

Wenn organische Lösungsmittel zerstäubt werden, scheinen auch Banden aufzutreten, die man sonst nur in der 1. Verbrennungszone findet, z. B. die Swan-Banden [*307*]. Auch kann in diesem Falle bei C_2H_2—O_2-Flammen die Atomlinie des C bei 248 mμ erscheinen [*307*]. Schließlich sei noch erwähnt, daß die sehr heißen $(CN)_2$—O_2-Flammen eine verhältnismäßig geringe Eigenstrahlung haben, insbesondere zeichnen sie sich durch das Fehlen der starken OH-Emission aus [*304*].

10. Die Form der Eichkurven

Mit zunehmender Konzentration eines im Flammenphotometer zerstäubten Elementes nimmt der zugehörige Ausschlag am Meßinstrument zu. Im Idealfall steigt dieser Ausschlag (nach Abzug eines gewissen Wertes, bedingt durch die Eigenstrahlung der Flamme u. ä., Kap. 9) proportional mit der Lösungskonzentration. Die Eichkurve ist dann eine durch den Koordinatenursprung gehende Gerade und man benötigt zur Festlegung dieser Eichgeraden nur noch einen Eichpunkt bzw. eine Eichlösung. Man bemerkt in der Praxis oft konkav bzw. konvex gekrümmte Eichkurven (s. Abb. 7 und 50). Auch Kombinationen zwischen diesen beiden Krümmungsarten, sog. S-förmige Eichkurven, kommen vor. Wir wollen hier die möglichen Ursachen für solche Krümmungen besprechen. Dazu wollen wir zunächst die Gründe für Abweichungen von der Proportionalität zwischen Lösungskonzentration und Lichtemission darstellen und erst später sollen dann Gründe für Proportionalitätsabweichungen zwischen Lichtemission und Meßinstrumentenausschlag behandelt werden.

[1] Siehe z. B. Tafel VI/15, XIX/52 u. XX/54.

[2] Siehe dazu z. B. die Tafel XI/30 im Anhang.

In den vorangegangenen Kap. 6, 7 und 8 haben wir dargestellt, daß die bei der Zerstäubung einer Analysenlösung entstehende Flammenemission von verschiedenen Faktoren und Vorgängen beeinflußt wird. Wir erinnern an Faktoren, die den Transport und die Verdampfung der Analysensubstanz zur, bzw. in der Flamme bestimmen (Verdampfung des Lösungsmittels, dann Verdampfung des festen Partikelchens, die molekulare Dissoziation, die Ionisation und die Selbstabsorption). Wenn diese Einflüsse von der Konzentration des Analysenelementes abhängen, sind Abweichungen von der Proportionalität zwischen Konzentration und Lichtemission zu erwarten.

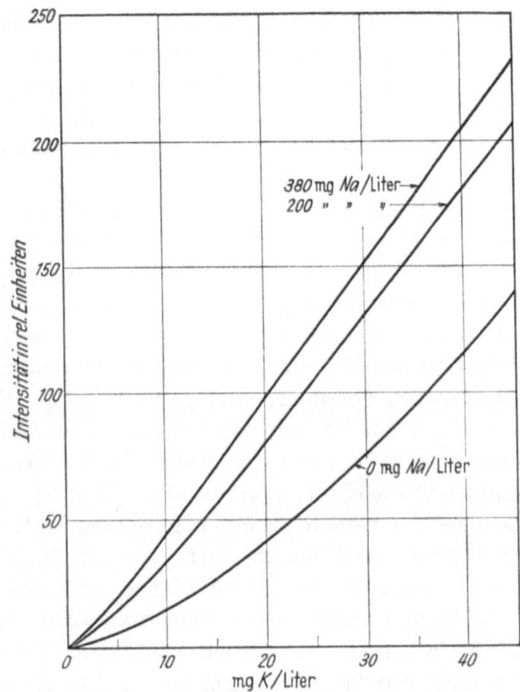

Abb. 7. Kaliumeichkurven bei verschiedenen Na-Konzentrationen (nach [661])

1. Große Salzkonzentrationen von etwa 10000 mg/l und darüber können die physikalischen Eigenschaften der Analysenlösung, wie z. B. die Viscosität und den Dampfdruck, so stark ändern, daß die Ansauggeschwindigkeit und der Zerstäubungswirkungsgrad geändert, meist verkleinert wird (vgl. Kap. 6 und 11). Der *Transport* der Analysenlösung bis in die Flamme wird dadurch von der Salzkonzentration abhängig, und es entsteht eine meist konvexe Krümmung der Eichkurve im Bereich sehr hoher Konzentration. Solche Krümmungen wurden sowohl bei Indirekt- als auch bei Direktzerstäubern festgestellt [*233*].

Krümmungen der Eichkurven infolge unvollständiger und konzentrationsabhängiger Verdampfung in der Flamme kommen unseres Wissens in der Praxis nur selten vor. Solche Effekte sind vielleicht in besonderen Fällen zu erwarten, z. B. dann, wenn sich schwerflüchtige Komplexverbindungen, wie z. B. Ca—Al—O (Kap. 98), bilden.

Als weitere weniger bedeutungsvolle Möglichkeiten für das Entstehen konvexer Eichkurvenkrümmungen möchten wir noch folgende erwähnen: Zerstäubt man KCl, so gibt es eine konzentrationsabhängige Dissoziation der KCl-Moleküle in der Flamme (Kap. 7). Wie wir aber schon dort besprochen hatten, wird der KCl-Gehalt und dadurch auch dieser Krümmungseffekt durch die Bildung von HCl durch das in der Flamme im Überschuß vorhandene H weitgehend zurückgedrängt.

2. Wichtiger ist die in der Praxis oft gefundene konkave Krümmung der Eichkurven infolge einer konzentrationsabhängigen *Ionisation* des untersuchten Elementes (Abb. 7). Wie in Kap. 7 schon erwähnt, kann man dieses anfänglich schwache und später stärkere Ansteigen der Eichkurve mit Hilfe der Ionisation wie folgt deuten: Bei geringen Konzentrationen ist z. B. das Kalium in der Flamme weitgehend ionisiert, wodurch sich ein großer Anteil des K der Analyse mit der

Atomlinie (meist der Grundlinie) entzieht. Auf Grund der Saha-Gleichung (Kap. 7) muß man erwarten, daß bei zunehmender K-Konzentration der ionisierte K-Anteil immer geringer wird [*67*].

Dies bedeutet für die Praxis, daß die atomare K-Konzentration in der Flamme und folglich auch die atomare Emission zunächst stärker als proportional mit der Lösungskonzentration wachsen muß, was die beobachteten konkaven Eichkurven zur Folge hat. Bei großen Konzentrationen ist die Ionisation praktisch zu vernachlässigen, so daß sich diese Art von Krümmung nur im Bereich niedriger Konzentrationen und im übrigen nur bei Elementen mit einer niedrigen Ionisierungsenergie und in heißen Flammen bemerkbar macht [*64, 513, 575*]. Wie man aus Abb. 7 noch weiter sieht, hängt diese konkave Krümmung der K-Eichkurven noch von der Menge des gleichzeitig anwesenden Na ab. Eine Zugabe von Na, Li usw. erhöht nicht nur die K-Emission (Kap. 11), sondern begradigt auch die Eichkurve [*632*]. Dies kann man auf die Erhöhung der freien Elektronenkonzentration in der Flamme durch die Zugabe des teilweise auch selbst ionisierten Natriums, Lithiums usw. zurückführen. Durch diese Elektronenkonzentrationserhöhung wird die Ionisation des Kaliums zurückgedrängt und die Ursache für die Krümmung der K-Eichkurve gemildert oder ganz beseitigt. Eine solche Begradigung der Eichkurve kann im Bereich von sehr niedrigen K-Konzentrationen auch ohne Zusatz eines Lösungspartners auftreten, nämlich dann, wenn die Flammengase selbst genügend freie Elektronen enthalten (Kap. 7). — Wenn die Temperatur der Flamme und/oder der Gehalt an freien Flammenelektronen (Kap. 7) sich mit der Höhe in der Flamme ändern, ist auch eine Abhängigkeit des Ausmaßes der konkaven Eichkurvenkrümmung von der Höhe der Meßstelle in der Flamme zu erwarten [*65*]. — Schließlich möchten wir noch bemerken, daß eine konkave Eichkurvenkrümmung, die auf eine teilweise Ionisation des Metallatoms in der Flamme zurückgeht, sich nicht nur bei Messungen an den Atomlinien, sondern auch bei Messungen an (Hydro-)Oxydbanden des gleichen Elementes zeigen muß [*361, 513*]. Dies hängt mit dem chemischen Gleichgewicht zwischen dem Metallatom und dem Metalloxyd (-Hydroxyd) zusammen, wobei man noch beachten muß, daß freier Sauerstoff bzw. OH in der Flamme immer im großen Überschuß vorhanden ist.

3. Im Gegensatz zu der eben besprochenen konkaven Krümmung der Eichkurven bei niedrigen Konzentrationen durch Ionisation verursacht die *Selbstabsorption* konvexe Krümmungen der Eichkurven im Bereich höherer Konzentrationen (Abb. 50). Wie in Kap. 8 dargestellt, ruft die Selbstabsorption (d. h. die Absorption von Licht durch Atome gleicher Art wie die, welche Licht emittieren) einen Strahlungsverlust hervor, der prozentual betrachtet, mit steigender Atomkonzentration zunimmt. Dadurch nimmt die atomare Emission im Bereich höherer Konzentrationen nicht mehr proportional, sondern schwächer zu. Dies äußert sich in der doppeltlogarithmischen Darstellung der Abb. 50 darin, daß der Neigungswinkel der Eichkurve kleiner als 45° wird. Charakteristisch ist für diesen Anstieg bei hohen Konzentrationen mit starker Selbstabsorption, daß die Emission dann mit der Wurzel aus der Konzentration wächst [*38; 667*]. Die Eichkurve bekommt dann die Form einer Parabel mit waagerechter Achse. Dementsprechend läuft in Abb. 50 in doppeltlogarithmischer Darstellung die Eichkurve von 10 mg Na/l ab aufwärts wieder geradlinig, aber mit einem Neigungswinkel, dessen Tangens = $^1/_2$ beträgt. Selbstabsorption und konvexe Krümmungen der Eichkurven sind nur

bei den Resonanzlinien zu erwarten, die zu einem Übergang in den Grundzustand gehören (Kap. 8). Dementsprechend findet man solche Krümmungen bei den Linien Na 589, K 770, Cs 852, Li 671, Mg 285, Ca 423, Sr 461, Cu 327 mμ usw., aber nicht bei den Na-Linien 819 mμ (vgl. auch Abb. 2) u. ä. [*152, 274, 361, 513, 575, 667, 734*]. Bei Messungen an Banden wird keine Selbstabsorption und dementsprechend auch keine dadurch verursachte Krümmung der Eichkurven festgestellt.

Die Stärke der Selbstabsorption hängt bei einer gegebenen Resonanzlinie vom Produkt $n \cdot l$ ab (n = Zahl der absorbierenden Atome je cm^3 in der Flamme, l = Dicke der Flamme in cm, vgl. Kap. 8). Dickere Flammen zeigen also im allgemeinen stärkere Selbstabsorption. Bei gegebenem $n \cdot l$-Wert hängt die Stärke der Selbstabsorption noch vom sog. a-Parameter (der mit der Linienverbreiterung verknüpft ist) und vom sog. f-Wert (oder „Oscillatorstärke", die der Einsteinschen Übergangswahrscheinlichkeit proportional ist, Kap. 8) ab [*38*]. Die Werte dieser charakteristischen Größen können für verschiedene Resonanzlinien sehr verschieden sein. Das ist der Grund dafür, daß z. B. die Selbstabsorptionskrümmung bei der Resonanzlinie Na 330 mμ viel schwächer ist [*349*]. Bei dieser Linie ist nämlich der f-Wert viel geringer als bei dem gelben Na-Dublett [*29*].

Das Einsetzen der Selbstabsorption stellt sich in der doppeltlogarithmischen Darstellung der Abb. 50 durch das Auftreten eines mehr oder weniger ausgeprägten Knickpunktes in der Eichkurve dar. (Bei genauerer Betrachtung bemerkt man, daß die Selbstabsorption natürlich nicht sprunghaft, sondern kontinuierlich mit der Konzentration wächst.)

Dieser Knickpunkt liegt bei gegebener Flamme und Linie um so niedriger (d. h. bei um so kleineren Lösungskonzentrationen), je mehr Metallatome bei vorgegebener Salzlösung vom Zerstäuber für die rechtzeitige Verdampfung in der Flamme bereitgestellt werden. Man kann also aus der Lage der Eichkurven und besonders aus der Lage der Knickpunkte in der doppeltlogarithmischen Darstellung etwas über die absolute Atomkonzentration in der Flamme aussagen und kann daraus wieder Aussagen über die Wirkung des gerade verwandten Zerstäubers ableiten [*356, 391, 394, 667*].

Die oben getroffene Feststellung, daß bei hohen Konzentrationen (bei starker Selbstabsorption) die Emission mit der Wurzel aus der Konzentration zunimmt, gilt nur dann exakt, wenn die Flamme über den gesamten, durch Metallatome gefärbten, Querschnitt gleiche Temperatur hat. Wenn jedoch die Temperatur in den Randzonen geringer ist, tritt zusätzlich noch *Selbstumkehr* auf (Kap. 8). Dann nimmt die Emission schwächer als mit der Wurzel aus der Konzentration zu [*667*]. Man kann sich das auch wie folgt verständlich machen: Bei zunehmender Konzentration verlagert sich der Schwerpunkt der effektiv Licht ausstrahlenden Volumenelemente immer mehr nach den kühleren Randzonen hin. Davon erfaßt man nur den der Photozelle zugewandten Teil. Mit zunehmender Salzkonzentration nimmt also die *effektive* Strahlungstemperatur ab, wodurch die Eichkurve eine zusätzliche konvexe Krümmung bekommt. Dieser zusätzliche Effekt durch die Selbstumkehr ist übrigens in der Praxis nicht groß. Er kann leicht mit dem unter 1. genannten Transporteffekt verwechselt werden.

4. Abweichungen von der Proportionalität zwischen Lösungskonzentration und Meßinstrumentenausschlag können auch dadurch hervorgerufen werden, daß der Photostrom der *Photozelle* nicht proportional dem auf der lichtempfindlichen Fläche auftreffenden Strahlungsfluß geht. Diese Erscheinungen sind als eine Art „Sättigung" zu deuten und rufen im allgemeinen konvexe Eichkurvenkrümmungen hervor. Wir kommen darauf in Kap. 42 zurück. Diese Effekte sind übrigens nur bei sehr hohen Strahlungsflüssen zu erwarten.

5. Schließlich sei noch erwähnt, daß auch die Anzeige des *Meßinstrumentes* nicht unbedingt streng proportional dem angebotenen Strom verlaufen muß, was auch Eichkurvenkrümmungen verursachen kann. Ähnliche Proportionalitätsabweichungen können auch in Verstärkern oder, bei Wechselstrommeßverfahren, in den Gleichrichtern auftreten (Kap. 65).

In Kap. 46 werden wir eine Methode beschreiben, die es ermöglicht, alle unter 4 und 5 erwähnten Proportionalitätsabweichungen zusammengenommen zu kontrollieren. Bei guten Geräten sollten solche Abweichungen innerhalb der Ablesegenauigkeit am Meßinstrument liegen.

11. Die verschiedenen Störmöglichkeiten durch Lösungspartner

Bei der Durchführung von flammenphotometrischen Analysen ist die Beziehung zwischen spektraler Intensität (Ausschlag am Meßinstrument) und gesuchter Konzentration des Analysenelementes in der zerstäubten Lösung oft nicht eindeutig. Diese Beziehung wird nämlich einerseits durch eine Reihe von apparativen Faktoren (eingestellter Gas- und Luftverbrauch, Beobachtungshöhe in der Flamme u. ä.), andererseits, bei zusammengesetzten Lösungen, auch noch von den Lösungspartnern mit beeinflußt. Wenn diese beeinflussenden Faktoren konstant sind, kann man sie in die Eichung mit einbeziehen. Wenn aber die vorkommenden Lösungspartner hinsichtlich Art und Konzentration stark variieren, werden die Störungen bzw. die Beeinflussungen der gemessenen Intensitäten unterschiedliche Größen und Richtung haben. Eine Aussage über die gesuchte Konzentration innerhalb gewisser zulässiger Fehlergrenzen ist dann sehr schwer. Wir wollen hier im Anschluß an die Grundlagen-Kapitel eine Einteilung der bis jetzt bekannt gewordenen verschiedenen Störmöglichkeiten geben. In den späteren Kapiteln, insbesondere in den Kap. 94—101, werden dann in der Praxis erprobte Methoden angegeben, um solche Beeinflussungen zu eliminieren oder auftretende Fehler zu korrigieren.

Für die nachfolgende Besprechung wollen wir der Einfachheit halber die apparativen Bedingungen als konstant voraussetzen. Ebenso wollen wir annehmen, daß die Temperatur der Analysenflüssigkeit und die Ansaughöhe (d. h. der Höhenunterschied zwischen Probenoberfläche und Zerstäuberdüse) konstant seien, Voraussetzungen, die in der Praxis meist nicht voll erfüllt sind (s. dazu z. B. Kap. 26 und 27). Die Eigenstrahlung der Flammengase wird hier nur dann in die Betrachtungen mit einbezogen, wenn ihre Spektralverteilung und/oder ihre absoluten Intensitäten von der Zusammensetzung der zerstäubten Lösung abhängen. Mit den als konstant vorausgesetzten apparativen Bedingungen wollen wir auch die geometrische Beobachtungshöhe in der Flamme als fest vorgegeben betrachten. Trotzdem kann sich dabei die *effektive* Beobachtungshöhe, die mit der Verweilzeit der Teilchen in der Flamme bis zum Zeitpunkt ihrer Beobachtung zusammenhängt, noch bei Änderung der Lösungszusammensetzung verändern [*37*]. Da die Metallemission aus verschiedenen Gründen von der effektiven Beobachtungshöhe in der Flamme abhängt [Abhängigkeit der Flüssigkeit- und Kristallverdampfung von der Höhe, verschieden große Metallhydroxydbildungen in verschiedenen Flammenhöhen, verschiedene Flammentemperaturen (Kap. 14), verschiedene Ionisation (Kap. 7), Anregung und Chemiluminescenz (Kap. 8) in verschiedenen Flammenhöhen], können auf diesem Wege Störungen durch Lösungspartner entstehen. Wir wollen aber hier solche nicht direkt, sondern nur auf Umwegen wirkende Störungen nicht mit in die Betrachtung einbeziehen und beschränken uns, der Einfachheit halber, auf direkte Störungen.

Die größten Schwierigkeiten bereitet hier eine zweckentsprechende und unmißverständliche Einteilung und Benennung dieser verschiedenen Störmöglichkeiten. In den früheren

Jahren stellten sich die einzelnen Autoren nicht nur ihre Flammenphotometer selbst her, sondern schufen sich für die von ihnen festgestellten Störeinflüsse auch noch eigene Benennungen. Diese, von den verschiedensten Autoren getroffenen Einteilungen und Benennungen überschneiden sich zum großen Teil, und man kann heute unter einer Bezeichnung wie „Anregungsbeeinflussung" ganz verschiedene Dinge verstehen. Bei der Einteilung der Beeinflussungsarten ergibt sich weiter die Schwierigkeit, daß man nach ganz verschiedenen Gesichtspunkten einteilen kann. Zum Beispiel kann man nach der Art des störenden Partners unterscheiden und spricht dementsprechend von Kationen- und Anionenstörungen usw.; ferner kann man nach dem Teil des Flammenphotometers einteilen, wo diese Störung auftritt. Man spricht dann z. B. von Zerstäuberstörung, Filterstörung usw.; oder man präzisiert den Mechanismus der Störung und spricht dann von Störung der Tröpfchengrößenverteilung, von Ionisationsbeeinflussungen usw. In anderen Fällen drückt die Benennung gleichzeitig eine gewisse Bewertung aus, indem man z. B. von Störungen 1. und 2. Art oder von echten und unechten Störungen spricht. Auch werden in der Literatur bei der Benennung Unterschiede hinsichtlich der Art des anzuwendenden Korrekturverfahrens gemacht. Man spricht z. B. von multiplikativen und additiven Störungen usw. Die von uns im folgenden vorgeschlagene Einteilung ist naturgemäß auch nicht frei von Mängeln, wie jedes Einteilungs-„Schema". Wir haben uns aber bemüht, eine eindeutige Einteilung nach den Störursachen vorzunehmen und haben dabei möglichst sinnfällige und einfache Benennungen verwandt. Die Überschneidung mit früher oft in anderer Weise benutzten Ausdrücken war leider nicht ganz zu umgehen.

In der Tab. 2 geben wir zunächst eine Übersicht über die verschiedenen Störmöglichkeiten durch Lösungspartner.

Tabelle 2. *Störmöglichkeiten durch Lösungspartner*

I. Blindwertstörungen.
  Ia. Querempfindlichkeit.
  Ib. Untergrundstörungen.
    Ib1. Beeinflussung der Eigenstrahlung der Flamme.
    Ib2. Überlappende Strahlung von Lösungspartnern.
II. Emissionsbeeinflussungen der Analysenlinie oder -bande.
  IIa. Nicht spezifische Emissionsbeeinflussungen.
    IIa1. Beeinflussung des Transportes der Analysensubstanz bis in die Flamme.
    IIa2. Beeinflussung der Verdampfung des Flüssigkeitsmantels der Tröpfchen.
    IIa3. Beeinflussung der Flammenform.
  IIb. Spezifische Emissionsbeeinflussungen.
    IIb1. Beeinflussung der Verdampfung der festen Partikelchen.
    IIb2. Beeinflussung der molekularen Dissoziation.
    IIb3. Beeinflussung der Ionisation.
    IIb4. Beeinflussung der Anregung.

Wir können hier im Anschluß an diese Tabelle nur einige kurze Erläuterungen geben und verweisen dabei auf andere Kapitel, wo die Grundlagen für das Auftreten dieser Störungen, bzw. praktische Möglichkeiten zur Beseitigung von Fehlern, näher besprochen werden.

Die Haupteinteilung I bzw. II dieser Tabelle bezieht sich auf die zwei verschiedenen Komponenten, aus denen sich die gemessenen Lichtintensitäten immer zusammensetzen, nämlich aus der Strahlung der interessierenden Analysenlinie bzw. -bande und andererseits aus der Störstrahlung, welche durch die spektrale Trenneinrichtung (Filter bzw. Monochromator) noch mit erfaßt wird. Diesen von der spektralen Trenneinrichtung mit erfaßten Teil bezeichnen wir im folgenden als „Blindwert", entsprechend dem bei Absorptionsanalysen häufig angewandten Sprachgebrauch. Der gemessene Instrumentenausschlag setzt sich also grundsätzlich immer aus beiden Teilen I und II zusammen und eine Störung kann also einerseits durch eine Beeinflussung des Blindwertes (I) oder und andererseits durch eine Beeinflussung der Intensität der Analysenlinie (bzw. -bande,) hervorgerufen werden (II).

Nun zur Unterteilung von I: Der Blindwert bzw. dessen Beeinflussung kann auf zwei verschiedene Ursachen zurückgehen:

Ia. Auf apparative Unzulänglichkeiten, die sog. Querempfindlichkeit. Es entsteht also eine zusätzliche Störstrahlung durch Fehldurchlässigkeit des Filters (Filterleck), durch Streulicht in Monochromatoren u. ä. Wir kommen darauf in den Kap. 94 u. 95 ausführlicher zurück.

Ib. Auf Untergrundeinflüsse, die sich im Gegensatz zu Ia prinzipiell mit noch so guten Apparaturen nie ganz beseitigen lassen, da der Untergrund auch bei den Wellenlängen der Analysenlinie bzw. -bande auftritt. Diese kann man nach der Störursache weiter unterteilen:

Ib1. Beeinflussung der Eigenstrahlung der Flamme. Dies kann einmal über eine Beeinflussung des kontinuierlichen Flammenuntergrundes durch Lösungspartner vor sich gehen (Kap. 9), und/oder die überlagerte Bandenemission der Flammengase wird geändert.

Ib2. Überlappende, meist kontinuierlich verteilte, Strahlung von Lösungspartnern. Es gibt nämlich eine Reihe von Elementen, wie z. B. Mo, die, abgesehen von einer spezifischen Linienemission, auch eine nahezu kontinuierliche Strahlung in einem großen Wellenlängenbereich des Spektrums aufweisen. Solche Elemente können den ,,Untergrund" unter einer zu bestimmenden Analysenlinie mehr oder weniger anheben (s. auch Kap. 8).

Es sei betont, daß diese zuletzt genannten Störungen Ib1 und Ib2 sich mit noch so guten Monochromatoren nie ganz beheben lassen (Kap. 95). Anders liegt der Fall, wenn man mit einer weniger guten spektralen Trenneinrichtung, z. B. mit einem Farbfilter, die dicht beieinander liegenden spektralen Emissionen von Analysenelement und Störelement nicht mehr trennen kann. Diese Störungen sind unter Ia einzuordnen und lassen sich durch apparative Maßnahmen, nämlich Verbesserung der spektralen Eigenschaften, ganz beseitigen. Das gleiche gilt für ein Filterleck, d. h. für eine störende Restdurchlässigkeit des Filters an einer weiteren Stelle des Spektrums, wo eine starke Störlinie eines anderen Elementes liegt.

Die Emissionsbeeinflussungen II beziehen sich im Gegensatz zu I nicht auf den Blindwert, sondern allein auf die Analysenlinie bzw. -bande. Hierbei wollen wir zwischen spezifischer und unspezifischer Beeinflussung unterscheiden. Unter einer unspezifischen Beeinflussung verstehen wir eine solche Störung, die alle Linien oder Banden verschiedener Elemente im Spektrum und gleiche Linien bei verschiedenen Konzentrationen, prozentual betrachtet, in gleicher Weise beeinflußt.

Hierbei wollen wir wieder von sekundären Effekten absehen. So wirkt sich z. B. eine Beeinflussung der Ansauggeschwindigkeit in erster Näherung in gleicher Weise bei der Na- und Li-Emission aus, gehört also danach unter die eben besprochene Gruppe IIa bzw. IIa1. Diese Tatsache wird übrigens bei der Leitlinienmethode (Kap. 51 u. 101) zur weitgehenden Ausschaltung von solchen Fehlern ausgenützt. Betrachtet man jedoch die Verhältnisse genauer (2. Näherung), dann wird man feststellen, daß diese unspezifischen Störungen sich bei verschiedenen

Elementen nicht genau gleich auswirken und auch beim gleichen Element, aber bei verschiedenen Lösungskonzentrationen, prozentual betrachtet, etwas verschiedene Emissionseinflüsse haben können. Das kann z. B. dann vorkommen, wenn die beiden miteinander verglichenen Linienemissionen durch verschieden große Selbstabsorption oder verschieden große Ionisation unterschiedliche Eichkurvenkrümmungen haben (Kap. 7). Übrigens kann man bei der Anwendung der Leitlinienmethode diese sekundären Effekte dadurch eliminieren, daß man von den Emissionen als solchen, mit Hilfe der meist gekrümmten Eichkurven, auf sog. scheinbare Konzentrationen übergeht. Wir kommen darauf in den Kap. 51 u. 106 zurück. Von diesen sekundären (etwas element- und konzentrationspezifischen) Effekten wollen wir aber der Einfachheit halber absehen und trotz dieser möglichen Einwände solche Einflüsse als „unspezifisch" bezeichnen, d. h. unter IIa einordnen.

Alle Beeinflussungen des Transportes der Analysensubstanz bis in die Flamme (Kap. 6) sollen also als nicht spezifische Emissionsbeeinflussungen gekennzeichnet werden (IIa1). Ähnliche unspezifische Auswirkungen haben Einflüsse auf die Verdampfungsgeschwindigkeit des Lösungsmittels (IIa2) und Einflüsse auf die Form der Flamme (IIa3), insbesondere bei Zerstäuberbrennerkombinationen (Kap. 33). Es sei in diesem Zusammenhang daran erinnert, daß bei gröberen Tröpfchengrößenverteilungen nicht alle Flüssigkeitstropfen rechtzeitig verdampfen, insbesondere dann nicht, wenn es sich um turbulente Flammen über Zerstäuberbrennerkombinationen handelt. Lösungspartner, welche die Verdampfungsgeschwindigkeit des Lösungsmittels ändern, beeinflussen dadurch indirekt die in der Flamme rechtzeitig bereitzustellende Salzmenge (Kap. 7).

Aufgrund der Darlegungen in Kapitel 6 muß man erwarten, daß Lösungspartner, die die Oberflächenspannung, die Dichte, die Viscosität und/oder den Dampfdruck beeinflussen, bei Indirektzerstäubern und z. T. auch bei Direktzerstäubern eine unspezifische Emissionsbeeinflussung nach IIa1 hervorrufen. Nach den dort gemachten Ausführungen beeinflussen diese Größen die Ansauggeschwindigkeit und die Tröpfchengrößenverteilung des Nebels und damit den Gehalt an Analysensubstanz, der in der Flamme für die weitere Kristallverdampfung und Anregung bereitgestellt wird. Wenn in der Literatur bei Verwendung von Netzmitteln, die bekanntlich die Oberflächenspannung ganz beträchtlich herabsetzen, gelegentlich doch der Einfluß der Oberflächenspannung verneint wird, hat das besondere Gründe, die hier angedeutet werden sollen:

Die Moleküle solcher Netzmittel konzentrieren sich in der Oberflächenschicht der Flüssigkeit, wofür sie eine gewisse Zeit benötigen. Bei dem plötzlich eintretenden Zerstäubungsvorgang stammen aber die meisten Moleküle in den Oberflächen aus dem Inneren des Flüssigkeitsstrahles, wo solche Netzmittelmoleküle weniger häufig anzutreffen sind. Daher kommt es, daß man bei solchen Netzmittelzusätzen (aber nur bei diesen!) häufig keinen Einfluß der Oberflächenspannungsänderung feststellt [*65*, *442*]. Anders liegt es bei Zusätzen, wie z. B. Alkohol, die sich über das ganze Volumen der Flüssigkeit gleichmäßig verbreiten, also eine echte Lösung eingehen. Bei diesen Lösungspartnern macht sich ein Einfluß der Oberflächenspannung bei der Zerstäubung usw. sehr wohl bemerkbar.

Im Gegensatz zu IIa wirkt sich bei den spezifischen Beeinflussungen IIb die Störung auf verschiedene Elemente und Konzentrationen in verschiedenem Maße aus, d. h. der Störmechanismus enthält Faktoren, die spezifisch für das gestörte Element und u. U. f. d. Konzentration sind. Bei diesen spezifischen Störungen kann man wieder zwischen solchen Störungen unterscheiden, die die Zahl der bereitgestellten Atome N für die Anregung in der Flamme beeinflussen (IIb1 bis IIb3, Kap. 7), und solchen, die die Anregung als solche beeinflussen (IIb4,

Kap. 8). Eine Zugabe von HCl z. B. beeinflußt den Dissoziationsgrad des KCl, aber auch den des NaCl (Kap. 7) und beeinflußt dadurch die atomare K- und Na-Emission (IIb2). Da die Dissoziationsenergien des KCl und des NaCl aber untereinander verschieden sind, ist zu erwarten, daß sich diese Störung in beiden Fällen verschieden stark auswirkt, was man tatsächlich auch feststellt. In analoger Weise beeinflußt z. B. ein Cs-Zusatz den Ionisationsgrad des K und auch den des Na, da das Caesium Elektronen an die Flamme abgibt, die die Ionisation des K bzw. des Na zurückdrängen (Kap. 7). Auch diese Cs-Beeinflussung auf die verschiedenen Elemente, z. B. Na und K, ist verschieden groß wegen der verschiedenen Ionisierungsenergien (Kap. 97). — Da die Anregung der Atomlinien oder Molekülbanden in den meisten Fällen nahezu bei thermischem Gleichgewicht erfolgt (Kap. 8), läßt sich diese Anregung nur durch eine Änderung der Flammentemperatur beeinflussen. Solche Anregungsbeeinflussungen bzw. Temperaturstörungen sind dann zu erwarten, wenn die zerstäubten Lösungen brennbare Substanzen, wie Alkohol, enthalten (Kap. 79). Auch nicht brennbare Lösungspartner können, insbesondere bei Direktzerstäubern, eine Temperaturänderung hervorrufen, allein schon dadurch, daß sie die Zufuhr und/oder die Verdampfung des Lösungsmittels in der Flamme beeinflussen (vgl. oben). Dadurch ändert sich die Abkühlung der Flamme (Kap. 14). Man kann auch hierbei von spezifischen Einflüssen sprechen (IIb4), da die Temperaturabhängigkeit der Emission für Linien bzw. Banden mit verschiedener Anregungsenergie verschieden ist (Kap. 8 u. 14). Natürlich hat eine Temperaturänderung der Flamme auch eine Änderung des Dissoziations- und Ionisationsgrades zu Folge, da die chemischen Gleichgewichte temperaturabhängig sind (Kap. 7). Auch ändert sich die Untergrundstrahlung der Flammengase mit der Temperatur. Im allgemeinen ist aber der Temperatureinfluß auf die Anregung am größten, so daß wir in dieser Hinsicht die Anregungsbeeinflussung (IIb4) als eine Temperaturbeeinflussung ansprechen dürfen.

In der Literatur wird mitunter eine weitere Anregungsbeeinflussung genannt: Wenn die Energieniveaus des störenden Elementes (ungefähr) dem Anregungsniveau der gestörten Emissionslinie bzw. Bande entsprechen, kann es durch Resonanzaustausch von Energien zu Beeinflussungen der Emission kommen. Macht man aber die meist zulässige Annahme, daß thermodynamisches Gleichgewicht herrscht, dann wird die Besetzung der Energieniveaus nach wie vor durch die Boltzmann-Formel (mit $T =$ Flammentemperatur) wiedergegeben und eine Störung dieser Art ist dann grundsätzlich ausgeschlossen.

Eine typische spezifische Emissionsbeeinflussung tritt dann auf, wenn in den Aerosolteilchen das Analysenelement (z. B. Ca) mit dem Störelement (z. B. Al) schwer verdampfbare Verbindungen eingeht (Kap. 98). Dadurch wird der Gehalt an emissionsfähigen Ca-Teilchen in der Flamme herabgesetzt und es sinkt dementsprechend die Ca-Emission. Da die Neigung zur Bildung solcher schwerverdampfbaren Komplexe mit Al, P usw. und deren Flüchtigkeit für verschiedene Elemente sehr verschieden ist, muß man auch hier von spezifischen Beeinflussungen sprechen (IIb1).

Es ist selbstverständlich, daß die Größe der hier besprochenen Beeinflussungen nicht nur von der Art und Konzentration der störenden und gestörten Elemente abhängt, sondern daß dabei auch die Anwesenheit der übrigen Partner und die apparativen Bedingungen eine Rolle spielen. So hängt z. B. die Transportbeeinflussung noch vom Preßluftdruck bzw. vom Verbrauch, von der Form und Anordnung der Düsen, von der Form der Zerstäuberkammer, von der Temperatur der Luft oder der angesaugten Analysenflüssigkeit usw. ab. Die Größe der

Ionisationsbeeinflussung wird noch von der Flammentemperatur, von der Substanzzufuhr zur Flamme, vom Gehalt an freien Flammenelektronen usw. abhängen (Kap. 7). Diese Faktoren hängen ihrerseits wieder von der quantitativen und qualitativen Zusammensetzung des Gas- und Luftgemisches, von der Beobachtungshöhe in der Flamme, von der Brennerform usw. ab. Quantitative Aussagen über die Größe der Beeinflussungen durch Lösungspartner lassen sich also nicht ohne weiteres von einer auf eine andere Apparatur übertragen. Daraus erkennt man die Notwendigkeit, möglichst einheitliche und in sich selbst gut reproduzierbare Gerätetypen zu verwenden, damit die Erfahrungen eines Autors von anderen ohne nochmalige Vorarbeit übernommen werden können (vgl. Kap. 19 u. 83). Leider sind von einer Normierung der Einzelteile bis heute nicht die geringsten Anzeichen zu bemerken.

Bis jetzt haben wir die Störeinflüsse nach dem Störmechanismus eingeteilt und besprochen. Zum Schluß dieses Kapitels wollen wir nun eine Einteilung der Störeinwirkungen nach der Art des Störpartners geben. Wir betrachten dabei also nacheinander die typischen Störmöglichkeiten durch die oft vorkommenden Salze, Säuren, Kationen, Anionen und organischen Substanzen.

Bei den *Kationen-Beeinflussungen* aufeinander ist zunächst der Fall zu nennen, daß beide Partner (störendes und gestörtes Element) Alkalimetalle sind. In heißen Flammen ist dabei eine positive Ionisationsbeeinflussung (IIb3) zu befürchten (Kap. 97). Man spricht in diesem Falle mit Recht von einer gegenseitigen Beeinflussung. Sehr häufig führen Kationenstörungen aller Art, nicht nur der Alkalien, zu Querempfindlichkeiten Ia oder zu Untergrundstörungen Ib2 (Kap. 94 u. 95). Manche Metalle, wie z. B. Ni, sind dafür bekannt, daß sie in der Flamme molekulare Verbindungen eingehen, die ausgedehnte Banden in einem breiten Spektralbereich emittieren. Einige andere Metalle, wie z. B. Al, das selbst nur sehr wenig Licht emittiert, können eine negative Kationenstörung, d. h. eine Depression anderer Lichtemissionen hervorrufen, indem Al und ähnlich wirkende Elemente schwer verdampfbare Komplexverbindungen mit dem gestörten Element eingehen (IIb1). Insbesondere sind die Erdalkalien für solche Störungen empfindlich (Kap. 98). Für solche Störungen ist charakteristisch, daß sie schon bei verhältnismäßig niedrigen Konzentrationen des Störelementes deutlich in Erscheinung treten.

Durch Zugabe von *Salzen, Säuren* oder *organischen Substanzen* kann über eine Änderung der physikalischen Eigenschaften der Lösung (wie Viscosität, Oberflächenspannung, Dichte, Dampfdruck) eine Transportbeeinflussung der Analysenlösung (IIa1) hervorgerufen werden (Kap. 101). Mit der Transportbeeinflussung der Lösung in die Flamme können gleichzeitig auch die Flammentemperatur, die Verdampfungsgeschwindigkeit der Flüssigkeitsanteile, der Tropfen sowie die Verdampfung der festen Partikelchen in der Flamme und auch die Flammenform geändert werden. Diese Änderung der Flammentemperatur, die insbesondere bei Direktzerstäubern deutlich in Erscheinung tritt, bedingt wieder eine Änderung der Eigenstrahlung der Flamme (Ib1) und eine spezifische Beeinflussung der Emission des gestörten Elementes über die Temperatur (IIb4). Bei Indirektzerstäubern, bei denen die Zufuhr des Lösungsmittels in die Flamme meist nur einen geringen Einfluß auf die Flamme hat, überwiegt die Transportbeeinflussung (IIa1). Diese letztgenannten Beeinflussungen machen sich meist nur dann bemerkbar, wenn die Konzentration des störenden Salzes, der störenden Säure usw., ziemlich groß ist. Man stellt dabei meist fest, daß die Zunahme des Störeffektes pro Mol störender Substanz für niedrige Störkonzentrationen größer als für höhere Störkonzentrationen ist. Die Störungskurve: Emission gegen Störkonzentration zeigt dann im Anfangsbereich einen stärkeren Abfall.

Es sei vermerkt, daß Störungen durch Oberflächenspannungsunterschiede, Dampfdruckunterschiede usw. nicht nur bei Indirekt-Zerstäubern, sondern auch bei Direktzerstäubern, wenn auch in geringerem Maße, zu erwarten sind. Dafür liegen experimentelle Beweise vor [*182, 232, 241, 563*]. Wir müssen hier also der gelegentlich ausgesprochenen Meinung widersprechen, daß solche Störungen bei Direktzerstäubern nicht auftreten könnten.

Beeinflussungen durch Änderung der physikalischen Eigenschaften der zerstäubten Lösung können sowohl emissionserhöhend als auch emissionsmindernd wirken. Alkohol z. B.

erhöht den Dampfdruck und erniedrigt die Oberflächenspannung und gibt somit eine positive Beeinflussung (Kap. 79). Säuren und Salze, die den Dampfdruck erniedrigen und/oder die Oberflächenspannung erhöhen, wirken dagegen emissionsmindernd.

Organische Substanzen als Lösungspartner können, abgesehen von ihren eben genannten Einwirkungen auf die physikalischen Eigenschaften einer Lösung wie Viscosität, Oberflächenspannung usw., auch noch in anderer Weise wirken. Durch ihre Verbrennung beeinflussen sie die Flammentemperatur, den CO-, den CO_2- u. den H_2O-Gehalt in der Flamme (Kap. 79). Dadurch wird die Eigenstrahlung der Flamme gestört (Ib1), und es entstehen auch spezifische Beeinflussungen der Emissionen der Analysenlinien (insbesondere IIb4). Die Vorgänge in der Flamme werden noch verwickelter, wenn z. B. der Alkohol nicht als Dampf, sondern auch in Form von Flüssigkeitstropfen in die Flamme gelangt. Dann entstehen rings um diese Tröpfchen kleine Diffussionsflammen durch Verdampfung und Verbrennung des Alkohol-Wasser-Gemisches, und man kann die bei diesen Verbrennungen entstehenden Zustände wie Temperatur, Emission usw. nicht mehr durch ein Gleichgewicht beschreiben (Kap. 79).

Anionen können nicht nur als Bestandteile eines Salzes oder einer Säure Störeinflüsse hervorrufen (s. oben), sondern sie wirken mitunter auch als solche störend auf das Analysenergebnis. So verursacht z. B. das Cl-Ion eine Dissoziationsbeeinflussung (IIb2), sofern das gestörte Element, z. B. ein Alkalimetall, eine Neigung zur Chloridbildung hat, die ja von der freien Cl-Konzentration in der Flamme abhängt. Dadurch wird ein Teil des Analysenelementes der Emission entzogen. Auch kann die Anwesenheit von Chlor die Ionisation beeinflussen, sofern in der Flamme negative Cl-Ionen gebildet werden. Das Auftreten solcher negativer Ionen ändert nämlich die Konzentration an freien Elektronen und somit auch den Ionisationszustand des zu untersuchenden Elementes [*233*].

Andere Anionen, wie z. B. Phosphat und Sulfat, können bei der Analyse von Erdalkalien durch die Bildung von schwerverdampfbaren Erdalkali-(Pyro-)Phosphaten bzw. -Sulfaten in den Aerosolteilchen eine Beeinflussung der Partikelchen-Verdampfung nach IIb1 hervorrufen (Kap. 98). Wenn Phosphat in großem Überschuß vorhanden ist, tritt darüber hinaus noch eine kontinuierliche Untergrundstrahlung infolge der unverdampften, thermisch leuchtenden P_2O_5-Partikelchen auf, was eine Untergrundstörung nach Ib2 verursachen kann (Kap. 98). Die entsprechenden Störungen durch das Nitrat-Jon scheinen meist nur gering zu sein. Deshalb wandeln manche Autoren ihre zu untersuchenden Analysensubstanzen vor der Analyse gern in die Nitrate um [*233, 289*]. Übrigens war es bis jetzt noch nicht möglich, den Mechanismus aller Anionenstörungen aufzuklären. So weiß man bis jetzt z. B. nichts über die Ursache der emissionserhöhenden Wirkung der Perchlorsäure beim Ca [*83, 228*] oder der Erhöhung der K-Emission durch NH_4Cl und $(NH_4)_2CO_3$ [*289*].

Die Absorptionsflammenphotometrie (Kap. 8) hat gegenüber den hier diskutierten Störmöglichkeiten bei Emissionsmethoden den Vorteil, daß sich die Blindwertstörungen (I) und die Anregungsbeeinflussungen (IIb4) nicht auswirken können. Die anderen oben diskutierten Störmöglichkeiten gelten sowohl für die Emissions- als auch für die Absorptionsflammenphotometrie.

Es ist in der Praxis nicht immer leicht, eine Entscheidung darüber zu treffen, welcher der oben klassifizierten Störmechanismen vorliegt, insbesondere, wenn man noch mit einfachen spektralen Trenneinrichtungen, z. B. mit Filtergeräten, arbeiten muß. Einige Hinweise auf Unterscheidungsmöglichkeiten werden dem Leser sicher dienlich sein. Blindwertstörungen (I) stellt man am einfachsten dadurch fest, daß man Blindlösungen herstellt, die die störenden Elemente in variierter Konzentration, nicht jedoch das Analysenelement, enthalten (Kap. 94 u. 95). Diese Variationsbereiche müssen den in der Praxis vorkommenden Verhältnissen entsprechen. Liegt eine Emissionsbeeinflussung (II) vor, kann man eine Entscheidung darüber, ob eine Temperaturänderung oder eine Änderung des Gehaltes an bereitgestellter Analysensubstanz vorliegt, auf folgende Art treffen:

Man untersucht den Störeinfluß bei verschiedenen Linien mit verschiedener Anregungsenergie. Ist der Einfluß prozentual, in scheinbaren Konzentrationen ausgedrückt, bei allen Linien gleichgroß, dann liegt ein unspezifischer Einfluß nach IIa vor, im anderen Falle, bei verschieden großen Einflüssen bei verschiedenen Linien (Kap. 8) ein spezifischer Einfluß nach IIb. Man bekommt diese scheinbare Konzentration, wenn man die gestörte Emission ohne Korrektur mit Hilfe der ungestörten Eichkurve auf Konzentration umrechnet. — Eine Änderung der bereitgestellten Atomkonzentration nach IIa kann man auch dadurch beweisen, daß man den Störeinfluß einmal bei einer Konzentration des Analysenelementes mit zu vernachlässigender Selbstabsorption, ein anderes Mal mit starker Selbstabsorption beobachtet. Auch empfiehlt sich, den Störeffekt auf verschiedene Analysenmetalle zu beobachten. Man kann dann z. B. zwischen einem Einfluß von HCl auf den Transport der Analysensubstanz bzw. zwischen einem Einfluß des HCl auf die Dissoziation (Kap. 7) unterscheiden. Hat man einen Indirektzerstäuber zur Verfügung, kann zum Nachweis eines Störeinflusses nach IIb1 ein Zweizerstäuberversuch nach Kap. 98 nützlich sein, indem störendes und gestörtes Element mit Hilfe von 2 parallel geschalteten indirekten Zerstäubern gleichzeitig, aber gesondert, in die Flamme hinein zerstäubt werden.

Es lassen sich noch weitere derartige Versuche für solche Unterscheidungsmöglichkeiten angeben. Sie haben, wie eingangs von Kap. 5 schon betont, nicht nur akademisches Interesse. Das Erkennen des Störmechanismus gibt gleichzeitig Hinweise auf den einzuschlagenden Weg für eine optimale Eliminierung solcher Störursachen.

Meß-Methoden und -Apparate

12. Überblick

Von den methodischen Grundlagen, von der Empfindlichkeit und Zuverlässigkeit der benutzten Apparatur hängt die Anwendbarkeit des ganzen Verfahrens ab. Apparatur und Methode lassen sich nicht gesondert darstellen, da beide eng miteinander verknüpft sind. Wir wollen daher in den folgenden Abschnitten die methodischen und apparativen Gesichtspunkte gemeinsam besprechen und einzelne Gerätetypen herausstellen. Geräte für die Absorptionsflammenphotometrie wollen wir hier nicht aufnehmen. Wir verweisen auf Kap. 8.

Es gibt sehr viele verschiedene handelsübliche Flammenphotometer, die wir, soweit sie uns bekannt geworden sind, im Anhang mit ihren wesentlichsten Merkmalen zusammenstellen. Von diesen Geräten wollen wir im folgenden nur einige charakteristische Vertreter als Beispiele heranziehen. Diese handelsüblichen Photometer sind für einen breiten Abnehmerkreis gedacht, d. h. für Benützer aus allen Fachrichtungen. Bei speziellen Anwendungen reichen mitunter selbst die besten käuflichen Geräte nicht aus, und es ist daher nicht verwunderlich, wenn eine ganze Reihe von weiteren Methoden und Einzelapparaturen für spezielle Aufgaben erdacht wurden. Solche Verfahren und Apparate sollen ebenfalls in die nachfolgende Besprechung, allerdings in kürzerer Form, einbezogen werden.

Bei der Gliederung dieses Gebietes haben wir zunächst die für die Unterhaltung der Flamme erforderlichen Regel- und Überwachungsorgane und das Einbringen der Analysenmaterialien in die Flamme beschrieben, da grundsätzlich jede dieser Anordnungen vor jedem optisch-elektrischen System betrieben werden kann. Die danach erfolgende Zerlegung des Lichtes in die einzelnen spektralen Komponenten und ihre Messung kann auf verschiedene Art erfolgen. Dementsprechend unterteilen wir von da ab dann in die Gebiete Flammenphotometrie, Flammenspektrophotometrie und Flammenspektrographie.

Wir wollen zunächst einen Überblick über den Gesamtaufbau eines Flammenphotometers geben, bevor wir in den nachfolgenden Kapiteln die mit den einzelnen

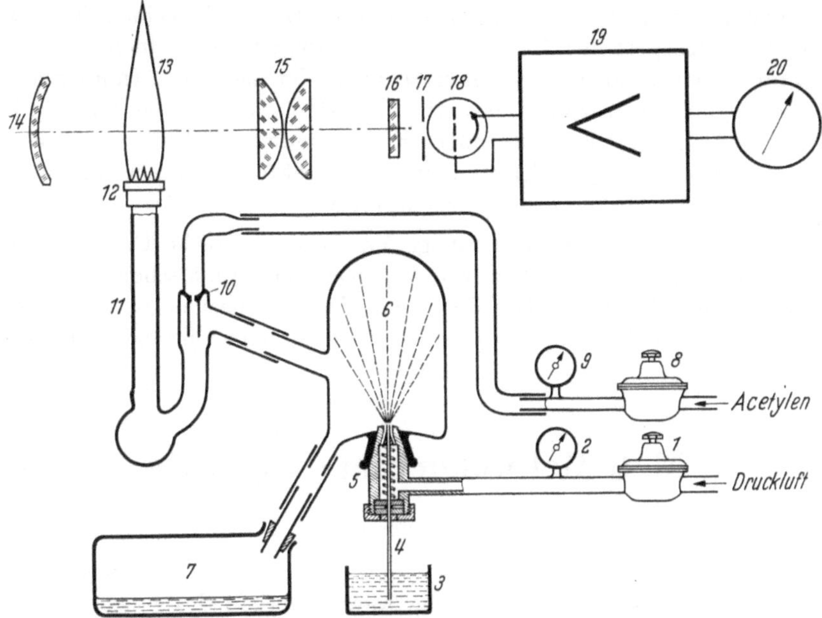

Abb. 8. Beispiel für den Aufbau eines Flammenphotometers mit Filtern (PF 5 von C. Zeiss in Oberkochen). *1* Druckregler für Preßluft (zweiter niederdruckseitiger Druckminderer); *2* Druckmeßinstrument (Bourdonrohr-Manometer); *3* Probenbehälter mit der Analysenflüssigkeit; *4* Ansaugcapillare; *5* Zerstäuber; *6* Zerstäuberkammer für Tropfenaussonderung; *7* Ablaufgefäß; *8* Druckregler für Acetylen (2. niederdruckseitiger Druckminderer); *9* Druckmeßinstrument (Bourdonrohr-Manometer); *10* Gaszumischdüse; *11* Brennerrohr; *12* Brennerkappe; *13* Flamme; *14* Rückspiegel; *15* Kondensor; *16* Filter, auswechselbar für verschiedene Spektrallinien (Banden) bzw. Elemente; *17* Blende; *18* Vervielfacher, als Photozelle gezeichnet; *19* Verstärker; *20* Meßinstrument

Funktionen zusammenhängenden Probleme ausführlicher besprechen. Die prinzipielle Wirkungsweise der Einzelteile ergibt sich aus der Abb. 8 bzw. aus der Bildunterschrift. Die Einzelteile sind in *der* Reihenfolge aufgeführt, wie sie vom Gas- bzw. Luftstrom durchlaufen werden. Wir beginnen also bei den Druckflaschen, gehen über die Regel- und Meßorgane bis zur Flamme. Auch bei der Einteilung des Stoffes gehen wir in der gleichen Reihenfolge vor (Kap. 16—35). Beim optisch elektrischen System steht sinngemäß an erster Stelle die Flamme und an letzter Stelle folgt das elektrische Anzeigeinstrument.

Gewisse Abweichungen von dieser Anordnung sind möglich. Wir werden davon später eingehender sprechen.

A. Einrichtungen für die Unterhaltung der Flamme und das Zuführen der Analysensubstanzen

13. Die Auswahl der Gase

Man kann prinzipiell verschiedene Flammen für flammenphotometrische Zwecke heranziehen, z. B. solche, die mit Methan-Luft, Leuchtgas-Luft, Propan-Luft oder Propan-Sauerstoff, Benzingas-Luft, Acetylen-Luft oder Acetylen-Sauerstoff, Wasserstoff-Sauerstoff, Dicyan-Sauerstoff usw. gespeist werden. Je nach der vorliegenden Aufgabenstellung und je nach den örtlichen Gegebenheiten wird man besser das eine oder andere Gemisch wählen. Die handelsüblichen Geräte sind aber meist nur für *ein* Gasgemisch, seltener für zwei oder mehrere Gemische eingerichtet. Die Auswahl eines günstigen Gasgemisches wird dadurch sehr eingeschränkt und man wird selten unter optimalen Bedingungen arbeiten. Steht man aber vor der Frage, eines der vielen handelsüblichen Geräte nach der Art der verwandten Gasmischung bzw. Flammen für eine bestimmte Anwendung auszuwählen oder gar selbst ein Gerät bauen oder zumindest umbauen zu müssen, dann haben die nachfolgenden Ausführungen ihre volle praktische Bedeutung.

Für die Auswahl dieser Gase gelten folgende Gesichtspunkte:

a) Die Flammentemperatur bzw. die Anregungsbedingungen (Kap. 8 u. 14).

b) Die Eigenstrahlung der Flamme im interessierenden Spektralbereich (Kap. 9).

c) Die Konstanz der Zusammensetzung.

d) Die Regelbarkeit von Druck und Strömungsgeschwindigkeit.

e) Die Gefährlichkeit der Mischung.

f) Die Beschaffbarkeit des Gases.

g) Der Preis je Analyse bzw. je Arbeitsstunde.

Zu a). Die wesentlichste Frage nach der günstigsten Flammentemperatur behandeln wir im folgenden Kapitel. Hat man sich einmal für eine bestimmte Gasmischung entschieden, so kann man die Temperatur dann noch in einem gewissen Intervall variieren, indem man das Mischungsverhältnis Gas/Luft bzw. Gas/Sauerstoff verändert (Kap. 19).

Zu b). Insbesondere in der Nähe der unteren Grenzempfindlichkeiten wird man ein günstiges Verhältnis Nutzintensität der Analysenlinie oder Bande/Störintensität der Eigenstrahlung der Flamme anstreben müssen. Dieses Verhältnis ist z. B. bei der Acetylen-Sauerstoff-Flamme trotz der höheren Flammentemperatur und der dadurch bedingten besseren Anregung der Linien im allgemeinen etwa 10mal schlechter als in der etwas kälteren Wasserstoff-Sauerstoff-Flamme, d. h. der Flammenuntergrund der Acetylen-Sauerstoff-Flamme ist meist mehr als 10mal so groß als der der fast „farblosen" Wasserstoff-Sauerstoff-Flamme. Hat man aber höhere Konzentrationen zu messen, dann ist der eben genannte Gesichtspunkt weniger bedeutungsvoll. Liegt dazu dann noch ein Gerät mit mäßiger optisch-elektronischer Empfindlichkeit vor, wird man wegen der höheren Linienintensitäten dann die Acetylen-Sauerstoff-Flamme bevorzugen.

Zu c). Die Konstanz der Zusammensetzung ist bei Leuchtgas nicht gewährleistet. Auch bei Flaschengas ist es möglich, daß sich die Zusammensetzung von Flasche zu Flasche etwas unterscheidet und auch bei verschiedenem Flaschendruck etwas verschieden sein kann (Kap. 15).

Zu d). Die Regelbarkeit erfordert einen genügend hohen Druck vor den Regelorganen. Leuchtgas ist in dieser Hinsicht schlechter als komprimiertes Flaschengas. Allerdings lassen sich Druckeinstellungen finden, bei denen geringe Druckschwankungen kaum einen Einfluß auf das Meßergebnis haben (Kap. 19). Restschwankungen kann man noch durch Anwendung der Leitlinienmethode abermals verkleinern (Kap. 51).

Zu e). Die Gefährlichkeit einer Gasmischung wird die Auswahl mit beeinflussen, insbesondere dann, wenn die routinemäßigen Analysen von angelernten Kräften durchgeführt werden sollen. Acetylen hat die angenehme Eigenschaft, sich beim Ausströmen, z. B. aus undichten Schlauchleitungen, Hähnen usw., durch seinen (allerdings auf die Verunreinigung zurückgehenden) charakteristischen Geruch auch in geringeren Konzentrationen sehr schnell anzuzeigen. Wasserstoff hingegen riecht man nicht. Dafür hat letzterer die Annehmlichkeit, durch sein geringes Gewicht nach oben zu steigen, so daß das Offenlassen von Oberlichtfenstern schon einen gewissen Schutz gegen Raumexplosionen darstellt.

Andere Mischungen, wie Butan und Propan, haben die Unannehmlichkeit, durch ihr höheres Litergewicht als Luft (Tabelle 3 in Kap. 14), Bodenschichten zu bilden. Solche Gase dürfen daher in tiefgelegenen Laboratorien ohne Abflußmöglichkeiten für Gase nicht benutzt werden. Im übrigen verweisen wir auf die Vorschriften über das Arbeiten mit komprimierten Gasen und auf Kap. 17.

Zu f). Wenn das eine oder andere Gas nicht oder nur sehr schwer beschafft werden kann, wird dadurch die Auswahl eingeschränkt. In Deutschland ist z. Z. z. B. $(CN)_2$ nicht handelsüblich. Auch bereitet die Beschaffung eines genügend sauberen Acetylens mitunter Schwierigkeiten. Wir kommen darauf in Kap. 15 zurück.

Zu g). Der Preis für die Brenngase ist, umgerechnet auf eine Analyse, meist gering. Kritischer ist mitunter der Preis für den Sauerstoff. Er wird allerdings mehr als zehnmal kompensiert durch den Zeitgewinn, den Flammenanalysen bieten. Außerdem spart man noch die für chemische Analysen benötigten Reagentien.

Erwünscht wäre, wenn jedes Flammenphotometer durch Austausch verschiedener Teile, wie Druckminderventile (Kap. 18), Gaszumischdüsen (Kap. 30), Brenner bzw. Brennerkappen (Kap. 32) usw., schnell auf eine andere Gasmischung umgestellt werden könnte, weil dann für jeden Anwendungsfall optimale Verhältnisse geschaffen werden könnten. Im Prinzip ist das möglich. Leider machen nur wenige Geräteehersteller davon Gebrauch.

14. Die Temperatur der Flamme

In Kap. 5 wurde über die Flammentemperatur schon kurz gesprochen. Hier wollen wir insbesondere auf die optimale Temperatur im Zusammenhang mit den praktisch vorkommenden Meßaufgaben näher eingehen. Dazu wollen wir zunächst diejenigen Faktoren besprechen, die die tatsächlich vorkommenden Temperaturwerte mitbestimmen.

In erster Linie ist die Temperatur abhängig von der Art des Gasgemisches und vom Mischungsverhältnis seiner Komponenten. Ändert man dies Mischungsverhältnis kontinuierlich, so ist aus stöchiometrischen Überlegungen zu erwarten, daß die zugehörige Temperatur dabei zunächst einem Maximalwert zustrebt und danach wieder abfällt (Kap. 5). Praktisch durchgeführte Flammentemperaturmessungen bestätigen dies in qualitativer Hinsicht, wovon Abb. 9 ein Beispiel zeigt. Vergleicht man aber die aus der Zusammensetzung und aus der Temperatur der zuströmenden Gase berechneten Flammentemperaturen mit den tatsächlich gemessenen, so bemerkt man im allgemeinen bedeutende Abweichungen, auch dann, wenn man die möglichen Fehler in den dabei benützten physikalisch-chemischen Konstanten (Verbrennungswärme usw.) berücksichtigt. Die Flammentemperatur hängt nämlich noch von folgenden sekundären Faktoren ab:

a) Kurz über den Verbrennungskegeln dürfte sich noch kein chemisches Gleichgewicht eingestellt haben. Insbesondere ist dies bei der sehr trägen Rekombination der H- und OH-Radikale zu erwarten (Kap. 7). Bei dieser verhältnismäßig langsam ablaufenden Reaktion wird noch in größerer Höhe der Flamme Reaktionswärme frei. Eine Verzögerung in der O_2-Dissoziation dürfte dagegen eine zu hohe Temperatur kurz oberhalb der Verbrennungskegel verursachen [*194*].

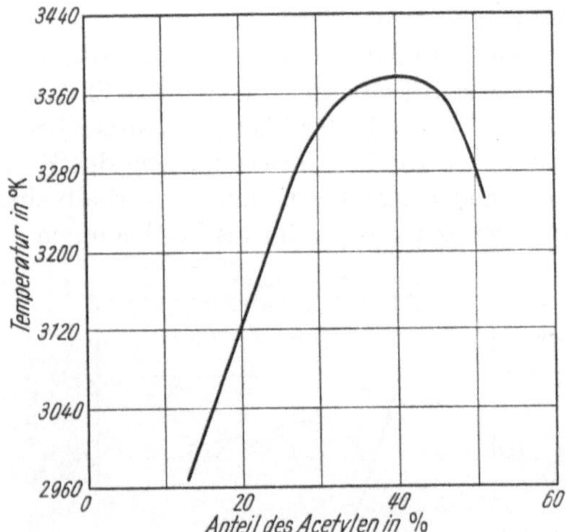

Abb. 9. Die Abhängigkeit der Flammentemperatur einer C_2H_2—O_2-Flamme vom Acetylengehalt der Mischung (nach [*31*])

b) Da die in der Flammenphotometrie benutzten Flammen in Luft von Zimmertemperatur brennen, treten Wärmeverluste durch Konvektion und Wärmeleitung sowie durch Strahlung ein. Dazu kommen noch Wärmeverluste durch Wärmeleitung des Brennermaterials. Quantitativ hängen die letztgenannten Verluste naturgemäß von der Bauart des Brenners ab. Diese Verluste kommen aber teilweise der Flamme wieder zugute, indem das zuströmende Gasgemisch im heißen Brennerrohr vorgewärmt wird[1].

c) Den unter b) genannten Wärmeverlusten stehen die in der sekundären Verbrennungszone frei werdenden Reaktionswärmen gegenüber (Kap. 5).

d) Es muß weiter damit gerechnet werden, daß die in der Praxis erreichten Temperaturen noch von der Güte der vorherigen oder nachträglichen Durchmischung des Gas-Luft-(Sauerstoff-)Gemisches, von deren Feuchtigkeit und von der Menge der Luft, die aus der Umgebung für den sekundären Verbrennungsprozeß angesaugt wird, abhängen.

e) Besonders bei Zerstäuber-Brennerkombinationen kann durch die Verdampfung und weitere Erhitzung der hineingebrachten Flüssigkeit die Flammentemperatur erheblich herabgesetzt werden [*228*]. Bei Indirektzerstäubern ist dieser Effekt von geringerer Bedeutung [*65*]. Enthält die zerstäubte Flüssigkeit

---

[1] Bei einem Mékèrbrenner wurde diese Wärmeabgabe an den Brenner zu 10 kcal/Mol Acetylen bestimmt. Die Temperatur des dadurch vorgewärmten Gasgemisches betrug kurz oberhalb der Brenneröffnung etwa 60°C [*65*]. Etwa die Hälfte der abgegebenen Wärme kommt auf diesem Umweg wieder in die Flamme zurück.

noch brennbare Substanzen wie Aceton oder Alkohol, dann kann dadurch die Flammentemperatur wieder heraufgesetzt werden, vorausgesetzt, daß man mit einem Luftüberschuß arbeitet, d. h. sich auf dem linken Zweig der Kurve in Abb. 9 befindet (vgl. dazu auch Kap. 79).

f) Auch der Aceton-Partialdruck im Acetylenstrom, der bei allmählich leer werdender Acetylenflasche zunimmt (Kap. 15), beeinflußt, bei sonst konstant gehaltenen Bedingungen (Druckanzeige usw.), die Flammentemperatur. In einem Falle wurde bei Flammentemperaturmessungen dadurch eine Erniedrigung von 55° C gemessen [*65*].

Auf Grund der obigen Darlegungen über die Vorgänge in den Flammen erscheint es fast selbstverständlich, daß die Flammentemperatur noch vom Ort der Messungen innerhalb der Flamme, insbesondere von der Höhe über dem Brenner und von der seitlichen Entfernung von der Flammenachse abhängt. Bei den laminar brennenden stabilen Flammen oberhalb eines Mékèrbrenners ist diese Abhängigkeit weniger ausgeprägt als bei Flammen von Schweißbrennern (s. Abb. 10), die in ihren Eigenschaften den Flammen an Zerstäuberbrenner-Kombinationen sehr nahe stehen.

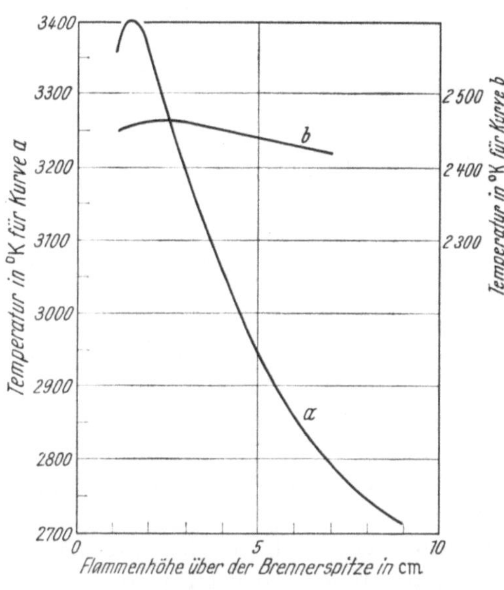

Abb. 10. Die Höhenabhängigkeit der Flammentemperatur bei einem Acetylen-Sauerstoff-Schweißbrenner (Kurve *a*, nach [*338*]) und für einen Acetylen-Luft-Mékèrbrenner (Kurve *b*, nach unveröffentlichten Messungen von G. R. D. ZYDERVELD, Utrecht)

Alle diese Überlegungen zeigen die Schwierigkeiten, die einem entgegenstehen, wenn man auf Grund theoretischer Überlegungen die Temperatur einer gegebenen Flamme berechnen wollte. Dabei haben solche Temperaturwerte nicht nur akademisches Interesse, sondern sie wären zur Deutung von vielen Störerscheinungen (Kap. 92ff.), wie sie bei praktischen flammenphotometrischen Analysen häufig vorkommen, von großem Nutzen. Zur Temperaturbestimmung sind also experimentelle Methoden geeigneter. Wir verweisen auf die allgemein als zuverlässig angesehene Linienumkehrmethode [*11, 25, 31, 37, 338, 371*], auf die wir hier aus Platzgründen nicht näher eingehen können.

Von noch größerem praktischen Interesse ist die Frage nach der optimalen Flammentemperatur für eine gegebene analytische Aufgabe. Wir wollen dazu zunächst die für die Flammenphotometrie wesentlichen Vorgänge, welche von der Flammentemperatur abhängen, kurz wiederholen:

a) Die Anregung einer Spektrallinie hängt über den Boltzmann-Faktor $e^{-E_a/kT}$ mit der Temperatur zusammen (Kap. 8). Nach dieser Formel nimmt die Na-Emission um etwa 10% zu, wenn die Temperatur um 1% steigt. Linien mit einer höheren Anregungsenergie E_a nehmen aber prozentual stärker zu. Im allgemeinen beträgt die Intensitätszunahme (E_a/kT)% bei einer 1%igen Temperaturerhöhung.

b) Eine höhere Flammentemperatur bedingt eine bessere Verdampfung des Analysenmaterials, insbesondere, wenn schwerflüchtige Verbindungen, wie z. B. Ca-Aluminate oder Ca-Phosphate, vorliegen (Kap. 98).

c) Eine höhere Flammentemperatur fördert die Dissoziation von nicht emissionsfähigen Verbindungen wie Alkali-Hydroxyden oder Alkali-Halogeniden (Kap. 7). Die höhere Temperatur vergrößert somit den Anteil der in der Flamme anregbaren Atome.

Diese eben genannten Gesichtspunkte a—c sprechen für die Anwendung von möglichst hohen Flammentemperaturen. Die im folgenden genannten Überlegungen d—g sprechen aber im Gegensatz dazu für eine möglichst niedrige Temperatur:

d) Aus a) folgt, daß bei ansteigender Temperatur zunächst schwache, schwerer anregbare Linien im Vergleich zu intensiveren Linien relativ stärker zunehmen. Das Spektrum wird also mit steigender Temperatur immer linienreicher und die relativen Unterschiede zwischen den Intensitäten verschiedener Linien werden geringer. Dadurch wird es für kompliziert zusammengesetzte Lösungen bei hohen Temperaturen schwierig bzw. unmöglich, die Analysenlinie von den benachbarten Störlinien abzutrennen, insbesondere, wenn nur einfache Hilfsmittel für die spektrale Trennung, z. B. nur Farbfilter, zur Verfügung stehen.

e) Bei höherer Temperatur wird unter sonst gleichen Umständen die Ionisation stärker. Dadurch nimmt die Emission der Atomlinie ab, ihre Eichkurven zeigen konkave Krümmungen, die unerwünscht sind (Kap. 82). Außerdem nimmt die lästige gegenseitige Beeinflussung von ionisierbaren Elementen zu (Kap. 7, 10, 97).

f) Nach dem Gay-Lussacschen Gesetz bringt eine höhere Temperatur eine größere thermische Expansion der verbrannten Gase mit sich. Das bedeutet zunächst eine Abnahme der Strahlungsleistung je Volumenelement. Das würde bei konstanter Flammendicke (Breite u. Tiefe) zunächst eine Emissionsminderung zur Folge haben. Die oben genannte Expansion wirkt sich nun aber nicht nur in der vertikalen Richtung (Vergrößerung der Steiggeschwindigkeit) aus, es wird auch etwas die Flammendicke vergrößert. Die genannte Emissionsminderung wird dadurch etwas kompensiert, aber nicht vollständig, da die Strahlungsempfänger nur einen Teil dieser Vergrößerung erfassen. Es bleibt also immer eine echte Abnahme der Intensität übrig. — Dies und der hier nicht besprochene Einfluß der Temperatur auf die Selbstabsorption [*65*] hat aber im Vergleich zu den unter a) genannten Einflüssen nur geringe Bedeutung für die Flammenemission.

g) Die Gasgemische mit höherer Flammentemperatur sind explosiver als die mit niedrigerer Temperatur und erfordern daher größere Vorsicht beim Arbeiten.

Man kann also von einer optimalen Temperatur bzw. von einem optimalen Temperaturbereich sprechen, dessen Wert natürlich von der Aufgabenstellung abhängt [*263, 513, 575*]. Bei ungünstigem Linien/Untergrund-Verhältnis spielt auch die Temperaturabhängigkeit des Untergrundes hierbei eine Rolle. Es sei in diesem Zusammenhang vermerkt, daß der Untergrund nicht nur von der Temperatur an sich, sondern auch von der Zusammensetzung der Flammengase abhängt.

Wenn man nur die Ionisation als störenden Effekt in Betracht zieht, erkennt man leicht, daß in der Emissions-Temperaturkurve ein Maximum auftreten muß. Einerseits wächst bei niedriger Temperatur, d. h. bei vernachlässigbarer Ionisation, die Emission mit $e^{-E_a/kT}$ bei zunehmender Temperatur (Kap. 8). Nun nimmt andererseits bei höheren Temperaturen die Stärke der Ionisation zu und schwächt damit die Linien-Intensität. Bei sehr hoher Temperatur, wo die Ionisation nahezu vollständig ist, hängt die Atomkonzentration eines Elementes nach dem *Saha*schen Gesetz annähernd mit $e^{E_i/kT}$ (E_i = Ionisierungsenergie) von der Temperatur ab (Kap. 7). Die Atomemission *sinkt* dann mit $e^{(E_i-E_a)/kT}$ bei zunehmender Temperatur, da E_i größer als die Anregungsenergie E_a ist. In der Emissions-Temperaturkurve tritt also im ersten Teil der Kurve ein ansteigender Zweig und dann später ein abfallender Zweig auf. Irgendwo dazwischen muß sich also ein Maximum befinden.

Wo die optimale Temperatur im Einzelfall liegt, soll man von Fall zu Fall untersuchen, indem man verschiedene Brenngase ausprobiert, oder/und indem man bei einem gegebenen Gas das Mischungsverhältnis systematisch variiert (vgl. Kap. 19). Auch kann man die Flammentemperatur dadurch regeln, daß man die noch nicht verbrannten zuströmenden Gase vorheizt [*404*]. Als allgemeine Regel kann aber herausgestellt werden, daß die K- und Na-Bestimmungen am zweckmäßigsten bei einer Temperatur von etwa 2100° K ausgeführt werden sollten, die man am besten mit einer Leuchtgas-, Propan- oder Butan-Luftflamme erreicht [*65, 594*] (Kap. 97).

Ein gut ausgerüstetes Laboratorium sollte also mehrere Meßeinrichtungen mit verschiedenen Flammen zur Verfügung haben, bzw. eine Einrichtung sollte auf verschiedene Flammen mit verschiedenen Temperaturen umstellbar sein. Aus praktischen Gründen verzichten die Gerätehersteller in den meisten Fällen auf solche Umstellmöglichkeiten. Dann sind naturgemäß die Flammen mit höheren Temperaturen, in Verbindung mit guten Spektralapparaten, am universellsten anwendbar. Die meist stärkeren gegenseitigen Beeinflussungen der Elemente, die stärkere Krümmung der Eichkurven und die schwierige Trennung muß man dann allerdings in Kauf nehmen.

In der nachfolgenden Tabelle 3 geben wir mit all den zu Beginn dieses Kapitels gemachten Vorbehalten eine Übersicht über die Flammentemperaturen und die Verbrennungsgeschwindigkeiten (Kap. 5) einiger für die Flammenphotometrie häufiger verwandten Gasmischungen.

Tabelle 3

Gasmischung	Chem. Formel des Brenngases	Wichte des Gases in[1] kg/m³	Wichte im Verhältnis zu Luft	Temperatur[2] in °C (nach [*31*])	Verbrennungsgeschwindigkeit[3] cm/sec nach [*37*]
Methan—Luft	CH_4	0,72	0,55	1875	70
n-Butan—Luft	C_4H_{10}	2,70	2,09	1895	83
Leuchtgas—Luft	—[4]			1918	etwa 55
Propan—Luft	C_3H_8	2,00	1,55	1925	82
Acetylen—Luft.	C_2H_2	1,17	0,91	2325	266
Acetylen—Sauerstoff . . .	C_2H_2	1,17	0,91	3137	2480
Wasserstoff—Sauerstoff . .	H_2	0,09	0,07	2660	3680

[1] Bei 0°C und 760 Torr. (Nach [*3*].)

[2] Es ist das Maximum der nach der Linienumkehrmethode mit Na-Dampf gemessenen Flammentemperatur angegeben, unter der Voraussetzung, daß das Heizgas trocken ist.

[3] Es ist die maximale Verbrennungsgeschwindigkeit bei laminarer Strömung angegeben.

[4] Bei 49,8% H_2; 11,8% CO; 25,8% CH_4; 1,5% C_2H_6 und anderen nicht brennbaren Beimengungen.

Bei der Bestimmung schwerer anregbarer Elemente haben die üblichen Flammen den Nachteil, daß man mit der Temperatur nicht wesentlich über 3000° C hinauskommt. Diese Elemente sind daher nur bei höheren Konzentrationen nachweisbar (Kap. 90). Um diesen Nachteil zu beheben, könnte man folgende spezielle Flammen bzw. Anregungsquellen heranziehen, die sich aber bis jetzt noch nicht allgemein in der Praxis durchgesetzt haben:

a) Die sog. Langmuir-Flamme (4000—5000° C), wobei Wasserstoff durch einen elektrischen Lichtbogen geführt wird und wobei die H_2-Moleküle in H-Atome dissoziieren. Bei der Rekombination dieser H-Atome oberhalb des Lichtbogens, die mit flammenartigen Erscheinungen vor sich geht, wird dann erheblich Wärme frei [*37*]. Nahe verwandt mit dieser Langmuir-Flamme ist die sog. elektronische Fackel, wobei die Dissoziation der Gasmoleküle durch Umwandlung von Mikrowellenenergien erfolgt [*195*].

b) Die "spark-in-flame"-Methode, wobei der Flamme mittels eines hindurchgehenden Funkens zusätzliche Energie zugeführt wird [*377*, *384*, *682*].

c) Die Höchstfrequenzentladung oberhalb einer einfachen einpoligen Elektrode. Es findet dort eine flammenartige Entladung mit Temperaturen bis zu etwa 15000° C statt [*37*, *458a*].

d) Eine echte „chemische“ Flamme, bei der Temperaturen von 4400° C erreicht werden können, ist die $(CN)_2$—O_2-Flamme. Die Eignung dieser Flamme für die Flammenphotometrie wurde eingehend untersucht [*304*, *711*]. Es ist zu erwarten, daß diese Flamme mit dem Bogen in Konkurrenz treten wird, zumal sie ein sehr gutes Linien/Untergrund-Verhältnis aufweist. Eine weitere Verbreitung wird aber erst dann möglich sein, wenn das Dicyan handelsüblich geworden ist. Wegen der hohen Giftigkeit des Dicyans müßten dann allerdings gut durchdachte Sicherheitsvorkehrungen, wie z. B. automatisch abschaltende Ventile bei Überschreitung einer gewissen Raumkonzentration, Vorkehrungen für die 1. Hilfe bei etwa eintretenden Vergiftungserscheinungen u. ä. getroffen werden.

Eine weitere darüber hinausgehende Steigerung der Temperatur dieser chemischen Flammen ist z. B. durch Anwendung von O_3 anstelle von O_2 oder durch Druckerhöhung möglich. Bei einer Druckerhöhung von 1 auf 40 atü erhält man einen Temperaturgewinn von etwa 500° C. Für ein weiteres Studium dieser chemischen Flammen mit höheren Temperaturen verweisen wir auf die Literatur [z. B. *470*].

15. Über Acetylen und Propan

a) Acetylen

Das bei flammenphotometrischen Arbeiten am häufigsten angewandte Brenngas ist Acetylen. Es kann nicht wie Wasserstoff, Sauerstoff, Stickstoff usw. in hochkomprimierter Form (150 kg/cm²) in den Handel gebracht werden, da es dabei zur Selbstzersetzung und damit zu Explosionen neigt. Man füllt vielmehr die Stahlflaschen für Acetylen bei ihrer Herstellung zunächst mit einem porösen Gemisch von Kieselgur, Holzkohle und einem Bindemittel (Abb. 11) oder einem ähnlichen Füllkörper. Diese poröse Masse wird mit Aceton getränkt.

Der Füllkörper soll einmal verhindern, daß das Aceton beim Hinlegen der Flaschen herausläuft, zum anderen, daß die Flaschen beim Zurückschlagen der Flamme explodieren. Der Füllkörper nimmt etwa 25% des Flaschenvolumens ein, das Aceton etwa 38%. 29% sind zunächst leer und für die Ausdehnung des Acetons beim Lösen des Acetylens im Aceton bestimmt, und weitere 8% sind Sicherheitsraum für die Ausdehnung der Flüssigkeit bei Erwärmung. Aceton ist in der Lage, große Mengen Acetylen zu lösen. Ein Liter Aceton vermag beim normalen Fülldruck von 15 kg/cm² und 15° C etwa 375 l Acetylen zu lösen. In einer handelsüblichen Stahlflasche mit Füllkörper + Aceton von insgesamt 40 l Inhalt kann man unter diesen Bedingungen etwa 6 m³ Acetylen lösen. Der Innendruck in der Flasche ist stark von der Temperatur abhängig. Bei warmer Witterung (z. B. 35° C) und vollen Flaschen kann er bis 25 kg/cm² ansteigen, umgekehrt sinkt der Innendruck bei niedrigen Temperaturen. Der Innendruck in der Flasche ist also kein eindeutiges Maß für den Inhalt. Man bestimmt vielmehr den Acetylengehalt nach dem Gewicht, d. h. man wiegt die Flasche einschließlich Füllkörper + Aceton vor und nach der Füllung. Das Differenzgewicht ist ein Charakteristikum für den Inhalt. Entsprechend verkauft man Acetylen nach Gewichtseinheiten. Eine 40 l-Flasche faßt etwa 4—7 kg Acetylen.

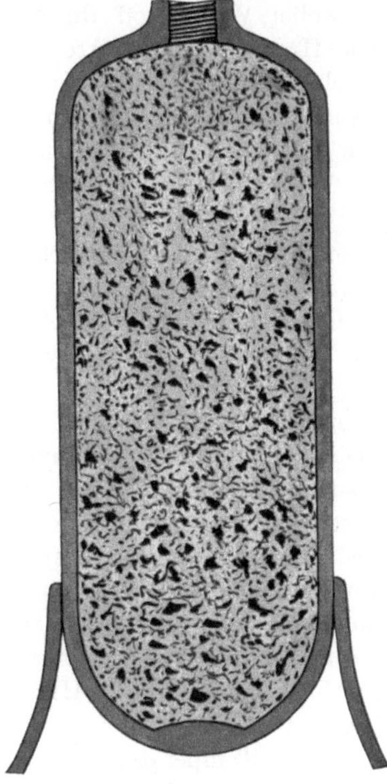

Abb. 11. Schnitt durch eine Druckflasche für Acetylen mit porösem Füllkörper für die Aufnahme des Acetons

Im Gegensatz zu dem aus Gasentwicklern (Calciumcarbid + Wasser) direkt entnommenen Acetylen ist das in Flaschen gelöste Acetylen von schädlichen Bestandteilen, wie Phosphorwasserstoff, Schwefelwasserstoff, Ammoniak, Wasserdampf usw., weitgehend gereinigt. Das ist sehr wesentlich, denn die erzielbaren Temperaturen hängen sehr vom Wasserdampfgehalt und den sonstigen Verunreinigungen des Gases ab. Ferner ist die Eigenstrahlung der Flamme abhängig vom PH_3-Gehalt. Letzterer kann, insbesondere bei C_2H_2—O_2-Flammen, eine unerwünschte Anhebung des kontinuierlichen Flammenuntergrundes (Eigenstrahlung der Flamme) zur Folge haben.

Auch bei Flaschengas kann es gelegentlich vorkommen, daß die Entfernung des PH_3 nicht genügend vollständig erfolgte. Das tritt dann ein, wenn man zufällig Acetylen erhält, das kurz vor dem Erneuern der fast verbrauchten Reinigungsmasse in den Reinigungstürmen des Acetylenwerkes abgefüllt wurde. Man erkennt diese ungenügende Reinigung einmal an dem milchigen Aussehen der Flamme. Zum anderen kann man diese Eigenstrahlung der Acetylenflamme auch wie folgt bei jedem Flaschenwechsel messen: Man stellt jeweils auf den gleichen Luft- oder Sauerstoffdruck und auf den gleichen Acetylendruck ein, bringt ein und dasselbe Filter (bzw. gleiche Wellenlänge und Spalteinstellung am Monochromator) in den Strahlengang und stellt auf gleiche elektronische Empfindlichkeit am Meßwerk ein, indem man eine geeignete, wenig konzentrierte Eichlösung zerstäubt. Mit diesen so normierten Versuchsbedingungen mißt man dann den „Blindwert" (Kap. 95) bei leerbrennender Flamme bei jedem Flaschenwechsel. Man wird dann leicht zwischen guten und schlechten Flaschenfüllungen unterscheiden können. Bei Messungen an schwach konzentrierten Lösungen in der Nähe der unteren Grenzkonzentrationen kann ein zu hoher PH_3-Gehalt im Acetylen quantitative Messungen mit vorgegebener Genauigkeit unmöglich machen. Dagegen kann man sich z. B. wie folgt schützen:

a) Man sucht sich gemäß dem obigen unter mehreren Acetylen-Flaschen die mit der besten (saubersten) Füllung aus (s. oben).

b) Man kann in die Acetylen-Leitung einen handelsüblichen Kohlefilter einschalten. Manche Gerätehersteller [z. B. *513*] sehen solche Filter grundsätzlich vor. Sie haben nur den Nachteil, daß sie verhältnismäßig schnell ihre Adsorptionskraft verlieren, weil sie auch überdestillierendes Aceton mit abfangen. Man kann sie dann zwar durch längeres Durchblasen mit Preßluft im Abzug wieder regenerieren, jedoch ist das mühsam, und es kann bei unsachgemäßem Vorgehen zu Vergiftungen kommen.

c) Man bestellt die Flasche direkt beim nächstgelegenen Acetylenwerk und bittet um Lieferung einer solchen Flasche, die kurz nach Neubestückung der Reinigungstürme abgefüllt wurde, oder bestellt gar „Acetylen für analytische Zwecke".

d) Man führt selbst eine Nachreinigung mit entsprechenden „Reinigungsmassen" [*37*] durch.

Es ist zweckmäßig, eine Acetylenflasche und evtl. auch noch eine Reserveflasche als Eigentum zu erwerben. Einmal spart man die Flaschenmiete, zum anderen geben die älteren Leihflaschen, selbst wenn sie gemäß dem obigen eine „saubere Füllung" erhielten, ein mehr oder weniger unsauberes Acetylen ab, weil Reste von Verunreinigungen der vorangehenden Füllungen noch im Aceton haften können und nur langsam abgegeben werden. Bei Eigentumsflaschen kann man immer darauf achten, daß stets nur saubere Füllungen hineinkommen.

Acetylenflaschen dürfen bei flammenphotometrischen Analysen in keinem Falle bis zum letzten Rest verbraucht werden, da der Acetonpartialdruck beim Leerwerden der Flaschen beträchtlich ansteigt und zu einer Änderung der Flammentemperatur und damit der Anregung führt. Diese dadurch bedingten Temperaturunterschiede können 50° C ausmachen [*65*].

b) Propan

Neben Acetylen wird häufig „Propan" [*2*] verwandt, das gegenüber Acetylen Vorteile bietet, wenn Flammen mit niedrigen Temperaturen empfehlenswert sind (Kap. 14). Es wird unter der technischen Bezeichnung „Flüssiggas" über besondere Verteilerorganisationen in Stahlflaschen in den Handel gebracht. Es fällt als Nebenprodukt sowohl bei der Raffinerie des Erdöls als auch bei der chemischen Verarbeitung der Steinkohle an. Das Flüssiggas, kurz Propan genannt, besteht im Prinzip aus leicht flüchtigen Benzinbestandteilen, und zwar im wesentlichen aus Propan (C_3H_8, etwa 70—80%) sowie aus Butan (C_4H_{10}) und aus einigen weiteren geringprozentigen Beimengungen von niedrig siedenden Kohlenwasserstoffen. Diese Gase werden bei der Komprimierung flüssig und verdampfen bei der Entleerung (Druckentlastung) der Flaschen. Da der Innendruck in den Flaschen durch den Dampfdruck der flüssigen Bestandteile gegeben ist, bleibt er auch bei abnehmender Füllung, von Temperatureinflüssen abgesehen, konstant, solange noch flüssige Bestandteile im Behälter sind. Der Flascheninnendruck ist also auch hier kein Maß für den Füllungsgrad. Es verdampft zunächst immer erst das Propan, da es einen etwas niedriger liegenden Siedepunkt hat und erst später das Butan. Das bedingt einen geringen „Sprung" im Innendruck durch die verschiedenen Siedepunkte, wenn das Propan verdampft, das Butan aber noch übrig geblieben ist. Das zieht auch eine Unstetigkeit in den am Flammenphotometer einzustellenden Gasdrücken nach sich, was allerdings erst bei fast entleerten Flaschen auftritt (Gewichtskontrolle). Man kann sich dagegen schützen, indem man technisch reines Propan (mindestens 95% Propan) bestellt oder, wegen der leichteren Beschaffungsmöglichkeit, doch lieber „Flüssiggas" kauft, dieses dann aber für flammenphotometrische Zwecke nicht bis zum letzten Rest verbraucht.

Am gebräuchlichsten sind 11 kg-„Flüssiggas"-Flaschen, kurz Propanflaschen genannt. Wegen der Temperaturausdehnung der Flüssigkeit dürfen aus Sicherheitsgründen die Flaschen nicht vollständig gefüllt werden, sondern müssen noch einen Sicherheitsraum mit einem elastischen Gaspolster enthalten. Aus dem gleichen Grunde haben solche Flaschen ein Überdruckventil (ältere Flaschen haben eine Berstscheibe). Da Flüssiggas schwerer als Luft ist, bildet es leicht Bodenschichten (Gas„seen"), was besondere Sicherheitsvorkehrungen erforderlich macht (Kap. 17). Man beachte dabei, daß solche Gasseen sich über längere Zeiträume halten können, die spontane Vermischung mit Luft erfolgt also nur sehr träge.

Flüssiggas hat gegenüber dem Leuchtgas folgende Vorteile:

a) Man ist an keinen Gasanschluß gebunden, man kann also Propan auch in Landgemeinden ohne allgemeine Gasversorgung verwenden.

b) Der Heizwert je Kubikmeter Gas ist bei Propan etwa 6mal, bei Butan etwa 8mal so groß wie der des Stadtgases. Man benötigt also wesentlich geringere Gasvolumina als bei Leuchtgas.

c) Die Möglichkeit, diese Gase verflüssigen zu können, gestattet im Verein mit b) einen einfachen Transport mit geringem Raumbedarf.

d) Wegen des kleinen Mischungsbereiches, in dem Propan-Luftmischungen zündbar sind, und wegen der geringen Zündgeschwindigkeiten schlägt die Verbrennung bei Anwendung von Propan weniger leicht in die Brenner zurück als bei Leuchtgas.

e) Der Flascheninnendruck ist verhältnismäßig hoch (etwa 7 kg/cm^2) und gestattet die Anwendung von Druckminderventilen, die eine nahezu konstante Gaszufuhr zur Flamme gewährleisten. Bei Leuchtgas hat man mit sehr unterschiedlichen und niedrigen Drücken zu tun. Dabei ist die Regelung viel schwieriger (Kap. 18).

Diesen Vorteilen stehen einige Nachteile gegenüber:

1. Bei unsachgemäßem Transport, unsachgemäßer Lagerung und Verwendung kann es zu Unfällen kommen. Bei sachgemäßer Handhabung ist allerdings die Gefahr nicht größer als bei Leuchtgas, jedoch muß man auf einige besondere Sicherheitsvorkehrungen Rücksicht nehmen (Kap. 17), insbesondere ist die Verwendung von Propan in Kellerlaboratorien nicht statthaft.

2. Man muß nach etwa jeweils 200 Betriebsstunden einen Flaschenwechsel vornehmen, und man muß an die Bereitstellung einer Reserveflasche denken.

16. Die Zufuhr von Sauerstoff bzw. Preßluft

Der zur Unterhaltung der Flamme notwendige Sauerstoff bzw. die notwendige Preßluft wird oft aus Druckflaschen entnommen, die über den Handel zu beziehen sind. Die Reinheit dieser Füllungen entspricht meist den hier zu stellenden Anforderungen. Die Reduzierung des hohen Druckes in den Flaschen auf den konstanten Arbeitsdruck vor der (Zerstäuber-)Düse erfolgt am besten mit Druckminderventilen (Kap. 18). Schon bei Verwendung von Sauerstoff wird man relativ oft einen Flaschenwechsel vornehmen müssen, da der Sauerstoffbedarf höher als der des Brenngases ist. Bei Verwendung von preßluftbetriebenen Flammen wird wegen des geringen O_2-Anteiles in der Preßluft ein etwa 5mal häufigerer Flaschenwechsel notwendig sein, was man durch den Einsatz von Kompressoren vermeiden kann. Verwendet man gar Flammen, die zur Ausschaltung von Verunreinigungen der Flamme aus der Umgebung (Lichtblitze durch Staubteilchen) in einer Schutzatmosphäre von gereinigter Luft brennen, steigt der Preßluftbedarf nochmals auf etwa das Dreifache des normalen Bedarfs, d. h. auf etwa das 15fache des zuerst genannten Falles. Dann ist eine Verwendung von Preßluft in Flaschen kaum noch diskutabel, und man verwendet in solchen Fällen fast ausschließlich Kompressoren.

An solche, an Flammenphotometern betriebenen Kompressoren, sind gewisse Anforderungen zu stellen, die wir im folgenden kurz besprechen wollen:

a) Betriebssicherheit

Man muß fordern, daß der Kompressor möglichst ohne Störungen jederzeit konstant arbeitet. Diese Forderung ist kaum erfüllbar, wenn als Antrieb ein Elektromotor dient, der an das Lichtnetz angeschlossen ist. Fällt z. B. der Lichtstrom kurzzeitig aus und ist kein größerer Druckausgleichkessel vorgesehen, bekommt auch die Flamme kurzzeitig keine Preßluft mehr und bei Verwendung von Acetylen-Preßluftflammen z. B. kommt es dann zu einer unangenehmen Rußbildung. Wenn nach einer solchen kurzen Unterbrechung der Motor des Kompressors selbst anläuft bzw. jemand da ist, der den Kompressor mit Hilfe des Anlassers sofort wieder zum Laufen bringt, geht ein solches Vorkommnis meist harmlos aus, vorausgesetzt, daß die Brennerkappe so gebaut ist, daß beim Aussetzen der Preßluftzufuhr die Flamme nicht zurückschlägt. Sehr unangenehme Folgen kann aber ein kurzzeitiges Ausfallen eines nicht selbstanlaufenden Kompressors haben, wenn das Photometer eine Zeitlang ohne Aufsicht ist, z. B. beim „Einbrennen" (Kap. 77). Dann kann ein Laboratorium in wenigen Minuten völlig „geschwärzt" werden, bzw. beim Brennen mit zurückgeschlagener Flamme können größere Teile des Apparates zerstört werden. Daher ist es bei nicht selbst anlaufenden Kompressoren ratsam, in die Acetylen- bzw. in die Gaszuleitung ein solches Magnetventil zu schalten, das beim Ausfallen des Lichtstromes automatisch die Acetylen- bzw. Gaszufuhr sperrt, ohne diese beim Wiedereinsetzen der Stromversorgung selbstständig freizugeben. Sind solche automatisch arbeitenden Sicherheitsvorkehrungen nicht vorhanden, sollte man dem Bedienungspersonal verbieten, das Photometer bei brennender Flamme zu verlassen. Auf die Vorschriften zur Prüfung von Kompressoren, Kesseln usw. auf Druckfestigkeit möchten wir verweisen.

b) Druckkonstanz

Es gibt Anordnungen, bei denen der Kompressor gerade den Druck erzeugt, der vor der (Zerstäuber-) Düse am Flammenphotometer benötigt wird. Das Zwischenschalten eines Druckminderventils ist dann nicht erforderlich, aber auch nicht möglich. Man muß dann fordern, daß der abgegebene Preßluftdruck unabhängig von Netzspannungsschwankungen und unabhängig vom Betriebszustand des Kompressors bleibt (Einfluß des dünnflüssiger werdenden Öls beim Warmwerden auf die Umdrehungsgeschwindigkeit). Diese zwei Forderungen sind nicht in aller Strenge erfüllbar.

Bei größeren Kompressoren ist es meist üblich, daß ein höherer Druck durch einen druckgesteuerten Schalter, z. B. zwischen den Grenzen 5—10 atü, in einem Vorratskessel automatisch aufrechterhalten wird, d. h. er schaltet den Motor bzw. den Kompressor ein, wenn ein vorher eingestellter Druck unterschritten, und er schaltet aus, wenn ein bestimmter Druck überschritten wird. Ein Druckminderventil muß dann die Druckkonstanz vor der (Zerstäuber-) Düse gewährleisten. Wegen des zwischen Kompressor und Flammenphotometer befindlichen Vorratskessels werden unliebsame Vorkommnisse, wie unter a) geschildert, kaum vorkommen.

c) Temperaturkonstanz

Die Temperatur der zur Zerstäubung benutzten Preßluft hat einen großen Einfluß auf die Verdampfung der Tröpfchen in der Zerstäuberkammer und damit auf den Wirkungsgrad der Zerstäubung, wie in Kap. 6 u. 26 ausführlicher dargestellt ist. Man muß daher fordern, daß die vom Kompressor abgegebene Preßluft während einer Meßreihe gleiche Temperatur hat. Diese Forderung ist nur erfüllbar, wenn die vom Kompressor angesaugte Luft keine größeren Temperaturunterschiede aufweist. Man darf also z. B. während der Messung das neben einem Kompressor befindliche Fenster, insbesondere im Winter, nicht plötzlich öffnen.

d) Reinheit der abgegebenen Preßluft

Man muß fordern, daß die zum Flammenphotometer weitergeleitete Preßluft genügend sauber ist. Als Hauptverunreinigungen sind Öl (Kompressorenöl) und Wasser (Wasser aus der Luft, das beim Kompressionsvorgang teilweise freigegeben wird) sowie Staubpartikel aus der angesaugten und komprimierten Luft zu nennen. Membrankompressoren geben eine ölfreie Luft ab, während die meisten anderen Kompressortypen diese Bedingungen nicht erfüllen. Alle Kompressoren, gleich welcher Bauart, geben überdies mehr oder weniger Wasser an die nachfolgenden Preßluftleitungen ab. Außerdem enthält die Preßluft den vom Kompressor angesaugten Staub. Das Wasser kann bei unglücklicher Leitungsführung einen vollständigen Verschluß der Preßluftleitung hervorrufen (Bildung eines Wassersackes). Die Öl- und Wasserabscheidung und das Herausfiltern von Verunreinigungen (Staub) sind daher ein wesentlicher Bestandteil einer guten Kompressoranlage für ein Flammenphotometer. Wir wollen auf die einzelnen Typen von Öl- und Wasserabscheidern und von Luftfiltern usw. hier nicht eingehen und nur folgendes erwähnen: Das Abscheiden von Öl und Wasser geschieht meist durch geeignete Einbauten in die Preßluftleitungen, die einen mehrfach geknickten Luftweg bewirken. An jeder Knickstelle tritt durch Zentrifugalkräfte u. ä. eine Abscheidung von mitgerissenen Tropfen auf. Das Entziehen von Staubteilchen ist schwieriger. Hierfür verwendet man oft Filterkörper aus porösem Ton, aus gesinterten Glasperlen u. ä. Meist kann man solche Filter durch gelegentliches Waschen mit Lösungsmitteln, wie Benzin, Benzol usw., regenerieren. Naturgemäß dürfen solche Filtermassen keine störenden Substanzen an den Luftstrom abgeben, was z. B. bei Baumwolle oder Glaswolle der Fall sein kann. Auch das elektrische Reinigen der Luft wurde gelegentlich empfohlen [*152*, *527*].

e) Geringe Belästigung des Untersuchers durch Lärm vom Kompressor

Der Geräuschpegel der einzelnen Kompressorsorten ist sehr verschieden. Durch geeignete schalldämpfende Maßnahmen und durch eine geeignete Aufstellung kann man hier Abhilfe schaffen; wir kommen darauf im Kap. 76 zurück.

17. Das Arbeiten mit komprimierten Gasen

Zur Verhütung von Unfällen beim Arbeiten mit komprimierten Gasen sind in Deutschland Unfallverhütungsvorschriften erlassen worden, auf die wir verweisen [*42*, *60*, *432*, *705*]. Die wesentlichsten Gesichtspunkte wollen wir hier erwähnen:

a) Transport

Für die Verteilung von Druckgasen sind nur solche Druckgasbehälter (Stahlflaschen) zulässig, die der Druckgasverordnung vom 2. 12. 1935 entsprechen. Diese Behälter müssen vom Eigentümer in regelmäßigen Abständen zur Überprüfung den Aufsichtsbehörden vorgeführt werden. Diese Flaschen darf man beim Transport keineswegs werfen, hinfallen lassen oder rollen. Dabei ist es gleichgültig, ob es sich um volle oder entleerte Flaschen handelt (Wiederverwendung!). Für den Transport gibt es spezielle Transportkarren oder Tragevorrichtungen, in denen die Flaschen festgeschnallt werden.

b) Lagerung

Das Nebeneinanderstellen von vielen Flaschen (Batterien), sowie das Lagern in der Nähe von feuergefährlichen Stoffen, ist nicht empfehlenswert. Das Aufstellen von großen Propanflaschen über 11 kg bzw. von Druckgasen mit einem höheren Litergewicht als Luft in verschlossenen Räumen ohne ausreichende Bodenbelüftung, z. B. in Kellerräumen, ist verboten. Als ausreichende Belüftung wird bei Propanflaschen eine ständig offene Luke über dem Erdboden von mindestens 25×25 cm^2 angesehen. Den Flaschen schadet sowohl scharfer Frost unter —10° C als auch eine Temperaturerhöhung über 40° C. Flaschen also nicht in der Nähe von Heizungen lagern oder so aufstellen, daß die Sonne darauf scheinen kann. Acetylenflaschen sollen möglichst senkrecht stehen, damit das in diesen Flaschen enthaltene Aceton nicht in das Ventil gelangen kann. Die Flaschen sollen durch Schellen, Ketten oder ähnliches so befestigt werden, daß sie nicht umfallen können. Sie sind vor dem Zugriff Unbefugter, z. B. vor Kindern, zu schützen. Die Aufbewahrung von Reserveflaschen in Treppenhäusern, Fluren usw. ist daher verboten.

c) Aufstellung

Für die Aufstellung gilt das gleiche wie das eben für die Lagerung schon Aufgeführte, dazu noch folgendes: Die Flasche sollte nicht direkt neben dem Flammenphotometer angebracht werden, da ein gewisser Sicherheitsabstand von der Flamme anzuraten ist. Das gleiche gilt sinngemäß für andere Flammen (z. B. Bunsenbrenner) in einem Laboratorium. Andererseits sollte die Flasche doch im gleichen Raum wie das Flammenphotometer stehen, damit man die Druckmeßinstrumente überwachen [s. unten Prüfung nach d) und e)] und die Flaschenventile im Falle einer Störung schnell schließen kann.

d) Anschließen

Die Schutzkappe darf erst kurz vor der eigentlichen Inbetriebnahme abgenommen werden. Man überzeuge sich zunächst davon, daß die Dichtscheibe im Anschlußstutzen aus zugelassenen Materialien besteht, unversehrt ist und richtig sitzt. Man sollte nur Scheiben aus fettfreiem Fiber verwenden, keineswegs Gummischeiben, Lederdichtungen o. ä., weil diese beim Zusammenkommen mit komprimiertem Sauerstoff explodieren. Aus dem gleichen Grunde dürfen Schraubverschlüsse an Flaschen und Druckminderventilen sowie Schlauchenden nicht geölt, gefettet oder mit Glycerin befeuchtet werden. Dann das Flaschenventil langsam einen Augenblick (etwa 1 sec) öffnen, um etwaige in der Öffnung befindliche Schmutzteilchen fortzublasen. Solche Schmutzteile könnten sonst in die Druckminderventile gelangen und zu Störungen Anlaß geben, bzw. bei komprimiertem Sauerstoff kann solcher Schmutz zu Explosionen führen. Aus dem gleichen Grunde sollte man beim ersten Anschließen ein Durchblasen der Schläuche vornehmen. Danach wird das Flaschenventil wieder geschlossen.

e) Anschließen des 1. Druckminderventils (Hochdruckventil)

Zunächst überprüft man, daß man das richtige Druckminderventil hat. Ventile für Acetylen dürfen z. B. nicht an Sauerstoff-Flaschen benutzt werden usw. Um Verwechselungen auszuschließen, sind die Anschlüsse der einzelnen Typen mit verschiedenen Gewinden versehen. Auch unterscheiden sie sich durch den äußeren Anstrich (Sauerstoff blau, Acetylen gelb, Brenngas rot, Druckluft grau). Man darf keineswegs nicht passende Druckminderventile über ein Übergangsstück anschließen, ebenso muß man darauf achten, daß man Hochdruck- und Niederdruckventil oder Hochdruckanschluß und Niederdruckanschluß nicht vertauscht. Letzteres ist bei Niederdruckventilen leicht möglich, wenn sie beiderseits für den Anschluß Schlauchtüllen haben. Für die Kontrolle der Dichtscheiben an den Ventilen gilt sinngemäß das gleiche wie unter d) ausgeführt. Vor dem Anschrauben der Druckminderventile drehe man den Knebel „*Sch*“ (Abb. 13) ganz heraus, damit die Membran entlastet wird und schließe den Niederdruckabsperrhahn. Dann öffne man langsam das Flaschenventil und kontrolliere die Druckanzeige am Meßinstrument (Kontrolle des Füllungsgrades der Flasche). Dieses Öffnen der Flaschenventile soll grundsätzlich immer langsam erfolgen, denn bei Nichtbeachtung dieses Punktes können unter Umständen bei O_2 die Membranen in Druckminderventilen verbrennen oder bei Acetylen kann Aceton oder bei Propan flüssiges Brenngas mitgerissen werden. Dann das Flaschenventil wieder schließen und das Hochdruckmeßinstrument am Ventil beobachten. Wenn das Instrument nach dem Zudrehen nicht auf seinem höchsten Wert (= Flascheninnendruck) stehen bleibt, ist der Anschluß des Druckminderventils oder das Ventil selbst undicht.

f) Das Auffinden und Beseitigen von Undichtigkeiten

Undichtigkeiten findet man sehr schnell durch Bepinseln der fraglichen Stellen mit Seifenwasser. Man darf Undichtigkeiten keinesfalls durch Ableuchten mit einer offenen Flamme suchen. Meist genügt für das Beseitigen einer Undichtigkeit das Nachziehen einer Überwurfmutter bzw. das Nachziehen von Schlauchschellen (s. unten). Sollte das Flaschenventil an der Stopfbüchse selbst undicht sein, dann genügt es im allgemeinen, das Handrad am Ventil ganz herauszudrehen. Dabei wird durch die Ventilspindel die Stopfbüchse stärker zusammengedrückt. Hilft dies nichts, schließe man die Flasche und tausche sie gegen eine andere Flasche mit einwandfreier Ventildichtung ein. Die undichte Flasche ist zu kennzeichnen. Wegen der damit verbundenen Gefahr keinesfalls mit Werkzeug am Flaschenventil hantieren. Auch sollte man das Flaschenventil nicht mit zu großer Gewalt bedienen, da es sonst abreißen kann.

g) Das Anschließen von Schlauchleitungen

Erst nachdem der hohe Flaschendruck im ersten Druckminderventil auf etwa 3—5 atü herabgesetzt ist, dürfen dafür vorgesehene (Hochdruck-)Schlauchleitungen aus geeigneten Materialien mit Gewebeeinlage verwandt werden. Erst bei Drücken unterhalb etwa 0,5 kg/cm², die im allgemeinen erst nach dem zweiten Druckminderventil (Niederdruckventil) auftreten, dürfen normale Gasschläuche aus Gummi oder Kunststoff verwandt werden. Um Verwechslungen bei den erstgenannten (Hochdruck-)Schläuchen zu vermeiden, sind diese mit den gleichen Farben wie die Druckminderventile gekennzeichnet (Sauerstoff-Schlauch blau usw.). Das Anschließen solcher (Hochdruck-)Schläuche darf nur über geeignete Schlauchanschlußstücke mit Überwurfmuttern geschehen. Diese müssen mit ihren Gewinden zu den Gewinden an den Druckminderern passen. Für die verschiedenen Gasarten sind hier verschiedene Anschlußgewinde vorgesehen. Linksgewinde sind durch Einkerbungen an den Überwurfmuttern von außen erkenntlich. Die Enden solcher Hochdruckschläuche bzw. die Schlauchanschlußstücken müssen mit Schlauchschellen gesichert sein. Bei Acetylen darf man keine reinen Kupferrohrleitungen für die Fortleitung des Gases verwenden, niederprozentige Kupferlegierungen, z. B. Messing mit weniger als 17% Cu oder gezogene Stahlrohre, sind zulässig. Die Dichtigkeitsprüfung solcher Schlauchleitungen erfolgt sinngemäß wie oben. Sollten Beschädigungen an Schlauchleitungen vorkommen, soll man die Schläuche auswechseln, keinesfalls mit Isolierband, Gummilösung o. ä. flicken. Müssen (Nadel-)Ventile oder ähnliche Apparateteile in den niederdruckseitigen Leitungen gefettet werden, dann sind nur explosionsfreie (Silikon-)Fette anzuwenden.

h) Das Anschließen des 2. (Niederdruck-)Ventils

Dies Ventil wird sich im allgemeinen im Flammenphotometer selbst neben dem Druckmeßinstrument befinden (z. B. Abb. 29). Für das Anschließen dieses

Ventils, sofern überhaupt notwendig, sowie für die Dichtigkeitsprüfung gilt sinngemäß das gleiche wie oben.

i) Das Anstellen des Gasstromes

Nachdem alle Teile ordnungsgemäß miteinander verbunden und einzeln auf Dichtigkeit geprüft sind, wird man wie folgt den Sauerstoff- bzw. den Gasstrom anstellen (Reihenfolge beachten! Erst Sauerstoff bzw. Preßluft, dann erst das Gas!). 1. Flaschenventil öffnen. 2. Druckkontrolle am Meßinstrument, erforderlichenfalls Flasche wechseln. 3. Zwischendruck zwischen Hochdruck- und Niederdruckventil am Hochdruckventil einstellen. Diese Einstellung wird vom Gerätehersteller oft fest vorgenommen (s. Gebrauchsanweisung zum Gerät). 4. Niederdruckventil auf den Arbeitsdruck vor der Düse einstellen. Auf die günstigsten Werte kommen wir im Kap. 19 zurück. Später auftretende Undichtigkeiten erkennt man am höheren Gasverbrauch, an zu kleinen Flammen oder bei einigen Gasen am Geruch. Undichtigkeiten von Wasserstoff riecht man leider nicht. Häufigere Dichtigkeitsprüfungen mit Seifenwasser sind hier anzuraten. Das Offenlassen von Oberlichtfenstern stellt schon einen gewissen Schutz gegen Raumexplosionen durch langsam ausströmenden Wasserstoff dar.

j) Abstellen

Flaschenventil schließen (wieder Reihenfolge beachten (!), erst Gas, dann Sauerstoff bzw. Preßluft abstellen). Membran entlasten, etwa vorhandene niederdruckseitige Absperrhähne schließen. Man verlasse sich nicht auf das Flaschenventil allein, da dies mitunter auch im „geschlossenen" Zustand noch etwas Gas durchläßt.

k) Das Verhalten bei Acetylenbränden

Sollte sich durch eine Undichtigkeit am Flaschenventil, am Druckminderer oder den Schläuchen austretendes Acetylen entzünden, so ist nach Möglichkeit das Flaschenventil sofort zu schließen. Acetylenbrände außerhalb der eigentlichen Flasche mit Sand oder besser mit Kohlensäure-Feuerlöscher bzw. Trockenlöschpulver bekämpfen; Schaumlöscher sind ungeeignet. Die Hauptschwierigkeit bei solchen Bränden außerhalb der Flasche besteht nämlich darin, die Flammen zu löschen, obwohl die (leichteren) Löschmittel bzw. der Schaum vom austretenden Acetylen weggeblasen werden. Geeignet sind daher schwerere Löschmittel, wie z. B. Sand, mit denen man die Flammen erstickt oder Löschmittel wie Kohlensäure, mit denen man mit scharfem Strahl die Flammen „wegblasen" kann.

Es kann in seltenen Fällen vorkommen, daß bei einem Acetylenbrand außerhalb der Flasche eine Selbstzersetzung des Acetylens einsetzt, die sich bis in das Innere der Flasche fortsetzen kann. Es kommt dann nicht zu einer sofortigen Explosion der ganzen Flasche, sondern zu einer, unter Umständen über Stunden langsam fortschreitenden Temperatur- und Druckerhöhung des Flascheninhalts, die schließlich zum Platzen der gesamten Flasche mit explosionsartigen Erscheinungen führen kann. In solchen Fällen sollte man die gefahrbringende Flasche rechtzeitig abtransportieren und stark kühlen, indem man z. B. die ganze Flasche in einen Teich oder in einen Flußlauf wirft.

18. Die Regelung und Überwachung der Gas- und Luftzufuhr zur Flamme

Eine gut reproduzierbare und zeitlich konstante Flamme ist eine notwendige Voraussetzung für quantitative Flammenanalysen. Dazu muß einmal die Zufuhr des Brenngases und zum anderen die Sauerstoff- bzw. Preßluftnachlieferung zur Flamme möglichst gleichmäßig erfolgen. Die dafür zu fordernde Genauigkeit, d. h. die maximal zulässige Größe der Restschwankung, hängt wesentlich von dem zu bestimmenden Element bzw. der ausgewählten Spektrallinie (Kap. 14 u. 82), von dessen Konzentration sowie von einigen weiteren Umständen, wie Art der Flamme, Brennerform, eingestellte Beobachtungshöhe in der Flamme, ausgenutzter Teil der Flammenstrahlung usw. ab. Man wird im allgemeinen eine bessere Genauigkeit als 1% für die Güte dieser Regelung fordern müssen. Arbeitet man unglücklicherweise an der Flanke einer Photostrom-Gasdruckcharakteristik nach Abb. 14 oder 15 und verlangt trotzdem gut reproduzierbare Meßergebnisse, dann werden die Anforderungen an die Güte dieser Regelung noch wesentlich höher geschraubt werden müssen. Für diese Regelung sind automatisch arbeitende Bauelemente erforderlich, die die Gas- bzw. die Sauerstoffzufuhr zur Flamme möglichst konstant auf einem vorher eingestellten Wert halten, auch dann, wenn der Druck in den Gasvorratsflaschen durch den Verbrauch allmählich nachläßt, bzw. wenn sich der Druck im Ausgleichkessel eines Kompressors ständig ändert. Außerdem benötigt man Meßinstrumente, die die Größe der eingestellten Gas- und Luftzufuhren anzeigen, bzw. das Einstellen der als optimal ermittelten Werte erst ermöglichen. Wie man solche optimalen Werte für die Gas- und Luftzufuhr findet, stellen wir im folgenden Kap. 19 dar. Wir wollen in diesem Kapitel zunächst die Messung bzw. Überwachung der Zufuhr und erst dann die automatische Regelung besprechen.

Für die Messung kommen prinzipiell alle Durchflußmengen-Meßverfahren in Frage, jedoch dürfen diese nicht in den Gas- bzw. Luftstrom nach der Zerstäuberdüse eingeschaltet werden, da sonst alle zerstäubte Substanz durch den Durchflußmengenmesser laufen müßte. Man ist daher gezwungen, solche ständig eingeschalteten Instrumente vor den (Zerstäuber-)Düsen anzubringen, wo ein wesentlich höherer Druck herrscht. Da die Anzeige solcher Instrumente aber vom Gasdruck, ferner von der Gasart und auch von der Temperatur des Gases abhängig ist, müßte man spezielle aufwendige und damit teuere Instrumente haben, die für den gerade vorkommenden Druck geeicht sind. Man verwendet daher in der Praxis nur selten solche Instrumente, sondern begnügt sich meist mit einer *Druckmessung* vor dem Zerstäuber bzw. den Gaszumischdüsen. Die durch eine Düse in die freie Atmosphäre ausströmende Gasmenge hängt vom Druck vor der Düse (genauer von der Druckdifferenz vor der Düse gegen den Barometerstand sowie vom Barometerstand selbst) ab. In dieser Hinsicht stellt also eine Druckmessung vor einer Düse ein indirektes Durchflußmengenmeßverfahren dar. Dieses in der Praxis fast ausschließlich benutzte Meßverfahren hat aber folgende Nachteile:

1. Da die Düsendurchmesser und die Längen der Düsencapillaren bei den einzelnen Flammenphotometertypen, unter Umständen sogar noch bei den einzelnen Exemplaren einer einheitlichen Type, insbesondere bei Glasdüsen verschieden sind, sind die von den einzelnen Autoren für eine bestimmte Aufgabe (Kap. 19) gefundenen günstigsten Druckwerte untereinander nicht vergleichbar. Dies wäre aber im Interesse einer einfachen und einheitlichen Bedienungsanleitung und für den Austausch von Erfahrungen verschiedener Bearbeiter untereinander erwünscht. Die von den meisten Autoren gemachten präzisen Angaben über die eingestellten Druckwerte sind wertlos, es sei denn, daß die zu den Druckwerten

gehörigen Durchflußmengen durch eine Eichung zusätzlich ermittelt und angegeben werden (s. unten).

2. Die Gas- bzw. Luftzufuhr zur Flamme bleibt bei konstantem Druck vor den Drosselstellen nur dann konstant, wenn sich die Drosselstelle (Düse) in ihren Eigenschaften nicht ändert, wenn in den nachfolgenden Leitungen keine zusätzlichen veränderlichen Strömungswiderstände auftreten, und wenn auch die Eigenschaft des durchströmenden Gases (Zusammensetzung, Feuchtigkeitsgehalt, Temperatur) konstant bleibt. Diese Voraussetzungen sind aber in der Praxis kaum erfüllbar, denn es kommen teilweise Verstopfungen und Korrosionen der Düsen vor, ferner treten Änderungen des Strömungswiderstandes nach den genannten Drosselstellen dadurch auf, daß sich z. B. die Löcher in der Brennerkappe des Mékèrbrenners allmählich mit Ablagerungen von Analysensubstanzen zusetzen, oder es wird z. B. am Schlauch zwischen Zerstäuberkammer und Brennerrohr bei Reinigungsmaßnahmen gebogen und damit der Strömungswiderstand geändert Die Zusammensetzung von Acetylen und auch die von Propan (meist Propan-Butan-Gemisch) ist nicht immer gleich. Die aus der Brenngaszumischdüse austretende Gasmenge (Abb. 8) wird aber auch von dem Druck beeinflußt, der in dem Brennerrohr herrscht, in den das Gas hineinströmen muß. Dieser Druck wird aber wieder wesentlich von dem eingestellten Luftdruck und von dessen zeitlichen Schwankungen beeinflußt. Auf diesem indirekten Wege können Änderungen der Luftzufuhr auch einen Einfluß auf die Gaszufuhr nehmen.

Einige der eben genannten Nachteile der meist üblichen Druckmeßverfahren als relatives Maß für die Durchflußmengen könnte man wie folgt beheben:

a) Man verwendet nur noch besonders festzulegende, innen gut polierte „Normdüsen" mit geringen Fertigungstoleranzen. Dann sind die vor solchen Normdüsen gemessenen günstigsten Druckwerte schon eher auf andere Apparaturen übertragbar. Es bleiben aber einige der oben genannten Nachteile, wie Verstopfungsgefahr usw., bestehen.

b) Man eicht sich das benutzte Meßverfahren, d. h. man stellt sich eine Eichkurve zwischen Druckanzeige vor der Düse und durchströmender Gas- bzw. Luftmenge her. Solche Eichkurven verlaufen im allgemeinen nicht geradlinig, sondern sind nach höheren Drücken zu konvex gebogen.

Als Eichinstrumente kommen übliche Gasmesser oder auch andere Durchflußmengenmesser in Frage, sofern sie für die betreffende Gasart (ebenso für den vorkommenden Druck und die Temperatur) geeicht sind. Diese Instrumente schaltet man bei der Eichung am zweckmäßigsten an das oben offene Brennerrohr (Kappe des Mékèr-Brenners abgenommen) mit einem Gummischlauch an. Es wird bei dieser Eichung naturgemäß nicht zerstäubt.

Statt handelsüblicher Gasmesser bzw. Durchflußmengenmesser kann man sich für diese Eichung auch mit Laboratoriumshilfsmitteln ein Gasometer improvisieren, indem man den zu messenden Gasstrom in einen Gasraum leitet, der von einem wassergefüllten, umgestülpten Meßzylinder in einem Wasserbad abgeschlossen ist. Man leitet von unten her mit Hilfe eines Gummischlauches das Gas in den Meßzylinder, wobei dieses Gas das Wasser allmählich ersetzt. Man beachte dabei, daß sich manche Gase in merklichen Mengen in Wasser lösen können. In solchen Fällen muß man bei genaueren Messungen zuvor das Wasser mit dem betreffenden Gas „sättigen".

Als weitere Verbesserungsmöglichkeit ist zu nennen, daß man garnicht solche eichfähigen Druckmessungen durchführt, sondern statt dessen handelsübliche Durchflußmengenmesser ständig in den Zuleitungen zu den Düsen läßt. Diese sind aus den oben genannten Gründen aufwendig und teuer. Man kann sich aber ein solches Instrument auf folgende einfache Art mit Laboratoriumshilfsmitteln selbst herstellen.

Man schaltet in die Preßluftleitung eine Capillare als Drosselstelle und mißt mit Hilfe eines geschlossenen Differential-U-Rohr-Manometers den Differenzdruck vor und nach dieser Drosselstelle. Durch passend gewählte Durchmesser und passend gewählte Länge der Widerstandscapillare kann man erreichen, daß bei den vorliegenden Arbeitsdrücken und der meist üblichen Durchflußmenge ein gut meßbarer Druckunterschied am U-Rohr abgelesen werden kann. Auch dieses Meßinstrument bedarf einer Eichung wie oben ausgeführt, wobei das Eichinstrument nach der (Zerstäuber-)Düse angebracht werden kann. Auch diese Eichkurven verlaufen nicht geradlinig. Diese geschlossenen U-Rohr-Manometer haben gegenüber den erstgenannten offenen U-Rohr-Druckmessern den Vorteil, daß Änderungen des Strömungswiderstands hinter dem Manometer in erster Näherung keinen Einfluß auf die angezeigte Durchflußmenge haben. Sonst hat aber dieses relative Meßverfahren die gleichen Nachteile wie oben die reine Druckmessung vor den Düsen. Dazu kommt noch der Nachteil, daß die Differential-U-Rohr-Manometer sehr empfindlich gegen plötzliches Einsetzen zu hoher Luft- oder Gasströme sind. Diese kommen aber leicht bei Reinigungsmaßnahmen unter Druck, beim Austausch von Zerstäubern, beim Undichtwerden eines Schlauches oder bei ähnlichen Anlässen vor. Wegen der Korrosions- oder Verstopfungsgefahr sind gelegentliche Nacheichungen empfehlenswert.

Für die eingangs genannte, heute meist angewandte Druckmessung als relatives Maß für die durchfließende Menge werden im wesentlichen nur zwei Instrumententypen benutzt:

1. Bei geringen Drücken verwendet man oben offene U-Rohr-Manometer, die mit einer Sperrflüssigkeit, z. B. mit angefärbtem Wasser und einem Netzmittelzusatz oder mit Quecksilber, das mit etwas alkalischem Wasser überschichtet ist, gefüllt sind. Die genannten Zusätze sollen das Hängenbleiben von Tropfen der Flüssigkeit an den Wandungen des Rohres unterbinden. Durch Verändern der Schenkellänge des U-Rohres, durch Variationen der Dichte der Sperrflüssigkeit (Öl, Wasser, Dibromaethan, Quecksilber) oder durch Schrägstellen der Schenkel kann man den Meßbereich und die Empfindlichkeit variieren.

2. Sowohl bei kleinen als auch bei großen Drücken verwendet man gern handelsübliche Röhrenfeder- (Bourdonrohr-) oder Membranmanometer. Die Anzeige solcher Instrumente ist, sofern nicht besondere Temperaturkompensationen vorgesehen sind, leider von der Temperatur abhängig. Die einfachsten Instrumente dieser Art zeigen überdies Hystereseerscheinungen, d. h. die Druckanzeige ist bei gleichem Druck verschieden, je nachdem, ob zuvor ein höherer oder ein niederer Druck gemessen wurde. Das kann zu Fehlern Anlaß geben.

Auf beide Instrumententypen darf kein wesentlich höherer Druck gegeben werden als dem Meßbereich entspricht. Bei den unter 1. genannten Instrumenten wird sonst die Sperrflüssigkeit aus dem offenen U-Rohr herausgedrückt, bei den unter 2. genannten Röhren-Federmanometern kann das Rohr zerreißen.

Nun zur *Regelung* der Gas- und Luftzufuhr zur Flamme. Es gilt hier prinzipiell das gleiche, wie eben bei der Messung ausgeführt, d. h. aus praktischen Gründen regelt man nicht die Durchflußmenge als solche, sondern den Druck vor den Drosselstellen, was gewisse Nachteile mit sich bringt (s. oben), die aber hier nicht so ins Gewicht fallen, wenn die Überwachung (Messung) mit einer Methode geschieht, die frei von solchen Nachteilen ist.

Bei den vorkommenden Schwankungen des Druckes vor den Drosselstellen haben wir einerseits zwischen solchen zu unterscheiden, die verhältnismäßig schnell, sagen wir öfter als eine Schwankung je 5 sec aufeinander folgen und andererseits zwischen solchen, die über längere Zeiten Abweichungen, womöglich ein langsames „Wegkriechen" der eingestellten Werte beim allmählichen Entleeren der Gasflasche, verursachen. Die schnelleren Schwankungen lassen sich leichter beheben und haben im übrigen geringere Bedeutung. Sie seien daher an erster Stelle behandelt.

Als Ursachen für schnelle Gas- bzw. Luftzufuhrschwankungen seien genannt: Druckstöße von Kompressoren, Auswirkungen des Flatterns von Membranen in Druckminderventilen (s. unten) sowie periodisch auftretende Verdichtungsstöße an Düsen, Kanten usw. in den Gas- bzw. Luftzuleitungen zum Brenner. Solche kurzzeitigen Schwankungen kann man sehr einfach durch das Zwischenschalten eines genügend großen Pufferkessels mit dem Volumen V in die Gas- bzw. Luftleitungen ausschalten. Auch ist es möglich, das Glätten solcher kurzzeitigen Schwankungen durch das Anzeigeinstrument bzw. durch den vorgeschalteten Verstärker vorzunehmen, indem man eine größere Einstellzeit (höheres $R \cdot C$) wählt (Kap. 44, 46 u. 65).

Will man zur Glättung einen Kessel in die Gas- bzw. Preßluftleitungen zwischenschalten, läßt sich das für die Stabilisierung erforderliche Volumen V aus folgender Beziehung [nach *65*] bestimmen:

$$S_1 = (1 + C_1^2\,\omega^2)^{\frac{1}{2}} \quad \text{mit} \quad C_1 = \left(\frac{V}{Q}\right)\left(\frac{1}{\alpha}\right)\frac{P_0 - B}{B}$$

Hierin bedeutet: S_1 den Stabilisierungsfaktor; $1/S_1$ gibt an, auf welchen Bruchteil die Amplitude einer periodisch verlaufenden Störung nach Passieren des Kessels herabgemindert wird; $\omega = 2\pi/\tau = 2\pi\nu$ die Kreis-Störfrequenz mit τ bzw. ν die Periode bzw. Frequenz der betrachteten Schwankung; Q = mittlere Gas- bzw. Preßluftzufuhr zur Flamme je Zeiteinheit, umgerechnet auf den Barometerstand B; α charakterisiert, gemeinsam mit R, den Strömungswiderstand der Gas- bzw. Luftleitung zwischen Pufferkessel und freier Atmosphäre gemäß der Beziehung $Q \cdot R = (P_0 - B)^\alpha$; P_0 = mittlerer Gasdruck im Kessel. α liegt bei niedrigen Drücken bei etwa 0,57, bei hohen Drücken bei etwa 1,6.

Über die vorkommenden Größenordnungen mag folgendes praktische Beispiel unterrichten: Setzen wir ein mittleres $\alpha = 1$ ein und nehmen wir für P_0 z. B. eine Atmosphäre Überdruck, also $\frac{P_0 - B}{B} = 1$ an, so ist $C_1 = \frac{V}{Q}$. Nehmen wir dann noch an, daß die Störfrequenz 2 Hz beträgt, dann ist $\omega = 2 \cdot \pi \cdot 2 = 12{,}6$. Verlangen wir, daß die Störamplitude auf $^1/_{10}$ herabgesetzt wird, dann ist $S_1 = 10$. Daraus berechnet man für einen Luftverbrauch von $Q = {}^1/_6$ l/sec ($\equiv$ 10 l/min) als benötigtes Volumen für den Pufferkessel rund $^1/_8$ l.

Größere Schwierigkeiten bereitet das automatische Konstanthalten der mittleren Gas- bzw. Luftzufuhr auf vorher bestimmte optimale Werte (Kap. 19) über längere Zeit.

Bei einem allerdings kaum noch angewandten Verfahren bleibt der Druck vor der Drosselstelle unbeeinflußt, und man regelt den Durchlaß der Drosselstelle z. B. mit einem Nadelventil von Hand. Dies Vorgehen hat den großen Nachteil, daß man ständig nachregeln muß, wenn der Druck vor der Drosselstelle nachläßt. Außerdem setzen sich solche engen Drosselstellen leicht zu.

Bei einem weiteren, auch nicht häufig angewandten Verfahren, läßt man mit Hilfe eines Überdruckventils den Druck abblasen, der über einen bestimmten, vorher eingestellten Druck hinausgeht und hält dadurch den Druck vor der Düse automatisch konstant. Das verursacht naturgemäß unnötigen Luftverbrauch und führt zur Geräuschbelästigung. Wenn man das gleiche Verfahren für Gas anwendet, geht man meist wie folgt vor:

In der Abb. 12 strömt das Gas nach Passieren einer Drosselstelle von links durch eine Rohrleitung nach rechts zum Verbraucher. Die zwei Abzweigleitungen tauchen in ein oben verschlossenes Becherglas mit Wasser. Oben am Stopfen befindet sich seitlich ein Ableitrohr. Der ankommende Druck muß höher als der Arbeitsdruck sein. Das überschüssige Gas perlt unten durch das Wasser. Man kann das überschüssige Gas mit einem Schlauch am Ableitrohr in einen Abzug leiten. Im bezeichneten Beispiel wird das überschüssige Gas zur Vernichtung oberhalb des Ableitrohres angezündet. Durch Variation des Höhenunterschiedes zwischen Wasseroberfläche und unteren Rohrmündungen, z. B. durch Zugießen von Wasser, kann man den Arbeitsdruck am Verbraucher, d. h. am eigentlichen Brenner des Flammenphotometers, einstellen. Durch Einbau einer regelbaren Drosselstelle, z. B. eines Nadelventiles zwischen diesem eben beschriebenen Überlaufregler und der Flamme, ist ebenfalls eine kontinuierliche Regelung der Gaszufuhr zur Flamme möglich, ohne daß man deswegen den Wasserstand ändern muß. In diesem Falle muß der Druck vor der Drosselstelle im Überlaufregler entsprechend höher gewählt werden. Diese Einrichtungen benötigen geringen Aufwand. Nachteile: 1. Es wird zusätzlich Gas für die Regelung verbraucht. 2. Wenn zwischenzeitlich der Gasdruck sehr klein wird, erlischt die Flamme. Anschließend kann Gas aus dem Ableitrohr in den Raum strömen. 3. Das Lösen der Gasperlen am unteren Ende des Rohres ist immer mit kleinen Druckschwankungen verbunden. Diese verursachen ein Flackern der Flamme und somit unruhige Instrumentanzeige.

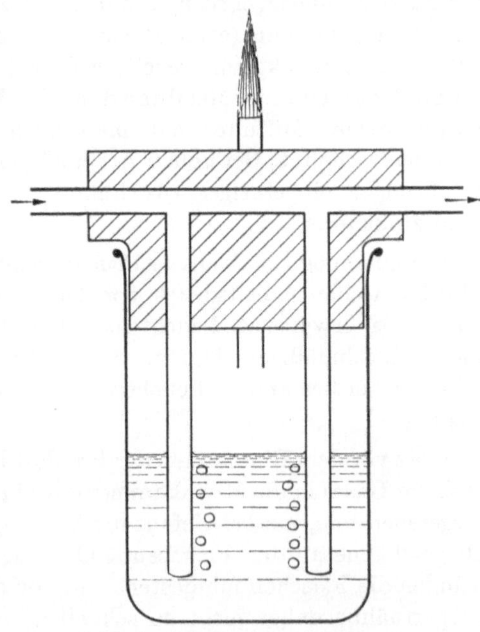

Abb. 12. Überlaufregler für das Konstanthalten eines Gasdruckes (nach [443])

Für das automatische Konstanthalten der Drücke vor den Drosselstellen haben sich mehr und mehr die Druckminderventile (Reduzierventile) durchgesetzt.

Es handelt sich dabei im Prinzip um Ventile, die automatisch mehr oder weniger geschlossen bzw. geöffnet werden, je nach dem vorhandenen Druckunterschied zwischen Außenluft *Pa* und Arbeitsdruck *Pu* nach dem Ventil, vor den obengenannten Drosselstellen. Dieser Druckunterschied *Pa—Pu* (Abb. 13) wird mit Hilfe einer Membrane *M* erfaßt. Ändert sich der Druckunterschied *Pa—Pu*, so biegt sich die Membran mehr oder weniger stark nach innen oder außen durch und öffnet bzw. schließt dadurch das Ventil *V* über den Hebel *H*. Die Druckdifferenz ist durch Vorspannen einer Feder *F* an der Membran mit Hilfe der Schraube *Sch* einstellbar. Damit die zur Regelung ausgenutzten Verstellkräfte groß sind, sollte man Druckminderventile mit möglichst großem Membrandurchmesser wählen.

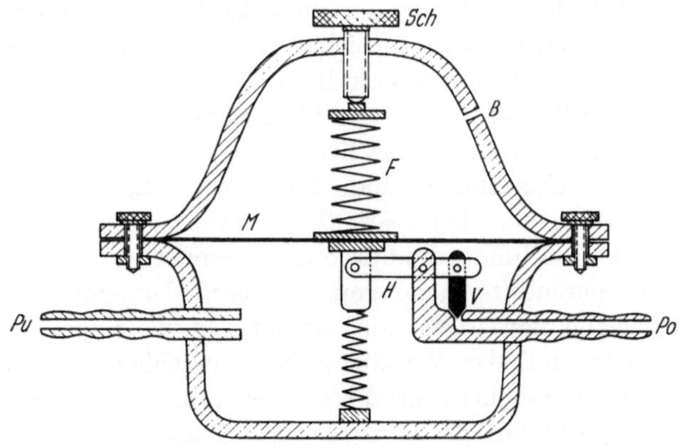

Abb. 13. Der Aufbau eines Feindruckminderventiles (schematisch). *M* Membrane; *H* Hebel; *V* Ventil; *F* Feder; *Sch* Einstellschraube; *Po* ankommender hoher Druck; *Pu* abgehender niedriger Druck

Wenn der Arbeitsdruck verhältnismäßig niedrig (weniger als 1 kg/cm^2) sein soll, so stehen an der kleineren Hochdruckmembran im allgemeinen nur geringe Verstellkräfte für das Öffnen und Schließen des Ventils zur Verfügung. Damit wird die Regelung ungenau. Eine Vergrößerung der Membran ist bei hohem

Vordruck in den Flaschen (z. B. 150 kg/cm^2 bei Preßluft in Flaschen) aus mechanischen Gründen nicht anzuraten. Dann empfiehlt sich das Hintereinanderschalten von 2 Druckminderventilen, von denen das erste an der Flasche eine kleinere und sehr steife Membran (etwa 10 cm Durchmesser) hat und den Druck von z. B. 150 kg/cm^2 auf 5 kg/cm^2 regelt, während das zweite niederdruckseitige Ventil mit großer und dünner Membran dann den Druck von z. B. 5 kg/cm^2 auf 0,2 kg/cm^2 herunterregelt. Mitunter hat man auch schon 3 Druckminderventile hintereinandergeschaltet. Bei hohen Arbeitsdrücken um 5 kg/cm^2 genügt nach unseren Erfahrungen ein einziges Druckminderventil, sofern der Membrandurchmesser nicht zu klein ist.

Für eine möglichst genaue Druckregelung ist ein nicht zu kleiner Druckunterschied zwischen Arbeitsdruck vor der Düse und Druck in der Flasche bzw. vor dem Ventil erwünscht. Leuchtgas hat in den Stadtleitungen einen sehr geringen und ungleichmäßigen Druck. Seine Druckregelung bereitet daher Schwierigkeiten. Überdies ändert Leuchtgas aus der Stadtleitung öfters seine Zusammensetzung.

Kurz vor dem Einströmen der Preßluft bzw. des Sauerstoffes in den Zerstäuber bzw. des Gases in die Mischkammer oder in den Brenner sollte je ein Absperrhahn vorgesehen sein, um bei Gefahr die Messung schnell unterbrechen zu können. Die Absperrhähne an den Flaschen sind dafür wenig geeignet, weil aus Sicherheitsgründen die Flaschen mindestens 3 m von der Flamme entfernt stehen und diese Absperrhähne daher nicht so schnell zu erreichen sind. Außerdem erlischt die Flamme beim Schließen der letztgenannten Hähne nicht sofort, da die Schlauchleitungen einen gewissen Gasvorrat speichern.

19. Die optimale Gas- und Luftzufuhr zur Flamme

Bei fest vorgegebenem Apparat und festliegender Zusammensetzung der Analysenlösung hängt der vom Strahlungsempfänger aufgenommene Anteil des Lichtstromes sowohl hinsichtlich seiner Größe als auch hinsichtlich seiner Reproduzierbarkeit vom eingestellten Gas- und Luftstrom ab. Bei den meisten Geräten sind die Größen des Gas- und Luftstromes innerhalb gewisser Grenzen frei wählbar. Es ergibt sich also die Frage, welche „günstigsten“ Gas- und Luftdurchflußmengen einzustellen sind. Dabei wird die „günstigste Gas- und Luftzufuhr“, abgesehen von den später zu besprechenden Faktoren, auch von den Anforderungen bestimmt, die durch die besondere Meßaufgabe gestellt werden. Um z. B. bei Spurenuntersuchungen eine besonders gute untere Nachweisbarkeitsgrenze zu bekommen, wird man bestrebt sein, die zugeführte Gas- und Luftmenge so zu wählen, daß das Verhältnis Nutzausschlag der Linie oder Bande/Untergrundstrahlung möglichst groß bei gleichzeitig geringer Schwankungsbreite der Anzeige wird. Andererseits kann es bei Analysen in kompliziert zusammengesetzten Lösungen „günstiger“ sein, Gas- und Luftstrom so zu wählen, daß gewisse Störungen von Lösungspartnern möglichst klein bleiben, oder es kann der Fall vorkommen, daß einfach zusammengesetzte Lösungen „normaler“ Konzentration mit besonders guter Reproduzierbarkeit (hoher relativer Genauigkeit) bestimmt werden sollen. Im letztgenannten Fall muß man dann den Gas- und Luftdruck so wählen, daß die Reproduzierbarkeitsfehler möglichst klein werden.

Nun sind aber im allgemeinen die Geräte nicht mit Durchflußmengenmessern, sondern mit Druckmessern ausgestattet, so daß hier weniger die Frage nach den einzustellenden Gas- und Luftzufuhren als solchen (in l/min), sondern vielmehr die praktische Frage nach den günstigsten Gas- und Luftdruckwerten interessiert. Die Übernahme eines als günstig veröffentlichten Gas- und Luftdruckwertepaares für eine bestimmte Meßaufgabe an einem bestimmten Gerät aus der Literatur ist, selbst wenn man ein Gerät gleicher Type zur Verfügung hat, bedenklich. Bekanntlich hängt die Gas- und Luftzufuhr (Sauerstoffzufuhr) nicht nur vom eingestellten Druck, sondern auch noch von den im Gerät eingebauten Drosselstellen (Düsen) ab. Wir verweisen auf Kap. 18. Die einzelnen Geräteexemplare einer Type können sich aber in diesen Düseneigenschaften durchaus voneinander unterscheiden. Ja, diese günstigsten Werte können sich sogar bei ein und demselben Gerät im Laufe der Zeit verändern, wenn Verstopfungen oder Korrosionen der Düsen eintreten. Es bleibt einem also nichts anderes übrig, als diese optimalen Werte für ein bestimmtes Gerät und eine bestimmte Meßaufgabe experimentell zu ermitteln und, wegen der Korrosiongefahr usw., auch von Zeit zu Zeit nachzuprüfen. Gewisse Anhaltspunkte für diese günstigsten Werte ergeben sich schon aus der Form, der Farbe und der Stabilität der Flamme (Kap. 34) und auch aus den Angaben des Geräteherstellers.

Es wäre aber erwünscht, daß im Laufe der Zeit Teile der Flammenphotometer genormt würden, wobei insbesondere die Düsenformen und Düsenabmessungen mit den höchstzulässigen Toleranzen durch gut durchdachte Vorschriften festzulegen wären. Diese Abweichungen der Düsen untereinander sollten so gering sein, daß man mit einheitlichen Vorschriften arbeiten kann. Dann würde von vornherein der Zusammenhang zwischen Druckanzeige und Gas- bzw. Luftzufuhr festliegen, und man könnte für die hier weiter unten zu besprechenden Verhältnisse leichter allgemeingültige Vorschriften aufstellen.

Bei einer Änderung des Gas- bzw. des Luft-(Sauerstoff-)Stromes ändern sich, meist in recht komplizierter Weise, mehrere Faktoren gleichzeitig, die die Emission der Analysenlinie und des Flammenuntergrundes in verschiedener Weise beeinflussen. Wenn bei konstant gehaltenem Luftstrom die Gaszufuhr verändert wird, so ändert sich das Mischungsverhältnis und dadurch die Temperatur, welche die Flammenemission weitgehend beeinflußt (Kap. 14). Gleichzeitig ändern sich die Flammenform und die Flammengröße, insbesondere die Flammenbreite (s. Abb. 14), sowie die chemische Zusammensetzung der Flammengase einschließlich der beteiligten Flammenionen und Flammenelektronen. Auch die letztgenannten Änderungen beeinflussen die Emission, z. B., wenn ein Element gemessen werden soll, das in merklichen Anteilen als Oxyd in der Flamme vorkommt. Eine vergrößerte Brenngaszufuhr bedingt nämlich gleichzeitig eine Verminderung des freien Sauerstoffes in der Flamme und damit eine verminderte Neigung zur Oxydbildung usw. Außerdem bringt eine Änderung der Luftzufuhr eine veränderte Ansauggeschwindigkeit und Zerstäubung (Tröpfchengrößenverteilung) mit sich, und es ändert sich dadurch die Zufuhr des Analysenelementes und die des Lösungsmittels zur Flamme. Letzteres ändert aber, insbesondere bei Direktzerstäubern und bei Anwendung alkoholischer Lösungsmittel, die Flammenform und die Flammentemperatur (Kap. 5). Auch dürfte bei einer Erhöhung der Luftzufuhr die Ausströmgeschwindigkeit der Flammengase zunehmen, was eine Änderung der effektiven Beobachtungshöhe in der Flamme mit sich bringt. Dies ruft aber wieder eine Änderung der Lichtemission, eine

Änderung der Störungen von Lösungspartnern usw. hervor, sofern die Lichtemission, die Störungen usw. höhenempfindlich sind (Kap. 11, 97 u. 98).

In dem häufig vorkommenden einfachsten Fall überwiegt der Temperatureinfluß bei der Abhängigkeit der Lichtemission von der Gaszufuhr. Die Abb. 14 zeigt solch ein Beispiel, wobei mit zunehmender Gaszufuhr sowohl die Temperatur als auch die Na-Intensität zunächst ansteigt. Bei weiterer Erhöhung der Gaszufuhr durchlaufen die Temperatur wie auch der Photostrom je ein dicht beieinander liegendes Maximum, um dann bei noch größerer Zufuhr wieder abzunehmen. Zugleich steigt aber auch die Flammendicke monoton mit der Gaszufuhr

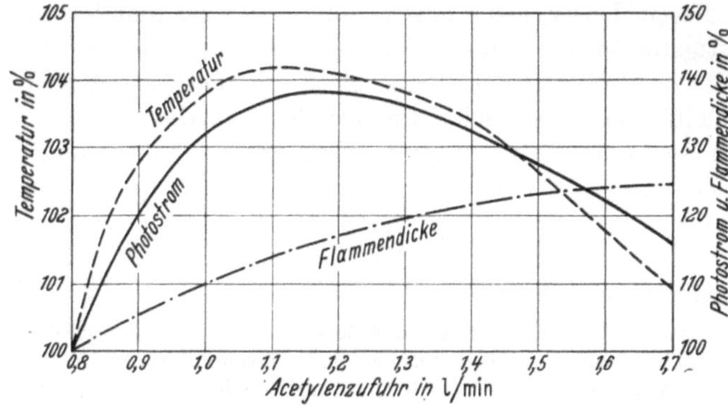

Abb. 14. Die Abhängigkeit des Photostromes, der Flammentemperatur und der Flammendicke von der Acetylenzufuhr bei konstant gehaltener Luftzufuhr (11,2 l/min) und konstanter Na-Konzentration in der Lösung (250 mg/l) bei einem Mékerbrenner und bei indirektem Zerstäuber. Die Temperatur im Maximum betrug 2410° K (nach unveröffentlichten Messungen von H. J. v. ARK, Utrecht)

an, wodurch das Emissionsmaximum bei der verwandten Meßanordnung ein wenig nach rechts im Vergleich zum Temperaturmaximum verschoben ist. Dies Emissionsmaximum, das bei verschiedenen Elementen bzw. Spektrallinien bei verschiedener Gaszufuhr liegen kann, dürfte im allgemeinen noch von der Salzkonzentration, der Art des Verdünnungsmittels (s. oben), den physikalischen Eigenschaften der Analysenlösung usw. und selbstverständlich noch von der Größe der Luftzufuhr abhängen. In manchen Fällen kann solch ein Maximum wie in Abb. 14 sogar ganz fehlen, wenn z. B. neben dem Temperatureffekt andere Effekte wie Dissoziationseinflüsse überwiegen. Dann steigt z. B. der Photostrom mit zunehmender Gaszufuhr ständig an, ein Maximum läßt sich nicht erreichen, da die Flamme schließlich gelbstichig wird. Ob und gegebenenfalls bei welcher Gaszufuhr ein Maximum vorliegt, kann nur durch systematisches Ausprobieren in jedem einzelnen Fall gefunden werden.

Man würde im vorliegenden Fall der Abb. 14 den Gasdruck am zweckmäßigsten auf das Maximum der Emission einstellen, sofern bei der vorliegenden Meßaufgabe nicht noch andere Umstände, z. B. noch die Größe des Flammenuntergrundes, mit zu berücksichtigen sind (s. unten). Geht man nämlich in das Maximum einer solchen Gasdruck-Intensitätskurve, dann hat man nicht nur maximale Intensität, sondern man genießt gleichzeitig noch den Vorteil, daß sich die nie ganz vermeidbaren Schwankungen des Gasdruckes im Maximum der Photostrom-Gasdruckcharakteristik kaum noch auf den Photostrom auswirken.

Diese Ausführungen gelten für das Auffinden des optimalen Gasdruckes bei beliebig gewähltem, aber festgehaltenem Luftdruck. Man kann nun weiter fragen, wie dieser günstige Gasdruck durch systematische Variation des Luftdruckes mit beeinflußt wird oder, allgemeiner ausgedrückt, wie läßt sich ein optimales Wertepaar Gasdruck—Luftdruck auffinden? Das sei im folgenden ausgeführt.

Abb. 15 zeigt einen entsprechenden Versuch wie Abb. 14, wobei aber jeweils für eine Kurve die Gaszufuhr konstant gehalten, aber in allen Fällen die Luftzufuhr variiert wurde. Man sieht, daß sich die optimale Luftzufuhr für jede dieser Kurven mit hohen Gaszufuhren (bei weiter rechts liegenden Kurven) nach hohen Werten zu verschiebt. Das ist leicht erklärlich, da die Flammentemperatur in erster Näherung vom Mischungsverhältnis Gas/Luft abhängt.

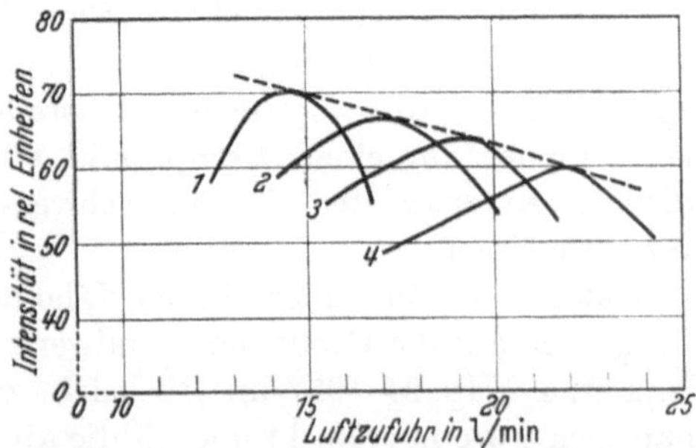

Abb. 15. Die Abhängigkeit des Photostromes von der Luftzufuhr bei verschiedener Gaszufuhr. *1* 0,57 l/min Propan; *2* wie eben, jedoch 0,67 l/min; *3* 0,74 l/min und *4* 0,84 l/min (nach [*65*])

Aus der gestrichelt gezeichneten Umhüllenden all dieser Kurven in Abb. 15 sieht man aber, daß die günstigsten Wertepaare Gas—Luft im dargestellten Beispiel nicht im rechten Teil der Abbildung, sondern im linken zu suchen sind oder, anders ausgedrückt, variiert man gleichzeitig Gas- und Luftdruck, so ergeben sich im Falle der Abb. 15 die günstigsten Wertepaare für verhältnismäßig niedrige Luftzufuhren.

Dieser Sachverhalt gilt übrigens nicht immer, sondern ist im Falle der Abb. 15 darauf zurückzuführen, daß all diese Kurven bei sehr hohen Zerstäubungsdrücken (Überschallgeschwindigkeiten) aufgenommen wurden, wo sich der Verdünnungseffekt einer vermehrten Luftzufuhr auf die Nebelkonzentration im Luftstrom stärker zeigt als der Gewinn an Zerstäubung (= Ansauggeschwindigkeit × Zerstäubungswirkungsgrad) durch den angewandten höheren Druck. Einflüsse der effektiven Beobachtungshöhe können dabei auch noch eine Rolle spielen. Bei Unterschallgeschwindigkeit ($p < 0{,}9$ atü) liegen im allgemeinen umgekehrte Verhältnisse vor, d. h. hier steigt die Umhüllende nach rechts zu an, und das günstigste Wertepaar Gas—Luft ist bei verhältnismäßig hohen Luftdrücken zu finden. Ein Beispiel dafür findet man bei [*298*]. Beliebig klein kann man im Falle der Abb. 15 die Luftzufuhr nicht wählen, weil schließlich die Zerstäubung aussetzt oder die Flamme zurückschlägt. Umgekehrt kann man im letztgenannten Beispiel die Luftzufuhr nicht beliebig hoch wählen, da sich schließlich die Flamme vom Brenner abhebt.

Allgemein läßt sich folgendes sagen: Das günstigste Wertepaar Gas—Luft läßt sich bei vorgegebenem Element und Vernachlässigung einer Reihe von weiteren Variablen wie Flammenuntergrund, Schwankung der Anzeige usw. durch ähnliche Versuche ermitteln, wie sie in Abb. 15 als Beispiel dargestellt wurden. Man arbeite im Maximum einer solchen Luftdruck-Intensitätskurve mit *dem* Gasdruck als Parameter, für den das Maximum der Intensität möglichst hoch liegt.

In der Praxis dürften die Verhältnisse nicht immer so übersichtlich sein wie in den angeführten Beispielen. Man muß dann oft zwischen verschiedenen, sich gegenseitig widersprechenden Forderungen Kompromisse ziehen. Will man nacheinander mehrere Elemente in einer Lösung bestimmen und würden die optimalen Wertepaare (Gaszufuhr/Luft- oder Sauerstoffzufuhr) für diese Elemente verschieden sein, so muß man noch weitere Kompromisse schließen, sofern man nicht jeweils den Gas- und Luftdruck auf das zugehörige optimale Wertepaar umstellen will, wenn man zu einem anderen Element übergeht. Bei Mehrstrahlgeräten, die gleichzeitig mehrere Elemente bestimmen (Kap. 54), oder bei registrierenden Geräten (Kap. 68), die über verschiedene Spektrallinien hinwegregistrieren, ist diese optimale Nachstellung prinzipiell unmöglich, und man ist dabei immer auf einen Kompromiß angewiesen. Dieser Kompromiß wird im allgemeinen zugunsten des am schwersten nachweisbaren Elementes gezogen werden müssen.

Hat man bei Messungen in der Nähe der unteren Grenzkonzentrationen gleichzeitig noch auf die Größe der Blindwerte (Flammenuntergrund + Querempfindlichkeit, s. Kap. 94—95) mit Rücksicht zu nehmen, dann bestimmt und zeichnet man nicht, wie in Abb. 14 und 15, die absoluten Photostromintensitäten, sondern besser das Verhältnis Linien-(Banden-)Intensität/Blindwert. Hat man dabei einen Monochromator zur Verfügung, so werden diese Verhältniszahlen bzw. die zugehörigen Kurven zusätzlich noch von den eingestellten Spaltbreiten mit beeinflußt (Kap. 62). Man fertigt dann am besten mehrere solcher Darstellungen mit jeweils anders eingestellten Spaltweiten an. Als zusätzliche Komplikation bei Messungen in der Nähe der unteren Grenzkonzentrationen ist dann noch zu berücksichtigen, daß nicht nur das günstigste Verhältnis Linie/Blindwert in Abhängigkeit von Gas und Luft sowie von den eingestellten Spalten interessiert, sondern gleichzeitig auch noch die dabei auftretende Schwankung der Anzeige. Wir kommen darauf in Kap. 90 zurück.

20. Der Sauerstoff- bzw. Gasverbrauch

Der Sauerstoff-(Preßluft-) bzw. Gasbedarf ist abhängig von der Brennerform und Brennergröße (Kap. 32), vom Gas selbst und von den eingestellten Gas- bzw. Sauerstoffzufuhren. Der Sauerstoff- bzw. Preßluftbedarf hängt überdies noch von den Eigenschaften des Zerstäubers ab, sofern es sich um einen pneumatischen Zerstäuber handelt. In der nachfolgenden Tabelle 4 geben wir Zahlen wieder, die einen Anhalt über die vorkommenden Größenordnungen geben sollen.

Tabelle 4

Gasmischung	O_2- bzw. Luftverbrauch in Liter/min	Gasverbrauch in Liter/min
Propan—Luft	2—10	0,25—1,5
Acetylen—Luft	2,5—10	0,5—2
Acetylen—Sauerstoff .	5—10	3—6
Wasserstoff—Sauerstoff	2—10	3—15

Aus diesen Zahlen kann man sich unter Berücksichtigung des Flascheninhaltes (normale Druckflaschen von 40 l Inhalt und einem Fülldruck von 150 kg/cm^2 enthalten etwa 6 m^3 Gas) und der Zahl der Arbeitsstunden ausrechnen, wie oft man die Flaschen wechseln muß. Legen wir z. B. einen Luftverbrauch von 10 l/min zugrunde, so reicht eine Preßluftflasche 10 Std.

Berechnet man den Luft- bzw. O_2-Verbrauch auf Grund der stöchiometrischen Beziehungen, so bemerkt man, daß die Flammen scheinbar zu wenig Luft bzw. O_2 verbrauchen. Das liegt daran, daß die Flammen einen Teil ihres Sauerstoffbedarfes aus der umgebenden Luft decken, indem sie Luft ansaugen bzw. durch Diffusion erhalten und zur Verbrennung benutzen.

21. Einbringen von Substanzen in eine Flamme

Das gleichmäßige Einbringen der Analysen- bzw. der Eichsubstanzen in das Anregungsgebiet ist entscheidend für die Genauigkeit aller spektrochemischen Verfahren. Bei Flammenanalysen löst man die Substanzen meist in Säuren auf, sofern sie nicht schon von vornherein als Lösung vorliegen, und zerstäubt diese Lösungen mit Hilfe von Zerstäubern. Den Flüssigkeitsnebel, d. h. die Mischung von Luft bzw. Sauerstoff mit Flüssigkeitströpfchen, mischt man mit dem Gas.

Bevor wir auf diese vielbenutzten Zerstäubungsverfahren eingehen, wollen wir zunächst einige andere, weniger gebräuchliche Verfahren vorweg behandeln.

a) Aus historischen Gründen erwähnen wir zunächst die Platindrahtmethode, die schon von Kirchhoff und Bunsen zu Versuchen herangezogen wurde. Die pulverförmige oder flüssige Substanz wird mit einem Platindraht aufgenommen und in die Flamme gebracht. Man kann diese Methode, wie die erste Arbeit von Champion, Pellet und Grenier zeigt, so verfeinern, daß sie auch für quantitative Analysen anwendbar ist. Neuerdings wurde sie in Verbindung mit Integrationsschaltungen (Kap. 47) zu Ultramikrobestimmungen wieder herangezogen [*585*].

b) Capillarkraftmethode. Ein Bündel von Platindrähten wird auf der einen Seite in die Flamme gebracht, während das andere Ende mit der Flüssigkeit in Berührung steht. Durch die Capillarkräfte werden Teile der Flüssigkeit in die Flamme gebracht (Mitscherlich 1862).

c) Eine Scheibe, die am Rande mit Platindrähten besetzt ist oder aus Asbest besteht, läßt man um eine etwa 45° geneigte Achse langsam rotieren. Die jeweils am tiefsten stehenden Teile der Scheibe laufen durch ein Gefäß mit der Flüssigkeit, während die höchsten Teile tangential durch die Flamme laufen. Durch die Drehung wird ständig neue Substanz aus dem Gefäß in die Flamme transportiert (Eder und Valenta 1893). Lundegårdh hat später [*33*] das Entsprechende mit einer waagerecht rotierenden Asbestscheibe getan, um Erzpulver langsam und gleichmäßig in eine Flamme zu bringen.

d) Die Filtrierpapiermethode. Eine kleine Rolle von etwa 5×100 mm Größe aus aschefreiem Filtrierpapier wird mit der zu analysierenden Lösung möglichst einheitlich getränkt und getrocknet, bzw. mit der pulverförmigen Analysensubstanz bestreut. Anschließend bringt man diese Rolle, mit Hilfe einer mechanischen Einrichtung, gleichmäßig in die Flamme (Steward und Harrison 1939).

e) Die Pulverrinne. Die Analysensubstanz wird pulverisiert und in einer Rinne verteilt. Kurz oberhalb der Rinne befindet sich ein Pulverzerstäuber, der ähnlich wie ein Flüssigkeitszerstäuber das Pulver mit dem Luftstrom ansaugt. Der Luftstrom trägt das Pulver bis in die Flamme. Die Pulverrinne wird unter dem Zerstäuber mit Hilfe eines Motors langsam fortbewegt [*178*].

f) Das Verdampfen. Um das lästige Pulverisieren oder Auflösen von festen Analysensubstanzen in Säuren bei der Vorbereitung zu einer flammenphotometrischen Analyse zu vermeiden, bildet man das feste Ausgangsmaterial zu zwei Elektroden aus. Zwischen den Elektroden läßt man eine Funkenfolge oder einen elektrischen Lichtbogen übergehen. Man beobachtet nun nicht, wie bei der Spektralanalyse mit Bogen oder Funken, die dabei entstehenden Lichterscheinungen, sondern man benutzt Bogen oder Funken nur als Hilfsmittel, um die Analysensubstanz zu verdampfen und dem vorbeistreichenden Luftstrom beizumischen. Die verdampfte Analysensubstanz und die Luft strömen nach Zumischen von Brenngas zum Brennerrohr und werden oberhalb der Brennerkappe, wie sonst üblich, in der Flamme beobachtet [*125*].

Zusammenfassend möchten wir über diese Verfahren sagen, daß sie keineswegs die Verbreitung gefunden haben, wie die pneumatischen Zerstäuber (Kap. 26). Die Ursachen dafür sehen wir in der schlechteren Reproduzierbarkeit. In einzelnen Anwendungsfällen mögen sie aber ihre Berechtigung haben. Wir wollen im folgenden das Einbringen der Analysensubstanz mit Hilfe von Zerstäubern etwas ausführlicher als diese weniger gebräuchlichen Verfahren beschreiben.

22. Forderungen an Zerstäuber

Die große Zahl von Veröffentlichungen über neue Zerstäuber bis in die jüngste Zeit beweist, daß hier noch viel zu tun übrig ist. Auf der anderen Seite bieten aber Zerstäuber, gegenüber den in der Spektralanalyse mit Bogen oder Funken meist üblichen Verfahren, den großen Vorteil, daß die Einbringung der Substanz in die Flamme im allgemeinen gleichmäßiger erfolgt, und daß das Wechseln der Analysenlösung schneller durchführbar ist. Folgende allgemeine Forderungen muß man an leistungsfähige Zerstäuber stellen:

a) Gleichmäßige Zerstäubung unabhängig von der Ansaughöhe, d. h. unabhängig von der Entleerung der Gefäße während der Analyse und möglichst unabhängig von Dichte, Oberflächenspannung und Viscosität der Lösungen.

b) Gleichbleibende und möglichst kleine mittlere Tröpfchengröße. Sie beeinflußt erheblich die Intensität der Spektrallinien und die unteren Nachweisbarkeitsgrenzen (Kap. 6 u. 90).

c) Gleichmäßige Zufuhr des Nebels vom Zerstäuber zur Flamme, d. h. es dürfen keine ungleichmäßigen Verluste an den Wandungen der Zerstäuberkammer und der Mischeinrichtungen (Kap. 26) zwischen Zerstäuber und Flamme stattfinden.

d) Es soll ein möglichst großer Salzgehalt je Liter Luft an der Brennerkappe bzw. am Eingang der Flamme bei möglichst niedriger Ansauggeschwindigkeit, d. h. bei sparsamem Verbrauch an Flüssigkeit, erzielt werden können. Mit anderen Worten: Der Quotient Zerstäuberwirkungsgrad geteilt durch den Luftverbrauch (Kap. 26) soll groß sein.

e) Geringe Totzeit zwischen dem Beginn des Ansaugens der Flüssigkeit bis zum Einstellen eines Gleichgewichtszustandes zwischen Luft und Nebel bzw. bis zum Einstellen einer konstanten Salzkonzentration in der Flamme und ebenso schnelle Entleerung der letzten Nebelreste von der vorangehenden Probe aus der Zerstäuberkammer, den Mischeinrichtungen usw.

f) Geringe Neigung zu Verstopfungen, Verkrustungen usw.

g) Leichte Reinigungsmöglichkeit und Korrosionsbeständigkeit des Zerstäubermaterials gegen Säuren, Laugen, organische Lösungsmittel usw.

h) Geringe Toleranzen von einem zum anderen Zerstäuber ein und desselben Typs.

i) Geringe Verschleppung von Resten einer Analysenlösung zur nächsten.

Wie weit diese Forderungen von einigen wichtigen Typen erfüllt werden, soll im Kap. 24 besprochen werden.

23. Der Werkstoff für den Zerstäuber

Da die Materialfrage für alle Zerstäuberarten gemeinsam gilt, sei sie vorweggenommen. Die Forderung nach Korrosionsbeständigkeit gegen die häufigsten

Lösungen, einschließlich Säuren, Laugen und organische Lösungsmittel, erfüllen am besten Glas, Quarz und einige Kunststoffe. Man kann die Flüssigkeitszufuhr und die Nebelbildung in Zerstäubern aus durchsichtigen Materialien gut beobachten. Außerdem kann man sie chemisch leicht reinigen, z. B. mit Chromschwefelsäure. Die Formgebung erfolgt bei Glas und Quarz meist durch den Glasbläser. Leider findet man dann bei dieser Bearbeitungsart von Zerstäuber zu Zerstäuber erhebliche Abweichungen in den Düsenquerschnitten und in den Stellungen der Düsen zueinander und damit in den Zerstäubungseigenschaften. Dadurch ist es schwer möglich, die von einem Autor an seinem Gerät gefundenen Ergebnisse auf die eines anderen Gerätes gleicher Type und erst recht nicht auf eine fremde Type zu übertragen. Im übrigen stellt der Kauf solcher Glaszerstäuber, bzw. kompletter Geräte mit Glaszerstäubern, eine gewisse Glückssache dar.

Wir selbst haben früher einmal mit gutem Erfolg einen Glaszerstäuber hergestellt [*341*], der aus Preßglas bestand, das durch Nachschleifen auf die endgültige Form gebracht wurde. Bei dieser Bearbeitungsart ist das Einhalten von engen Herstellungstoleranzen leicht möglich. Nur hat sich dies Verfahren nicht durchgesetzt, vielleicht weil es langwierig und teuer ist. Andere [*764*] schmelzen Drähte in Glas ein, um sie anschließend wieder herauszulösen. Dadurch kann man Glasdüsen mit geringen Abweichungen herstellen.

In anderen Fällen benutzt man Zerstäuber, die durch spanabhebende Bearbeitung aus Messing, aus nichtrostendem Stahl, ja sogar aus Platin bzw. Silber [*33*] hergestellt wurden. In neuerer Zeit werden häufiger Kunststoffzerstäuber angewandt, sogar bei Direktzerstäubern (Kap. 33), die sich in unmittelbarer Nähe der Flamme befinden [*196*]. Das Einhalten enger Fertigungstoleranzen ist hier durch eine zweckentsprechende Spritzguß- oder Spritzpreßtechnik von thermoplastischen Kunststoffen möglich.

24. Einteilung der Zerstäuber

Die Zerstäuber kann man nach den verschiedensten Gesichtspunkten gliedern:

1. Nach der Art der Energiequelle.

a) Zerstäuber, die sich für die Zerstäubungsarbeit fremder Energiequellen bedienen, wie elektrostatische Zerstäuber, Elektrolyt-Zerstäuber, chemische Zerstäuber, Ultraschallzerstäuber, Zentrifugalzerstäuber u. ä., wollen wir kurz Fremdenergiezerstäuber nennen.

b) Zerstäuber, bei denen die Zerstäubungsarbeit vom Gas- (meist Preßluft- bzw. O_2-) Strom geleistet wird, der gleichzeitig für die Unterhaltung der Flamme notwendig ist, wollen wir kurz pneumatische Zerstäuber nennen.

2. Nach der Art der Anordnung der Zerstäuber zum Brenner.

a) Zerstäuber, die den entstehenden Flüssigkeitsnebel direkt ohne Leitungen zwischen Zerstäuber und Brennerkappe in die Flamme abgeben, nennen wir Direktzerstäuber. Brennerkappe und Zerstäuber sind eine Einheit (Kap. 33) (Zerstäuber-Brenner-Kombinationen).

b) Indirekte Zerstäuber sind Zerstäuber, bei denen im Gegensatz zu 2a der Zerstäuber vom Brenner getrennt angebracht ist. Die Flüssigkeit wird zunächst in einer Zerstäuberkammer zerstäubt. Der Nebel wird in Leitungen zum Brenner geführt.

3. Nach der Art der Flüssigkeitszufuhr zum Zerstäuber.

a) Ansaugzerstäuber sind solche, bei denen die zu analysierende Flüssigkeit aus einem untergehaltenen Gefäß, meist einer Petrischale, angesaugt wird.

b) Bei den Zulaufzerstäubern wird die Flüssigkeit von oben in einen Trichter eingeschüttet. Auch hier ist die Saugwirkung oft größer als die Schwerewirkung.

c) Wenn die Flüssigkeitszufuhr zum Zerstäuber zwangsweise und einstellbar, z. B. mit Hilfe einer Art Einspritzpumpe, zugeführt wird, wollen wir diese „Zerstäuber mit kontrollierter Flüssigkeitszufuhr" nennen.

4. Nach der Form und Anordnung der Zerstäuberdüsen kann man unterscheiden nach

a) Knierohrzerstäubern (Winkelzerstäubern),

b) Ringspaltzerstäubern,

c) Eintauchzerstäubern (Injektoren, Abb. 17d) usw.

Darüber hinaus gibt es noch eine Reihe von anderen Unterscheidungsmerkmalen.

25. Fremdenergie-Zerstäuber

a) Aus historischen Gründen erwähnen wir zunächst die *chemischen Zerstäuber*, mit denen KIRCHHOFF und BUNSEN schon gearbeitet haben. Bei ihnen wird die zu analysierende Lösung mit solchen Chemikalien versetzt, die eine Gasentwicklung hervorrufen, z. B. Zink + Salzsäure. Die entweichenden Gasperlen reißen die zu analysierende Flüssigkeit als Flüssigkeitsnebel mit. Der Nebel wird mit dem Luftstrom in die Flamme getragen. Für qualitative Analysen sind solche Zerstäuber noch üblich. Bei quantitativen Analysen [*125*] konnten sie sich nicht durchsetzen, weil die Zerstäubung zu schlecht reproduzierbar ist. Die Gasentwicklung und damit die Zerstäubung hängen stark von der Zusammensetzung der Lösungen ab. Bei der Zn—HCl-Methode stört z. B. die Anwesenheit von Cu, Bi oder Sn, die sich auf dem Zn niederschlagen. Außerdem verändern die zugesetzten Chemikalien die zu analysierende Substanz und während der Zerstäubung auch noch die Konzentrationen. Mitunter erfolgt die Zufuhr solcher chemisch zerstäubten Analysenlösungen noch einfacher, indem die Flamme schräg über ein Glühröhrchen, einen Tiegel oder ähnliches mit der versprühenden Analysenlösung, gehalten wird [*704*].

b) Weiterhin seien die *elektrolytischen Zerstäuber* genannt. Durch zwei in die angesäuerte Analysenlösung eingetauchte Elektroden läßt man durch Anlegen einer Spannung einen elektrischen Strom fließen, wobei eine Gasentwicklung eintritt. Die aufsteigenden Gasperlen reißen wieder Flüssigkeitsteilchen mit, die vom darüber hinweggehenden Luftstrom mitgenommen werden. Diese Zerstäuber haben sich auch nicht durchsetzen können, weil sie ähnliche Nachteile wie die chemischen Zerstäuber aufweisen.

c) *Zentrifugalzerstäuber.* Schon sehr früh hat man versucht, die mechanische Zerkleinerung der Flüssigkeit mit Hilfe von schnell rotierenden Scheiben u. ä. zu bewerkstelligen [*125*]. Bis in die neueste Zeit ist es, selbst durch Anwendung sehr hochtouriger Zentrifugalzerstäuber, nicht gelungen, so feine Tröpfchen zu erzielen wie mit pneumatischen Zerstäubern.

d) *Ultraschall-Zerstäuber.* Tropft man Flüssigkeit auf einen schnell schwingenden Quarz (etwa 800 kHz), so wird die Flüssigkeit zu sehr feinen Tröpfchen zerrissen. Durch Focussieren der Schallstrahlen (Hohlquarz o. ä.) läßt sich dieser Zerstäubungseffekt vervielfachen. Der technische Aufwand für solche Zerstäuber ist leider erheblich. Auch bereitet das gleichmäßige Aufbringen bzw. Wegdampfen der Flüssigkeit sowie die Vermeidung von Verschleppungseffekten (Reste der vorangehenden verunreinigen die folgende Probe) gewisse Schwierigkeiten.

e) Bei *elektrostatischen Zerstäubern* [*683*, *684*] läßt man die Analysenflüssigkeit in einer Capillare hochsteigen und bringt in einigen Zentimetern Abstand eine auf etwa 5—15 kV geladene Gegenelektrode an (Abb. 16). Durch das an der Flüssigkeitsoberfläche sehr kräftige Hochspannungsfeld treten elektrische Kräfte auf, die die Flüssigkeit zerstäuben. Es lassen sich auf diese Art noch sehr kleine Flüssigkeitsmengen verarbeiten. Ein weiterer Vorteil dieser Anordnung besteht darin, daß die Wandungen der Zerstäuberkammer sich sehr schnell elektrostatisch aufladen, und daß durch die dabei auftretenden elektrostatischen Abstoßungskräfte das Niederschlagen weiterer Tröpfchen an den Wandungen verhindert wird. Nachteil: Die Zerstäubungsgeschwindigkeit hängt neben anderen Variablen (wie z. B. der Viscosität) vom elektrischen Dipolmoment der Flüssigkeitsmoleküle ab. Man kann unter Umständen von Flüssigkeit zu Flüssigkeit verschiedene Dipolmomente bzw. Zerstäubungsgeschwindigkeiten beobachten. Besonders Aqua dest. verhält sich sehr extrem.

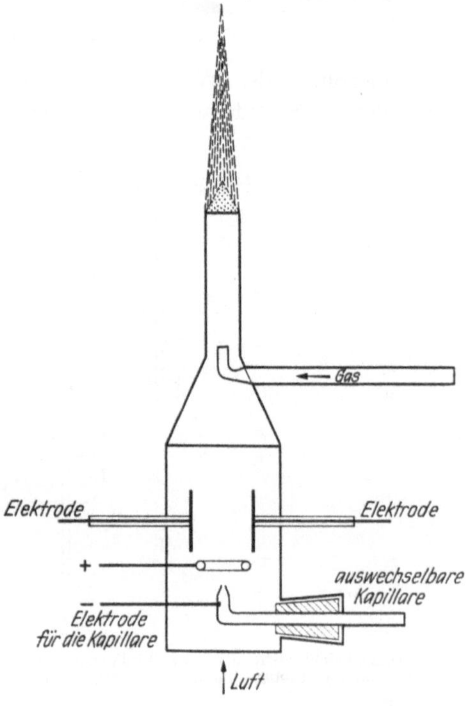

Abb. 16. Elektrostatischer Zerstäuber mit Kondensatorplatten zur Verlängerung des Tröpfchenweges (nach [*684*])

Zusammenfassung: Ein Vorteil aller Fremdenergiezerstäuber besteht darin, daß man Zerstäubung und Luft- bzw. Sauerstoffzufuhr zur Flamme gesondert regeln kann. Einen weiteren Vorteil der Fremdenergiezerstäuber sehen wir darin, daß man den Salzgehalt je Liter Luft (Sauerstoff) prinzipiell größer machen kann, als das bei pneumatischen Zerstäubern möglich ist. Bei den letztgenannten Zerstäubern muß man nämlich für eine höhere Ansauggeschwindigkeit und feinere Tröpfchengrößenverteilung gleichzeitig mehr Luft je Zeiteinheit aufwenden, was wieder eine Verdünnung der Salzkonzentration zur Folge hat. Auf der anderen Seite haben aber diese pneumatischen Zerstäuber den Vorteil, daß man den Luftstrom so einstellen kann, daß die nie ganz vermeidbaren Schwankungen des Luftstromes keinen Einfluß auf die Emission haben. Das ist dann der Fall, wenn die Einflüsse der Luftzufuhrschwankungen auf die Flammentemperatur (Anregung) einerseits und auf die Nebelkonzentration (Zerstäubung) andererseits gerade umgekehrt gleich groß sind. Solche kompensierenden Wirkungen sind bei Fremdenergiezerstäubern nicht denkbar.

Von den Ultraschall- sowie von den elektrostatischen Zerstäubern abgesehen, war es bis jetzt nicht möglich, so feine Tröpfchen wie bei Gasstrom-Zerstäubern herzustellen. Daß die zwei zuletztgenannten Verfahren noch keine verbreitete Anwendung gefunden haben, dürfte u. a. daran liegen, daß die Gerätehersteller den technischen Aufwand für die erforderlichen Nebeneinrichtungen (Ultraschallgenerator, Hochspannungstransformator usw.) scheuen. Auch liegt unseres Wissens noch keine systematische Untersuchung darüber vor, wie weit dieser Mehraufwand durch bessere Leistung (kleinere Tröpfchen, geringerer Substanzbedarf bzw. bessere Anregung in der Flamme) gerechtfertigt ist.

Wir wollen uns nunmehr den am häufigsten angewandten pneumatischen Zerstäubern zuwenden.

26. Die Zerstäuberdüse und das Zerstäubergefäß

Wir wollen in diesem Kapitel Formen von Zerstäuberdüsen besprechen, um dann die Wirkungsweise von solchen Zerstäuberdüsen zu behandeln. Gegen Ende des Kapitels wollen wir dann das Zerstäubergefäß und seinen Einfluß auf die Zerstäubung bzw. Tröpfchengrößenverteilung besprechen.

a) Formen von Zerstäuberdüsen

1. Knierohr- oder Winkel-Zerstäuber (Abb. 17a). Die Flüssigkeit und die komprimierte Preßluft werden in zwei senkrecht zueinanderstehenden Rohren

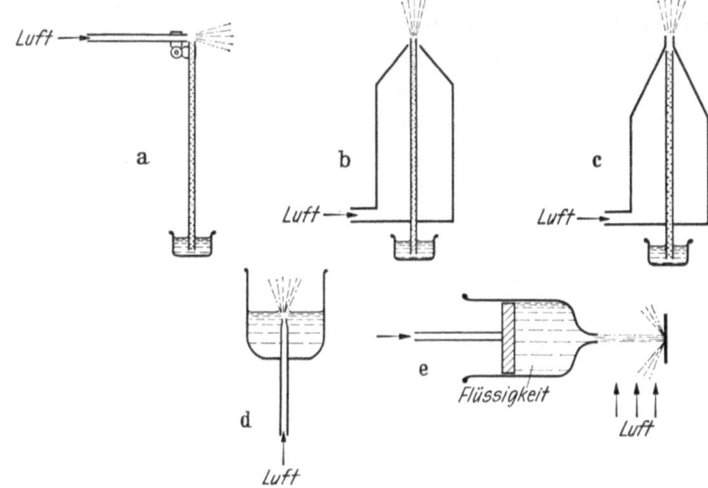

Abb. 17. Verschiedene Formen von Zerstäuberdüsen (schematisch). *a* Winkel- oder Knierohr-Zerstäuber; *b* und *c* Ringspalt-Zerstäuber ohne und mit vorgezogener Luftdüse; *d* Injektor; *e* hydraulischer Zerstäuber

geführt. Die Ausnutzung des bei der Zerstäubung verbrauchten Preßluftstrahles ist bei dieser Anordnung mäßig, weil ein Teil der Luft ungenützt an der Düse vorbeistreichen kann. Die Ansauggeschwindigkeit und die Zerstäubung hängen hier kritisch von der Stellung der Düsen zueinander ab. Meist sehen die Gerätehersteller Justiermöglichkeiten für das Einstellen der Düsen auf eine optimale Zerstäubung vor. Wenn niedergeschlagene Flüssigkeitstropfen längs der Preßluftdüse bis an die Düsenvorderkante gelangen, ergibt sich zusätzlich ein stoßweises Zerstäuben, jeweils beim Hinzulauf eines neuen Tropfens. Wegen der möglichen Verunreinigung der Wände durch vorangehende Proben ergeben sich hier Verschleppungseffekte. Störungen dieser Art vermeidet man durch ein Schrägstellen der Rohre, so daß die Tropfen durch die Schwerkraft nach unten und nicht zur Zerstäuberdüse hinlaufen können.

2. Ringspalt-Zerstäuber (Abb. 17b u. c). Die Preßluft wird hierbei im Gegensatz zu 1. nicht von einer Seite, sondern von allen Seiten gleichzeitig, d. h. zentrisch zur Ansaugcapillare mit Hilfe eines sich nach oben zu verjüngenden Zylinders, zugeführt. Die Ausnützung des Preßluftstrahles ist hierbei besser als bei 1., insbesondere wenn die Konstruktionsdaten der Ringspaltdüse (Größe des Ringspaltes, Anstellwinkel des Kegels bzw. des Luftstromes, Stellung der Capillarenoberkante zur Ringspaltdüse u. ä.) zweckentsprechend gewählt sind. Man erhält

dann bei gleichem Luftdruck und gleicher Luft- und Flüssigkeitszufuhr eine feinere Tröpfchengrößenverteilung als bei 1.

Bei Anwendung von sehr engen Ringspalt-Luft-(bzw. O_2-)Düsen und sehr hohen Drücken entsteht die Schwierigkeit, *alle* Flüssigkeitsanteile, auch die in der Capillare *innen* strömenden Anteile, an den scharfen Luftstrahl genügend nahe heranzubringen, damit diese Zerreißung *aller* Flüssigkeit möglichst vollständig wird. Es ist dann ausnahmsweise (s. unten) zu empfehlen, auch die Flüssigkeit zu einem schmalen Ringspalt auseinander zu ziehen ([*347*] und Abb. 22). Diese Aufteilung des zylindrischen Flüssigkeitsstromes in der Ansaugscapillare zu einem Hohlzylinder kann man durch Anbringen entsprechender Strömungskörper erreichen. Mitunter ist dieser Strömungskörper gleichzeitig zu einer verstellbaren Nadel ausgebildet [*567*]. Mit dieser Nadel kann man einerseits die Flüssigkeitszufuhr bequem, nahezu unabhängig von den anderen Zerstäuberdaten, regeln (Nadelventil) und kann andererseits durch Zurück- und wieder Vorschrauben dieser Nadel etwa auftretende Verstopfungen während des Betriebes leicht beheben.

Gelegentlich reicht die Luftdüse über das obere Ende der Ansaugcapillare hinaus (Abb. 17c). Solche Düsen wirken dann wie ein Venturi-Rohr. Lundegårdh gab früher einen Ringspaltzerstäuber an, bei dem die Flüssigkeit durch den Ringspalt zugeführt wurde, während der Luftstrom zentral durch die Capillare ging. Diese umgekehrte Anordnung ist auch brauchbar. Nur hat sie den Nachteil, daß solche engen Ringspalte durch die mit der Flüssigkeit mitgeführten Fremdkörperchen (Staubteilchen u. ä.) leichter verstopfen als flächengleiche runde Capillaröffnungen. Es empfiehlt sich, dem Luftstrom vor der eigentlichen Zerstäuberdüse durch geeignete Luftführung (z. B. durch tangentiales Einblasen in die kegelförmige Luft-(O_2-)-Düse) einen Drall zu geben, damit die Zerreißung der Flüssigkeit an der Grenzschicht Luft-Flüssigkeit möglichst wirkungsvoll wird [*341*].

3. Injektoren (Abb. 17d). Hierbei wird ein scharfer Luftstrahl durch die Analysenflüssigkeit hindurchgeleitet. Bei dieser Art von Zerstäubung werden in der Flüssigkeit gleichzeitig die größeren Tröpfchen ausgesondert, die nach dem Zerplatzen der Luftblasen in die Probenflüssigkeit zurückfallen. In dieser Hinsicht stellen sie eine Art von „Rücklaufzerstäubern“ (Kap. 28) dar. Es kommen nur die feinsten Tröpfchen in die Zerstäuberkammer und in die Flamme. Trotz dieses Vorzuges verwendet man solche Zerstäuber kaum noch, weil Verschleppungseffekte von einer Analysenlösung zur nächsten Lösung vorkommen, die nur durch gründliche Reinigungsmaßnahmen des Zerstäubergefäßes zwischen den einzelnen Analysen behoben werden können. Außerdem ändert sich während einer längeren Zerstäubung die Konzentration der Analysenflüssigkeit, bedingt durch das Eindunsten des Lösungsmittels.

4. Hydraulische Zerstäuber (Abb. 17e). Man setzt die Analysenflüssigkeit unter Druck, und läßt sie durch eine enge Flüssigkeitsdüse im scharfen Strahl austreten und gegen eine Prallfläche anlaufen. Dort entstehen viele kleine Tröpfchen, die der vorbeistreichende Luft- oder Gasstrom fortträgt. Vorteil: Die Luft bzw. das Gas brauchen in diesem Falle nicht komprimiert zu werden, man spart also den Kompressor, dafür muß man aber die Flüssigkeit unter Druck setzen. Hierfür genügt oft schon der Druck der Wasserleitung. Nachteil: Enge Flüssigkeitsdüsen neigen leichter zu Verstopfungen als enge Luftdüsen. Die Verschleppung von Resten einer Analysenlösung zur nächsten läßt sich schwer ausschalten. Streng genommen, muß man solche Zerstäuber unter die „Fremdenergie-Zerstäuber“ einordnen.

Die Wirkung der unter 1. und 2. genannten Zerstäuberdüsen kann man wesentlich verbessern, wenn man in den Strahl von Nebel und Preßluft in geeignetem Abstand vor der Luftdüse eine Prallfläche anbringt. Die schnellfliegenden Flüssigkeitströpfchen werden beim Aufprall auf die Fläche (Kugel) nochmals zerkleinert. Bei hohen Strömungsgeschwindigkeiten kann es zu den bereits genannten Verdichtungsstößen, Knallwellen bzw. Ultraschallschwingungen, ähnlich wie in einer Hartmannschen Pfeife, kommen. Das führt ebenfalls zu einer Nachzerstäubung der Flüssigkeitströpfchen. Mitunter können vorstehende Kanten von Ringspaltdüsen, von Gasdüsen u. ä. (Abb. 17c), die Funktion von solchen Prallflächen übernehmen.

Zusammenfassend möchten wir über diese verschiedenen Zerstäuberdüsen sagen, daß die unter 2. (Abb. 17b u. c) genannten Ringspaltdüsen z. Z. an handelsüblichen Flammenphotometern am häufigsten angewandt werden, aber auch die Winkel-Zerstäuber (Abb. 17a) findet man wegen ihrer einfachen Bauweise noch häufig.

b) Die Wirkungsweise von Zerstäuberdüsen

Bei oberflächlicher Betrachtung erscheint die Wirkungsweise eines pneumatischen Zerstäubers sehr einfach. Die Flüssigkeit wird in einer Capillare angesaugt und an deren Ende durch den Luftstrom in kleine Flüssigkeitstropfen zerkleinert. Bei genauerer Betrachtung bemerkt man jedoch, daß diese Zerstäubung in recht komplizierter Weise von einer Reihe verschiedener Faktoren abhängt. Diese einzelnen Faktoren können wieder von der Temperatur, der angesaugten Flüssigkeit sowie von der Temperatur des komprimierten Luftstromes und von der Form der Düsen und ihrer Orientierung zueinander abhängen. Bei Indirektzerstäubern sind darüber hinaus noch die Abmessungen und die Form des Zerstäubergefäßes und der Turbulenzgrad des Luftstromes für die Aussonderung der Tröpfchen wesentlich. Es würde zu weit führen, wenn wir alle diese Faktoren mit in diese Besprechung einbeziehen wollten. Wir beschränken uns daher auf einige wenige, uns für die Praxis wesentlich erscheinende Gesichtspunkte, insbesondere auf den Einfluß des Preßluftdruckes auf die Zerstäubung, der bei den am häufigsten vorkommenden pneumatischen Zerstäubern zu beachten ist, und verweisen bezüglich der allgemeineren Grundlagen auf Kap. 6.

Bei gegebener Luftdüse hat eine Variation des Preßluftdruckes P vor der Düse verschiedene Auswirkungen: Es ändert sich der Luftverbrauch, gemessen z. B. in l/min, es ändert sich die angesaugte Flüssigkeitsmenge, gemessen z. B. in ml/min, und es ändert sich die Feinheit der Zerstäubung, d. h. die Tröpfchengrößenverteilung im Nebel.

Wir wollen hier zunächst die Tröpfchengrößenverteilung diskutieren und wollen dabei zur Vereinfachung zunächst die Voraussetzung machen, daß die Ansauggeschwindigkeit auch bei einer Variation des Luftdruckes mit anderen Mitteln, z. B. durch Wahl verschieden langer oder verschieden enger Capillaren oder mit Hilfe der überwachten Flüssigkeitszufuhr (Kap. 33), konstant gehalten wird.

Würde man diese Voraussetzung nicht machen, würde sich auch die Flüssigkeitszufuhr ändern. Eine Vergrößerung der Flüssigkeitszufuhr führt aber zu einer Vergröberung der Tröpfchengrößenverteilung bei konstant gehaltenem Druck. Läßt man beiden Größen, d. h. Ansauggeschwindigkeit und Druck, freien Lauf, dann ändern sich beide Größen gleichzeitig, und man kann dann schwerer allgemeingültige Aussagen treffen (s. unten).

Die in Kap. 6 angegebene, nur für ideale Umstände exakt geltende Beziehung für den maximal vorkommenden Tropfendurchmesser besagt, daß die Feinheit der Zerstäubung von dem Produkt $\varrho_l \cdot v^2$ abhängt, wobei ϱ_l die Dichte der Luft und v die Geschwindigkeit des Luftstromes bedeuten. Bei zunehmendem Druck wird anfänglich nur v merklich steigen und für die Verfeinerung der Zerstäubung verantwortlich sein. Übertrifft P den Außendruck um mehr als das 1,9fache, so treten Überschallverhältnisse ein, wobei die Geschwindigkeit des Luftstromes an der engsten Stelle der Düse unveränderlich gleich der Schallgeschwindigkeit bleibt, während im divergierenden Teil des Preßluftstrahles Überschallgeschwindigkeiten auftreten können [*13*]. Eine Erhöhung des Preßluftdruckes P hat in diesem Überschallbereich eine proportionale Erhöhung des Gasdruckes und mithin zugleich eine proportionale Erhöhung der Dichte ϱ_l des Preßluftstrahles zur Folge, was die Zerstäubung bei konstanter Ansauggeschwindigkeit fördert (s. oben). Die Druckerhöhung geht bei gegebener Düse aber auf Kosten des Luft- (indirekt auch auf Kosten des Brenngas-)Verbrauches. Im Überschallbereich steigt der Luftverbrauch theoretisch proportional mit P. Dies hat aber eine Verdünnung des Nebels im Luftstrom (Ansauggeschwindigkeit gemäß der Voraussetzung konstant gehalten) zur Folge, was den Effekt der verbesserten Zerstäubung wieder herabsetzt. In diesem Überschallbereich kann der genannte Verdünnungseffekt bei weiterer Drucksteigerung die Emissionserhöhung durch den besseren Wirkungsgrad der Zerstäubung bzw. durch die bessere Tröpfchenverkleinerung überkompensieren. Meist sind aber die erzielbaren Intensitäten bzw. die unteren Nachweisbarkeitsgrenzen unter der eingangs gemachten Voraussetzung (konstante Ansauggeschwindigkeit) bei nicht zu hohen Überschallgeschwindigkeiten (Drücken oberhalb 0,9 atü) besser als im Unterschallbereich.

In der Praxis wird die Ansauggeschwindigkeit, die wir bis jetzt als konstant vorausgesetzt hatten, bei einer Änderung von P (etwa proportional) mit geändert. Wir wollen im folgenden Beispiel erläutern, welche Verhältnisse man hierbei unter vereinfachenden Annahmen erwarten darf. Hält man das Luft- (oder Sauerstoff-)/Gas-Verhältnis konstant (= konstante Flammentemperatur), dann besteht ein konstantes Verhältnis zwischen der Salzkonzentration im Luftstrom (mg Salz/ml Luft) am Ausgang der Zerstäuberkammer (s. unten) und der Salzkonzentration in der Flamme, wenn man sekundäre Effekte vernachlässigt. Das Verhältnis zwischen diesen beiden genannten Konzentrationen hängt ja nur von der Ausdehnung des Gemisches nach der Verbrennung ab. Verdoppelt man nun durch Erhöhung von P den Luftverbrauch und gemäß der Voraussetzung gleichzeitig den Gasverbrauch und würde dabei die effektiv je Minute zerstäubte Lösung (= Ansauggeschwindigkeit × Wirkungsgrad, Ansauggeschwindigkeit nicht mehr als konstant vorausgesetzt) etwa 3fach zunehmen, dann steigt die Linien-(Banden-)Intensität je cm^3 in der Flamme wegen der 2fachen Verdünnung durch die doppelte Luftmenge nur etwa auf das $3/2 = 1^1/_2$fache, vorausgesetzt, daß geradlinige (d. h. keine krummen) Eichkurven vorliegen.

Auch aus einem anderen Grunde können hohe Ausströmungsgeschwindigkeiten die Zerstäubung fördern: Bei sehr hohen Geschwindigkeiten bilden sich nämlich an den Wandungen, an Kanten, an vorstehenden Lippen usw. Verdichtungsstöße, die bei geeigneter Ausbildung der Düsen zu Ultraschallschwingungen führen können. Wegen der vorkommenden Verdichtungsstöße, die nicht unbedingt periodisch ablaufen müssen, können ebenfalls Geschwindigkeiten vorkommen, die oberhalb der Schallgeschwindigkeit liegen. Solche Verdichtungsstöße bzw. Ultraschallschwingungen sind in der Lage, eine Flüssigkeit zu zerstäuben, bzw. bereits entstandene Flüssigkeitströpfchen abermals zu zerreißen. Dieser Effekt wurde von einigen Autoren bewußt für die Konstruktion von Zerstäubern herangezogen [*498*].

Es sprechen also auch bei weniger einschränkenden Annahmen viele Gründe für einen hohen Luftdruck vor der Zerstäuberdüse. Manche Autoren wählen tatsächlich solche hohen Drücke, wobei Ultraschallverhältnisse auftreten [*33*, *37*, *65*]. Lundegårdh [*33*] bemerkte dabei schon, daß mit Drücken von 6—7 atü etwa 10—20mal höhere Empfindlichkeiten als mit Niederdruckzerstäubern erzielt wurden. Damit der Gas- und Luftverbrauch in erträglichen Grenzen bleibt, muß man dann gleichzeitig die Düsenquerschnitte verringern. Das kann bei einfachen Knierohrzerstäubern den Nachteil mit sich bringen, daß der Anteil der angesaugten Flüssigkeit verkleinert wird, der durch den dünnen Preßluftstrahl erfaßt wird. In allen Fällen sind solche engen Düsen schwer herstellbar, insbesondere wenn man nur geringe Abweichungen zwischen den einzelnen Exemplaren von serienmäßig hergestellten Düsen zuläßt. Die Zerstäuber in handelsüblichen Geräten sind daher nur selten für Drücke oberhalb 0,9 atü vorgesehen.

c) Das Zerstäubergefäß

Der von einem Indirektzerstäuber erzeugte Nebel breitet sich zunächst in einem Zerstäubergefäß aus, wo die größeren Tröpfchen ausgesondert werden, wo etwa vorkommende Druck- oder Dichteschwankungen des Nebels durch Vorgänge an der Zerstäuberdüse ausgeglichen werden sollen und wo sich eine gleichmäßige Temperatur des Luft-Nebel-Gemisches einstellen soll.

1. Das Aussondern der Tröpfchen

Folgende Faktoren beeinflussen das Aussondern: Die primär erzeugte Tröpfchengrößenverteilung (s. oben und Kap. 6) und damit alle Faktoren, die ihrerseits die Tröpfchengrößenverteilung beeinflussen: Verdampfungsprozesse in der Zerstäuberkammer, ferner Rekombinationsprozesse, die sekundär die Tröpfchengrößenverteilung ändern, damit naturgemäß alle Faktoren, die ihrerseits wieder die Verdampfung beeinflussen, also z. B. die Temperatur des Luftstromes, die Temperatur der angesaugten Flüssigkeit, die Wandtemperatur der Zerstäuberkammer (s. unten), sowie Form und Größe der Zerstäuberkammer. Bei diesem Aussondern sind noch mit beteiligt: Die Schwerkraft, Zentrifugalkräfte beim Umlenken des Nebelstromes in Krümmungen der Leitung, wobei die größeren und schwereren Tröpfchen den Richtungsänderungen nicht schnell genug folgen können, ferner die Brownsche Molekularbewegung bei sehr kleinen Tröpfchen.

Man hat besondere Zerstäuberkammern erdacht, die eine weitgehende Aussonderung der größeren Tröpfchen gewährleisten. Im Prinzip leitet man hierbei die Richtung des Nebelstromes durch Formgebung der Kammer bzw. durch entsprechende Einbauten mehrmals um, damit die oben genannte (Zentrifugal-) Aussonderung besonders wirkungsvoll wird, und damit ein guter Austausch zwischen Nebel und feuchtigkeitsbedeckter Wand stattfinden kann. Dazu hat man z. B. in die Zerstäuberkammern regenschirmartige Prallflächen [*513*, *567*] eingebaut, oder man läßt den Nebelstrom durch eine Glasspirale [*245*] hindurchgehen, wobei man unter Umständen den Nebelstrom noch entgegengesetzt wie den ablaufenden Flüssigkeitsfilm fließen läßt.

2. Das Ausgleichen von Druck- und Dichteschwankungen

In der Zerstäuberkammer kommt es beim Zerstäuben leicht zu zeitlichen Schwankungen der Nebeldichte, die sich auch der Flamme mitteilen und zu schwankenden Emissionen bzw. Schwankungen der Anzeige am Meßinstrument führen können. Man kann das, ähnlich wie schon im Kap. 18 für einen anderen Fall ausgeführt, durch Einschalten einer größeren Zeitkonstante ($R \cdot C$) am

Meßinstrument oder durch Zwischenschalten eines Pufferkessels zwischen Zerstäubergefäß und Brenner beheben.

Es gilt [nach *65*]:

$$S_2 = (1 + C_2^2\,\omega^2)^{\frac{1}{2}} \text{ mit } C_2 = \frac{V_2}{Q} \cdot \frac{P_0}{B}$$

wobei S_2 wieder den Stabilisierungsfaktor, diesmal bezogen auf die Schwankungen in der Zerstäuberkammer, bedeutet. $1/S_2$ gibt an, auf welchen Bruchteil die Amplitude einer periodisch verlaufenden Störung nach Passieren des Pufferkessels herabgemindert wird. V_2 bedeutet das gesuchte Volumen des Pufferkessels in Litern, alle übrigen Bezeichnungen sind die gleichen wie in Kap. 18.

3. *Abkühlungseffekte im Zerstäubergefäß*

Wenn die Luft aus einer Druckflasche herausströmt, tritt infolge des Joule-Thomson-Effektes eine Abkühlung von mehreren Grad Celsius ein, die in den Schlauchleitungen durch Wärmezufuhr von außen teilweise wieder kompensiert wird. Einen etwas geringeren, aber im Prinzip auf die gleiche Ursache zurückgehenden Temperaturabfall beobachtet man nach dem Ausströmen der Preßluft aus der Zerstäuberdüse in das Zerstäubergefäß hinein. Deshalb liegt die Temperatur des Luftstromes in der Zerstäuberkammer, auch ohne Zerstäubung von Flüssigkeit, einige Grad Celsius unterhalb der Zimmertemperatur [*65, 513*].

Wird die Preßluft für die Zerstäubung durch einen Kompressor geliefert, so hat man beim Kompressionsvorgang zuvor mit einer Temperaturerhöhung zu rechnen, die durch Abkühlung in den Preßluftleitungen zum Gerät teilweise wieder rückgängig gemacht wird. Die Temperatur im Preßluftstrahl in und kurz nach der Zerstäuberdüse liegt aber in jedem Falle weit ($>10°$C) unter der Zimmertemperatur. Dies hängt damit zusammen, daß in der Ausströmdüse ungeordnete Wärmebewegung der Luftteilchen in die gerichtete kinetische Energie des Preßluftstrahles verwandelt wird, was ja eine Temperaturerniedrigung bedingt. In der Zerstäuberkammer erweitert sich der Preßluftstrahl, und die kinetische Energie wird wieder als Wärme freigegeben. Beim Zerstäuben von Flüssigkeit ist aber ein kleiner Teil dieser Energie schon als Oberflächenarbeit zur Bildung der vielen kleinen Nebelteilchen verbraucht worden. Man kann unter Berücksichtigung der praktisch vorkommenden Verhältnisse berechnen, daß diese Arbeit eine Abkühlung von weniger als 0,1°C bedingt. Dieser Effekt ist also vernachlässigbar.

Eine wesentlich größere Bedeutung für die Abkühlung des Luftstromes hat die teilweise Verdampfung des in den Nebeltröpfchen vorhandenen und an den Wandungen befindlichen Lösungsmittels. Diese Abkühlung verkleinert leider die Verdampfung der Tröpfchen und mithin den Wirkungsgrad der Zerstäubung (Kap. 6). Nimmt man an, daß die anfänglich trockene Luft mit Dampf gesättigt wird und daß die Wandungen keine Wärme zuführen, kann man eine Temperaturerniedrigung von etwa 10°C berechnen [*65*].

Die Abkühlung durch die Verdampfung der Flüssigkeit verursacht die immer wieder gefundenen zeitlichen Abnahmen der Emission kurz nach Beginn eines jeden Zerstäubungsvorganges [*65, 513*]. Kurz nach dem Einsetzen der Zerstäubung erniedrigt sich die Temperatur der Kammerwandungen, bis ein stationärer Zustand erreicht wird. Offenbar sinkt durch diese Erniedrigung der Wandtemperaturen die Temperatur des Luftstromes in der Zerstäuberkammer, wodurch die Verdampfung der Nebelteilchen vermindert und der Zerstäuberwirkungsgrad ungünstig beeinflußt wird. Es empfiehlt sich daher zur Vermeidung dieser Effekte, auch in den Pausen zwischen den Messungen fortwährend Flüssigkeit zu zerstäuben. Selbstverständlich treten solche Störeffekte bei den Zerstäuber-Brenner-Kombinationen nicht auf (Kap. 33).

4. Der Einfluß der Temperatur der Analysenflüssigkeit

Die Anfangstemperatur der angesaugten Analysenflüssigkeit hat sowohl bei den Indirekt- als auch bei den Direktzerstäubern einen Einfluß auf die Flammenemission [*139, 233, 289, 591, 661, 760*]. Dabei werden Emissionserhöhungen von etwa 1% gefunden, wenn die Temperatur der Flüssigkeit um 1° ansteigt. Man darf bei den Indirektzerstäubern annehmen, daß die starke Temperaturabhängigkeit des Dampfdruckes für die Erklärung dieser Effekte verantwortlich gemacht werden muß. Bei den Direktzerstäubern liegen die Verhältnisse unübersichtlicher. Hier ist die Abhängigkeit der Emission von der Temperatur der angesaugten Flüssigkeit für verschiedene Elemente und für verschiedene Konzentrationen verschieden groß [*233*].

5. Der Einfluß der Temperatur des Luftstromes

Erhitzt man den Luftstrom vor Eintritt in den Zerstäuber, so wird bei Indirektzerstäubern eine bedeutende Emissionserhöhung festgestellt [*65, 139*]. Dieser Effekt ist sicher auf die Verbesserung des Zerstäuberwirkungsgrades durch die stärkere Verdampfung der Nebelteilchen zurückzuführen. Sättigt man hingegen den (nicht erwärmten) Luftstrom vor Eintritt in den Zerstäuber mit Wasserdampf, so tritt bei den Indirektzerstäubern eine Emissionserniedrigung ein, die man auf eine Verkleinerung der Verdampfung zurückführen muß [*139*].

27. Die Probenzufuhr zum Zerstäuber

Für das Zuführen der Proben zum Zerstäuber sind verschiedene Einrichtungen erdacht worden. Diese sollen ein möglichst schnelles, sicheres und bequemes Zuführen der Proben ermöglichen. Weiterhin ist zu fordern, daß das Zuführen bis zur Zerstäuberspitze gleichmäßig erfolgt, d. h. die je Zeiteinheit zugeführte bzw. angesaugte Flüssigkeitsmenge zum Zerstäuber soll möglichst unbeeinflußt von der Ansaughöhe zwischen Zerstäuberdüse und Probenbehälter, unbeeinflußt von Änderungen der physikalischen Eigenschaften der angesaugten Flüssigkeit (Oberflächenspannung, Viscosität, Dichte usw.) sein. Es sollen auch keine Störungen durch teilweise oder ganze Verstopfungen vorkommen. Treten solche Störungen doch gelegentlich auf, sollen sie leicht behoben werden können. Wie weit die meist üblichen Anordnungen dieser Art diese Bedingungen erfüllen, soll im folgenden besprochen werden.

Von der Gleichmäßigkeit der Zufuhr der Proben hängen wieder Emissionsschwankungen ab, die wir in diesem Kapitel nicht besprechen wollen. Wir verweisen auf die Kap. 6 u. 14. Erwähnt sei aber in diesem Zusammenhang, daß die Emission meist schwächer als proportional mit der Ansauggeschwindigkeit wächst, bedingt durch kompensierende Einflüsse (Tröpfchengrößenverteilung, Flammentemperatur). Obwohl also der Einfluß der Ansauggeschwindigkeit auf die Emission meist nicht groß ist, müssen wir doch zur Erreichung maximaler Genauigkeit bestrebt sein, eine möglichst gleichmäßige Probenzufuhr bis zur Zerstäuberspitze zu verwirklichen.

Bei den Zulaufzerstäubern gießt man die Proben von oben in einen Trichter ein, und zwar zweckmäßigerweise erst einen kleinen Teil zur Reinigung von Resten der vorangegangenen Probe bzw. zum Wegspülen des zwischenzeitlich zerstäubten Aqua dest. Dann erst erfolgt das Einschütten der eigentlichen Probe für die Messung. Diese Art der Flüssigkeitszufuhr hat also den Nachteil, daß man für die Reinigung des Trichters zusätzlich Zeit und Analysenmaterial benötigt. Außerdem besteht die Gefahr, daß im Zerstäubergefäß sich absetzende Tropfen außen an der Zerstäubercapillare herunterlaufen und zu stoßweisem Vernebeln Anlaß geben. Besser erscheint uns daher, die Ansaugcapillare von unten hochzuführen (Ansaugzerstäuber).

Bei den meist üblichen Ansaugzerstäubern und der häufigsten Art der Anwendung bringt man die Proben in möglichst flachen Schalen (Petrischalen oder Uhrgläschen) unter den Zerstäuber. Die Gefäße sollten deshalb flach sein, damit keine größeren Höhendifferenzen beim Sinken des Flüssigkeitsspiegels während der Analyse auftreten und somit die Ansauggeschwindigkeit möglichst konstant bleibt. Uhrgläschen haben den Vorteil, daß die Flüssigkeit mit Sicherheit bis zum letzten Rest aufgebraucht wird. Bei Petrischalen kann man etwa das gleiche erreichen, wenn man sie etwas schief so unter die Ansaugcapillare bringt, daß der tiefste Punkt der Schale unter die Ansaugöffnung kommt. Uhrschälchen haben den Nachteil, daß sie beim Abstellen auf einer ebenen Fläche leicht kippen, dafür nehmen sie beim Aufbewahren weniger Platz ein als Petrischalen und sind leichter zu reinigen. Damit man durch das Hochdrücken der Uhrgläschen bzw. Petrischalen nicht die Ansaugöffnung verstopft, empfiehlt es sich, in die Unterkante der Ansaugcapillare eine größere Kerbe einzufeilen oder diese abzuschrägen [*764*]. Die Ansaugcapillaren sollten einen Durchmesser haben, der nicht wesentlich unter 0,5—0,3 mm liegt, da sie sonst zu leicht verstopfen.

Den Einfluß unterschiedlicher Dichten auf das je Zeiteinheit zerstäubte Flüssigkeitsvolumen kann man z. B. dadurch ausschalten, daß man durch geeignete Bauweise [*661*, *764*] des Zerstäubers dafür sorgt, daß Flüssigkeitsoberfläche und Zerstäuberspitze in gleicher Höhe liegen (Abb. 18), oder indem man die gesteuerte Flüssigkeitszufuhr [*347*] anwendet. Wegen der Temperaturabhängigkeit von Oberflächenspannung, Viscosität usw. sollte man möglichst in gleichmäßig temperierten Räumen arbeiten. Auch sollten die Flüssigkeiten vorher die Raumtemperatur annehmen. Man darf die Analysenlösungen also nicht frisch aus dem Kühlschrank unter den Zerstäuber bringen.

Beim Arbeiten mit leicht verdampfbaren Flüssigkeiten wie Aceton, Benzin usw. (Kap. 79 u. 123) sind offene Petrischalen oder Uhrgläschen weniger gut, da die Flüssigkeit daraus zu leicht verdampft. Bei offenen Gefäßen tritt auch leicht eine Entflammung der brennbaren Lösungen ein. Aus diesen Gründen sind bei solchen Anwendungen Probegläschen mit eingeschliffenem Rand, z. B. Wiegegläschen, vorzuziehen. Die beim Zuführen brennbarer Proben einzuhaltenden Sicherheitsmaßnahmen besprechen wir im Kap. 123.

Bei vielen, insbesondere biologischen Analysenmaterialien wird es sich nie ganz vermeiden lassen, daß Flocken, Eiweißcoagula, Fasern und ähnliches in den Analysenlösungen vorkommen und die Capillare mehr oder weniger oft, ganz oder teilweise verstopfen. Seren, Zemente und ähnliche Substanzen kleben die Capillare langsam zu. Von einer vorherigen Abtrennung etwaiger Schwebeteilchen durch Filter muß man, insbesondere bei kleinen Mengen, abraten. Einmal geben Filtrierpapiere, selbst wenn sie „aschefrei" und mit Säuren gewaschen sind, doch Spuren von Alkalien und ähnlichem ab, zum anderen adsorbieren sie Teile der zu bestimmenden Substanzen. Besser ist ein vorheriges Zentrifugieren der Proben.

Auch bei Anwendung dieser Vorsichtsmaßnahmen wird man von Zeit zu Zeit Verstopfungen beseitigen müssen. Es ist nun wichtig, daß die Zerstäuber so gebaut sind, daß a) Verstopfungen von vornherein kaum vorkommen und b) daß etwa doch vorkommende Verstopfungen leicht beseitigt werden können.

Hat der Zerstäuber eine glatte, innen gut polierte, durchgehende Capillare (z. B. Abb. 21), so ist eine Verstopfung von vornherein sehr unwahrscheinlich, weil die Capillare keinerlei Verengungen zeigt. Sehr große Schwebeteilchen werden sich schon am Anfang der Capillare festsetzen, wo man sie leicht entfernen kann. Das, was durch die Ansaugöffnung der glatten Capillare hindurchgeht, bleibt im allgemeinen auch in der übrigen Bohrung nicht stecken. Kommt das trotzdem gelegentlich einmal vor, so kann man im Betrieb von unten mit einem Stahldraht durchstoßen, dessen Durchmesser nur wenig kleiner als der Capillarendurchmesser ist. Nur darf man bei Zerstäuber-Brenner-Kombinationen (Abb. 21) den Draht nicht bis in die Flamme stoßen, da sich sonst am Ende des Drahtes eine Schweißperle bildet, die das Zurückziehen des Drahtes unmöglich macht. Bei einigen Ausführungsformen von Direktzerstäubern [z. B. *758*] kann man Verstopfungen dadurch beseitigen, daß man die Zerstäuberspitze + Luftdüse + Gasdüse oben mit dem Finger zuhält. Dann muß sich der komprimierte Sauerstoff einen Weg durch die Zerstäubercapillare suchen, wobei steckengebliebene Pfropfen herausgeblasen werden.

Andere Zerstäuberkonstruktionen haben ungeschickterweise eine Verengung am oberen *Ende*, d. h. kurz vor dem Zusammenkommen von Luft und Flüssigkeit. Dort keilen sich Teilchen leicht fest und lassen sich verhältnismäßig schlecht entfernen. Meist ist ein Abstellen von Gas und Luft notwendig, und man muß den Zerstäuber auseinandernehmen und die dünne, sehr empfindliche Glasdüse mit einem Draht, mit einem scharfen Wasserstrahl oder ähnlichem durchstoßen, oder man saugt mit einer Wasserstrahlpumpe Wasser in umgekehrter Richtung durch die Capillare, oder man reinigt mit chemischen Mitteln.

Besser sind in dieser Hinsicht schon Anordnungen, bei denen am *Anfang* der Capillare ein leicht auswechselbares Sieb [*513*] oder eine Glasfritte [*680*] oder ähnliches angebracht ist. Man muß nur daran denken, daß solche Reinigungseinrichtungen zu vergrößerten Verschleppungseffekten von einer zur nächsten Probe Anlaß geben können.

Da man bei manchen Zerstäubern auf eine Drosselstelle nicht verzichten kann, ist es besser, diese an den Anfang der Capillare und nicht an das Ende zu verlegen. Bei anderen Konstruktionen [*513*, *514*, *764*] ist darüber hinaus zusätzlich noch eine Durchblasvorrichtung, z. B. eine seitliche Lufteinführung (Abzweigung von der an sich schon vorhandenen Preßluftleitung) mit Absperrhahn vorgesehen. Verstopft die Capillare, so öffnet man diesen Hahn und bläst mit Preßluft durch.

Die gleichmäßige Flüssigkeitszufuhr wird beim Vorliegen von hohen Konzentrationen mitunter dadurch gefährdet, daß sich an den Zerstäuberdüsen Salzkristalle ablagern. Manche Gerätehersteller [z. B. *514*] sehen besondere Einrichtungen für die Reinigung der Zerstäuberdüse vor, z. B. eine zusätzliche Flüssigkeitsdüse zum Durchspritzen einer Waschflüssigkeit. Solche Reinigungsmaßnahmen sind naturgemäß bei den einfachen Knierohrzerstäubern leichter durchführbar als bei Ringspaltzerstäubern. In schwierigen Fällen und zur gründlichen Reinigung wird man den Zerstäuber ausbauen, und sofern es das Material zuläßt, chemisch, z. B. mit Chromschwefelsäure, reinigen.

Das gleichmäßige Zerstäuben erkennt man z. B. an dem gleichmäßigen Flüssigkeitsablauf in der Zerstäuberkammer oder auch daran, daß die je Zeiteinheit angesaugte Flüssigkeitsmenge immer gleich ist. Statt der Beobachtung dieser Ansaugzeiten kann man auch die Zeit stoppen, die vom Unterhalten der Flüssigkeit unter die Capillare bis zum ersten Aufleuchten der Substanz in der Flamme verstreicht. Man erkennt dann leicht, ob eine teilweise Verstopfung des Zerstäubers vorliegt.

28. Der Flüssigkeitsablauf

Bei den indirekten Zerstäubern mit Zerstäuberkammer läuft ein großer Teil der Analysenflüssigkeit ungenutzt von den Wänden ab. Für den Ablauf dieser Flüssigkeit sieht man meist eine besondere Einrichtung vor, sofern man nicht diesen Anteil in die Analysenflüssigkeit zurücklaufen läßt (Rücklaufzerstäuber, s. unten).

Unten an der Zerstäuberkammer befindet sich z. B. ein siphonartiges Glasrohr. Der Siphon verhindert, daß die für die Unterhaltung der Flamme notwendige Preßluft an dieser Stelle ins Freie entweichen kann. Durch den Strömungswiderstand des Luft-Nebel-Gasgemisches in den engen Bohrungen der Brennerkappe sowie in den vorangehenden Schlauchleitungen entsteht ein Druckabfall.

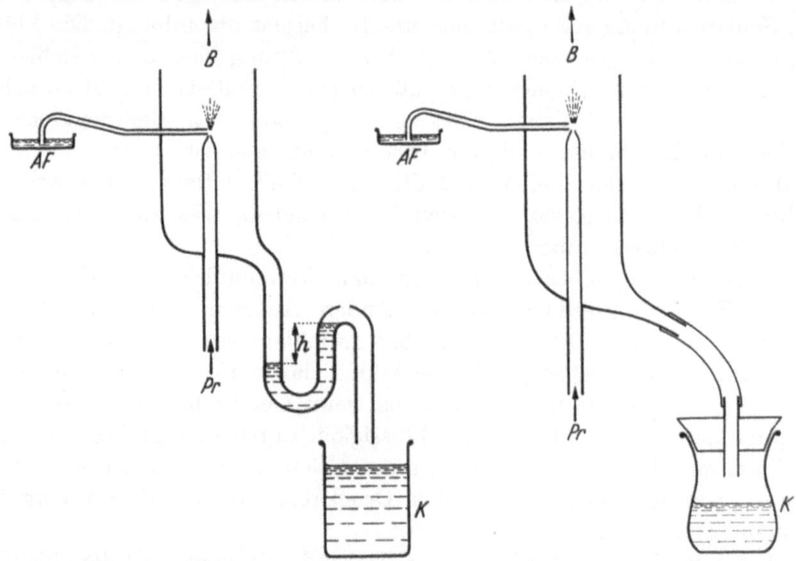

Abb. 18. Zwei Anordnungen für den Flüssigkeitsablauf an Zerstäuberkammern. *a* mit Siphon; *b* mit geschlossenem Ablaufgefäß; *AF* Analysenflüssigkeit; *K* Kondensat; *Pr* Preßluftzufuhr; *h* Höhendifferenz der Sperrflüssigkeit im Siphon; *B* Weg von Nebel + Luft zum Brenner

Im Inneren der Zerstäuberkammer stellt sich also ein Überdruck von etwa 10—30 mm WS ein. Der Siphon wird so gebaut, daß die zum Auffangen dieses Überdruckes erforderliche Höhendifferenz *h* im Siphon Platz hat (Abb. 18). Am oberen Knie muß eine Öffnung vorgesehen sein, damit die in das Ablaufgefäß abfließende Flüssigkeit nicht wie ein Saugheber den Siphon entleert. Statt dieser

Öffnung genügt es auch, den Ausgang des Ablaufkanals genügend hoch zu stellen. Der Ablauf muß gleichmäßig erfolgen. Etwaige Schwankungen der Flüssigkeitssäule übertragen sich sonst auf den Druck in der Zerstäuberkammer und beeinflussen somit die Gleichmäßigkeit der Flamme. Nach unseren Erfahrungen hat die Anordnung mit Siphon folgende Nachteile:

a) Beim Beginn einer Meßreihe übersieht man leicht, daß, z. B. nach vorangegangener Zerstäuberreinigung, keine Flüssigkeit im Siphon ist. Dann entweicht dort die Preßluft + Nebel, und man erhält beim Entzünden der Flamme eine leuchtende und stark rußende Acetylenflamme. Das gleiche geschieht, wenn man bei hastiger Bedienung der Druckregler kurzzeitig einen so hohen Preßluftdruck einstellt, daß die etwa vorhandene Flüssigkeit aus dem Siphon herausgedrückt wird.

b) Der Flüssigkeitsablauf geht oft nicht so regelmäßig vonstatten, wie man es fordern muß, insbesondere wenn die Abflußquerschnitte zu klein gewählt sind und die Wandungen fettig sind.

Wir verwenden daher mit gutem Erfolg eine Anordnung nach Abb. 18b. Die Entleerung des geschlossenen Ablaufgefäßes kann im Betrieb, d. h. bei brennender Flamme, erfolgen, wenn man beim Abnehmen des Gefäßes den Verbindungsschlauch abklemmt.

Bei dieser Anordnung muß der Gummi- oder Korkstopfen das Gefäß K nach oben dicht abschließen, damit dort keine Luft bzw. das Luft-Nebel-Gemisch entweichen kann. Noch einfacher und sicherer kann man diesen Abschluß erzwingen, wenn man den Schlauch in ein etwa halb gefülltes Becherglas hineinhängt. Die Flüssigkeitssäule im Becherglas oberhalb der Ausflußöffnung des Gummischlauches bewirkt dann den erforderlichen Abschluß. In jedem Falle ist darauf zu achten, daß die Flüssigkeit im Schlauch glatt abfließen kann, d. h. der Schlauch darf keine „Wassersäcke“ bilden, und sein Innendurchmesser ist so groß zu wählen (8 mm Durchmesser oder mehr), daß die Flüssigkeit entlang der Wandungen fließen kann, ohne Luftblasen vor sich herzuschieben, was zu Störungen des gleichmäßigen Abflusses führen würde.

Auch spezielle Saugheberanordnungen, bzw. kommunizierende Gefäße, sind mit gleicher Zielsetzung erdacht worden. Andere Autoren sehen ebenfalls einen Saugheber, ähnlich Abb. 18a, vor, der aber normalerweise verschlossen ist. Das untere Zerstäubergefäß ist so groß ausgebildet, daß man dort den ablaufenden Teil vieler Proben speichern kann. Jeweils wenn Gefahr besteht, daß die Zerstäuberspitze „ertrinkt“, läßt man die Flüssigkeit durch den Siphon oder durch eine Capillare mit Hahn ab. Mitunter kann man den Hahn noch sparen, wenn die Capillare so bemessen ist, daß sie den Druckabschluß des Zerstäubergefäßes übernehmen kann [*513*].

Manche Zerstäuber (z. B. nach [*33*, *443*]) sind so gebaut, daß die ablaufende Flüssigkeit wieder in die Analysenlösung hineinläuft. Die einzelnen Flüssigkeitsteilchen nehmen dann mehrfach am Zerstäubungsvorgang teil. Vorteil: Man benötigt wenig Analysensubstanz, diese reicht längere Zeit, was z. B. bei photographischen Aufnahmen wichtig ist. Nachteile: Bei längeren Zerstäubungszeiten ändert sich die Konzentration. Ferner ist die Vermeidung von Verschleppungseffekten von einer Probe zur nächsten schwierig. Man muß entweder den Zerstäuber ausbauen, reinigen und trocknen, oder man muß ihn mehrfach mit der neuen Flüssigkeit durchspülen. Auch muß man darauf achten, daß aus den anschließenden Schlauchleitungen, die den Flüssigkeitsnebel fortführen, keine Tropfen der vorangehenden Probe zurücklaufen. Ein weiterer Nachteil besteht darin, daß die Temperatur der Analysenlösung im Laufe der mehrfach erfolgenden Zerstäubung sinkt, wodurch die temperaturabhängigen physikalischen Eigenschaften, wie Viscosität und Oberflächenspannung, veränderliche Einflüsse auf das Meßergebnis haben.

29. Zerstäuber für Mikromethoden

Bei medizinischen, biologischen und ähnlichen Anwendungen kommt es darauf an, mit möglichst kleinen Flüssigkeitsmengen auszukommen. Es sind dafür spezielle Zerstäuber erdacht worden, deren Ansauggeschwindigkeit bzw. deren Flüssigkeitsverbrauch sehr klein ist. Es sind aber auch Zerstäuber mit normaler Ansauggeschwindigkeit dafür brauchbar, sofern deren sonstige Eigenschaften wie gebildete Tröpfchengrößenverteilung u. ä. bessere untere Nachweisbarkeitsgrenzen als übliche Zerstäuber gewährleisten. Dann ist es nämlich möglich, die geringe zur Verfügung stehende Analysenflüssigkeit stärker zu verdünnen, als das mit durchschnittlichen Zerstäubern möglich ist. Man kann dann unter Anwendung dieser stärkeren Verdünnung trotz geringer Substanzmengen noch Flammenanalysen durchführen. Solche Zerstäuber sind also auch für Mikromethoden brauchbar. Selbstverständlich sind beide Wege kombinierbar.

Folgende prinzipiellen Möglichkeiten, die zur Erreichung dieser Ziele mit Hilfe von Maßnahmen am Zerstäuber dienen, seien hier aufgezählt:

a) Wege, die sowohl bei indirekten als auch bei direkten Zerstäubern (Kap. 33) anwendbar sind:

1. Man hält die Ansauggeschwindigkeit dadurch klein, daß man eine besonders *enge* Ansaugcapillare verwendet. Nachteilig wirkt sich hierbei aus, daß solche Capillaren in stärkerem Maße zu Verstopfungen neigen.

2. Eine Drosselung der Flüssigkeitszufuhr ist auch dadurch möglich, daß man besonders *lange* Capillaren mit normalem (0,5—0,3 mm) Durchmesser verwendet. Hierbei ist die Wahrscheinlichkeit für das Auftreten von Verstopfungen sowie die Neigung zum allmählichen Zukleben der Capillare größer als bei kurzen Capillaren, aber kleiner als bei 1.

3. Man kann ohne Verengung oder Verlängerung der Ansaugcapillare, nur durch Anwendung von Zerstäubern mit geeigneten Düsenformen und Düsenstellungen zueinander, erreichen, daß die Ansauggeschwindigkeit in erträglichen Grenzen bleibt [*341*].

4. Man kann durch eine überwachte Flüssigkeitszufuhr, z. B. durch Anwendung einer motorgetriebenen Rekordspritze, die Flüssigkeitszufuhr klein halten und gleichzeitig jede Störung durch Verstopfungen ausschalten [*347*].

5. Man verwendet Zerstäuber mit sehr hohen Drücken [*347*], weil dann kleinere Tröpfchen entstehen, die zu geringeren Verlusten durch Niederschlagsbildung an den Wandungen einer etwa vorhandenen Zerstäuberkammer bzw. zu geringeren Verdampfungsverlusten in Flammen oberhalb von Direktzerstäubern führen (Kap. 6).

b) Möglichkeiten, die nur bei Indirektzerstäubern anwendbar sind:

1. Man verwendet das Rücklaufprinzip, d. h. die an den Wandungen der Zerstäuberkammer niedergeschlagene Flüssigkeit läuft wieder in den Probenbehälter zurück. Jedes Flüssigkeitsvolumen nimmt im allgemeinen mehrmals am Zerstäubungsvorgang teil. Man muß bei solchen Anordnungen leider nach jeder Probe den gesamten Zerstäuber, einschließlich Zerstäubergefäß, reinigen und trocknen. Durch einen längeren Austausch von Luft mit Analysenflüssigkeit ändert sich überdies die Konzentration und Temperatur der Flüssigkeit. Rücklaufzerstäuber wurden unseres Wissens nur bei photographischen Aufnahmen angewandt.

2. Man benutzt das Heißkammerverfahren (Kap. 30), um die Substanzverluste zwischen Zerstäuber und Brennerkappe klein zu halten.

3. Man verwendet Fremdenergie-Zerstäuber, z. B. einen mit elektrostatischer Vernebelung [*684*].

4. Man lädt die Tröpfchen elektrostatisch auf, um die Rekombination der Tröpfchen klein zu halten.

c) Schließlich sei in diesem Zusammenhang noch der Direktzerstäuber (Kap. 33) selbst genannt, der mit den unter a) 1—5 genannten Verbesserungen ausgestattet sein kann. Bei ihm entfällt grundsätzlich jeglicher Substanzverlust zwischen Zerstäuber und Brennerkappe. Der Wirkungsgrad der Zerstäubung ist immer 100%. Jedoch treten hierbei andere Verluste, z. B. durch unvollständige oder nicht rechtzeitige Verdampfung der Tröpfchen in der Flamme, auf, die je nach Bauart des Zerstäubers und je nach den eingestellten Drücken mehr oder weniger stark ins Gewicht fallen (Kap. 6).

Eine Kombination zwischen verschiedenen der eben genannten Möglichkeiten ist möglich. Dazu kommen noch andere Maßnahmen, die nicht am Zerstäuber, sondern an anderen Stellen des Flammenphotometers oder bei der Vorbereitung der Proben ansetzen. Wir kommen darauf im Kap. 89 zurück. Beachtenswert erscheint uns, daß bei allen Maßnahmen zur Herabsetzung des Flüssigkeitsverbrauches die Intensität in der Flamme keineswegs proportional, sondern viel langsamer abnimmt [*65*, *85*, *347*]. Bei Direktzerstäubern findet man mitunter bei nicht zu starkem Verringern der Ansauggeschwindigkeit sogar größere Intensitäten als vorher. Als Erklärung dafür kann man die geringer werdende Abkühlung der Flamme sowie die kleiner werdenden Tröpfchendurchmesser (Kap. 6) anführen. Die erzielten Fortschritte beim Einsparen von Lösungsmitteln sind beachtlich. LUNDEGARDH brauchte z. B. anfangs mindestens 3 ml, meist jedoch 20 ml Lösung für eine Analyse [*33*]. Heute kommt man oft schon mit 0,1—0,5 ml fertig verdünnter Lösung aus.

In diesem Zusammenhang sei erwähnt, daß man normale Zerstäuber oder auch einen der oben genannten „Mikrozerstäuber" zusätzlich mit Kontakten versehen kann, die das Einsetzen der Zerstäubung bzw. das Aufhören der Zerstäubung elektronisch weitermelden und speziell dafür erdachte Integrationsschaltungen ein- bzw. ausschalten [*255*]. Auch darauf kommen wir in Kap. 89 zurück.

30. Das Heißkammerverfahren

Bei den Indirektzerstäubern kommt nur ein kleiner Teil, meist etwa 1—3%, mitunter aber auch bis 12% [*65*, *341*] der zerstäubten Analysensubstanz bis in die Flamme. Das übrige geht in der Zerstäuberkammer usw. verloren. Durch Erhitzen des Zerstäubergefäßes von außen, z. B. mit Hilfe einer elektrischen Heizspirale, erzielt man Wandtemperaturen von 50° C bis einige 100° C. Diese höheren Wandtemperaturen begünstigen das Eindampfen der Lösungsmitteltropfen in der Kammer (Kap. 6). Tropfen, die ohne diese stärkere Eindampfung durch Niederschlagen an den Wandungen verlorengegangen wären, kommen bei Anwendung der Heizkammer meist bis in die Flamme. Der Wirkungsgrad der Zerstäubung wird also erhöht. 100% kann man aber nicht erreichen, da sich auch feste Substanzen an den Wandungen ablagern. Als Nachteile sind zu nennen:

a) Man kann nicht mehr in das Zerstäubergefäß hineinschauen und die Gleichmäßigkeit der Zerstäubung kontrollieren.

b) Zur Vermeidung von Nachwirkungserscheinungen (Abkühlung der Wand durch den Zerstäubungsvorgang bzw. das Hochschnellen der Temperatur in den Zwischenpausen) ist es zweckmäßig, eine hohe Wärmeübergangszahl zwischen Heizspirale und Gefäßinnenwand zu haben. Dafür ist das sonst übliche Glas als Wandmaterial wenig geeignet. Bei Verwendung von den üblichen Metallen, z. B. Kupfer, entstehen aber leicht Korrosionen, und es ergeben sich Reinigungsschwierigkeiten.

Aus diesen Gründen wird das Heißkammerverfahren heute kaum noch angewandt.

31. Das Zumischen des Gases

Nachdem das Nebel-Luftgemisch hergestellt und die größeren Tröpfchen ausgesondert sind (Kap. 26), muß noch das Brenngas zugemischt werden, bevor alle Bestandteile zusammen zum Brenner gelangen. Die Brenngaszufuhr soll möglichst gleichmäßig erfolgen, damit die Flammentemperatur und damit die Anregung möglichst konstant bleiben (Kap. 14 u. 8). Die für die Auswahl der günstigsten Gaszufuhr geltenden Gesichtspunkte stellten wir bereits in Kap. 19, zusammen mit der günstigsten Luftzufuhr, dar. Die Einstellung und Regelung (= automatisches Konstanthalten auf den einmal eingestellten Wert) dieses günstigsten Wertepaares besprachen wir in Kap. 18, wobei wir hier insbesondere auf die dort gebrachten Überlegungen zu den „Normdüsen“ verweisen wollen. Es geht hier also nur noch darum, eine Drosselstelle (= Gaszumischdüse) so anzubringen, daß einerseits eine gleichmäßige Zufuhr des Brenngases zur Flamme gewährleistet wird, und daß andererseits eine gute Durchmischung mit dem Nebel-Luftgemisch stattfindet.

a) Die Gleichmäßigkeit der Zufuhr

Wir wollen hier voraussetzen, daß der Druck vor der Gaszumischdüse genügend konstant gehalten wird (Kap. 18) und auch zweckmäßig eingestellt ist (Kap. 19). Dann kann die Gleichmäßigkeit der Gaszufuhr durch folgende Umstände gefährdet werden:

1. Es ändert sich die „Düse“, oft in Form einer kurzen und engen Capillare ausgebildet, in ihren Eigenschaften (Verstopfung, Korrosion usw.).

2. Es ändert sich der Druck in den Zuleitungen zum Brennerrohr, gegen den das Gas strömen muß.

Zu 1. Mehr oder weniger vollständige Verstopfungen der Gaszumischdüse können einerseits durch Fremdkörper entstehen, die vom Gasstrom mitgeführt werden (z. B. abgerissene Teilchen von Dichtscheiben, von aufgezogenen Gummischläuchen u. ä.). Die häufigsten Veränderungen der Strömungswiderstände entstehen hingegen durch Verschmutzungen der Gasdüsenaustrittsöffnung durch den vorbeistreichenden Strom des Analysennebels. Man muß also die Gaszumischdüse so gestalten, daß sich Reste der Analysenlösung dort möglichst nicht absetzen. Man zieht zu diesem Zweck z. B. ein Schutzrohr über die eigentliche Gasdüse hinweg, wie es Abb. 8 (Nr. 10) zeigt. Auch ist es zweckmäßig, den Gasstrom von oben nach unten in Richtung der Schwerkraft gehen zu lassen, weil sich dann größere Tröpfchen schwerer von unten nach oben an der Düsenkante absetzen können. Weiterhin ist es möglich, den Gasstrom nach dem Durchtritt durch die Düse durch einen großflächigen porösen Körper mit vernachlässigbar geringem Strömungswiderstand, z. B. durch ein Gefäß, das mit Glaskugeln gefüllt ist, hindurchgehen zu lassen, bevor der Gasstrom an das Luft-Nebelgemisch herangeführt wird. Es können sich dann allenfalls die äußersten Oberflächen dieser Glaskugeln mit Resten von Analysensubstanz überziehen, nicht jedoch die Düsenkante.

Zu 2. Wenn sich der Druck zwischen Zerstäuberkammer und Brennerkappe ändert, gegen den das Gas ausströmen muß, wird dadurch indirekt auch die Gaszufuhr beeinflußt. Ursachen für solche Druckschwankungen können einerseits Veränderungen des Strömungswiderstandes in den Zuleitungen zum Brenner, z. B. durch Knicken von Gummischläuchen oder auch Verstopfungen oder Korrosionen der Bohrungen in der Brennerkappe, sein, andererseits können solche Druckschwankungen auch durch Schwankungen der Preßluftzufuhr entstehen, die dadurch indirekt auch einen Einfluß auf die Gaszufuhr nehmen können. Solche Einflüsse kann man dadurch weitgehend beheben, daß man den Strömungswiderstand der Gaszumischdüse möglichst groß wählt, d. h. die Gaszumischcapillare möglichst eng und lang macht. Dann wird der Gasdruck vor dieser Capillare höher einzustellen sein, und die geringen eben genannten Druckschwankungen nach der Düse haben dann kaum noch einen Einfluß auf die durchtretende Gasmenge. Allerdings kann man nicht in allen Fällen den Gasdruck beliebig hoch wählen, z. B. dann nicht, wenn Leuchtgas angewandt werden soll, dessen Druck von vornherein sehr niedrig ist. *Enge* Metalldüsen haben überdies den Vorteil, daß sie gleichzeitig eine Sicherung gegen das Zurückschlagen der Flamme bei falscher Bedienung darstellen, z. B. beim voreiligen Entzünden der Flamme oberhalb eines Brenners ohne rückschlagsichere Brennerkappe, wenn die Gaszuleitungen noch mit einer Mischung von Gas und Luft gefüllt sind.

b) Mischung des Gases

mit dem Nebel-Luftgemisch. Das Zumischen des Gases sollte möglichst so geschehen, daß eine gute Mischung aller Bestandteile vor der Verbrennung stattfindet. Das kann z. B. dadurch geschehen, daß man das Gas tangential in eine „Mischkammer" einströmen läßt, durch die gleichzeitig Nebel + Luft hindurchgeleitet werden. Durch die Wirbelbildung kommt es zu einer Durchmischung. Eine solche Wirbelbildung vor der Gasdüse wird auch dadurch erreicht, daß man die Düse in eine Art Venturirohr hineinblasen läßt, so daß der scharfe Gasstrom das Nebel-Luftgemisch unter Verwirbelung mitreißt. Andererseits kann die Durchmischung auch in den nachfolgenden Leitungen zum Brenner stattfinden, in die man gelegentlich, zur besseren Vermischung, noch hohle Glaskugeln, Prallflächen o. ä. einbaut. Anschließend muß der durchwirbelte Gas-Nebel-Luftstrom wieder beruhigt, d. h. laminar gemacht werden, damit man eine ruhige Flamme erhält. Das geschieht meist in der Brennerkappe (Kap. 32).

c) Der Übergang von einem zu einem anderen Gas

Wenn ein Flammenphotometer abwechselnd, je nach Aufgabenstellung, mit verschiedenen Gasen betrieben werden soll und keine gesonderten Druckmeßinstrumente für die Überwachung der Gaszufuhr zur Flamme vorgesehen sind, müssen die eben besprochenen Gaszumischdüsen auswechselbar sein, es sei denn, daß die physikalischen Eigenschaften der benutzten Gase (hinsichtlich Druckabfall beim Durchströmen in der erforderlichen Menge durch die *eine* Capillare) untereinander sehr ähnlich sind.

32. Der Brenner (bei indirekter Zerstäubung)

Die Mischung von Flüssigkeitsnebel, Preßluft bzw. Sauerstoff und Brenngas wird einem Brenner zugeführt. Oberhalb dessen Oberkante brennt die Flamme. Es gibt auch Zerstäuber-Brenner-Kombinationen, bei denen die Zerstäubung der Flüssigkeit und die Mischung von O_2 und Gas erst an der eigentlichen Brennerspitze stattfinden. Solche Brenner behandeln wir erst im Kap. 33.

Die Anforderungen an die hier behandelten Brenner kann man wie folgt zusammenfassen:

1. Zweckmäßige Formgebung, so, daß eine stets gleichbleibende, gut reproduzierbare Flamme entsteht. Dazu gehört in den meisten Fällen eine solche Führung des Gas-Nebel-Luftgemisches, daß eine möglichst laminare Zufuhr dieser Komponenten zur Flamme stattfindet.

2. Der Brenner soll, auch bei ungeschickter Einstellung von Gas- und Luftzufuhr, ein Zurückschlagen der Flamme verhindern.

3. Korrosionsbeständigkeit und geringe Neigung zu Verkrustungen.

4. Die Brennerkappen sollen leicht auswechselbar sein, damit man leicht von einem zu einem anderen Brenngas (mit anderen Lochdurchmessern in den Kappen, s. unten) übergehen kann. Auch aus Sicherheitsgründen (Verhütung von Schäden bei einem etwaigen Zurückschlagen der Flamme) sollte die Brennerkappe lose auf dem Brennerrohr sitzen.

5. Die Halterung der Brenner soll so sein, daß man eine bequeme Seitenjustierung (Einstellung auf Maximum der Intensität) und auch eine bequeme Höhenjustierung durchführen kann. Wir erinnern daran, daß manche Störeinflüsse in verschiedenen Höhen der Flamme verschieden groß sind (Kap. 98). Man kann also durch eine zweckentsprechende Höheneinstellung der Flamme (des Brenners) in bezug auf den meist festen Beobachtungsstrahl den Einfluß mancher Fehler durch Lösungspartner erheblich mindern, vorausgesetzt, daß man den Brenner in der Höhe verstellen kann.

Vom Gerätehersteller eines Flammenphotometers sind meist schon zweckentsprechend gebaute Brenner vorgesehen. Als Material wird häufig rostfreier

Stahl verwandt. Form und Größe dieser Brenner werden durch folgende Umstände bestimmt:

a) Von der Art der Gasmischung. Brenner, die für eine bestimmte Gasmischung mit niedriger Verbrennungsgeschwindigkeit gebaut sind (z. B. Propan-Preßluft) kann man nicht ohne weiteres für ein Gemisch mit hoher Verbrennungsgeschwindigkeit, z. B. Wasserstoff-Sauerstoff, verwenden.

b) Von der vorgesehenen Größe der Flamme bzw. von den vorgesehenen Strömungsgeschwindigkeiten der Gase. Die Ausströmungsgeschwindigkeit aus der bzw. aus den Brenneröffnungen muß etwa dreimal höher als die mittlere Verbrennungsgeschwindigkeit liegen. Durch die Forderung nach Rückschlagsicherheit wird der größtmögliche Innendurchmesser der Löcher festgelegt. Daraus ergibt sich dann weiter die Anzahl der in der Kappe vorzusehenden Löcher.

c) Von einigen weiteren Nebenumständen, wie Wärmeabgabe der Brennerkappe an die Umgebung, Größe der Nebelzufuhr vom Zerstäuber, Tröpfchengrößenverteilung usw.

Arten von Brennern

Einige typische Brennerformen zeigen wir in Abb. 19. Die oben *offenen Brenner* (Bunsenbrenner, Abb. 19a) werden kaum noch angewandt, da bei ihnen die Flamme bei ungeschickter Bedienung leicht in das Brennerrohr zurückschlagen kann. Auch Anordnungen mit zusätzlich eingebautem Sicherheitsnetz (Abb. 19b) findet man selten. Die Wärmeableitung durch dieses Drahtnetz soll bei einem Zurückschlagen der Flamme die Flammenfront unter den Zündpunkt abkühlen und somit das weitere Zurückschlagen in das Brennerrohr hinein verhindern. Die oben offenen Formen haben in den Fällen eine gewisse Berechtigung, wo man ausnahmsweise die Ausstrahlung des inneren Verbrennungskegels bzw. der hineingebrachten Elemente für Flammenanalysen benutzen will. Bei den nachfolgend genannten Mékèrbrennern sind nämlich die vielen kleinen inneren Verbrennungskegel so kurz, daß man den Beobachtungsstrahl auf sie schlecht einstellen kann. Wir kommen darauf am Schluß dieses Kapitels zurück.

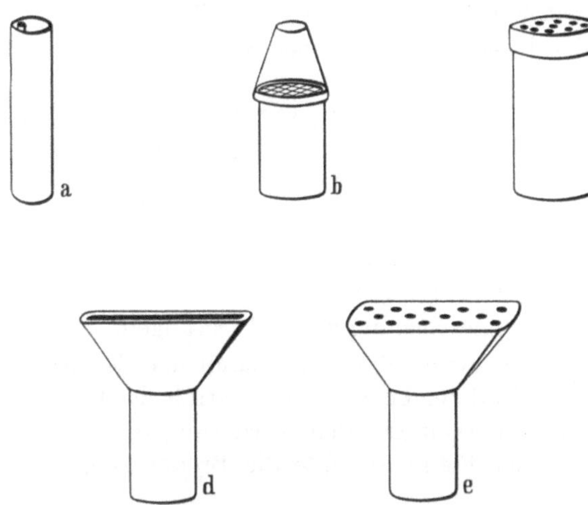

Abb. 19. Einige Brennertypen. *a—c* runde Formen; *d—e* längliche Formen. *a* oben offenes Rohr wie bei einem Bunsenbrenner. *b* Anordnung mit Sicherheitsdrahtnetz und nach oben zu verjüngter Spitze. *c* Mékèr-Brenner. *d* Schmetterlings-Brenner. *e* länglicher Mékèr-Brenner

Am häufigsten verwendet man heute für vorgemischte Flammen *Mékèr-Brenner* (Georges Mékèr, Paris, 1903). Sie haben auf dem Brennerrohr eine lose aufgesetzte „Brennerkappe". In die meist etwa 1—5 mm starke Platte der Kappe sind viele Bohrungen von etwa 0,5—1,5 mm Durchmesser gebohrt. Der Innenkonus der einfachen Bunsenflamme (Abb. 1) wird hierbei also in viele kleine primäre Verbrennungszonen aufgeteilt (Abb. 24). Je dicker die genannte Platte bzw. je länger diese Bohrungen gewählt werden, um so laminarer wird die Strömung, und um so stabiler stehen die primären Verbrennungskegel und die gesamte Flamme. Diese Anordnung bringt mehrere Vorteile gleichzeitig:

1. Es wird mehr Sekundärluft aus der Umgebung angesaugt, was meist zu einer Kühlung der Brennerkappe beiträgt.
2. Die Temperaturverteilung in der Flamme oberhalb dieser Verbrennungskegel wird gleichmäßiger.
3. Die einzelnen kleinen Verbrennungskegel brennen stabiler als ein einzelner großer Innenkegel. Die Flamme wird also ruhiger.
4. Das Zurückschlagen der Flamme wird, bei geeigneter Bauweise, ähnlich wie bei dem oben erwähnten Sicherheitsdrahtnetz, durch die Bohrungen in der Brennerkappe verhindert.

Die zuletzt genannte Bedingung, Verhindern des Zurückschlagens der Flamme bei jeder noch so ungeschickten Einstellung von Sauerstoff und Gas, läßt sich bei Gasmischungen mit sehr *hoher Verbrennungsgeschwindigkeit*, wie z. B. Acetylen-Sauerstoff oder Wasserstoff-Sauerstoff, nur sehr schwer, d. h. nur durch sehr lange und dünne Bohrungen der Brennerkappe und Anwendung eines gut wärmeleitenden Materials für die Brennerkappe (natürliche Wärmeableitung an die Umgebung, unter Umständen sogar künstliche Kühlung der Kappe) verwirklichen. Solche langen, dünnen Bohrungen in der Kappe von Mékèr-Brennern neigen aber in stärkerem Maße zu Verstopfungen durch Ablagerungen von Analysensubstanz aus dem Nebel-, Luft- und Gasgemisch. Man verwendet daher bei hochexplosiven Mischungen kaum Mékèr-Brenner und erst recht nicht oben offene Brenner, sondern verwendet lieber Brenner, bei denen die beiden Gase ohne vorherige Mischung direkt am Beginn der Flamme zusammenkommen (Kap. 33).

Werden ausnahmsweise doch solche Mékèrbrenner mit vorheriger Mischung der Gase für solche Gasmischungen mit sehr hoher Verbrennungsgeschwindigkeit verwandt, dann bemißt man die Löcher in der Kappe lieber etwas größer, verhindert dadurch also ein zu schnelles Verstopfen, geht aber auf der anderen Seite das Risiko ein, daß die Flamme gelegentlich zurückschlägt. Für solche Vorkommnisse sind dann Sicherheitsvorkehrungen getroffen. Einmal stellt die lose auf dem Brennerrohr sitzende Kappe schon einen Schutz gegen Zerstörungen größerer Teile der Apparatur dar, indem sie bei einer Explosion im Brennerrohr nach oben wegfliegt. Zum anderen sieht man dann in solchen Fällen unten in der Nähe der Gas-Zumischdüse noch ein mit einer Folie überzogenes Fenster vor, das im Falle einer Explosion zerreißt (Sollbruchstelle).

Unrunde Formen

Sowohl bei den oben offenen Brennern mit und ohne Sicherheitsdrahtnetz als auch bei den Mékèr-Brennern findet man z. T. längliche Ausführungsformen (Abb. 19d—e). Dadurch wird also die Flamme in die Länge bzw. in die Breite gezogen. Solche unrunden Formen bringen in gewissen Fällen einige Vorteile:

a) Bei einem Auseinanderziehen der Flamme in die Breite, d. h. senkrecht zur Beobachtungsrichtung, wird die Flammendicke l (Kap. 8) verringert. Dadurch setzt der Einfluß der Selbstabsorption etwas später ein. Der Knickpunkt der Eichkurve wird also unter sonst gleichen Bedingungen bei etwas höheren Konzentrationen liegen, oder, anders ausgedrückt, der geradlinige Teil der Eichkurve reicht bis zu etwas höheren Konzentrationen herauf. Dafür ist die Leuchtdichte etwas geringer, was gerade bei geringen Konzentrationen ins Gewicht fällt.

b) Zieht man umgekehrt die Flamme in die Länge, vergrößert sich die Schichtdicke l in der Meßrichtung, und man erhält etwas höhere Leuchtdichten, dafür setzt aber die Selbstabsorption etwas früher ein.

Die genannten Unterschiede sind aber gegenüber den runden Formen nicht bedeutend. Sie haben überdies den Nachteil, daß die Mitteltemperatur der Flamme meist etwas geringer als bei den runden Formen ist und daß solche länglichen Flammen mehr Außenluft und damit auch mehr Verunreinigungen aus der Außenluft ansaugen.

Übergangsformen

Neben diesen hier geschilderten Brennern für vorgemischte laminare Flammen und denen für nicht vorgemischte turbulente Flammen, die wir in Kap. 33 besprechen, gibt es noch Zwischenformen, die man schwer in die eine oder andere Gruppe einordnen kann. Die Abb. 20 stellt als Beispiel eine solche Übergangsform dar. Führt man nämlich bei dieser Anordnung zusätzlich noch Sauerstoff zu, dann wird er im Gegensatz zur Luft nicht mit dem Analysennebel und auch nicht mit dem Gas vorher gemischt. Daneben gibt es noch zahlreiche andere Variationen, auf die wir im einzelnen nicht eingehen wollen.

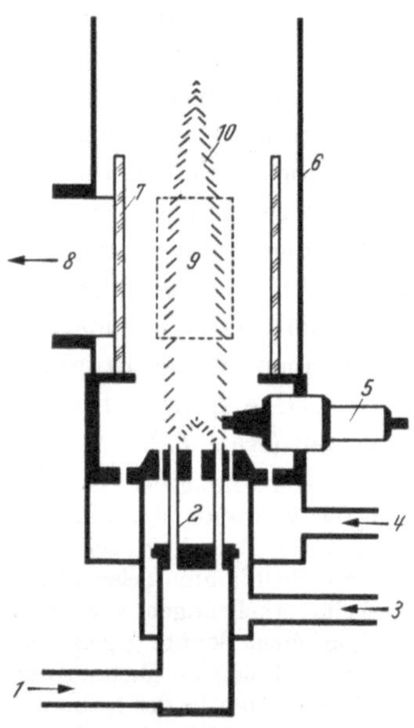

Abb. 20. Brenner in einem „geschlossenen System" (nach [*513*]). *1* Brenngas-Luft-Nebelgemisch; *2* Brennerrohre, diese entsprechen den Bohrungen in den Kappen von Mékèr-Brennern; *3* Vorgesehene Zufuhr von Sauerstoff für eine etwa erforderliche Erhöhung der Flammentemperatur; *4* Eintritt von gereinigter Zusatzluft zur Stabilisierung der Flamme; *5* Zündkerze; *6* Metallschornstein; *7* Glaszylinder; *8* Öffnung für Meßstrahl; *9* Öffnung für eine Beobachtung bzw. Kontrolle der Flamme; *10* Flamme

Geschlossene Systeme

Bei den bisher besprochenen Brennern wurde vorausgesetzt, daß sie, abgesehen von einem darum befindlichen Schornstein (Kap. 35), abgesehen von darum gebauten anderen Geräteteilen usw., in der offenen Atmosphäre brennen, d. h. die Außenluft kommt an die Flamme heran. Das bringt den Nachteil mit sich, daß Verunreinigungen aus der Atmosphäre in die Flamme eindringen können, wobei sie zur Anhebung des Flammenuntergrundes, zu Lichtblitzen von Staubteilchen usw. führen. Solche Verunreinigungen können in gewissen Industriegebieten mit stark staubhaltiger Luft die Durchführung von Flammenanalysen unmöglich machen, es sei denn, daß entsprechende Vorkehrungen getroffen sind. Das Brennen der Flamme in einem völlig abgeschlossenen Raum ohne Zutritt von Luft ist schwer möglich, da man dann kaum stabile Flammen erhält. Die hier zu besprechenden „geschlossenen Systeme" sind zwar von der verunreinigten Außenluft getrennt, es wird aber bei ihnen ein künstlich gereinigter Luft- oder Sauerstoffstrom außen um die Flamme geführt. Ein Ausführungsbeispiel dazu zeigt Abb. 20.

Bei vorgemischten laminaren Flammen muß man etwa doppelt soviel gereinigte Luft außen um die Flamme führen, wie innen für die Zerstäubung und für die primäre Verbrennung aufgebracht werden müssen. Bei nicht vorgemischten Flammen muß man noch wesentlich mehr gereinigte Luft aufbringen als eben genannt. Die Reinigung der Luft selbst besprachen wir schon im Kap. 16.

Brenner für gespaltene Flammen

Einige Linien, wie z. B. die von Sn, Mo u. a., bzw. einige Banden lassen sich nur im inneren leuchtenden Kegel der Flamme finden bzw. sind dort besser nachweisbar als in der meist für die Messung herangezogenen reaktionsfreien Zone. In solchen Fällen kann es zweckmäßig sein, den Innenkegel von der Diffusionsflamme zu trennen. Bei der Stickstoffbestimmung nach Kap. 87 ist eine Flammenspaltung anzuraten, um die Reaktion der Flamme mit dem atmosphärischen Stickstoff auszuschalten. Das geschieht in speziellen Brennern, wie sie von Teclu (1891), Smithells (1892) u. a. für chemische Untersuchungen innerhalb der Flamme angegeben wurden. Man nutzt dabei aus, daß die erste und zweite Oxydation der Brenngase mit verschiedener Verbrennungsgeschwindigkeit erfolgt [*664*, *362*].

Reinigung

Jeder Brenner bzw. jede Brennerkappe muß von Zeit zu Zeit gereinigt werden, und zwar um so öfter, je höher konzentrierte Analysenlösungen vernebelt werden. Bei Salzablagerungen genügt ein normales Waschen. Bei Ablagerungen von organischen Substanzen sind mechanische Reinigungen vorzuziehen. Für die Reinigung der Bohrungen in der Brennerkappe von Mékèr-Brennern verwendet man Stahldrähte, die einen etwas geringeren Außendurchmesser haben als dem Innendurchmesser der Bohrungen entspricht. Man stößt damit der Reihe nach die einzelnen Bohrungen durch. Die obere Fläche solcher Kappen kann man mit etwas feinkörnigem Schmirgelpapier (Polierpapier) abziehen.

33. Zerstäuber-Brennerkombinationen

Die Abb. 21 zeigt eine Zerstäuber-Brenner-Kombination. Eine glatte durchgehende, unten verstärkte Palladium-Capillare wird zentrisch von einer zylindrischen, oben kegelförmig zulaufenden O_2-Düse umgeben. Die recht kritische Zentrierung der O_2-Düse gegen die Capillare erfolgt mit einigen Zentrierschräubchen. Der O_2-Strom bewirkt das Ansaugen und Zerstäuben der Analysenflüssigkeit. Um die O_2-Düse befindet sich zentrisch eine weitere Düse für das Gas (C_2H_2 oder H_2). Die Mischung des Gases mit dem Sauerstoff und das Zerstäuben geschieht also oberhalb der Düsenkante. Die eigentliche Flamme brennt nicht unmittelbar an der Düsenkante, sondern etwas oberhalb davon, weil die Mischung der Komponenten erst stattfinden muß. Jedoch bemerkt man eine kleine Diffusionsflamme direkt oberhalb der ringförmigen Gasdüsenkante, wo das zugeführte Gas zunächst in der umgebenden Luft brennt. Diese kleine, nur etwa 1 mm hohe Diffusionsflamme dient als Lockflamme für die Aufrechterhaltung der eigentlichen, nicht vorgemischten turbulenten Flamme. Die Düsenkanten werden also nur wenig warm, weil die eigentliche turbulente Flamme oberhalb dieser Düsenkanten brennt. Die geringfügige Erwärmung geht auf Strahlungsheizung und auf den

Einfluß der eben genannten nicht vorgemischten Diffusions-Lockflamme zurück. Solche Flammen verursachen wegen ihrer Turbulenz ein kräftiges, zischendes Geräusch, ähnlich wie eine Gebläseflamme. Diese Turbulenz wird durch das Eindringen der Tröpfchen wesentlich erhöht. Flammen dieser Art werden daher meist in schallabsorbierenden Gehäusen benutzt (Kap. 63).

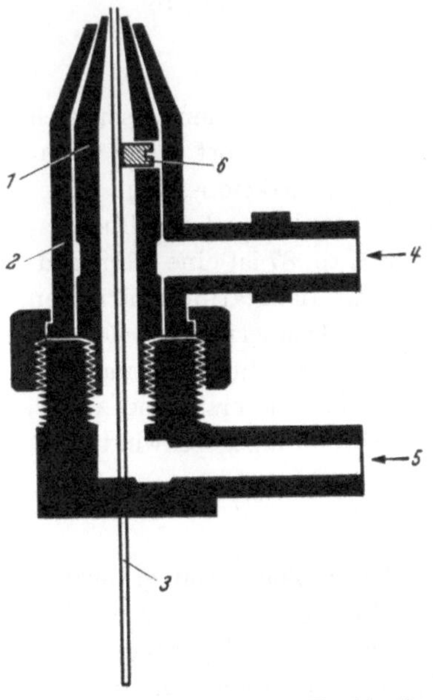

Abb. 21. Zerstäuber-Brenner-Kombination (Direktzerstäuber) für Wasserstoff—Sauerstoff der Firma Beckman-Instruments, Fullerton, Calif. *1* O_2-Düse; *2* H_2-Düse; *3* Ansaugcapillare; *4* Eintritt für H_2; *5* O_2-Anschluß; *6* eines der drei Zentrierschräubchen, um die obere Spitze der Capillare auf die Mitte der O_2-Düsenoberkante zu justieren

Diese Direktzerstäuber haben gegenüber den früher besprochenen Indirektzerstäubern (Kap. 26) folgende Vorteile:

1. Es entfallen alle Verluste durch Niederschlagen der größeren Tröpfchen in der Zerstäuberkammer. Es kommt alle Substanz bis in die Flamme. Der Wirkungsgrad der Zerstäubung ist 100%, alle Störeinflüsse, die über das verschiedene Niederschlagen der Tropfen in der Zerstäuberkammer in das Meßergebnis hineinkommen (Kap. 11), treten hier nicht auf. Das bringt meist einen Genauigkeitsgewinn.

2. Man kann gefahrlos heiße Flammen mit hohen Verbrennungsgeschwindigkeiten, z. B. H_2—O_2-Flammen, anwenden. Ein Zurückschlagen der Flammen ist unmöglich, da die beiden Gase erst oberhalb der Brennerspitze zusammenkommen.

3. Infolge 1. und 2. ist die Leuchtdichte der Flamme bei gleicher Konzentration in der zerstäubten Lösung höher als die in der vorgemischten Flamme mit indirekter Zerstäubung.

4. Es können auch brennbare Substanzen wie Benzin gefahrlos zerstäubt werden.

Diesen Vorteilen stehen aber auch Nachteile gegenüber:

a) Einflüsse durch Lösungspartner, bei denen die Tröpfchengrößenverteilung des Nebels eine Rolle spielt (z. B. der P- oder der Al-Einfluß auf die Erdalkalien) sind bei diesen Zerstäuber-Brenner-Kombinationen größer (Kap. 98).

b) Es entfällt zwar der Verlust an Substanz in der Zerstäuberkammer, dafür gibt es aber andere Verluste in der Flamme durch nicht vollständige oder nicht rechtzeitige Verdampfung der größeren Tröpfchen in der Flamme (Kap. 6). Die Flamme wird durch das Zuführen größerer Mengen an Ballastflüssigkeit stärker abgekühlt. Das wirkt sich besonders dann nachteilig aus, wenn Variationen der Ansauggeschwindigkeit, z. B. durch leichte Verstopfungen in der Capillare, vorkommen, die abgesehen von einer Änderung der Elementkonzentration in der Flamme über die veränderte Flüssigkeitszufuhr Änderungen der Flammentemperatur und damit der Anregung hervorrufen.

c) Zerstäuber-Brenner-Kombinationen sind sehr empfindlich gegen Justierfehler der Zerstäuberdüse bzw. gegen ein Verbiegen der Capillare, weil bei einer nicht einwandfreien Zentrierung der O_2-Strom schräg austritt und damit gleichzeitig auch die Flamme schräg gezogen wird.

d) Zerstäuber-Brenner-Kombinationen neigen in stärkerem Maße zu Verkrustungen an den oberen Kanten der Düse. Das führt leicht zu einem Schiefbrennen der Flamme und damit zu schlecht reproduzierbaren Lichtverlusten im optischen System.

Dazu gibt es eine Reihe von anderen Störeinflüssen, auf die Zerstäuber-Brenner-Kombinationen in ähnlicher Art wie Indirektzerstäuber mit getrennten Brennern reagieren (vgl. Kap. 11). Wir nennen als Beispiel Einflüsse von Viscositäts- und Oberflächenspannungsunterschieden zwischen den Analysenlösungen auf das Meßergebnis. Hierbei kann man also weder von Vor- noch von Nachteilen der einen oder anderen Anordnung sprechen.

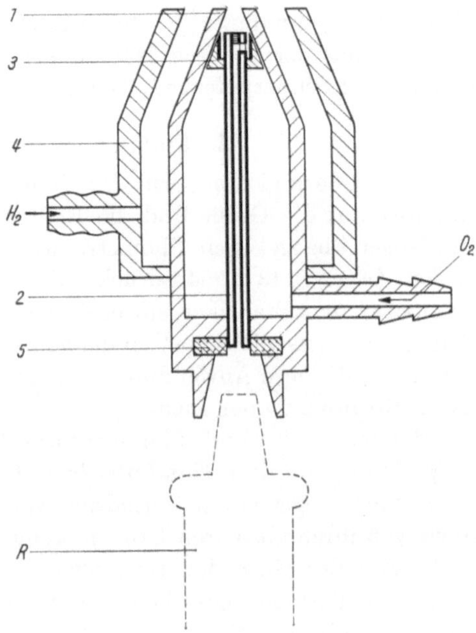

Abb. 22. Zerstäuber-Brenner-Kombination für hohe O_2-Drücke (5 kg/cm²) und überwachte Flüssigkeitszufuhr durch eine motorangetriebene Rekordspritze *R* (nach [*347*]). *1* O_2-Düse; *2* Capillare; *3* konisches Zentrierstück mit Nuten für den Durchtritt des O_2; *4* H_2-Düse; *5* Gummidichtung für das Ansetzen der Rekordspritze. Auch die oben aus der Capillare austretende Flüssigkeit wird hierbei zunächst in einen dünnen Flüssigkeitsringspalt geleitet, damit die Angriffsfläche für den O_2-Strom hoher Geschwindigkeit vergrößert wird

Insgesamt überwiegen bei Anwendung von Spektrophotometern die Vorteile der Zerstäuber-Brenner-Kombination. Man hat versucht, einige der genannten Nachteile durch geschickte Bauweise und einige weitere Neuerungen zu beheben oder wenigstens zu mildern. Dazu sei folgendes gesagt:

Die Senkung der Flammentemperatur durch die hohe Flüssigkeitszufuhr kann man dadurch klein halten, daß man von vornherein wenig Flüssigkeit ansaugen läßt. Das kann man durch enge oder durch lange Ansaugcapillaren erreichen (Kap. 29). Den Nachteil der dann gegebenen leichteren Verstopfungswahrscheinlichkeit umgeht man durch Anwendung einer überwachten Flüssigkeitszufuhr, indem man z. B. die Flüssigkeit in einer Rekordspritze aufnimmt und diese Spritze dann mit Hilfe eines Synchron-Motors und eines Untersetzungsgetriebes sehr langsam und gleichmäßig entleert. Diese Anordnung wirkt als ,,Bremse" für die sonst schneller erfolgende Flüssigkeitszufuhr, bei eintretenden Verstopfungen aber als ,,Einspritzpumpe". Die Abb. 22 zeigt eine solche Anordnung. Siehe auch [*307a*].

Die genannten Verluste an Analysensubstanz durch nicht vollständige oder nicht rechtzeitige Verdampfung der größeren Flüssigkeitströpfchen in der Flamme kann man durch eine feinere Tröpfchengrößenverteilung mindern. Dazu dient einmal schon die eben genannte extrem niedrige Flüssigkeitszufuhr je Zeiteinheit. Andererseits kann man durch Anwendung sehr hoher Drücke (sehr niedriger Düsenquerschnitte) viel für das Entstehen vieler kleiner Tröpfchen tun (Kap. 6). Die Anforderungen an die feinmechanische Präzision (extrem kleine Ringspaltdüsen ohne Zentrierfehler) sind allerdings hierbei sehr groß. Deshalb hat sich dieser Weg in der Praxis noch nicht durchgesetzt.

Dafür verwendet man bei den Zerstäuber-Brenner-Kombinationen in letzter Zeit häufiger einen anderen Weg zur Verfeinerung der Tröpfchengrößenverteilung bzw. zur Verhinderung stärkerer Abkühlungen durch das Lösungsmittel: Man ersetzt, sofern das die Analysensubstanz zuläßt, das üblicherweise als Verdünnungsmittel benutzte Wasser durch brennbare Lösungsmittel mit niedriger Oberflächenspannung, z. B. durch Aceton. Der Empfindlichkeitsgewinn bzw. die Verbesserung der unteren Nachweisbarkeitsgrenzen beträgt in den günstigsten Fällen 1—2 Zehnerpotenzen. Wir kommen darauf in den Kap. 79 u. 90 zurück.

34. Flammengröße und Flammenform

Die Größe und die Form der Flamme in einem Flammenphotometer haben Einflüsse auf die Größe und die Reproduzierbarkeit des von einem Strahlungsempfänger abgegebenen Photostromes. Wir kommen auf diese Zusammenhänge in den Kap. 37, 43 u. 64 zurück. Die Größe und Form der Flamme ist darüber hinaus für den Praktiker ein einfaches und sicheres Kennzeichen dafür, ob die Flamme, der wesentlichste Teil der ganzen Meßanordnung, ,,normal'', d. h. in dem für eine bestimmte Anwendung einmal als günstig festgestellten Betriebszustand (Kap. 19) brennt oder nicht.,

Flammengröße und Flammenform hängen von folgenden Umständen ab:

1. Vom gewählten Gas-Luft- bzw. Gas-Sauerstoff-Gemisch.

2. Vom eingestellten Verhältnis von Gaszufuhr zu Luft-(Sauerstoff-)Zufuhr sowie von ihren absoluten Größen, gemessen z. B. in l/m.

3. Von der Güte der vorherigen Mischung der Bestandteile untereinander sowie vom Turbulenzgrad beim Zuströmen und vom sich einstellenden Turbulenzgrad in und an der Flamme.

4. Von der Bauart und Größe des Brenners, insbesondere von der Anzahl, Größe und Anordnung der Bohrungen in den Kappen von Mékèr-Brennern (Kap. 32), vom Brennermaterial, vom Wärmeleitvermögen dieses Materials und von einer etwa vorhandenen Kühlung der Brennerkappe.

5. Von der Art und Menge des hereingebrachten Analysenmaterials, insbesondere vom Verdünnungsmittel (Wasser, Aceton, Benzin usw.).

6. Von der sich bei der Zerstäubung einstellenden Tröpfchengrößenverteilung, die insbesondere bei Direktzerstäubern einen wesentlichen Einfluß auf Flammenform und Flammengröße hat.

7. Von etwaigen Ablagerungen von Analysenmaterial an der Brennerspitze bzw. auf der Brennerkappe.

Im einzelnen sei zu diesen Punkten folgendes nachgetragen:

Zu 2. Gas- und Luftzufuhr. Eine gleichzeitige Vergrößerung der Gas- und Luft-(Sauerstoff-)Zufuhr, unter Konstanthaltung des Verhältnisses dieser Komponenten zueinander, führt zu einer Vergrößerung der Flamme und, in extremen Fällen, wenn die Ausströmgeschwindigkeit aus dem Brenner (aus den Öffnungen eines Mékèr-Brenners) wesentlich höher als die Verbrennungsgeschwindigkeit des betreffenden Gemisches liegt, schließlich zu einem Ablösen der Flamme vom Brenner, was meist mit stärkeren Turbulenzerscheinungen und Geräuschen verbunden ist. Umgekehrt kann es bei gar zu geringer Gas- und Sauerstoffzufuhr bei vorgemischten Flammen schließlich zu einem Zurückschlagen der Verbrennung in das Brennerrohr kommen, sofern nicht die in Kap. 32 genannten Sicherungen dagegen getroffen sind. Dann wird im letztgenannten Falle die Flamme schließlich oberhalb des Brenners verlöschen, auch dann, wenn noch eine geringe Gas- und Sauerstoffzufuhr vorhanden ist. Kurz vor diesem Verlöschen brennt die Flamme sehr nahe an der Oberkante des Brenners, was meist zu einer stärkeren Erwärmung der Kappe bzw. der Brennerspitze führt. Läßt man diesen Zustand zu lange bestehen, kann das Material der Brennerspitze bzw. der Kappe so heiß werden, daß es schließlich glüht.

Läßt man hingegen die Summe von Gas- und Luft-(Sauerstoff-)Zufuhr auf einem mittleren Wert, ändert jedoch das Verhältnis der beiden Komponenten zueinander, dann beobachtet man folgendes:

Bei sehr niedriger Gas-, aber hoher Luft-(Sauerstoff-)Zufuhr wird die Flamme unruhiger, d. h. turbulenter, und neigt zum Ablösen von der Brennerspitze; bei hoher Gas-, aber niedriger Luftzufuhr zeigt die Flamme zunächst ein milchiges Leuchten (Chemiluminescenz) am Rande, um schließlich, bei noch stärkerer Veränderung des Gas-Luftverhältnisses und bei C-haltigen Gasen, erst in der Mitte und dann durch und durch gelbstichig u. stärker leuchtend zu werden (Temperaturstrahlung von C-Partikelchen), was gleichzeitig mit einer Anhebung des Flammenuntergrundes verbunden ist. Bei diesen eben erwähnten Änderungen der Zusammensetzung des Gemisches ändert sich gleichzeitig die Flammentemperatur (s. Kap. 14) und das Linien/Untergrund-Verhältnis, letzteres nicht nur wegen der Temperaturabhängigkeit der Anregung der Linie (Kap. 8), sondern auch wegen der sich kontinuierlich mit der Zusammensetzung ändernden Größe des Flammenuntergrundes (Kap. 95). Die genannte Chemiluminescenz der Flamme macht sich zuerst am Rande, d. h. in der zweiten äußeren Verbrennungszone, bemerkbar. Tritt dies auf, dann ist das ein Zeichen dafür, daß man durch stärkere Luftzufuhr (durch schwächere Gaszufuhr) die innere erste Verbrennung vollständiger machen und damit den Flammenuntergrund erniedrigen kann. Das genannte Eigenleuchten bei kohlenstoffhaltigen Verbrennungsgasen (Temperaturstrahlung) macht sich zuerst in den Mitten dieser Flammen bemerkbar, da am Rande durch Luftzufuhr von außen die Verbrennung vollständiger ist. Sie erfaßt aber bei sehr starker Gas- und sehr geringer O_2-Zufuhr schließlich die gesamte Flamme.

Zu 3. Turbulenz: Das Zuströmen des vorgemischten Gas-Luftgemisches in den Löchern von Mékèrbrennern erfolgt meist laminar. Trotzdem beobachtet man in der darüber brennenden vorgemischten Flamme mehr oder weniger starke Turbulenzerscheinungen, insbesondere am Rande dieser Flammen, die mit zunehmender Beobachtungshöhe stärker werden. Diese starken Turbulenzen an der Spitze einer vorgemischten Flamme sind meist unter der Bezeichnung „Züngeln der Flamme“ bekannt. Sie bewirken eine starke Durchmischung der heißen Flammengase mit der umgebenden Luft, was schließlich zu einem Erlöschen der Verbrennung in solchen Flammenhöhen führt. In diesen Höhen wird man naturgemäß nicht messen, sondern wird sich im allgemeinen auf Beobachtungshöhen beschränken, die etwa 2 cm oberhalb der inneren Verbrennungskegel liegen. Im übrigen wird diese optimale Beobachtungshöhe noch in den Kap. 5, 6, 7, 8 und 98 behandelt. Die mit zunehmender Flammenhöhe stärker werdenden Turbulenzen am Rande der Flamme zeigen übrigens im unteren Teil ziemlich regelmäßige Pulsationen von etwa 30 Hz [*65*], was bei der Frequenzauswahl von Wechsellichtmethoden zu beachten ist.

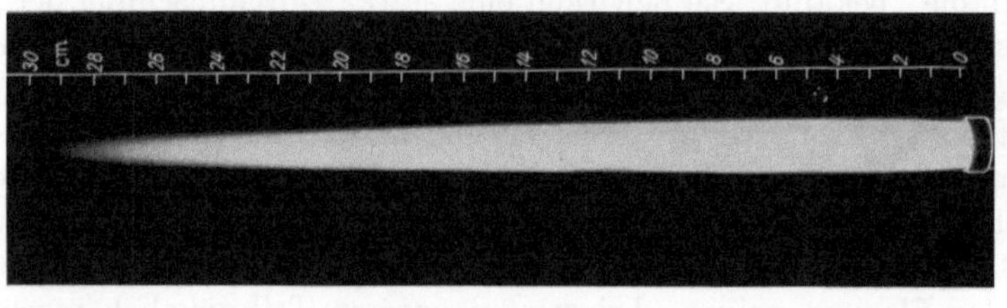

Abb. 23. Nahezu laminare Diffusionsflamme (Acetylen-Preßluft) oberhalb eines Mékèrbrenners

Abb. 24. Teilausschnitt der Flamme von Abb. 23. Man sieht deutlich die leuchtenden Kegel oberhalb der Öffnungen des Mékèrbrenners

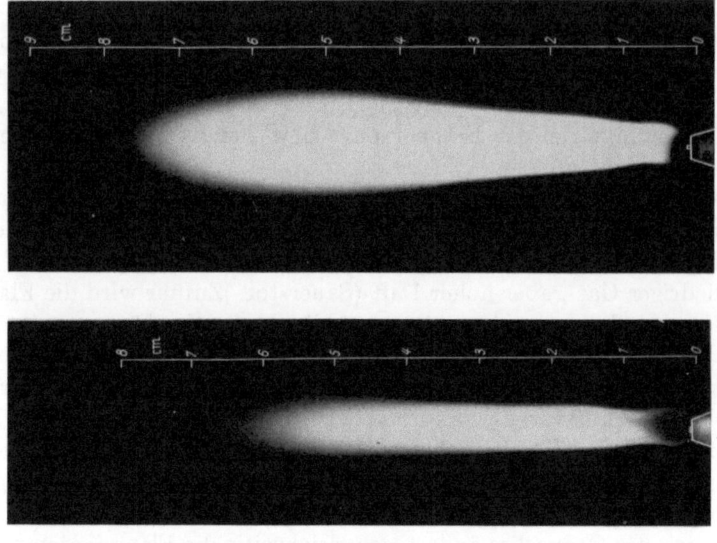

Abb. 25a u. 25b. Turbulente H_2 — O_2-Flamme oberhalb einer Zerstäuber-Brennerkombination. a) Leer brennende Flamme ohne Zugabe von Analysenlösung, b) wie a, jedoch beim Zerstäuben von Analysenlösung

Bei den Direktzerstäubern (Abb. 21) mit nicht vorgemischten Gasen strömen schon Gas und Sauerstoff stark turbulent zu, erst recht ist die Flamme turbulent und damit geräuschvoll. Diese Turbulenz wird beim Zerstäuben von Flüssigkeiten noch erhöht. Es ändert sich dabei gleichzeitig die Form der Flamme, wie aus Abb. 25a und Abb. 25b zu erkennen ist. Die anfangs längliche und schmale, weniger turbulente Flamme wird beim Zerstäuben dicker und geräuschvoller. Auch hier ist die optimale Beobachtungshöhe sehr von den zu bestimmenden Elementen sowie von den störenden Partnern in der Lösung abhängig.

Zu 4. Bauart des Zerstäubers. Über die verschiedenen Formen der Flamme in Abhängigkeit von der Bauart der Brennerkappe (Schmetterlingsbrenner usw.) sprachen wir schon in Kap. 32. Es sei hinzugefügt, daß der Einfluß der Tröpfchengrößenverteilung beim Vergleich von solchen Zerstäuber-Brenner-Kombinationen deutlich wird, die einmal mit niedrigem O_2-Druck, aber größeren Düsen (gröberen Tröpfchen), das andere Mal mit höherem O_2-Druck, aber engeren Düsen (feineren Tröpfchen), arbeiten.

Zu 5. Analysenmaterial. Den Einfluß des zerstäubten Wassers auf den Turbulenzgrad und damit auf die Flammenform erwähnten wir schon unter 3. Zerstäubt man nun anstelle von Wasser brennbare Lösungen, die bei hinreichender Sauerstoffzufuhr die Flammentemperatur heraufsetzen, so wird im allgemeinen gleichzeitig auch die Flamme größer, was auf die stärkere Volumenausdehnung zurückzuführen ist.

Zu 6. Tröpfchengrößenverteilung. Von dem Einfluß des zerstäubten Lösungsmittels sprachen wir schon oben.

Zu 7. Unsymmetrische Ablagerungen von Analysenmaterial an der Spitze von Brennern können zu einem Schiefbrennen der Flamme oder gar zu einer Zwei- oder Mehrteilung der Flamme führen. Durch Reinigen der Spitze nach Abstellen der Gas- und Sauerstoff-Zufuhr lassen sich solche unliebsamen Erscheinungen beseitigen.

Die hier nur in größeren Zügen besprochene Flammengröße und Flammenform mit all ihren Parametern wie Gasart, Zerstäubern usw., muß naturgemäß in einem sinnvollen Verhältnis zu dem wirksamen Öffnungskegel der anschließenden beobachtenden Optik stehen. Wir wollen auf diese Zusammenhänge in den folgenden Kapiteln kurz eingehen, verweisen aber für ein genaueres Studium auf Spezialuntersuchungen [z. B. *65*].

35. Der Schornstein

Um den Brenner bzw. um die Flamme befindet sich meist ein Schornstein bzw. ein Flammengehäuse aus Metall mit passenden „Fenstern", eins für den optischen Strahlengang, eins, das dem Beobachter zugekehrt ist und eine Beobachtung der Flamme ermöglicht, und vielleicht noch weitere, z. B. für das Einführen eines elektrischen Zünders u. ä. Dieser Schornstein besteht meist aus Metall mit eingelassenen Glasfenstern, gelegentlich aber auch ganz aus (wärmeabsorbierendem Spezial-)Glas oder gar aus Quarz. Die Aufgaben eines solchen Schornsteins bzw. eines solchen Flammengehäuses sind folgende:

1. Die unerwünschten Einflüsse der Luftunruhe, z. B. durch umhergehende Personen im Zimmer, sollen von der Flamme ferngehalten werden.

2. Er verhindert eine zufällige Berührung der heißen Flamme, was sofort zu Verbrennungen 3. Grades führen kann (Unfallschutz).

3. Er schützt den Beobachter vor ultravioletten Strahlen, die von der Flamme ausgehen und eine Bindehautentzündung hervorrufen können.

4. Er verhindert eine zu starke Erwärmung des übrigen Gerätes durch Wärmestrahlen, die von der Flamme ausgehen.

5. Er schützt die der Flamme zugekehrten Teile des optisch-elektrischen Systems (z. B. Kondensorlinse bei Filtergeräten, Eingangsspalt bei Monochromatoren) weitgehend vor Verschmutzungen bzw. Korrosionen, die insbesondere bei Direktzerstäubern stören können.

6. Er bewirkt bei geeigneter Bauweise eine Schalldämpfung des unangenehmen Geräusches, das von turbulenten Flammen ausgeht (Kap. 63).

7. Sofern gereinigte Zusatzluft um die Flamme herumgeführt wird (geschlossenes System, s. Kap. 32 und Abb. 20), verhindert er die Verunreinigung der Flamme durch Partikel, die in der umgebenden Luft in Form von Staub oder ähnlichem vorhanden sind.

8. In manchen Fällen wirkt er gleichzeitig „beruhigend" auf die Flamme, d. h. die im letzten Kapitel genannten Turbulenzen am Rande und in größeren Höhen der Flamme werden unter gewissen Betriebsbedingungen gemindert, sie können aber auch durch den Schornstein verstärkt werden.

Bei der Aufstellung von Flammenphotometern achte man darauf, daß sich über dem Schornstein keine hitzeempfindlichen Gegenstände befinden (z. B. ein Lampenschirm), und daß kein Fremdlicht, z. B. von der Zimmerbeleuchtung, in den Schornstein hineinfallen kann (vgl. Kap. 76).

B. Die Optik und die Elektronik

36. Allgemeines

Aufgabe des optischen Systems ist es, die Strahlung eines möglichst gleichmäßig leuchtenden Teiles der Flamme, der noch in der Höhe zweckmäßig ausgewählt sein muß, zu sammeln, spektral zu zerlegen bzw. nur den gerade interessierenden Spektralbereich der Gesamtstrahlung durchzulassen und diesen Strahlenanteil dann auf einem Strahlungsempfänger zu vereinigen. Der anschließende elektronische Teil soll den dabei entstandenen Photostrom, evtl. nach Verstärkung, einem Meß- oder Anzeigeinstrument zuführen.

Man wird den Strahlengang im allgemeinen so wählen, daß die unregelmäßig züngelnden Spitzen der Diffusionsflamme, die unruhigen Außenteile der Flamme sowie die hellen inneren Verbrennungskegel nicht mit erfaßt werden. Da die Leuchtdichten in dem für Analysen meist ausgenutzten Teil der Verbrennung, insbesondere bei geringen Konzentrationen, sehr niedrig sind, muß man oft, insbesondere bei Verwendung von Monochromatoren, an der Grenze des überhaupt Meßbaren arbeiten. Es ist daher sehr wichtig, daß die Optik diese an sich sehr geringen Strahlungsintensitäten, die von der Flamme ausgehen, möglichst vollständig erfaßt und möglichst ohne Verluste den Strahlungsempfängern zuleitet. Diese Eigenschaft einer Optik wird durch den Lichtleitwert charakterisiert [*318*].

Man versteht unter dem Lichtleitwert die „geometrische Durchlässigkeit" eines optischen Gerätes für Strahlungsenergien, unter Vernachlässigung von Reflexions-, Absorptions-,

Streuungs- und Beugungsverlusten. Der Lichtleitwert wird in ($cm^2 \cdot sr$) angegeben. Multipliziert man die Strahldichte ($Watt \cdot cm^{-2} \cdot sr^{-1}$) einer Fläche, z. B. eines Teiles der Flamme, mit dem Lichtleitwert L ($cm^2 \cdot sr$), so erhält man die Strahlungsleistung (Watt) auf der Empfängerfläche, z. B. auf der Kathode einer Photozelle. Es läßt sich zeigen [*318*], daß der Lichtleitwert bei vollständiger Abbildung näherungsweise nach der einfachen Beziehung

$$L = \frac{f_1 \cdot f_2}{a^2}$$

berechnet werden kann, wobei f_1 eine strahlende Fläche oder eine Strahlung durchlassende Fläche, z. B. eine Linsenöffnung, Blendenöffnung o. ä., und f_2 die folgende Strahlung auffangende Fläche im Gerät, z. B. die nachfolgende Linse, Photokathode o. ä., im Abstand a bedeutet. Der Lichtleitwert an irgend einer Stelle im Gerät ist um so größer, je größer der Querschnitt des Lichtweges an dieser Stelle und je größer der Raumwinkel ist, innerhalb dessen nutzbare Strahlung von dieser Stelle aus verlaufen kann. Bei einer sinnvoll berechneten Optik ist der Lichtleitwert, von einer etwa vorhandenen veränderlichen Blende abgesehen, an allen Stellen des Gerätes gleich groß. Will man auch die übrigen Lichtverluste durch Absorption, Reflexion, Streuung und Beugung mit berücksichtigen, so ist L noch mit der dimensionslosen Durchlässigkeit T zu multiplizieren, wobei $0 < T < 1$ ist. Bei guten Geräten liegt T nur wenig unter 1, von Absorptionen in Filtern abgesehen.

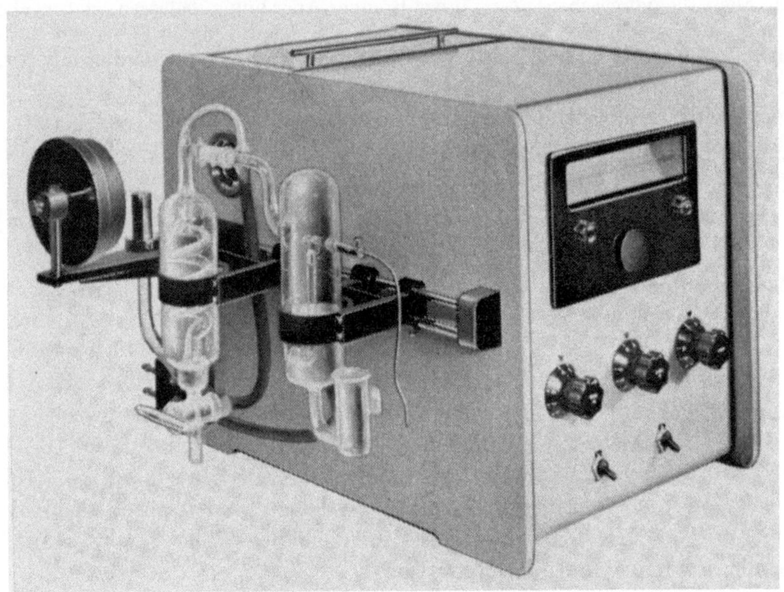

Abb. 26. Ansicht des Flammenphotometers nach Dr. SCHUHKNECHT [*245*]

Man muß also von der Optik eines Flammenphotometers verlangen, daß sie einen hohen Lichtleitwert hat. In dieser Hinsicht unterscheiden sich aber die zwei wesentlichen Gerätetypen

a) die Filtergeräte (Kap. 39—58) und

b) die Spektrophotometer mit Monochromatoren (Kap. 59—69)

um Größenordnungen voneinander. Wir wollen nach den folgenden zwei Kap. 37 u. 38, die sowohl für Filtergeräte als auch für Monochromatorgeräte gelten, zunächst die Filtergeräte besprechen. In den Abb. 26, 28 u. 29 zeigen wir als Beispiel einige solcher Filtergeräte. Irgend ein Werturteil soll damit nicht verbunden sein. In der Tabelle 15 im Anhang geben wir einen Überblick über alle uns bekannten handelsüblichen Flammenphotometer mit einigen wesentlichen technischen Kenndaten.

37. Die Justierung der Flamme zur Optik

Die meisten Analytiker werden mit fertigen handelsüblichen Geräten arbeiten, die sie als fest vorgegeben betrachten, von einigen unten besprochenen Justiermöglichkeiten abgesehen.

Da solche handelsüblichen Geräte meist einen Kompromiß zwischen mehreren, sich gegenseitig widersprechenden Forderungen darstellen, kann ein geschickter Experimentator in speziellen Fällen unter Verzicht auf die Erfüllung mehrerer anderer Forderungen eine einzige für ihn besonders wichtige Forderung dadurch besonders günstig realisieren, daß er die bestehende Anordnung geeignet variiert oder abändert. Das ist einmal durch eine zweckentsprechende Auswahl der Betriebsbedingungen (Kap. 19), andererseits aber auch durch eine geeignete Justierung möglich, wovon unten näher gesprochen werden soll. Es sei in diesem Zusammenhang noch erwähnt, daß eine weitere Anpassung der Apparatur an eine spezielle Forderung dadurch möglich ist, daß man ganz andere Flammenarten und andere Brenner, andere Zerstäuber usw. als vom Gerätehersteller vorgesehen, in ein Gerät einbaut. Umgekehrt kann man auch die vorgesehene Zerstäuber-Brenner-Anordnung belassen, dafür aber die optische Anordnung gegen eine andere austauschen. Bei jedem Eingriff dieser Art muß man daran denken, daß davon auch die hier zu besprechende optimale Justierung mit betroffen wird.

Folgende Justiermöglichkeiten sind im allgemeinen vorgesehen:

1. Eine Höhenjustierung des Brenners gegen die optische Achse.
2. Eine Seitenjustierung des Brenners gegen die optische Achse.
3. In wenigen Fällen auch eine Längsjustierung (Entfernungsvariation) der Flamme vor der Optik.

Zu 1. Höhenjustierung. Man kann verschiedene Teile der Flamme in den wirksamen Öffnungskegel (bei Monochromatoren hat dieser „Kegel“ mehr die Form eines sehr flachen Pyramidenstumpfes) der Optik hineinbringen. Die unruhig tanzenden Spitzen der vorgemischten Flamme sowie die stärker leuchtenden Innenkegel läßt man zweckmäßigerweise fort, d. h. man justiert so, daß diese Teile der Flamme nicht mit erfaßt werden. Sieht man von diesen Teilen ab, dann bleibt bei der verhältnismäßig langen vorgemischten Flamme (Abb. 23) immer noch ein großer Bereich übrig, innerhalb dessen man arbeiten kann. Welche dieser verschiedenen Höheneinstellungen im einzelnen Falle die zweckmäßigste ist, muß in Vorversuchen ermittelt werden.

Folgende Gesichtspunkte sind dabei zu berücksichtigen:

a) Die Linien-(Banden-)Intensität ändert sich mit der Höhe, und zwar bei jeder Spektrallinie (Bande) und in jeder Flamme in anderer Weise, wovon Abb. 27 ein Beispiel zeigt. Diese verschiedenen Intensitäten gehen meist auf verschieden große Molekül-Dissoziationen oder -Assoziationen (z. B. Hydroxydbildung, Kap. 8) in verschiedenen Flammenhöhen, auf verschieden große Ionisationen, auf die Höhenabhängigkeit der Tropfen- und Kristallverdampfung (Kap. 6) in der Flamme und auf die verschieden große Temperatur (Anregung) in Abhängigkeit von der Höhe (Kap. 8) und auf ähnliches zurück.

b) Bei Messungen in der Nähe der unteren Nachweisbarkeitsgrenzen interessiert nicht nur die Linien- und Bandenintensität als solche, sondern auch die Intensität des Flammenuntergrundes, die ebenfalls von der eingestellten Höhe, und zwar in anderer Weise als die Linienintensität selbst abhängt. Diese Höhenabhängigkeit des Flammenuntergrundes ist wieder von den Gasen und den eingestellten Gaszufuhren zur Flamme, von der eingestellten Wellenlänge und von den angewandten Verdünnungsmitteln abhängig. Abb. 27 zeigt ebenfalls ein Beispiel dafür. Die günstigste Höheneinstellung wäre in diesem Falle durch Berechnung einer in Abb. 27 nicht gezeichneten Kurve zu finden, in der jeweils das Verhältnis Linie/Untergrund dargestellt ist.

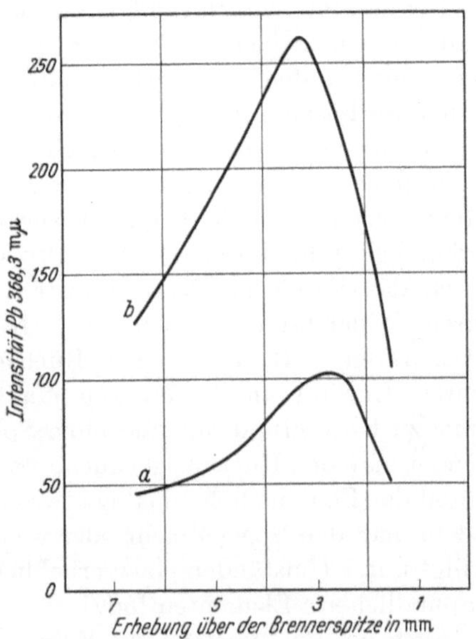

Abb. 27. Die Emission der Bleilinie 368,3 mμ in verschiedenen Flammenhöhen (nach [*300*]). *a* Flammenuntergrund; *b* Untergrund + Bleilinie bei einer Konzentration von 2 ml Tetraäthylblei je Gallone

c) Verschiedene Störungen durch Lösungspartner sind in verschiedenen Höhen der Flamme verschieden groß (Kap. 98). Will man solche Störungen klein halten, ergibt sich daraus meist eine andere optimale Höheneinstellung.

Zwischen diesen, sich z. T. widersprechenden, Forderungen gilt es dann in der Praxis einen Kompromiß zu schließen, der weitgehend von *der* Forderung bestimmt wird, die bei der betreffenden Anwendung die Hauptrolle spielt.

Die Höhenjustierung selbst ist meist in einfacher Weise möglich, indem man z. B. eine Klemmvorrichtung am Brenner bzw. am Brennerrohr löst und dann den ganzen Brenner ein Stück hebt oder senkt. Wir verweisen auf die den einzelnen Geräten beigegebenen Gebrauchsanweisungen. Bei der systematischen Bestimmung von Höhenabhängigkeiten, ähnlich Abb. 27, wird man am Brenner noch eine geeignete Höhenmeßeinrichtung, z. B. eine aufgeklebte Millimeterteilung, vorsehen.

Zu 2. Seitenjustierung. Bewegt man die Flamme quer zur optischen Achse, so wird man eine etwa trapezförmige Abhängigkeit der Intensität des Photostromes von der Seiteneinstellung feststellen. Die Flanken dieses Trapezes zeigen an, daß man hier an den Kanten der Flamme mißt. Man wird zweckmäßigerweise diejenige Einstellung wählen, die der Mittellinie dieses Trapezes entspricht.

Zu 3. Längsjustierung. Diese Einstellung ist im allgemeinen vom Gerätehersteller fest vorgenommen, so daß der Benutzer daran selten etwas ändern kann. Ist das doch der Fall, dann sollte man die normal betriebene Flamme in einer solchen Entfernung von der Optik in den wirksamen optischen Kegel hineinbringen, daß die unruhigen Seitenteile der Flamme mit Sicherheit nicht mehr erfaßt werden, daß sich andererseits die Flamme aber nicht ungebührlich nahe an der Optik befindet. Dazu bringt man z. B. in der Ebene der Photokatode eine Mattscheibe an, auf der man die wirksame Breite der Photokathode mit Farbstift markiert hat. Die Flamme wird dann mit Hilfe der Kondensorlinse an dieser Stelle abgebildet und mehr oder weniger scharf erscheinen. Das Bild der Flamme soll dann auf der Mattscheibe etwas breiter als die wirksame Kathodenfläche erscheinen. Die Flamme ist längs der optischen Achse so zu verschieben, daß diese Bedingung erfüllt wird. Auf die Längsjustierung der Flamme vor einem Monochromator kommen wir in Kap. 64 zurück.

38. Der Spiegel

Der gesamte von einer Flamme ausgehende Strahlungsstrom ist gering. Davon wird nur ein kleiner Teil, entsprechend dem Lichtleitwert, von dem Flammenphotometer aufgefangen. Bei Photometern mit Filtern verwendet man daher Kondensorlinsen mit möglichst großer Öffnung. Bei Monochromatoren (Kap. 61) liegen die Verhältnisse wesentlich ungünstiger, weil der kleine Eintrittsspalt einen noch viel kleineren Teil der Flammenstrahlung auffängt. Die unteren Grenzkonzentrationen (Kap. 90) werden daher häufig nicht durch die optische Trennung, d. h. durch das Verhältnis Linie zu Untergrund, begrenzt, sondern durch das Verhältnis Nutzphotostrom zu Störstrom (Dunkelstrom, Störstrom durch Widerstandsrauschen usw., Kap. 65). Mit einer Erhöhung der Lichtintensitäten, z. B. durch einen Rückspiegel, kann man in solchen Fällen einen echten Gewinn an Nachweisempfindlichkeit erzielen, obwohl das Verhältnis Linie zu Untergrund mit und ohne Spiegel fast das gleiche bleibt. Mitunter verwendet man den Rückspiegel auch, um den in der Optik zur Wirkung kommenden Anteil der Flamme höhenmäßig etwas zu verstellen (Ersatz für Höhenjustierung), indem man den Spiegel mehr oder weniger um die waagerechte Achse kippt. Das bringt unter Umständen einen erheblichen Gewinn, insbesondere bei den ,,höhenempfindlichen" Elementen [*300*].

Auch bei Photometern mit Filtern bringt man zur Erhöhung der Lichtintensitäten meist einen Spiegel hinter der Flamme an, obwohl der Lichtleitwert solcher Einrichtungen sehr gut sein kann. Das, was man mit dem Rückspiegel gewinnt, kann man bei der nachfolgenden photoelektrischen Messung an Empfindlichkeit einsparen.

Der Rückspiegel ist meist so angeordnet, daß die Flamme in sich abgebildet wird, d. h. es wird durch Reflexion am Hohlspiegel ein gleich großes umgekehrtes Bild der Flamme am Ort der Flamme selbst erzeugt. Man sollte also zunächst eine Verdoppelung der Lichtintensität erwarten. Tatsächlich gewinnt man, je nach Güte des Spiegels und Konzentration der Elemente in der Flamme (Einfluß der Selbstabsorption, Kap. 8), weniger.

Umgekehrt wurde auch schon statt eines Rückspiegels hinter der Flamme eine Lichtfalle nach Art eines schwarzen Körpers vorgeschlagen [*735a*]. Oft genügt ein seitliches Wegklappen des vorgesehenen Rückspiegels, sofern die dahinterliegende Gehäusewand schwarz ist. Der Zweck eines solchen Vorgehens ist, das Einsetzen der unerwünschten Selbstabsorption, die die Krümmung bei hohen Konzentrationen verursacht, nach höheren Konzentrationen zu verschieben. Man verzichtet dabei naturgemäß auf die Erhöhung der Intensitäten bei niedrigen Konzentrationen.

I. Flammenphotometer mit Filtern

Die bisherigen Ausführungen hatten für alle Flammenanalysen und die dafür erforderlichen Apparaturen Gültigkeit. Wenn die Zerlegung des von der Flamme ausgehenden Mischlichtes mit Hilfe von Filtern erfolgt, spricht man von Flammenphotometern im engeren Sinne. Einrichtungen dieser Art sollen in den folgenden Abschnitten besprochen werden. Einen Überblick über die Teile eines solchen

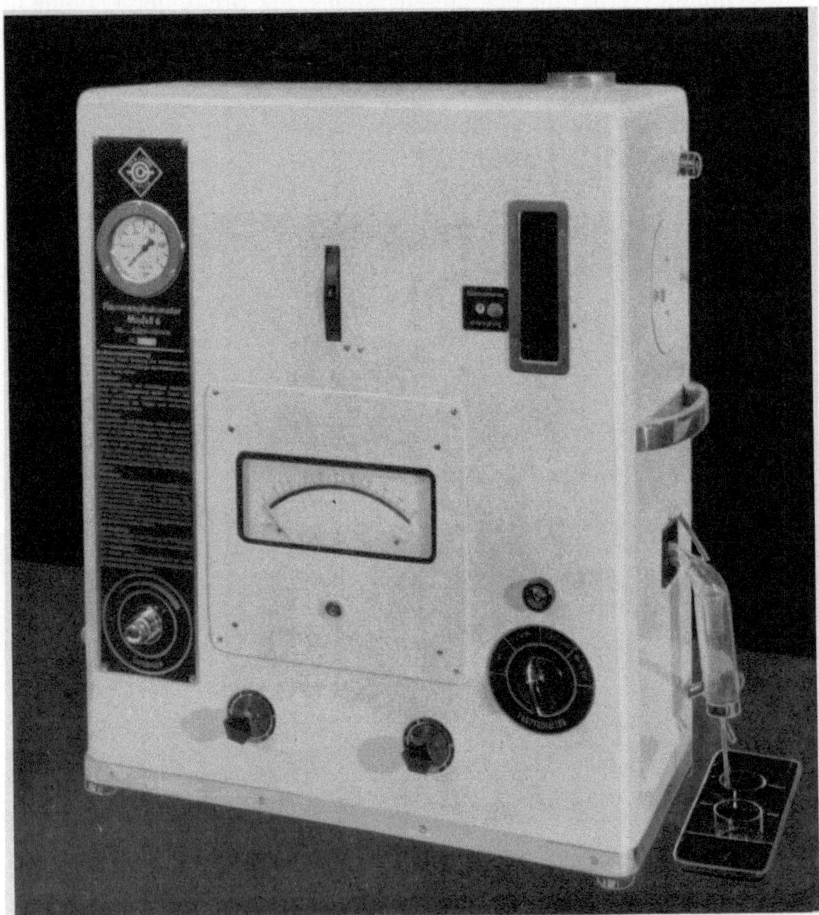

Abb. 28. Außenansicht des Flammenphotometers Modell 6 nach Dr. B. LANGE [443]

Filterphotometers gaben wir bereits in Abb. 8. Die Darstellung der Flammenspektrophotometrie bzw. -spektrographie erfolgt später (Kap. 59—75). Die Reihenfolge der einzelnen Kapitel entspricht dem Lichtweg.

39. Kondensoren

Man könnte direkt vor der Flamme, gegenüber dem Spiegel, Filter und Strahlungsempfänger anbringen. Das geschieht selten, weil sich dabei die Strahlungsempfänger und Filter erwärmen. Man bildet daher im allgemeinen mit Hilfe eines Linsensystems die Flamme auf dem weiter entfernten Strahlungsempfänger ab. Dies System hat die Aufgabe, unter diesen Bedingungen die Lichtstärke zu erhöhen und den günstigsten Flammenbereich zu isolieren (Kap. 37). Gleichzeitig soll es die Strahlen etwa parallel durch das Filtersystem

(Kap. 40) hindurchleiten, was bei Interferenzfiltern besonders wichtig ist. Bei Verwendung von hochwertigen Linsensystemen mit guter Öffnung lassen sich Öffnungsverhältnisse von etwa 1 : 1 erreichen.

Wenn das Öffnungsverhältnis des Linsensystems, die Breite der Flamme und die Empfängerfläche fest vorgegeben sind, bleibt noch die Frage nach dem günstigsten Abbildungsverhältnis offen. Man kann z. B. zeigen, daß in erster Annäherung ein maximaler Photostrom dann erreicht wird, wenn bei genügend großer Photokathode das Abbildungsverhältnis der Flamme (mit Hilfe der Linse) auf die Empfängerfläche 1 : 1 beträgt [*67*].

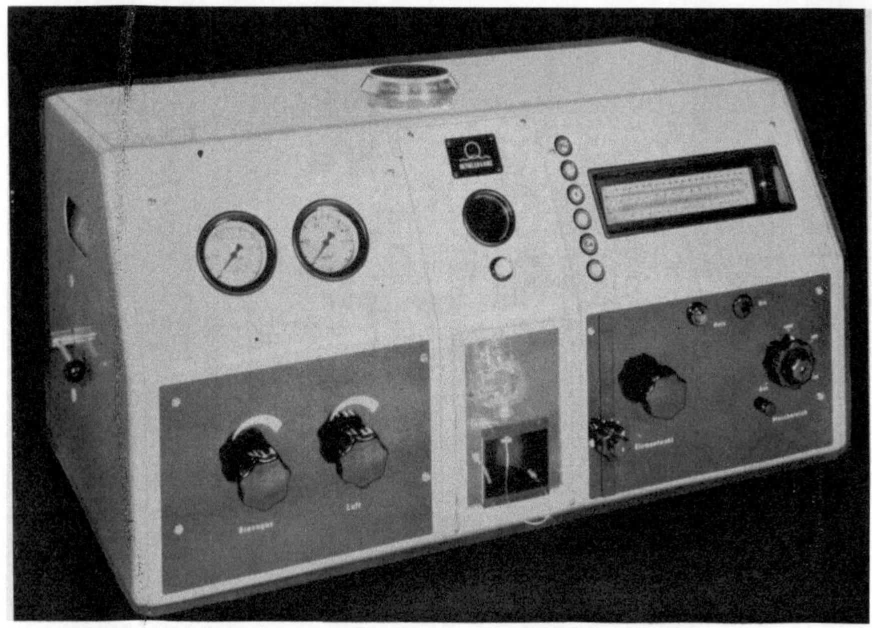

Abb. 29. Flammenphotometer „Eppendorf" der Fa. Netheler u. Hinz in Hamburg [*513*]

40. Die Filter

Der vom Kondensorsystem erfaßte Teil der Flammenausstrahlung wird etwa parallel durch Lichtfilter hindurchgeleitet, die die Aufgabe haben, die gewünschte Spektrallinie oder Bande möglichst gut durchzulassen, andererseits aber die Linien bzw. Banden oder Kontinua anderer Elemente und die Flammenuntergrundstrahlung weitgehend zurückzuhalten. Meist sind für die Isolierung mehrerer Spektrallinien verschiedene Filterkombinationen vorgesehen, die man mit Hilfe einer „Revolverplatte" oder einer ähnlichen Einrichtung einzeln nacheinander in den Strahlengang bringen kann. Gelegentlich koppelt man mit der Umschaltung der Filter gleichzeitig eine Umschaltung der Empfindlichkeit der Verstärker und womöglich noch eine Umschaltung der Nullpunktkompensationen, damit man beim Übergehen von einem zum anderen Element nicht jeweils Empfindlichkeit und Nullpunkt neu einregeln muß. Solche Einrichtungen empfehlen sich besonders dann, wenn man eine Leitlinienmethode nach dem Behelfsverfahren (Kap. 52) anwenden will. Das durchgelassene Licht wird zum Strahlungsempfänger weitergeleitet (Kap. 42).

Für die Ausfilterung der gewünschten Spektralbereiche stehen eine Reihe von Möglichkeiten zur Verfügung, von denen wir nur die für die flammenphotometrischen Analysen wichtigsten erwähnen wollen:

a) Flüssigkeitsfilter,
b) Glas- oder Gelatinefilter,
c) Metallinterferenzfilter.

Zu a). Man bringt in den Strahlengang Glascuvetten, die mit organischen oder anorganischen Farblösungen gefüllt sind. Diese Lösungen absorbieren gewisse Teile des Spektrums mehr oder weniger vollständig, um andererseits andere Teile des Spektrums verhältnismäßig gut durchzulassen. Durch Wahl geeigneter Farbstoffe und geeigneter Schichtdicken und Konzentrationen sowie durch Hintereinanderschaltung von mehreren Cuvetten mit verschiedenen Farbstofflösungen kann man jeweils die gewünschten Spektrallinien oder Banden mehr oder weniger gut „herausfiltern". Aus praktischen Gründen verwendet man solche Glascuvetten mit Farblösungen nur noch selten.

Zu b). Man arbeitet lieber mit entsprechenden Farbstoffen, die in Glas oder Gelatine aufgelöst sind. Auch dabei kann man durch Hintereinanderschalten verschiedener Filter (Filterkombinationen) und durch Variation der Schichtdicke verschiedene Durchlässigkeitskurven erzielen.

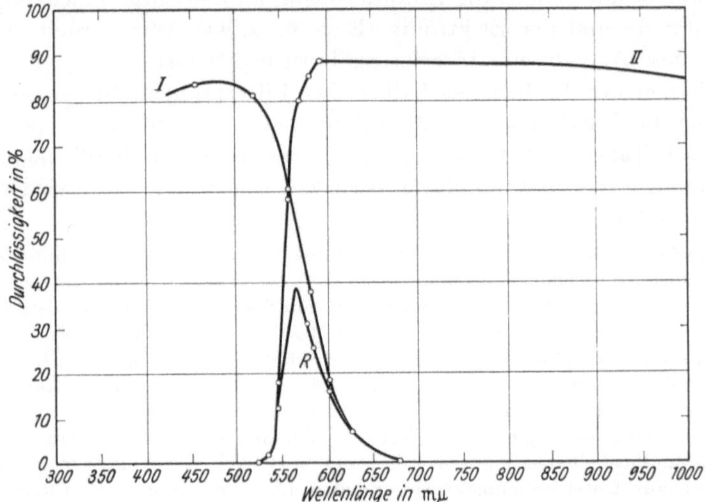

Abb. 30. Die Kombination von zwei Farbfiltern zur Isolierung der gelben Na-Linie bei 589 mμ (nach [*224*]) *I* und *II* die beiden Ausgangsfilter; *R* die resultierende Filterdurchlässigkeit. *I* Corning 9780; *II* Corning 3482

In der Abb. 30 zeigen wir als Beispiel, wie man durch Kombination von zwei Farbfiltern die bekannte gelbe Na-Linie bei 589 mμ leidlich gut herausfiltern kann. Das Filter *I* hat eine maximale Durchlässigkeit bei etwa 500 mμ. Es sieht also grün aus. Das Filter *II* ist im langwelligen Teil des Spektrums gleichmäßig durchlässig. Unterhalb 600 mμ hat es eine verhältnismäßig steile Absorptionskante. Das zweite Filter allein erscheint in der Durchsicht rötlich bis orange. Kombiniert man beide Filter durch Hintereinanderschalten, so ergibt sich die resultierende Durchlässigkeitskurve *R* mit einer etwa 20%igen Durchlässigkeit bei 589 mμ.

Die Güte eines Filters kann man durch das Verhältnis der gewünschten Durchlässigkeit im Maximum der Linie bzw. Bande (im gewählten Beispiel der Abb. 30 liegt sie bei 20%) zur unerwünschten Restdurchlässigkeit an Stellen des Spektrums charakterisieren, wo das Filter eigentlich vollständig undurchlässig sein sollte. Außerdem benutzt man zur Charakterisierung der Güte oft die Halbwertsbreite (s. unten und [*320*]). Die letztgenannte Gütezahl gibt in erster Näherung an, in welchem Wellenlängenbereich Anteile des Flammenuntergrundes durch das Filter merklich hindurchkommen.

Angenommen, es sind neben Na-Salzen gleichzeitig merkliche Mengen von Ca in der Analysenlösung vorhanden, so wird das unerwünschte Ca-Licht (in Wirklichkeit Banden von CaOH) bei 554 mμ und bei 616—630 mμ ebenfalls, wenn auch nicht so stark, durch das Filter der Abb. 30 hindurchgehen (im Beispiel beträgt die Restdurchlässigkeit bei 554 mμ etwa 20%, bei 623 mμ etwa 9%). Mit anderen Worten, eine solche Kombination ist nur brauchbar, wenn das Na-Licht sehr stark das störende Licht von Ca übertrifft. Im Beispiel müßte man eine etwa 1000fache Natriumintensität fordern, wenn man eine Restdurchlässigkeit von 0,1% Ca zuläßt. Ist diese Voraussetzung nicht erfüllt, muß man bessere Filter verwenden, die das Ca-Licht stärker zurückhalten, anderenfalls gibt es Fehler durch störende „Querempfindlichkeiten" (Kap. 94), die man nur durch umständliche Korrekturverfahren beseitigen kann.

Durch Kombination von mehreren Farbfiltern ist eine Verbesserung der Trenneigenschaften schwer möglich. Man kann allenfalls mit größeren Schichtdicken die Absorptionskanten steiler machen. Bei solchen Maßnahmen wird aber gleichzeitig, wenn auch in geringerem Maße, die Maximaldurchlässigkeit verschlechtert. Damit steigen die Anforderungen an die Empfindlichkeit der Strahlungsempfänger und der Elektronik (Kap. 42 u. 44). Wir werden unten zeigen, wie man diese Aufgabe mit Interferenzfiltern besser löst.

Wir haben der Einfachheit halber das Filterproblem bisher so dargestellt, als ob nur die Durchlässigkeit der Filter allein maßgeblich für die Trenneigenschaften sei. Tatsächlich ist aber auch die spektrale Empfindlichkeit der Strahlungsempfänger (Kap. 42) mit zu berücksichtigen. Dies sei wieder an einem Beispiel erläutert:

Angenommen, es soll die rote Kalium-Doppellinie bei 767/70 mμ mit Filtern isoliert werden. Benutzt man einen Strahlungsempfänger, der oberhalb dieser Linie, d. h. nach dem Ultraroten zu, kaum noch empfindlich ist, z. B. ein Selen-Photoelement (Kap. 42), so genügt zur Isolierung dieser K-Doppellinie ein Filter, das kurz unterhalb dieser Linie eine scharfe Absorptionskante hat (z. B. das Filter RG 8 von Schott und Gen., Mainz). Eine trotzdem noch übrigbleibende „Querempfindlichkeit" (Kap. 94) für Licht der im Ultraroten gelegenen Na-Linie bei 819 mμ kann man durch Wärmeschutzfilter, die nach dem Ultraroten zu stärker absorbieren, zusätzlich unterdrücken. Verwendet man hingegen einen Strahlungsempfänger, dessen Empfindlichkeitsmaximum im Ultraroten liegt (Abb. 35), so muß man wirkungsvollere Maßnahmen zur Unterdrückung dieser fremden Linie ergreifen, z. B. Interferenzfilter anwenden (s. unten).

Streng genommen, muß man also die effektive Spektralempfindlichkeit, d. h. das Produkt aus Filterdurchlässigkeit und Empfindlichkeit des Strahlungsempfängers, Wellenlänge für Wellenlänge berechnet, in diese Überlegungen einbeziehen. Die zu fordernden effektiven Spektralempfindlichkeiten an den entscheidenden Stellen des Spektrums ergeben sich aus der Mindestforderung für die Querempfindlichkeit und aus dem Intensitätsverhältnis von Störlinie zu Analysenlinie. Im einzelnen können wir darauf nicht näher eingehen. Nur ein Beispiel mag das erläutern.

Im letzten Beispiel stört z. B. die im Ultraroten gelegene Na-Linie nicht, wenn sehr wenig Na in der Analysenlösung vorhanden ist. Umgekehrt wäre eine versuchsweise Abtrennung der roten K-Linie mit Farbfiltern vollkommen hoffnungslos, wenn in der Analysenlösung viel Rubidium vorkäme, das bei 780 und 795 mμ zwei kräftige Linien hat. Glücklicherweise ist dieses Element ziemlich selten.

Es kommt vor, daß man eine zu messende Linie mit Farbfiltern von den übrigen Intensitäten genügend abtrennen kann, mit Ausnahme einer einzigen Stelle des Spektrums, an der eine kräftige Linie eines anderen Elementes stört. In solchen Fällen ist es mitunter möglich, durch ein zusätzliches „Sperrfilter", das zunächst ein Farbfilter sein soll, diese Störintensität zu unterdrücken. Dazu ein Beispiel:

Angenommen, es soll Ca z. B. mit der grünen CaOH-Bande bei 554 mμ neben Natrium flammenphotometrisch gemessen werden. Eine leidliche Trennung dieser grünen Bande von der benachbarten gelben Na-Linie bei 589 mμ gelingt nur durch Hinzunahme eines Sperrfilters, da die Absorptionskanten der grünen Farbfilter nach der langwelligen Seite ziemlich flach verlaufen. Als Sperrfilter ist in diesem Falle ein Didymnitrat-haltiges Glas (z. B. BG 20 von Schott u. Gen.) geeignet, das gerade an der Stelle der gelben Na-Linie (übrigens auch an mehreren anderen Stellen des Spektrums) eine Absorptionsbande hat. In der Abb. 31 sind diese Verhältnisse dargestellt. Um die Restdurchlässigkeiten an den Störstellen besser beurteilen zu können, empfiehlt sich ein logarithmischer Maßstab für die Durchlässigkeit. Man sieht die Durchlässigkeit des grünen Farbfilters für Ca-Licht, das wegen der Absorption von Didymnitrat eine Dreigipfeligkeit aufweist. Das Hauptmaximum liegt im Grünen, die Nebenmaxima im Gelbroten. Letztere stören nicht, da dort CaOH ebenfalls Banden aufweist.

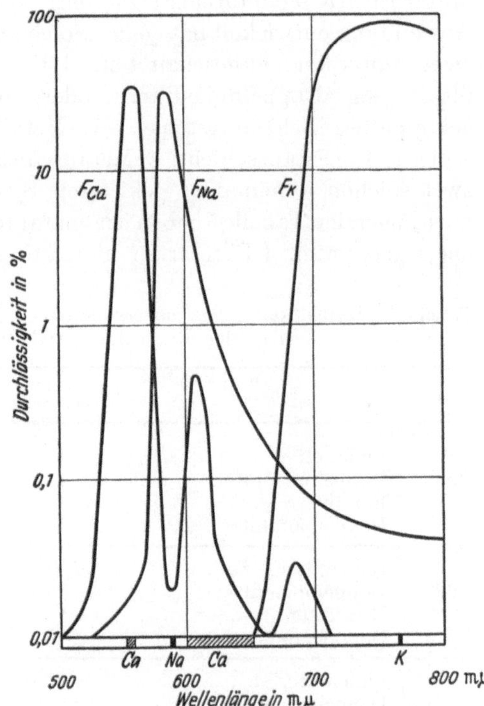

Abb. 31. Durchlässigkeit einiger Farbfilterkombinationen zur Isolierung der Linien Na 589 mμ, K 767 mμ und der Bande CaOH 554 mμ (nach [524])

Zu c. *Metallinterferenzfilter*[1]. Die einfachsten, heute nur noch wenig gebräuchlichen Filter dieser Art sind im Prinzip wie folgt aufgebaut: Auf einer auf Glas aufgedampften, halbdurchlässigen dünnen Metallschicht (meist Silber), befindet sich eine nicht absorbierende Distanzschicht (z. B. aus Magnesiumfluorid) mit geeignetem Brechungsindex n und geeigneter Schichtdicke d, die in der Größenordnung einer Lichtwellenlänge liegt. Darauf ist eine zweite halbdurchlässige Metallschicht wie vorhin aufgedampft. Zum Schutz ist auf das Ganze eine zweite Glasscheibe aufgekittet. Wirkungsweise: Die an der oberen und unteren halbdurchlässigen Metallschicht reflektierten Lichtanteile interferieren miteinander und mit den durchgehenden Anteilen. Je nach dem Gangunterschied, bedingt durch die Dicke der Distanzschicht (genauer: Dicke mal cos des Einfallswinkels) und dem

[1] Herrn Dr. R. Schläfer, Mainz, danken wir für zahlreiche Hinweise.

Brechungsindex n der Zwischenschicht, werden Teile des Spektrums durchgelassen, andere Teile reflektiert. Diese einfachen Interferenzfilter haben eine maximale Durchlässigkeit[1] T_{max} von etwa 40% und eine Halbwertsbreite HW (Breite der Durchlässigkeitskurve an der Stelle $T_{max}/2$ in mμ ausgedrückt) von etwa 10 mμ und eine Zehntelwertsbreite ZW (Breite der Durchlässigkeitskurve an der Stelle $T_{max}/10$ in mμ) von etwa 30 mμ. Da solche einfachen Interferenzfilter mehrere Maxima aufweisen, kombiniert man sie mit Farbfiltern, die die nicht interessierenden Nebenmaxima unterdrücken. Man unterdrückt dadurch aber auch gleichzeitig den Filteruntergrund, d. h. die flach auslaufenden Durchlässigkeits„schwänze“ in den vom Durchlässigkeitsmaximum weiter entfernten Teilen des Spektrums.

Diese einfachen Metallinterferenz-Linienfilter werden heute kaum noch angewandt, da man inzwischen verschiedene verbesserte Typen solcher Interferenzfilter mit besseren Filtereigenschaften (größere Flankensteilheit, stärker unterdrückte Fehldurchlässigkeiten) speziell für die flammenphotometrische Anwendung entwickelt hat [*620*]. Solche verbesserte Typen bestehen entweder aus zwei hintereinandergeschalteten, d. h. zusammengekitteten, einfachen Linienfiltern, sog. Doppellinienfiltern, oder sie bestehen aus zwei direkt aneinander gekoppelten Schichtsystemen (1. Metallschicht, 2. Distanzschicht, 3. Metallschicht, 4. Distanzschicht, 5. Metallschicht), sog. Wellenbandfiltern, oder gar aus zwei solchen aufeinander gekitteten Systemen, sog. Doppelbandfiltern. In der nachfolgenden Tabelle 5 geben wir charakteristische Durchlässigkeitsdaten für diese eben genannten 4 Filterarten in relativen Einheiten, d. h. jeweils bezogen auf

Tabelle 5. *Durchlässigkeiten von verschiedenen Interferenzfilter-Typen für die Flammenphotometrie* (der Firma Jenaer Glaswerk Schott u. Gen. in Mainz)

λ_{max}	Filterart	T/T_{max} bei 589 mμ	T/T_{max} bei 620 mμ	T/T_{max} bei 671 mμ	T/T_{max} bei 768 mμ
589	Linienfilter	1	1 : 450	1 : 10000	1 : 40000
	Doppellinienfilter	1	1 : 20000	$<1 : 10^6$	$<1 : 10^6$
	Bandfilter	1	1 : 100	1 : 10000	1 : 25000
	Doppelbandfilter	1	1 : 30000	$<1 : 10^6$	$<1 : 10^6$
620	Linienfilter	$<1 : 10^6$	1	1 : 3000	1 : 70000
	Doppellinienfilter	$<1 : 10^6$	1	$<1 : 10^6$	$<1 : 10^6$
	Bandfilter	$<1 : 10^6$	1	1 : 700	1 : 2500
	Doppelbandfilter	$<1 : 10^6$	1	1 : 300000	$<1 : 10^6$
671	Linienfilter	$<1 : 10^6$	1 : 300000	1	1 : 12000
	Doppellinienfilter	$<1 : 10^6$	$<1 : 10^6$	1	$<1 : 10^6$
	Bandfilter	$<1 : 10^6$	1 : 700000	1	1 : 10000
	Doppelbandfilter	$<1 : 10^6$	$<1 : 10^6$	1	$<1 : 10^6$
768	Linienfilter	$<1 : 10^6$	$<1 : 10^6$	1 : 300000	1
	Doppellinienfilter	$<1 : 10^6$	$<1 : 10^6$	$<1 : 10^6$	1
	Bandfilter	$<1 : 10^6$	$<1 : 10^6$	1 : 700000	1
	Doppelbandfilter	$<1 : 10^6$	$<1 : 10^6$	$<1 : 10^6$	1

$<1 : 10^6$ bedeutet, daß das Verhältnis T/T_{max} noch besser ist als $1 : 10^6$.

[1] „Durchlässigkeit“ wird hier im Sinne von „Transmissionsgrad“ benutzt, d. h. Reflexionsverluste an den Filtergrenzflächen werden in den nachfolgenden Betrachtungen vernachlässigt.

T_{max} für 4 verschiedene Wellenlängen an, die für die Flammenphotometrie von Interesse sind (Na 589 mμ, Ca 620 mμ, Li 671 mμ und K 768 mμ). Eine 1 in der Tabelle bedeutet, daß wir hier gerade im Maximum der Durchlässigkeit des betreffenden Filters sind, während die übrigen Zahlen (ohne Berücksichtigung der spektralen Empfindlichkeitseigenschaft eines etwa vorhandenen Strahlungsempfängers) angeben, mit welcher unerwünschten relativen Restdurchlässigkeit wir an den anderen genannten Stellen des Spektrums zu rechnen haben. Man sieht daraus, daß man mit Doppelbandfiltern neuerer Bauart diese Restdurchlässigkeiten meist unter $1/10^6$ herunterdrücken konnte, wir also bei Verwendung solcher Filter mit Querempfindlichkeiten praktisch nicht mehr zu rechnen haben.

Die Abb. 32 zeigt darüber hinaus die spektrale Durchlässigkeit eines Doppellinienfilters neuerer Bauart, verkittet mit einem 2 mm starken Filter OG 2 für Na-Analysen, und die eines einfachen Bandfilters für Ca 620 mμ, verkittet mit einem 2 mm starken Filter BG 36 und einem 2 mm starken Filter OG 3. Man beachte die logarithmische Darstellung des Durchlässigkeitsmaßstabes. Dieser ist zur Darstellung größerer Durchlässigkeitsunterschiede geeigneter als eine lineare Darstellung.

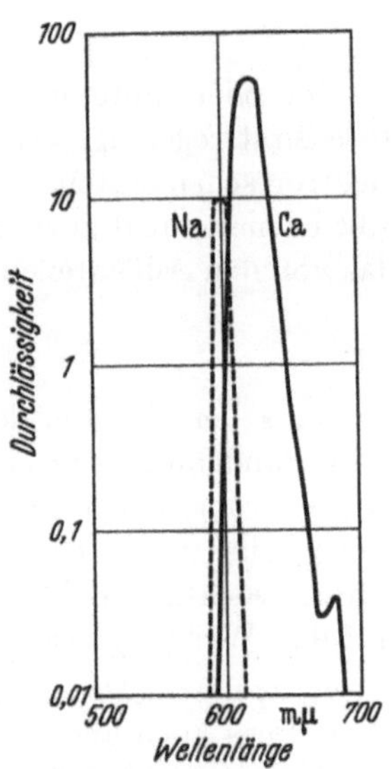

Abb. 32. Durchlässigkeit zweier Interferenzfilter. a) Doppellinienfilter für Na 589 mμ, verkittet mit OG 2, 2 mm stark. b) Einfaches Bandfilter für Ca 620 mμ, verkittet mit BG 36, 2 mm stark + OG 3, 2 mm stark (alles Filter des Jenaer Glaswerks Schott u. Gen., Mainz). Man beachte den logarithmischen Maßstab für die Durchlässigkeit

Man sollte sich bemühen, solche Interferenzfilter in möglichst parallelem Strahlengang zu verwenden, da der oben genannte Gangunterschied und damit die jeweilige Lage von λ_{max} vom Einfallswinkel abhängt. Allerdings ist es in letzter Zeit bei den oben erwähnten neueren Filtern gelungen, diese Empfindlichkeit von λ_{max} und der sonstigen Filtereigenschaften (Halbwertsbreite usw.) gegen schrägen Strahleneinfall zu mildern. Dadurch ist es jetzt bei diesen neueren Filtern möglich, Öffnungswinkel von 40 Grad, bei Bandfiltern sogar bis 60 Grad zuzulassen. Interferenzfilter sind heute für jede Wellenlänge im Bereich von etwa 215 mμ bis 2,7 μ käuflich zu erhalten.

Weiterhin müssen wir die (Interferenz-)Verlauffilter erwähnen. Das sind im Prinzip Filterstreifen mit keilförmiger Zwischenschicht, längs deren sich die Farbe des durchgelassenen Lichtes, entsprechend den Spektralfarben, kontinuierlich und linear ändert. Es lassen sich entsprechend wie oben wieder Linien- und auch Band-Verlauffilter herstellen. Mit solchen Filtern kann man also die Wellenlänge kontinuierlich einstellen. Sie haben gegenüber den Monochromatoren (Kap. 60) den Vorzug, daß der Lichtleitwert (10—100mal) besser ist. Die spektrale Reinheit reicht ohne zusätzliche Maßnahmen allerdings nicht an die von guten Monochromatoren heran. Auch reicht ihr Lichtleitwert nicht an den der obengenannten Interferenzfilter heran, da sie nur in Verbindung mit einem Spalt benutzt werden können.

Die oben bei Farbfiltern genannte Aufgabe der Abtrennung einer besonders starken störenden Linie oder eines ganzen Spektralbereiches läßt sich ebenfalls mit Interferenzfiltern besser lösen. Jedes Metallinterferenzfilter kann nämlich auch in Reflexion benutzt werden. Es reflektiert jede Wellenlänge, mit Ausnahme der durchgelassenen. Durch zwei gleichartige, als Reflektoren hintereinandergeschaltete Interferenzfilter läßt sich jede nicht zu nahe gelegene Linie so weit beseitigen, daß sie nicht mehr stört.

Für den Praktiker, der sich nicht mit der Zusammenstellung oder Verbesserung von Filterkombinationen entsprechend den obigen Ausführungen befassen will, möchten wir empfehlen, die Güte der optischen Abtrennung der gewünschten Linie von den Störlinien für seine Anordnung (Filter + Strahlungsempfänger) und für seinen Anwendungsfall (Verhältnis der einzelnen Konzentrationen zueinander) nach einer der im Kap. 94 beschriebenen Methoden zu prüfen. Wenn das Ergebnis dieser Prüfung nicht befriedigt, kann er unter Benutzung dieser „Querempfindlichkeitszahlen“ von Filterfirmen erfahren, wie er die vorhandenen Filter verbessern kann.

41. Blenden

Vor oder hinter dem Filter befindet sich oft eine verstellbare Blende zur Intensitätsregelung. Wir werden die Funktion dieses Teiles gemeinsam mit der elektronischen Intensitätsregelung in Kap. 48 besprechen. Abgesehen davon, gibt es manchmal auch noch feststehende Blenden, die z. B. die Aufgabe haben, das von den Außenteilen der Flamme ausgehende Licht abzuschirmen.

42. Die Strahlungsempfänger

Sie sollen die aus dem gesamten Strahlengemisch herausgefilterten Linien- oder Bandenintensitäten in dazu proportionale elektrische Ströme verwandeln. Diese Ströme können leicht gemessen oder registriert werden. Für diese Aufgabe stehen eine ganze Reihe von Strahlungsempfängern zur Verfügung, von denen wir die wichtigsten Typen mit ihren Vor- und Nachteilen erwähnen wollen, ohne auf ihre Wirkungsweise näher einzugehen [*28, 58, 148, 250* u. a.].

a) Sperrschichtzellen oder Photoelemente. Sie bestehen meist aus Selen, neuerdings auch aus Silicium, das auf eine metallische Grundfläche aufgebracht ist. Darüber befindet sich aufgedampft eine dünne metallische lichtdurchlässige Schicht. Die eine Elektrode ist die dünne Metallschicht, die andere die dicke, metallene Grundschicht. Eine Schaltung eines solchen Elementes zeigt die Abb. 33. Man braucht keinerlei Hilfsspannung für das Absaugen der bei Belichtung entstehenden Elektronen. Ein solches „Element“ wirkt als Spannungsquelle bei Bestrahlung. Es gibt keinen Dunkelstrom (ohne Belichtung) ab. Photoelemente benötigen nur geringen Raum, sie sind unzerbrechlich und haben sehr geringes Gewicht. Überdies haben sie mit etwa 0,1 A/Watt auffallender Strahlungsleistung eine gute Empfindlichkeit. Man kann die Strahlung empfangende Fläche beliebig groß machen und der Öffnungswinkel, unter dem Strahlung empfangen wird, kann auch beliebig groß gewählt werden. Wegen ihres niedrigen Innenwiderstandes sind sie gegen elektrische Störungen aus der Umgebung nur wenig anfällig. Diesen Vorteilen stehen folgende Nachteile gegenüber: Die Umwandlung des Lichtes erfolgt nur in einem begrenzten Bereich in dazu proportionale Ströme, und das nur, sofern das Anzeigeinstrument einen genügend kleinen (maximal etwa 500 Ω) Innenwiderstand hat. Allerdings kann man diese Abweichungen von der Proportionalität durch das Parallelschalten von niedrigen Widerständen beheben; das gleiche kann man durch eine Kompensation des Photostromes erreichen. Da diese Elemente einen geringen Eigenwiderstand haben und überdies wegen der Proportionalitätsforderung an niedrigen Belastungswiderständen betrieben werden müssen, bringt eine Nachverstärkung nur geringe Vorteile. Die Selen-Photoelemente zeigen Ermüdungs- und Nachwirkungserscheinungen bei längerer Belichtung, d. h. der Nullpunkt stellt sich erst nach längerer Verdunklung wieder ein; sie altern im Laufe der Zeit. Die Photoströme sind temperaturabhängig, obwohl es in der letzten Zeit auch Elemente mit sehr niedrigem Temperaturkoeffizienten gibt; man hat weniger Auswahl hinsichtlich verschiedener spektraler Empfindlichkeitskurven als bei den nachfolgenden anderen Strahlungsempfängern. Auch ist der gesamte spektrale Empfindlichkeitsbereich (300 bis 800 mμ) weniger groß als bei den verschiedenen Vakuumphotozellen zusammengenommen.

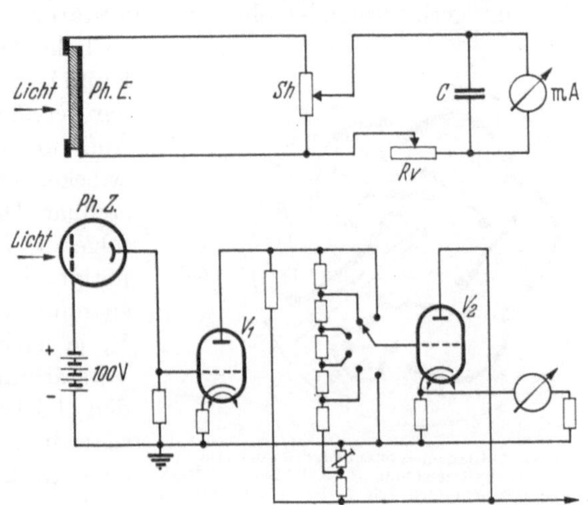

Abb. 33. Oben: Schaltung eines Selenphotoelementes mit Intensitätsregelung und Glättungskondensator. *Ph.E.* Photoelement; *Sh* Shunt; *Rv* Vorwiderstand; *C* Kondensator; *mA* Milliamperemeter oder Galvanometer. Unten: Schaltung einer Photozelle mit angedeuteter Röhrennachverstärkung (Gleichstromverstärkung); *Ph.Z.* = Photozelle, betrieben über eine Batterie von 100 V; V_1 erste Verstärkerröhre mit festem Ableitwiderstand; V_2 zweite Verstärkerröhre, auf höherem Potential liegend, mit umschaltbarem Gitterableitwiderstand (stufenweise Empfindlichkeitsumstellung), anschließend ein Meßinstrument

b) *Vakuumphotozellen.* Sie bestehen aus einem evakuierten Glas- oder Quarzgefäß mit einer innen aufgedampften lichtempfindlichen (alkalihaltigen) Schicht und, isoliert davon, aus einer netz- oder ringförmigen Anode. Die Schaltung mit angedeuteter Nachverstärkung zeigt die Abb. 33. Die aus der lichtempfindlichen Schicht durch Bestrahlung herausgelösten Elektronen müssen durch eine Saugspannung zur Anode abgesaugt werden (Abb. 33). Ist diese Spannung stark genug, daß alle Elektronen zur Anode gelangen, dann entsteht ein Sättigungsstrom, der der Lichtintensität proportional ist. Wegen der Notwendigkeit einer Absaugspannung ist der Aufwand an Schaltmitteln größer als bei Verwendung von Photoelementen. Hinzu kommt im allgemeinen, wegen der geringeren Empfindlichkeit der Zellen, die Notwendigkeit einer Verstärkung der Photoströme. Das Arbeiten mit den erforderlichen hohen Ableitwiderständen führt manchmal zu Isolationsschwierigkeiten. Diesen Nachteilen stehen folgende Vorteile gegenüber: Meist gute Proportionalität zwischen Strom und Lichtintensität, eine Nachverstärkung ist gut möglich, man hat verschiedene Photozellentypen mit verschiedenen spektralen Empfindlichkeitseigenschaften zur Auswahl. Diese Empfindlichkeitseigenschaften entsprechen weitgehend denen der Abb. 35. Gasgefüllte Photozellen können wir nicht empfehlen, da bei ihnen die

Proportionalität zwischen Lichtintensität und Photostrom mäßig ist, und die Stabilität zu wünschen übrig läßt.

c) *Vakuumphotozellen mit Sekundärelektronen-Vervielfachung* oder kurz Sekundärelektronenvervielfacher (SEV) oder auch Multiplier- bzw. Photomultiplikatoren genannt. Sie vereinigen die eben beschriebenen Vorteile der Vakuumphotozellen mit denen einer in der Röhre selbst stattfindenden Verstärkung, die im Gegensatz zur Röhrenverstärkung praktisch frei von Rausch ist. Man kann diesen Strahlungsempfängern Ströme entnehmen, die von vorneherein bis zu 10000000mal höher liegen, als die einer einfachen Photozelle. Man kommt daher mit geringerer oder ohne Nachverstärkung aus, bzw. man braucht nicht so hohe Ableitwiderstände und hat daher kaum Isolationsschwierigkeiten. Die Größe der Verstärkung im Vervielfacher ist durch Änderung der Spannung an den Dynodenstrecken (Abb. 34) gut regelbar bzw. einstellbar. Diesen Vorteilen der SEV stehen folgende Nachteile gegenüber: Man benötigt ein sehr gut stabilisiertes Gleichspannungs-Netzgerät für etwa 500—2500 V, je nach SEV-Type und gewünschter Verstärkung. Die maximal vorkommenden hochspannungsseitigen Spannungsschwankungen müssen prozentual etwa eine Größenordnung kleiner als die zu fordernde Genauigkeit sein. Bei einer Genauigkeitsforderung von ± 1% dürfen die Restschwankungen der Spannung nach der Stabilisierung also höchstens ± 0,1% betragen. Andere Nachteile sind Ermüdungserscheinungen und Sättigung bei höheren Bestrahlungen und die Anfälligkeit gegen elektromagnetische Störungen. Schließlich ist auch der hohe Preis des Vervielfachers mit dem erforderlichen elektromagnetischen Zubehör (gleichgerichtete Hochspannung hoher Konstanz) als Nachteil zu erwähnen.

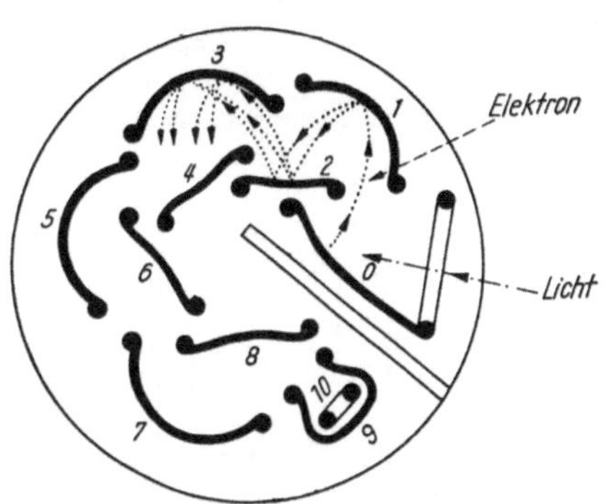

Abb. 34. Aufbau eines Sekundärelektronenvervielfachers (Schnittzeichnung RCA 1P 28). Die stark ausgezogenen Linien zeigen die Dynodenbleche, die punktierten Linien den Anfang der Elektronen- bzw. der Sekundärelektronen-Bahnen

Die Wirkung der Verstärkung im Rohr ist wie folgt zu verstehen: Die SEV arbeiten im ersten Teil, d. h. zwischen Kathode und erstem Dynodenblech D_1 (Abb. 34), wie eine oben beschriebene Vakuumphotozelle. Die auf dem ersten Dynodenblech auftreffenden Elektronen erzeugen dort beim Aufprall neue, sog. Sekundärelektronen. Je nach der anliegenden Spannung zwischen Kathode und erster Dynode, können je auftreffendes Elektron 1—4 neue Elektronen herausgelöst werden. Diese werden durch das elektrische Feld zwischen 1. und 2. Dynode beschleunigt und lösen nun beim Auftreffen auf dem zweiten Dynodenblech abermals eine Reihe von neuen Elektronen aus, so daß dort die Zahl der fortgehenden Elektronen auf maximal $4 \cdot 4 = 16$ erhöht wird. In der nächsten Stufe zwischen 2. und 3. Dynode wird das nun so fortgesetzt. Dadurch erzielt man in 9—11stufigen Verstärkern eine bis zu 10 Millionen-fache Verstärkung.

Im allgemeinen wird der Benutzer eines fertigen Filterphotometers mit den vom Hersteller vorgesehenen Strahlungsempfängern arbeiten. Mitunter sind zwei oder mehr Strahlungsempfänger mit verschiedenen spektralen Empfindlichkeitseigenschaften (s. unten) zur Auswahl vorgesehen. Man achte in solchen Fällen darauf, daß man bei den einzelnen Anwendungsmöglichkeiten jeweils den zweckmäßigsten Strahlungsempfänger einschaltet.

Zur Auswahl der spektralen Empfindlichkeiten für die einzelnen Meßaufgaben sei folgendes ausgeführt: Für eine möglichst universelle Anwendbarkeit der Strahlungsempfänger wäre eine etwa gleichbleibende Empfindlichkeit in allen Teilen des Spektrums angenehm (Mehroktavenzellen). Auf der anderen Seite ist zur Vermeidung von Querempfindlichkeiten (Kap. 94) erwünscht, daß der Strahlungsempfänger nur dort empfindlich ist, wo man gerade mißt. Im extremsten Falle benötigte man also gar keine Filter bzw. Monochromatoren, wenn es Strahlungsempfänger mit sehr selektiven Empfindlichkeiten gäbe. Weder der eine noch der andere Extremfall lassen sich mit den hier in Frage kommenden Strahlungsempfängern verwirklichen. Die Abb. 35 zeigt als Beispiel einige spektrale Empfindlichkeitskurven von praktisch wichtigen Sekundär-Elektronen-Vervielfachern. Photozellen lassen sich mit ähnlichen spektralen Empfindlichkeitskurven herstellen. Man wird möglichst im Maximum dieser Empfindlichkeitskurven arbeiten.

Oft wird der Benutzer eines Filterphotometers den Wunsch äußern, die Empfindlichkeit seines Gerätes zu erhöhen. Gelegentlich wird versucht, dies durch Einbauen eines empfindlicheren Strahlungsempfängers, z. B. eines SEV, anstelle eines Selenphotoelementes zu erreichen. Dies ist prinzipiell richtig, nur muß man bei solchen Umbauten daran denken, daß man dann auch die Anforderungen an die Trennschärfe der Filter (Kap. 40) ändern muß. Andernfalls wird der Benutzer des Photometers unerfreuliche Querempfindlichkeiten (Kap. 94) feststellen.

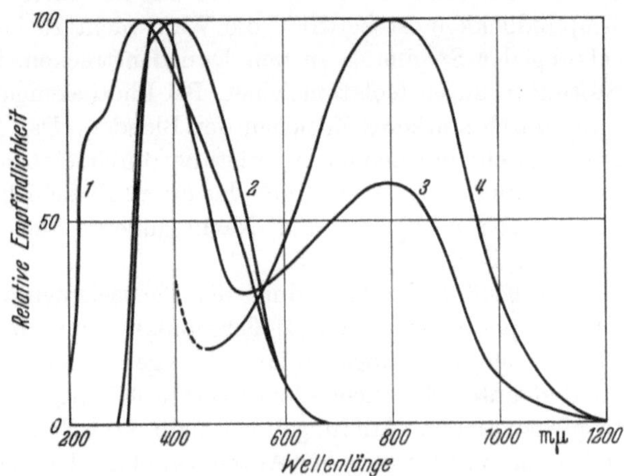

Abb. 35. Spektrale Empfindlichkeiten verschiedener Photozellen mit Sekundär-Elektronenvervielfachung. *1* RCA 1P 28; *2* RCA 1P 21; *3* Maurer A/e; *4* RCA C 7160

Der Einbau der Strahlungsempfänger sollte so erfolgen, daß kein Streulicht auf die lichtempfindliche Schicht fallen kann, und daß sie vor Schmutz, Staub, Verbrennungsprodukten, Erwärmung usw. geschützt sind. Beim Ausnutzen der höchsten Empfindlichkeiten von Photozellen mit Sekundär-Elektronenvervielfachung empfiehlt sich eine federnde Aufhängung, um Störungen durch den Mikrophoneffekt, d. h. durch mechanische Erschütterungen, zu verhindern. Ferner ist eine zusätzliche metallische Abschirmung aus magnetisch weichem Metall (Mu-Metall) gegen elektromagnetische Störungen anzuraten.

Um den Isolationsschwierigkeiten bei Photozellen mit hohen Ableitwiderständen bzw. hohen Verstärkungen zu begegnen, werden in den Gehäusen für Photozellen mitunter Trockenmittel, wie Silicagel (Blaugel) u. ä., eingeschoben.

Diese müssen von Zeit zu Zeit erneuert werden. Aus dem gleichen Grunde ist es ratsam, Flammenphotometer möglichst in trockenen Räumen aufzustellen.

Alle Strahlungsempfänger zeigen mehr oder weniger große zeitliche Änderungen der Empfindlichkeit. Diese sind anfangs stärker und gehen schließlich nach 1—2 Std. so langsam vor sich, daß sie bei der üblichen Arbeitsweise (Kap. 85) mit regelmäßigen Zwischeneichnungen kaum noch stören. Bei Photoelementen handelt es sich fast ausschließlich um eine „Ermüdung". Diese ist bei Vakuumphotozellen kaum zu bemerken. Bei Photozellen mit Sekundär-Elektronenvervielfachung machen sich Änderungen der Empfindlichkeit mit positivem und negativem Vorzeichen bei Meßströmen oberhalb 10^{-5} A bemerkbar. Das liegt aber weniger an einer Veränderung der Photokathode als an der Sekundärelektronenabgabe der am höchsten belasteten letzten Dynodenbleche. Es kommt dort oft zu Sättigungserscheinungen. Man vermeide daher solche hohen Meßströme. Man begegnet diesen Erscheinungen durch „Vorbelichtung", d. h. man läßt ein Photometer vor Beginn der eigentlichen Messung längere Zeit beim Zerstäuben von Eichlösungen oder ähnlichem „einbrennen". Photozellen mit Sekundär-Elektronenvervielfachung schaltet man schon einige Stunden vorher ein, bzw. man läßt sie Tag und Nacht durchbrennen. Da sie ohne Belichtung und bei Abwesenheit von Spannungsteilern keinen Strom aufnehmen, schadet das den etwa vorhandenen Batterien nichts. Ein bewährtes Mittel gegen die Änderung der Empfindlichkeit ist bei SEV die Wahl nicht zu hoher Meßströme durch Herabsetzung der Spannung an den Dynodenstrecken. Man vermeidet dadurch auch Störungen durch Isolationsfehler. Bei Photoelementen verringert man die Ermüdung durch stärkeres Zuziehen der Blenden. Das Zuwenig an Photostrom kann man bei entsprechender Ausrüstung durch eine nicht ermüdende Röhrennachverstärkung ausgleichen. Auch das öftere Einschieben von Eichlösungen zwischen den Analysenlösungen und Nachregulieren der Empfindlichkeit schützt vor größeren Fehlern (Kap. 85).

Der Einfluß der Ermüdung der Photoelemente usw. auf die Genauigkeit der flammenphotometrischen Meßergebnisse wird meist überschätzt. Ein großer Teil der den Strahlungsempfängern zugeschobenen Effekte beruht in Wirklichkeit auf dem unterschiedlichen temperaturabhängigen Niederschlagen der Flüssigkeitströpfchen an den Wandungen von indirekten Zerstäubern (Kap. 26) oder auf einer teilweisen Verstopfung der Ansaugcapillare des Zerstäubers.

Der Lichtleitwert von den hier besprochenen Filterphotometern ist meist so groß, daß die Photoströme der Photozellen mit oder ohne Sekundär-Elektronenvervielfachung weit größer sind als die Dunkelströme. Schwierigkeiten durch die Veränderlichkeit der Dunkelströme ergeben sich daher hier nur bei ultrarotempfindlichen Vervielfachern, wo ja der Dunkelstrom auch entsprechend größer ist. Das hier weniger kritische Problem des (veränderlichen) Dunkelstromes wird im Zusammenhang mit der Flammenspektrophotometrie in Kap. 65 näher besprochen.

43. Die Justierung der Strahlungsempfänger

Die Strahlungsempfänger sollen so justiert werden, daß das aus dem optischen System austretende Strahlenbündel die gesamte lichtempfindliche Schicht bestrahlt. Wird der Strahlungsempfänger zu nahe an die Lichtaustrittsöffnung herangebracht, so wird nur ein Teil der lichtempfindlichen Schicht ausgenutzt, und die kleine bestrahlte Zone wird unter Umständen überlastet. Ermüdungserscheinungen machen sich dann stärker bemerkbar, ebenso mechanische Erschütterungen [*148*]. Bringt man den Strahlungsempfänger hingegen in zu weiter Entfernung an, so werden Teile des Lichtes ungenutzt an der lichtempfindlichen Schicht vorbeigehen. Die Seiten-, Richtungs- und Höhenjustierung ist so vorzunehmen, daß man maximale Intensitäten am Ausgang bekommt. Da weder das austretende Strahlenbündel homogen ist noch die Empfindlichkeit in allen Teilen der Schicht die gleiche ist, kann man die optimale Stellung des Strahlungsempfängers nur experimentell ermitteln. Diese optimale Stellung kann für verschiedene Wellenlängen verschieden sein. In der Praxis verzichtet man meist auf solche Feinheiten. Die Justierung der Strahlungsempfänger ist bei guten Geräten meist schon zweckentsprechend durchgeführt. Eine Abbildung der Flamme auf den Strahlungsempfängern ist nur bei großflächigen Empfängerschichten mit etwa gleichmäßiger Empfindlichkeitsverteilung auf der ganzen Schicht, z. B. bei Selen-Photoelementen, anzuraten. Bei sehr kleinen strahlungsempfindlichen Schichten, z. B. bei SEV der Type 931 A cder 1P 28, bestände die Gefahr, daß man bei einer Seitenverstellung Licht von verschiedenen Teilen der Flamme auffängt. In solchen Fällen wird man auf eine Abbildung verzichten.

44. Die Verstärkung

In vielen Fällen wird der von den Photoelementen bzw. der von den Photozellen mit Sekundär-Elektronenvervielfachung ausgehende Photostrom direkt einem empfindlichen Anzeigeinstrument (Drehspulinstrument oder besser noch einem Skalengalvanometer) zugeführt und angezeigt. Reicht die gewünschte Empfindlichkeit des optisch-elektrischen Systems (d. h. Flamme, Kondensor mit Spiegel, Filter mit Strahlungsempfänger einschließlich Meßinstrument) nicht aus, so kann man durch Zwischenschalten eines „Verstärkers" zwischen Strahlungsempfänger und Anzeigeinstrument, bis etwa 1000000mal größere Ströme (Spannungen) erhalten. Allerdings hat es keinen Sinn, die Verstärkung noch weiter zu treiben, so daß die statistischen Stromschwankungen (Schroteffektrauschen) des (verstärkten) Dunkelstromes oder/und des Elektronenrauschens von Schaltmitteln (Widerstandsrauschen, Röhrenrauschen) störend in Erscheinung treten. Oft bauen die Gerätehersteller nur deshalb Verstärker in ihre Geräte fest ein, um teure, empfindliche und schwerer bedienbare Galvanometer zu vermeiden. Man unterscheidet im wesentlichen zwischen Gleich- und Wechselstromverstärkern. Bei letzteren muß das von der Flamme ausgehende Gleichlicht in Wechsellicht verwandelt werden. Das geschieht z. B. mit Hilfe eines rotierenden Sektors, d. h. einer teils durchsichtigen, teils undurchsichtigen Scheibe, die in regelmäßigen zeitlichen Abständen, z. B. 50mal in der Sekunde, den Strahlengang freigibt bzw. sperrt. Dieses Vorgehen bringt den Vorteil, daß (Gleich-)Streulicht sowie der Dunkelstrom der Strahlungsempfänger ausgeschaltet werden, und daß die Nullpunktskonstanz besser als bei Gleichstromverstärkern ist. Andererseits ist der technische Aufwand größer.

Das Zwischenschalten von wenig geeigneten Verstärkern kann zu Meßfehlern führen:

a) Der Verstärkungsgrad und mithin die Gesamtempfindlichkeit sind bei manchen Ausführungsformen vom jeweiligen Zustand des Verstärkers (Anheizzeit, Zimmertemperatur, Eigenschaft und Alter der Röhren) abhängig. Außerdem erfolgt die Verstärkung mitunter nicht linear, d. h. die Ausgangsströme (Spannungen) verlaufen nicht proportional dem Eingangsstrom (bzw. der Spannung).

b) Der Wechselstromverstärker bringt meist noch einen zusätzlichen Brummanteil, der Gleichstromverstärker einen Anodenruhestrom in den Meßstrom hinein, die ähnlich wie der Dunkelstrom oder der Anteil der Flammenfärbung (Kap. 95) vom Gesamtstrom abzuziehen bzw. durch Kompensationseinrichtung wegzuregeln sind. Diese Ströme sind mitunter zeitlich nicht konstant, insbesondere beim Anheizen bzw. Warmwerden der Verstärker. Auch beeinflußt der Anteil des Funkeleffektes im Dunkelstrom- und Röhrenrauschen die untere Nachweisbarkeitsgrenze bei Gleichstromverstärkern in ungünstigerem Maße als bei Wechselstromverstärkern.

c) Bei ungünstiger Auslegung des Verstärkers gehen noch Netzspannungsschwankungen und ähnliche elektrische, magnetische oder mechanische Störungen (z. B. der Mikrophoneffekt) in das Meßergebnis ein.

Viele dieser genannten Nachteile einer Verstärkung lassen sich durch geeignete Schaltung, z. B. Gleichstrom-Kathodenverstärker (cathode-follower), Wechselstromverstärker mit Gegenkoppelung, so weit unterdrücken, daß sie nicht störend ins Gewicht fallen. Wir möchten aber davor warnen, jeden beliebigen Verstärker für den hier vorliegenden Fall ohne zweckentsprechende Prüfung verwenden zu wollen.

Man muß von einem guten Verstärker folgende Eigenschaften verlangen: Konstanz der Empfindlichkeit und des Nullpunktes bei genügend großem Verstärkungsgrad, gute Linearität, lange Lebensdauer der Röhren und der übrigen Schaltmittel, einfache und übersichtliche Bauweise, damit etwa notwendig werdende Reparaturen leicht durchgeführt werden können. Die Umschaltung der Verstärkung sollte in mehreren meßbaren Stufen erfolgen, z. B. dadurch, daß jede weitere Schaltstellung einer Erhöhung der Verstärkung um jeweils den Faktor 2 entspricht. Zwischen diesen groben Stufen sollte noch eine Feinregulierung für den Feinabgleich vorgesehen werden. Die Empfindlichkeitsregelung soll unabhängig vom Nullpunkt durchführbar sein, d. h. diese beiden Einstellungen sollen sich gegenseitig nicht beeinflussen. Ferner ist es sehr erwünscht, die Trägheit der nachfolgenden Instrumenteinstellung (Kap. 46) durch zweckmäßige Schaltmittel im Verstärker, z. B. durch Zu- oder Abschalten von Kondensatoren, regulieren zu können. Steht wenig Substanz für eine Analyse zur Verfügung (Mikromethoden, Kap. 89), so wird man eine schnellere Einstellung der Anzeige (geringe Zeitkonstante, d. h. $R \cdot C$ etwa 0,5 sec[1]) wählen. Dafür werden aber die Ausschläge am Photometer unruhiger und mithin die erzielbare Genauigkeit geringer sein. Steht genügend Substanz zur Verfügung, wählt man besser ein trägeres Anzeigesystem ($R \cdot C$ etwa 1—5 sec). Dann dauert es zwar etwas länger bis man den Endausschlag am Meßinstrument ablesen kann, aber dieser Ausschlag steht ruhiger. Der geübte Beobachter kann allerdings bei unruhigen Ausschlägen gut den Mittelwert des Ausschlages abschätzen. Wir möchten hier nur

---

[1] Das entspricht einer Einstellzeit (Zeit für Annäherung an den Endwert bis auf 99,5%) von etwa dem 5fachen, im genannten Beispiel also 2,5 sec.

noch den praktischen Gesichtspunkt erwähnen, daß man Störungen elektrischer Art mitunter durch eine gute Erdverbindung ausschalten kann. Einzelheiten über die Verstärkertechnik können wir in diesem Rahmen nicht bringen. Wir verweisen auf die Literatur.

45. Die Energieversorgung

Für die Nachverstärkung braucht man Heiz- und Anodengleichspannungen. Die Photozellen benötigen gut stabilisierte, gleichgerichtete Saugspannungen, die Photozellen mit Sekundär-Elektronenvervielfachung sogar sehr gut stabilisierte, gleichgerichtete Hochspannungen von 500—2500 V, je nach Type und gewünschter Verstärkung. Die Anforderungen an die Konstanz müssen hier sehr hoch sein, weil etwaige Spannungsschwankungen, wegen der Vervielfachungswirkungen, sich am Ausgang in wesentlich stärkerem Maße bemerkbar machen. Bei Anwendung von Wechselstromverstärkern achte man auch darauf, daß der Brumm in der gleichgerichteten und stabilisierten Hochspannung solcher Netzgeräte nicht zu hoch ist. Diese verschiedenen Spannungen bzw. Ströme kann man nicht ohne weiteres dem Netz entnehmen. Es gibt verschiedene Wege, um die erforderlichen Energien zu erzeugen:

a) Die Heizströme werden Akkumulatoren entnommen, die Anodenspannungen Anodenbatterien. Bei den Hochspannungen werden Sätze von Batterien hintereinander geschaltet.

b) Es werden dem Netz über Umformer, Transformatoren, Gleichrichter usw. alle erforderlichen Spannungen und Ströme entnommen.

Kombinationen zwischen a) und b) sind möglich. Die Vor- und Nachteile sind folgende:

Bei a) muß man die Akkumulatoren pflegen, d. h. laden, Säure kontrollieren, Klemmen fetten, Batterien auswechseln usw. Das eigentliche Laden entfällt, wenn die Akkumulatoren über ein Ladegerät als „Puffer" geschaltet sind. Meßfehler können durch unsachgemäße Pflege, z. B. nicht genügend geladene Akkumulatoren, durch nicht rechtzeitig erneuerte Batterien usw., entstehen. Dafür ist man unabhängig vom Netz. Man kann also z. B. bei landwirtschaftlichen Untersuchungen Messungen direkt auf dem Feld ausführen, weiterhin ist man unabhängig von Störungen durch das Netz. Es entfallen also Fehler durch Netzspannungsschwankungen, Frequenzschwankungen, Schaltstöße usw.

Bei b) hat man den Vorteil, daß die Pflege von Akkumulatoren und Batterien entfällt. Die Verbindung eines Gerätes mit der Netzsteckdose genügt. Dafür kommen die obengenannten Störursachen unter Umständen in das Meßergebnis hinein. Diese lassen sich allerdings bei guten Schaltungen auf ein erträgliches Maß herabsetzen.

46. Das elektrische Meßinstrument

Es wird bei den hier behandelten, direkt anzeigenden, einfachen Filterphotometern meist ein Drehspulinstrument oder ein Lichtmarken-(Skalen-)Galvanometer sein, bei dem der Nullpunkt meist an einem Ende der Skala liegt, und bei dem der Ausschlag (gemessen in Skalenteilen) als Maß für die Größe der Photoströme und damit wieder als Maß für die Konzentration der gesuchten Elemente in der Flamme dient (Ausnahme: Kompensation mit einer Hilfsspannung,

s. Kap. 49, mit Leitelement Kap. 51). Dieses Verfahren wird daher auch Ausschlagsmethode genannt. Man muß fordern, daß die Ausschläge am Meßinstrument genügend groß sind, daß man sie leicht beobachten kann, und daß sie proportional zur Größe der Ströme verlaufen und genügend reproduzierbar sind. Die Länge der Skala ist entscheidend für die Ablesegenauigkeit und damit für den Konzentrationsbereich, den man maximal überstreichen kann. Angenommen, es steht eine hundertteilige Skala zur Verfügung, bei der man auf einen halben Teilstrich genau ablesen kann, so sind Ausschläge von weniger als 50 Skalenteilen nicht zulässig, wenn man eine Ablesegenauigkeit von 1% fordert. Mit anderen Worten: niedrigste und höchste Konzentration dürfen sich im genannten Beispiel um höchstens den Faktor 2 unterscheiden. Liegt hingegen eine tausendteilige Skala mit gleicher Ablesemöglichkeit vor, so kann ein 10mal größerer Konzentrationsbereich mit dieser Ablesegenauigkeit erfaßt werden. Die modernen Galvanometer haben meist eine Projektionsskala, ähnlich wie bei einer Schnellwaage. Oft sind die mitgelieferten „neutralen“ Skalen austauschbar gegen Spezialskalen, die z. B. sofort die Serumkonzentration in mval bzw. in mg % oder die Zement- bzw. Schlacke-Konzentration in % CaO oder % MgO bei geeigneter Vorbereitung der Proben und geeigneter Einstellung des Gerätes (einschließlich der Eichung) abzulesen gestatten.

Man beachte, daß die Anzeige der meisten Meßinstrumente lageabhängig ist, d. h. es ist nicht gleichgültig, ob das Instrument gerade oder schräg steht bzw. liegt (Reibungsfehler, Kippfehler usw.) Auch kann die Anzeige noch abhängig von der Lage des Nullpunktes sein. Letzteres gilt insbesondere für die Lichtmarkengalvanometer. Krümmungen der Eichkurve sind dadurch möglich, daß die Winkelausschläge des Drehspiegels auf eine gerade Skala projiziert werden.

All diese Instrumente sind gewissen Störeinflüssen durch mechanische Erschütterungen, Temperaturschwankungen, durch äußere Magnetfelder, z. B. durch ein in die Nähe gebrachtes zweites Drehspulinstrument, ausgesetzt. In Betriebslaboratorien kann die erschütterungsfreie Aufstellung von Galvanometern Schwierigkeiten bereiten. Dann empfiehlt sich das Anbringen von Konsolen, die in die tragenden Außenwände des Gebäudes eingelassen sind, oder man wählt eine Aufstellung auf einer federnd gelagerten trägen Masse, z. B. auf einer gußeisernen Platte, die auf Tennisbällen oder auf weichen Gummistopfen ruht. Für die Korrektur des Nullpunktes bei nicht eingeschalteter Elektronik sind meist mechanische Vorrichtungen vorgesehen, z. B. Skalenverschiebung, Verschiebung des Nullpunktes der Rückstellfeder an Drehspulinstrumenten bzw. des Aufhängebandes an Galvanometern. Bei zu starker mechanischer Nullpunktsverstellung, z. B. bei mechanischer Unterdrückung des Dunkelstromes, kann gleichzeitig eine Empfindlichkeitsänderung oder ein Hystereseeffekt oder auch Abweichungen von der Proportionalität resultieren. Die prozentualen Ablese- und Anzeigefehler des Instrumentes werden um so größer, je kleiner der Ausschlag am Meßinstrument ist. Man bemühe sich, insbesondere bei kurzen Skalen, die Empfindlichkeit so zu regeln bzw. die Konzentrationen so zu wählen (Kap. 79), daß man etwa in dem oberen (meist rechten) Drittel der Skala des Meßinstrumentes arbeitet. Bei Zeigerinstrumenten muß man zur Vermeidung eines Ablesefehlers senkrecht auf den Zeiger der Skala schauen. Um die senkrechte Blickrichtung besser beurteilen zu können, ist die Skala oft mit einem Spiegel (Spiegelskala) hinterlegt und das

Instrument mit einem Messerzeiger versehen. Man muß so auf die Skala sehen, daß sich der Zeiger und sein Spiegelbild decken (Vermeidung der Parallaxe). Man darf die Instrumente nicht mit zu hohen Strömen belasten. Im allgemeinen sind die hier genannten Instrumente kurzzeitig bis zum Zehnfachen ihres Nennwertes (Strom für Vollausschlag) überlastbar. Auch die Strahlungsempfänger vertragen keine zu hohen Belichtungen. Beim Zwischenschalten von Verstärkern ist ein Überlasten der vom Hersteller vorgesehenen Instrumente meist unmöglich, da die Röhren nur einen begrenzten Strom bei Übersteuerung durchlassen.

Beim Auswählen von Instrumenten sind die Schwingungsdauer und der Innenwiderstand sehr wesentlich. Der Außenwiderstand ist zweckmäßigerweise so zu wählen, daß das Instrument gerade im aperiodischen Grenzfall arbeitet, d. h., daß es weder schwingt noch kriecht. Sehr schnell schwingende Instrumente mit einer Schwingungsdauer, die weniger als 2 sec beträgt, sind nicht ratsam, sofern nicht der Verstärker eine höhere Zeitkonstante aufweist. Man beobachtet sonst sehr inkonstante Ausschläge infolge der unvermeidlichen Zerstäubungs- und Flammenunregelmäßigkeiten. Sehr träge Instrumente geben unter Umständen genauere Ergebnisse, da sie den Mittelwert der Photoströme über eine längere Zeit wiedergeben. Sie sind aber nur dann empfehlenswert, wenn die gelegentlichen Lichtblitze, die durch die in die Flamme hineinkommenden Staubpartikelchen entstehen, z. B. durch ein geschlossenes System nach Kap. 32, unterdrückt sind. Anderenfalls wird es lange Zeit dauern bis ein solcher, nur kleiner, aber zusätzlicher Ausschlag abgeklungen ist. Wenn nur geringe Substanzmengen zur Verfügung stehen, kann man allerdings sich sehr langsam einstellende Instrumente nicht anwenden. Außerdem geht eine längere Einstellzeit naturgemäß zu Lasten der Bestimmungsgeschwindigkeit (Kap. 91). Es gilt, zwischen diesen verschiedenen Forderungen einen Kompromiß zu schließen.

Bei Null-Methoden (Kap. 49—51) wird man weniger träge Instrumente mit einer Schwingungsdauer von etwa 1 sec verwenden. Durch Parallelschalten von Widerständen oder Kondensatoren oder beiden kann man die Einstellzeit weitgehend heraufsetzen, was von einigen Autoren mit Erfolg angewandt wurde.

Bei einfachen Photometern mit Selen-Sperrschicht-Photoelementen ohne Nachverstärkung muß man Galvanometer anwenden. Die Empfindlichkeit solcher Instrumente muß etwa 10^{-9} A/mm · m bei einem Innenwiderstand von höchstens 500 Ω betragen. Bei Photozellen mit Verstärkung richtet sich die Empfindlichkeit des Meßinstrumentes nach dem Verstärker und der geforderten Gesamtempfindlichkeit.

Man sollte sich bei der erstmaligen Inbetriebnahme einer Apparatur davon überzeugen, daß die gesamte Meßanordnung einschließlich Meßinstrument proportional arbeitet. Man kann dann leicht feststellen, ob etwa vorhandene Eichkurvenkrümmungen reell sind, und kann gegebenenfalls apparative Maßnahmen ergreifen, um solche nicht reellen Krümmungen zu beseitigen.

Diese Prüfung kann z. B. wie folgt durchgeführt werden: Man stellt durch Vernebeln einer geeigneten (z. B. Na-haltigen) Eichlösung eine konstant leuchtende Flamme her. Statt einer Flamme kann man auch einen genügend konstant leuchtenden anderen Strahler, z. B. eine mit Akkumulatoren betriebene Glühbirne, verwenden. Man regelt nun die Empfindlichkeit so, daß etwa Vollausschlag am Meßinstrument erscheint. Schwächt man jetzt das Licht der Flamme quantitativ in der Aperturebene (das ist die Ebene, in der üblicherweise die Gerätehersteller die Filter anbringen), z. B. mit einem quantitativ einstellbaren rotierenden Sektor oder mit Graugläsern bekannter Extinktion (die z. B. als Zubehör zu einem Colorimeter zu entnehmen sind), so muß der Ausschlag am Meßinstrument jeweils auf einen entsprechenden Bruchteil zurückgehen. Ist das nicht der Fall, so arbeitet einer der Bauteile, Strahlungsempfänger, Verstärker oder Meßinstrument (bzw. die Teilung eines Kompensationspotentiometers, Kap. 49), oder auch mehrere dieser Bauteile gleichzeitig, unproportional.

Eine andere Prüfung mit noch einfacheren Hilfsmitteln ist z. B. wie folgt durchführbar. Man erzeugt z. B. mit einer hohen Na-Konzentration in der Flamme einen hohen Photostrom und notiert dabei den Ausschlag A_1. Dann schiebt man ein beliebiges Strahlenschwächungsmittel, z. B. eine einigermaßen gleichmäßig berußte Glasplatte oder eine nicht zu stark geschwärzte (belichtete, entwickelte und fixierte) Photoplatte, an geeigneter Stelle (s. oben) in den Strahlengang und notiert den jetzt resultierenden Ausschlag A_2. Dann wiederholt man das gleiche mit einer niedrigeren Na-Konzentration. Der ungeschwächte Ausschlag sei diesmal A_3, der nach Einschieben des Schwächungsmittels beobachtete sei A_4. Bei proportionalem Arbeiten aller Bauteile muß folgende Beziehung gelten:

$$\frac{A_1}{A_2} = \frac{A_3}{A_4}$$

Wenn merkliche Abweichungen von dieser Beziehung beobachtet werden, arbeitet einer der Bauteile (Strahlungsempfänger, Verstärker, Meßinstrument) oder mehrere gleichzeitig unproportional.

Gegebenenfalls kann die Entscheidung zwischen diesen verschiedenen Möglichkeiten wie folgt getroffen werden: Man untersucht zunächst das Meßinstrument allein, indem man z. B. mit Hilfe eines Akkumulators und eines Präzisions-Dekaden-Widerstandes den Strom so einstellt, daß etwa Vollausschlag am Meßinstrument erscheint. Verdoppelt man diesen Widerstand, so muß der Ausschlag am Meßinstrument auf die Hälfte zurückgehen, vervierfacht man den Widerstand, so muß der Ausschlag auf $^1/_4$ zurückgehen usw.

Arbeitet das Meßinstrument proportional, so kann man Verstärker + Instrument zusammen wie folgt prüfen: Man gibt auf den Eingang des Verstärkers, z. B. mit Hilfe eines Präzisionsspannungsteilers, verschiedene, quantitativ veränderbare Spannungen. Das Meßinstrument muß darauf mit entsprechend variierten Ausschlägen reagieren. Ist das nicht der Fall, so ist der Verstärker auszutauschen oder abzuändern.

Arbeiten Verstärker + Meßinstrument proportional, ergeben sich aber trotzdem nach der ersten Prüfung mit der Photozelle zusammen Unproportionalitäten, dann kann dafür nur der Strahlungsempfänger verantwortlich gemacht werden.

Diese Prüfungen sollte man mit verschiedenen, der Praxis entsprechenden Empfindlichkeitseinstellungen vornehmen und auch nach längeren Zeiträumen, etwa jährlich einmal, wiederholen.

47. Integrierverfahren

Wir haben bis jetzt vorausgesetzt, daß der jeweilige Momentanwert des (evtl. verstärkten) Photostromes an einem Instrument abgelesen wird. Bei den später zu besprechenden spektrographischen Verfahren (Kap. 70) ist das prinzipiell anders. Es werden dabei die Lichtintensitäten über längere Belichtungszeiten in Form der zunehmenden Schwärzung auf der Platte aufsummiert. Die Plattenschwärzung ist ein Maß für das zeitliche Integral der Intensitäten während der Belichtungszeit. Diese Integrationsverfahren bringen den Vorteil, daß man von kurzzeitigen Schwankungen der Anregungsquelle (Flammen- und Zerstäuberunregelmäßigkeiten usw.) frei ist. Die Integration kann man auch mit entsprechenden elektrischen Mitteln durchführen. Eine gewisse Näherung an diesen Idealzustand einer völligen Integration stellen schon die Ausschlagsverfahren mit erhöhter Zeitkonstante (verlängerte Einstellzeit der Instrumente) dar. Es gibt nun eine Reihe von elektronischen Schaltungen, die eine solche Integration exakt durchführen. Im einfachsten Fall laden die Photoströme während einer gewissen

„Belichtungszeit“ einen geeigneten Kondensator. Die am Ende der Belichtungszeit festgestellte Ladung des Kondensators ist ein Maß für die zeitliche Summe aller Photoströme während der Belichtungszeit. Es gibt darüber hinaus eine ganze Reihe von Integrationsschaltungen, die wir hier nicht näher besprechen wollen.

In neuerer Zeit wählt man bei Mikro- und Ultramikromethoden diese Belichtungszeit (Integrationszeit) nicht beliebig, sondern läßt die Integration dann beginnen, wenn die Flüssigkeit in der Zerstäubercapillare erstmals hochsteigt, und läßt die Integration dann aufhören, wenn die quantitativ abgemessene Flüssigkeitsmenge (etwa 0,1 ml) verbraucht ist [*255*]. Dafür kann man verschiedene Schaltungen verwenden. Zum Beispiel ist es möglich, die Flüssigkeit selbst als elektrolytischen Schalter zu verwenden [*724*]. Man überzieht dazu die metallische Capillare von außen mit einem Kunststoffschlauch und zieht darüber einen Metallzylinder. Zwischen diesen Zylinder und die Capillare legt man eine Hilfsspannung. Sobald die an die Capillare gebrachte Flüssigkeit die Kunststoffisolation leitend überbrückt, fließt in einem Hilfsstromkreis ein Strom, der über ein Relais die Integration einschaltet bzw. die Integration abschaltet, wenn die Flüssigkeit verbraucht ist.

Ein prinzipieller Nachteil aller eben genannten Integrationsverfahren ist folgender: Man bekommt durch zufällige Lichtblitze, hervorgerufen von in die Flamme gelangenden Staubpartikeln aus der umgebenden Luft, Photostromimpulse ohne Korrekturmöglichkeit in das Meßergebnis hinein. Das gilt nicht nur für Na- und K-Messungen (Staubpartikel enthalten im wesentlichen diese beiden Elemente), sondern, wenn auch in geringerem Maße, auch für Messungen an beliebigen anderen Stellen des Spektrums, da in die Flamme hineingebrachtes Na und K auch eine Kontinuumstrahlung hervorbringt (Kap. 9). Bei der Beobachtung von Momentanwerten kann man von solchen Lichtblitzen (kurzzeitigen Ausschlägen am Meßinstrument) abstrahieren. Eine gewisse, jedoch nicht vollständige Abhilfe bringen geschlossene Systeme (Kap. 32) mit Zufuhr gereinigter Luft von außen.

Für die Besitzer von Registrierinstrumenten besteht zusätzlich noch folgende Integrationsmöglichkeit, die den eben genannten prinzipiellen Nachteil nicht aufweist: Man läßt während der Zerstäubung einer quantitativ abgemessenen Probe den Photostrom in seiner Zeitabhängigkeit auf dem Registrierstreifen eines Registriergerätes aufzeichnen. Dann ist der Flächeninhalt zwischen dem Blindwert und dem registrierten Photostrom ein Maß für das Integral, sofern man von plötzlichen Lichtblitzen abstrahiert. Manche Gerätehersteller sehen daher an ihren Filterflammenphotometern besondere Buchsen für den Anschluß eines Registrierinstrumentes vor [z. B. *513*]. Den genannten Flächeninhalt kann man ausplanimetrieren oder durch besondere Integrierzusätze zu solchen Registrierinstrumenten als fertigen Meßwert, z. B. an einem Zählwerk, ablesen. Im letztgenannten Fall kann man am automatisch gebildeten Integral eine (Lichtblitz)-Korrektur gemäß der Registrierkurve anbringen.

48. Die Intensitätsregelung

Beim praktischen Arbeiten mit Flammenphotometern ist erwünscht, eine oder mehrere Regeleinrichtungen zur Verfügung zu haben, um den Ausschlag am

Instrument beim Zerstäuben einer Eichlösung bekannter Konzentration immer wieder auf den gleichen Skalenwert zu bringen. Dafür sind verschiedene Einrichtungen gebräuchlich:

a) Man bringt in den Strahlengang eine verstellbare (Iris-)Blende, die man zu Beginn einer Meßreihe etwa auf $^1/_2$—$^2/_3$ der vollen Öffnung stellt, damit man beim Nachlassen der Gesamtempfindlichkeit während einer längeren Meßreihe die Möglichkeit hat, diesen Ermüdungseffekt durch allmähliches Öffnen der Blende zu kompensieren. Damit man durch das Öffnen bzw. Schließen nicht verschiedene Teile der Flamme ausblendet, muß die Blende an einer solchen Stelle des Strahlenganges angebracht sein, wo keine Abbildung der Flamme erfolgt, also z. B. dicht vor oder hinter den Filtern oder, besser, dicht an einer der abbildenden Linsen. Nachteil: Bei sehr hohen Intensitäten muß man die Blende sehr weit zuziehen. Bei den meist üblichen Ausführungsformen wird dadurch die Regelungsmöglichkeit sehr grob.

b) Man bringt parallel zum elektrischen Meßinstrument einen verstellbaren Widerstand (Shunt) oder, bzw. zusätzlich, noch einen verstellbaren Vorwiderstand in die eine Zuleitung des Instrumentes, der einen Teil des (verstärkten) Photostromes vom Instrument fernhält bzw. die Spannung am Instrument erniedrigt (Abb. 32). Mit einer solchen Regelung ändert man meist gleichzeitig ungewollt die Einstellzeit des Instrumentes. Bei Photoelementen ist dieses Verfahren bedenklich, weil man mit einer etwaigen Veränderung des Außenwiderstandes vom Instrument noch die Charakteristik des Photoelementes ändert. Bei Photometern mit geringeren Genauigkeitsansprüchen setzt man sich allerdings über diese Bedenken hinweg.

c) Wenn ein Verstärker zwischen Strahlungsempfänger und Instrument geschaltet ist, kann man sehr leicht den Verstärkungsgrad ändern, indem man z. B. den Ableitwiderstand an einer oder mehreren Röhren verändert (Kap. 44).

d) Man kann durch passendes quantitatives Verdünnen bzw. Einengen der zu analysierenden Flüssigkeit (Kap. 79) in den gewünschten Empfindlichkeitsbereich gelangen.

Bei all diesen Regelmaßnahmen ist zu prüfen, ob sich mit der Änderung der Gesamtempfindlichkeit nicht gleichzeitig der Nullpunkt der Skala bzw. der Flammenuntergrund verschiebt.

49. Kompensation mit einer Hilfsspannung

Statt der in den vorigen Kapiteln beschriebenen Anzeige der (verstärkten) Photoströme an einem in Skalenteilen geteilten Meßinstrument (Ausschlags- oder Anzeigeverfahren), kann man auch den durch das Meßinstrument gehenden Photostrom durch einen entgegengesetzt gerichteten regelbaren (Kompensations-) Strom kompensieren, d. h. den Hilfsstrom so regeln, daß das Instrument wieder „Null" anzeigt (Kompensationsverfahren). Man benötigt dazu eine genügend konstante Hilfsspannungsquelle, z. B. eine Batterie (B_2 in Abb. 36) und einen regelbaren Widerstand bzw. ein Potentiometer (P), mit dem man verschiedene Kompensationsströme bzw. Kompensationsspannungen durch Bewegen des Schleifers am Widerstand einstellen kann. Es wird der Abgriff an dem Widerstand P so lange geändert, bis das Instrument NI wieder Null anzeigt. Die Konzentration liest man in diesem Falle nicht am Instrument *NI* ab, sondern an einer geeigneten Teilung an dem veränderlichen Widerstand *P*.

Die prinzipielle Wirkungsweise einer solchen Kompensationsschaltung zeigt als Beispiel Abb. 36. Das Licht fällt auf die Photozelle *PhZ*, wobei Photoelektronen aus der Photokathode herausgelöst werden, die mit Hilfe der Saugspannung B_1 (bei Photozellen ohne Vervielfachung etwa 100 V) über die Widerstände W_1 (etwa 10^6—10^{10} Ω) und W_2 (etwa 10 Ω) abgesaugt werden (Photostrom). Der dabei auftretende Spannungsabfall an W_1 (und W_2) möge etwa 1 V betragen.

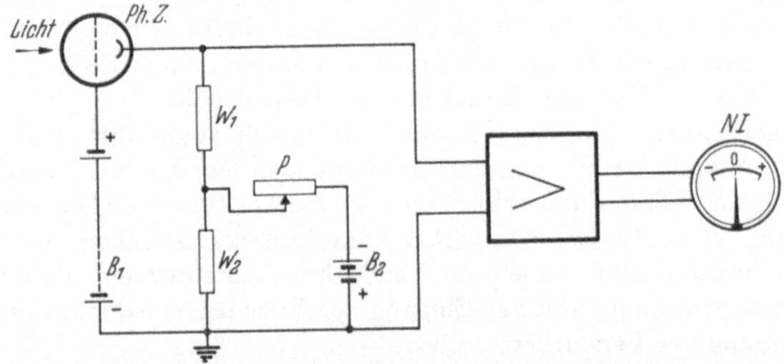

Abb. 36. Beispiel für eine schematisierte Kompensationsschaltung (s. Text). *PhZ* Photozelle oder Vervielfacher; B_1 Batterie oder genügend konstante Gleichspannungsquelle zum Absaugen der Photoelektronen; W_1 Ableitwiderstand etwa 10^6—10^{10} Ω; W_2 Basiswiderstand etwa 10 Ω; *P* regelbarer Präzisionswiderstand mit Teilung; B_2 Kompensationsbatterie; *V* Verstärker; *NI* Nullinstrument

Dieser Spannungsabfall wird dem Verstärker zugeführt und läßt das anschließende Nullinstrument *NI* z. B. nach rechts ausschlagen. Mit Hilfe des genannten Hilfsstromkreises, bestehend aus der Kompensationsbatterie B_2 und dem veränderlichen Widerstand *P*, erzeugt man über den Festwiderstand W_2 durch Regeln an *P* eine solche Kompensationsspannung (Verändern des spannungsmäßigen Fußpunktes von W_1), daß das Instrument *NI* wieder Null anzeigt. Wenn diese Bedingung erfüllt ist, ist der Spannungsabfall des Hilfsstromkreises über W_2 entgegengesetzt gleich groß wie der des Photostromes über W_1. Den Spannungsabfall des Photostromes über W_2 kann man vernachlässigen, da $W_1 \gg W_2$ ist. Die tatsächlich ausgeführten Schaltungen müssen darüber hinaus noch besondere Vorkehrungen für Empfindlichkeitsumschaltungen und zusätzliche Kompensationsmöglichkeiten für den Flammenuntergrund und für den Dunkelstrom der Photozelle aufweisen. Darauf wollen wir hier nicht eingehen.

Die prinzipiellen Vorteile der Kompensationsschaltungen sind:

a) Die erzielbare Genauigkeit ist im allgemeinen besser als die von Ausschlagsverfahren, da gute Potentiometer kleinere Linearitätsabweichungen (bis 0,025%) aufweisen als Drehspulinstrumente o. ä. Auch die Ablesegenauigkeit ist gut, insbesondere, wenn der Widerstand in mehreren (oft 10) Gängen wendelartig übereinander angeordnet ist.

b) Meßpotentiometer sind weniger störempfindlich gegen mechanische Erschütterungen, Schiefstellen, Temperatureffekte, magnetische Felder usw. als Präzisions-Anzeigeinstrumente

c) Ein Anzeige- oder Skalenfehler des Meßinstrumentes geht nicht als Fehler in die Messung ein. Man braucht vom Instrument, abgesehen von einer

Mindestempfindlichkeit, nur zu verlangen, daß es den Nullpunkt reproduzierbar wieder anzeigt, sobald nach erfolgtem Abgleich kein Strom durch das Nullinstrument *NI* fließt.

d) Man kann das Nullinstrument empfindlicher wählen als ein entsprechendes Anzeigeinstrument, da es für den Nullabgleich gleichgültig ist, ob der Ausschlag vor dem Abgleich größer war als der Meßbereich des Instrumentes. Eine Grenze ist in dieser Hinsicht nur dadurch gegeben, daß man alle Instrumente nicht zu lange mit sehr großen Strömen überlasten darf. Oft ist eine Überlastung unmöglich, weil der Verstärker nicht beliebig hohe Ströme abgibt (Übersteuerung). Mitunter sieht man auch eine Empfindlichkeitsumschaltung vor. Zunächst wird in Stellung „unempfindlich" grob abgeglichen. Für den letzten Feinabgleich wird die Empfindlichkeit z. B. durch Drücken einer Taste erhöht.

e) Entsprechendes, wie eben für die Instrumente ausgeführt, gilt auch für einen etwa vorhandenen Verstärker, vorausgesetzt, daß die Kompensation vor dem Eingang des Verstärkers erfolgt. Der Verstärker braucht also unter dieser Voraussetzung keine lineare Verstärkercharakteristik zu haben und braucht noch nicht einmal zeitlich konstante Verstärkung aufzuweisen. Man muß nur verlangen, daß Spannung Null am Eingang des Verstärkers jederzeit auch Strom Null am Ausgang des Verstärkers ergibt.

Nachteile der Kompensationsschaltungen:

a) Größere Kosten durch Mehraufwand an Schaltmitteln (Präzisionspotentiometer usw.).

b) Größerer Bedienungsaufwand, weil man nicht nur auf das Null-Instrument achten, sondern auch noch zusätzlich an einem Widerstand *P* abgleichen muß.

c) Bei Messungen an sehr kleinen Lösungsmittelmengen (Mikromethoden s. Kap. 89) kann der größere Zeitbedarf für den Abgleich des Widerstandes *P* störend sein. Solche geringen Mengen sind mitunter schneller zerstäubt, als man *P* abgleichen kann.

d) Für den Anfänger ist der Meßvorgang schwerer übersehbar. Das Erkennen von Störursachen ist nicht so leicht wie beim Ausschlagsverfahren. Die Anforderungen an das Bedienungspersonal sind also höher.

e) Im Hinblick auf die späteren Kapitel sei ergänzt: das kontinuierliche Verstellen der Wellenlänge mit gleichzeitiger Beobachtung der Intensitäten bei Spektrophotometern (Kap. 59ff.) ist bei Kompensationsgeräten nicht oder nur sehr schwer möglich.

Die Gerätehersteller sehen daher mitunter beide Methoden, d. h. das Ausschlagsverfahren und das Kompensationsverfahren, wahlweise vor.

Abgesehen von einem Abgleich der Brücken von Hand, kann man dies auch automatisch von einem Motor erledigen lassen. In dieser Richtung kann man noch einen Schritt weitergehen und kann mit dem Meßpotentiometer eine Druckwalze kombinieren, die das Meßergebnis in ein Analysenprotokoll ohne Zutun des Beobachters eindruckt.

50. Mehrstrahlverfahren (direkt)

Wenn in einer Analysenlösung mehrere Elemente quantitativ mit einer Flammenmethode bestimmt werden sollen, so kann man dies prinzipiell mit einem der vorgenannten Flammenphotometer erledigen, indem man die interessierenden

Elemente einzeln nacheinander mißt. Bringt man hingegen um die gleiche Flamme mehrere optische Systeme mit verschiedenen Filtern, verschiedenen Strahlungsempfängern und verschiedenen Meßinstrumenten an, so können die interessierenden Elemente gleichzeitig gemessen werden [*339*, *548*]. Ein solches Vorgehen bringt gegenüber dem einzelnen Nacheinandermessen folgende Vorteile:

a) Zeitersparnis, da das Auswechseln von Filtern, das Regeln der Empfindlichkeit und des Nullpunktes und das Versprühen von jeweils neuen Eichlösungen entfällt.

b) Einsparung an Analysensubstanz, weil nur in der nach a) verkürzten Meßzeit Flüssigkeit vernebelt werden muß.

c) Das Verhältnis der Konzentrationen der einzelnen gleichzeitig gemessenen Elemente zueinander wird besser wiedergegeben, weil Zerstäuber- und Flammenunregelmäßigkeiten dieses Verhältnis bedeutend weniger beeinflussen, als wenn man nacheinander mißt.

d) Man kann die Empfindlichkeit der Strahlungsempfänger der jeweiligen Aufgabe besser anpassen, weil keine Kompromisse zwischen den verschiedenen Forderungen beim Nacheinandermessen verschiedener Elemente mit dem gleichen Strahlungsempfänger gezogen werden müssen.

e) Man kann die verschiedenen Instrumente mit festen, in Konzentrationseinheiten geeichten Skalen versehen. Dadurch entfällt das Nachsehen in verschiedenen Eichkurven bzw. das Wechseln der Skalen.

Nachteile:

a) Größerer apparativer Aufwand.

b) Man muß meist auf Rückspiegel und damit auf Intensität verzichten, da dafür bei Mehrstrahlverfahren kaum Platz ist.

c) Solche Geräte sind kaum handelsüblich (s. Herstellertabelle im Anhang).

51. Leitlinienmethode (LM)

Diese Methode wird auch indirekte Methode, Zweistrahlverfahren, Kompensationsverfahren mit Leitelement, Verfahren mit innerer Eichung (internal standard) genannt. Sie unterscheidet sich vom direkten Verfahren (Kap. 39—50) dadurch, daß nicht die Intensität einer Spektrallinie bzw. einer Bande direkt als Maß für die Konzentration des zu untersuchenden Elementes dient, sondern das Verhältnis der Intensitäten von zwei verschiedenen Linien zueinander. Dabei ist die eine Linie wie bisher die Analysenlinie, die andere hingegen eine sog. Leitlinie. Diese Leitlinie ist meist eine Spektrallinie eines Leitelementes, das sowohl den Eich- als auch den Analysenflüssigkeiten — meist mit der Verdünnungsflüssigkeit — in gleicher Konzentration zugesetzt wird und so ausgewählt ist, daß es vorher im Analysengut nicht in merklichen Mengen enthalten war. Die Leit„linie“ kann aber auch eine Bande eines Leitelementes sein. Mitunter wird noch nicht einmal ein Leitelement zugesetzt, sondern man verwendet eine an sich schon vorhandene, genügend gleichbleibende Intensität eines Elementes, meist des Grundelements, als Vergleichsnormal. Lundegårdh [*33*] ging noch einen Schritt weiter und verwandte gelegentlich eine geeignete Stelle des Flammenuntergrundes „neben der Linie“ als Leitlinie. Das künstliche Zufügen einer Leitsubstanz empfiehlt er bei dem an sich schon genauen flammenspektrographischen Verfahren nur in den

Fällen, wo mit stärkeren Störungen der Zerstäubung zu rechnen ist. Dieses Meßverfahren durch Vergleich mit einer Leitlinie mindert bzw. vermeidet eine Reihe von Fehlern, die dem Direktverfahren noch anhaften. Im Einzelfall wird man allerdings die Eignung des zum Vergleich herangezogenen Partners (Linie, Bande, Untergrund) immer dadurch prüfen, daß man Richtung und Größe der Störeinflüsse auf die beiden Partner einzeln, aber bei gleichzeitiger Anwesenheit der anderen Partner untersucht und miteinander vergleicht. Die Auswirkungen der Störeinflüsse sollten möglichst gleichgroß, auf jeden Fall aber gleichsinnig sein, damit sie sich bei der Quotientenbildung (Analysenlinie/Leitlinie) weitgehend herausheben. Anderenfalls gibt die Leitlinienmethode ungenauere Ergebnisse als die direkte Methode. Von einer Reihe von Linienpaaren weiß man allerdings, daß sie auf Störursachen sehr ähnlich reagieren (s. Kap. 55). Einige der Störeinflüsse werden immer, gleichgültig welche Leitsubstanz oder welche Leitlinie man wählt (vom Flammenuntergrund abgesehen), fast vollständig ausgeschaltet. Dazu gehören alle Fehler durch Zerstäuberunregelmäßigkeiten und durch die variable Kondensation der Flüssigkeit in der Zerstäuberkammer von indirekten Zerstäubern. Restfehler sind mitunter dadurch bedingt, daß Analysenlinien- und Leitlinien-Eichkurven verschiedene Krümmung haben. Es kann dabei der Fall eintreten, daß der Restfehler sogar sein Vorzeichen ändert.

Das am häufigsten angewandte Leitelement ist Lithium. Wir werden im folgenden der einfacheren Ausdrucksweise halber von Lithium statt von Leitelementen sprechen. Gegen diese Verwendung des Lithiums wurden in neuerer Zeit von theoretischer Seite allerdings Bedenken erhoben, da es in stärkerem Maße „höhenempfindlich" ist (Kap. 11) als andere Elemente [*662*, *696*]. Auch Änderungen in der Zusammensetzung des Gasgemisches und dadurch im OH-Gehalt der Flamme, wirken sich bei Lithium in viel stärkerem Maße aus als bei Na und K.

52. Behelfsverfahren für die Leitlinienmethode

Die Durchführung von Flammen-Analysen nach der Leitlinienmethode erfordert eine spezielle Apparatur, die im nächsten Kapitel besprochen werden soll. Der Besitzer eines einfachen Flammenphotometers nach Kap. 39—49 kann diese Methode trotzdem behelfsmäßig durch Nacheinandermessen von Analysen- und Leitlinie anwenden, was hier an einem Beispiel erläutert werden soll:

Angenommen, es sollen zähere Analysenlösungen mit wäßrigen Eichlösungen auf ihren K-Gehalt untersucht werden. Wegen des Einflusses der Zähigkeit auf die Ansauggeschwindigkeit, auf die Tröpfchengröße und auf ihr Aussondern besteht die Möglichkeit, daß systematische Fehler beim direkten Vergleich zwischen zäher Analysen- und wäßriger Eichlösung entstehen, z. B. in dem Sinne, daß die K-Konzentration im Ergebnis zu niedrig erscheint.

Über die Größe eines solchen Fehlers kann man sich dadurch Klarkeit verschaffen, daß man der Analysen- und der Eichlösung eine gleich große Menge Li, z. B. als LiCl, in geeigneter Konzentration (z. B. 20 mg Li pro 1000 ml) zugibt und nach direkter Messung des K-Gehaltes mit einem K 767 mμ durchlässigen Filter anschließend einen Li-durchlässigen Filter (671 mμ) einschaltet und nun die Li-Intensitäten in Analysen- und Eichflüssigkeiten durch Quotientenbildung miteinander vergleicht. Sind die Li-Intensitäten in der Analysenflüssigkeit dabei kleiner als in den Eichlösungen, so ist am K-Meßergebnis eine entsprechende Korrektur anzubringen.

Dieses Verfahren hat den Vorteil, daß man, abgesehen von dem Filter für die Leitlinie, keine besondere Apparatur braucht. Eine gewisse Abwandlung ist durch eine geschicktere Auswertung wie folgt möglich: Man vergleicht nicht wie eben die Photoströme von Analysen- und Leitlinie miteinander, sondern mißt die Leitelementkonzentrationen in Analysen- und Eichlösungen, die eigentlich gleich sein sollten, mit Hilfe einer vorher aufgestellten Li-Eichkurve. Aus der Abweichung der in der Analysenlösung gefundenen Li-Konzentration leitet man einen Konzentrations-Korrekturfaktor ab, den man dann auch an dem Meßergebnis des Analysen-Elementes anbringt [*96*]. Dieses Vorgehen bringt gegenüber dem vorhergenannten Auswerte-Verfahren den Vorteil, daß es auch noch dann anwendbar ist, wenn die Eichkurven von Analysen- und Leitelement nicht geradlinig, sondern verschieden gekrümmt verlaufen. Eine Automatisierung (Kap. 91) ist bei diesem Vorgehen allerdings schwer möglich.

Für Routinemessungen kommt ein Behelfsverfahren aus folgenden Gründen weniger in Frage:

a) Durch das Nacheinandermessen von Leit- und Analysenlinie (im gewählten Beispiel K und Li) benötigt man mehr Zeit.

b) Durch den größeren Zeitbedarf benötigt man mehr Substanz, da während der ganzen Meßzeit Flüssigkeit vernebelt werden muß.

c) Abermaliger Zeitbedarf für das Errechnen der Quotienten bzw. der Konzentrations-Korrekturen.

d) Man erhält nicht unbedingt einwandfreie Resultate, z. B. dann nicht, wenn sich zwischen der Messung der Analysen- und der Leitlinie die Gesamtempfindlichkeit der Apparatur verändert hat.

e) Es werden nur systematische Änderungen der Zerstäubung, z. B. durch Viscositäts- und Oberflächenspannungsunterschiede, nicht jedoch zufällige Zerstäuberunregelmäßigkeiten behoben.

Aus diesen Gründen führt man große Meßreihen unter Anwendung der Leitlinienmethode besser mit speziellen Apparaten durch, die eine *gleichzeitige* Messung beider Intensitäten (Leit- und Analysenlinie) mit automatischer Quotientenbildung gestatten. Solche Anordnungen sollen in den folgenden Kapiteln beschrieben werden.

53. Die optisch-elektrische Anordnung für die LM

Es müssen zwei optische Systeme, d. h. zwei Kondensoren, zwei Filtersätze (einer für die Analysen- und einer für die Leitlinie) und, von Kunstschaltungen abgesehen, zwei Strahlungsempfänger vorgesehen werden. Wir zeigen die zuerst von Berry, Chappell und Barnes angegebene Anordnung in Abb. 37. Das von der Flamme ausgehende Licht wird in zwei Bündel aufgeteilt, die von den Spiegeln Sp_1 bzw. Sp_2 umgelenkt werden.

Das Bild der Flamme wird mit Hilfe der Linsen L_1 bzw. L_2 auf den Feldlinsen L_3 bzw. L_4 abgebildet. Aus diesem Mischlicht werden nun mit Hilfe von je einem Filtersatz die Analysen- bzw. die Leitlinie herausgefiltert. Das eine Filter ist entweder ein Na- ($\lambda = 589$ mμ) oder wahlweise ein K- ($\lambda = 767$ mμ) Filter. Das andere Filter ist ein festes Li- ($\lambda = 671$ mμ) Filter.

Den Quotienten der Intensitäten von Analysenlinie/Leitlinie kann man z. B. in einer Brückenschaltung bilden. In dem einen Brückenzweig befindet sich ein

Festwiderstand, in dem zweiten, dazu symmetrischen Zweig, ein Präzisions-Potentiometer und in den zwei restlichen Zweigen die eben genannten zwei Photoelemente. Sobald das in der Brücke befindliche Nullinstrument nach Betätigung des Schleifers am Potentiometer Null anzeigt, ist die Stellung des Schleifers am Potentiometer (Teilung daran) ein Maß für den Quotienten der beiden Spannungen zueinander und damit ein Maß für die Konzentration des Analysenelementes.

Grundsätzlich ist noch zu der in Abb. 37 gezeigten Photometeranordnung zu sagen, daß die von der Flamme ausgehende Unruhe sich nicht in allen Richtungen

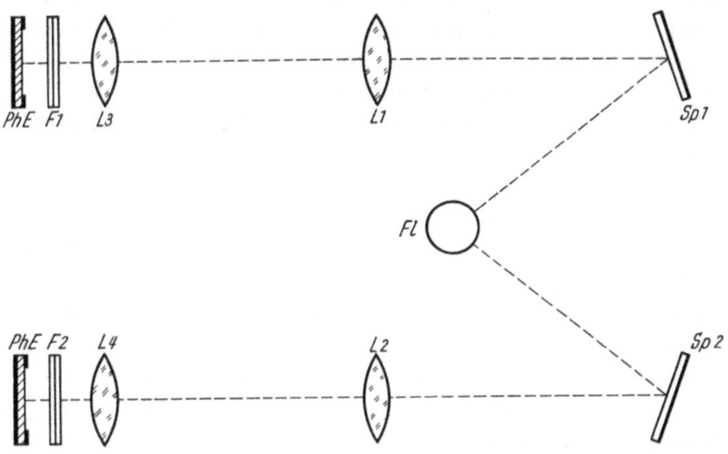

Abb. 37. Die Anordnung der zwei optischen Systeme nach BERRY, CHAPPELL und BARNES [140]. *Fl* Flamme; Sp_1 und Sp_2 Spiegel; L_1 und L_2 zwei Kondensorlinsen; L_3 und L_4 zwei Feldlinsen; F_1 und F_2 zwei Filtersätze; *PhE* zwei Photoelemente

gleich auszuwirken braucht. Die Kompensation der Fehler wird also unvollkommen sein. Will man diese Unruhe durch das Zweistrahlverfahren vollständig kompensieren, dann empfiehlt es sich, die Strahlungsempfänger so anzuordnen, daß sie die Flamme aus gleicher Richtung ansehen. Dies ist z. B. mit halbdurchlässigen Spiegeln möglich. Man teilt dazu den von der Flamme in der einen Richtung ausgehenden Strahlengang mit Hilfe eines halbdurchlässigen Spiegels in zwei Teilstrahlengänge, bringt in jeden dieser Teile einen Filter, nämlich einen für die Analysen- und einen für die Leitlinie, dahinter dann je einen Strahlungsempfänger.

Als Nachteil aller Schaltungen mit zwei Strahlungsempfängern sind zu nennen:

a) Verschieden große Empfindlichkeitsänderungen jedes Strahlungsempfängers während der Meßzeit beeinflussen die Meßgenauigkeit.

b) Die veränderlichen Dunkelströme jedes Strahlungsempfängers (Ausnahme: Photoelemente) beeinflussen ebenfalls die Genauigkeit.

Man hat sich daher bemüht, Anordnungen zu entwickeln, die mit zwei optischen Wegen wie oben, aber nur mit einem Strahlungsempfänger auskommen. Das ist z. B. dadurch möglich, daß man das Licht jedes Strahles mit einer anderen Frequenz moduliert und durch *einen* Strahlungsempfänger in elektrische Wechselströme verwandelt und diese Wechselströme der beiden Frequenzen in den Nachverstärkern voneinander trennt. Auch ist es möglich, beide Signale mit der gleichen

Frequenz, aber mit einer Phasendifferenz von 180° zu modulieren. Mit Hilfe einer Meßblende schwächt man das eine Signal meßbar so weit, daß der Ausschlag an einem synchronen phasenempfindlichen Meßinstrument gerade Null wird. Aus der Eichung der Meßblende leitet man direkt das Verhältnis der Intensitäten der Analysen- zur Leitlinie ab.

54. Mehrstrahlverfahren mit Leitlinienmethode

Im letzten Kapitel wurde eine Anordnung beschrieben, bei der wahlweise die Intensität *einer* Analysenlinie (Na oder K) gegen die *einer* Leitlinie (Li) kompensiert wird. Man kann dieses Leitlinienverfahren auch auf den Fall erweitern, daß man mehrere Elemente gleichzeitig mit mehreren Strahlengängen mißt, ähnlich wie schon im Kap. 50 beschrieben. Hier werden aber im Gegensatz zu Kap. 50 diese einzelnen Analysenlinienintensitäten nicht direkt, sondern jeweils in ihrem Verhältnis zur Intensität einer oder gar mehrerer geeignet ausgewählter Leitlinienintensitäten gemessen [*344*]. Man benötigt dazu, ähnlich wie in Kap. 50, zunächst eine Reihe von Strahlengängen mit verschiedenen Filtern und Strahlungsempfängern für die einzelnen Analysenlinien und dann einen (oder gar mehrere) Filter und Strahlungsempfänger für die Leitlinie(n). Die Quotienten der Intensitäten der Analysenlinien zu denen der jeweiligen Leitlinien bildet man wieder in Brückenschaltungen, ähnlich wie in Kap. 53, wobei für jede Analysenlinie eine solche Brücke benötigt wird. Sofern ein Leitelement für mehrere Analysenelemente gleichzeitig dienen soll, muß die (verstärkte) Intensität dieser einen Leitlinie auf die Brücken mehrerer Analysenelemente in geeigneter Weise aufgeteilt werden.

Die Vorteile einer solchen Anordnung sind die gleichen wie bei Mehrstrahlverfahren ohne Leitlinienmethode (Kap. 50). Dazu kommen noch die allgemeinen Vorteile, die jeder Leitlinienmethode eigen sind (Kap. 55).

55. Vor- und Nachteile der Leitlinienmethode

1. Vorteile. a) Man erreicht mit Hilfe der Leitlinienmethode bei sonst gleichbleibender Geräteausstattung wesentlich bessere relative Genauigkeiten (Reproduzierbarkeiten) als beim Direktverfahren, insbesondere dadurch, daß sich Zerstäubungsunregelmäßigkeiten, der Einfluß variabler Flüssigkeitsverluste in der Zerstäuberkammer sowie der Einfluß der Flammenunruhe auf das Meßergebnis kaum noch auswirken. Werden solche guten Reproduzierbarkeiten nicht angestrebt, dann kann man bei Anwendung der Leitlinienmethode mit einer einfacheren sonstigen Geräteausstattung auskommen, indem man z. B. weniger gut arbeitende Zerstäuber anwendet usw.

b) Erhebliche Minderung von systematischen Fehlern, die durch Viscositäts- und Oberflächenspannungsunterschiede in das Meßergebnis hineinkommen (Kap. 101).

c) Meist erhebliche Verkleinerung von Fehlern durch gegenseitige Emissions-Beeinflussung der Elemente in der Flamme (Kap. 96). Die absolute Genauigkeit wird dadurch, gegenüber dem Direktverfahren, oft mehr als zweimal verbessert.

d) Eine Apparatur, die für die Leitlinienmethode eingerichtet ist, ist im allgemeinen auch für direkte Messungen verwendbar.

2. Nachteile. a) Größerer apparativer Aufwand für die zwei (oder mehreren) gesonderten Strahlengänge mit Strahlungsempfängern usw., für die Brücken mit den Präzisionspotentiometern usw. Dazu kommt noch, daß wesentlich höhere Anforderungen an die Selektivität der Filter, insbesondere für die der Leitlinie, gestellt werden müssen. Anderenfalls ergeben sich nämlich Variationen der Leitelementintensitäten über unerwünschte Querempfindlichkeiten (Kap. 94), die als zusätzliche Fehler in das Meßergebnis eingehen.

b) Größerer Arbeitsaufwand beim einmaligen Einrichten der Methode, da der Eich- und Meßvorgang auf zwei Konzentrationen und die jeweils mitbeteiligten Störungen durch Lösungspartner gleichzeitig Rücksicht nehmen muß.

c) Die unvermeidlichen Fehler beim Zupipettieren der Li-haltigen Verdünnungsflüssigkeit verursachen größere Konzentrationsfehler im Ergebnis bei der LM als die entsprechenden Verdünnungsfehler bei der direkten Methode, da sich solche Fehler auf die Konzentration der Analysen- und Leitlinie in umgekehrter Richtung auswirken und sich dadurch bei der Quotientenbildung verstärken. Dieser ungünstige Einfluß der Verdünnungsfehler wirkt sich allerdings nur bei etwa gleichen Mengen Analysen- und Verdünnungsflüssigkeit (Verdünnung etwa 1 : 1) störend aus. Mitunter wird die Verdünnung unabhängig von der Lithiumzumischung vorgenommen [*269*]. Dann gilt das eben Gesagte nur für das Zumischen des Li, nicht aber für das nachträgliche Verdünnen, das in diesem Falle nicht unbedingt quantitativ zu sein braucht.

d) In ungünstig gelagerten Fällen ist es möglich, daß sich Fehlerursachen, z. B. Änderung der Flammentemperatur durch Änderung des Verhältnisses Gas zu Luft und ihr Einfluß auf die Anregungsbedingungen, bei der Analysen- und Leitlinie in umgekehrter Richtung auswirken.

e) Es können erhebliche Fehler entstehen, wenn die Analysenflüssigkeit, entgegen allen Erwartungen, doch einmal merkliche Mengen der Leitsubstanz enthält.

Im einzelnen sei noch folgendes nachgetragen: Das Zumischen des Leitelementes, z. B. eines Li-Salzes, in gleicher Konzentration zu den einzelnen Analysenlösungen bedeutet keinerlei zusätzlichen Arbeitsaufwand, sofern eine vorherige Verdünnung der Analysenlösungen ohnehin notwendig ist. Dann kann man statt des Aqua dest. eine Li-haltige „Verdünnungslösung" zugeben.

Tabelle 6

Analysenlinie	Leitlinie	Literatur
Na 589 mμ	Li 671 mμ	[*269*]
K 767	Li 671	[*269*]
Ca 554	Li 671	[*130, 344*]
Ca 630	Li 671	[*340, 342, 344*]
Ca 554	Na 589	[*269*]
Li 671	K 767	[*269*]
Li 671	Co 352,9	[*164a*]
Cu 324,8	Ag 328,0	[*207*]
Ba	Li 671	[*309*]
Fe 386,0	Co 387,1	[*209*]

Einige für die Durchführung von Analysen nach der Leitlinienmethode benutzte Linienpaare ergeben sich aus der nebenstehenden Zusammenstellung:

Ca verwendet man ungern als Leitelement, da es häufig als Verunreinigung vorhanden ist.

Die Verkleinerung der Fehler bei Anwendung der Leitlinienmethode ist Gegenstand vieler Untersuchungen gewesen [*130, 131, 132, 140, 270*]. Wir wollen uns hier auf die Wiedergabe von zwei Beispielen beschränken.

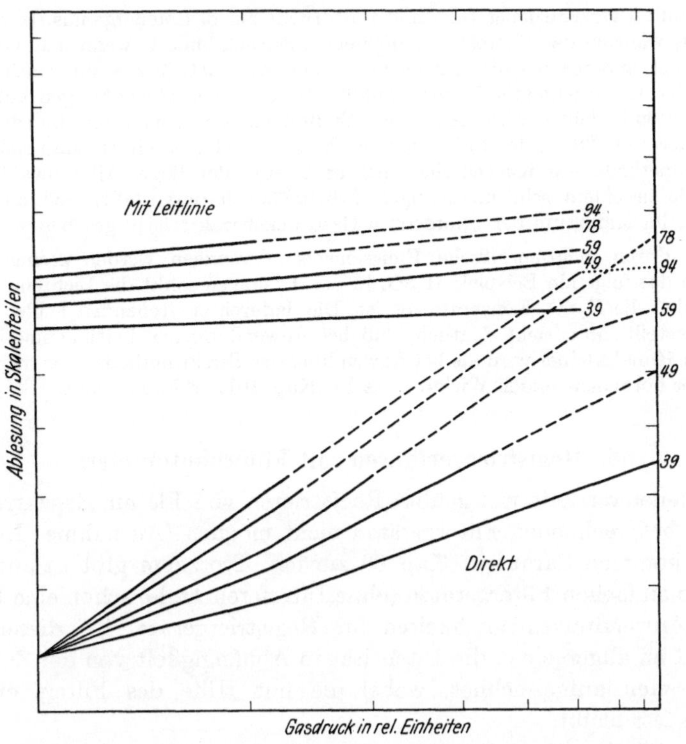

Abb. 38. Der Einfluß verschiedener Gasdrücke auf die Instrumentanzeige bei der direkten Methode (Ausschlagsverfahren) einerseits und der Leitlinienmethode andererseits. Als Parameter ist der Preßluftdruck eingezeichnet (nach [*735a*]). Sämtliche Druckwerte in relativen Einheiten

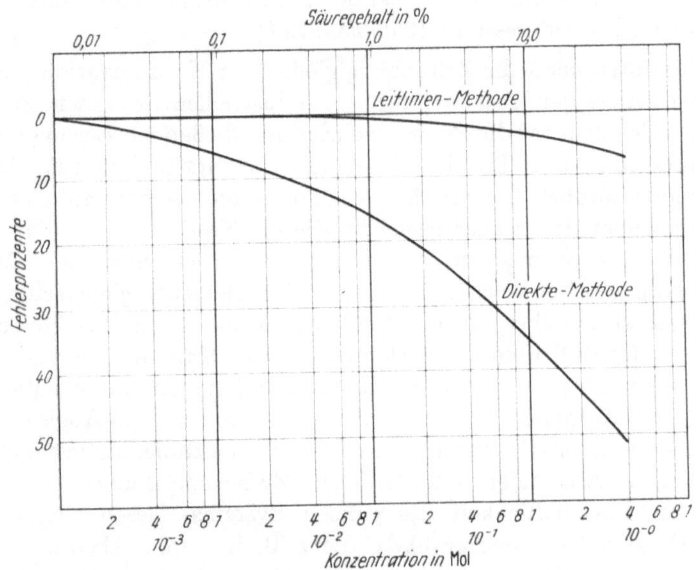

Abb. 39. Der Einfluß verschiedener Schwefelsäure-Konzentrationen auf die Fehlerprozente bei Anwendung der Leitlinienmethode einerseits und der direkten Methode andererseits (nach [*140*])

a) Der Einfluß verschiedener Gas- und Luftdrücke auf das Meßergebnis. In der Abb. 38 ist dargestellt, wie sich der Photostrom mit dem Gasdruck ändert, wenn man einerseits die direkte Methode, andererseits die Leitlinienmethode anwendet. Man sieht deutlich, daß bei Anwendung der Leitlinienmethode der Einfluß von Gasdruckschwankungen auf das Meßergebnis bedeutend kleiner wird. Auch der Einfluß eines inkonstanten Luftdruckes wird geringer. In der Abb. 38 ist der Luftdruck als Parameter eingezeichnet. Man sieht, daß mit der Leitlinienmethode die Kurvenschar dichter beieinander liegt. Allerdings ist hier die Direktmethode in einem sehr ungünstigen Arbeitsbereich dargestellt, weil hier entgegen Kap. 19 nicht im Maximum der Photostrom-Gasdruckcharakteristik gearbeitet wird.

b) Fehler durch nicht-spezifische Emissionsbeeinflussungen werden geringer (Kap. 11 u. 101). Dazu das folgende Beispiel: H_2SO_4 in den Lösungen senkt die Lichtemission um so stärker, je höher die H_2SO_4-Konzentration ist. Die dadurch entstehenden Fehler sind in der Abb. 39 dargestellt. Man sieht deutlich, daß bei Anwendung der Leitlinienmethode dieser Fehler bis zu 10mal kleiner wird als bei Anwendung der Direktmethode, was man z. T. aber auch mit einer normalisierenden Wirkung des Li (Kap. 101) erklären könnte.

56. Registrierverfahren mit Filterphotometern

Das in neuerer Zeit viel geübte Registrieren von Flammenspektren ist mit den hier zu besprechenden Filtergeräten nicht möglich (Ausnahme: Interferenzkeile). Wir kommen darauf in Kap. 68 zurück. Trotzdem gibt es auch für die Besitzer von einfachen Filtergeräten (ohne Interferenzkeile) schon eine Reihe von nützlichen Anwendungsmöglichkeiten für Registriergeräte. Bei diesen Anwendungen wird im allgemeinen die Intensität in Abhängigkeit von der Zeit auf den Registrierstreifen aufgezeichnet, wobei die mit Hilfe des Filters eingestellte Wellenlänge fest bleibt.

Von der Möglichkeit, mit Hilfe eines Registriergerätes das zeitliche Integra einer (mit Hilfe eines Filters isolierten) Linie zu ermitteln, sprachen wir schon im Kap. 47. Damit kann man wesentlich bessere untere Nachweisbarkeitsgrenzen (Kap. 90) erreichen, was besonders bei der Durchführung von Mikro- und Ultramikromethoden von Interesse ist [*255*, *585*, *724*].

Weiterhin interessiert die Zeitabhängigkeit einer Konzentration (einer Photostromintensität) bei der Überwachung von industriellen Prozessen. So kann man z. B. den Na-Gehalt einer durch eine Rohrleitung fließenden Lösung aufzeichnen, indem man einen kleinen Teil der Flüssigkeit abzweigt und ständig einem Flammenphotometer zuführt. Die verstärkten Photoströme werden auf einem Schreibgerät aufgezeichnet. Interessieren gleichzeitig die Konzentrationen verschiedener Elemente, dann kann man in zugehörigen optischen Systemen (Mehrstrahlverfahren, Kap. 50) die Konzentrationen vieler Elemente gleichzeitig, z. B. mit einem Mehrfarbenschreiber, aufzeichnen lassen. Dabei kann diese Messung sowohl direkt, als auch mit Hilfsspannungskompensation (Kap. 49), als auch nach dem Leitlinienprinzip (Kap. 51) erfolgen. In den zwei letztgenannten Fällen muß das Schreibgerät ein Kompensograph sein, der jeweils den zum „0-Abgleich" erforderlichen Stromanteil der Hilfsstromquelle, bzw. der Leitlinie, aufzeichnet. Auch die in regelmäßigen Abständen erforderlichen Zwischeneichungen (Kap. 85), zur Kontrolle der Empfindlichkeit des ganzen Systems, lassen sich automatisch erledigen. Es gibt Kompensographen, die z. B. in 5 min Abständen die Hilfsspannung mit einem Normalelement vergleichen und automatisch die Empfindlichkeit nachregulieren. Statt des Vergleiches mit dem Normalelement muß hier der Vergleich mit dem Photostrom beim zwischenzeitlichen Vernebeln einer Eichlösung durchgeführt werden.

Man kann diese Schreibgeräte mit Signalanlagen verbinden, die z. B. eine Alarmeinrichtung auslösen, wenn gewisse, vorher festeingestellte Sollwerte über- oder unterschritten werden. Auch ist es möglich Produktionsverfahren, entsprechend den auf dem Registriergerät aufgezeichneten Konzentrationswerten, automatisch in einem gewünschten Sinne, z. B. im Sinne einer möglichst gleichbleibenden Konzentration, zu steuern. Einzelheiten dazu gehören in das Gebiet der Regeltechnik.

57. Die Kombination mit anderen Meßgeräten

Es gibt eine Reihe von Flammenphotometern, die durch Austausch einzelner Teile nicht nur für Flammenanalysen, sondern auch als Colorimeter, Trübungsmesser, Leitfähigkeitsmesser, Widerstandsmesser, Strömungsmesser, Fluorescenzmesser, Reflexionsmesser, Temperaturmesser u. a. benutzt werden können. Solche Geräte sind meist nach dem Baukastenprinzip aufgebaut, d. h. es werden Zusatzteile ausgewechselt, um ein Gerät für die andere Anwendung umzustellen. Diesem Bauprinzip liegt der an sich richtige Gedanke zugrunde, daß man Teile eines Flammenphotometers, z. B. die optisch-elektrische Meßanordnung, auch für andere optische Messungen, z. B. für die Colorimetrie, Nephelometrie usw., benutzen, daß man das elektrische Meßsystem mit entsprechenden Zusätzen für andere elektrische Messungen einsetzen kann usw. Man erhält dadurch eine Reihe von Geräten zu einem verhältnismäßig niedrigen Preis. Diesem Vorteil stehen einige Nachteile gegenüber.

a) Man kann nur jeweils eins der genannten Geräte benutzen.

b) Zwischen den einzelnen Verwendungen ist jeweils ein Umbau, oft verbunden mit einer Nachjustierung und evtl. Nacheichung, erforderlich. Das stellt hohe Anforderungen an das Bedienungspersonal.

c) Wenn das Gerät längere Zeit nur in der einen Art verwandt wird, geraten die anderen Einzelteile leicht in Verlust.

d) Die Dimensionierung solcher Baukastenelemente erfordert Kompromisse zwischen der Leistungsfähigkeit eines Teiles und der Funktion der Gesamtheit aller Teile. Mit anderen Worten, ein Flammenphotometer einer Baukastenanordnung ist meist nicht so leistungsfähig wie ein Gerät, das speziell für diese Anwendung entwickelt wurde.

Wir können solche Anordnungen daher nur dann empfehlen, wenn geringe finanzielle Mittel zur Verfügung stehen, und wenn nur gelegentlich der eine oder andere Teil verwandt werden soll.

Anders liegen die Verhältnisse bei Spektrophotometern (Kap. 59). Hier ist der Hauptteil, z. B. ein Gitterapparat, so teuer, daß einzelne Zusatzteile gerechtfertigt erscheinen, um das Hauptgerät in verschiedener Art benutzen zu können.

58. Die Grenzen der Filterphotometer

Bei dem heutigen Stand der Entwicklung von Interferenzfiltern haben die Filterflammenphotometer im sichtbaren Spektralbereich keinerlei Nachteile mehr gegenüber den üblichen Monochromatorgeräten, sofern man sich auf die Bestimmung der Elemente Na, K, Li und Ca, d. h. im wesentlichen auf die Alkalien und auf das wichtigste Erdalkalielement beschränkt. Hierbei sind Filtergeräte, die meist mit Flammen niedriger Temperatur und mit Indirektzerstäubern ausgerüstet sind, sogar dem Monochromatorgerät vorzuziehen, da bei Verwendung von Flammen mit niedriger Temperatur einige Störungen, wie die Ionisationsstörungen bei den Alkalien (Kap. 7 u. 97), bei Verwendung von Indirektzerstäubern die Phosphatstörungen beim Ca (Kap. 7 u. 98) u. ä., nicht so stark in Erscheinung treten. Sollen hingegen weitere Elemente wie z. B. Sr, Ba, Mg, insbesondere solche mit Linien im ultravioletten Teil des Spektrums, analysiert werden, dann reichen Filtergeräte nicht mehr aus, und man ist dann auf Monochromatoren angewiesen, die wegen ihres geringen Lichtleitwertes (s. Kap. 36) meist mit Flammen höherer Leuchtdichte und höherer Temperatur, d. h. mit turbulenten Flammen und Direktzerstäubern ausgerüstet sind. Filtergeräte und Monochromatorgeräte sind also zwei Gerätetypen, die sich gut ergänzen, die sich aber nicht gegenseitig voll ersetzen können.

II. Flammenspektrophotometrie

59. Allgemeines

Bei den spektrophotometrischen Methoden werden die einzelnen Linien nicht mit Hilfe von Filtern, sondern mit einem Monochromator (gelegentlich auch mit einem Polychromator) isoliert. Ein Monochromator ist ein Spektralapparat, der in der (Austritts-)Ebene des Spektrums, wo sich bei Spektrographen als Empfänger eine Photoplatte befindet (Kap. 70), nur einen Austrittsspalt hat. Mit Hilfe dieses Austrittsspaltes wird also aus dem gesamten Spektrum nur ein sehr kleiner Wellenlängenbereich, praktisch also nur eine „Linie" isoliert. Ein Polychromator ist ein ähnlicher Apparat mit mehreren Austrittsspalten zur gleichzeitigen Isolierung mehrerer Wellenlängenbereiche.

Die Vorteile der Flammenspektrophotometrie im Vergleich zur Flammenphotometrie mit Filtergeräten, von Interferenzkeilgeräten abgesehen, sind folgende:

a) Die Apparatur läßt sich durch eine einfache Wellenlängenverstellung am Monochromator auf jeden Anwendungsfall, d. h. auf jedes in der Flamme nachweisbare Element, leicht umstellen. Man kann sich zwischen verschiedenen Linien eines Elementes die günstigste auswählen (Kap. 82). Bei Filtergeräten ist man auf wenige, dem Gerät mitgelieferte Filter angewiesen. Man kann darüber hinaus jede Stelle des Flammenuntergrundes einstellen und gesondert untersuchen.

b) Die Trennung einer Linie von benachbarten Linien und vom umgebenden Flammenuntergrund ist mit größeren Monochromatoren im allgemeinen besser möglich als mit Filterkombinationen. Kleine Monochromatoren liegen mit guten Interferenzfiltern im sichtbaren Spektralbereich etwa gleich. Beispielsweise lassen sich die Linien Mn 403,5 und K 404,4 mμ mit Filtern nicht voneinander abtrennen. Das Durchlaßgebiet eines Monochromators läßt sich überdies durch Variation der Spaltbreiten (Verstellung von Ein- und Austrittsspalt) kontinuierlich verändern, was bei einem Filter nicht möglich ist. Reicht die Trennschärfe, z. B. infolge Streulichtes ausnahmsweise nicht aus, so kann man sie durch Hinzunahme von Filtern (Kap. 40), bzw. durch Anwendung von Doppelmonochromatoren (zwei hintereinandergeschaltete einfache Monochromatoren) entsprechender Dispersion abermals so verbessern, daß sie auch den schärfsten Anforderungen gerecht wird. Dabei wird nicht nur die Streulichtfreiheit, sondern gleichzeitig auch noch die Dispersion verbessert.

c) Bei Monochromatoren mit ultraviolettdurchlässiger Optik (meist Quarz), kann man außer den sichtbaren Analysenlinien noch die im UV liegenden Analysenlinien nachweisen. Das ist mit Filtern nicht oder nur mangelhaft möglich, da genügend steil verlaufende Filter im UV nicht zur Verfügung stehen. Man kann also mit einer ultraviolettdurchlässigen Optik wesentlich mehr Elemente nachweisen und daher mehr Analysenlinien zur Auswahl. Dies ist bei der Beseitigung störender Querempfindlichkeiten (Kap. 94), bzw. beim Ausschalten von Störeinflüssen anderer Elemente, oft von großem Vorteil.

Nachteile der Flammenspektrophotometrie im Vergleich zur Flammenphotometrie (Filtermethoden):

a) Größerer apparativer Aufwand und damit größere Kosten, insbesondere bei Quarzmonochromatoren, Quarz-Doppelmonochromatoren oder Gitterapparaten.

b) Monochromatoren lassen im Vergleich zu Filtern nur sehr wenig der von der Flamme ausgehenden Strahlungsleistung durch, da der Eintrittsspalt sehr klein ist. Zur Messung solcher geringen Strahlungsleistungen muß man deshalb die empfindlichsten Strahlungsempfänger und eine sehr gute Elektronik anwenden. Da die Flamme an sich schon geringe Leistungen abstrahlt, ist die untere Nachweisbarkeitsgrenze gelegentlich nicht durch die Trennschärfe der Optik, d. h. durch das Verhältnis Linie zu Flammenuntergrund, sondern durch das Verhältnis Nutzstrom zu Dunkelstrom (Elektronenauslösung aus der Photokathode auch ohne Belichtung) gegeben (Kap. 65).

c) Größerer Bedienungsaufwand, insbesondere erfordert die Einstellung des Maximums der Intensität (Spitze der Spektrallinie) und die Auswahl passender Spaltbreiten einige Sorgfalt. Diese Einstellungen beeinflussen die Lage der Eichkurven, die Größe des Flammenuntergrundes (Kap. 95) und die Querempfindlichkeit (Kap. 94). Man benötigt für solche Messungen daher ein höher qualifiziertes Personal, als das bei Photometern erforderlich ist.

Da die Vorteile die Nachteile überwiegen, haben flammenspektrophotometrische Verfahren, insbesondere im Ausland, in den letzten Jahren zunehmende Verbreitung gefunden. Man baut einfache Flammenzusatzgeräte zu Spektralphotometern, die in den verschiedensten Laboratorien für Absorptionsmessungen u. ä. Eingang gefunden haben. Wir wollen einige Anordnungen dieser Art in Kap. 60 und 63 beschreiben.

60. Die spektrale Zerlegung

Die spektrale Zerlegung des von der Flamme ausgehenden Lichtes in die einzelnen Wellenlängen kann grundsätzlich mit Hilfe von Prismen oder mit Hilfe von Beugungsgittern durchgeführt werden. Man unterscheidet daher zwischen Prismen- und Gitterapparaten. Bei den Prismenapparaten nutzt man aus, daß Strahlung verschiedener Wellenlänge im Prismenmaterial (Glas oder Quarz) verschieden stark gebrochen wird. Je kurzwelliger die Strahlung, um so stärker ist im allgemeinen die Brechung. Bei den Gitterapparaten wird die wellenlängenabhängige Interferenz des am Gitter gebeugten Strahlenbündels ausgenutzt.

Gitterapparate sind dann vorteilhafter, wenn große Dispersionen (starkes Auseinanderziehen der Spektren, s. unten) benötigt werden. Da die Flammenspektren verhältnismäßig linienarm sind, kommt man bei den meisten Anwendungen mit kleineren Dispersionen aus, die sich mit Prismen vorteilhafter verwirklichen lassen [*298*]. Man findet daher in der Überzahl Prismenapparate, und wir wollen daher nur diese Geräte unten etwas näher beschreiben. Man muß jedoch zugeben, daß der zunächst noch kleine Anteil an Gitterapparaten allmählich zunimmt (s. Herstellerverzeichnis im Anhang). Das hängt damit zusammen, daß die Wünsche nach verbesserten unteren Nachweisbarkeitsgrenzen, z. B. bei kernphysikalischen Untersuchungen (Kap. 117) oder bei biologisch-medizinischen Fragestellungen (Kap. 115), doch die Anwendung größerer Dispersionen erforderlich machen. Wir wollen daher vorweg, wenn auch in sehr kurzer Form, einiges Prinzipielle zu den Gitterapparaten ausführen.

Gitterapparate haben insbesondere im sichtbaren und ultraroten Bereich bei kleinen Einfallswinkeln auf das Gitter eine nahezu gleichbleibende Winkeldispersion (s. unten). Die Wellenlängenteilung hat daher, im Gegensatz zu Prismenapparaten, an allen Stellen des Spektrums nahezu gleichen Abstand von Teilstrich zu Teilstrich, was eine bequemere und genauere Interpolation ermöglicht. Das Bild des meist geradlinigen Eintrittsspaltes in der Ebene des Austrittsspaltes ist bei Gitterapparaten fast geradlinig (bei Prismenapparaten stärker gekrümmt, wobei die Krümmung noch von der Wellenlänge abhängt), was der Auflösung zugute kommt. Die Nachteile der älteren Gitterapparate, bei denen die an sich schon knappen Strahlungsintensitäten der Flamme in Spektren verschiedener Ordnung aufgefächert wurden, konnten durch die Anwendung von neuen (Echelette-)Gittern mit besonders geformten (blazed) Gitterfurchen behoben werden. Dadurch wird die Energie im wesentlichen in das Spektrum einer bestimmten Ordnung konzentriert. Ein Vergleich zwischen Gitterapparaten und Prismenapparaten hinsichtlich des Lichtleitwertes und hinsichtlich Durchlässigkeit ist unter den jetzt gegebenen Verhältnissen nicht einfach [*389*, *390*, *541*], jedoch können bei größeren Gitterapparaten etwa vorhandene geringere Durchlässigkeiten (z. B. durch eine Filtervorzerlegung) und geringere Lichtleitwerte durch Wahl von etwas größeren Spalten ohne wesentlichen Verlust an Auflösungsvermögen kompensiert werden.

Nun zu den Prismenapparaten. Die Eigenschaft des Prismas, Licht verschiedener Wellenlängen verschieden stark zu brechen, nennt man die Dispersion D. Man versteht darunter die Abhängigkeit des Brechungsindex n, des Prismenmaterials (Glas, Quarz usw.) von der Wellenlänge, also

$$D = \frac{dn}{d\lambda}.$$

Werte für D bzw. n in Abhängigkeit von der Wellenlänge λ für verschiedene Materialien sind in Tabellen [*3*, *29*] zu finden. Von dieser (übrigens temperaturabhängigen) Materialeigenschaft D, hängt die sog. Winkeldispersion $\frac{d\vartheta}{d\lambda}$ ab, die angibt, welche Winkeldifferenzen beim Austreten des Lichtes aus dem Prisma, d. h. nach der spektralen Zerlegung für verschiedene Wellenlängen auftreten. Für den häufigsten Fall, daß das Licht symmetrisch durch das Prisma hindurchgeht, gilt [nach *28*]

$$\frac{d\vartheta}{d\lambda} = \frac{d\vartheta}{dn} \cdot \frac{dn}{d\lambda} = \frac{d\vartheta}{dn} \cdot D = \frac{b}{a} \cdot D,$$

wobei b die Basislänge des Prismas (bei Autokollimationsprismen ist sie doppelt zu zählen) und a die Breite (Apertur) des Strahlenbündels am Prisma bedeuten. Von dieser Winkeldispersion hängt im Verein mit den Abmessungen des Monochromators bzw. des Spektrographen ab, inwieweit die einzelnen Spektrallinien verschiedener Wellenlängen auf der photographischen Platte, bzw. in der Ebene des Austrittsspaltes von Monochromatoren auseinander liegen. Diese letztgenannte Eigenschaft nennt man lineare Dispersion $\frac{d\lambda}{ds}$. Ihre Größe gibt man in $m\mu$/mm (bzw. in Å/mm) an. Es gilt unter den obengenannten Voraussetzungen

$$\frac{d\lambda}{ds} = \frac{1}{f \cdot \left(\frac{d\vartheta}{d\lambda}\right)} = \frac{a}{f \cdot b \cdot D},$$

wobei f die Brennweite des abbildenden Systems, also z. B. die Brennweite des Kameraobjektives des Spektrographen, bedeutet.

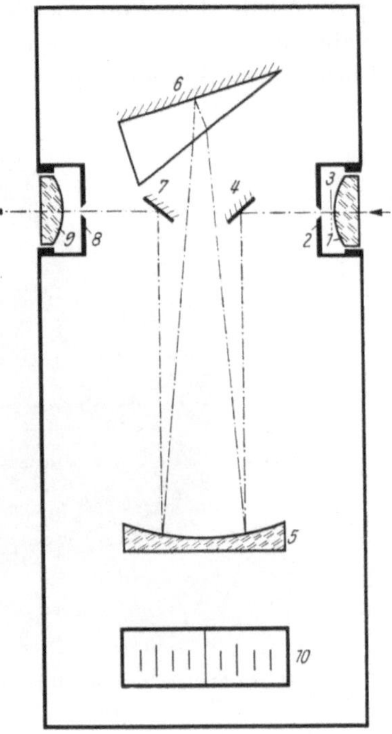

Abb. 40. Strahlengang in einem Monochromator mit Autokollimationsprisma (schematisiert; Carl Zeiss, Oberkochen). *1* Feldlinse, *2* Eintrittsspalt, *3* Schwingblende, *4* Umlenkprisma, *5* Hohlspiegel, *6* Autokollimationsprisma, *7* Umlenkprisma, *8* Austrittsspalt, *9* Feldlinse, *10* optische Wellenlängenanzeige

Die wesentlichste Kenngröße eines Monochromators bzw. eines Spektrographen ist jedoch nicht diese ebengenannte lineare Dispersion, sondern das sog. (theoretische) Auflösungsvermögen AV, das angibt, welchen Abstand $\Delta\lambda$ zwei Linien an der Stelle λ mindestens haben müssen, um eben noch getrennt dargestellt werden zu können. Wir geben ohne Ableitung die Größe dieses Auflösungsvermögens [nach *28*] wieder:

$$AV = \frac{\lambda}{\Delta\lambda} = b\frac{dn}{d\lambda}.$$

Diese Beziehung gilt nur unter der Voraussetzung, daß das Prisma voll ausgeleuchtet wird. Will man also bestimmte eng beieinanderliegende Linien noch trennen, kann man umgekehrt aus dieser Beziehung die erforderliche Basislänge des Prismenmaterials ausrechnen. Mitunter setzt man mehrere Prismen hintereinander, um auf eine größere Basislänge b zu kommen oder man geht mehrmals durch ein und dasselbe Prisma hindurch. Dieses theoretische Auflösungsvermögen wird bei den praktisch ausgeführten Geräten durch die zwangsläufig gegebenen Abweichungen vom Idealzustand meist nicht erreicht. Es gibt aber einen ersten Anhalt über die Leistungsfähigkeit eines Monochromators, eines Spektrographen usw.

Weiterhin spielt bei der Beurteilung eines Monochromators für flammenphotometrische Zwecke der Lichtleitwert L (Definition s. Kap. 36) eine wesentliche Rolle. Er ist ein mit der Dimension ($cm^2 \cdot sr$) belegter Koeffizient, mit dem die Leuchtdichte der Flamme ($Watt \cdot cm^{-2} \cdot sr^{-1}$) multipliziert werden muß, um die auf den Strahlungsempfänger auftreffende monochromatische Strahlungsleistung Φ (Watt) hinter dem Monochromator zu erhalten, vorausgesetzt, daß die Flamme die wirksame Öffnung des Monochromators vollständig ausfüllt, und daß die Empfängerfläche das austretende Strahlenbündel hinter dem Monochromator-Austrittsspalt ganz erfaßt. Damit die vom Monochromator aufgefangenen Strahlungsleistungen von vornherein nicht zu klein sind, sollte man, abgesehen von einer zweckentsprechenden Justierung der Flamme zum Monochromator

(Kap. 64), nur Monochromatoren mit nicht zu geringen Spalthöhen l und bei nicht zu geringen Spaltbreiten s verwenden. Allerdings ist einer beliebigen Vergrößerung von s aus anderen Gründen (Kap. 62) eine Grenze gesetzt.

Wir setzen zunächst voraus, daß, wie meist üblich, Eintritts- und Austrittsspalt gleiche Höhe l und gleiche Spaltbreite s haben, und daß die Brennweite f der Kollimatorlinsen bzw. Spiegel gleich sind, und daß die freien Durchmesser dieser Linsen bzw. Spiegel so groß sind, daß sie das Strahlenbündel nicht begrenzen.

Abb. 41. Spektralphotometer DU mit Flammenzusatz (Fa. Beckman Instruments, Inc., Fullerton, Calif.)

Die Begrenzung des Strahlenbündels soll also nur durch das Prisma erfolgen. Dann ist der Lichtleitwert L eines Monochromators [nach *318*] näherungsweise gegeben durch:

$$L = \frac{l \cdot s \cdot a \cdot h}{f^2},$$

wobei $a \cdot h$ wieder die dem Strahlenbündel zugekehrte wirksame Prismenfläche (h = Prismenhöhe, a = Projektion der waagerechten Prismenkante auf eine senkrechte Ebene zur optischen Achse) bedeutet. Ebenso kann man unter Einbeziehung der oben abgeleiteten Gleichungen zeigen, daß man L auch in der Form

$$L = \frac{l \cdot \Delta\lambda \cdot AV \cdot h}{f}$$

schreiben kann, wobei $\Delta\lambda$ den vom Austrittsspalt durchgelassenen Wellenlängenbereich (spektrale Bandbreite entsprechend der Einstellung des Spaltes) und AV das Auflösungsvermögen wie oben bedeuten.

Gemäß der Definition des Lichtleitwertes gilt

$$\Phi = L \cdot B,$$

wobei Φ die vom Strahlungsempfänger aufgenommene Strahlungsleistung in Watt, L den eben angegebenen Lichtleitwert des Monochromators und B die Strahlungsdichte eines monochromatischen Strahlers bedeuten. Damit diese Grundgleichung auch für einen kontinuierlichen Strahler gilt, müssen wir die

Bestrahlungsdichte mit Hilfe der Bandbreite ausdrücken. Wenn B_λ die Strahlungsdichte je Wellenlängeneinheit (z. B. je mμ) bei der Wellenlänge λ bedeutet, gilt:

$$\Phi = L \cdot B_\lambda \cdot \Delta\lambda .$$

Setzt man die oben abgeleiteten Beziehungen ein, kann man diesen Ausdruck in verschiedener Weise umschreiben:

$$\Phi = B_\lambda \cdot (\Delta\lambda)^2 \cdot AV \cdot l \cdot h/f \quad , \text{ oder}$$
$$\Phi = B_\lambda \cdot \Delta\lambda \cdot s \cdot l \cdot a \cdot h/f^2 \quad , \text{ oder}$$
$$\Phi = B_\lambda \cdot (\mathrm{d}\,\lambda/\mathrm{d}\,s) \cdot s^2 \cdot l \cdot a \cdot h/f^2 .$$

Der letztgenannte Ausdruck ist dann zu empfehlen, wenn die lineare Dispersion zur Verfügung steht. Man sieht übrigens aus diesem letzten Ausdruck deutlich, daß Φ bei kontinuierlicher Strahlung proportional mit s^2 wächst, während der oben für monochromatische Strahlung geltende Ausdruck für Φ nur proportional s geht. Wir kommen darauf im Kap. 62 zurück.

Bei diesen eben wiedergegebenen Ableitungen ist vorausgesetzt, daß in den optischen Bauelementen wie Spiegel, Linsen, Prismen usw., keine Lichtverluste durch Absorption, Reflexion und Beugung auftreten [*318*]. Will man diese Verluste mit berücksichtigen, so ist der Lichtleitwert L noch mit der dimensionslosen Durchlässigkeit T $(0 < T < 1)$ zu multiplizieren. T hängt etwas von λ ab. Bei guten Geräten wird T im sichtbaren Spektralbereich nur wenig unter 1 liegen.

61. Die Anforderungen an den Monochromator

An die Monochromatoren sind folgende Forderungen zu stellen:

1. Nicht zu geringer Lichtleitwert (Kap. 60).

2. Ausreichendes Auflösungsvermögen, damit man eng beieinanderliegende Linien, z. B. K 404,4 und Mn 403,5 mμ voneinander trennen bzw. nebeneinander analysieren kann. Ferner soll die Dispersion bzw. das Auflösungsvermögen auch noch deshalb groß sein, damit das Verhältnis Linie zu Untergrund und damit die unteren Nachweisbarkeitsgrenzen (Kap. 90) möglichst gut werden. Angaben über die Trennbarkeiten verschiedener für die Flammenphotometrie wichtiger Linien mit entsprechenden Registrierkurven findet man in Spezialarbeiten [z. B. *518*].

3. Einfache Bedienung, insbesondere gute parallaxefreie Ablesbarkeit der jeweils eingestellten Wellenlänge und der eingestellten Spalte.

4. Gute Einstellgenauigkeit der Wellenlänge, d. h. es muß auch bei sehr engen Spalten von einigen $^1/_{100}$ mm möglich sein, das Maximum einer Linie genau einzustellen.

5. Gute Konstanz der einmal eingestellten Wellenlänge, d. h. es sollte möglichst nicht vorkommen, daß während einer längeren Meßreihe, z. B. durch toten Gang im Antrieb bzw. durch thermische Einflüsse, die Wellenlänge wegrutscht, so daß man sich gegen Ende der Messung nicht mehr auf dem Maximum der vorher eingestellten Spektrallinie befindet. Man verlange bei höheren Anforderungen an die Konstanz ein Prismenmaterial mit sehr kleinem Temperaturkoeffizienten oder besondere Kompensiermöglichkeiten, bzw. wenn die Geräte solche Einrichtungen nicht haben, klimatisierte Räume mit konstant gehaltener Temperatur.

6. Möglichst großer Wellenlängenbereich, den man mit dem Monochromator bestreichen kann. Apparate mit Glasoptik sind wegen der Absorption kurzwelliger Teile des Spektrums kaum unter 350 mμ brauchbar. Quarzmonochromatoren sind in dieser Hinsicht besser, jedoch ist ihre Dispersion im Sichtbaren mäßig.

7. Gute Streulichtfreiheit, d. h. der Monochromator darf nur wenig störendes Licht von fremden Wellenlängen in die zu messenden Intensitäten hineinbringen.

Der Streulichtanteil ist bei guten (Einfach-)Monochromatoren so gering, daß die Intensität um einige Zehnerpotenzen absinkt, wenn man neben eine Linie einstellt. Wenn man sehr schwache Linien neben sehr starken Linien nachweisen will, ist mitunter dieser Streulichtanteil noch zu groß. Durch Vorschalten von geeigneten Absorptions- oder Interferenz-(Reflexions-)Filtern zur Unterdrückung der Störlinie oder durch Anwendung von Doppelmonochromatoren kann man ihn abermals verkleinern.

62. Die Wahl der Spaltbreiten

Zur Bedienung eines Monochromators gehört eine zweckentsprechende Einstellung von Ein- und Austrittsspalt. Bei den zu flammenphotometrischen Analysen meist verwandten Typen sind Ein- und Austrittsspalt gekoppelt, so daß sie gleichzeitig und gleichsinnig verstellt werden. Nur diesen Fall wollen wir im folgenden betrachten:

Voraussetzung ist, daß die Spalte mechanisch gut gearbeitet sind, dazu gehört z. B., daß die Schneiden der Spalte glatt und parallel zueinander, und daß sie auch parallel zur brechenden Kante des Prismas stehen. Dazu kommen noch Forderungen an die Krümmung des Endspaltes, die der mittleren Krümmung des Eintrittsspaltbildes möglichst gut angepaßt sein muß. Die Verstellung je eines Spaltbackenpaares muß gleichzeitig und in gleicher Größe erfolgen, damit der Schwerpunkt der mittleren durchgelassenen Wellenlänge sich dabei nicht ändert.

Hat man es nur mit Linien zu tun, so ändert sich gemäß Kap. 60 beim Verstellen der Spalte, von extrem kleinen Spalteinstellungen abgesehen, die Strahlungsdichte am Austrittsspalt nicht, jedoch die Größe der Strahlungsleistung, die vom Strahlungsempfänger aufgefangen wird. Der Photostrom einer Linie ändert sich unter den genannten Voraussetzungen, gemäß den Ausführungen in Kap. 60, etwa proportional der eingestellten Spaltbreite. Eine genauere Darstellung zeigt, daß die Photoströme hinter dem Austrittsspalt bei Linien gemäß der Beziehung

$$s^2/(s + \Delta s)$$

zunehmen, wobei s die eingestellte Spaltbreite und Δs das praktische Auflösungsvermögen, ausgedrückt in mm Spaltbreite, bedeutet. Beim Beckman DU ist z. B. Δs etwa 0,03 mm.

Anders verhalten sich in dieser Hinsicht Intensitäten, die vom kontinuierlichen Flammenuntergrund herrühren. Diese Strahlungsleistungen ändern sich quadratisch mit der Spaltbreite, was ebenfalls in Kap. 60 abgeleitet wurde. Mithin wird das für die Grenzkonzentration wesentliche Verhältnis Linie/Untergrund beim Vergrößern der Spalte etwa proportional schlechter (s. unten). Diese verschiedenen Beziehungen zwischen Photostrom und Spaltöffnung, einerseits für die Linien, andererseits für ein Kontinuum, werden in der Praxis oft noch dadurch komplizierter, daß schmale oder breite Banden sich verschieden verhalten, und daß die genannte quadratische Beziehung wegen nicht paralleler Spaltbacken nicht exakt gilt. Folgendes spricht für enge Spalte:

a) Ein günstiges Verhältnis Linie zu Flammenuntergrund und damit günstige untere Nachweisbarkeitskonzentrationen (Kap. 90).

b) Die Trennung dicht beieinanderliegender Linien wird besser.

Folgendes spricht für große Spalte:

c) Die Photoströme werden größer und damit leichter meßbar.

d) Die Erschütterungsempfindlichkeit und der Temperatureinfluß der Wellenlängen- und Spalteinstellung entfällt oder wird zumindest stark gemindert.

Zwischen diesen Dingen gilt es, einen Kompromiß zu ziehen. Die Abb. 42a zeigt das Aussehen einer idealisierten Registrierkurve einer Linie, wenn man den Austrittsspalt langsam über das Bild der Linie hinwegbewegt. Die Basis des gleichschenkligen Dreiecks wird um so schmäler, je kleiner die Spalte gewählt wird. Zur Kennzeichnung des vom Monochromator durchgelassenen Wellenlängenbereiches verwendet man meist nicht diese Basis des Dreiecks, sondern die punktiert eingezeichnete Mittellinie HWB. Man nennt diese Größe die effektive spektrale Bandbreite. Die tatsächlichen Registrierkurven sind im Gegensatz zu der idealisierten etwas verbreitert und an den Ecken abgerundet (Abb. 42b). Die Ursachen dafür sind Linsen- bzw. Spiegelfehler der zur Abbildung benutzten Optik, diffuse Reflexion an den nicht idealen Oberflächen, Ungenauigkeiten in den Prismenoberflächen, ungenaue Parallelität des Eintrittsspaltes in bezug auf den Austrittsspalt, ungenaue Krümmung des Austrittsspaltes usw. Wegen dieser kaum vermeidbaren optischen Mängel kommt es, daß bei sehr engen Spalten das Verhältnis Linie zu Untergrund nicht mehr im gleichen Maße besser wird, wie man unter Vernachlässigung dieser Einflüsse zunächst theoretisch erwarten sollte. Der Monochromator Beckman DU (Abb. 41) bringt z. B. beim Ändern der Spaltbreiten von 0,05 auf 0,01 mm nur eine Verbesserung des Verhältnisses Linie zu Untergrund im Verhältnis 1 : 1,4 statt 1 : 5[1] [*300, 408*]. Bei zu starker Verkleinerung der Spalte bleibt nämlich das Verhältnis Linie zu Untergrund, wie man auch aus der eingangs (Kap. 62) genannten Beziehung ablesen kann, praktisch konstant, während die Intensitäten als solche mit weiterer Verkleinerung der Spalte weiter abnehmen. Die optimale Spalteinstellung bezüglich des Verhältnisses Linie zu Untergrund bei gleichzeitig noch annehmbaren Gesamtintensitäten liegt also dort, wo dieser nahezu konstante Bereich einsetzt. Das ist bei dem eben genannten

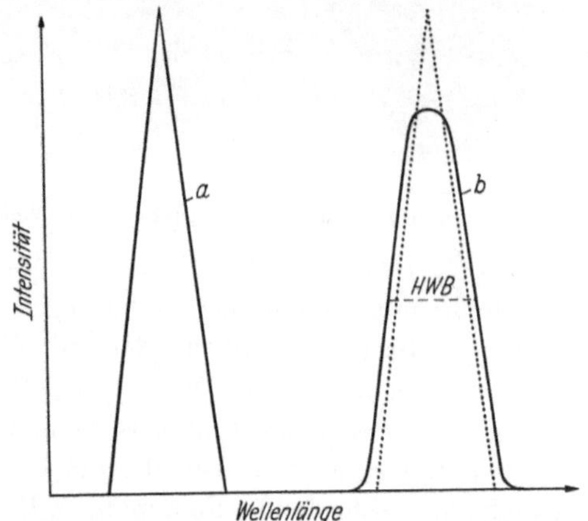

Abb. 42 Das Aussehen a) einer idealisierten Registrierkurve einer Linie, wenn Ein- und Austrittsspalt gleiche Größe haben; b) einer unter den gleichen Bedingungen gemessenen Registrierkurve. ———— Mittellinie, effektive spektrale Bandbreite oder HWB (Halbwertsbreite).

[1] Hierbei ist zur Vereinfachung von der Beugung an engen Spalten abgesehen. Die eingangs genannte Beziehung berücksichtigt diese Beugungserscheinungen.

Gerät Beckman DU für eine Spalteinstellung von etwa 0,02—0,03 mm [*152*] der Fall.

63. Flammenzusatzgeräte für Spektralphotometer

Der für Flammenanalysen verwandte Monochromator ist oft ein Bestandteil eines Spektralphotometers für Absorptionsanalysen. Entfernt man an einem solchen Gerät die Lichtquelle und ersetzt sie durch ein Flammenzusatzgerät (Abb. 43) mit Zerstäuber, Brenner, Flamme usw., so erhält man ein Flammenspektrophotometer. Solche Zusatzgeräte enthalten: a) einen Brenner, meist

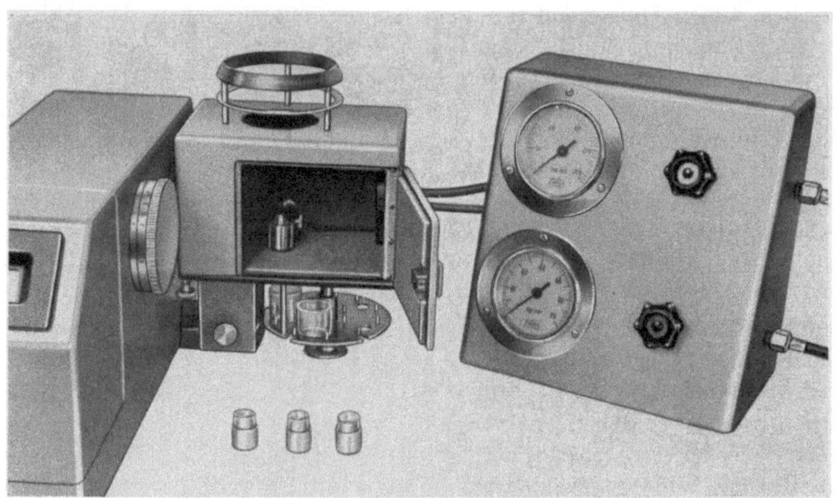

Abb. 43. Flammenzusatzgerät an einem Monochromator M4Q (Carl Zeiss, Oberkochen)

kombiniert mit b) einem Zerstäuber, c) einen Probenwechsler, d) einen Hohlspiegel, e) ein Gehäuse mit Halterungen und Justiervorrichtungen, f) Druckmeß- und Regeleinrichtungen (Kap. 18), meist getrennt von a—e.

Man bevorzugt Zerstäuber-Brenner-Kombinationen, da dann höhere Strahlungsdichten erzielt werden als mit indirekten Zerstäubern. Man benutzt fast ausnahmslos sehr heiße Flammen, z. B. Acetylen-Sauerstoff oder Wasserstoff—Sauerstoff, damit auch die im ultravioletten Teil des Spektrums gelegenen Spektrallinien gut angeregt werden. Da die Flammen mit nachträglicher Mischung von Gas und Sauerstoff bei gleichzeitiger Zumischung des Flüssigkeitsnebels turbulent brennen, entsteht ein kräftiges zischendes Geräusch. Zur Schalldämpfung sieht man um solche Geräte ein Gehäuse vor, das innen mit geräuschmindernden Substanzen ausgelegt ist. Die gleiche Aufgabe hat der aus mehreren Ringen zusammengesetzte Schornstein, der überdies als Berührungsschutz dient. Um die Flamme und den Spiegel in den günstigsten Punkt vor den Monochromator bringen zu können, sind Justiereinrichtungen vorgesehen. Der Gesamtaufbau sollte so stabil sein, daß beim Wechseln der Anordnung bzw. beim zwischenzeitlichen Übergang zu Absorptionsanalysen nicht jeweils eine erneute Justierung erforderlich ist.

64. Die Justierung der Flamme zum Monochromator

Es gelten zunächst die gleichen Gesichtspunkte, wie bereits im Kap. 37 dargelegt. Dazu kommen hier noch einige spezielle Dinge:

1. Die untere Kante des Eintrittsspaltes muß bei waagerechter optischer Achse etwa 5—8 mm höher als die oberen Spitzen der inneren Reaktionszone der Flamme sein.

2. Außerdem ist die seitliche Justierung wichtig, d. h. die senkrechte Achse durch die Mitte der Flamme (Flammenachse) muß sich mit der waagerecht liegenden optischen Achse des Monochromators schneiden. Dazu verstellt man z. B. die Flamme seitlich, bis man maximale Intensität am Strahlungsempfänger hinter dem Austrittsspalt bekommt.

3. Die günstigste Entfernung der Flamme vor dem Eintrittsspalt richtet sich nach der Gesamtanordnung. Wir wollen zunächst den einfachsten Fall setzen, daß keine zusätzlichen Linsen oder Spiegel vor dem Eintrittsspalt verwandt werden und daß die Flamme, zumindest in größeren Entfernungen, wie eine „punktförmige" Lichtquelle behandelt werden kann:

Befindet sich die Flamme in großer Entfernung r vor dem Eintrittsspalt, so werden die durch den Eintrittsspalt hindurchgehenden Intensitäten sehr klein sein ($1/r^2$-Gesetz). Nähert man die zunächst als homogen leuchtend angenommene Flamme immer mehr dem Eintrittsspalt, so wird es schließlich eine solche Stellung r_m geben, daß die Flamme gerade den vom Monochromator erfaßten Raumwinkel erfüllt. Von da ab sollte unter der gemachten Voraussetzung eine weitere Annäherung der Flamme an den Eintrittsspalt kaum noch einen Intensitätsgewinn bringen. Tatsächlich beobachtet man doch ein weiteres, wenn auch nicht mehr so steiles Ansteigen der Intensität. Dies ist u. a. darauf zurückzuführen, daß die inneren Teile der Flamme von den hier fast ausschließlich verwandten turbulenten Flammen mit direkter Zerstäubung meist stärker leuchten. Eine zu starke Annäherung der Flamme an den Spalt ist nicht anzuraten, da dann der Monochromator durch die Flamme zu stark erwärmt wird, und Tropfen der Analysenlösungen zu Korrosionserscheinungen an den Spalten Anlaß geben können. Theoretisch erscheint daher in erster Näherung die obengenannte Stellung r_m die günstigste zu sein. In der Praxis geht man aber etwas näher an den Monochromator heran, damit man mehr Intensität erhält und damit die äußeren, kälteren und unruhigeren Seitenteile der Flamme nicht mit erfaßt werden. Für dieses Ausblenden des gewünschten Flammenteiles und für einen Intensitätsgewinn wird oft auch der Rückspiegel durch eine zweckentsprechende vergrößerte Abbildung der Flamme auf dem Eintrittsspalt mit verwandt.

Nehmen wir eine Flammenbreite von F_b an (sie liegt meist bei 1 cm), so ergibt sich für r_m folgende theoretische Beziehung:

$$\frac{F_b}{r_m} = \frac{a}{f} \quad \text{bzw.:} \quad r_m = \frac{F_b \cdot f}{a},$$

wobei f die Brennweite des Kollimators, a wie früher (Kap. 60) die Breite des Strahlenbündels am Prisma und r_m den Abstand der Flamme vor dem Eintrittsspalt bedeuten.

Befindet sich hingegen vor dem Eintrittsspalt eine Feldlinse, so gibt der Gerätehersteller die zweckmäßigste Entfernung der Flamme vor dem Eintrittsspalt an. Diese Linse dient dazu, die Flammen in diejenige Blende im Monochromator abzubilden, die zusammen mit den Spalten den Lichtleitwert (Kap. 60) bestimmt. Im allgemeinen ist das die Begrenzung des Prismas.

65. Strahlungsempfänger hinter Monochromatoren

Es gelten hier prinzipiell die gleichen Überlegungen, wie bereits in Kap. 42 dargelegt. Allerdings findet man wegen des geringen Lichtleitwertes von Monochromatoren und wegen der geringen Strahlungsdichten der Flammen hier fast ausschließlich die empfindlichsten Photozellen mit Sekundärelektronenvervielfachung (SEV). Nur oberhalb 600 mμ werden häufig noch Vakuum-Photozellen verwandt. Die Empfindlichkeit dieser Strahlungsempfänger muß im Gegensatz zu Anordnungen mit Filtern fast bis an die Grenze des überhaupt Möglichen gesteigert werden. Dadurch kommen hier einige Probleme hinzu, die wir bei der Darstellung der Filterphotometer vernachlässigen konnten.

Bei Anwendung höherer Verstärkung im Sekundärelektronenvervielfacher und gleichzeitiger Anwendung empfindlicher Verstärker und Galvanometer bemerkt man einen sog. Dunkelstrom, d. h. ein unter Spannung stehender SEV gibt auch dann Strom ab, wenn er nicht belichtet wird. Dieser Dunkelstrom ist wie der Photostrom, der vom Flammenuntergrund herrührt (Kap. 95), vom (Nutz- oder Signal-)Photostrom abzuziehen. Der Dunkelstrom würde nicht stören, d. h. keinen Einfluß auf die untere Meßbarkeitsgrenze haben, wenn er zeitlich konstant wäre. Leider trifft das nicht zu. Die untere Meßbarkeitsgrenze ist nämlich dadurch gegeben, daß bei Verkleinerung der Lichtintensitäten die zugehörigen Photoströme schließlich so klein werden, daß sie mit den immer vorhandenen Schwankungen des Dunkelstromes vergleichbar werden. Da die störenden Schwankungen des Dunkelstromes in einer gewissen Relation zur Größe des Dunkelstromes selbst stehen (s. unten), muß man also bemüht sein, den Dunkelstrom möglichst klein zu halten oder, besser gesagt, man muß ein möglichst großes Verhältnis Photostrom/Dunkelstrom anstreben. Dazu dienen die unten folgenden Überlegungen. Zunächst einige Vorbemerkungen zur Herkunft des Dunkelstromes:

a) Die Ursachen des Dunkelstromes eines SEV

Der Dunkelstrom setzt sich aus 3 Teilen zusammen: 1. Aus dem Leckstrom über unvollkommene Isolatoren, 2. aus dem thermisch ausgelösten Dunkelstrom und 3. aus Strömen, die durch eine unselbständige Gasentladung und optische Rückkopplungserscheinungen bei hohen Spannungen hervorgerufen werden. Ändert man kontinuierlich die an einen SEV angelegte Gesamtspannung U, angefangen von kleinen Spannungen bis herauf zu den höchstzulässigen Spannungen, so haben die drei genannten Dunkelstromanteile ganz verschiedenen Anteil am Gesamtdunkelstrom. Wir geben im folgenden in Klammern diejenigen Zahlen als Beispiel wieder, die für den Vervielfacher RCA 1 P 28 [nach *250*] gelten:

1. Der Bereich niedriger Spannungen. Bei gar zu niedrigen Spannungen (etwa unter 350 V) gibt es keine Sekundärelektronenemission der Dynodenbleche. Man kann keinen Photostrom und auch keinen Dunkelstrom entnehmen. Geht man mit der Spannung U etwas höher (etwa 350—500 V), so überwiegt der Anteil des Leckstromes durch mangelhafte Isolation zwischen den Dynodenzuleitungen in- und außerhalb des Vervielfachergefäßes. Dieser Leckstrom geht etwa proportional der angelegten Spannung, während der entnehmbare Photostrom (übrigens auch der unter 2. genannte Dunkelstromanteil) etwa exponentiell nach der Gleichung

$$I = c\,U^a$$

ansteigt, wobei c eine Konstante ist und der Exponent a einen positiven Wert hat, der z. B. für den genannten Vervielfacher zwischen 7—8 liegt. In diesem Bereich niedriger Spannungen wird man also bei Gleichstrommessungen dann ein besonders günstiges Verhältnis von Nutz-Photostrom zu Dunkelstrom erhalten, wenn man mit der Gesamtspannung U möglichst hoch (d. h. bis etwa 500 V) geht. Die Schwankungen dieses hier überwiegenden Dunkelstromanteiles erfolgen wesentlich langsamer als die unten unter 2. genannten Schwankungen. Solche Drifterscheinungen stören nur bei Gleichstrommessungen. Bei Wechsellichtmethoden (s. unten) stört der Leckstrom nicht.

2. Der Bereich mittlerer Spannungen. Im Bereich mittlerer Spannungen (500—1000 V) überwiegt der Dunkelstromanteil, der auf die thermisch ausgelösten Elektronen aus der Photokathode und unter Umständen auch aus den nachfolgenden Dynodenblechen zurückgeht. Diese durch die Wärmebewegung ausgelösten Elektronen werden genauso verstärkt, wie die aus der Photokathode durch Lichtquanten ausgelösten Photoelektronen. Es gilt die gleiche oben für den Photostrom schon genannte Abhängigkeit des Dunkelstromes I von der Gesamtspannung. Das Verhältnis Photostrom/Dunkelstrom bleibt in diesem Bereich also in erster Näherung konstant. Bei genauerer Betrachtung bemerkt man aber, daß dieses Verhältnis mit steigender Spannung etwas schlechter wird, was man damit erklären kann, daß die unten unter 3. genannten Einflüsse allmählich größer werden. Der Leckstrom spielt in diesem Bereich keine Rolle mehr, da er nur proportional der Spannung ansteigt, während der hier diskutierte Dunkelstromanteil stärker als linear mit der Spannung zunimmt. Man beachte, daß der hier unter 2. genannte thermische Dunkelstromanteil sowohl einen schnellen Schwankungsanteil (Schrotrauschen wie unten) als auch einen langsam ablaufenden Schwankungsanteil (Drifterscheinungen) hat. Dieser zuletzt genannte langsame Schwankungsanteil stört bei Gleichstrommessungen und ist durch Wechsellichtmethoden (s. unten) ausschaltbar, während der erstgenannte Anteil in seinen Auswirkungen auf das Meßergebnis, z. B. durch Anwendung von Schmalbandverstärkern oder von trägen Meßinstrumenten (s. unten), nur klein gehalten, aber prinzipiell nicht ganz ausgeschaltet werden kann. Wir kommen im Abschnitt b)4. darauf zurück.

3. Hohe Spannungen am SEV. Bei hohen Gesamtspannungen (1000—1200 V) treten zusätzlich zu den unter 1. und 2. genannten Einflüssen noch Pulsationen durch stoßweise Gasentladungserscheinungen und optische Rückkopplungen auf, die in diesem Bereich die Größe des an sich schon sehr großen thermisch ausgelösten Dunkelstromes nach 2. erheblich übersteigen können. Diese Erscheinungen bewirken Schwankungen des Dunkelstromes, die schneller als die unter 1. genannten, aber immer noch langsam im Vergleich zu den unten beschriebenen Rauscheffekten sind. Diese Pulsationen stören sowohl bei Gleich- als auch bei Wechselstrommessungen. Das Verhältnis Signal-/Dunkelstrom wird in diesem

Bereich sehr viel schlechter. Dieser Bereich scheidet für praktische Messungen daher meist aus.

b) Methoden zur Verringerung des Störeinflusses durch den Dunkelstrom

Um ein möglichst günstiges Verhältnis Photostrom/Dunkelstrom bzw. Photostrom/Dunkelstromschwankungen zu erzielen, kann man verschiedene Maßnahmen, z. T. in Kombination, ergreifen. Die nachfolgenden Empfehlungen 1—5 haben naturgemäß nur dann einen Sinn, wenn der Dunkelstrom bzw. dessen Schwankungen in irgendeiner Form stören, d. h. es wird im folgenden, sofern nicht ausdrücklich etwas anderes gesagt ist, vorausgesetzt, daß die Schwankungen des Dunkelstromes größer als die anderen, die Meßbarkeitsgrenze bestimmenden Schwankungen (z. B. Schwankungen der Lichtintensitäten des Flammenuntergrundes, Schwankungen durch Verstärkerrauschen) sind, und daß diese Schwankungen auch so groß am Meßinstrument erscheinen, daß sie erkennbar werden.

1. Zweckmäßige Wahl der Spannung. Aus den obigen Ausführungen ergibt sich schon, daß das genannte Verhältnis Photostrom zu Dunkelstrom im Bereich mittlerer Spannungen in erster Näherung konstant bleibt, während es bei höheren Spannungen (etwa oberhalb 1000 V) und bei niedrigeren Spannungen (etwa unter 500 V) durch das Überhandnehmen anderer Störeinflüsse verschlechtert wird. Man wird also vornehmlich in diesem mittleren Spannungsbereich, und zwar da besser in dem unteren Teil (etwa 500—700 V), arbeiten.

Diese Auswahl der zweckmäßigen Spannung wird noch von zwei weiteren Nebenumständen mitbestimmt:

α) Durch die Meßmethode (Gleichlicht- oder Wechsellichtmethode, s. unten) bzw. Nachverstärkung (Gleichstrom- oder Wechselstrom-Nachverstärkung). Im erstgenannten Falle stören die langsamen Drifterscheinungen des Leckstromes und des thermischen Dunkelstromes, nicht jedoch im zweiten Falle. Mit anderen Worten: Bei Wechsellichtmethoden kann man mit der Gesamtspannung U am SEV noch etwas tiefer (bis etwa 400 V) heruntergehen.

β) Von den anderen, die Meßbarkeitsgrenze bestimmenden Schwankungen. Zeigen z. B. die vom Flammenuntergrund herrührenden Lichtemissionen, z. B. durch Turbulenzerscheinungen innerhalb der Flamme, größere Schwankungen, so daß sie unterhalb einer gewissen festen Spannung U_f (z. B. unterhalb 900 V) am SEV allein ausschlaggebend für die (Konzentrations-) Meßbarkeitsgrenze werden, d. h. von da ab größer als die Schwankungen des Dunkelstromes sind, dann hat es keinen Sinn, mit der Spannung U entsprechend den obigen Empfehlungen weiter herunterzugehen. U_f stellt in diesem Falle ein Optimum dar.

Der zeitlich gemittelte Dunkelstrom beträgt bei Anwendung des oben empfohlenen mittleren Spannungsbereiches beim 1P28 etwa 10^{-9} A, beim rotempfindlichen Vervielfacher aber wesentlich mehr, etwa 10^{-6} A. Er steigt abermals um zwei Zehnerpotenzen, wenn man zu höheren Gesamtspannungen übergeht.

2. Kühlung. Man kühlt den Vervielfacher z. B. mit CO_2-Schnee oder besser noch mit flüssiger Luft. Dabei sinkt der Dunkelstrom und damit auch die Schwankungen des Dunkelstromes erheblich.

3. Auswahl der SEV. Man wählt SEV aus, die ein besonders günstiges Verhältnis von Empfindlichkeit zu Dunkelstrom aufweisen. SEV einer Type können sich in dieser Hinsicht um mehr als 1 : 10 unterscheiden, wobei aber auch die Grenze der Empfindlichkeit nach dem UR zu unterschiedlich sein dürfte.

4. Wechsellichtmethode. Bei dieser Methode zerlegt man das zu messende Gleichlicht, z. B. mit Hilfe eines rotierenden Sektors, in Hell-Dunkel-Impulse und verstärkt und mißt nur noch die Differenzen der Photoströme bei belichteter bzw. unbelichteter Photozelle. Der störende Gleichstromanteil des Dunkelstromes und seine langsamen Schwankungen werden also gänzlich ausgeschaltet. Es stören dann nur noch die kurzzeitigen (höherfrequenten) Schwankungen. Diesen Anteil kann man durch eine geschickte Wechselstrom-Nachverstärkung (Schmalbandverstärkungen s. unten) oder Gleichrichtung oder Messung klein halten.

Zur Erläuterung dieses letzten Verfahrens wollen wir zunächst auf die Ursachen der hier störenden schnelleren statistischen Schwankungen des Dunkelstromes eingehen und wollen dabei voraussetzen, daß die Gesamtspannung am SEV zweckentsprechend gewählt ist (s. oben 500—700 V).

Sowohl der Dunkel- als auch der Photostrom wird an der Photokathode im Prinzip durch Wärme bzw. Licht in Form von Elektronen ausgelöst. Jedes dieser einzelnen Elektronen wird in den folgenden Dynodenstufen weiter verstärkt, so daß der Photostrom bzw. der Dunkelstrom streng genommen aus einzelnen, ungeordneten, statistisch verteilten, kurzzeitigen Ladungsimpulsen besteht. Dementsprechend muß der verstärkte Dunkel- als auch der verstärkte Photostrom notwendigerweise schnelle Fluktuationen, ein sog. Rauschen oder einen sog. Schroteffekt, aufweisen. Die absolute Stärke dieses Rauschens nimmt auf Grund eines allgemeinen statistischen Gesetzes etwa proportional mit der Quadratwurzel aus dem (Dunkel- bzw. Dunkel- plus Photo-)Strom, d. h. dem primären, von der Photokathode emittierten Strom, zu; die relative, d. h. auf den jeweiligen Strom bezogene Rauschgröße, nimmt prozentual der Wurzel aus dem Strom ab. Ein großes Signal wird also durch das Rauschen weniger gestört als ein kleines Signal. Man kann nun das eben genannte Rauschen, wie jeden anderen Schwankungsvorgang, auch formal in eine Summe von sehr vielen kleinen Wechselströmen verschiedener Frequenz und Phase zerlegen. Die Frequenzen f können hierbei in einem größeren Frequenzbereich liegen. Bei den Dunkelströmen von SEV reicht er weit über 10^6 Hz hinaus. Ein Wechselstromverstärker mit beschränkter Bandbreite läßt nur einen Teil dieser Frequenzen hindurch. Bei sog. Schmalbandverstärkern ist dieser Teil (Δf) absichtlich klein gemacht. Δf wird entsprechend wie die Filterdurchlässigkeit für Licht (Kap. 40) als Halbwertsbreite der Frequenzdurchlässigkeitskurve definiert.

Bei der weiteren Betrachtung des Rauschens mit seinen Einflüssen auf das Meßergebnis müssen wir zwei Fälle unterscheiden:

a) Auf den (Wechselstrom-) Schmalbandverstärker folgt ein linearer (oder seltener ein quadratischer) Gleichrichter und dann ein Gleichstrom-Meßinstrument bzw. ein Gleichstrom-Abgleichmotor für ein Registrierinstrument, ein Integrationsmotor oder ähnliches.

b) Auf einen normalen, d. h. nicht unbedingt schmalbandigen Wechselstromverstärker folgt ein (frequenz-) gesteuerter oder synchroner Gleichrichter mit Gleichstrommeßinstrument bzw. Gleichstrom-Registrierinstrument, oder ein Verstärker mit frequenzgesteuerter Torschaltung oder ein frequenzgesteuertes (synchrones) Meßinstrument bzw. ein synchroner Drehfeld-Abgleichmotor oder ein entsprechender Integrationsmotor.

Im Fall a) verursacht die mittlere Intensität der durchgelassenen Wechselstromkomponente des Dunkelstromrauschens eine Verschiebung des Nullpunktes. Diese Dunkelanzeige ist noch von unregelmäßigen Schwankungen überlagert, die von den statistischen Intensitätsschwankungen der durchgelassenen (Dunkel-)Wechselstromkomponenten herrühren. Bei der meist üblichen linearen Gleichrichtung ist diese Nullpunktversetzung proportional $\sqrt{\Delta f}$, und die mittlere Größe der Schwankung der Dunkelanzeige $\tilde{A}_d$ am Meßinstrument ist in erster Näherung gegeben durch

$$\tilde{A}_d = c \cdot S \cdot V \sqrt{2e \frac{n}{n-1} G \cdot I_d \cdot \frac{1}{\tau}},$$

worin c eine Konstante von der Größenordnung Eins ist. e bedeutet die Ladung des Elektrons, n den mittleren Verstärkungsfaktor der Sekundärelektronenvervielfachung einer Stufe, G den Gesamtverstärkungsfaktor des Vervielfachers, I_d den mittleren Dunkelstrom, S die Stromempfindlichkeit des Meßinstrumentes, V den Verstärkungsfaktor des Wechselstromverstärkers und τ die Schwingungsdauer des Anzeigeinstrumentes bzw. die Zeitkonstante der benutzten R-C-Schaltung bzw. die Integrationszeit. Wenn $\Delta f = \frac{1}{\tau}$ gewählt wird, was nicht unbedingt sein muß, dann ist die konstante Verschiebung des Nullpunktes ungefähr gleich groß wie die mittlere Schwankungsgröße $\tilde{A}_d$. Praktisch ist es schwierig $\Delta f < 1$ Hz zu machen. τ läßt sich aber ohne Schwierigkeiten größer als eine Sekunde wählen (s. Kap. 46 u. 47), wodurch die Genauigkeit der Ablesung, aber auch der Substanzbedarf vergrößert wird. Man beachte, daß $\tilde{A}_d$ nicht von der Bandbreite Δf des Verstärkers und die Nullpunktverschiebung nicht von τ abhängig ist.

Der Meßinstrumentenausschlag soll entsprechend der Nullpunktverschiebung korrigiert werden. Leider darf man den Dunkelausschlag nicht einfach vom Gesamtausschlag A_{ges} subtrahieren, um auf den Signalausschlag zu kommen, sondern es gilt annähernd

$$A_{ges} = \sqrt{A_R^2 + A_s^2}$$

mit A_R = Ausschlag vom Rauschen und A_s = Ausschlag vom Signal, d. h. Lichtintensitäten, die nur noch Signale von der Größenordnung des Rauschens hervorzubringen imstande sind, wirken nicht mehr proportional auf das Meßinstrument, auch dann nicht, wenn man die Dunkelanzeige durch das gleichgerichtete Rauschen mit Hilfe einer (elektrischen) Subtraktion korrigiert [*65, 69*]. Die Abweichung von der Proportionalität beträgt nur noch 0,5%, wenn das Signal zehnmal größer als der Rauschausschlag ist. Bei noch günstigerem Signal : Rausch-Verhältnis ist diese Abweichung von der Proportionalität ganz zu vernachlässigen. Man kann der genannten Proportionalitätsschwierigkeit bei Verkleinerung des Signals bis an die Rauschgrenze bei der eben besprochenen Lösung a) nur dadurch begegnen, daß man die Bandbreite Δf sehr klein macht, wobei sich dann das Signal vom Rauschausschlag wieder genügend abhebt. Dieser Verkleinerung von Δf stehen allerdings praktische Grenzen entgegen.

Betrachten wir nun den Fall b), wobei ein frequenzgesteuerter oder synchroner Gleichrichter oder ein entsprechendes Meßinstrument benutzt wird, dessen Frequenz und Phase der periodischen Unterbrechung des Meßstrahles entsprechen muß. Hierbei tritt die obengenannte störende Nullpunktverschiebung nicht auf, und der Meßausschlag bleibt auch für kleine Signalströme streng proportional, im Gegensatz zu a). Das Rauschen des Dunkelstromes sowie ein evtl. vorhandenes Verstärkerrauschen rufen hier bei b) nur unregelmäßige Schwankungen des Nullpunktes hervor, deren mittlere Größe in erster Annäherung durch die obige Formel gegeben wird [*65*, *148*]. Für die Verkleinerung dieser Nullpunktschwankungen gelten auch wieder die gleichen Überlegungen wie oben.

5. Zählmethoden. Noch mehr erreicht man mit Hilfe von in flüssiger Luft gekühlten SEV und Zählung der einzelnen verstärkten Impulse jeder Elektronenlawine. Hierbei ist es zweckmäßig, die Wechsellichtmethode mit dem Impulszählverfahren zu kombinieren, indem man mit einem Zwei-Kanal-Zählwerk einmal die Impulse während der Hellphasen und zum anderen die Impulse während der Dunkelphasen mißt und voneinander subtrahiert. An Flammenspektrophotometern wurden solche Einrichtungen, wahrscheinlich aus praktischen Gründen, unseres Wissens noch nicht benutzt. Da die Quantenausbeute nicht 100%ig ist, kann man vielleicht in Zukunft eine, wenn auch nicht mehr bedeutende Erhöhung der Grenzempfindlichkeiten durch wirksamere photoelektrische Schichten erwarten. Darüber hinaus ist aus Gründen der Quantenphysik eine Erhöhung der Empfindlichkeit der Strahlungsempfänger prinzipiell nicht mehr möglich.

66. Verstärker, Meßinstrumente und die Energieversorgung

Es gilt prinzipiell das Gleiche wie in den Kap. 44—46 aufgeführt, nur sind bei Monochromatorgeräten die Anforderungen an die Empfindlichkeit wesentlich größer. Die erforderliche Stabilität der Empfindlichkeit und des Nullpunktes bereitet entsprechend mehr Schwierigkeiten. Im letzten Kapitel führten wir bereits aus, daß man deshalb oft Wechsellichtmethoden in Verbindung mit Schmalbandverstärkern und normalen Gleichrichtern (Kap. 65, Nr. 4a) oder besser solchen mit synchroner Steuerung (Kap. 65, Nr. 4b) anwendet, um die geringen Photoströme von dem Dunkelstrom und seinen Rauschkomponenten möglichst weitgehend abzutrennen. Auch sind höhere Anforderungen an die „Brummsiebung" (Entfernung von Störfrequenzen aus dem Lichtnetz) zu stellen.

67. Flammenspektrophotometrische Mehrstrahlverfahren

Wenn man das von der Flamme ausgehende Licht spektral zerlegt hat, kann man prinzipiell alle oder zumindest die wesentlichsten Flammenlinien einzeln auf je einem Strahlungsempfänger auffangen, einzeln verstärken und je einem Meßinstrument zuführen. Solche Einrichtungen sind in der Spektrophotometrie mit Funken bzw. Bogen unter dem Namen „Quantometer" bekannt. In neuerer Zeit wurden solche Einrichtungen auch für die Spektrophotometrie mit Flammen angegeben [*160*, *645*, *710*]. In der Abb. 44 zeigen wir eine solche Einrichtung.

Es sind jeweils zwei SEV dicht nebeneinander hinter je einem von zwei dicht beieinanderliegenden Spalten angebracht. Von diesen Spaltpaaren ist jeweils der eine auf eine Linie und der andere dicht dabeiliegende auf den Flammenuntergrund „neben der Linie" justiert. Weil die Spalte aus mechanischen Gründen nicht zu dicht zusammenkommen können, verwendet man (Gitter-) Apparate mit großer Dispersion, außerdem wird, wegen des Eigendurchmessers des Vervielfachers, der eine Strahl durch einen Spiegel seitlich abgelenkt. Die SEV sind so ausgesucht, daß sie etwa gleiche Empfindlichkeit haben. Die letzten Unterschiede werden mit Hilfe der Dynodenspannungen (Kap. 42) geregelt. Es wird sowohl der Photostrom von Linie + Untergrund und vom Untergrund allein verstärkt.

Am Ausgang der Verstärkerpaare werden diese verstärkten Photoströme gegeneinandergeschaltet, und dadurch wird die Subtraktion ausgeführt. Die Instrumente zeigen also die Differenz von (Linie + Untergrund) — Untergrund, also die Linienintensität allein an. Unter diesen Umständen sind noch quantitative Messungen möglich, wenn die Linie nur noch $^1/_7$ des Flammenuntergrundes beträgt. In der in Abb. 44 dargestellten Anordnung sind 5 Spaltpaare bzw. Verstärkerpaare vorgesehen. Solche und ähnliche Anordnungen sind jetzt auch im Handel erhältlich [*160*].

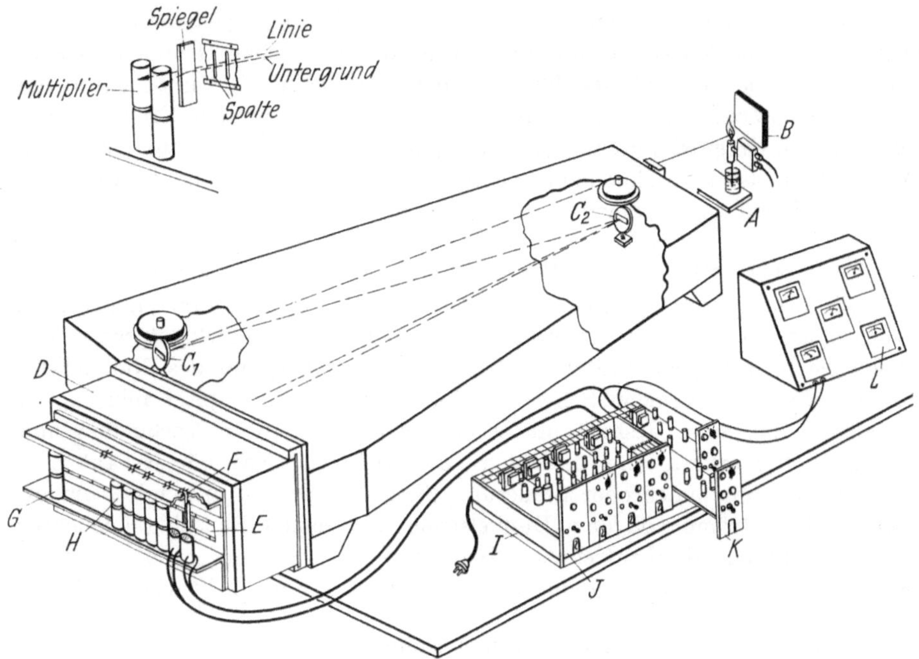

Abb. 44. Der Aufbau eines Gitter-Flammenspektrophotometers zur gleichzeitigen Bestimmung mehrerer Elemente *A* Beckman-Zerstäuber-Brennerkombination; *B* Rückspiegel; C_1 Kollimatorspiegel; C_2 Gitter; *D* Halterung für die Strahlungsempfänger; *E* Ebene der Austrittsspalte; *F* Spiegel; *G* Sockel der Photozellen mit Sekundärelektronenvervielfachung; *H* SEV; *I* Verstärker; *J* Niederspannungsenergieversorgung; *K* Hochspannungsenergieversorgung; *L* Mikroamperemeter für je eines der zu bestimmenden Elemente [nach *458*]

68. Registrierverfahren mit Monochromatoren

Mit flammenspektrophotometrischen Einrichtungen lassen sich die gleichen Registrier-Integrier-Überwachungs- und Regelaufgaben lösen, die bereits im Kap. 56 für Flammenphotometer mit Filtern geschildert wurden, d. h. man stellt den Monochromator auf eine bestimmte Analysenlinie ein und registriert den Verlauf der Intensität dieser Linie in zeitlich veränderlichem Analysengut im Vergleich zu gelegentlich dazwischen eingeschobenen Eichlösungen. Hier, bei Flammenspektrophotometern, kommt als weitere Möglichkeit hinzu, daß man in einer konstanten Lösung die Abhängigkeit der spektralen Intensitäten von der Wellenlänge aufzeichnen kann. Solche Verfahren stellen eine sinnvolle Ergänzung zu der in den nachfolgenden Kapiteln zu besprechenden Flammenspektrographie dar. Die dort genannten Vorteile gelten sinngemäß auch hier. Diese Registrierverfahren sind überdies meist genauer als die spektrographischen Verfahren, weil der Meßwert direkt und nicht auf dem Umweg über die Schwärzung einer photographischen Platte gewonnen wird. Allerdings ist der Substanzbedarf größer, weil das Spektrum nacheinander, Wellenlänge für Wellenlänge, aufgezeichnet werden muß, während ein spektrographisches Verfahren an allen Stellen des Spektrums gleichzeitig aufzeichnet.

Als weitere Vorteile der flammenspektrophotometrischen Registrierverfahren sind zu nennen:

a) Das Erkennen und Ausschalten von Blindwertstörungen, d. h. das Ausschalten des oft in Form von Banden erscheinenden Flammenuntergrundes, das Eliminieren der Einflüsse von Begleitstoffen auf den Flammenuntergrund, die Einflüsse solcher Stoffe auf die Querempfindlichkeit infolge von Streulicht u. ä., sind mit Registrierverfahren in Kombination mit einer geeigneten graphischen Auswertung der Registrierstreifen (s. Kap. 94—95) wesentlich sicherer und einfacher durchführbar [*544*].

b) Man kann mit verhältnismäßig engen Spalten arbeiten, ohne befürchten zu müssen, daß einem während der Messung durch Temperatureinflüsse, durch mechanische Erschütterungen o. ä. das einmal eingestellte λ_{max} „wegrutscht". Beim Durchregistrieren erfaßt man in jedem Fall mit Sicherheit das Maximum einer Linie. Die Grenzempfindlichkeiten werden dadurch besser.

c) Das Ermitteln optimaler Meßbedingungen (Variation der Flammentemperatur durch Anwendung verschiedener Gase, durch Anwendung verschiedener Mischungsverhältnisse Gas/O_2, durch Anwendung verschiedener Meßhöhen innerhalb der Flamme, durch Wahl verschiedener Spaltbreiten u. ä.) ist mit Hilfe von systematischen Registrierungen schnell und sicher zu erledigen. Man spart weitgehend das Anfertigen von Meßprotokollen in Form von Tabellen, da die entsprechend beschrifteten Registrierstreifen jeweils ein komplettes Protokoll darstellen.

d) Unerwartete Vorkommnisse, z. B. das Auftreten einer vorher nie beobachteten Störlinie in einer bestimmten Probe bei Serienuntersuchungen, werden bei Registrierverfahren immer erkannt, während einem so etwas bei dem sonst üblichen Meßverfahren entgeht.

e) Abgesehen von der eingangs genannten Integration über die Zeit bei festgehaltener Wellenlänge kann man hier noch eine andere Integrationsart, nämlich eine Integration über den Gesamtverlauf einer Linienintensität in Abhängigkeit von λ, durch Planimetrieren ausführen. Solche Flächeninhaltsbestimmungen auf Registrierstreifen liefern wesentlich besser reproduzierbare Ergebnisse als Momentanbestimmungen mit einem nicht registrierenden Ableseverfahren, insbesondere dann, wenn es sich um kleine „Buckel" an der Flanke einer anderen größeren Linie oder Bande handelt. In dieser Weise konnten sogar $2 \cdot 10^{-2}$ mg Na/l neben 200 mg K/l und 200 mg Ca/l mit einem Fehler von $3 \cdot 10^{-4}$ mg/l bestimmt werden [*152*].

f) Es lassen sich ohne zusätzlichen apparativen Aufwand (Einstrahlverfahren genügt) Leitlinienverfahren gemäß Kap. 52 durchführen, indem man sowohl über die Analysenlinie als auch über die Leitlinie hinweg registriert, und die registrierten Intensitäten bzw. die zugehörigen Konzentrationen zueinander in Beziehung setzt. Es gelten dann die meisten der in Kap. 55 für die LM genannten Vorteile.

g) Verschiedene Störungen, z. B. Verschiebungen des Dissoziations- oder Ionisationsgleichgewichtes in der Flamme, lassen sich besser und sicherer erkennen, insbesondere weil man dafür mehrere Linien oder/und Banden des gleichen Elementes und solche von anderen (Vergleichs-)Elementen zur Verfügung hat.

h) Die Durchführung von Operationen, die das Korrigieren von Beeinflussungen durch Lösungspartner zum Ziel haben (Kap. 100), z. B. das Zumischverfahren, das Pufferverfahren u. ä., lassen sich durch Anwendung von Registrierverfahren fehlerfreier durchführen, da etwa vorhandene gleichzeitig mitbeteiligte Einflüsse von Partnern auf den Flammenuntergrund u. ä. *gleichzeitig* mit Sicherheit ausgeschaltet werden können [*544*].

Als Nachteile sind zu nennen:

a) Zusätzlicher Aufwand durch das Registrierinstrument und den Papierverbrauch sowie durch die erforderliche Wartung des Gerätes.

b) Höherer Verbrauch an Analysenlösung, da das Registrieren eines Flammenspektrums eine gewisse Zeit dauert.

c) Zerstäubungsunregelmäßigkeiten, insbesondere ein langsames Zukleben der Capillaren (Drifterscheinungen) können bei Anwendung von Leitlinienverfahren gemäß f) und auch bei ähnlichen Messungen zu Fehlern führen, da die Intensitäten bei verschiedenen Wellenlängen einer Registrierung davon in verschiedener Weise betroffen werden.

69. Die Leitlinienmethode mit einem Spektralapparat

Bei den Verfahren mit Flammen(filter)photometern haben wir im Kap. 51 und 55 bereits die Vorteile besprochen, die sich bei der Durchführung von Zweistrahlverfahren, d. h. beim Vergleich zweier Spektrallinien untereinander (Quotientenbildung aus den Intensitäten von Analysenlinie zu Leitlinie), ergeben. Dieses Verfahren läßt sich auch auf Einrichtungen mit spektraler Zerlegung durch Prisma, Gitter usw. übertragen. Allerdings benötigt man im allgemeinen spezielle Spektralapparate, die zwei Endspalte haben, einen für die Analysenlinie, den anderen für die Leitlinie. In Abb. 45 zeigen wir die prinzipielle Anordnung einer solchen Einrichtung. Der eine Spalt ist auf die Leitlinie, z. B. Li 671 mμ, fest justiert, während der andere Spalt auf verschiedene Analysenlinien eingestellt werden kann. Am Instrument liest man die fertig „ausgerechneten" Quotienten zwischen beiden Photoströmen ab. Die Vor- und Nachteile sind die gleichen, wie sie bei der Leitlinienmethode mit Filtern besprochen wurden (Kap. 55). Dazu kommen noch die Vorteile, die für die Spektralapparate (Kap. 59) gelten.

Der Besitzer eines einfachen Monochromators ohne zwei Endspalte kann, abgesehen von dem Behelfsverfahren (Kap. 52), eine Leitlinienkompensation durch die in Abb. 46 dargestellte Einrichtung schaffen. Das von der Flamme ausgehende Licht wird mit einem halbdurchlässigen Spiegel geteilt. Die eine Hälfte des Lichtes geht durch einen Monochromator, hinter dessen nicht gezeichnetem Endspalt sich eine Photozelle befindet. Mit Hilfe der Wellenlängeneinstellung am Monochromator kann man der Reihe nach auf verschiedene Analysenlinien einstellen.

Der andere Teil des Lichtes fällt auf eine Filterkombination, die nur das Licht der Leitlinie (z. B. Li 671 mμ) hindurchläßt. Das Gegeneinanderschalten der beiden Photoströme zur Quotientenbildung geschieht wieder in Brücken-

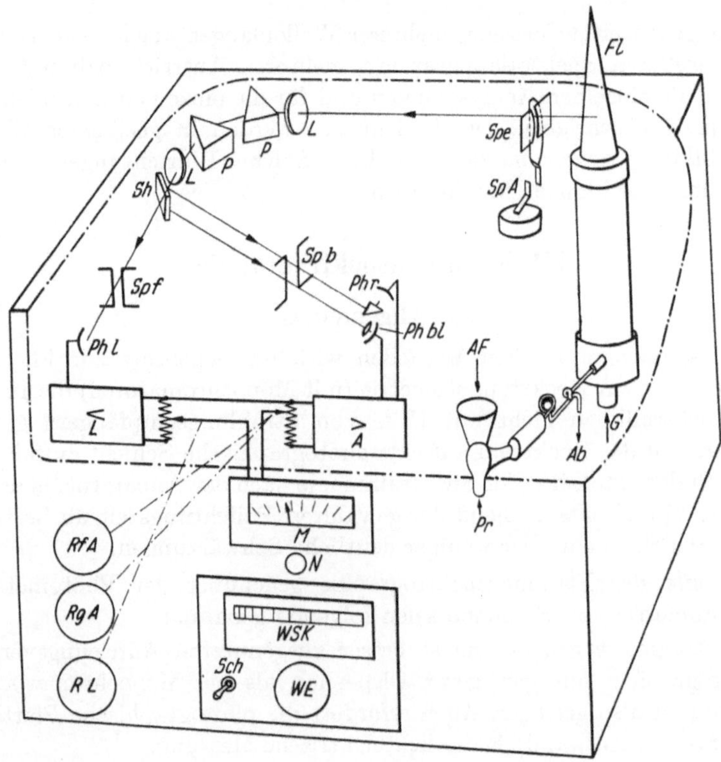

Abb. 45. Flammenphotometer, Modell 52a der Fa. Perkin-Elmer mit Leitlinieneinrichtung (schematisiert). *Pr* Preßluftzufuhr; *Ab* Kondensatablauf; *G* Gaszufuhr; *Fl* Flamme; *Spe* Eintrittsspalt; *SpA* Spaltblendenantrieb (für Wechsellichtmethode); *L* Linsen; *P* Prismen; *Sh* halbdurchlässiger Spiegel; *Spf* fester Endspalt für die Leitlinie; *Phl* Photozelle für die Leitlinie; *Spb* beweglicher Endspalt für die Analysenlinie; *Phr* und *Phbl* rot- und blauempfindliche Photozelle für die Analysenlinie; *L* < Verstärker für die Leitlinie; *A* > Verstärker für die Analysenlinie; *RL* Intensitätsregelung für die Leitlinienintensitäten; *RgA* und *RfA* Intensitätsregelung grob und fein für die Analysenlinie; *M* Meßinstrument; *WSK* Wellenlängenskala; *WE* Wellenlängeneinstellung; *Sch* Betriebsschalter; *AF* Trichter für die Zufuhr der Analysenflüssigkeit; *N* Nullpunktsregelung für das Instrument

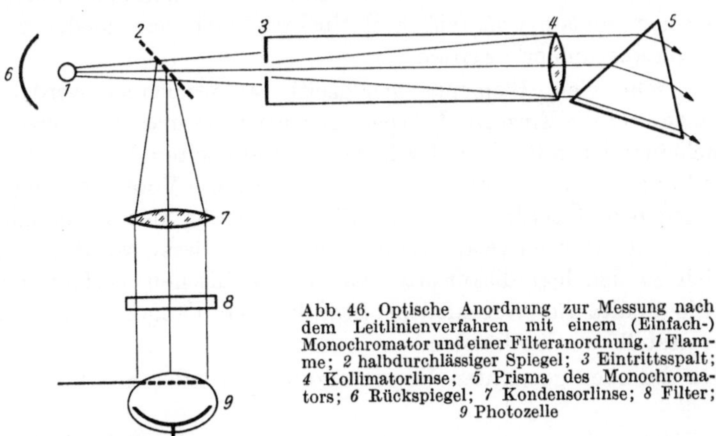

Abb. 46. Optische Anordnung zur Messung nach dem Leitlinienverfahren mit einem (Einfach-) Monochromator und einer Filteranordnung. *1* Flamme; *2* halbdurchlässiger Spiegel; *3* Eintrittsspalt; *4* Kollimatorlinse; *5* Prisma des Monochromators; *6* Rückspiegel; *7* Kondensorlinse; *8* Filter; *9* Photozelle

schaltungen. Anordnungen dieser Art wurden unseres Wissens bis jetzt noch nicht verwirklicht. Man kann das Leitlinienverfahren, ähnlich wie im Kap. 54 dargestellt, auch auf die gleichzeitige Messung mehrerer Wellenlängen ausdehnen. Dann muß man einen größeren Spektralapparat mit mehreren Austrittsspalten (Polichromatoren) für die einzelnen Analysenlinien und für die einzelnen Leitlinien haben, wie im Kap. 67 beschrieben. Die Linienpaare werden in geeigneter Weise zur Quotientenbildung gegeneinandergeschaltet. Solche Einrichtungen kann man auch mit Filteranordnungen kombinieren.

III. Flammenspektrographie

70. Allgemeines

Bei den spektrographischen Methoden wird im Gegensatz zur Photometrie (mit Filtern) bzw. zur Spektrophotometrie (mit Monochromatoren) die Intensität einzelner Spektrallinien nicht mit Hilfe von Strahlungsempfängern gemessen, sondern man läßt das Spektrum auf eine photographische Schicht auffallen. Man erhält je nach der Intensität der Spektrallinie, je nach der Apparatur, je nach dem Plattenmaterial und entsprechend der gewählten Belichtungszeit an bestimmten Stellen der Schicht mehr oder weniger deutliche Schwärzungen.

Als *Vorteile* der Flammenspektrographie gegenüber der Photometrie und Spektrophotometrie von Flammen seien folgende genannt:

a) Man kommt wegen des meist besser ausgenutzten Auflösungsvermögens von Spektrographen mit geringerer Dispersion als bei Monochromatoren aus. Der Aufwand ist also geringer. Auch erfordert die photographische Platte geringeren apparativen Aufwand als die lichtelektrische Messung.

b) Man erhält von jedem Einzelfall eine Aufnahme, die man als Dokument aufbewahren kann. Dies ist bei manchen Anwendungsfällen von Bedeutung (Gutachten, Kriminalistik usw.). Dieses Dokument gibt bereits einen schnellen qualitativen Überblick über die in der Probe vorhandenen Elemente, was in manchen Anwendungsfällen schon ausreicht.

c) Man kann mit einer einzigen Aufnahme (mit Stufenblende, siehe n) sehr viele Analysenergebnisse erhalten, weil Spektrallinien verschiedener Elemente gleichzeitig photographiert werden.

d) Wenn sehr viele Elemente gleichzeitig aufgezeichnet werden, ist der Arbeitsaufwand für die Einzelanalyse geringer, als wenn man die Konzentrationen einzeln nacheinander mit einer der früher abgehandelten Methoden bestimmt. Wegen der Linienarmut von Flammenspektren ist diese Voraussetzung allerdings nur selten gegeben. Überdies läßt sich Entsprechendes mit spektrophotometrischen Mehrstrahlverfahren (Kap. 67) erreichen. Bei diesen wirkt sich allerdings im Vergleich zu den hier diskutierten spektrographischen Verfahren nachteilig aus, daß die Spalte für verschiedene Strahlungsempfänger nicht beliebig eng aneinander gestellt werden können.

e) Unter der eben genannten Voraussetzung d) ist der Substanzbedarf niedriger.

f) Die Plattenschwärzung gibt ohne zusätzlichen Aufwand das zeitliche Integral der an der jeweiligen Stelle auftretenden Bestrahlungsstärke während der Belichtungszeit wieder. Das Meßergebnis ist also frei von kurzzeitigen Zerstäuber- und Flammenunregelmäßigkeiten.

g) Es entgehen einem keine in der Flamme anregbaren Elemente, die man in der Probe nicht vermutet hat, im Gegensatz zu den Methoden der Photometrie mit Filtern bzw. zur Spektrophotometrie (ohne Registrierung).

h) Wenn Proben ganz verschiedener Zusammensetzung untersucht werden sollen, ist diese Methode leichter anzupassen.

Nachteile der Flammenspektrographie gegenüber der Photometrie und Spektrophotometrie von Flammen:

i) Größere laufende Unkosten durch die Notwendigkeit, Platten bzw. Filme verwenden zu müssen. Allerdings kann man viele (bis zu 70) Spektren auf einer einzigen Platte aufnehmen, wodurch sich die Kosten verteilen.

j) Man erhält nicht sofort das Ergebnis, sondern erst nach einem gewissen Arbeitsgang, wie Entwickeln, Fixieren, Wässern, Trocknen, Ausmessen und Berechnen der Schwärzungen. Dieser höhere Arbeitsaufwand macht sich besonders dann bemerkbar, wenn nur ein oder wenige Elemente bestimmt werden sollen bzw. bestimmt werden können. Allerdings läßt sich dieser Arbeitsgang automatisieren.

k) Meist geringere Genauigkeit, weil die Intensitäten nicht direkt mit Strahlungsempfängern, sondern auf dem Umweg über die Platten- bzw. Filmschwärzungen gewonnen werden. Da sich die Maxima der Plattenempfindlichkeiten nicht mit denen der Strahlungsempfänger decken, kann die Auswahl der für die Analyse benutzten Linie dadurch mitbeeinflußt werden (Kap. 82).

l) Oft ungünstigere untere Nachweisbarkeitsgrenzen, weil der Flammenuntergrund noch durch den Plattenschleier angehoben wird. Dieser Nachteil tritt deshalb nicht so deutlich in Erscheinung, da bei spektrophotometrischen Verfahren die Ausblendung der Linie am Endspalt wegen der Krümmung des Spaltbildes und wegen der zu fordernden Gesamtintensität im Austrittsspalt Schwierigkeiten bereitet. Aus diesen Gründen muß man bei Monochromatoren gleicher Dispersion den Austrittsspalt größer wählen als der theoretischen spektralen Bandbreite entspricht. Das bedingt aber eine Verschlechterung des Verhältnisses Linie zu Untergrund und damit eine Verschlechterung der unteren Nachweisbarkeitsgrenzen. Setzt man allerdings wie oben unter a) voraus, daß die Dispersion des Spektrographen entsprechend der Verbesserung des Auflösungsvermögens kleiner ist als beim Monochromator, dann bleibt der obengenannte Einfluß des Plattenschleiers als Nachteil für die spektrographischen Verfahren übrig.

m) Die Zusammenhänge zwischen Linienintensität und Schwärzung auf der Platte sind komplizierter als die Zusammenhänge zwischen Photostrom und Intensität beim Photometer bzw. Spektrophotometer. Das erfordert ein umständlicheres Auswertungsverfahren.

n) Man muß nicht nur, wie früher, darauf achten, daß man in den geradlinigen Teil der Eichkurven (Konzentrations-Intensitäts-Charakteristik) kommt, sondern zusätzlich auch noch darauf, daß man in dem mittleren geradlinigen Teil der Schwärzungskurven arbeitet. Günstig sind Schwärzungen zwischen 0,4—1,0. Wenn Linien mit sehr unterschiedlichen Intensitäten gemessen werden sollen, ist man gezwungen, entweder auch die übrigen Teile der Schwärzungskurve, d. h. das Gebiet der Unter- bzw. Überexposition zu benutzen, oder die Belichtungszeiten zu variieren. Man muß dann mehrere Aufnahmen mit verschiedenen Belichtungszeiten durchführen, sofern man nicht eine Stufenblende[1] verwendet. Mehrere Belichtungszeiten erhöhen aber normalerweise den Substanzbedarf, oder durch das Eindunsten der Lösungen bei Rücklaufzerstäubern (Kap. 25) schleichen sich von dieser Seite her Fehler ein.

o) Durch die Summation aller Lichtintensitäten während der Belichtungszeit werden auch Lichtblitze, z. B. durch Verunreinigungen, die in die Flamme kommen, mit erfaßt, und man kann deren Einflüsse nicht abtrennen.

p) Im ultraroten Bereich, oberhalb 1000 mμ etwa, gibt es keine photographischen Emulsionen. Man ist hier auf Halbleiterzellen, Thermoelemente u. ä. angewiesen.

Die spektrographischen Verfahren sind historisch gesehen die ältesten. Durch die zunehmende Verbreitung der photometrischen und spektrophotometrischen Verfahren treten sie jetzt mehr in den Hintergrund. Die obengenannten Vorteile a), b), c) und e) der Spektrographie werden durch die jetzt mehr aufkommenden flammenspektrophotometrischen Registrierverfahren streitig gemacht. Diese benötigen allerdings mehr Substanz als die Spektrographie, die an allen Stellen des Spektrums gleichzeitig aufzeichnet. Die spektrographische Methode soll nur kurz abgehandelt werden. Die Arbeitsweise entspricht weitgehend den Verfahren mit Funken und Bogen. Wir verweisen auf die Literatur [*26*, *33*, *37*, *44*].

71. Der Spektrograph

Für den Spektrographen gelten ähnliche Überlegungen wie für Monochromatoren (Kap. 60). Alles was dort über Dispersion und Auflösungsvermögen genannt wurde, ist auch hier gültig. Die spektrale Zerlegung des Lichtes ist wieder mit Prismen oder mit Gittern möglich. Wir beschränken uns auf Prismenapparate. Die Abb. 47 zeigt den prinzipiellen Aufbau eines Prismenspektrographen.

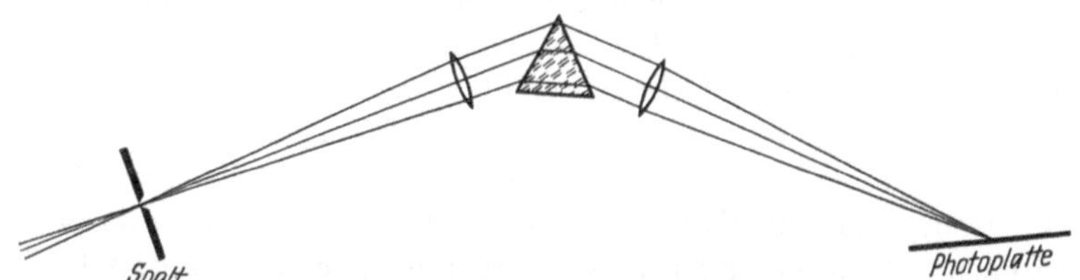

Abb. 47. Strahlengang in einem Prismenspektrographen (schematisiert)

In der Ebene, in der bei Monochromatoren der Austrittsspalt lag, befindet sich beim Spektrographen die photographische Platte bzw. ein Film. Das Auflösungsvermögen ist die wesentliche Kenngröße für die Leistungsfähigkeit eines Spektrographen. Um das Auflösungsvermögen der photographischen Schicht voll auszunutzen, bemühen sich die Gerätehersteller, das praktische Auflösungsvermögen des Spektrographen bis an die Grenze des theoretisch Möglichen (Kap. 60) zu treiben. Monochromatoren hingegen werden hauptsächlich für Absorptionsanalysen gebaut, wobei es wegen der flacher verlaufenden Absorptionskurven nicht so sehr auf ein gutes Auflösungsvermögen ankommt. Deshalb und auch wegen der am Schluß von Kap. 62 genannten Schwierigkeiten haben Monochromatoren ein schlechteres praktisches Auflösungsvermögen als Spektrographen gleicher Prismengröße.

[1] Siehe Fußnote S. 179.

Bei flammenspektrographischen Verfahren kommt im Gegensatz zur Spektrographie mit Bogen oder Funken als Schwierigkeit hinzu, daß die Strahlungsdichten der Flammen sehr gering sind. Prinzipiell kann man das durch eine entsprechend längere Belichtungszeit wieder ausgleichen. Nur dauern dann die Analysen recht lange, und während der langen Zerstäubungszeiten benötigt man viel Material oder, wenn man Rücklaufzerstäuber verwendet, ändert sich während der Belichtungszeit die Konzentration der Analysenlösungen. Deshalb sollte man bei quantitativen Analysen darauf achten, daß man nur Spektrographen mit einer guten „Lichtstärke", d. h. mit einem guten Öffnungsverhältnis (Verhältnis Linsendurchmesser zu Brennweite, genauer: das Bündel begrenzende Blendenöffnung zu Brennweite) verwendet. Bei den Spektrographen kommt es nämlich, im Gegensatz zu den Monochromatoren mit lichtelektrischen Empfängern, nicht auf den gesamten austretenden Strahlungsstrom, sondern nur auf die Bestrahlungsstärke (auftreffende Strahlungsleistung dividiert durch empfangende Fläche [320]) am Ort der Platte an, weil die Schwärzung durch die Bestrahlungsstärke mal Belichtungszeit gegeben wird. Die Bestrahlungsstärke wird aber bei Linien in erster Näherung nur durch das Öffnungsverhältnis und nicht etwa durch die Spaltweite o. ä. gegeben. Nur wegen der Verluste durch Beugung bei sehr kleinen Spalten und auch wegen der Linienarmut von Flammenspektren wendet man etwas größere Spalte als beim Arbeiten mit Bogen oder Funken an. Aus dem gleichen Grunde ist es unzweckmäßig, die Brennweite der Kameraoptik wesentlich größer als die Kollimatorbrennweite zu wählen. Eine etwa gewünschte Nachvergrößerung der Spektren sollte man später mit der fertig entwickelten Platte vornehmen. Für flammenspektrographische Zwecke genügen meist Geräte mit einer linearen Dispersion von etwa 10 mμ/mm bei 400 mμ [*37*].

72. Die photographische Platte

Sie braucht wegen der Linienarmut von Flammenspektren nicht sehr feinkörnig zu sein, muß dafür aber wegen der geringeren Strahlungsdichten der Flammen höhere Empfindlichkeit aufweisen als bei den meisten anderen spektrochemischen Verfahren mit Funken usw. Je nach dem interessierenden Spektralbereich wird man Platten mit anderen spektralen Empfindlichkeitseigenschaften auswählen. Man tut gut daran, viel gekaufte, handelsübliche Platten zu verwenden, da sie nicht abgelagert und meist auch gleichmäßiger in der Empfindlichkeit sind. Meist darf man keine längere Lagerung als 2 Monate zulassen, da sonst der Schwärzungsuntergrund, auch bei guter Entwicklung, zu ungleichmäßig wird. Noch länger gelagerte Platten zeigen auch stärkeren Grau- und Randschleier. Auch die klimatischen Verhältnisse bei der Lagerung sind wichtig. Eine Aufbewahrung im Kühlschrank ist anzuraten, da die Alterungsprozesse dann langsamer vor sich gehen.

73. Der photographische Prozeß

Auf die komplizierten Vorgänge beim photographischen Prozeß können wir hier nicht eingehen. Es sei nur folgendes hervorgehoben: Die erzielte Schwärzung auf der Platte ist abhängig von der benutzten Platten- und Entwicklersorte, von der angewandten Konzentration und Temperatur dieses Entwicklers sowie von der Entwicklungszeit. Man sollte bei spektrographischen Aufgabenstellungen die eben genannten Bedingungen stets gleich halten und die Entwicklerflüssigkeit nie zweimal verwenden. Zur Erzielung vergleichbarer Schwärzungen, einschließlich gleichbleibender Untergrundschwärzungen über die ganze Platte hinweg, muß die Platte während der Entwicklung gut gegen die Entwicklerflüssigkeit bewegt werden (reproduzierbare Motor-Schaukelbewegungen, notfalls Pinselentwicklung). Nur so erhält man gleichmäßige Untergrundschwärzungen. Auch die Art der anschließenden Fixierung, Wässerung und Trocknung (Dauer, Temperatur, Bewegung dabei usw.) sind für den Erfolg wesentlich. Es gibt heute Entwickleratomaten, die auch für spektrographische Laboratorien brauchbar sind.

74. Die Aufnahme

Selbstverständlich muß die Belichtungszeit sehr genau eingehalten werden, um die Schwärzungsgrade der einzelnen Spektren untereinander vergleichen zu können. Dafür verwendet man meist elektrische Verschlüsse bzw. elektrische Schaltuhren. Daneben muß, wie früher (Kap. 18ff.), Gasdruck, Luftdruck usw. gut reproduziert werden. Auf jede Platte wird man einige Eichspektren, d. h. Spektren beim Zerstäuben von Eichlösungen gleicher Zusammensetzung, aber bekannter Konzentration, mehrmals, mindestens einmal am Anfang und am Ende einer Aufnahmeserie, mit aufnehmen, um die Schwärzungen entsprechender Linien untereinander vergleichen zu können und um die Eigenschaften der Platte und Fehler durch verschiedenartige Entwicklungsprozesse eliminieren zu können. Wegen der schwer vermeidbaren und verschieden großen Entwicklungsfehler bei den einzelnen Platten sind Aufnahmen auf verschiedenen Platten unter sonst gleichen Bedingungen nicht miteinander vergleichbar. Damit man bei jeder Aufnahme die gleiche Linie in verschiedenen Schwärzungsbereichen gleichzeitig erfaßt, wird man vor dem Spalt noch eine Stufenblende anbringen. In diesem Zusammenhang muß auch wieder die Leitlinienmethode (Kap. 51) erwähnt werden, die ursprünglich bei spektrographischen Verfahren mit dem Funken zuerst angewandt wurde. Dieses Verfahren ist sinngemäß auch auf die Flammenspektrographie übertragbar. Man schaltet Belichtungszeit- und Plattenfehler dadurch sicherer aus.

75. Das Auswerten

Beim Auswerten der belichteten und fertig entwickelten und fixierten Platten wird im Auswertegerät im Prinzip eine Transparenzmessung durchgeführt. Unter Transparenz T versteht man das Verhältnis der Intensität des durchfallenden Meßlichtes (im Auswertegerät) an einer belichteten Plattenstelle M zur Intensität des durchfallenden Meßlichtes an einer unbelichteten Plattenstelle M_0

$$T = \frac{M}{M_0}.$$

Den negativen Logarithmus dieser Größe bezeichnet man als Schwärzung S

$$S = \log \frac{M_0}{M}.$$

Das Verhältnis M_0/M bestimmt man mit Hilfe zweier zugehöriger Ausschläge A_0/A an einem Meßinstrument des Auswertegerätes, wobei Proportionalität zwischen A und M vorausgesetzt wird und bei guten Geräten auch vorhanden ist.

Es interessiert nun der Zusammenhang zwischen S und der Intensität der belichtenden Spektrallinie bzw. Bande J. Führt man Probebelichtungen mit verschiedenen Intensitäten J und verschiedenen Belichtungszeiten t aus, so bemerkt man, daß S in erster Näherung nur vom Produkt $Q = J \cdot t$ abhängt (genauer von $J \cdot t^p$ mit $p < 1$, dem sog. Schwarzschildexponenten). Trägt man S über dem Logarithmus dieses Produktes, d. h. über $\log Q = \log (J \cdot t)$ auf, so erhält man die „Schwärzungskurve", die eine S-förmige Gestalt hat, wobei die Gestalt im einzelnen noch von der Plattensorte, von der Wellenlänge des belichtenden Lichtes, von der Entwicklung usw. abhängt. Die Steigung des steilsten und für quantitative Messungen fast ausschließlich ausgenutzten Teils dieser Schwärzungskurve bezeichnet man mit

$$\mathrm{tg}\alpha = \gamma$$

Dieser steilste Teil mit nahezu konstantem γ reicht meist von $S = 0{,}5$ bis $S = 2$. Ist $\gamma < 1$, so spricht man von weicharbeitenden Platten, ist $\gamma > 1$ von hartarbeitenden Platten. Damit man trotz sehr verschiedener Linienintensitäten J mit Sicherheit bei jeder aufgezeichneten Spektrallinie immer einen Teilbereich hat, der in den genannten geradlinigen Teil der Schwärzungskurve hineinfällt, wendet man Stufenblenden[1] an, die im Prinzip die genügend lange gewählte Gesamtbelichtungszeit t_{ges} in einzelne meist logarithmisch abgestufte Teilbelichtungszeiten $t_1, t_2, t_3, \ldots$ aufgliedern, wobei der oberste Teil der Spektrallinie am kürzesten, der unterste Teil mit t_{ges} belichtet wird. Bei der Auswertung wählt man sich den Teil der verschieden belichteten Spektrallinie aus, der in den nahezu geradlinigen Teil der jeweils vorhandenen Schwärzungskurve hineinfällt. Die Berechnung der gesuchten relativen Linienintensitäten J aus den im Auswertegerät bestimmten Schwärzungswerten S geschieht meist nicht direkt mit der obengenannten Beziehung, sondern auf dem Umweg über eine geeignete Schwärzungstransformation. Aus ihr erhält man einen Schwärzungswert W. Die mathematische Beziehung, d. h. die Transformation zwischen den A und den W, kann man im Einzelfall so wählen, daß auch über größere Bereiche von $\log Q = \log (J \cdot t)$ eine geradlinige Charakteristik zu den Schwärzungswerten W resultiert [*44*, *180a*, *407*, *409*]. Im einfachsten Falle ist das die sog. Seidel-Transformation:

$$W = \log\left(\frac{A_0}{A} - 1\right).$$

Mit den so ermittelten Linienintensitäten kann man so weiter verfahren, als wenn sie mit einer Photozelle oder einer ähnlichen photoelektrischen Einrichtung direkt gemessen worden wären. Die Genauigkeit ist, bedingt durch das indirekte Meßverfahren auf dem Umweg über die Schwärzung, schlechter. Man kann prinzipiell alle für die spektrophotometrischen Verfahren angegebenen Korrekturverfahren (Kap. 96ff.) sinngemäß auch auf die flammenspektrographischen Verfahren übertragen. Die Grenzen der Meßbarkeit von Schwärzungen werden, abgesehen von dem Verhältnis Linie zu Untergrund, durch die unterschiedlichen Schwärzungen an den einzelnen Stellen der Schicht, bedingt durch die körnige Struktur des Plattenmaterials, gegeben. Diese statistischen Schwärzungsschwankungen werden kleiner, wenn einem größere Flächen mit gleichmäßiger Schwärzung für die Messung zur Verfügung stehen.

[1] Es handelt sich dabei um einen vor dem Spaltkopf angebrachten rotierenden Sektor, bei dem das Verhältnis der Öffnungszeiten zu den abgedunkelten Zeiten durch entsprechende Formgebung der abdunkelnden Teile des Sektors längs der Spalthöhe verschieden ist. Dadurch werden verschiedene Teile des Eintrittsspaltes verschieden lange belichtet.

Zur Ausführung von Analysen

76. Der Arbeitsraum

Man wähle für ein Laboratorium, in dem Flammenanalysen durchgeführt werden sollen, einen nicht zu kleinen, staubfreien, trockenen und gleichmäßig temperierten Raum von mindestens 50 m^3 Inhalt, da sonst die Reste der vernebelten und verdampften Flüssigkeitsteilchen zu schnell ein Salz-Aerosol im ganzen Raum bilden, das die Strahlungsintensitäten vom Flammenuntergrund anhebt. Die meist verwandten Flammen saugen bekanntlich einen großen Teil Zimmerluft mit an [*632*]. Leerbrennende Flammen sind daher ein guter Indicator für die Reinheit der Zimmerluft. Das Volumen des Raumes sollte auch deshalb nicht zu klein gewählt werden, damit durch das längere Brennen der heißen Flamme im Flammenphotometer nicht zu ungünstige raumklimatische Verhältnisse entstehen. Man denke an die Entstehung von CO_2 und Wasserdampf durch die Verbrennungsgase. Andere chemische Arbeiten sowie das Vorbereiten der Proben für die eigentliche Analyse sollten in diesem Raum nicht durchgeführt werden, damit die feinmechanischen und elektronischen Bauelemente des Flammenphotometers durch Säuredämpfe nicht leiden. Kellerräume sind ungeeignet, insbesondere wenn mit Propan gearbeitet werden soll (Sicherheitsvorschriften s. Kap. 17). Wir verweisen auch auf die dort wiedergegebenen Vorschriften zur Befestigung der Gas-Druckflaschen mit Schellen an der Wand. Selbstverständlich müssen auch die erforderlichen Steckdosen mit Schutzerdung für das Flammenphotometer und für einen etwaigen Kompressor vorhanden sein. Ein Abzug mit Ventilator (Förderleistung 0,2—0,5 m^3/min), z. B. ein Trichter (etwa 30 cm Durchmesser) mit einer Saugleitung (8—10 cm Durchmesser), etwa 40 cm oberhalb der Flamme, ist immer anzuraten. Er ist unentbehrlich, wenn giftige Substanzen, z. B. Schwermetalle, zerstäubt bzw. analysiert werden sollen, oder wenn z. B. Trichloressigsäure als Lösungsmittel benutzt wird (s. Kap. 110), das lästige chlorhaltige Dämpfe verursacht. Man hat besondere Luftreiniger für die Zimmerluft solcher Laboratorien erdacht [*527*]. Sie erfordern aber größeren Aufwand. Bei K-Analysen von gering konzentrierten Substanzen darf im Raum während der Messung und auch schon einige Zeit vorher nicht geraucht werden, da Tabakrauch sehr viel Kalium enthält. Eine normale Belüftung des Raumes, z. B. durch ein offenes Fenster, ist nicht empfehlenswert, da dadurch Temperaturschwankungen entstehen können, die sich ungünstig auf die Arbeitsweise des Apparates (Empfindlichkeit der Strahlungsempfänger usw.) auswirken. Auch ist eine starke Luftunruhe, z. B. beim gleichzeitigen Öffnen einer Tür, zu vermeiden, da sonst die Flamme, selbst bei Anordnung in einem Schornstein, unruhig wird. Wenn Lösungen mit sehr unterschiedlichen Konzentrationen verarbeitet werden sollen, empfiehlt es sich, mit den am wenigsten konzentrierten Lösungen zu beginnen, weil sich während der Messung die Luft mit Verbrennungsrückständen anreichert. Auch sollten keine wesentlichen Temperaturunterschiede zwischen den Eich- und Analysenlösungen (diese werden mitunter in einem Kühlschrank aufbewahrt) vorkommen.

Der Arbeitsplatz sollte möglichst bequem und zweckmäßig eingerichtet sein. Dazu gehört z. B. eine erschütterungsfreie Aufstellung, z. B. auf einem stabilen Tisch (vgl. Kap. 46), für empfindliche Galvanometer und den Monochromator, da sich sonst dessen Wellenlängeneinstellung leicht verändern kann. Die Tischplatte sollte, zumindest unter dem Zerstäuber, leicht abwischbar und möglichst auch säurefest sein. Die Abstellhähne für Gas und Sauerstoff müssen sich in Griffnähe befinden. Wir verweisen auch auf die Vorschriften für das Aufstellen der Gasflaschen in Kap. 17. Sämtliche Meßinstrumente einschließlich der Druck- und Strömungsmesser müssen von diesem Arbeitsplatz aus mit einem Blick übersehbar sein. Ferner ist eine geeignete Beleuchtung notwendig, damit man einerseits genügend sieht, aber andererseits etwa vorhandene Lichtmarken von Spiegelgalvanometern noch erkennen kann. Die Beleuchtung sollte auch deshalb nicht zu hell sein, damit Streulichteinflüsse aus dieser Quelle klein sind. Man wird die Lichtquelle deshalb nicht oberhalb des Schornsteines (Kap. 35) anbringen. Außerdem ist genügend Platz für das Aufstellen der zu bestimmenden Lösungen einschließlich der Eichlösungen, Platz für die leergewordenen Gefäße und Schreibfläche für die Buchführung vorzusehen. In Reichweite sollen Hilfsmittel für eine Beseitigung von etwaigen Zerstäuber-Verstopfungen, ebenso ein Sammelgefäß zum Wegschütten von überschüssiger Flüssigkeit sein. Außerhalb, aber in der Nähe des Eingangs zu diesem Arbeitsraum, sollte ein geeigneter und einsatzbereiter Feuerlöscher angebracht werden (vgl. Kap. 17).

Bei Analysen von brennbaren Flüssigkeiten bzw. Lösungsmitteln sind besondere Vorkehrungen erforderlich (Kap. 123).

Wenn in diesem Arbeitsraum häufiger Flammen mit Preßluft betrieben werden sollen (Acetylen-Preßluft, Propan-Preßluft u. ä.), empfiehlt es sich, einen Kompressor mit den dazugehörigen Luft- und Flüssigkeitsfiltern (s. Kap. 16) fest zu installieren. Diesen wird man zur Geräuschdämpfung in einen schalldichten Kasten setzen, wobei man für ausreichende Kühlung sorgen muß, oder, besser noch, man installiert den Kompressor mit Zubehör in einem angrenzenden Abstellraum, Kellerraum o. ä. und verlegt die Preßluft-Versorgungsleitung von da aus fest bis nahe an das Flammenphotometer.

77. Das Arbeiten mit Flammenphotometern, Spektrophotometern usw.

Die für die einzelnen handelsüblichen Photometertypen geltenden Gebrauchsanweisungen werden von den Geräteherstellern mitgegeben. Wir wollen hier nur einiges Prinzipielle hervorheben und voraussetzen, daß die Aufstellung und Justierung aller Teile zweckentsprechend erfolgt ist (Kap. 37, 43, 64 u. a.). 15 min bis 2 Std. vor Beginn der eigentlichen Messung wird man die Elektronik einschalten, einen etwa vorhandenen SEV besser noch früher. Etwa 10 min vor Beginn stellt man die Preßluft an und regelt den Druck bzw. die Strömungsgeschwindigkeit auf den vorher erprobten günstigsten Wert (Kap. 19). Erst dann (!) das Gas anstellen, Gasdruck bzw. Strömungsgeschwindigkeit einregulieren. Nach dem Öffnen des Brenngaszufuhrhahnes wartet man etwa 10 sec, d. h. so lange, bis das Gas die Luft vollständig aus den Leitungen verdrängt hat und die Anzeige am Feindruckmanometer zum Stillstand gekommen ist. Erst dann wird das Brenngas—Luft- bzw. Brenngas—Sauerstoffgemisch entzündet. Wenn man die Wartezeit nicht einhält, besteht die Gefahr, daß beim Entzünden noch ein brennbares Gemisch in den Zuleitungen enthalten ist, so daß ein Rückschlag der Flamme erfolgen kann. Man darf jedoch nicht zu lange warten, da sich sonst der ganze Raum mit einem explosiven Gemisch füllt. Diese Gefahr ist bei Wasserstoff besonders groß, da man diesen nicht riecht, wenn er längere Zeit unbemerkt ausströmt. Bei einem Zurückschlagen der Flamme in das Brennerrohr sofort die Gaszufuhr (evtl. auch O_2) abstellen, erhitzte Apparateteile abkühlen lassen, erst dann mit erhöhten Strömungsgeschwindigkeiten, in der Reihenfolge wie oben, die Flamme neu entzünden. Wenn während eines normalen Betriebes die Flamme zurückschlägt, kommen undicht gewordene Schlauchleitungen oder ähnliches als Ursachen in Frage.

Nachdem nun die Flamme normal brennt, muß man bei Indirektzerstäubern unter die Ansaugcapillare ein großes Gefäß mit destilliertem Wasser bzw. mit dem verwandten Lösungsmittel stellen und während der (Flammen-)Einbrennzeit zerstäuben lassen. Dadurch erreicht man, daß die Wandungen der Zerstäuberkammer, der Zuleitungen zum Brenner usw. allmählich ihre konstante, von der Raumtemperatur verschiedene Endtemperatur annehmen. Das Lösungsmittel ist erforderlichenfalls während der Einbrennzeit zu erneuern. Die Zerstäuber-Brenner-Kombinationen nach Kap. 33 kann man ohne Voreinbrennzeit unmittelbar vor den eigentlichen Messungen in Betrieb setzen.

Wenn alle Teile der Apparatur ihre im Betrieb herrschende Endtemperatur angenommen haben und die Strahlungsempfänger vorermüdet sind, wird zunächst bei verdunkeltem Strahlungsempfänger die Nullpunkteinstellung des Galvanometers (mechanischer Nullpunkt) und des Verstärkers (elektrischer Nullpunkt) vorgenommen. Dann stellt man auf die gewünschte Wellenlänge ein. Dies geschieht bei Filterphotometern durch Einschalten des zugehörigen Filters (Kap. 40), bei Monochromatoren durch Einstellen der gewünschten Wellenlänge (Auswahl s. Kap. 82) und der zweckmäßigsten Spaltbreite (Kap. 62). Darauf wird man die Haupteichlösung zerstäuben (Kap. 83) und dabei die Wellenlängeneinstellung des Monochromators kontrollieren, indem man auf das Maximum des Ausschlages einstellt. Anschließend wird man die Empfindlichkeit zunächst grob so regeln, daß der gewünschte Ausschlag am Meßinstrument, beispielsweise ungefähr 100 Skalenteile, erscheint. Erst dann wird man die Blindwerte (Flammenuntergrund + Querempfindlichkeit, Kap. 94—95) kompensieren, indem man beim Zerstäuben einer Blindlösung den Ausschlag des Instrumentes auf Null bringt. Dann folgt die endgültige Empfindlichkeitseinstellung. Die letzten beiden Arbeitsgänge, Eichen und „Nullen", werden nochmals wiederholt, und die Messungen, mit regelmäßigen Zwischeneichungen und gelegentlichen Nullpunktkontrollen (Kap. 95), können beginnen. Bei jeder größeren Empfindlichkeitsumstellung ist die Lage des Nullpunktes mit der Blindlösung nachzuprüfen. Eichungen nach der Leitlinienmethode s. Kap. 53.

Aus den Eichkurven lassen sich die zu den einzelnen Ausschlägen gehörenden Konzentrationen ermitteln, sofern nicht die Anzeigeskala bereits in Einheiten der Konzentration geeicht ist. Die Gesichtspunkte für das Aufstellen der Eichkurven sind in Kap. 83 zusammengestellt. Als Komplikation sind dabei die Störungen von Lösungspartnern zu beachten (Kap. 96—100). Zwischen je 1—5 aufeinanderfolgenden Messungen schiebt man eine Haupteichlösung (Kontrolllösung) ein, um die Empfindlichkeit nachzukontrollieren und erforderlichenfalls nachzuregeln. Auch den Verstärkernullpunkt und den zu kompensierenden Flammenuntergrund muß man von Zeit zu Zeit überwachen. Das Wiedereinstellen des Nullpunktes erfordert bei Flammenphotometern mit Selenphotoelementen mehr Zeit, da Nachwirkungserscheinungen (Kap. 42) bei solchen Strahlungsempfängern zu beobachten sind. Zu Beginn einer längeren Meßreihe wird man solche Eichungen bzw. Nullpunktkontrollen häufiger vornehmen als gegen Ende, denn je länger eine Apparatur unter konstanten Betriebsbedingungen arbeitet, um so ruhiger und reproduzierbarer werden die Ausschläge am elektrischen Meßinstrument. Von Zeit zu Zeit ist bei Monochromatoren die Wellenlängeneinstellung, z. B. beim Versprühen einer Eichlösung, zu kontrollieren, weil sie sich durch mechanische Erschütterungen oder durch thermische Einflüsse verschieben kann. Bei genaueren Messungen an kompliziert zusammengesetzten Lösungen, deren Bestandteile mit Eichlösungen schwer nachzuahmen sind (z. B. Eiweiß), oder bei denen Störungen der Flammenemission (Kap. 96ff.) und kompliziertere Subtraktionen des Flammenuntergrundes (Kap. 95) zu berücksichtigen sind, müssen dann noch entsprechende Korrekturen angebracht werden. Weiter ist zu beachten, daß die zu messenden Analysenlösungen vorher so verdünnt bzw. eingeengt werden, daß man in den günstigsten Konzentrationsbereich (Kap. 79) kommt. Die Eichlösungen müssen entsprechend zusammengesetzt und konzentriert sein. Verunreinigungen können in doppelter Hinsicht stören: einerseits führen sie zu Verstopfungen im Zerstäuber, andererseits beeinflussen sie direkt das Meßergebnis. Sehr kleine, beginnende Verstopfungen bzw. ein langsames Zukleben der Ansaugcapillare, z. B. durch Eiweiß, kann man, sowohl bei Direkt- als auch Indirektzerstäubern dadurch bestimmen, daß man die je Zeiteinheit angesaugte Flüssigkeitsmenge feststellt. Statt dessen kann man auch die Zeit stoppen, die vom Ansetzen der Flüssigkeit bis zum Aufleuchten der Flamme verstreicht. Ein aufmerksamer Beobachter wird teilweise Verstopfungen auch am veränderten Geräusch bei der Zerstäubung bemerken.

Bei Betriebsbeendigung wird man den Zerstäuber gut durchspülen, z. B. mit Aqua dest. Das Abstellen erfolgt in umgekehrter Reihenfolge wie das Anstellen, d. h. zuerst das Gas abstellen, dann — nach Erlöschen der Flamme — die Preßluft bzw. den Sauerstoff und ganz zum Schluß die Elektronik. Die Brennerkappe und der Zerstäuber müssen öfters, d. h. nach je etwa 100 Analysen, gereinigt werden. Bei manchen Analysensubstanzen, wie Zementen, unvorbereiteten Seren oder ähnlichen, noch öfter.

Die eingangs erwähnten günstigsten Druck- (bzw. Strömungsgeschwindigkeits-)Werte (s. auch Kap. 19) sind etwa wöchentlich einmal zu kontrollieren, denn durch Schmutzablagerung in den Zuleitungen (mechanisch abgelöste Teile von Gummischläuchen, Dichtscheiben u. ä.), insbesondere in den Düsen, können sich die günstigsten Druckwerte verschieben. Ein geübter Beobachter erkennt größere Abweichungen dieser Art schon an der veränderten Flammenfarbe.

78. Allgemeines über das Einrichten einer Methode

Der routinemäßigen Anwendung einer Flammenmethode muß im allgemeinen eine gründliche Untersuchung über die optimalen Analysenbedingungen vorausgehen, sofern man nicht auf anderen Orts gesammelte Erfahrungen am gleichen Analysenmaterial mit der gleichen Apparatetype zurückgreifen kann. Zur einmaligen Einrichtung einer Methode werden etwa folgende Vorarbeiten zu leisten sein:

1. In Vorversuchen mit mäßiger Genauigkeit, die z. T. mit chemischen Methoden durchgeführt werden müssen, wird man zunächst ermitteln, welche Elemente in der Analysenlösung vorkommen, wie die chemischen Bindungen an die Anionen usw. sind, welche Begleitstoffe, wie z. B. Traubenzucker, Harnstoff, auftreten, und in welchen Konzentrationen diese Stoffe vorkommen. Bei bekannten und oft wiederkehrenden analytischen Aufgaben wird man sich auf Angaben in der Literatur verlassen können.

2. Man hat sich für ein bestimmtes Verfahren zur Vorbereitung der Analyse zu entscheiden. Feste Substanzen müssen im allgemeinen erst durch Säuren in Lösung gebracht werden. Die Art und Menge des Säurezusatzes sind entscheidend für die Herstellung der Eichlösungen (Kap. 84). Das günstigste Lösungsmittel bzw. die zweckmäßigste Säure werden im allgemeinen durch die chemischen Eigenschaften der vorgegebenen festen Substanz vorgeschrieben. Wenn man die Wahl zwischen verschiedenen Säuren hat, ist im allgemeinen Salpetersäure vor anderen Säuren, insbesondere vor HCl, der Vorzug zu geben. Es zeigt sich nämlich, daß bei Salpetersäure der Säureeinfluß im allgemeinen am geringsten, bei HCl am größten ist [*540*]. Bei organischen Substanzen muß man sich für direkte Verarbeitung mit evtl. Verdünnung (Kap. 114) bzw. für eine Messung nach vorangegangener Veraschung (Kap. 109) entscheiden.

Mitunter sind zur Vorbereitung physikalische oder chemische Trennoperationen erforderlich. Zum Beispiel kann der Fall eintreten, daß in Suspensionen befindliche Schwebeteilchen vorher abzentrifugiert oder abfiltriert werden müssen, um dann die festen Bestandteile und die in Lösung befindlichen Teile gesondert für die Analyse vorzubereiten. Oder es werden aus später ausführlicher zu erörternden Gründen (z. B. zur Vermeidung von Störungen bei der flammenphotometrischen Analyse durch dritte Substanzen) chemische Trennverfahren, z. B. gruppenweise oder selektive Fällungen, Extraktionen, Ionenaustauschprozesse u. ä., vorgeschaltet, auf die wir in den Kap. 88, 89 u. 100 zurückkommen. Zur Vorbereitung gehört dann meist noch ein geeignetes Verdünnen, im einfachsten Falle mit Aqua dest., in komplizierteren Fällen mit besonderen Verdünnungsmitteln, die unter Umständen organische Lösungsmittel, Netzmittel, Strahlungspuffer, evtl. ein Leitelement (Kap. 51) und ähnliches enthalten. Wir kommen darauf in den Kap. 79, 88, 89, 100, 101 und in den Anwendungskapiteln zurück.

3. Man hat die für die Durchführung der Analyse erforderlichen Analysenlinien bzw. Banden auszuwählen. Dies ist ein sehr wesentlicher Schritt, denn bei geschickter Auswahl entfällt von vornherein mancher Ärger bei den nachfolgenden Routinemessungen, wie z. B. die Berücksichtigung störender Querempfindlichkeiten (Kap. 94) u. die Ausschaltung eines ungebührlich hohen Flammenuntergrundes (Kap. 95). Diese Auswahl wird allerdings wesentlich von der Art der zur Verfügung stehenden Apparatur mit beeinflußt. Mit leistungsfähigen und an die jeweilige Aufgabe gut anpaßbaren Apparaturen spart man sich viel Vorarbeit beim Einrichten der Methode und erst recht viel Zeit bei den ständig wiederkehrenden Routinebestimmungen. Zum Beispiel kann man das ständig wiederkehrende Verdünnen vermeiden, wenn man zu einer im gegebenen Konzentrationsbereich brauchbaren Linie übergehen kann. Die für die Auswahl der Linien wesentlichen Gesichtspunkte werden wir im Kap. 82 ausführlicher darlegen. Einen gewissen Anhalt geben schon die Verzeichnisse der Flammenlinien, die

Spektraltafeln, die Registrierkurven am Schluß und die Empfindlichkeitsgrenzwerte (Kap. 90).

4. Man hat zwischen direkter Methode und Leitlinienmethode (Kap. 51) auszuwählen. Gegebenenfalls sind die Leitsubstanzen und die Leitlinie passend zu suchen (Kap. 55).

5. Man stellt sich eine Reihe von Eichlösungen her, deren Zusammensetzung und Konzentrationen mit denen der Analysenlösungen vergleichbar sind und ferner eine sog. Blindlösung (Kap. 83 u. 95).

6. Man wählt das Gas (Kap. 13) und das günstigste Verhältnis Gas zur Luft (Kap. 19) und kontrolliert erforderlichenfalls die Justierung des Brenners zur Optik (Kap. 37).

7. Man prüft auf etwa vorkommende Störungen der Flammenemissionen nach Kap. 100. Sind diese größer als die Mindestforderung an die Genauigkeit, muß man einen der im Kap. 96—100 aufgezählten Wege zur Beseitigung einschlagen. Eventuell ist die Zahl der Eichlösungen, z. B. bei der Ausschaltung der Störungen nach dem Parameterverfahren (Kap. 97), anschließend nochmals zu erhöhen.

8. Man wählt ein geeignetes Meß- bzw. Eichverfahren nach Kap. 85 und ein geeignetes Korrekturverfahren für die Ausschaltung etwa auftretender Fehler (Kap. 96—100).

9. Man verschafft sich schließlich ein Urteil über die vorkommenden Fehler:

a) Indem man die zufälligen Fehler der eigentlichen flammenphotometrischen Messung an ein und derselben fertigen Analysenlösung bestimmt (Kap. 102).

b) Indem man die zusätzlichen Fehler bestimmt, die durch das Vorbereiten der Proben bis zur fertigen Analysenlösung entstehen. Man muß hierbei z. B. von ein und demselben Blut mehrmals Proben in verschiedene Zentrifugengläser abfüllen, muß diese Proben für sich zentrifugieren, jedes Serum vom Blutkuchen entfernen (evtl. jedes für sich veraschen), jedes für sich mit den gleichen Reagentien versetzen (z. B. Eiweißfällungsmittel zugeben), muß jede Probe für sich verdünnen und schließlich messen. Bei dieser Prüfung werden also Verdünnungsfehler, Fehler durch Schmutz in den verschiedenen Gefäßen u. ä mit erfaßt (Fehlersumme von a + b).

c) Indem man die Fehler bestimmt, die zusätzlich zu den eben genannten dadurch hineinkommen, daß das Analysengut selbst inhomogen oder zeitlich nicht konstant ist, bzw. durch die Entnahme selbst verändert wird. Man wird also z. B. (Misch-)Bodenproben von ein und demselben Acker mehrmals entnehmen und jede dieser (Misch-)Bodenproben für sich gemäß b) untersuchen (Kap. 105), oder man wird von ein und demselben Patienten mehrmals hintereinander Blut entnehmen und jede dieser Proben für sich zentrifugieren, vom Blutkuchen trennen und gemäß b) für die Analyse vorbereiten. Wir verweisen in diesem Zusammenhang auf die „biologischen Fehler", die dadurch entstehen, daß das zu untersuchende biologische Objekt durch die Blutentnahme selbst verändert wird (Kap. 112). Auf ähnliche Schwierigkeiten wird man bei anderen lebenden Objekten stoßen.

d) Man prüft schließlich auf etwa mitbeteiligte systematische Fehler durch Vergleich der flammenphotometrisch erhaltenen Ergebnisse am gleichen Analysengut mit denen einer gut bewährten (z. B. chemisch gravimetrischen) Methode (Kap. 103 u. 104). Bei diesen wenigen Vergleichsprüfungen muß man den Zeitverlust durch den umständlicheren Arbeitsgang der (chemischen) Vergleichsmethode in Kauf nehmen. Erwähnt sei auch die Fehlerprüfung durch ein Zumischverfahren gemäß Kap. 100, Abs. 15.

Man sollte bei dieser einmaligen Einrichtung einer Methode jede Mühe aufwenden, um das anschließende routinemäßige Messen nach der erarbeiteten Anweisung möglichst einfach und trotzdem genügend genau zu gestalten. Dann kann man die so erarbeitete Methode über Jahre hinaus angelernten Kräften anvertrauen.

79. Das Verdünnen (bzw. das Einengen) und das Lösungsmittel

Meist müssen die Analysenlösungen vor der eigentlichen Analyse verdünnt, manchmal auch eingeengt werden. Ob und wie stark verdünnt bzw. eingeengt werden muß, hängt im wesentlichen von den zu bestimmenden und von den störenden Elementen und deren Konzentrationen, von der zur Verfügung stehenden Apparatur, von der Flammentemperatur, vom Zerstäuber und der ausgewählten Spektrallinie bzw. Bande ab. Die Auswahl des Verdünnungsmittels selbst hängt wieder von der Art des Analysenmaterials bzw. von der vorangegangenen chemischen Vorbereitung sowie vom erzielbaren Reinheitsgrad des betreffenden Lösungsmittels ab. Man wird im allgemeinen versuchen, durch die Verdünnung in den geradlinigen Teil der Eichkurven zu kommen. Den konvex gekrümmten Teil der Eichkurven bei höheren Konzentrationen (Einfluß der Selbstabsorption, Kap. 8) kann man durch Verdünnen umgehen, den konkav gekrümmten Teil bei niedrigen Konzentrationen (Einfluß der Ionisation, Kap. 7) unter anderem durch Einengen.

Über die empfehlenswerten Bereiche für die einzelnen Elemente unterrichtet die Tab. 7, die für ein handelsübliches Flammenphotometer [*513*] mit indirektem Zerstäuber und Wasser als Verdünnungsmittel gilt. Als unterste empfehlenswerte Konzentration wurde dabei eine solche gewählt, bei der sich die Linien-(Banden-) Intensität um den Faktor 10 vom Flammenuntergrund im Durchlässigkeitsbereich des Filters unterscheidet, vorausgesetzt, daß keine stärkere konkave Eichkurvenkrümmung auftritt.

Ist ein Einengen der Analysenlösung aus irgendwelchen Gründen nicht ratsam, so kann man diese günstigsten Konzentrationsbereiche unter folgenden Voraussetzungen nach geringeren Konzentrationen zu erweitern:

a) Man begnügt sich mit geringeren Genauigkeiten. Man kann dann auch krummlinige Eichkurvenbereiche zulassen, bzw. man kann noch Messungen an Linien durchführen, deren Intensitäten sich um weniger als den Faktor 10 vom Flammenuntergrund im Durchlässigkeitsbereich des Filters unterscheiden. Hierbei und im folgenden ist selbstverständlich vorausgesetzt, daß die elektronische Empfindlichkeit des Gerätes für solche Messungen noch ausreicht.

b) Wenn die eben genannten untersten Konzentrationen nicht durch das genannte Verhältnis zum Flammenuntergrund (Faktor 10), sondern durch die konkave Eichkurvenkrümmung bedingt sind (in der Tab. 7 alle Werte mit *, sowie einige andere), kann man Maßnahmen ergreifen, um diese bei niedrigen Konzentrationen liegende Eichkurvenkrümmung zu begradigen und kann dann, ohne Einbuße an Genauigkeit, noch zu geringeren Konzentrationen[1] vorstoßen. Wir verweisen auf Kap. 10.

---

[1]) Siehe Fußnote [1]) S. 187.

Tabelle 7. *Die günstigsten Konzentrationsbereiche für die Analyse einiger Elemente in verschiedenen Flammen, aufgestellt auf Grund von Eichkurven* [nach *513*]

a) Für die Propan—Luft-Flamme:

Na	589 mμ	1—10	mg/l
K	776 mμ	1—50	
Li	671 mμ	3—100	
Rb	781 mμ	50—250*	

b) Für die Acetylen—Luft-Flamme:

Na	589 mμ	5—50	mg/l
K	776 mμ	50—250*	
Li	671 mμ	3—100	
Rb	781 mμ	200—500*	
Ca	623 mμ	20—200	

c) Für die $H_2 + O_2 +$ Luft-Flamme:

Na	589 mμ	5—100	mg/l
K	776 mμ	200—500*	
Li	671 mμ	5—50	
Rb	781 mμ	500—2000*	
Ca	623 mμ	100—10000	
Ca	423 mμ	1000—10000	
Mg	383 mμ	2000—10000	
Sr	460 mμ	500—1000	
Mn	403 mμ	500—1000	

Die mit * bezeichneten Bereiche geben nur mäßig geradlinige Eichkurven, da im unteren Teil des jeweils bezeichneten Bereiches bereits eine merkliche Ionisationskrümmung, im oberen Teil bereits eine merkliche Selbstabsorptionskrümmung auftritt.

c) Bei Geräten mit besserer spektraler Trennung (Monochromatoren mit genügender Dispersion und gutem Auflösungsvermögen) als mit Interferenzfiltern, wie in Tab. 7 vorausgesetzt, sind auch noch gleichgenaue Messungen bei geringeren Konzentrationen möglich, vorausgesetzt, daß keine konkaven Eichkurvenkrümmungen[1] vorkommen. Ein Anhalt über die mit den meist üblichen Monochromatoren erreichbaren unteren Nachweisbarkeitsgrenzen[2], ergibt sich aus Tab. 10 in Kap. 90. Unter diesen Meßbedingungen kann man unter Umständen auch Linien oder Banden verwenden, die im Ultravioletten liegen und mit Interferenzfiltern nicht oder nur schlecht abtrennbar sind, die aber bessere untere Nachweisbarkeitsgrenzen aufweisen.

---

[1] Konkave Eichkurven zeigen in doppeltlogarithmischer Darstellung im Gegensatz zur Abb. 40 einen steileren Verlauf ($\alpha > 45°$) als geradlinige Eichkurven ($\alpha = 45°$). Die prozentualen Ausschlagschwankungen am Instrument rufen also im Konzentrationsmeßergebnis kleinere (prozentuale) Fehler hervor als bei geradlinigen Eichkurven. Wenn wir trotz dieses bemerkenswerten Vorteiles von der Verwendung solcher Eichkurven abraten, hat das folgende praktische Gründe:

a) Die Eichkurvenkrümmung läßt sich in der Praxis nur mühsam durch zahlreiche Eichlösungen ermitteln, ja mitunter ist das noch nicht einmal leidlich exakt möglich, z. B. dann nicht, wenn in den Analysenlösungen variable Mengen organischer Substanz (z. B.verschiedene Mengen von Eiweiß in Seren) vorkommen, die die Flammentemperatur und damit die Ionisationskrümmung in unkontrollierbarer Art beeinflussen.

b) Man kann zwischen den Eichkurven schwerer interpolieren und kann erst recht nicht über den höchsten Eichwert hinaus extrapolieren.

c) Der obengenannte Vorteil einer konkaven Eichkurve wird bei größeren Konzentrationsunterschieden in den Analysenlösungen nur dann ausgenützt, wenn man durch Empfindlichkeitsumstellungen dafür sorgt, daß man stets oberhalb der Fehlergrenze bleibt, die durch Einflüsse der Ableseungenauigkeiten am Meßinstrument, durch Nullpunkts-Inkonstanz der Verstärker u. ä. gegeben werden. Das ist aber nur mit praktischen Nachteilen realisierbar.

In speziellen Fällen können aber konkave Eichkurven durchaus Vorteile gegenüber geradlinigen Eichkurven bieten.

[2] Da diese unteren Nachweisbarkeitsgrenzen der Tab. 10 als die Konzentrationswerte definiert sind, bei denen die Nutzintensitäten nur noch 1% vom Flammenuntergrund ausmachen, wären die Werte der Tab. 10 also noch mit dem Faktor 1000 zu multiplizieren, um auf vergleichbare Werte für die hier definierte untere Grenze des „empfehlenswerten Bereiches“ zu kommen.

Umgekehrt kann man diese günstigen Konzentrationsbereiche auch nach höheren Konzentrationen zu unter den nachfolgend aufgeführten Voraussetzungen erweitern. Ein Interesse für solche Messungen bei höheren Konzentrationen ergibt sich in der Praxis z. B. daraus, daß man Verdünnungsprozesse, die zwangsläufig zusätzliche Fehler verursachen (s. unten), vermeiden will, oder daß man Spurenelemente und andere höher konzentrierte Elemente in der gleichen Lösung analysieren will, ohne getrennte Verdünnungsoperationen für jedes Element vornehmen zu müssen usw.

a) Man kann mitunter, mit nur geringer Einbuße an Genauigkeit (vgl. Kap. 82), auch mit konvex-krummlinigen Eichkurven noch Messungen durchführen.

b) Beim Übergang zu anderen Spektrallinien des gleichen Elementes (dieses ist wie oben meist nur mit Monochromatorgeräten möglich) wird man Linien finden, die im interessierenden Bereich noch genügend geradlinig sind [z. B. *349*].

Zu hohe Konzentrationen sollte man nicht wählen, da sonst zu leicht Verkrustungen und Verstopfungen des Zerstäubers und des Brenners vorkommen, und weil sich die Raumluft zu stark mit den zu messenden Elementen anreichert.

Das am häufigsten angewandte *Verdünnungsmittel* ist Aqua dest. bzw. Aqua bidest. Auch mit Ionenaustauschern in geeigneter Weise entmineralisiertes Wasser ist mit gutem Aqua dest., hinsichtlich Reinheit, durchaus konkurrenzfähig. Zur Prüfung verschiedener Aqua dest.- bzw. Aqua bidest.-Chargen auf Reinheit verwendet man am einfachsten das gleiche Flammenphotometer wie bei den späteren Messungen, bei denen dieses Aqua dest. als Verdünnungsmittel angewandt werden soll. Man stellt auf höchste Empfindlichkeit bei der Wellenlänge (bei der Filtereinstellung) ein, bei der anschließend gemessen werden soll. Für die erste qualitative Prüfung genügt ein Vergleich der beim Versprühen der einzelnen Aqua dest.-Chargen erhaltenen Instrumentausschläge. Man wählt diejenige Charge aus, die den geringsten Ausschlag ergibt, d. h. die geringste Restverunreinigung aufweist. Auch Leitfähigkeitsmethoden wurden für diese Reinheitsprüfung schon vorgeschlagen [*49*]. Entsprechende Reinheitsprüfungen lassen sich sinngemäß auch für die unten besprochenen anderen Verdünnungsmittel angeben.

Es sei in diesem Zusammenhang auch auf die Notwendigkeit hingewiesen, für die Aufbewahrung des Aqua dest. bzw. des Verdünnungsmittels geeignete Gefäße vorzusehen, bei denen die Wandungen auch über längere Zeit hinweg keine nennenswerten Mengen von Elektrolyten an das Aqua dest. abgeben. Andernfalls wird das anfangs für gut befundene Aqua dest. in kurzer Zeit ,,verschmutzt“ sein. Auch auf den erforderlichen Staubschutz sei hingewiesen. Wir kommen auf die Gefäße im folgenden Kapitel zurück.

Außer H_2O werden aber auch andere Lösungsmittel angewandt, welche die Eigenschaft haben, die Lichtemission bis auf das 5fache zu erhöhen, was eine bessere Nachweisempfindlichkeit zur Folge hat (Kap. 90). Als Lösungsmittel werden in der Literatur oft Mischungen von Alkoholen oder Aceton mit Aqua dest. empfohlen (s. Abb. 48), aber es wurden auch mit anderen organischen Lösungsmitteln, wie Benzin, n-Butanol u. ä., z. T. gute Erfolge erzielt [*65*, *139*, *140*, *143*, *182*, *202*, *228*, *255*, *268*, *274*, *298*, *420*, *537*, *575*, *661*, *718*]. Die Abb. 48 zeigt als Beispiel die Wirkung verschiedener Lösungsmittel auf die Barium-Lichtemmision nach Abzug des Untergrundes. Der Flammenuntergrund wird mitunter durch solche organische Lösungsmittel merklich angehoben. Im Gegensatz zu den Direktzerstäubern (Kap. 33) ist bei den Indirektzerstäubern (Kap. 26) Vorsicht geboten, da der brennbare Lösungsmittelnebel in der Zerstäuberkammer, in den Schlauchleitungen und Mischgefäßen ein explosives Gemisch darstellt. Man wird also das Ausnutzen dieser höheren Nachweisempfindlichkeit durch Zusätze von organischen Lösungsmitteln besser nur dann wahrnehmen, wenn

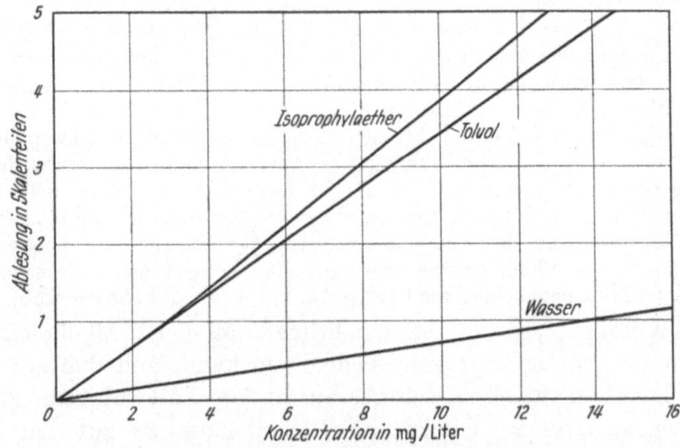

Abb. 48. Der Einfluß verschiedener Verdünnungsmittel auf die Anregung von Ba 870 mμ in der Propanflamme [nach *202*]

einem Geräte mit Direktzerstäubern zur Verfügung stehen. Zur Vermeidung von Konzentrationsfehlern in diesen, z. B. alkoholischen Lösungen, soll man sie wegen ihrer Flüchtigkeit nicht lange offen stehen lassen (vgl. auch Kap. 123). Auch wähle man die Alkoholkonzentration so, daß hierbei die emissionserhöhende Wirkung nicht allzu kritisch von der Alkoholkonzentration abhängt [*575*]. Man beachte weiter, daß die Löslichkeit von Salzen in solchen Lösungsmitteln vermindert sein kann.

Von verschiedenen Autoren wurden Versuche zur Deutung dieser sog. „Alkoholeffekte" durchgeführt. Dabei wurden insbesondere die Viscosität, die Oberflächenspannung und der Dampfdruck (also die Flüchtigkeit) von Alkoholgemischen u. ä. mit denen von reinem Wasser verglichen. Diese physikalischen Eigenschaften bestimmen neben anderen Dingen den Transport der Analysenlösung in die Flamme und dadurch die Metallkonzentration in der Flamme und mithin deren Lichtemission (Kap. 6). Der niedrige Wert der Oberflächenspannung und der hohe Dampfdruck bei Alkoholen fördern die Zerstäubung und Verdampfung, was durch Messung des Zerstäubungswirkungsgrades [*139*] und des Durchmessers der Nebeltröpfchen [*182*] bestätigt wurde. Diese für die Emission sehr günstigen Effekte überwiegen gegenüber anderen Einflüssen, die durch die erhöhte Viscosität von Alkohol-Wasser-Gemischen eine Herabsetzung der Ansauggeschwindigkeit und damit eigentlich, wenn sie allein da wären, eine Erniedrigung der Emission bewirken müßten [*139*].

Diese günstigen Einflüsse der Alkoholzusätze auf die Verdampfung der Lösung und damit auf die Emission machen sich nicht nur in Zerstäuberkammern von Indirektzerstäubern, sondern auch bei Direktzerstäubern bemerkbar, besonders dann, wenn die Verdampfung der wäßrigen Tröpfchen in der Flamme beim Gebrauch eines Direktzerstäubers nur sehr unvollständig ist (Kap. 6).

Neben dieser Beeinflussung der Tröpfchengröße können bei manchen organischen Lösungsmitteln auch Änderungen der Flammentemperatur eine Rolle spielen. In der Literatur wurde öfters auf die nicht unbeträchtliche Verbrennungswärme solcher organischen Moleküle, wie

z. B. Aceton, hingewiesen. Auch ist die für die Verdunstung verbrauchte Wärme pro Gramm Lösungsmittel hier geringer als bei Wasser. Es konnte gezeigt werden [*71*], daß im Gegensatz zu den üblichen Annahmen in der Literatur, z. B. bei Aceton-Wasser- und Propylalkohol-Wasser-Mischungen, die Flammentemperatur nicht nur höher, sondern auch *niedriger* als bei Aqua dest.-Lösungen ausfallen kann. Dies hängt davon ab, ob das unverbrannte Gasgemisch sauerstoffreich bzw. sauerstoffarm ist. Im letzteren Falle ist die Verbrennung der organischen Moleküle unvollständig, und die hierbei freigegebene Verbrennungswärme ist offenbar geringer als die Wärme, welche erforderlich ist, um die Reaktionsprodukte bis auf die Flammentemperatur zu erhitzen [*65*].

Besonders bei Flammen mit Direktzerstäubern ist der Einfluß des organischen Lösungsmittels auf die Flammentemperatur schwer zu übersehen, da er auch noch von *den* Faktoren abhängt, die den Transport und die Vergasung des Lösungsmittels in der Flamme bestimmen (Kap. 6 u. 7). Wird z. B. Isopropylalkohol zerstäubt, so bildet sich um jeden Tropfen eine kleine kugelförmige Diffusionsflamme. Die Menge der je Zeiteinheit wegdampfenden Flüssigkeit ist wieder von vielen Faktoren abhängig [*11*]. Wenn die Verdampfung der Tröpfchen in der Flamme nicht vollständig ist, wird ein Gleichgewicht überhaupt nicht erreicht. Die Verhältnisse sind in einer Flamme mit Direktzerstäuber sowieso kompliziert wegen der beträchtlichen Erniedrigung der Temperatur durch das eingebrachte Lösungsmittel und durch die Änderung der Flammenform bzw. des Flammenvolumens, die schon beim Zerstäuben von Aqua dest. beobachtet wird (Kap. 14, vgl. auch Abb. 25a u. 25b).

Aus dem Vorangegangenen ist ersichtlich, daß der „Alkoholeffekt" unter verschiedenen Umständen sehr verschieden sein kann, und daß ein experimentelles Ergebnis sich nicht ohne weiteres auf andere Fälle übertragen läßt. Man kann z. B. zeigen, daß der Effekt eines Alkoholzusatzes auf den Zerstäuberwirkungsgrad noch von der Güte des Zerstäubers abhängt [*65*]. Die für die Praxis wichtige Frage, inwieweit eine Transportbeeinflussung oder eine Änderung der Flammentemperatur für den Alkoholeffekt verantwortlich zu machen ist, läßt sich experimentell verhältnismäßig leicht beantworten. Man mißt dazu z. B. die relative Erhöhung der gelben Na-Linie einerseits und der roten K-Linie andererseits. Ist die Erhöhung, im Konzentrationsmaß ausgedrückt, in beiden Fällen gleich, so liegt nur eine Transportbeeinflussung vor. Wenn aber nur eine Temperaturerhöhung im Spiel ist, so muß wegen der unterschiedlichen Anregungsenergie die prozentuale Emissionserhöhung für Na etwa 1,3 mal höher als für K sein, Ionisations- und Dissoziationsbeeinflussungen außer Betracht gelassen.

Folgende *Vor- und Nachteile des Verdünnens* seien einander gegenübergestellt:

Vorteile:

1. Größere Genauigkeit, sofern man durch diese Maßnahme in den steileren und geradlinigen Teil der Eichkurve kommt. Bei stärker ionisierten Elementen, wie z. B. den Alkalien, gibt es allerdings bei abnehmenden Konzentrationen konkave Krümmungen (Kap. 7). Bei noch stärkeren Verdünnungen dieser Elemente kann es vorkommen, daß die Eichkurve wieder geradlinig wird, nämlich dann, wenn die Ionenkonzentration der Flammengase überwiegt (Kap. 7).

2. Geringere Gefahr von Verkrustungen und Verstopfungen am Zerstäuber, an der Brennerkappe usw. durch Salzkristalle u. ä.

3. Die Zimmerluft wird nicht so schnell verunreinigt.

4. Die lästige, gegenseitige Beeinflussung der Elemente wird kleiner (Kap. 96).

5. Viscositäts- und Oberflächenspannungsunterschiede zwischen Analysen- und Eichflüssigkeiten werden verringert, und dadurch wird deren Einfluß auf das Meßergebnis kleiner. Man kann z. B. bei Serum-Analysen bei höheren

Verdünnungen meist auf die Fällung des Eiweißes durch Trichloressigsäure verzichten.

6. Man erhält mehr Flüssigkeit für die Analyse. Man hat also bei vorgegebener Ausgangsmenge nach stärkerer Verdünnung die Möglichkeit zu mehrfachen Bestimmungen, bzw. man kann bei sehr kleinen Mengen überhaupt erst nach einer Verdünnung Analysen durchführen (Mikromethoden s. Kap. 89).

Nachteile:

1. Unvermeidliche Pipettierfehler beeinträchtigen das Meßergebnis.
2. Die Gefahr der Verunreinigung durch Schmutz, durch Diffusions- und Absorptionserscheinungen aus den, bzw. an den Glaswandungen wird größer.
3. Erhöhter Arbeitsaufwand für die Vorbereitung zur Messung.
4. Die zu fordernde Reinheit der verwandten Verdünnungsmittel wird mit steigender Verdünnung immer kritischer[1].
5. Die Störeinflüsse durch Vorgänge innerhalb der elektrischen Bauelemente der Apparatur (Elektronenrauschen, Widerstandsrauschen usw.) werden mit abnehmender Konzentration stärker bemerkbar.
6. Die Anforderungen an die Empfindlichkeit der Apparatur und an die Reinheit der Atmosphäre werden immer schwerer erfüllbar.

Selbstverständlich müssen alle Verdünnungsmaßnahmen quantitativ ausgeführt werden, weil ein Verdünnungsfehler als entsprechender Analysenfehler erscheint. Auf folgendes möchten wir in diesem Zusammenhang hinweisen:

a) Wegen der Gefahr der Konzentrationsänderung durch Diffusion von Alkalien aus den Gefäßwandungen in die Flüssigkeit hinein, wegen der Gefahr von Adsorptionen an den Wandungen usw., führe man ein etwa notwendig werdendes Verdünnen erst kurz, d. h. wenige Stunden vor der eigentlichen Messung durch. Da die Diffusionserscheinungen temperaturabhängig sind, sollte man weniger konzentrierte Lösungen, die nicht gleich verarbeitet werden können, im Kühlschrank aufbewahren. Jedoch müssen sie vor der eigentlichen Messung auf Zimmertemperatur gebracht werden.

b) Für das Verdünnen verwende man nur gute, möglichst amtlich geeichte Vollpipetten und Meßkolben. Für das Pipettieren sollte man größte Sorgfalt aufwenden, evtl. ein Pipettiergerät verwenden.

c) Die Meßgefäße wie Pipetten und Meßkolben sind zweckentsprechend, z. B. mit Chromschwefelsäure, zu reinigen (Kap. 80), denn wenn z. B. durch Tropfenbildung unreproduzierbare Mengen der abzupipettierenden Flüssigkeit an den Wandungen der Pipetten haften bleiben, helfen auch die besten Pipetten und die größte Sorgfalt beim Pipettieren nichts. Bei wäßrigen Lösungen kann man die Reproduzierbarkeit der Pipetten wesentlich erhöhen [*301*, *303*], wenn man die Innenwände der Pipetten mit einem wasserabstoßenden Siliconfilm überzieht, weil dann die Fehler verursachende Benetzung der Flüssigkeit an der Wand entfällt, und weil das Einstellen des Meniscus mit größerer Genauigkeit erfolgen kann. Allerdings muß man solche Pipetten nach dem Überziehen mit Silicon neu eichen[2].

Es kann auch der Fall eintreten, daß Elemente bestimmt werden sollen, deren Ausgangskonzentration selbst unter Ausnutzung aller, die untere Nachweisbarkeitsgrenze verbessernden Maßnahmen (Kap. 90), nicht ausreicht, d. h. die Linien oder Banden heben sich zu wenig vom Flammenuntergrund ab, bzw. diese

[1] Zum Punkt 4 möchten wir nachtragen, daß nach unseren Erfahrungen das fertig gelieferte Aqua bidest. für Na-, K- und Ca-Analysen häufig schlechter ist als das Aqua dest. Das kann daran liegen, daß das 2mal destillierte Wasser meist in Glasapparaten bereitet und in kleinen, wenig gebrauchten Glasgefäßen verteilt wird, während das normale Aqua dest. in großen Mengen in einer Metallapparatur bereitet und in großen Ballons verteilt wird.

[2] Vorschriften für das Aufbringen solcher wasserabstoßenden Filme siehe z. B. BECKMAN, Bull. 262-c.

Linien- oder Bandenintensitäten geben wegen ungenügender elektronischer Empfindlichkeit des Gerätes einen zu geringen Nutzausschlag. Sofern genügend Material zur Verfügung steht, kann man einen Einengungsprozeß, z. B. ein Eindampfen flüssiger Bestandteile, vornehmen. Man muß allerdings darauf achten, daß durch diese Maßnahmen keine Verunreinigungen in die Lösungen gebracht werden (z. B. Diffusion von Alkalien aus dem Glas der Gefäße in die Lösungen), und daß die Endprodukte nicht zu viscos werden. Bei biologischen Materialien verbindet man daher das Einengen oft mit einem Veraschungsprozeß (Kap. 109). Zu diesen Einengungsprozessen kann man auch die chemischen Anreicherungsverfahren (z. B. Fällungen, Extraktionen) rechnen. Wir kommen darauf in den Kap. 88 u. 89 zurück.

80. Die Gefäße nnd ihre Reinigung

Die für die Flammenanalysen günstigsten Konzentrationsbereiche sind bei den Alkalien und Erdalkalien so niedrig, daß Diffusionen von Alkalien aus den Gefäßwandungen bzw. aus den anhaftenden Verunreinigungen in die schwach konzentrierten Lösungen stören. Dies gilt insbesondere für neue Gefäße oder solche, die unzweckmäßig gereinigt wurden (s. unten). Umgekehrt werden auch Diffusionserscheinungen aus den Lösungen zu den adsorbierenden Wänden beobachtet [*420*][1]. Letzteres ist insbesondere bei Polyäthylen-Flaschen zu befürchten, wenn gleichzeitig Netzmittelzusätze in den Lösungen vorhanden sind (s. unten). Man muß daher bei der Aufbewahrung der Analysen- und Eichlösungen besonderes Augenmerk auf die Gefäße und ihre Reinigung richten. Die genannten Diffusions- und Adsorptionserscheinungen werden um so kritischer, je länger gering konzentrierte Lösungen aufbewahrt werden.

Glasflaschen mit eingeschliffenen Stopfen (Rollflaschen) sind nur für hochkonzentrierte Stammlösungen zu empfehlen. Beim Lösen der Stöpsel werden nämlich durch die radierende Bewegung Alkalien und Erdalkalien, insbesondere Calcium, losgelöst. Besser sind schon Glasflaschen aus „harten" Gläsern mit Schraubverschluß, bei denen jedoch die Dichtscheibe nicht aus Kork, sondern aus Gummi, oder noch besser aus einem federnden Kunststoffscheibchen, besteht. Bei Calciumanalysen in gering konzentrierten Lösungen empfiehlt sich darüber hinaus die Verwendung von Borsilikatgläsern oder das unten ausgeführte Überziehen der (normalen) Glaswandungen mit einem wasserabstoßenden Film.

In neuerer Zeit werden Gefäße aus Kunststoffen (Polyäthylen, Polystyrol) in stärkerem Maße verwendet. Diese haben den großen Vorzug, daß die wäßrigen Lösungen die Wandungen dieser Gefäße nicht netzen und daß sie unzerbrechlich sind. Vor Störungen durch Wandeffekte ist man aber trotzdem nicht ganz sicher, obwohl sie im allgemeinen wesentlich kleiner als bei Glasgefäßen sind. Störungen durch aufliegende Schmutzschichten auf den Wandungen können natürlich in ähnlicher Weise wie bei den Glasgefäßen auftreten. Zum anderen begünstigen Netzmittelzusätze Austauschvorgänge zwischen Kunststoff und Lösung. Dabei kann es einmal durch alkalihaltige Weichmacherzusätze im Kunststoff zu ähnlichen Störungen wie bei Glasgefäßen kommen, zum anderen können Kunststoffe

[1] Mitunter können auch langsam ablaufende Fällungsreaktionen, z. B. das Einwirken von CO_2 aus der Luft auf schwach konzentrierte neutrale Ca-Lösungen, solche Effekte vortäuschen.

ohne solche Zusätze einen Teil der im Lösungsmittel vorhandenen Ionen absorbieren [SCHÖN, Diskussionsbemerkung zu *348*]. Es kommt dann erst nach längerem Stehen zu einem Gleichgewichtszustand zwischen Wand und Lösungsmittel. Sofern man nicht auf die Netzmittelzusätze ganz verzichten kann, empfiehlt es sich, immer ein und dasselbe Kunststoffgefäß für ein und dieselbe Lösung zu verwenden, und anfangs die Füllung häufiger zu erneuern. Ein weiterer Nachteil besteht darin, daß man solche Kunststoff-Flaschen nicht verwenden kann, wenn gewisse organische Lösungsmittel in den Analysen- oder in den Eichlösungen enthalten sind. Auch ist das Einfüllen sehr heißer Lösungen in solche Flaschen nicht zu empfehlen.

Trotz der eben genannten Nachteile stellen Kunststoff-Flaschen einen wesentlichen Fortschritt für die Aufbewahrung von Eichlösungen für die Flammenphotometrie dar, weshalb wir sie empfehlen möchten. Leider gibt es diese Gefäße nicht in allen Ausführungsformen, die für Mikroanalysen erforderlich wären. Deshalb wird man doch noch in vielen Fällen zu Glasgerätschaften wie Wiegegläschen, Uhrschälchen, Reagenzgläsern usw., evtl. mit Siliconüberzug (s. unten), greifen müssen.

Weiterhin seien normale Glasgerätschaften (möglichst solche ohne Rauhigkeiten oder schärfere Kanten an den Innenseiten) mit einem Silicon-Überzug [*301, 303*] empfohlen[1]. Es handelt sich dabei meist um substituierte Chlorsilanlösungen (z. B. Methyltrichlorsilan, Dimethyldichlorsilan, Lauryltrichlorsilan u. a.), die mit Hilfe von einem Lösungsmittel (z. B. Tetrachlorkohlenstoff) in stark verdünnter Form als dünner Film auf die vorher gut gereinigte und trockene Glasoberfläche gebracht werden. Das Lösungsmittel läßt man verdampfen, und der an den Glaswandungen adsorbierte Siliconölfilm spaltet beim Hinzukommen von Wasser HCL (bei Chlorsilan) oder Methylchlorid (bei Methyltrichlorsilan) usw. ab, und es bleibt ein festhaftender Si-O-Film an der Oberfläche zurück. Andere Silicon-Öle müssen „eingebrannt" werden.

Die Verarbeitungsvorschrift für Siliconöl AK 350 sei hier auszugsweise wiedergegeben. Man stellt von dem Öl eine etwa 3%ige Lösung in Benzin oder einem Chlorkohlenwasserstoff her, benetzt damit die vorher gut gereinigte und entfettete Glasoberfläche und brennt den Siliconfilm nach Verdunsten des Lösungsmittels durch 2stündiges Erhitzen auf 300°C oder 6stündiges Erhitzen auf 200°C ein.

Die Vorteile der siliconisierten Glasgefäße sind ähnlich denen der Kunststoffgefäße. Man muß aber beachten, daß die Filme nur bei richtigem Aufbringen, richtiger Anwendung und zweckmäßiger Reinigung über Jahre haltbar sind. Die Hersteller geben hierzu nähere Anweisungen. Es ist streng zu vermeiden, daß z. B. überschüssiges Siliconöl aus den siliconisierten Gerätschaften in die Zerstäubercapillare kommen. Infolge der wasserabstoßenden Eigenschaften wird das Ansaugen dann schlecht reproduzierbar bzw. ganz unterdrückt, und es bilden sich in der Capillare leicht Luftblasen durch freiwerdendes Gas, das vorher in den Analysen- bzw. in den Eichlösungen gelöst war. Diese Gasblasen machen das Zerstäuben unregelmäßig. Umgekehrt kann man sich die gasaustreibenden Eigenschaften von siliconisierten Oberflächen für die Analysen zunutze machen,

[1] Zum Beispiel Desicote von Beckman-Instr. Inc. Fullerton, oder Silicon-Öl AK 350 der Wacker-Chemie München 22 u. ä.

indem man die Analysen- bzw. die Eichlösungen vorher in siliconisierten Gefäßen einige Zeit stehen läßt.

Zur Not sind auch Glasgefäße mit Paraffinüberzügen brauchbar, jedoch besteht bei ihnen die Gefahr, daß losgelöste Paraffinteilchen in die Lösungen kommen und die Zerstäubercapillare verstopfen.

Verschmutzungen werden mitunter nicht in den Gefäßen selbst, sondern erst beim Ausschütten der Flüssigkeit über den oberen, meist verschmutzten Rand der Flasche hervorgerufen. Es empfiehlt sich daher, durch staubfreie Aufstellung der Vorratsflaschen für die Eichlösungen usw. solche Verschmutzungen möglichst ganz zu vermeiden und darüber hinaus die ersten Tropfen der entnommenen Flüssigkeit zu verwerfen.

Die hohe Empfindlichkeit von Flammenanalysen auf geringen Schmutz kann man in zwei einfachen Versuchen sehr eindrucksvoll zeigen:

a) Man stelle die höchste Empfindlichkeit für Na 589 mμ ein und zerstäube Aqua dest. Anschließend wiederhole man den gleichen Versuch mit etwa 5 ml des gleichen Aqua dest., in das man einen Augenblick eine Fingerspitze eingetaucht hat. Das Flammenphotometer wird einen deutlichen Ausschlag zeigen. Ein entsprechendes Ergebnis erhält man, wenn man mit dem Finger nur auf das Uhrschälchen gefaßt hat, von dem anschließend das zunächst saubere Aqua dest. weggesaugt wird [*143*].

b) Man stelle die höchste Empfindlichkeit für Ca ein und zerstäube wieder Aqua dest. Anschließend Wiederholung des gleichen Versuches mit dem gleichen Aqua dest., dem man vorher einen Tropfen Leitungswasser zugegeben hat.

Für die Reinigung der Glasgefäße empfehlen wir für die häufigsten Anwendungsfälle folgende Maßnahmen:

Benutzte Gefäße möglichst bald mit Wasser ausspülen. Falls notwendig, kann man mit gelinden mechanischen und chemischen Mitteln (Bürste, warmes Wasser, Netzmittel) nachhelfen. Anschließend die Gläser 24 Std. in einem Chromschwefelsäurebad liegen lassen. Man beachte dabei, daß keine Luftblasen den Zutritt der Säure zu einzelnen Stellen der Glaswandungen verhindern, und daß keine verbrauchte, d. h. grüngewordene, Chromschwefelsäure verwandt wird.

Nach dem Chromschwefelsäurebad die Gefäße etwa 5mal mit jeweils frischem Leitungswasser durchspülen und sofort anschließend 1—2mal mit Aqua dest. nachspülen, dann staubfrei trocknen und für die Weiterverarbeitung staubfrei lagern (verschlossene Gefäße).

Neue Glasgefäße werden zweckmäßigerweise ausgedämpft oder auch zuerst mit Chromschwefelsäure gereinigt und anschließend 8—10 Tage in Aqua dest. gelegt. Dabei soll das Aqua dest. alle 2 Tage erneuert werden. Ein etwaiges Lösen von Alkalien wird dadurch vorweggenommen. Später genügt bei solchen gebrauchten Gefäßen die oben beschriebene Reinigung. Bei häufiger verwandten Glasgefäßen, die bereits mehrmals nach der oben genannten Vorschrift gereinigt wurden, und die durch die Analysenlösungen nicht stärker verschmutzt werden, genügt ein Reinigen in einem möglichst alkalifreien Netzmittel[1] und anschließendes mehrmaliges Ausspülen mit Aqua dest. (s. oben).

---

[1] Zum Beispiel Arkopal N-060 oder N-100 der Farbwerke Hoechst; BW_2 der Chemischen Werke Hüls; Foryl 100 der Fettchemie Düsseldorf. Non-ion-ox der Aloe Scientific Comp. St. Louis 12, Miss.; u. a.

Vor folgenden Fehlern möchten wir ausdrücklich warnen:

1. Keine Leitungswassertropfen auf den Gefäßen eintrocknen lassen, da diese sehr viel Ca enthalten.

2. Keine Putzmittel wie Scheuersand oder ähnliches zur Reinigung verwenden, da diese die Glaswände anreißen können. Diese Risse begünstigen die Diffusion von Ca, Na, K u. ä. aus dem Glas in die Analysenflüssigkeiten.

3. Keine Seifen verwenden, da diese Kalkseifen bilden. Netzmittel wie Alkoholsulfonate sind zulässig.

4. Keinesfalls Gefäße nachträglich mit Lappen oder ähnlichem auswischen, da sie unkontrollierbaren, unsichtbaren Schmutz übertragen und leicht Fasern in die Gefäße kommen, die zu Verstopfungen der Zerstäubercapillare und Düsen führen können.

5. Keine Korkstopfen für den Verschluß der Gefäße verwenden, da Kork (bzw. hineingefallene Stückchen davon) sehr viele Elektrolyte abgibt und ebenfalls zu Zerstäubungsunregelmäßigkeiten führt.

Wenn sehr gering konzentrierte Lösungen über Monate ohne Konzentrationsverschiebungen aufbewahrt werden sollen, genügen die zuletzt aufgeführten Vorsichtsmaßnahmen (Glasgefäße mit zweckentsprechender Reinigung) noch nicht. Dann empfiehlt es sich, die obengenannten Gefäße aus Kunststoffen zu verwenden. Für diese Gefäße bzw. für Gefäße mit (Silicon-)Schutzschichten gelten besondere Reinigungsvorschriften, die vom Hersteller zu erfahren sind.

81. Die wichtigsten Analysenlinien und -Banden

Die für die Bestimmung einzelner Elemente verwendbaren Linien bzw. Banden ergeben sich aus dem Verzeichnis der Spektrallinien und aus den Registrierkurven von Flammenspektren im Anhang sowie aus dem Verzeichnis der unteren Nachweisbarkeitsgrenzen in Kap. 90. Weiterhin verweisen wir auf Kap. 82, in dem die für die Auswahl der Linien bzw. Banden gültigen Gesichtspunkte erwähnt werden sowie auf Kap. 79 mit Angaben über die empfehlenswerten Konzentrationsbereiche. Wir wollen hier im Zusammenhang einige für die einzelnen Gruppen des periodischen Systems charakteristische Besonderheiten bringen, die sich aus den oben erwähnten Tabellen nicht oder nur unzureichend ergeben.

Gruppe Ia, Alkalien (Li, Na, K, Rb und Cs). Die Alkalien haben linienarme, übersichtliche Spektren. Die Grunddoppellinien dieser Elemente (Li 670,8; Na 589,0—589,6; K 766,5—769,9; Rb 780,0—794,8; Cs 852,1—894,4 mμ) sind die kräftigsten Linien, die wir in der Flamme beobachten. Alkalien sind daher die geeignetesten Elemente für Flammenanalysen. Wir haben schon mehrfach die gut untersuchten Eigenschaften der Linien von Na (Kap. 7, 8 und 10), von K (Kap. 8, 10 und 11) und von Rb (Kap. 7) als Beispiele herangezogen, so daß wir hier kaum etwas hinzuzufügen haben. Banden von Alkaliverbindungen in der Flamme sind nicht bekannt. Allerdings erzeugen die Alkalien in der Flamme eine schwache Kontinuumstrahlung (Kap. 8). Diese ist aber nur als Blindwertstörung zu berücksichtigen (Kap. 95). Bei höheren Alkalikonzentrationen kann dieses Kontinuum allerdings die unteren Nachweisbarkeitsgrenzen anderer Elemente verschlechtern (Kap. 90).

Das jeweils zweite Glied der Hauptserie (s. Abb. 2) (d. h. die Linien Li 323,3; Na 330,2—330,3; K 404,4—404,7; Rb 420,2—421,6 und Cs 445,5—459,3 mμ)

wird mit Ausnahme der sehr schwachen Li-Linie gelegentlich auch zu Analysen herangezogen. Nur haben Temperaturschwankungen der Flamme bei diesen Linien einen stärkeren Einfluß auf das Meßergebnis (Kap. 8). — Die Rb-Doppellinie 420,2—421,6 mμ kann leicht durch anwesendes Ca (422,7 mμ) bzw. durch anwesendes Sr (421,6 mμ) gestört werden. Man geht dann besser zur ultraroten Rb-Linie über, vorausgesetzt, daß man einen Apparat hat, der im nahen ultraroten Teil des Spektrums noch genügend empfindlich ist. Ebenso kann Mn 403,1 und 403,3—403,4 mμ die genannte K-Linie oder auch Ba 455,4 oder Sr 460,7 die genannte Cäsium-Doppellinie (445,5—459,3 mμ) stören, was aber nur bei Monochromatoren mit geringerem Auflösungsvermögen zu befürchten ist. Weiter ist noch eine Störung der beiden im nahen UR gelegenen Rb- und K-Linien bei Anwendung von Filtern zu befürchten.

Die Alkalien sind empfindlich für solche Lösungspartner, die die Ionisation in der Flamme ändern (Kap. 7 u. 97). Im übrigen sind aber diese Elemente gegen Störungen Dritter verhältnismäßig unempfindlich.

Aus folgenden zwei Gründen ist bei den Alkalien eine Abnahme der Emission mit der Höhe zu erwarten: Einmal bilden die Alkalien mehr oder weniger leicht (s. u.) Alkalihydroxyde in der Flamme, die selbst nicht emittieren. Ein Teil der Analysensubstanz wird also dadurch der Emission und damit der Analyse entzogen. Andererseits ist die freie H- und OH-Konzentration in der Flamme, die bei solchen Hydroxydbildungen eine Rolle spielt, in verschiedenen Flammenhöhen recht unterschiedlich (Kap. 11). Sie ist direkt über den inneren Verbrennungskegeln am größten. Die Neigung zur Bildung solcher nicht anregbarer Alkalihydroxyde in der Flamme ist bei den Alkalien sehr unterschiedlich, und zwar ist sie bei Li > Cs > Rb > K > Na, d. h. bei Li ist in wasserstoffhaltigen Flammen die Hydroxydbildung sehr groß, wodurch sehr viel Analysensubstanz der Anregung in der Flamme entzogen wird, bei Na ist sie hingegen vernachlässigbar klein [*391*]. Im übrigen ist diese OH-Bildung noch stark von der Zusammensetzung der Flammengase [*169*] und von der Temperatur der Flamme [*394*] abhängig. Entsprechend diesen Alkalihydroxydbildungen ist die absolute Intensität der einzelnen Linien bei gleichen atomaren Konzentrationen und unter Mitberücksichtigung der verschiedenen Anregungsenergien und Übergangswahrscheinlichkeiten (Kap. 8) sehr unterschiedlich, und zwar ist sie bei Na am größten, bei Li am kleinsten [*394*].

Einer von uns (*A*) konnte aus dem Verhältnis der absoluten Intensitäten der Na- und Li-Linien schließen, daß in einer vorgemischten Acetylen-Luftflamme in etwa 6 cm Höhe nur 7% des Lithiums als freie Atome anwesend sind, wobei die berechtigte Annahme gemacht wurde, daß praktisch kein Na in Form einer Molekülbildung auftritt. Dabei wurden Einflüsse der Selbstabsorption und der Ionisation als Korrektur berücksichtigt (unveröffentlicht).

Als weiteren möglichen Grund für die Abnahme der Alkaliintensitäten mit zunehmender Flammenhöhe möchten wir noch die Abnahme der Eigenionisation der Flammengase mit zunehmender Höhe (Kap. 7) erwähnen.

Die Eichkurven der Grundlinien der Alkalien sind nach höheren Konzentrationen zu konvex gekrümmt, bedingt durch die Selbstabsorption (Kap. 8). Diese Krümmung tritt aus den eben genannten Gründen bei Li bei wesentlich größeren Konzentrationen als bei Na ein. Diese Eichkurvenkrümmung ist bei Benutzung der zweiten Glieder der Hauptserien (s. o.) oder der ersten Glieder der diffusen

Nebenserie (Li 610,4; Na 818,3—819,5; K 1169,0—1177,2 mμ) kaum noch zu bemerken. Die Gründe für dies Verhalten wurden in Kap. 8 besprochen.

Registrierkurven von Alkali-Flammenspektren zeigen die Tafeln I/1—4 u. II/5—6.

Gruppe Ib (Cu, Ag, Au). Diese Elemente geben wie die Alkalien sehr einfache Flammenspektren, jedoch mit geringeren Intensitäten. Am stärksten davon treten die Resonanzdoppellinien von Cu 324,8—327,4, weit schwächer die von Ag 328,1 und 338,3 und am schwächsten die von Au 242,8—267,6 mμ, hervor, die ähnlich wie die Alkaliresonanzlinien gekrümmte Eichkurven durch Selbstabsorption zeigen. Man beachte mögliche Störungen von Cu auf Ag und umgekehrt. Kupfer emittiert darüber hinaus auch Banden von CuOH, CuO und CuH im grünen Spektralbereich, jedoch ist der analytische Wert dieser Banden sehr gering. Nur in kälteren Flammen beobachtet man die blau-grünen Monohalogen-Kupfer-Bandenspektren (z. B. von CuCl), die gelegentlich für analytische Zwecke benützt werden (Kap. 87). — Registrierkurven von Flammenspektren dieser Elemente zeigen die Tafeln XVIII/47—48.

Gruppe IIa, Erdalkalien (Be, Mg, Ca, Sr, Ba und Ra). Die Flammenanalysen der Erdalkalien bereiten größere Schwierigkeiten als die der Alkalien. Einmal sind die Linien weniger intensiv, zum anderen erscheinen ausgedehnte Banden von Verbindungen wie CaO, CaOH u. ä. Diese Banden sind oft kräftiger als die Linien, was im einzelnen noch von der angewandten Flammentemperatur und der angewandten spektralen Bandweite abhängt, und es werden daher trotz prinzipieller Nachteile (Kap. 82) auch Banden für analytische Zwecke herangezogen. Diese Banden haben vor den Linien den Vorteil, daß Eichkurvenkrümmungen kaum zu bemerken sind. Jedoch sind auch bei den Linien die konvexen Eichkurvenkrümmungen nicht so ausgeprägt wie bei den Alkalien.

Obwohl der Ursprung dieser Erdalkalibanden, soweit sie dem sichtbaren Spektralbereich angehören, noch nicht in allen Fällen sichergestellt ist (es dürften sowohl Oxyd- wie Hydroxydbanden sein, s. Kap. 8 u. 9), liegt doch der größte Teil der Erdalkalien der Flamme als Oxyd vor [*393*]. Die Temperatur der Flamme reicht, abgesehen von der heißen $(CN)_2$-Flamme, nicht aus, um solche (Hydro-) Oxydverbindungen völlig zu spalten. In den letztgenannten Flammen sind also keine Banden der Erdalkalien zu bemerken. Im übrigen sei hervorgehoben, daß die Erdalkalien wesentlich störanfälliger gegenüber anderen Elementen, wie Al, Be u. ä., gegen Anionen, wie PO_4, SO_4 u. ä., sind als die Alkalien. Wir kommen darauf in Kap. 98 zurück.

Wenn wir für einen Augenblick von den Banden absehen, so sind die Resonanzlinien (Mg 285,2; Ca 422,7; Sr 460,7; Ba 553,6; Ra 482,6 mμ), abgesehen von Be (234,9 mμ), das nicht nachweisbar ist, in den üblichen Flammen wieder die stärksten Linien. Jedoch bemerkt man hier im Gegensatz zu den Alkalien auch schwächere Doppellinien der einfach ionisierten Erdalkali-Atome (Mg 279,6 und 280,3; Ca 393,4—396,8; Sr 407,8—421,6; Ba 455,4—493,4; Ra 381,4—468,2 mμ). Diese Ionenlinien werden, abgesehen von Mg, in der $(CN)_2$-Flamme sogar stärker als die eben genannten Resonanzlinien.

Man kann, ähnlich wie bei den Alkalien, eine Erhöhung der Ionisation in der Flamme beim Hineinbringen von Erdalkalisalzen beobachten. Diese Verhältnisse sind jedoch viel unübersichtlicher als bei den Alkalien, da gleichzeitig positive und negative Metallionen, z. B. in der Form $(BaOH)^+$ u. ä., entstehen [695]. — Ebenso wie die Alkalien verursachen auch die Erdalkalien, insbesondere Ca, Sr und Ba, Kontinua, die den Untergrund anheben.

Bei **Be** beobachtet man in den üblichen Flammen keine Linien, jedoch ist die Resonanzlinie 234,9 mμ in der $(CN)_2$-Flamme kräftig und für analytische Zwecke gut brauchbar. In den O_2—H_2- und in den O_2—C_2H_2-Flammen bemerkt man bei höheren Konzentrationen Banden von BeO bei 471 u. 510 mμ, deren Eichkurven praktisch geradlinig sind. Außerdem gibt Be in der Flamme eine starke Kontinuumstrahlung. Die Aussichten, Be direkt in den üblichen Flammen zu bestimmen, sind also mäßig. Jedoch kann man dies Element mit Hilfe von indirekten Methoden erfassen (Kap. 87b). Eine Registrierkurve dieses Elementes in einer H_2—O_2-Flamme zeigt die Tafel III/7.

Mg. Die Magnesium-Resonanzlinie 285,2 mμ ist in den üblichen Flammen nur schwer anregbar, jedoch erscheint sie in den sehr heißen Flammen kräftiger. In der inneren Verbrennungszone kann man zusätzlich noch Linien von Mg^+ sowie schwache Liniengruppen bei 278; 333 u. 383 mμ beobachten. Weiterhin stehen einige MgOH-Banden im langwelligen ultravioletten Strahlenbereich von 360 bis 400 mμ, mit Bandenköpfen bei 371 und 383 mμ für analytische Zwecke zur Verfügung. Diese letzgenannten Banden werden am häufigsten für flammenphotometrische Mg-Analysen herangezogen. Die MgO-Banden zwischen 500 bis 550 mμ, mit Bandenköpfen bei 500,7 und 520,6 mμ, sind demgegenüber wesentlich schwächer und haben kaum analytisches Interesse. — Registrierkurven von Mg-Flammenspektren zeigen die Tafeln III/8 u. IV/9—10.

Ca. Die kräftigste (Resonanz-)Linie liegt bei 422,7 mμ. Sie erscheint in fast allen Spektrogrammen anderer Elemente als Anzeichen für geringgradige Verunreinigungen. Mit mittleren Monochromatoren und nicht zu kühlen Flammen kann man diese Linie für analytische Zwecke verwenden. Dabei stören unter Umständen die Rb-Linien 421,6 sowie Sr 421,6 mμ. Bei Filterphotometern benützt man jedoch meist die Banden zwischen 600—645 mμ mit einem Maximum bei 622 mμ oder die Bande bei 554 mμ (Kap. 40).

Beim Arbeiten mit den genannten Ca-Banden kann, insbesondere bei Anwendung von Filtern, die Abtrennung von der gelben Na-Linie bei höheren Na-Konzentrationen Schwierigkeiten bereiten. Auch ist zu erwähnen, daß man bei Anwendung von Bandfiltern mit einer größeren spektralen Bandbreite (Kap. 40) naturgemäß auch mehr des, durch Na angehobenen, Untergrundes (Kap. 8) erfaßt. Außerdem gibt es noch CaO-Banden bei 824 und 872 mμ, die durch anwesendes Barium gestört werden können. — Eine Registrierkurve eines Ca-Flammenspektrums zeigt die Tafel V/12.

Sr und Ba geben ebenfalls charakteristische Spektren mit eingelagerten kräftigen Banden. Diese entsprechen weitgehend denen von Ca, nur sind hier die Linien und Banden mehr nach dem ultraroten Teil des Spektrums zu verschoben. Bei gleicher Konzentration ist das Spektrum von Sr etwa gleich stark wie das von Ca, während das von Ba etwas schwächer ist. — Die besten SrO(H)-Bandenköpfe liegen bei 605—680 mμ, die von Ba bei 745 und 830—873 mμ. Sie können aus den gleichen Gründen wie eben sowohl von anwesenden hohen Na- als auch von hohen K-Konzentrationen gestört werden. Am meisten verwendet man für Sr die Linie bei 460,7 mμ oder die Banden bei 680 mμ, für Ba die Banden bei 873 mμ. Jedoch hat Ba zusätzlich noch eine Reihe von Banden im Grünen mit gut brauchbaren Bandenköpfen zwischen 488—604 mμ, die auf BaOH oder BaO zurückgehen. Die Bariumresonanzlinie 553,6 mμ wird unglücklicherweise von der eben genannten Ca-Bande überlagert. In sehr heißen Flammen kann man für Ba zusätzlich noch die Ionenlinien 455,4 und 493,4 mμ verwenden, da sie dann wesentlich stärker hervortreten. — Registrierkurven von Sr sieht man u. a. in Tafel V/13—14 und von Ba in Tafel VI/16 u. VII/17.

Ra hat ein Flammenspektrum, das dem des Strontiums im Prinzip ähnlich ist, jedoch ist es wesentlich schwächer.

Gruppe IIb (Zn, Cd, Hg). Die Resonanzlinien von Zn 213,9 und Cd 228,8 mμ wurden bisher nur in den Wasserstoff-Sauerstoff-Flammen unter gleichzeitiger Anwendung von organischen Lösungsmitteln sowie in $(CN)_2$-Flammen beobachtet. Die im Schumann-UV gelegene Resonanzlinie von Hg 185,0 mμ wurde bis jetzt in Flammen noch nicht beobachtet. Die ersten zwei genannten Resonanzlinien kommen in den sehr heißen $(CN)_2$-Flammen stärker heraus. Außerdem sind noch die Linien Zn 307,6; Cd 326,1 und Hg 253,7 mμ zu erwähnen. Die erstgenannte Linie fällt in die sehr kräftigen OH-Banden und hat daher keine Bedeutung. Für die anderen beiden Linien gilt prinzipiell das gleiche, wie oben schon für die Resonanzlinien der gleichen Elemente ausgeführt wurde, nur mit dem Unterschied, daß ihre Intensität mit steigender Flammentemperatur etwas abnimmt. Die letztgenannte Hg-Linie kann man mit etwas höheren Intensitäten in der inneren Reaktionszone beobachten. Doch kann man darüber hinaus noch einige weitere schwache Zn-Linien, z. B. bei 328; 346; 472 und 481 mμ, beobachten. Zink ruft darüber hinaus eine starke Kontinuumstrahlung im sichtbaren Spektralbereich hervor, die mit steigender Flammentemperatur stark zunimmt. — Registrierkurven von Flammenspektren des Elementes Zn findet man auf Tafel XVIII/49 bis 50 u. XIX/51—52, von Cd auf Tafel XIX/53 und von Quecksilber auf Tafel XX/54.

Gruppe IIIa (B, Al, Ga, In, Tl). Bor gibt als einziges Nichtmetall ein für analytische Zwecke genügend intensives Flammenspektrum. Es zeigt zwar keine Linien, jedoch findet man Banden zwischen 430—600 mμ, mit Bandenköpfen bei 495; 518; 547 und 579 mμ (s. Tafel XX/55).

Die anderen 4 Elemente dieser Gruppe geben Resonanzdoppellinien (Al 394,4 bis 396,2; Ga 403,3—417,2; In 410,2—451,1; Tl 377,6—535,0 mμ) mit nahezu geradlinigen Eichkurven. In den üblichen Flammen sind die Indium- und Galliumlinien bei gleichen Atomkonzentrationen etwa gleich stark wie die Sr-Linien, während die Al- und Tl-Linien unter den gleichen Bedingungen schwächer herauskommen. Man kann jedoch durch chemische Zusätze, wie Äthylendiamintetraessigsäure [*219a*, *252*][1], Oxyn [*217*] oder durch Zusätze von organischen Substanzen diese Linienintensitäten wesentlich (bis zu 1000mal) erhöhen, was den unteren Nachweisbarkeitsgrenzen sehr zugute kommt. Daneben wurden auch indirekte Bestimmungsmethoden, allerdings mit schlechterer Nachweisempfindlichkeit, angewandt (Kap. 87).

Außerdem hat Al auch noch einige schwächere Bandensysteme zwischen 435 bis 510 mμ, mit Bandenköpfen bei 464,8; 484,2; 486,6 und 507,9 mμ, die nur beim Vorliegen von mittleren und hohen Konzentrationen verwandt werden können

[1] Durch Flußsäurezusätze [*431b*] ist eine wesentliche Verbesserung des Verhältnisses Linie (oder Bande) von Al zu Untergrund zu erzielen. Vergl. Kap. 88.

und sich durch geradlinige Eichkurven auszeichnen (s. Tafel XXI/56—57). Die anderen genannten Elemente zeigen praktisch keine Banden, wenn wir von einer schwachen InO-Bande bei 428,4 mμ absehen dürfen. — Registrierkurven von Ga zeigt Tafel XXI/58, von In Tafel XXII/59—61 u. von Tl Tafel XXIII/62.

Folgende Störmöglichkeiten sind zu beachten: Al 394,4—396,2 mμ durch Ca^+ 393,4—396,8 mμ; Ga 403,3 mμ durch Mn 403,1—4 mμ und durch K 404,4—7 mμ; Tl 377,6 mμ durch dort gelegene Mg-Banden; Tl 535,0 mμ durch BaOH- und BaO-Banden.

Gruppe IIIb (Sc, Y, Lanthaniden, Actiniden) Die meisten seltenen Erden geben schwächere, aber charakteristische Oxyd- und Hydroxyd-Bandenspektren, in denen sich bei einigen Elementen, z. B. bei Europium und Thulium, auch eingelagerte Linien (Resonanz- und Ionen-Linien) befinden. Die in diesen Spektren auftretenden Periodizitäten (Abb. 49) spiegeln die Periodizitäten des Elektronenaufbaues der äußeren Elektronenhüllen wieder. Das in Abb. 49 nicht dargestellte Ce gibt Banden bei 480—495 mμ (vgl. Tafel.VII/19). Sowohl die Banden als auch die Linien sind für Analysen brauchbar. Jedoch kommen Überlappungen der einzelnen Bandensysteme bei gleichzeitiger Anwesenheit mehrerer dieser Elemente häufig vor, und man muß dann bei quantitativen Analysen spezielle Methoden anwenden, auf die wir in Kap. 86 zurückkommen. — Registrierkurven von Flammenspektren des Elementes La zeigt Tafel VII/18 u. von Yb die Tafel VIII/20.

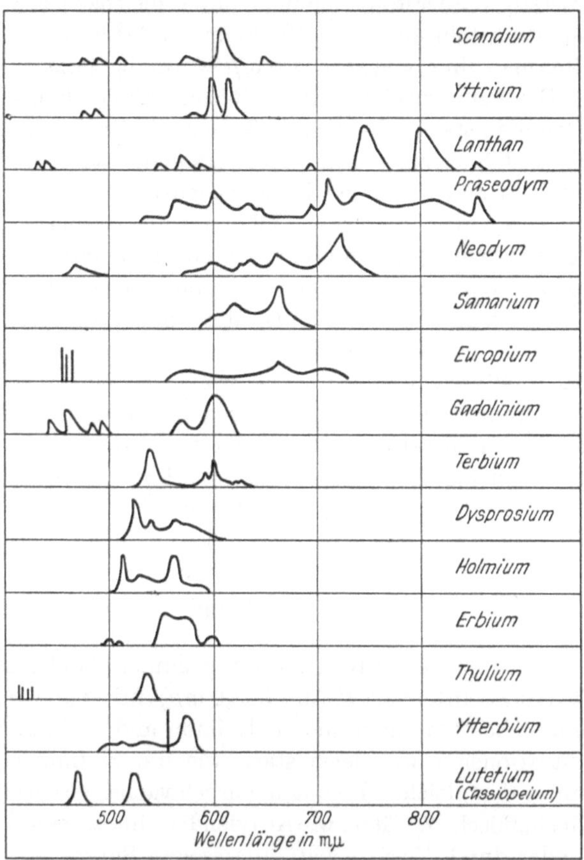

Abb. 49. Die wichtigsten Banden und Linien der seltenen Erden in der Acetylen-Luft-Flamme [nach *546*].

Die Actiniden sind aus naheliegenden Gründen bis jetzt noch wenig untersucht. Wir kommen auf die hierbei zu beachtenden besonderen Gesichtspunkte in Kap. 117 zurück. Das einigermaßen untersuchte Uran-Flammenspektrum zeigt ein schwaches, nahezu kontinuierliches Bandenspektrum, bedingt durch seine schwer dissoziierbaren Oxyde.

Gruppe IVa (Ti, Zr, Hf). In den konventionellen Flammen bemerkt man keine Linien dieser Elemente, sondern nur schwache Banden ihrer Oxyde, was darauf hindeutet, daß diese Elemente nur als Oxyde vorkommen, und daß sie schwer dissoziierbar sind. Das **Ti**-Bandenspektrum ist recht kompliziert und weist zwischen 500—750 mμ einige Maxima, nämlich bei 500,3; 516,7 und 544,8 mμ, auf, die man für Analysen ausnützen kann. Diese Maxima können leicht durch solche Elemente gestört werden, die ebenfalls im Grünen Banden haben (Ba, Se, Mn, Cr, V usw.). — Bei **Zr** bemerkt man fast ausschließlich ein Kontinuum mit eingelagerten schwachen Banden von ZrO in der Gegend von 564—574 mμ, die nur selten für Analysen brauchbar sind. Jedoch kann man Zr mit indirekten Methoden erfassen (Kap. 87). **Hf** wurde bis jetzt in Flammen noch nicht untersucht.

Gruppe IVb (C, Si, Ge, Sn, Pb). C. In den kohlenstoffhaltigen Flammen ist die C-Linie 247,9 mμ, insbesondere im inneren Verbrennungskegel, gut nachweisbar (Tafel XXIII/63 u. Tafel XXVI/73). Wir müssen sie bei C-haltigen Brenngasen zum Flammenuntergrund rechnen. Ebenso erscheinen in der Flamme Banden von CN, CH, CO_2, CO und C_2 (Tafel XXVI/73—74 u. Abb. 6). Solange man kohlenstoffhaltige Brenngase verwendet kann man C mit Hilfe der Flammenmethode nicht nachweisen. Man kann jedoch in nicht kohlenstoffhaltigen Flammen, z. B. in H_2—O_2-Flammen, diese Linien bzw. Banden für analytische Zwecke heranziehen (Kap. 87). **Si** und **Ge** geben keine Linien und — mit einer Ausnahme — auch keine Banden. Man beobachtet nämlich im fernen ultravioletten Teil des Spektrums schwache Banden von SiO.

Sn und **Pb** emittieren einige Linien. Die stärksten davon sind Pb 364,0; 368,3; 405,8 mμ und Sn 284,0; 286,3; 300,9; 303,4 mμ. In den üblichen Flammen sind nur die Bleilinien kräftig genug, um für analytische Zwecke ausgenützt zu werden Tafel XXIV/66). Die Zinn-Linien sind demgegenüber viel schwächer und sind im inneren Verbrennungskegel noch am besten zu beobachten. In der $(CN)_2$-Flamme hingegen sind die Zinn-Linien ungefähr genauso stark wie die Bleilinien und daher für Analysen gut verwendbar (Tafel XXIII/65 u. XXIV/64).

Darüber hinaus emittiert Pb einige sehr schwache, wenig charakteristische Banden von PbO. Die Banden von Zinn, die im langwelligen ultravioletten und im violetten Bereich liegen, sind demgegenüber stärker und gut abgestuft. Man kann sie sowohl im inneren Verbrennungskegel als auch in der darübergelegenen Flamme beobachten, mit Ausnahme von $(CN)_2$-Flammen, wo alle Zinnsalze dissoziieren.

Gruppe Va (V, Nb, Ta). Diese Elemente zeigen ähnliche Emissionseigenschaften wie die Elemente der Gruppe IVa, d. h. man findet in den üblichen Flammen praktisch keine Linien, jedoch Banden von Oxyden. Das Bandenspektrum von **VO** ähnelt hinsichtlich Lage und Intensität der Banden sehr dem von TiO. Die für analytische Zwecke noch leidlich ausnutzbaren VO-Bandenmaxima liegen bei 522,8; 546,9 und 573,7 mμ. In der $(CN)_2$-Flamme verschwinden diese Oxydbanden, und man findet kräftige Linien von V und V^+, wovon die stärksten bei 318,3/4/5 mμ liegen (Tafel VIII/21 u. Tafel IX/22 u. 23). **Nb** emittiert in den konventionellen Flammen nur ein Kontinuum. **Ta** hat man unseres Wissens noch nicht untersucht.

Gruppe Vb (N, P, As, Sb, Bi). N zeigt charakteristische grüne NO-Banden im inneren Verbrennungskegel und schwächere in dem übrigen Teil der H_2-Luft-Flamme [*392*]. Die letzgenannten NO-Banden können allein schon durch das Hinzukommen des atmosphärischen Stickstoffs in die äußere Verbrennungszone der Flamme entstehen und werden also auch in den üblichen Sauerstoff-Flammen gefunden.

Durch Anwendung einer Flammentrennung (Kap. 32) kann man diesen Einfluß ausschalten. Dann sind NO-Banden unter Umständen für N-Analysen brauchbar. **PO**-Banden kommen zwar in Flammen vor [*41*], sie werden aber unter den bei praktischen Analysen vorkommenden Verhältnissen nicht beobachtet. Bei höherer P-Konzentration kann eine kontinuierliche Emission infolge der Schwarzkörperstrahlung unverdampfter Phosphoroxyd-Teilchen auftreten. **As** und **Sb** (s. Tafel XXV/67) emittieren schwache ultraviolette Linien im inneren Verbrennungskegel, die selbst in heißen Dicyan-Flammen noch nicht stark genug sind, um für praktische Analysen ausgenutzt zu werden. Außerdem geben Arsen und Antimon in kälteren Flammen ein sehr schwaches Bandenspektrum, das man für Analysen nicht verwenden kann.

Bi ist das einzige Element dieser Gruppe, das man leichter anregen kann. Die Linie Bi 472,3 mμ kann man am besten in der Wasserstoff-Flamme beobachten. Sie hat eine geradlinige Eichkurve. Diese Linie wird jedoch in der heißen Dicyan-Flamme schwächer, hingegen kommt dann die Linie bei 306,8 mμ unter diesen Bedingungen viel stärker heraus und wird nicht mehr, wie in den üblichen Flammen, durch OH-Banden verdeckt (Tafel XXV/68—72).

Gruppe VIa (Cr, Mo, W). Cr zeigt einige Linien, die insbesondere bei Anwendung organischer Lösungsmittel für analytische Zwecke brauchbar sind, und zwar jeweils Tripletts (Dreifachlinien), deren Schwerpunkte bei den Wellenlängen 359; 427 und 521 mμ liegen. Eine dieser Linien, nämlich die bei 425,4 mμ, ist für Analysen am geeignetsten. Nur Ca 422,7 mμ kann dabei stören, wenn man Geräte geringerer Auflösung verwendet. Das entsprechende **Mo**-Triplett bei 379,8; 386,4 und 390,3 mμ ist demgegenüber sehr schwach und kann nur in der inneren Verbrennungszone von Acetylen-Sauerstoff-Flammen beobachtet werden. Das gleiche gilt für das noch schwächere Mo-Triplett bei 317 mμ. Jedoch kann man das erstgenannte Mo-Triplett in der $(CN)_2$-Flamme gut für analytische Zwecke verwenden. Auch die Cr-Linien werden durch Anwendung dieser Flamme wesentlich kräftiger.— Registrierkurven von Cr zeigen die Tafeln IX/24—25 u. X/26, solche von Mo die Tafel X/27—29.

In den üblichen Flammen sieht man darüber hinaus CrO-Bandenspektren im grünen und roten Teil des Spektrums, die jedoch durch vollständige Dissoziation in den $(CN)_2$-Flammen verschwinden. Von Wolframspektren in Flammen ist nichts bekannt, jedoch läßt sich sowohl Wolfram als auch Mo mit indirekten Methoden erfassen. Wir kommen darauf im Kap. 87 zurück. — Es wurde über Störungen der Mo-Emission durch gleichzeitig anwesendes Ni, Co und Mn berichtet [*174*].

Gruppe VIb (O, S, Se, Te, Po). Unter speziell gewählten Bedingungen kann man zwar Flammenspektren von S und Se erzeugen, jedoch beobachtet man in den bei praktischen Analysen üblichen Flammen keine Spektren dieser Elemente. **Te** kann jedoch in Wasserstoff-Sauerstoff-Flammen ein charakteristisches Bandensystem im langwelligen UV und im violetten Teil des Spektrums emittieren. Maxima liegen bei 363,6; 372 und 413,5 mμ. **Po** wurde noch nicht untersucht.

Gruppe VIIa (Mn, Tc, Re). Mn kann man mit Flammenspektrophotometern gut bestimmen, da es ein ziemlich intensives Linientriplett bei 403,1; 403,3 und 403,4 mμ aufweist. Daneben gibt es noch andere schwächere Liniengruppen, z. B. ein Triplett bei 279,5; 279,8 und 280,1 mμ und auch MnO-Banden, die unter anderem für die grüne Farbe der Mn-Flamme verantwortlich sind. Die ausgeprägtesten Bandenköpfe davon sind die bei 538,9 und 558,6 mμ. In diese Bandensysteme sind auch vereinzelt Linien, z. B. bei 539,5 und 543,3 mμ, eingelagert. Man benützt das Bandensystem jedoch nur selten, da das violette Linientriplett günstiger ist. Weitere Bandensysteme von Mn liegen bei 363—400 mμ und bei 810 sowie 860 mμ (Tafel XI/30—32).

Tc wurde bis jetzt noch nicht untersucht. **Re** soll der Flamme eine schwachgrüne Farbe mitteilen, die möglicherweise auch auf ein schwaches Durchkommen der Linie 488,9 mμ zurückzuführen ist.

Gruppe VIIb (F, Cl, Br, J). Linien dieser Elemente sind nicht bekannt. Nur sehr schwache, für praktische Analysen nicht brauchbare Banden wurden gelegentlich beobachtet, z. B. schwache, wenig charakteristische Banden von JO im blauen und grünen Teil des Spektrums. Diese Elemente kann man daher nur mit Methoden nach Kap. 87 analysieren.

Gruppe VIIIa (Fe, Co, Ni, Ru, Rh, Pd, Os, Ir, Pt). Die ersten 6 dieser Elemente emittieren alle sehr linienreiche Spektren, auf die wir unten nochmals zurückkommen werden. Störungen durch Lösungspartner infolge mangelhafter spektraler Trennung bzw. durch Streulicht werden hier sehr häufig beobachtet. Die Anforderungen an die spektrale Trennschärfe müssen bei diesen Elementen also sehr hoch geschraubt werden. Auch Banden von Verbindungen wie FeO werden beobachtet. **Os** und **Ir** wurden bis jetzt noch nicht untersucht, jedoch ist anzunehmen, daß sie infolge ihrer schweren Verdampfbarkeit keine stärkeren Spektren geben. Abgesehen davon geben diese Metalle ein Kontinuum durch das thermische Leuchten der nicht verdampften Aerosolpartikelchen. **Pt** emittiert nur sehr schwach, da seine stärkste Linie im kurzwelligen UV liegt.

Fe. Die stärksten und für Analysen am meisten benützten Eisenlinien liegen bei 372,0; 373,7; 374,6 und 386,0 mμ. Mg-Banden können hierbei stören, jedoch läßt sich diese Störung durch eine geeignete Untergrundkorrektur (Kap. 95) beheben. Dazu gibt es noch eine Reihe von sichtbaren Linien und Banden (Bandenköpfe im gelben und grünen Teil des Spektrums) sowie zahlreiche Linien, die weiter im UV liegen. Im inneren Verbrennungskegel beobachtet man Linien, die weit bis in das kurzwellige UV, nämlich bis 247 mμ, herunterreichen. Registrierkurven von Fe-Flammenspektren zeigen die Tafeln XIII/36 u. XIV/37—38.

Co zeigt ebenfalls zahlreiche Linien. Unter diesen sind in den üblichen Flammen die Linien 345,4 und 353,0 mμ die stärksten. Etwas schwächer sind 340,5; 341,3; 350,2 und 387,3—387,4 mμ. Störungen können z. B. von Fe 387,9; Ni 341,5; 345,8; 346,2; 349,3; 352,5 mμ, von Ru 349,9 mμ, Rh 350,3 mμ und von Pd 340,5 mμ herrühren. Man muß daher hier große Monochromatoren mit gutem Auflösungsvermögen und engen Spalten anwenden, sofern man nicht unerwünschte Querempfindlichkeiten (Kap. 94) in Kauf nehmen will. Im sichtbaren Spektralbereich beobachtet man einige Co-Linien im violetten sowie ein nahezu strukturloses Kontinuum im grünen und roten Teil des Spektrums. Registrierkurven von Co zeigen die Tafeln XIV/40, XV/39, 41 u. XVI/42—43.

Ni. In den üblichen Flammen sind die günstigsten Analysenlinien 341,5; 345,8 bis 346,2; 349,3; 351,5; 352,5 und 361,9 mμ. Diese Linien können von folgenden anderen Linien gestört werden: von Co 341,3; 345,4; 346,3; 346,6; 350,6; 351,3; 352,7; 353,0 mμ, von Ru 349,9 mμ und von Pd 342,1; 351,7 und 361,0 mμ. Im sichtbaren Spektralbereich emittiert Nickel ein Bandenspektrum sowie ein

Kontinuum, das hinsichtlich Intensität mit dem von Eisen vergleichbar ist. Registrierkurven von Ni sieht man auf Tafel XVII/44—46.

Ru. Das Flammenspektrum von Ru ist etwas einfacher aufgebaut. Die stärksten Linien liegen bei 372,8 und 379,9 mμ. Die erstgenannte Linie kann durch Eisen gestört werden. Im sichtbaren Spektralbereich gibt Ru eine mittelstarke Linie bei 569,9 mμ, außerdem einige Banden in der Nähe von 600 mμ.

Rh. Die stärkste und am wenigsten gestörte Analysenlinie ist die bei 369,2 mμ. Dazu kommen noch viele andere, im ultravioletten Teil des Spektrums gelegene, Linien.

Pd hat gut brauchbare Linien bei 340,5; 361,0 und 363,5 mμ. Man bestimmt es am besten in H_2—O_2-Flammen. Die Eichkurven sind meist gekrümmt. Am stärksten ausgeprägt ist diese Selbstabsorptionskrümmung bei der ersten der oben genannten Linien. Die letzgenannte Linie erscheint für analytische Zwecke am brauchbarsten, da die anderen Linien durch Co, Ni und Cr gestört werden können, jedoch muß eine schwächere Ruthenium-Linie bei 363,5 mμ als mögliche Störursache der letzgenannten Linie erwähnt werden. Im sichtbaren Spektralbereich beobachtet man in H_2-Luft-Flammen ein im Blauen und Grünen gelegenes Kontinuum.

Pt. Von Platin weiß man, daß es seine zwei Hauptlinien 265,9 und 306,5 mμ sehr schwach emittiert, wobei die letztgenannte Linie noch in die starke OH-Bande hineinfällt.

82. Über das Auswählen der Spektrallinien bzw. -Banden

Die Auswahl der für die Analyse zu verwendenden Spektrallinie oder -Bande ist bei Flammenphotometern mit festeingebauten Filtern nur ein Problem für den Gerätehersteller. Bei Verwendung von Monochromatoren bzw. von Filtergeräten mit kontinuierlich einstellbaren Interferenzkeilen (s. Kap. 40) oder auch von Geräten mit auswechselbaren Filtern, muß sich auch der Benützer mit der Frage einer möglichst zweckmäßigen Auswahl der insgesamt zur Verfügung stehenden Linien bzw. Banden (Gesamtübersicht s. Tab. 14 der Spektrallinien im Anhang) beschäftigen. Diese Auswahl wird durch verschiedene Gesichtspunkte beeinflußt:

1. Spektrale Empfindlichkeit und Trennschärfe der Apparatur.
2. Relative Intensität der Linie bzw. Bande.
3. Form der Eichkurve.
4. Blindwertstörungen.
5. Linie oder Bande.
6. Temperaturstörungen.
7. Leitlinienmethode.

Wir wollen im folgenden diese einzelnen Gesichtspunkte besprechen:

1. Spektrale Empfindlichkeit und Trennschärfe der Apparatur. Es leuchtet sofort ein, daß man nur solche Linien oder Banden verwenden kann, die im spektralen Empfindlichkeitsbereich der vorhandenen photoelektrischen bzw. photographischen Apparatur liegen und dort von den übrigen Störintensitäten genügend gut abgetrennt werden können. Die begrenzte Durchlässigkeit der zur Verfügung stehenden optischen Bauelemente (z. B. Linsen aus Glas bzw. Quarz) und die spektrale Empfindlichkeit der Strahlungsempfänger (der photographischen Platte) begrenzen den spektralen Arbeitsbereich. Arbeitet man z. B. mit Interferenzfiltern und dazu geeigneten Strahlungsempfängern, dann ist man heutzutage auf solche Analysenlinien bzw. -Banden angewiesen, die im Bereich von 360 bis etwa 1000 mμ liegen. Für die Durchführung von Na-Analysen z. B. stehen dementsprechend dann nur die Linien 589 und 819 mμ zur Verfügung. Farbglaskombinationen haben demgegenüber den Nachteil, daß ihre Trennschärfe, besonders im ultravioletten Teil des Spektrums, schlechter ist. Dadurch wird der spektrale Arbeitsbereich weiter eingeschränkt. — Mit einem Glasmonochromator mit gutem Auflösungsvermögen sind die Linien und Banden zwischen 350 und 1000 mμ besser zu trennen als mit Glas- oder Interferenzfiltern. Die meist üblichen Glasmonochromatoren mit geringerem Auflösungsvermögen liegen mit Interferenzfiltern etwa gleich. Will man hingegen auch den gesamten ultravioletten Teil des Spektrums mit erfassen, verwendet man einen Quarzmonochromator (oder Gitterapparat s. unten). Allerdings haben solche Quarzmonochromatoren gegenüber den Glasmonochromatoren sonst gleicher Bauweise den Nachteil, daß das Auflösungsvermögen im Sichtbaren und insbesondere im nahen ultraroten Teil des Spektrums schlechter ist. Mit einem solchen Quarzmonochromator kann man also im genannten Beispiel die 3 Linien 819, 589 oder 330 mμ für eine Analyse verwenden, vorausgesetzt wieder, daß geeignete Strahlungsempfänger zur Verfügung stehen, und daß die Konzentrationen in den Analysenlösungen für eine Messung ausreichen. Gitterapparate haben hinsichtlich des spektralen Arbeitsbereiches gleiche, im UR sogar bessere Eigenschaften wie Quarzmonochromatoren. Dazu haben sie den Vorteil, daß die Dispersion (Kap. 60) über das gesamte Spektrum gleichmäßig ist. Sie schneiden daher hinsichtlich Auflösungsvermögen im langwelligen Teil des Spektrums besser, im kurzwelligen Teil meist schlechter ab als die Quarzmonochromatoren.

Die spektrale Empfindlichkeit der Strahlungsempfänger (der photographischen Platten) kann ebenfalls den möglichen Arbeitsbereich beschränken. Wir verweisen auf Kap. 42 u. 72. Meist wird die Empfindlichkeit der Strahlungsempfänger von den Geräteherstellern schon passend zu dem Durchlässigkeitsbereich der Optik gewählt.

2. Relative Intensität der Linie bzw. Bande. Stehen in einem spektralen Arbeitsbereich mehrere Linien bzw. Banden zur Verfügung, so wird man am zweckmäßigsten diejenige auswählen, die am stärksten hervortritt. Für diese Auswahl ist nicht die relative Linien-(Banden-)Intensität allein entscheidend (Angaben darüber s. Tab. 10 in Kap. 90), sondern das Produkt aus den tatsächlich vorliegenden Intensitäten und den jeweils dazugehörigen effektiven spektralen Empfindlichkeitszahlen (Kap. 40) der gerade benützten Apparatur. Diese Produkte ermittelt man am zweckmäßigsten experimentell, indem man nacheinander die zur Diskussion stehenden Linien bzw. Banden mit der zur Verfügung stehenden Apparatur mißt (z. B. Skalenteile an einem Galvanometer bei gleicher Empfindlichkeitseinstellung) und untereinander vergleicht. Die Beeinflussung dieser Werte durch Wahl verschiedener Spaltbreiten wollen wir hier nicht besprechen. Wir verweisen auf Kap. 62 u. 95. Die Auswahl dieser am stärksten hervortretenden Linie bzw. Bande für die später folgende Analyse bringt folgende Vorteile: Die Einflüsse von Streulicht bzw. von Filterfehldurchlässigkeiten und daraus folgende unerwünschte Querempfindlichkeiten (Kap. 94) sind dann am kleinsten; die Genauigkeit der Resultate wird durch Nullpunktschwankungen, Elektronenrauschen der Verstärker und Photozellen dann am wenigsten beeinflußt. Meist wird unter diesen Umständen auch der Einfluß des Flammenuntergrundes am kleinsten sein (s. unten Punkt 4). Man kann dann auch die Spalte von Monochromatoren weiter öffnen, was den Vorteil einer weniger kritischen Einstellung des Monochromators bietet. Zwar wird hierbei das Linien/Untergrundverhältnis ungünstiger, aber das hat bei lichtstarken Linien geringere Bedeutung.

3. Die Form der Eichkurve wird bei verschiedenen Linien oder Banden eines Elementes verschieden sein. Die Gründe dafür wurden in Kap. 10 ausführlich dargestellt. Aus praktischen Gründen wünscht man sich meist proportionale Eichkurven (gerade Linien durch den Koordinatenursprung), da dann die Interpolation der Eichpunkte (s. Einschachtelungsverfahren Kap. 85) und die tägliche Kontrolle der Lage der Eichgeraden erleichtert wird.

Eine etwaige Krümmung der Eichkurve kann man stückweise durch eine geeignete Transformation (durch eine geeignete graphische Verzerrung) begradigen. Dies ist z. B. bei den Resonanzlinien mit starker Selbstabsorption bei höheren Konzentrationen dadurch leicht möglich, daß man sie auf doppeltlogarithmischem Papier darstellt (s. Abb. 50, den rechten Teil der Eichkurve bei hohen Konzentrationen). Wegen der Beziehung: Intensität $= c\sqrt{\text{Konzentration}}$ erscheint dann der obere Teil der Eichkurve als Gerade unter einem konstanten Neigungswinkel, allerdings mit geringerer Steigung von arctg $^1/_2 = 26{,}5°$. Das Arbeiten in diesem, durch die doppeltlogarithmische Darstellung begradigten Teil der Eichkurve bei höheren Konzentrationen bringt jedoch einen Nachteil mit sich: Ablesefehler bzw. Ableseungenauigkeiten auf den Skalen der Galvanometer, z. B. Schwankungen der Anzeige durch Nullpunktschwankungen oder durch Elektronenrauschen der Verstärker usw., wirken sich auf das Analysenergebnis doppelt so stark aus, als wenn man im steilen proportionalen Teil der Eichkurve (linker Teil von Abb. 50) arbeitet. Dieser Nachteil gilt aber nicht für Schwankungen, die nur durch den Transport der Analysensubstanz in die Flamme, z. B. durch ein unruhiges Arbeiten des Zerstäubers, hervorgerufen werden [*65*], da diese Einflüsse entsprechend der flacher verlaufenden Intensitäts-Anzeige-Relation (Eichkurve) auch im gleichen Maße verkleinert werden.

Man kann das Arbeiten im konvexen Teil von Eichkurven dadurch umgehen, daß man bei Verwendung von Resonanzlinien z. B. stärker verdünnt (s. Abb. 50 u. Kap. 79), oder daß man zu anderen Linien oder Banden des gleichen Elementes übergeht, die im gegebenen Konzentrationsbereich geradlinig verlaufen [*349*]. Das Einsetzen der Krümmung der Eichkurven, bedingt durch Selbstabsorption, kann man nach höheren Konzentrationen zu verlegen, wenn man den Rückspiegel hinter der Flamme durch ein schwarzes Blech o. ä. abdeckt (Kap. 38). Bei sehr hohen Konzentrationen bzw. sehr großen Intensitäten kann dann auch noch eine Krümmung der Eichkurve durch eine Transportbeeinflussung der Analysenlösung zur Flamme (Kap. 11) oder durch eine Abweichung der Anzeige durch unproportionales Arbeiten der verwendeten Strahlungsempfänger hervorgerufen werden [*65, 361 u. a.*]. Gegen die Transportbeeinflussung hilft weitgehend eine überwachte Flüssigkeitszufuhr zum Zerstäuber [*307a, 347*] oder, einfacher noch, wieder eine stärkere Verdünnung. Das unproportionale Arbeiten der Strahlungsempfänger bei hohen Lichtintensitäten (Kap. 42) kann man ebenfalls durch Anwendung stärkerer Verdünnungen umgehen, aber auch dadurch beseitigen, daß man einen größeren Teil des Lichtes an geeigneter Stelle im Strahlengang (Aperturblende) abblendet.

Umgekehrt kann aus den in Kap. 10 ausführlicher dargestellten Gründen auch eine unerwünschte konkave Krümmung der Eichkurven auftreten, wenn das Analysenelement in der Flamme merklich ionisiert ist. Dieser Fall tritt häufig bei den leicht ionisierbaren Elementen (Alkalien) in Flammen mit höheren Temperaturen und bei niederen Konzentrationen dieser Analysensubstanzen auf. Im Gegensatz zur Eichkurvenkrümmung durch Selbstabsorption, die im wesentlichen nur bei den Resonanzlinien zu beobachten ist, wirkt sich die Ionisationskrümmung in gleichem Maße bei allen Linien und sogar Banden eines Elementes aus, da eine Ionisation eines Teiles der Analysensubstanz einer Konzentrationsänderung der anregbaren Substanz gleichkommt und auch Gleichgewicht zwischen den Atomen und den (Hydro-)Oxyden angenommen werden darf (s. Abb. 7 u. 55 u. Kap. 10). Man kann diese Ionisationskrümmung durch Wahl einer kälteren Flamme (Kap. 14), durch stärkere Konzentrierung der Analysensubstanz oder durch Zusatz von selbst stark ionisierten, also die ursprünglich gegebene Ionisation unterdrückenden Elementen vermindern (Kap. 10). Wenn die Flammengase selbst genügend Elektronen enthalten, kann man die Ionisationskrümmung auch durch größere Verdünnung der Analysenlösung mindern. Dabei wird die durch die Verdünnung der Analysensubstanz erzielte Streckung der Eichkurve um so vollständiger sein, je geringer die von der Metallkonzentration herrührende Elektronenkonzentration im Vergleich zur Elektronenkonzentration der Flammengase geworden ist[1].

Bei solchen (laminaren) Flammen kann man auch eine Minderung der Krümmung durch Einstellung des Beobachtungsstrahles auf eine geringere Höhe in der Flamme erwirken [*65*], da dort die Elektronenkonzentration der Flamme größer ist. — Schließlich sei noch vermerkt, daß die Form der durch Ionisationseffekte gekrümmten Eichkurve viel anfälliger gegen Änderungen der Flammentemperatur (Änderung des Mischungsverhältnisses der Gase durch Änderung der Drücke, Zusatz von Alkohol usw.) ist als die durch Selbstabsorption verursachte Krümmung.

4. *Blindwertstörung.* Wenn die Analysenlösung auch andere Elemente in womöglich sehr hohen Konzentrationen enthält, soll man bei der Auswahl der Linien bzw. Banden auch die Blindwerte berücksichtigen, die bei dem vorgegebenen Apparat (Filtergerät, Monochromator usw.) durch diese Fremdelemente hervorgerufen werden (Kap. 94 u. 95). Bei ungünstigem Verhältnis von Nutzintensität der zu messenden Linie oder Bande zu den Intensitäten der benachbarten Linien, Banden bzw. Kontinua der Störelemente geht man besser zu einer anderen Analysenlinie oder -Bande über, auch wenn hier die Emission, absolut genommen, geringer sein sollte. Wesentlich ist also ein gutes Verhältnis von Nutzintensität zu Blindwert. Analoge Überlegungen gelten bei wenig konzentrierten Lösungen für Störungen durch den Flammenuntergrund (Kap. 95). Absolute Aussagen kann man kaum aufstellen, da hier vieles von der Trennschärfe der Apparatur, von der Art und Temperatur der Flamme usw. abhängt.

Als Beispiel erwähnen wir nur, daß bei Anwesenheit von viel Ba die 671 mμ-Bande und bei Anwesenheit von viel Ca die 461 mμ-Linie zur Strontiumanalyse herangezogen werden soll [*361, 636*].

5. *Linie oder Bande.* Die Wahl zwischen Linie oder Bande eines Elementes bzw. einer seiner Verbindungen in der Flamme wird im allgemeinen zugunsten der Linie ausfallen, weil sich eine Linie durch Verkleinern der Spalte bzw. Verbessern der Filter besser vom Flammenuntergrund oder von sonstigen Kontinua (s. oben) trennen läßt als eine Bande. Mitunter sprechen aber Intensitätsgründe dagegen. Mit Filterphotometern und bei nicht zu hohen Flammentemperaturen wird man daher z. B. die grüne oder orange Ca-Bande 554 oder 623 mμ der schwächeren Ca-Linie bei 423 mμ vorziehen [*361, 636*]. Bei Alkalien hat man keine Wahl, da diese nur Linien ausstrahlen. Umgekehrt geben einige Elemente, wie z. B. Sc, Y, La usw. in der Flamme praktisch nur Banden. In sehr heißen Flammen, z. B. in solchen mit $(CN)_2$, kann es vorkommen [*304*], daß die Ionenlinien, z. B. die von Sr, günstiger als die Atomlinien sind.

6. *Temperaturstörungen u. ä.* Strebt man höhere Analysengenauigkeiten an, so sind Linien von höheren Anregungsstufen weniger empfehlenswert, da sie auf Temperaturstörungen in der Flamme stärker reagieren als die Resonanzlinie mit der größten Wellenlänge. In dieser Hinsicht sind z. B. die roten und die ultravioletten Na-Linien schlechter als die Grundlinien bei 589 mμ. Der Zusammen-

[1] Hollander und Alkemade, unveröffentlichte Messungen

hang zwischen Linienintensität und Temperatur wird komplizierter, wenn das Element in der Flamme merklich ionisiert vorkommt oder teilweise als Molekül gebunden ist (z. B. CaOH), da Ionisation und Dissoziation ebenfalls von der Temperatur abhängen. Andere Störungen, bei denen nicht die Flammentemperatur, sondern die gesamte Konzentration des Elementes in der Flamme geändert wird (z. B. die Transport- oder Verdampfungsbeeinflussung, s. Kap. 6), wirken sich dagegen bei allen Atomlinien und (Hydro)-Oxyd-Banden des einen Elementes in gleicher Weise auf die Konzentrationsbestimmung aus (vgl. Kap. 98). Jedoch wirken sich diese Störungen bei den Ionenlinien andersartig aus, da auf Grund der Saha-Gleichung (Kap. 7) der Anteil der ionisierten Atome unter Umständen nur mit der Wurzel aus der Konzentration der nichtionisierten ansteigt.

7. *Leitlinienmethode*. Bei dieser Methode wird die Auswahl der Linien bzw. Banden erschwert durch die Tatsache, daß man hierbei auf zwei Linien und auf ihre Relationen zueinander gleichzeitig Rücksicht nehmen muß. Die Analysenlinie ist nämlich zur Leitlinie so auszusuchen, daß beide Linien möglichst der gleichen Anregungsstufe (s. oben) angehören und gleiche Eichkurvenkrümmung durch die Selbstabsorption aufweisen. Auch hier werden die Verhältnisse kompliziert, wenn merkbar Ionisationen oder unvollständige Dissoziationen vorkommen.

83. Bestimmung von Eichkurven

Für den praktischen Gebrauch von Flammenphotometern wäre es am einfachsten, wenn es für jedes Element bzw. für jede Spektrallinie eine allgemeingültige „Eichkurve“ bzw. in Konzentrationseinheiten geeichte Skalen für die Meßinstrumente gäbe, die man mit dem Gerät kauft und entsprechend anwendet. Leider ist das aus mehreren Gründen im allgemeinen nicht möglich:

a) Die Anwesenheit von Lösungspartnern, d. h. von anderen, nicht unbedingt interessierenden Kationen, Anionen usw., beeinflußt Lage und Form der Eichkurve des zu analysierenden Elementes (Kap. 10). Diese anderen Elemente und organischen Begleitstoffe, wie z. B. Eiweiß, sind aber je nach dem Anwendungsfall verschieden.

b) Auch für ein und denselben Anwendungsfall kann man die Eichkurven anderer Autoren nicht oder nur mit größter Vorsicht übernehmen, da die benutzte Apparatur und die anderen Versuchsbedingungen, wie z. B. eingestelltes Verhältnis Brenngas/Sauerstoff, die Eigenschaften des Zerstäubers, das jeweils benutzte Verdünnungsmittel usw., die Form der Eichkurve und die Größe des Untergrundes, d. h. die Lage des Nullpunktes, beeinflussen.

Wenn die einzelnen Apparate einer Type in sich gut reproduzierbar wären oder gar genormte Einzelteile (Düse, Brenner, Zerstäuber usw.) in allen Apparaten verwandt würden, könnte man unter strenger Einhaltung aller Versuchsbedingungen schon eher die Eichkurven anderer verwenden. Zunächst, solange diese Voraussetzungen meist noch nicht erfüllt sind, wird man also auf die Herstellung von Eichlösungsreihen zur einmaligen Einrichtung einer Methode für einen bestimmten Anwendungsfall nicht verzichten können. Wir geben daher hier nur eine Eichkurve als Beispiel wieder (Abb. 50).

Erfreulicherweise sorgen einige Gerätehersteller für eine gute Reproduzierbarkeit ihrer Geräte untereinander und geben für diese Gerätetypen und für häufig vorkommende Analysen gut durchdachte Anleitungen mit. Ja, mitunter liefern sie auch schon die fertigen Eichlösungen für die häufigsten Anwendungsfälle. Wir müssen jedoch vor einer Übertragung solcher Anleitungen und Eichkurven auf andere Geräte aus den oben genannten Gründen warnen.

Vor der Bestimmung von Eichkurven, d. h. vor der Durchführung von Eichmessungen, wird man sich zunächst auf ein bestimmtes Verfahren zur Vorbereitung der Analysenproben festlegen müssen. Wir verweisen auf Kap. 78 u. 79. Denn von dieser Vorbereitung der Proben für die eigentliche Analyse hängt wieder die Art der Eichlösungen ab. Löst man z. B. feste Substanzen mit Salpetersäure auf, so muß ein entsprechender Anteil Salpetersäure auch in den Eichlösungen erscheinen. — Ebenfalls muß man sich auf eine bestimmte Art zur Beseitigung von

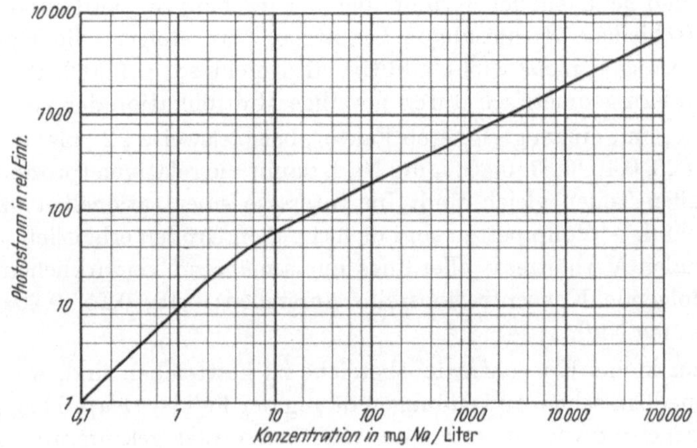

Abb. 50. Eichkurve für das Element Natrium (λ 589 mμ) im doppeltlogarithmischen Maßstab (nach [100])

Störeinflüssen, z. B. mit Hilfe des Pufferverfahrens (Kap. 98), festlegen, weil davon wieder die aufzunehmenden Eichkurven abhängen. — Weiterhin sei erwähnt, daß man bei geeigneter Meßtechnik, z. B. bei einem Einschachtelungsverfahren nach Kap. 84 oder bei Anwendung eines Zumischverfahrens nach Kap. 100, unter Umständen ganz auf das vorherige Bestimmen von Eichkurven verzichten kann. Weniger Arbeit hat man deshalb aber nicht, denn diese Zumischtechnik erfordert meist einen größeren Aufwand an Zeit.

Die zur Bestimmung der Eichkurven benötigten Eichlösungsreihen sollen also die Analysenlösungen möglichst gut nachahmen, da auch die anderen Elemente und Verbindungen, wie Säurereste, einen Einfluß auf den Flammenuntergrund (Nullpunkt) und auf die Krümmung und Steilheit der Eichkurven haben können. Wenn man entgegen dieser Forderung mit einfachen Eichlösungen auskommen will, sollte man überprüfen, welche Fehler durch die Vernachlässigung entstehen (Kap. 96ff.). Bei sehr kompliziert aufgebauten Analysenlösungen, z. B. biologischer Herkunft, kann es prinzipiell unmöglich sein, die wesentlichen Bestandteile nachzuahmen. Zum Beispiel kann man die Eiweißsubstanzen mit ihren variablen Bindungen an die Erdalkalien synthetisch nicht herstellen. Mit Hilfe von nachträglichen Korrekturen kann man dadurch bedingte Fehler ausschalten. Wir kommen darauf im Kap. 100 zurück. Grundsätzlich sollte man aber anstreben, die

Nachahmung der Analysenlösungen in den Eichlösungen möglichst weit zu treiben, denn hierbei handelt es sich um eine einmalige Arbeit. Das spätere Anbringen von Korrekturen an den Meßergebnissen ist hingegen eine ständig wiederkehrende Arbeit. Wie weit man mit der Nachahmung geht, hängt u. a. von den Genauigkeitsansprüchen ab.

Wir betrachten zunächst den Fall, daß nur ein Element, beispielsweise Na bei λ 589 mμ, gemessen werden soll und keine größeren Störungen von Lösungspartnern zu befürchten sind. Dann wird man eine Eichlösungsreihe mit verschiedenen, aber bekannten Na-Konzentrationen aufstellen. Diese Eichlösungen sollen die anderen nicht interessierenden Bestandteile der Analysenlösungen in mittlerer Konzentration enthalten. Je nach Größe des zu bestimmenden Konzentrationsintervalles und je nach der Krümmung der Eichkurve, wird man mehr oder weniger verschiedene Eichlösungen benötigen. Man steigert die Konzentration dieser Eichlösungen meist nicht additiv, also nicht so: 0,1, 0,2, 0,3, 0,4, 0,5... mg Na/l, sondern geometrisch durch jeweilige Multiplikation der vorhergehenden Konzentration mit einem geeigneten Faktor, beispielsweise $\sqrt{2}$, also z. B. so: 0,10, 0,14, 0,20, 0,28, 0,40, 0,57, 0,80... mg Na/l, damit die relativen (prozentualen) Abstände in allen Teilen gleich sind. Im Interesse einer rationellen und genauen Pipettiertechnik — Vollpipetten sind nicht in allen Größen erhältlich — wird man diese optimalen Verhältnisse allerdings nur annähernd verwirklichen. Man wird also z. B. folgende Konzentrationsreihe aufstellen: 0,10, 0,15, 0,20, 0,30, 0,40, 0,60, 0,80 ... mg Na/l.

Wenn nur kleine Konzentrationsbereiche zu bestreichen sind, wie es z. B. bei biologisch-medizinischen Anwendungen häufig der Fall ist (Kap. 111), genügt eine additive Steigerung wie im ersten Beispiel. Bei stärker gekrümmten Eichkurven wird man die Eichlösungskonzentrationen dichter beieinander legen bzw. nachträglich noch Zwischenwerte einschalten. Wenn die Konzentrationen der übrigen, nicht direkt interessierenden Elemente sehr gering im Vergleich zum Analysenelement sind, kann man unter Umständen darauf verzichten, sie in mittlerer Konzentration den Eichlösungen beizufügen.

Eine dieser Eichlösungen wird man in größerer Menge (einige Liter) ansetzen. Mit dieser Eichlösung, im folgenden „Haupteichlösung" (von anderen gelegentlich „Kontroll-Lösung") genannt, kontrolliert man in regelmäßigen Abständen, z. B. nach jeder vierten Analyse, die Empfindlichkeit der gesamten Apparatur (Kap. 85). Auch bei der Aufstellung der Eichkurven wird man zwischen den Messungen an den einzelnen Eichlösungen regelmäßig Haupteichlösungen einschieben.

Dazu benötigt man dann noch zur jeweiligen Einstellung bzw. Kontrolle des Nullpunktes eine Blindlösung, auf die wir in Kap. 95 zurückkommen. Dies ist eine Lösung, die alle übrigen Komponenten mit Ausnahme des zu bestimmenden Elementes enthält. Wenn diese übrigen Elemente keinen Einfluß auf den Untergrund haben, kann man auf ihre Anwesenheit in der Blindlösung unter Umständen verzichten. Im Grenzfall reicht also zur Einstellung des Nullpunktes das jeweils benützte Lösungsmittel, meist Aqua dest. Die Berechtigung dieses vereinfachten Verfahrens muß aber jedenfalls in Vorversuchen geprüft werden.

Man kann darüber streiten, ob es zweckmäßig ist, Haupteichlösungen dorthin zu legen, wo die meisten Analysenwerte liegen (z. B. Mittelwert der Gaußschen

Verteilung), oder an den obersten Rand des interessierenden Konzentrationsbereiches. Beides hat Vor- und Nachteile:

Legt man die Haupteichlösung an die Stelle des Mittelwertes aller Analysenwerte, so bringt das folgende Vorteile: Man mißt nur Abweichungen von diesem Mittelwert. Die häufigsten Werte um diesen Mittelwert sind nur mit kleinen Fehlern behaftet. Nur bei Extremwerten können sich Fehler durch schlechte Reproduzierbarkeit der Eichkurven, durch nicht genaues Einhalten der Betriebsbedingungen u. ä. störend bemerkbar machen. Nachteile: Die Genauigkeit sehr hoher Konzentrationen ist mäßig. — Legt man hingegen die Haupteichlösung an das obere Ende des interessierenden Konzentrationsbereiches, so gilt das gleiche umgekehrt. Dazu kommt noch, daß der Verschleppungsfehler in die weniger konzentrierten Analysenlösungen, z. B. durch hängengebliebene Tropfen der höher konzentrierten Eichflüssigkeit an der Ansaugcapillare, größer ist als oben.

Wenn große Konzentrationsbereiche mit einer Eichlösungsreihe erfaßt werden sollen, empfiehlt sich das Herstellen von mehreren Haupteichlösungen in größeren Abständen, dazwischen jeweils die üblichen Eichlösungen. Man schließt dann den Meßwert jeweils an die am nächsten gelegene Haupteichlösung an. Bei solchen großen Konzentrationsbereichen muß man darauf achten, daß die Konzentrations-Photostromcharakteristik genügend geradlinig bleibt. Andernfalls empfiehlt es sich, bei einem kleineren Konzentrationsbereich zu bleiben und durch passende Verdünnungen (Kap. 79) die Analysenlösungen einzeln so zu verändern, daß man gerade in den geeichten Meßbereich hineinkommt. Um das richtige Verdünnen abzuschätzen, sind Vorversuche mit mäßiger Genauigkeit mit dem Flammenphotometer erforderlich, oder man stellt grundsätzlich von jeder Analysenlösung eine Verdünnungsreihe her.

Das Durchmessen der Eichlösungen, d. h. das Aufstellen von Eichkurven mit jeweiliger Zwischeneichung (Haupteichlösung), erfolgt nach einer der in Kap. 85 beschriebenen Methoden. Auch bei Anwendung des Einschachtelungsverfahrens für die eigentlichen Messungen (Kap. 85) empfiehlt sich die Zeichnung einer Eichkurve, damit man die Linearität überprüft. Diese Messungen werden an mehreren Tagen wiederholt und der Mittelwert aller Messungen den Eichkurven bzw. den später folgenden Routinemessungen zugrunde gelegt. Von Zeit zu Zeit, insbesondere beim Wechsel einer Gasflasche (Kap. 15), wird man durch einige Kontrollmessungen die Lage der Eichkurve überprüfen. — Statt der Zeichnung von Eichkurven kann man auch Skalen für die Instrumente bzw. für die Potentiometer zeichnen, an denen man die Konzentrationen direkt ablesen kann. Das Zeichnen solcher Skalen ist etwas mühsamer. Dafür entfällt bei den Messungen das lästige Nachsehen in den Eichkurven. Bei Anwendung von Skalen besteht nur die Gefahr, daß man die gelegentlichen Kontrollen der Skalen vergißt bzw. sich über festgestellte Abweichungen gar zu großzügig hinwegsetzt.

Wenn noch Beeinflussungen durch Lösungspartner in der Flamme, z. B. nach dem Parameterverfahren (Kap. 97), auszuschalten sind, kann die Zahl der erforderlichen Eichlösungsreihen erheblich ansteigen. In diesem Falle genügt es nicht, die anderen nicht direkt interessierenden Substanzen in mittlerer Konzentration nachzuahmen, sondern man muß diese auch, entsprechend den in den Analysenlösungen vorkommenden Verhältnissen, variieren, d. h. man variiert zunächst die Konzentration eines Elementes und hält alle übrigen auf dem Mittelwert konstant, dann variiert man die des nächsten und hält alle übrigen, einschließlich des erstgenannten, auf dem jeweiligen Mittelwert konstant usw. Bei sehr großen Störeinflüssen und bei großen Konzentrationsbereichen muß man dies Vorgehen unter Umständen nicht nur für die Mittelwerte, sondern auch noch für die Extremwerte durchführen. Als Ergebnis erhält man bei zwei Variablen eine Eichkurvenschar ähnlich Abb. 52.

Wenn sehr viele Störeinflüsse gleichzeitig zu berücksichtigen sind, kann eine Unzahl von Eichlösungsreihen notwendig sein. Um den dafür erforderlichen einmaligen Arbeitsaufwand zu mindern, empfiehlt es sich, in Vorversuchen zunächst einmal festzustellen, ob bei den zu fordernden Genauigkeiten überhaupt alle Störeinflüsse berücksichtigt werden müssen. Man überprüfe insbesondere die Genauigkeitsforderungen selbst. Mitunter wird Unsinniges verlangt. Weiterhin kann man Blindwertstörungen, z. B. solche durch Filterfehldurchlässigkeiten, dadurch ausschalten, daß man die Trennschärfe des optischen Systems, z. B. durch Zuschalten von Filtern (Kap. 40), verbessert. Wenn diese Verbesserung des optischen Systems Erfolg hat, spart man viel Arbeit bei der Herstellung von Eichlösungsreihen und auch viel Arbeit durch das Nachsehen in Eichkurvenscharen.

Es sei in diesem Zusammenhang auch erwähnt, daß man manche Störeinflüsse mit chemischen Mitteln beseitigen kann, worauf wir in Kap. 100 zurückkommen. Die Eichlösungen müssen naturgemäß einem solchen Vorgehen angepaßt sein. Sie werden dann meist einfacher zusammengesetzt und damit einfacher und schneller herstellbar sein. Dafür ist aber der immer wiederkehrende, summierte Arbeitsaufwand durch das ständig erneute Ausführen chemischer Arbeiten (z. B. Fällungsreaktionen) bei Routinebestimmungen an vielen Proben groß.

Im folgenden wollen wir an einem Beispiel erläutern, welche Eichlösungsreihen aufzustellen sind. Auf die Herstellung als solche gehen wir erst im Kap. 84 ein. Wir wollen dabei annehmen, daß sich Na, K und Ca gegenseitig beeinflussen, was in dem gewählten Beispiel bei heißen Flammen nur für das Paar Na $\rightleftarrows$ K und bei mäßiger optischer Trennung auch noch für Na $\rightleftarrows$ Ca der Fall ist. Weiterhin seien in diesem Beispiel einige weitere Elemente, nämlich Fe, Cu, Mg und P, noch hinzugenommen. Da diese im Vergleich zu den erstgenannten Elementen weniger konzentriert vorkommen, werden sie nur in konstanter mittlerer Konzentration zugefügt.

Tabelle 8. *Beispiel für Eichlösungsreihen (Modellseren), Konzentrationsangaben in mg/l*

Eichlösung Nr.	Na	K	Ca	Mg	Cu	Fe	P
0	3300	200	100	20	1	1	18
1	2500	200	100	20	1	1	18
2	3000	200	100	20	1	1	18
3	3600	200	100	20	1	1	18
4	4000	200	100	20	1	1	18
5	3300	100	100	20	1	1	18
6	3300	150	100	20	1	1	18
7	3300	250	100	20	1	1	18
8	3300	300	100	20	1	1	18
9	3300	200	50	20	1	1	18
10	3300	200	75	20	1	1	18
11	3300	200	125	20	1	1	18
12	3300	200	150	20	1	1	18

Die Eichlösung Nr. 0 ist gleichzeitig die „Haupteichlösung". Man sieht, daß von Nr. 1—4 die Na-Konzentrationen variiert sind, v 5—8 die K-Konzentrationen und von 9—12 die Ca-Konzentrationen. Die Haupteichlösung ist jeweils als Zwischenwert in diese Reihen mit einzubeziehen. Die konstant gehaltenen Mg-, Cu-, Fe- und P-Konzentrationen fügt man zur Vereinfachung der Pipettierarbeit gemeinsam in Form einer konzentrierten „Mischlösung" zu, die alle Komponenten gleichzeitig enthält. Auf allgemeinere Gesichtspunkte zur Herstellung solcher Eichlösungsreihen kommen wir im folgenden Kapitel zurück.

Als Ergänzung sei zu dem Beispiel noch folgendes ausgeführt: Die variable P-Konzentration in den Seren beeinflußt die Ca-Meßwerte (Kap. 98). In dem oben genannten Beispiel ist nur der mittlere P-Gehalt der natürlichen Seren nachgeahmt. Allerdings ist es schwer, diesen „mittleren" Gehalt abzuschätzen, da im Serum nicht nur anorganischer Phosphor, sondern auch z. B. an Lipoide gebundener Phosphor vorkommt. Dabei ist noch zu beachten, daß das Serumeiweiß in den natürlichen Seren den Einfluß des Phosphors auf die Ca-Anzeige bis zu einem gewissen Grade abschwächt [*188*, *703*]. Mg, Cu und Fe haben praktisch keine Einflüsse auf die hier diskutierten Na-, K- und Ca-Bestimmungen. Man könnte sie also fortlassen. Wir haben sie nur deshalb zugefügt, um die gleichen Eichlösungen auch bei Mg- und Fe-Analysen verwenden zu können. Bei leidlichen Trenneigenschaften der Optik kann man K und Ca gleichzeitig variieren. Man spart dann vier Eichlösungen.

In dem durchgesprochenen Beispiel haben wir Salzlösungen als Eichflüssigkeiten verwandt. Die Salzkonzentrationen entsprechen denen des tierischen bzw. menschlichen Körpers. In dieser konzentrierten Form können aber die hier besprochenen Analysenlösungen schlecht zerstäubt werden, da sie zu viscös sind und weil die Na-Konzentration zu hoch liegt. Man verdünnt daher die Seren je nach Apparatur und Element 1 : 10 bis 1 : 1000. Im gleichen Maße müssen also auch die oben genannten Eichlösungen (Modellseren) verdünnt werden.

Man kann natürlich diese nachträgliche Verdünnung schon in den Eichlösungen vorwegnehmen, indem man entsprechend verdünnte Eichlösungen anfertigt. Das hier skizzierte Vorgehen mit Zwischeneichlösungen (Modellseren) bringt aber folgende prinzipielle Vorteile:

a) Man kann für den Verdünnungsprozeß jeweils die gleichen Verdünnungslösungen wie für die Analysenlösungen verwenden. Andernfalls müßte man beim Übergehen zu einer anderen Verdünnungslösung mit einem anderen Verdünnungsmittel, mit einer anderen Puffersubstanz oder mit einer anderen Leitsubstanzkonzentration neue Eichlösungsreihen aufstellen.

b) Verdünnungsfehler durch fehlerhafte Pipetten, Meßkolben o. ä. gehen bei Analysen- und Eichlösungen in gleicher Weise ein. Ihre Einflüsse heben sich bei den Analysenergebnissen heraus, sofern man alle Arbeitsgänge in entsprechender Weise mit gleichen Gerätschaften durchführt.

c) Man vermeidet zu geringe Konzentrationen. Die Eichlösungen behalten längere Zeit ihre Sollkonzentration, weil die Einflüsse von störenden Diffusionen, Adsorptionen usw. bei hohen Konzentrationen kleiner sind (Kap. 80). Allerdings muß man dann öfters verdünnen.

Selbstverständlich muß man bei allen Eichmaßnahmen unter gleichen Betriebsbedingungen wie bei den Messungen an den Analysensubstanzen arbeiten, d. h. gleiche Gasdrücke bzw. Durchflußmengen einstellen usw. Ändert man aus irgendwelchen Gründen diese Betriebsbedingungen, so muß man die Eichkurven neu aufstellen oder zumindest die Gültigkeit der alten überprüfen. Im Kap. 19 erwähnten wir bereits, daß diese optimalen Betriebsbedingungen für die Analyse einzelner Elemente verschieden sein müßten.

84. Allgemeines über das Anfertigen von Eichlösungen

Die verschiedenen Eichlösungen, einschließlich der Blindlösung (der Blindlösungen), müssen einen gewissen Konzentrationsbereich bestreichen. Außerdem muß die Zusammensetzung dieser Eichlösungen in einem sinnvollen Verhältnis zur

Zusammensetzung der Analysenlösung stehen. Hiervon sprachen wir bereits im vorigen Kapitel. Hier sollen einige prinzipielle Fragen zur Herstellung solcher Eichlösungen erwähnt werden.

Von einwandfrei hergestellten Eichlösungen hängen die Analysenergebnisse entscheidend ab, da die Flammenanalysen ein Relativverfahren darstellen. Konzentrationsfehler in den Eichlösungen, z. B. durch fehlerhaftes Einwiegen oder fehlerhaftes Pipettieren, erscheinen im allgemeinen in entsprechender Größe, aber mit umgekehrten Vorzeichen im Analysenergebnis.

Als Ausgangsmaterialien verwende man nur Substanzen genügender Reinheit. Das bedeutet aber nicht, daß man in jedem Falle unbedingt Reagenzien pro analysi benötigt. Nur wenn ein Spurenelement in einer großen Menge einer anderen Substanz quantitativ bestimmt werden soll, sind an die Reinheit der Hauptsubstanz hohe Forderungen zu stellen, denen, allerdings in nur sehr seltenen Fällen, noch nicht einmal die p. a.-Substanzen genügen. Dann muß man entweder selbst nachreinigen oder spektrochemisch reine Substanzen beschaffen. — An die Reinheit des benützten destillierten Wassers bzw. des Lösungsmittels ist ebenfalls zu denken. In den meisten Fällen wird normales Aqua dest. ausreichen. Nur wenn die Alkalien, gegebenenfalls auch Ca, ferner Bor, in sehr kleinen Konzentrationen zu bestimmen sind, muß man zusätzliche Reinigungsmaßnahmen (Ionenaustauscher, Nachdestillation in Quarzgeräten oder in versilberten oder verzinnten Metallapparaturen) ergreifen. Wir verweisen auf Kap. 79. Auch muß man an die Reinheit und an die Eignung der Gefäße denken, mit deren Hilfe man diese Eichlösungen herstellt (Pipetten, Meßkolben, erforderlichenfalls amtlich geeicht), und in denen man die fertigen Eichlösungen später aufbewahrt. Wir verweisen auf Kap. 80.

Meist wird man die Salze, und zwar die Chloride, einwiegen, aber auch Oxyde und die reinen Metalle kommen als Ausgangssubstanzen häufiger in Frage. Sie sollten beim Einwiegen keine unkontrollierbaren Mengen von Feuchtigkeit enthalten. Erforderlichenfalls sind sie vorher einige Zeit bei 110° C im Trockenofen zu trocknen. Dabei dürfen sie sich nicht zersetzen. Die Chloride einiger Elemente, z. B. die von Ca und Li, lassen sich schwer wasserfrei einwiegen, da sie sehr hygroskopisch sind. Man geht dann besser von einem anderen Salz, also z. B. von $CaCO_3$ praecip. oder Calciumacetat, aus, das man nach dem Einwiegen mit möglichst wenig verdünnter HCl im Meßkolben auflöst. Dann trocknet man das entstandene Chlorid im Kolben vorsichtig ein, damit die Kohlensäure und die überschüssige HCl entweichen und füllt nach dem Erkalten bis zur Marke auf. Es empfiehlt sich, nicht zu kleine Mengen einzuwiegen, d. h. zunächst höher konzentrierte Stammlösungen herzustellen, um daraus dann durch quantitatives Verdünnen nachträglich die gewünschten kleinen Konzentrationen anzufertigen.

Lösungen mit geringen Konzentrationen (z. B. Ca-Gehalt unter 1 mg/l) sind in normalen Gefäßen (Kap. 80) nur wenige Tage haltbar. Man sollte sie erst kurz vor den eigentlichen Messungen herstellen. Wenn trotzdem gering konzentrierte Lösungen über Monate ohne merkliche Konzentrationsänderungen aufbewahrt werden sollen, setze man genügend große Mengen Eichflüssigkeit (mehr als 250 ml, die man nicht bis zum letzten Rest aufbrauchen darf) in Kunststoff-Flaschen an und verwende stets die gleichen Gefäße dafür.

Eine weitere Gefahr besteht darin, daß man Algen oder sonstige Mikroben, z. B. aus der Luft, in die Eichlösungen bekommt. Bei einigen Eichlösungsarten wachsen sie darin prächtig wie in einer Nährlösung. Sie entziehen diesen einen Teil der darin enthaltenen Stoffe (z. B. Kalium) und bringen diese Stoffe in konzentrierterer Form an die Wand (grüner Wandbelag). Dagegen schützt man sich durch einen kleinen Zusatz von Formalin oder einigen Tropfen CS_2 [*182*] zum Aqua dest. Es genügen schon 5 ml 40%igen Formalins auf 1 l Aqua dest. [*369*]. Irgendwelche nachteiligen Folgen auf die Analysen haben sich dadurch nicht ergeben. Pilze können ebenfalls in die Eichlösungen kommen. Sie machen sich durch einen weißen, flockenartigen Niederschlag bemerkbar. Bei einigen dieser Arten hilft auch kein Formalinzusatz o. ä. Hier empfiehlt sich ein Abtöten durch kurzes Erwärmen bis nahe 100° C.

Außerdem ist zu beachten, daß einige Bestandteile in den Eichlösungen (z. B. Ca) im Laufe der Zeit z. T. selbst als Bodenbelag ausfallen, im vorgenannten Beispiel durch die Einwirkung von CO_2 aus der Luft. Hiergegen schützt man sich durch schwaches Ansäuern der Eichlösungen (z. B. 0,1 n HCl). Man muß dann allerdings auch den Analysenlösungen einen entsprechenden Säurezusatz mit der Verdünnungsflüssigkeit geben, da sonst ein nicht ausgeglichener Fehler durch die freie Salzsäure entsteht.

Mitunter wird auch übersehen, daß man die einzelnen Bestandteile der Eichlösungen so wählen muß, daß diese nicht chemische Umsetzungen eingehen. Beispielsweise ist eine gleichzeitige Verwendung von $CaCl_2$ für die Ca-Eichung und K_2SO_4 für die K-Eichung nebeneinander in einer einzigen Lösung unstatthaft, da sonst ein Teil des Calciums als unlösliches Calciumsulfat ausfällt, bzw. da das in Lösung gebliebene $CaSO_4$ in der Flamme geringere Intensitäten gibt als das $CaCl_2$. Bei gering konzentrierten Lösungen sieht man kaum etwas von solchen Fällungsreaktionen. Im übrigen sind die Restlöslichkeiten von solchen Fällungsprodukten noch temperaturabhängig. Man erhält dann unter Umständen Eichlösungen, deren Konzentration von der Raumtemperatur abhängt.

Für die häufigsten Anwendungsfälle stellen einige Firmen[1] schon geeignete Eichlösungen für die Flammenphotometrie her.

85. Die Reihenfolge der Messungen und die Eichverfahren

Die Messungen bzw. die zwischenzeitlich vorzunehmenden Eichkontrollen wird man nach einer vorweg durchgeführten Vorermüdung (Kap. 77) möglichst in gleichmäßigem Rhythmus durchführen, damit zwischendurch keine Empfindlichkeitsänderungen (Erholungserscheinungen) auftreten. Wir verweisen auf Kap. 26, wo wir den Einfluß der Wandtemperatur von Zerstäuberkammern auf die Eindampfung der Tröpfchen und damit auf den Flüssigkeitstransport und die Emission dargestellt haben, ferner auf Kap. 42, wo wir von Ermüdungserscheinungen (bzw. hier von Erholungserscheinungen) von Strahlungsempfängern, insbesondere der Photoelemente, sprachen. Muß man zwischenzeitlich in die Messungen doch eine Pause einschieben, dann empfiehlt es sich, den Zerstäuber z. B. mit Hilfe eines Gummischlauches an ein größeres Vorratsgefäß mit Aqua dest. oder besser mit Haupteichlösung anzuschließen, damit auch in der Pause keine Änderungen der (temperatur- und/oder licht-)empfindlichen Teile (s. oben) auftreten.

[1] Z. B.: Dade Reagents, Inc., Miami, 35, Florida; E. Merck A. G., Darmstadt, und [*513*].

Aus dem gleichen Grunde empfiehlt es sich, immer zum gleichen Zeitpunkt nach dem Beginn der Zerstäubung den Meßwert am Instrument abzulesen. Bei Zerstäuber-Brennerkombinationen (Kap. 33), ferner bei Instrumenten mit Leitlinienkompensation (Kap. 51 u. 69) sind solche Vorsichtsmaßnahmen kaum erforderlich, vorausgesetzt, daß einigermaßen ermüdungsfreie Strahlungsempfänger verwandt werden.

Bei den normalen Ansaugzerstäubern ist es im allgemeinen nicht notwendig, zwischen zwei Analysenlösungen je eine Probe Aqua dest. zur Reinigung zu zerstäuben. Im Gegenteil, meist unterscheidet sich die Konzentration des Aqua dest. von den Analysenlösungen stärker als die Analysenlösungen untereinander. Ein etwaiger Verschleppungsfehler von Aqua dest. zur nächsten Probe bewirkt dann größere Fehler, als wenn man ohne diese Vorsichtsmaßnahmen arbeitet. Die meisten Zerstäuber dieser Art reinigen sich also von selbst, indem die neue Flüssigkeit die Reste der alten wegspült. Man achte nur darauf, daß beim Heranbringen einer neuen Probe unten an der Capillare kein großer Tropfen der vorherigen Probe bleibt. Diesen wische man gegebenenfalls mit geeigneten Materialien ab. Solche hängengebliebenen Tropfen machen sich dann stärker störend bemerkbar, wenn die aufeinander folgenden Lösungen sich in ihren Konzentrationen stärker voneinander unterscheiden. Das kann man aber durch eine geeignete Reihenfolge der Proben — zuerst die niedrig konzentrierten Lösungen mit den zugehörigen Eichlösungen, dann allmählich übergehend zu den höher konzentrierten Proben mit den zugehörigen Eichlösungen — vermeiden. Geht man in dieser Weise vor, dann werden hängengebliebene Tropfen kaum stören. Nur bei den, allerdings weniger häufig vorkommenden, Nullpunktskontrollen mit der Blindlösung können Tropfen in stärkerem Maße stören. In diesem Falle ist das Zwischenschalten von Aqua dest. vor der eigentlichen Blindlösung bzw. das Zwischenschalten von Resten einer vorangegangenen Probe nach dem „Nullen“ vor der Neueichung zu empfehlen. Dann verfährt man wieder wie oben ohne Zwischenwaschungen. Allerdings wird man beim Beenden der Messungen mit Aqua dest. gründlich nachspülen, damit keine Salzkrusten am Zerstäuber, an der Zerstäuberkammerwand, am Brenner usw. auftrocknen.

Es gibt eine Reihe von Meß- bzw. Eichverfahren, die alle ihre Vor- und Nachteile haben. Die wesentlichsten seien erörtert. Wir wollen dabei der Einfachheit halber zunächst voraussetzen, daß das Ausschalten des Flammenuntergrundes (Kap. 95) bereits ordnungsgemäß erledigt wurde:

1. Das Nachstellverfahren. Man mißt etwa in der Reihenfolge: Haupteichlösung (Kap. 83), Analysenlösung 1, Analysenlösung 2, Haupteichlösung, Analysenlösung 3, Analysenlösung 4, Haupteichlösung, Analysenlösung 5, usw. Bei den nach jeder 2.—5. Probe dazwischen eingeschobenen Haupteichlösungen stellt man jeweils die Empfindlichkeit mit Hilfe einer Blende oder mit Hilfe elektrischer Regelorgane (Kap. 48) nach. Je nach den Genauigkeitsansprüchen wird man nach jeder 2. Analyse, nach jeder 3. Analyse ..., nach jeder 5. Analyse nachregeln. Dieses Verfahren ist sehr einfach, und es wird häufig angewandt. Man erzielt allerdings nicht das Höchste an Genauigkeit (s. unten).

2. Das Quotientenverfahren. Man geht etwa in der gleichen Weise wie oben bei 1. vor, nur wird hierbei die Empfindlichkeit nicht nachgestellt. Man notiert zwischen den Analysenlösungen die jeweils gefundenen Photoströme J_E der Haupteichlösung. Zu jedem Ausschlag J_X am Photometer gehört ein interpolierter Eichwert J_E, den man durch zeitlich lineare Interpolation zwischen den beiden benachbarten Eichlösungswerten erhält. Man bildet nun die Quotienten J_X/J_E, die ein Maß für die Konzentration sind. Statt dessen kann man auch die Ablesungen in Prozenten der Haupteichlösung ausdrücken. In gleicher Weise werden auch die Eichkurven mit Hilfe der um die Haupteichlösung liegenden anderen Eichlösungen gebildet. Es wird die Konzentration als Abszisse und die jeweiligen J_X/J_E-Werte als Ordinate aufgetragen. Ein Beispiel mag das in Tab. 9 erläutern:

HE bedeutet dabei Haupteichlösung. Die erste Spalte und die ganze Tabelle wird vor Beginn der Messungen vorbereitet. In der zweiten Spalte werden die Meßergebnisse (Galvanometerablesungen bzw. die Ablesungen an einem Potentiometer bei Kompensationsschaltungen) eingetragen. Spalte 3 und 4 werden nach Abschluß der Messungen, z. B. mit Hilfe eines Rechenstabes, gerechnet. Spalte 5 ergibt sich aus der Eichkurve. Wenn man einen sehr großen Konzentrationsbereich bestreichen muß, empfiehlt es sich unter Umständen einen doppeltlogarithmischen Maßstab für die Zeichnung ähnlich Abb. 50 zu verwenden, d. h. man trägt den Logarithmus der Konzentration auf der einen Achse und den Logarithmus der genannten Quotienten auf der anderen Achse auf.

Tabelle 9

Meß-Nr.	Ablesung am Photometer in Skt.	Interpolierte J_E	J_X/J_E	Konzentration
HE	673			
56	428	672	0,637	
57	759	671	1,083	
HE	670			Ergibt sich
58	314	670	0,469	aus der
59	869	670	1,297	Eichkurve
HE	670			
60	944	669	1,411	
61	460	668	0,689	
HE	667			

Bei der Durchführung von Eichmessungen (Aufstellung von Eichkurven für das Quotientenmeßverfahren) verfährt man entsprechend. Nur wird man hierbei die gleichen Messungen öfters wiederholen und dann mitteln. In diesem Falle empfiehlt es sich, in der Tab. 9 die Zeilen und Spalten zu vertauschen. Man hat dann die einzelnen Meßwerte nicht nebeneinander, sondern untereinander stehen und kann so bequemer addieren, um die Mittelwerte zu bestimmen. Statt nun das Ergebnis solcher Eichmessungen in Form von Eichkurven niederzulegen, kann man das auch in Form von Tabellen tun (s. z. B. [*172*]). Das gilt grundsätzlich auch für die anderen Meßverfahren.

Dieses Quotienten-Verfahren ist genauer als das zuerst genannte Nachstellverfahren, da die Änderung der Eichwerte kontinuierlicher erfolgt. Außerdem sieht man an den J_E, wenn die Apparatur, z. B. infolge teilweiser Verstopfung der Capillare, „unruhig" war. Solche zweifelhaften Messungen kann man später wiederholen. Allerdings ist dieses Vorgehen mühseliger als das Verfahren 1.

3. Das Einschachtelungsverfahren. Durch flammenphotometrische Messungen werden zwei solcher Eichlösungen aus einer zweckmäßigen Eichlösungsreihe ermittelt, die der Analysenlösung möglichst eng in der Weise benachbart sind, daß die Konzentration der einen Eichlösung unterhalb und die der anderen oberhalb derjenigen der Analysenlösung liegt. Da diese Lösungen die Probenlösung „einrahmen", spricht man auch von Rahmenlösungen. Man ist bestrebt, die Größe des Intervalles zwischen den beiden Rahmenlösungen so klein wie praktisch möglich zu wählen, um die Eichkurve in diesem Bereich näherungsweise als geradlinig betrachten zu können. Unter diesen Voraussetzungen läßt sich die Konzentration der Analysenlösung bestimmen, die von dem wahren Wert um so weniger abweicht, je kleiner der Konzentrationsunterschied der beiden Eichlösungen ist, bzw. je geradliniger die Eichkurve verläuft. Die weniger konzentrierte Eichlösung habe die Konzentration c_1 und gebe die Ablesung J_1, die andere die Konzentration c_2 bzw. die Ablesung J_2. Die gesuchte Konzentration sei c_x, die zugehörige Ablesung sei J_x. Aus den gemessenen bzw. bekannten Größen berechnet sich c_x nach der Gleichung

$$c_x = c_1 + \frac{J_x - J_1}{J_2 - J_1}(c_2 - c_1) .$$

Bei höchsten Ansprüchen an die Genauigkeit mißt man mehrmals in der Reihenfolge Eichlösung 1, Lösung x, Eichlösung 2, Lösung x, Eichlösung 1 usw. und berechnet jeweils die zugehörigen c_x sowohl für Aufwärts- als auch für Abwärts-Messungen, d. h. Messungen und Berechnungen bei steigenden bzw. fallenden Konzentrationen.

Die Vorteile dieses Vorgehens sind folgende:

a) Die Lage des Nullpunktes auf der Skala, d. h. der Skalenwert für die Konzentration „0“ ist ziemlich belanglos. Man kann bei „unterdrücktem Nullpunkt“ arbeiten, d. h. der Skalenwert für die Konzentration „0“ braucht gar nicht auf der Skala selbst zu sein. Man kann also den interessierenden Konzentrationsbereich sehr weit auseinanderziehen. Ja, man kann sogar bei häufig wiederholten Messungen nach dem oben Gesagten zulassen, daß während der Messungen der, womöglich unterdrückte, Nullpunkt langsam „wegrutscht“. (Siehe dazu auch die Untersuchungen von [*505*].)

b) Entsprechendes gilt für stetige Empfindlichkeitsänderungen während der wiederholten Messungen, bzw. für alle Einflüsse, die die Steigung der Eichkurve bei Analysen- und Eichflüssigkeiten in gleicher Weise beeinflussen.

c) Man kann prinzipiell auf das Aufstellen einer Eichkurve verzichten. Allerdings möchten wir aus zwei Gründen doch dazu raten:

1. Man sollte sich einmal vergewissern, daß die Eichkurve zwischen zwei benachbarten Eichpunkten genügend geradlinig verläuft. Wenn das nicht zutrifft, sollte man zunächst weitere Eichlösungen einschieben.

2. Man kann aus der dann trotzdem noch übrigbleibenden Krümmung angeben, wie groß der Fehler zwischen der nach der obengenannten Formel berechneten Konzentration und der wahren Konzentration unter Verwendung der gekrümmten Eichkurve ist.

Eine gewisse Abwandlung dieses Verfahrens ist möglich, wenn die Eichkurve im gesamten Bereich geradlinig mit der bekannten Steigung α verläuft. Dann vereinfacht sich die letzte Gleichung zu

$$c_x = c_1 + k(J_x - J_1) \qquad \text{mit } k = \frac{c_2 - c_1}{J_2 - J_1} .$$

Man braucht in diesem Falle nur *eine* benachbarte Eichlösung mit der Konzentration c_1 mitzumessen. Es ist auf richtige Wahl der Vorzeichen zu achten.

86. Messungen bei sich überlagernden Banden oder Linien

Hat man Analysen in Gemischen aus solchen Elementen durchzuführen, die alle nur ein Bandenspektrum abgeben, z. B. eine Reihe von seltenen Erden, so kann der Fall eintreten, daß sich die Banden mehr oder weniger überlagern (Abb. 51). Es gilt dann, ein geeignetes Eich- bzw. Analysenverfahren anzugeben, das in solchen Fällen noch brauchbar ist. Wir geben hier ein solches Verfahren [nach *546*] wieder. Es ist auch anwendbar, wenn sich z. B. eine Bande und eine Linie überlagern:

Wir wollen zunächst annehmen, daß die Lichtintensitäten bzw. Photostromanteile, die vom Flammenuntergrund herrühren, bereits nach einem geeigneten

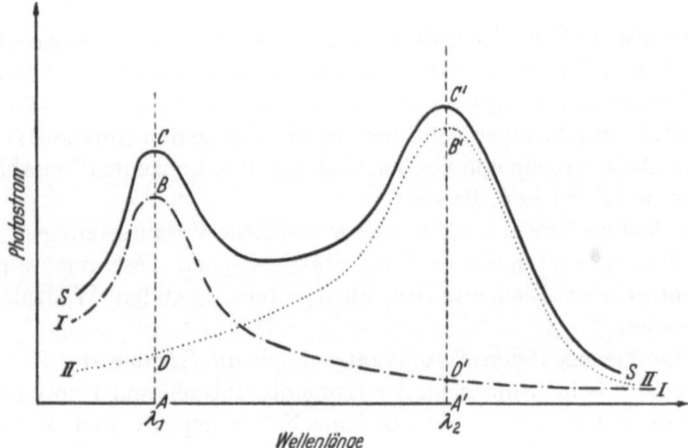

Abb. 51. Die Überlagerung zweier Bandenspektren (schematisch, nach [*546*])

Verfahren (Kap. 95) abgezogen sind. Ein Element E_1 gebe, wie in Abb. 51 dargestellt, eine Registrierkurve *I*, entsprechend gebe Element E_2 die Registrierkurve *II*.

Man beobachtet ausschließlich die Summe beider Registrierkurven *S*. Bei der Wellenlänge λ_1 habe die Kurve *I* ein relatives Maximum, bei λ_2 die Kurve *II*. Entsprechend hat auch die beobachtete Summenkurve *S* bei λ_1 und λ_2 je eine Erhebung. Der bei λ_1 gemessene Photostrom AC setzt sich aus zwei Anteilen, nämlich aus dem Anteil AD des Elementes E_2 und dem Anteil AB des Elementes E_1 zusammen, entsprechend gibt E_1 bei λ_2 den Photostrom $A'B'$ und E_2 den Photostrom $A'D'$. Es ist

$$AD = BC \text{ und } A'D' = B'C'.$$

Es sollen lineare Beziehungen zwischen Konzentration und Instrumentanzeige von Null bis zur vorkommenden höchsten Konzentration für beide Bandensysteme (für beide Elemente) an allen Wellenlängen im gesamten interessierenden Wellenlängenbereich bestehen. Es dürfen auch keine Ionisationsstörungen (gegenseitige Beeinflussungen) der Intensitäten vorkommen. Es gilt dann:

$$\frac{AB}{A'D'} = K, \text{ und ebenso für das andere Element: } \frac{A'B'}{AD} = K'.$$

Ebenso gilt

$$AC = AB + AD \text{ und } A'C' = A'B' + A'D'.$$

Setzt man hier die errechneten Werte für AD bzw. $A'D'$ ein, so erhält man

$$AC = AB + \frac{A'B'}{K'} \text{ und } A'C' = A'B' + \frac{AB}{K}.$$

Die Lösung dieses Gleichungssystems gibt

$$AB = \frac{K \cdot K' AC - K \cdot A'C'}{K \cdot K' - 1}$$

$$A'B' = \frac{K \cdot K' A'C' - K' \cdot AC}{K \cdot K' - 1}.$$

Man braucht also nur das Verhältnis K bzw. K' der allein registrierten Intensitätskurven I bzw. II an den Stellen λ_1 und λ_2 in zwei Vorversuchen zu bestimmen und mißt bei den Analysen nur dann jeweils AC bzw. $A'C'$ bei den Wellenlängen λ_1 und λ_2, um die alleinigen Photoströme der beiden Anteile AB bzw. $A'B'$ zu errechnen. Diese errechneten Größen sind genau so konzentrationsabhängig wie allein gemessene Linien bzw. Banden.

In diesem Meßverfahren stecken zwei wesentliche Voraussetzungen:

a) Die oben schon genannte Linearität zwischen Instrumentanzeige und Konzentration beider Elemente bei allen interessierenden Wellenlängen und Konzentrationen.

b) Das Summenspektrum S stellt tatsächlich die Summe der Einzelspektren dar. Es sollen also keine Störungen der Elemente untereinander vorkommen.

Diese Voraussetzungen wurden in Einzelfällen geprüft und bestätigt [*546*]. Man wird gut tun, dies für andere Anwendungsfälle nachzuprüfen. Man erkennt dabei dann auch etwaige andere Fehler, z. B. die nicht genügende Ausschaltung des Flammenuntergrundanteiles u. ä.

Ein entsprechendes Rechen- bzw. Meßverfahren läßt sich auch für die Überlagerung von drei und mehr Banden angeben. Nur muß man dann an drei bzw. mehr Wellenlängen Messungen durchführen. Bei entsprechender Umformung ist auch der Fall mit eingeschlossen, daß eine bzw. mehrere Banden sich mit einer oder mehreren Linien überlagern. In gleicher Weise ist dies Verfahren geeignet, um einen unbekannten Untergrundanteil unter einer bzw. unter mehreren sich gleichzeitig überlagernden Banden (Linien) zu eliminieren.

87. Analysen von Nichtmetallen und indirekte Bestimmungsmethoden

a) Analysen von anregbaren Nichtmetallen

Bei den Metallanalysen nutzt man des öfteren die in der Flamme beobachteten Banden der Metalloxyde oder Metallhydroxyde für analytische Zwecke aus. Wir erinnern an die Erdalkalien oder an die seltenen Erden. Weniger bekannt ist, daß einige Nichtmetalle ebenfalls charakteristische Banden in gewissen Flammen zeigen. Solche Banden können in gleicher Weise zu Analysen herangezogen werden.

α) Stickstoffbestimmungen. Die Cyanbanden in der Sauerstoff-Flamme (ohne Stickstoff!), z. B. bei 388,3 mμ und darunter, sind für die Bestimmung von organischem Stickstoff, sowohl in Flüssigkeiten als auch in Gasen, geeignet

[*362*]. Es ist zweckmäßig, bei solchen Stickstoffanalysen eine Flammenspaltung, d. h. eine Trennung des leuchtenden Innenkegels von der äußeren Diffusionsflamme (Kap. 32), durchzuführen, weil CN-Banden im inneren Kegel unter den genannten Voraussetzungen nicht auf den atmosphärischen Stickstoff zurückgehen, während im äußeren Verbrennungskegel durch das Hinzukommen des atmosphärischen Stickstoffs immer CN-Banden auftreten. Auf diese Art sind quantitative Stickstoffbestimmungen von Flüssigkeiten und Gasen mit Flammenmethoden in der normalen Zimmerluft möglich. — Auch kann man daran denken, statt der Flammenspaltung einen geschlossenen Brenner (Kap. 32, Abb. 20) zu verwenden, bei dem man jedoch um die eigentliche Flamme nicht gereinigte Preßluft, sondern N-freien Sauerstoff leitet, um den Einfluß des atmosphärischen Stickstoffs auf die Flammenemission auszuschalten. — Statt der CN-Banden kann man naturgemäß auch NH-Banden (um 336,0 mμ), unter Umständen auch NH_2-Banden (665,2 mμ und darunter, siehe [*12*]), sowie die grünen NO-Banden im inneren Kegel [*392*] für die Analysen von Stickstoff heranziehen.

b) Schwefelbestimmungen. Es gibt Banden von CS im kurzwelligen UV (um 257,6 mμ), ferner Banden von SH (bei 323,7 mμ) in organischen Flammen und schließlich noch Banden von SO um 316,5 und 327,1 mμ [*12*], die man in günstigen Fällen unter Umständen für Schwefelanalysen heranziehen kann. Allerdings sind indirekte Verfahren (Differenzverfahren s. Kap. 88) dafür gebräuchlicher und im allgemeinen wohl auch geeigneter.

c) Siliciumbestimmungen. Es wurde über SiO-Banden im ultravioletten Teil des Spektrums berichtet [*41*].

d) Chloranalysen. Gibt man in eine Cu-freie Flamme quantitative Mengen von Kupfer, z. B. in Form von Kupfersulfatlösung und mischt gleichzeitig andere, d. h. nicht Cu-haltige Cl-Verbindungen hinzu, so entstehen in der Flamme CuCl-Banden bei 428,1; 435,4 und 443,4 mμ [*12, 363, 461*], die zu Cl-Analysen herangezogen werden können. Dies Verfahren wird unseres Wissens weniger häufig als das Differenzverfahren für Cl (s. unten) angewandt. Überdies kann man daran denken, Banden von CCl (286,2 mμ und darunter), Banden von Cl_2 (um 600,3 und 588,2 mμ), Banden von ClO (bei 384,1 mμ und weiter nach längeren Wellenlängen zu) und solche von $ClCH_2CN$ für Chloranalysen heranzuziehen [*12*]. Dies dürfte aber nur in besonders günstig gelagerten Fällen möglich sein.

e) Andere Halogen-Analysen. Entsprechend wie eben unter d) sind auch Fluoranalysen durch Ausnützung des CaF-Bandenspektrums (Banden z. B. bei 530 bis 515 mμ) oder auch des SrF- oder des BaF-Bandenspektrums durchgeführt worden [*39*]. Ebenfalls kann man beim Vorliegen von höheren Konzentrationen daran denken, die Banden von CF (247,9 mμ und darunter) für den Fluornachweis heranzuziehen [*12*]. Auch Fluoranalysen lassen sich im allgemeinen durch das Differenzverfahren (Kap. 88) sicherer durchführen. — In entsprechender Art wie eben lassen sich in günstigen Fällen prinzipiell auch einige weitere Halogene mit Hilfe ihrer charakteristischen Bandenspektra erfassen, z. B. Jod mit Hilfe des J_2-Bandenspektrums im inneren Conus von organischen Flammen (diffuse Bande bei 342,5 mμ), oder mit Hilfe des JO-Bandenspektrums (448,8 mμ weiter nach dem blau-grünen und grünen Teil des Spektrums zu [*12*]), oder Brom mit Hilfe des orange-roten Br_2-Bandensystems (bei 654,6 mμ und weiter fortschreitend nach kürzeren Wellenlängen zu, dazu noch ein ultraviolettes Bandensystem bei

291,0 mμ, das nur im Innenconus von organischen Flammen beobachtet wurde). Weiterhin sind Banden von BrO [*12*] zu erwähnen.

b) Indirekte Methoden zur Analyse von nicht anregbaren Elementen

In den Kap. 96—100 stellen wir ausführlicher dar, wie die Emission des Analysenelementes durch die Anwesenheit von anderen Elementen bzw. Anionen beeinflußt werden kann. In besonderen Fällen konnte festgestellt werden, daß in einem gewissen Konzentrationsbereich die Emissionsbeeinflussung der Konzentration des Störelements bzw. des Störanions proportional ist, wie z. B. die Ca-Störung durch Phosphor (s. Abb. 57). Diesen bei Erdalkalianalysen unerwünschten Effekt kann man umgekehrt für Phosphorbestimmungen ausnutzen. Das gleiche gilt für eine Reihe von anderen Störsubstanzen, wie z. B. SO_4, Al u. ä. Dies indirekte Verfahren sei an einigen Beispielen erläutert:

α) Phosphoranalysen [*83, 229, 704* u. a.]. Wir wollen zunächst voraussetzen, daß eine konstante Ca-Konzentration, z. B. durch Zupipettieren einer Ca-haltigen „Zumischlösung", vorhanden sei, und daß keine anderen Erdalkalien anwesend sind, die sonst als „Puffer" (Kap. 98) wirken könnten. Aus dem Grad der Ca-Intensitätsabschwächung läßt sich dann die Phosphorkonzentration ermitteln, wenn diese Konzentration so liegt, daß man sich im geradlinigen Teil der P $\rightarrow$ Ca-Störung befindet. Diese Methode wurde für H_3PO_4-Konzentrationen zwischen 0,0005 bis 0,012 Mol/l erprobt. Durch Verdünnen bzw. Einengen und durch geeignete Ca-Zugaben kann man in den jeweils gegebenen geradlinigen Bereich kommen. Die erzielten Genauigkeiten betragen $\pm 0{,}0002$ Mol/l. Störungen durch andere Ionen, z. B. durch Cl, sind unseres Wissens nicht systematisch untersucht. Sie sind nur dann zu erwarten, wenn diese Anionen in ähnlicher oder höherer Konzentration wie die Phosphat-Ionen vorkommen.

Da andere Säurereste, wie z. B. SO_4, ebenfalls an einer, wenn auch nicht so starken Senkung der Ca-, Mg- usw. Intensitäten beteiligt sein können, ist es mitunter zweckmäßig, vor Beginn einer Analyse mit Hilfe einer Ionenaustauschersäule alle Anionen, außer dem interessierenden Phosphor, zu entfernen. Die aus der Austauschersäule austretende phosphorhaltige Flüssigkeit bekommt einen bekannten Zusatz einer Ca- (oder Sr-) Zumischlösung (z. B. 1 g Ca/l) zupipettiert. Anschließend mißt man die Ca-Intensität einmal mit und einmal ohne Phosphorzusatz.

Wenn von vornherein variable Ca-Konzentrationen und womöglich noch andere Erdalkalielemente in verschiedenen Konzentrationen in den Analysenlösungen vorhanden sind, ist es zweckmäßig, diese, z. B. mit Austauschersäulen gegen andere Elemente, z. B. gegen H^+, auszutauschen, um dann eine bekannte und konstante Ca- (oder Mg- usw.) Konzentration zum Zwecke der Analyse zuzugeben. Man kann jedoch auch dann noch zu guten Analysenergebnissen kommen, wenn diese Voraussetzungen nicht vorliegen, jedoch muß man dann mit einem geeigneten Zumischverfahren arbeiten. Wir kommen unten darauf zurück.

Wenn man die experimentellen Verhältnisse geeignet wählt, lassen sich leidliche Genauigkeiten und Empfindlichkeiten mit dieser Methode erzielen. Es ist z. B. anzuraten, die experimentellen Bedingungen so zu wählen, daß der Phosphoreinfluß auf das Ca möglichst groß wird. Das ist gerade die entgegengesetzte Forderung wie bei den Ca-Analysen, die frei von P-Fehlern sein sollen. Man vergleiche hierzu die Diskussion des P-Effektes auf das Ca in Kap. 98. Insbesondere sind hier Direktzerstäuber zu empfehlen, da bei diesen der P-Einfluß stärker hervortritt als bei Indirektzerstäubern. — Entsprechend wie eben das P-Ion kann man auch das Sulfat-Ion durch seinen Einfluß auf die Ba-Emission bestimmen [*177*].

b) Aluminiumanalysen. Die Temperatur der meisten Flammen reicht im allgemeinen nicht aus, um Aluminium (Grundlinie des Atoms 396,1 mμ mit einer Anregungsenergie von 3,3 eV und seine Oxydbanden im blauen und grünen Teil des Spektrums) für eine Messung bei geringen oder mittleren Konzentrationen genügend anzuregen. Diese geringen Al- bzw. AlO-Intensitäten sind sicher auch auf die unvollständige Verdampfung des in die Flamme geführten bzw. des in der Flamme entstehenden Aluminiumoxydes zurückzuführen. Man kann aber, wie bei den Phosphoranalysen, die Tatsache ausnutzen, daß Aluminium infolge der Bildung von schwer verdampfbaren Ca-Al-(O-)Verbindungen bzw. Sr-Al-(O-) Verbindungen usw. einen Teil des anregbaren Erdalkalimetalls der Flammenanalyse entzieht. Der Grad der Störung des künstlich zugegebenen Ca (Sr usw.) ist ein meist proportionales Maß für die ursprünglich vorhanden gewesene Al-Konzentration, vorausgesetzt, daß die Ca-Konzentration im Vergleich zur Al-Konzentration nicht zu gering ist ([*183*, *493*, *501*, *551*, *645*, *704*], s. auch Abb. 58), und daß andere Erdalkalien nicht stören. Über die Abtrennung der störenden Erdalkalien gilt sinngemäß das gleiche wie oben bei den P-Analysen ausgeführt wurde. Man muß jedoch dabei beachten, daß die Größe dieses Einflusses von Al auf Ca einmal von der zugegebenen Ca-Konzentration selbst, und zum anderen auch davon abhängt, in welchen Konzentrationen die anderen Erdalkalien, ferner Phosphor, Eisennitrat u. ä. vorhanden sind. Schließlich ist hierbei noch zu beachten, daß die Ca-Depression verschieden ist, je nachdem, ob das Al als Nitrat oder z. B. als Chlorid vorliegt. In Kap. 98 werden Faktoren beschrieben, die das Ausmaß des Al → Ca-Einflusses und damit die Empfindlichkeit der indirekten Al-Bestimmung beeinflussen. Man wird, entsprechend wie bei den P-Analysen, die experimentellen Bedingungen hier so wählen, daß der Al-Einfluß möglichst groß herauskommt.

In ähnlicher Weise wie das Aluminium kann man auch das Beryllium, das Molybdän, ferner Selen, Tellur, Titan, Wolfram, Vanadium u. a. durch seine Depressionswirkung auf die Sr-Emission bzw. auf die Emissionen der anderen Erdalkalien bestimmen [*452*, *453*, *453a*].

Wie oben schon angedeutet, sind mit diesen indirekten Methoden nur dann gute Ergebnisse zu erwarten, wenn entweder die Erdalkalien und weitere auf die Erdalkalien störend wirkenden Ionen in der Ausgangslösung gar nicht, oder zumindest in konstanter Konzentration, vorhanden sind. Allerdings wurde dies Verfahren so verfeinert [*183*, *645*], daß Fehler dieser Art durch ein Zumischverfahren bestimmt und ausgeschaltet werden können. Man kann Genauigkeiten von $\pm 4\%$ erzielen [*493*].

c) Bestimmung organischer Substanzen. Beim Hineinbringen von organischen Substanzen in eine Flamme werden die Intensitäten der übrigen Elemente angehoben. Diese Effekte kann man zur Bestimmung organischer Substanzen ausnutzen [*228*]. Naturgemäß müssen die Elemente, deren Intensitäten durch die organischen Substanzen beeinflußt werden sollen, in konstanter Konzentration vorhanden sein, und es dürfen keine Störungen dieser Intensitäten durch andere Lösungspartner als den zu bestimmenden organischen Substanzen vorkommen.

In diesem Zusammenhang sei auch ein mehr „direktes“ Verfahren zur Bestimmung organischer Substanzen oder, genauer gesagt, zur Ermittlung des C-Gehaltes in der Flamme erwähnt. Man bringt in nicht C-haltige Flammen, also z. B. in H_2—O_2-Flammen, die zu bestimmende organische Substanz. Dann werden verschiedene C-Banden, also z. B. Banden von C_2 (z. B. bei 385,2 und bei 516,5 mμ) oder Banden von CH (Banden bei 431,5 mμ oder bei 388,9 mμ) oder Banden von CH_2O (z. B. bei 422,0 mμ) oder Banden von CO (z. B. bei 219,7mμ) oder Banden von HCO (z. B. bei 337,7 mμ, s. [*12*]) usw. auftreten, die man zur Bestimmung der C-Konzentrationen und damit zur Bestimmung der organischen Substanz, z. B. zur Bestimmung des Acetongehaltes in Wasser, heranziehen kann [*228*].

c) Differenzverfahren

In diesem Zusammenhang kann man auch die Differenzverfahren für die Bestimmung von Fluor, Chlor, Brom usw. erwähnen. Wir kommen auf diese Verfahren im nächsten Kapitel zurück.

88. Die Kombination mit chemischen oder physikalisch-chemischen Methoden

a) Die Bestimmung von Anionen nach dem Differenzverfahren

Einige Elemente bzw. Säurereste, wie z. B. Cl, Br usw., lassen sich mit Hilfe der Flammenanalysen nicht oder nur sehr schwer direkt nachweisen (vgl. Kap. 81 und 87). Durch Kombination mit chemischen Methoden kann man sie aber mit fast der gleichen Genauigkeit wie die anderen Elemente mit der Direktmethode erfassen.

Zum Beispiel kann man in einer Lösung die *Chlor*konzentration dadurch bestimmen, daß man zu einem abgemessenen Volumen der Analysenlösung eine bestimmte Menge Silbernitrat im Überschuß zugibt. Dabei fällt unlösliches Silberchlorid aus. In der überstehenden Lösung bestimmt man, gegebenenfalls nach Zentrifugieren, die restliche Silberkonzentration, z. B. mit Hilfe der Silberlinien bei 328,1 oder 338,3 mμ [*33, 302, 488*]. Aus der Differenz: erwartete Konzentration (ohne Cl) minus gemessene Konzentration, kann man den Cl-Gehalt in der Analysenlösung errechnen. Die Empfindlichkeit geht bis 0,1 mg Cl/l [*302*] und noch weiter herunter [*488*]. Man spricht von einem Differenzverfahren. Man kann dies Verfahren auch auf gleichzeitig anwesende *Jodide* und *Bromide* erweitern, sofern man Amoniumhydroxyd zur Maskierung der leichteren Halogene zufügt [*488*].

Entsprechend läßt sich z. B. der *Sulfat*gehalt mit Hilfe eines Zusatzes von Strontiumchlorid oder Bariumchlorid ermitteln. Man bestimmt dann wieder in der überstehenden Lösung den Strontium- bzw. Bariumgehalt mit Hilfe eines Flammenphotometers oder Spektrophotometers. Andere Autoren [*302*] empfehlen statt dessen einen Zusatz von Alkohol und Strontiumsalz. Ähnlich lassen sich auch Br und J bestimmen [*33*]. *Carbonat* läßt sich durch Zugabe von Calcium, *Phosphat* vielleicht mit Zirkonium nachweisen [*302*]. Leider ist das Spektrum von Zirkon in den üblichen Flammen weder sehr spezifisch noch sehr empfindlich. Weiterhin hat man *organische Säuren* dadurch analysiert, daß man durch geeignete Zugaben von Na-Salzen die betreffenden Na-Verbindungen dieser Säuren darstellte und nun in diesen Salzlösungen den Na-Anteil flammenphotometrisch ermittelte [*428*]. Je nach Art der Säure können sie einen bestimmten Na-Prozentsatz aufnehmen, und dieser ist charakteristisch für die einzelnen Säuren. Auf Gemische von solchen Säuren ist das Verfahren nicht ohne weiteres anwendbar. Möglicherweise lassen sich ähnliche Zusammenhänge in anderen Gebieten der organischen Chemie finden.

b) Die Anreicherungs- und Abtrennverfahren

Das Anreichern oder Abtrennen mit Hilfe von chemischen Verfahren kann aus folgenden Gründen empfehlenswert bzw. sogar unumgänglich notwendig sein:

a) Die Ausgangskonzentration des zu bestimmenden Elementes reicht für eine flammenphotometrische Analyse nicht aus. Nach der Anreicherung erhält man eine höhere Konzentration bei verkleinertem Volumen. Die hier behandelten Verfahren stehen im gewissen Gegensatz zu den in Kap. 79 besprochenen Einengungsverfahren. Bei letzteren bleibt das Verhältnis Linien- bzw. Bandenintensität des Analysenelementes zu den Linien- bzw. Bandenintensitäten der übrigen Lösungsbestandteile unverändert, während es bei den hier zu besprechenden Anreicherungsverfahren ganz wesentlich zugunsten des Analysenelementes verändert wird.

b) Die (flammenphotometrischen) Störungen von womöglich höher konzentrierten Lösungspartnern (Kap. 96—100) können bei geeignet ausgewähltem Abtrennverfahren ausgeschaltet oder stark gemindert werden [z. B. *61*]. Wir kommen darauf in Kap. 100 zurück.

c) Das für die Extrahierung nach a) und/oder b) zugegebene (z. B. organische) Extraktionsmittel kann die Emissionen gemäß Kap. 79 (s. Alkoholeffekt usw.) verstärken.

d) Die Zusammensetzung der Eichlösung kann nach erfolgter Abtrennung sehr einfach sein. Unter Umständen genügt die Anwesenheit des Analysenelementes allein, einschließlich des Extraktionsmittels. Dieser Vorteil ist bei sehr kompliziert zusammengesetzten Ausgangslösungen nicht zu unterschätzen.

Bei geschickter Auswahl der Arbeitsbedingungen, die übrigens noch vom Ausgangsmaterial selbst abhängen, kann man alle vier Effekte (a—d) gleichzeitig erzielen. — Diesen Vorteilen stehen folgende Nachteile gegenüber:

e) Das Anreicherungs- bzw. Abtrennverfahren ist bei jeder Probe erneut durchzuführen. Der dafür erforderliche (summierte) Arbeitsaufwand kann unter Umständen so groß sein, daß er mit rein chemisch durchgeführten Verfahren gleich liegt. Der Vorteil der zeitsparenden flammenphotometrischen Analysen geht zu einem mehr oder weniger großen Teil verloren.

f) Es besteht immer die Gefahr, daß man durch die chemischen Reagentien, die man zur Durchführung der Anreicherung oder Abtrennung hinzugeben muß, Verunreinigungen in die zu bestimmenden Spurenbeimengungen bekommt. Leerproben sollten daher immer mitbestimmt werden. Überhaupt ist bei allen Spurenelementbestimmungen strengste Sauberkeit erforderlich. Beachtenswert erscheint uns, daß die Reinheitsforderungen an die benützten Chemikalien in der Flammenphotometrie oft von denen der üblichen chemischen Arbeitsweisen stark differieren. Das liegt daran, daß manche Elemente, wie z. B. Na und K, sich schon in geringen Konzentrationen in den Linien und auch in einer Anhebung des Untergrundes störend bemerkbar machen, während andere Elemente mit höheren Anregungsenergien im Gegensatz zu chemischen Verfahren kaum stören.

Im einzelnen sei zu den Punkten a) und b) noch folgendes nachgetragen: Zu a) Erhöhung der Ausgangskonzentration. Bei solchen Abtrennoperationen kommt es wegen der anschließenden spektralen Trennung weniger darauf an, daß die Abtrennung der störenden Anteile vollständig ist, als vielmehr darauf, daß von dem zu bestimmenden Element nichts verloren geht, und daß durch die benützten Reagentien keine Analysenelemente hinzukommen. Welche chemischen Maßnahmen die zweckmäßigsten sind, kann nur von Fall zu Fall entschieden werden.

Zu b) Abtrennen von störenden Lösungspartnern. Mitunter empfiehlt sich eine Abtrennung von „störenden" Elementen nicht aus flammenphotometrischen Gründen (Kap. 96—100), sondern aus anderen, z. B. sicherheitstechnischen Gründen. Bei Untersuchungen an radioaktiven Materialien z. B. ist es wenig ratsam, diese im Zerstäuber zu vernebeln und dann den Nebel durch eine Flamme hindurchzuschicken, um anschließend die Luft damit zu verseuchen. Über chemische Abtrennverfahren von radioaktiven Bestandteilen sind in der Literatur Beispiele angegeben. Es wurde z. B. bei der flammenphotometrischen Bestimmung von Lanthan das Uran durch eine Extraktion mit Äther entfernt u. ä.

Einige Beispiele für Anreicherungs- bzw. Abtrennungsmaßnahmen:

α) Fällungsreaktionen. a) Man kann das zu bestimmende Element evtl. mit einigen anderen nicht zu konzentriert vorkommenden Elementen gleichzeitig fällen, und b) man kann die Masse der störenden Bestandteile bzw. das Störelement als solches fällen und die überstehende Lösung untersuchen. Der letztgenannte Weg ist weniger empfehlenswert, da durch Adsorption, durch Einschlüsse u. a. meist ein Teil der zu bestimmenden Elemente verlorengeht. Bei dem unter a) genanntenWeg muß man beachten, daß die Restlöslichkeit des Fällungsproduktes so niedrig ist, daß dadurch keine merklichen Verluste entstehen. Andernfalls muß man eine andere Fällungsreaktion wählen. Die geeigneten Fällungsreaktionen sind meist solche, bei denen das Metallion mit einem größeren organischen Molekül eine Komplexverbindung bildet. Enthalten die zur Komplexbildung zugegebenen organischen Moleküle noch weitere Metallionen, z. B. Natrium, so werden diese Ionen ebenfalls in der Flamme nachgewiesen, und man muß von Fall zu Fall entscheiden, ob das Hinzukommen solcher Trägerelemente die Durchführung der Flammenanalyse stört. — Andere Substanzen binden bevorzugt ein bestimmtes Metall, je nach der Wahl der Fällungsbedingungen, wodurch eine gewisse Trennung möglich ist. So bindet z. B. 8-Oxychinolin (Oxin):

bei einem p_H-*Wert*	bevorzugt das *Metall*
>5,4	Cd
8	Cr III
>4,3	Co
>5,3	Cu
6—8	Ga
9,4—12,7	Mg
4,6	Zn.

Allgemeiner anwendbare Vorschriften für die Anreicherung von Spurenelementen mit diesen Reagentien wurden ausgearbeitet [*336*].

Ein anderes bekanntes Verfahren ist die Anreicherung von Schwermetallspuren mittels Na-Pyrrolidin-Dithiocarbamat. Folgende in der Flamme nachweisbare Elemente können mit ihrer Hilfe quantitativ angereichert werden: Ag, Cu, Cd, Ga, In, Pb, Mn, Co, Fe, Pd. — Ein anderes Beispiel für eine solche Fällungsreaktion stellt die Analyse von Cu, Ni und Mn in Aluminiumlegierungen dar [*212*], die man mit Diäthyldithiocarbamat fällt und dann mit Chloroform extrahiert.

Abgesehen von diesen allgemeinen, auf ganze Gruppen von Elementen anwendbaren Komplexbildnern, werden häufig auch verhältnismäßig selektive Fällungsreaktionen, z. B. die Fällung von Ca als Oxalat (siehe z. B. [*430, 509*] u. a.) und ähnliche Reaktionen [*210, 252*], empfohlen.

β) Abrauchen. Manche Störsubstanzen, z. B. Überschüsse von Salpetersäure oder Salzsäure kann man durch Erhitzen entfernen, andere Substanzen, wie z. B. SiO_2, kann man durch Zugeben von Flußsäure „abrauchen".

γ) Ausschütteln. Gibt man zur Analysenlösung *a* eine andere mit ihr nicht mischbare Lösung *b* (Über- oder Unterschichtung), so kann der Fall eintreten, daß gewisse in der Ausgangslösung *a* vorhandene Stoffe sich besser in der zugegebenen Lösung *b* lösen als in *a*. Dann kommt es nach einem Durchschütteln in *b* zu einer Anreicherung gewisser Substanzen, während andere vornehmlich in *a* verbleiben. Dies kann man für Trennoperationen ausnützen. Beispiele dafür sind die Bestimmung von Lanthan [*490*], die von Al [*252*], ferner die von Fe [*174, 208, 435*] u. a. Die unteren Nachweisbarkeitsgrenzen werden durch solche Maßnahmen meist um das Zehn- bis Hundertfache verbessert. Das Verhältnis der Löslichkeiten eines Stoffes in *a* bzw. *b* kann so unterschiedlich sein, daß man von einer quantitativen Überführung sprechen kann. Vom flammenphotometrischen Standpunkt aus gesehen interessieren insbesondere solche Lösungsmittel, die überdies noch eine wesentliche Verbesserung der unteren Nachweisbarkeitsgrenzen (Kap. 79) bewirken. Dies Ausschütteln braucht nicht unbedingt von einer flüssigen Phase zu einer anderen zu erfolgen. Es sind auch Übergänge von einer festen Phase zu einer flüssigen Phase und umgekehrt möglich. — Entsprechende Extraktionsverfahren lassen sich auch für leicht schmelzbare feste Substanzen, z. B. Blei, Borax o. ä., angeben.

δ) Elektrolytische Trennung. Weiterhin ist als Möglichkeit zur Abtrennung die Elektrolyse zu nennen. Mikroverfahren sind ausgearbeitet.

ε) Mechanische Trennung. Es kann der Fall eintreten, daß sich die zu untersuchende Substanz als feste oder kolloidale Schwebeteilchen in einer Lösung befinden. In diesem Falle ist eine Abtrennung durch Zentrifugieren und anschließendes Auflösen des festen Bodensatzes zu empfehlen. Die Anwendung von Filtrierpapieren ist wegen möglicher Verunreinigungen aus den nie ganz aschefreien Papieren und auch wegen möglicher Adsorptionserscheinungen zu vermeiden. Auch besteht die Gefahr, daß Fasern von solchen Papieren in die Zerstäuber gelangen.

ζ) Selektive Adsorption. Durch Anwendung von Ionenaustauscherharzen kann man Störsubstanzen gegen weniger oder gar nicht störende Substanzen austauschen (s. z. B. [*154, 288, 289, 617*], ferner Kap. 100). Umgekehrt kann man auch das zu bestimmende Element zunächst am Harz adsorbieren lassen, um es nach Durchlaufen der übrigen Substanzen von da aus wieder zurückzugewinnen.

c) Das Aufschließen des Analysenelementes

Die Störungen von Lösungspartnern können, wie in Kap. 100 ausführlicher dargestellt wird, durch zusätzliche, geeignete chemische Maßnahmen beseitigt oder in ihren Auswirkungen auf das Analysenergebnis durch entsprechende chemische Umsetzungen verhindert werden. Davon wollen wir hier noch nicht sprechen. Jedoch kann der Fall eintreten, daß normalerweise das Analysenelement beim Hineinkommen in die Flamme — unter Umständen schon vorher in der Zerstäuberkammer — gewisse chemische Umsetzungen, z. B. Oxydationen, eingeht, die für die nachfolgende flammenphotometrische Analyse schädlich sind. Hierbei brauchen also Lösungspartner nicht beteiligt zu sein. Für das Eintreten der Störungen genügt nämlich oft schon der Luftsauerstoff bzw. die Bestandteile der Flammengase bzw. die hohen Temperaturen. Ein Beispiel mag das erläutern:

Aluminium bildet beim Hineinkommen in die Flamme, unter Umständen schon vorher in den eindampfenden Lösungsmitteltröpfchen in der Zerstäuberkammer, schwer verdampfbare Oxyde oder Karbide, die einen großen Teil der Substanz der rechtzeitigen Verdampfung und Anregung in der Flamme entziehen. Wenn es gelingt, durch chemische Zusätze solche Oxydbildungen oder ähnliche chemische Umsetzungen mit Depressionswirkungen auf die Emission auszuschalten, dann kann man einen erheblichen Gewinn an Nachweisempfindlichkeit, und unter Umständen auch an Genauigkeit, erzielen. Über den Mechanismus solcher Reaktionsabläufe ist noch wenig bekannt.

Beim Zusatz von Äthylendiamintetraessigsäure (EDTA = TTA) zu aluminiumhaltigen Lösungen kann man die Al- bzw. die AlO-Intensität um den Faktor 100 steigern [*252*]. Auch Zusätze von 8-Oxychinolin haben eine ähnliche Wirkung [*219a*], wobei jedoch die verstärkende Wirkung auf die Linien, Banden und das Kontinuum von Al gleichgroß zu sein scheint. Setzt man hingegen Flußsäure hinzu [*431b*], so wird das Bandensystem deutlich verstärkt, während das Al-Kontinuum geschwächt wird. In diesem Falle konnte gezeigt werden, daß die verstärkende Wirkung auf der Bildung von AlF_3 beruht, das bei 1200° C sublimiert und damit in der Flamme in gut anregbarer Form vorliegt [*431b*].

Umgekehrt hat man auch schon das Al vor der Analyse anderer Elemente chemisch beseitigt, und zwar dann, wenn es infolge seines starken Einflusses auf den Flammengrund zu stark stört [*512*]. Wir kommen darauf in Kap. 95 zurück.

d) Das Substitutionsverfahren

Wenn das zu messende Element nicht oder nur schwer in einer Flamme nachweisbar ist, dann kann man es z. B. in Ionenaustauschern gegen ein anderes flammenphotometrisch leichter nachweisbares Element, z. B. Na, „austauschen", vorausgesetzt, daß dies ausgetauschte Element (z. B. Na) vorher in vernachlässigbaren Konzentrationen vorhanden war. So kann man z. B. die schwer meßbaren Elemente Beryllium oder Radium mit Hilfe von Kunstharz-Ionenaustauschern gegen das leicht nachweisbare Na austauschen. Ein solches Vorgehen setzt naturgemäß voraus, daß der Austauschvorgang so geleitet werden kann, daß nur *ein* Element gegen das zu messende ausgetauscht wird, und daß dieser Austausch quantitativ vor sich geht.

e) Flammenphotometrische Titration

Bei den bisherigen Verfahren sollte die Meßbarkeit eines Analysenelementes durch die Kombination mit chemischen Verfahren verbessert bzw. ermöglicht werden. Hier bei der Titration liegen die Verhältnisse etwas anders, weil ein bekanntes chemisches Verfahren, nämlich die Titration, durch die Kombination mit der Flammenphotometrie verbessert oder vereinfacht wird. Man kann z. B. die Ca-Konzentration durch (flammenphotometrische) Titration mit Phosphorsäure bestimmen [*251*]. Titriert man steigende Mengen von Phosphorsäure zu einer Ca-haltigen Analysenlösung hinzu, so gibt es zunächst einen linearen Abfall der Ca-Intensitäten, den man während der Titration ständig verfolgt. Beim Erreichen eines gewissen stöchiometrischen Mischungsverhältnisses (von etwa 1:2; dieser Wert kann bei unterschiedlichen Flammenphotometern verschieden sein, s. Kap. 98) gibt es einen Knickpunkt im P→Ca-Einfluß, von dem ab dann die Ca-Intensität praktisch konstant bleibt. Aus der Lage des Knickpunktes mit der dazugehörigen zupipettierten P-Konzentration kann man die Ca-Konzentration errechnen. Selbstverständlich darf die Analysenlösung vorher kein P oder ähnliche Stoffe mit störenden Einflüssen auf das Ca (z. B. Al oder SO_4) enthalten, und es dürfen auch keine anderen Erdalkalielemente anwesend sein (s. Kap. 87). In entsprechender Art lassen sich auch die anderen Erdalkalien, z. B. Mg, Sr usw., jedes einzeln für sich titrieren. Umgekehrt kann man auch den P-Gehalt mit Hilfe von Erdalkalien, z. B. Ba, titrieren, vorausgesetzt, daß vorher keine Erdalkalien in der Lösung vorhanden waren.

89. Mikro- und Ultramikromethoden

Die Fortschritte mancher Disziplinen, wie z. B. der experimentellen Tier- und Pflanzenphysiologie, hängen entscheidend von der Entwicklung zuverlässiger Mikro- und Ultramikromethoden ab. Die bisher besprochenen Flammenanalysen benötigen im allgemeinen schon so wenig Substanz, bzw. so geringe Konzentrationen, daß man sie nach dem üblichen chemischen Sprachgebrauch zu den Mikromethoden rechnen muß. Wir wollen hier nur andeuten, welche Möglichkeiten offenstehen, bzw. welche Wege schon gegangen wurden, um den Substanzbedarf weiter zu verringern.

a) Man wählt eine zweckmäßige Vorbereitung der Proben für die eigentliche flammenphotometrische Analyse. Dazu gehören geeignete Anreicherungsverfahren, z. B. durch Fällungsreaktionen, durch Extraktionen, durch Veraschungen von organischem Material usw. Wir verweisen auf Kap. 88. Dazu gehören weiter geeignete Verdünnungsoperationen. Durch Anwendung organischer Lösungsmittel (Alkohol, Aceton usw.), die unter Umständen gleichzeitig zur Extraktion dienen, kann man Emissionssteigerungen bis zum Hundertfachen dessen, was man in wäßrigen Lösungen erzielen kann, erreichen, bzw. man kann bei gleicher Intensität und gleicher Meßzeit mit etwa hundertmal geringerer Substanzmenge auskommen. Wir verweisen dazu auf Kap. 79. Gleichzeitig muß man hier auf die Reinheit der Gefäße in besonderem Maße achten (Kap. 80). In extremen Fällen muß man eine besondere Arbeitstechnik (besondere Ultramikropipetten, Arbeiten unter dem Mikroskop usw.) anwenden, auf die wir in diesem Rahmen nicht eingehen können (s. z. B. [*181*]).

b) Man wählt eine für Untersuchungen an kleinsten Mengen geeignete Apparatur aus. Dazu gehört:

1. Ein Zerstäuber mit möglichst geringer Ansauggeschwindigkeit und großem Wirkungsgrad von Zerstäuber + Zerstäuberkammer usw. (Kap. 26 u. 29) oder eine andere Art zum möglichst gleichmäßigen Einbringen von kleinsten Substanzmengen in eine Flamme (s. z. B. [*584*, *585*]).

2. Die Auswahl einer möglichst zweckmäßig gewählten Analysenlinie bzw. Bande. Wir verweisen auf Kap. 81, 82 und 90.

3. Die Auswahl einer zur Linie bzw. Bande möglichst gut passenden Flammentemperatur bzw. einer zweckmäßigen Gasmischung, die eine solche Temperatur hergibt (Kap. 13 u. 14) und die Wahl optimaler Gas- und Sauerstoffzufuhren (eingestellte Gasdruckwerte) zur Flamme. Wir verweisen auf Kap. 19 und auf Sondereinrichtungen zur Reinhaltung von Gas und Luft (z. B. auf Kap. 16 u. 26).

4. Die Wahl einer optischen Trenneinrichtung (Filtergerät bzw. Monochromator einschließlich geeigneter Spalteinstellungen, Kap. 62) mit möglichst gutem spektralem Trennvermögen, d. h. mit kleiner spektraler Bandbreite bei gleichzeitig möglichst gutem Lichtleitwert. Wir verweisen auf Kapitel 40 u. 60.

5. Eine optimale Justierung aller Teile zueinander, wir verweisen auf Kap. 37 u. 64.

6. Hochempfindliche optisch-elektrische Nachweisgeräte hoher Konstanz. Wir verweisen insbesondere auf Kap. 65 u. 66.

7. Die Wahl eines Ablese- oder Registrierverfahrens, das in kurzer Zeit (der Substanzverbrauch steigt mit der Zeit!) möglichst viele Einzelmessungen für eine Mittelwertbildung oder bereits einen fertigen Mittelwert (Integralwert) während dieser kurzen Meßzeit liefert. Dazu gehören also Integrationsverfahren (Kap. 47) und insbesondere die Registrierverfahren mit Integration (Kap. 56).

Diese verschiedenen Wege sind miteinander kombinierbar.

Zu einigen dieser Punkte sei folgendes nachgetragen:

Zu b) 1.: Bei Anwendung von speziellen „Mikrozerstäubern", d. h. von solchen mit besonders geringer Ansauggeschwindigkeit (< 1 ml/min), nehmen die Linien-(Banden-)Intensitäten keineswegs proportional ab. Diese Intensitäten fallen langsamer als die Ansauggeschwindigkeit, ja mitunter nehmen die Intensitäten bei Verkleinerung der Ansauggeschwindigkeit zunächst sogar noch zu, um erst bei extrem kleinen Ansauggeschwindigkeiten allmählich wieder abzunehmen [*65, 140, 270, 347, 513, 545*]. Man kann also durch Austausch eines normalen Zerstäubers gegen einen „Mikrozerstäuber" viel Flüssigkeit sparen, ohne deswegen mit der Konzentration heraufgehen zu müssen. Man kann mitunter schon einen normalen Zerstäuber zu einem „Mikrozerstäuber" umbauen, indem man in geeigneter Weise die Flüssigkeitszufuhr drosselt. Man denke z. B. an einen in die Capillare eingeschobenen Draht. Wesentlich unter 0,1 ml/min Ansauggeschwindigkeit bzw. zu Proben mit weniger als 0,1 ml Volumen kommt man allerdings kaum, da bei zu geringen Flüssigkeitsmengen die Wandeffekte (Verschleppungseffekte) der Capillaren, die Einflüsse der Volumina der Flüssigkeitscapillaren und der Zerstäuberkammern zu groß werden, und weil sich jeweils erst ein Gleichgewichtszustand zwischen zuströmendem Nebel und dem vorangegangenen Zustand in der Zerstäuberkammer von Indirektzerstäubern einstellen muß. Bei Direktzerstäubern (Kap. 33) kommt man mit 2—5mal geringeren Meßzeiten aus als bei

Indirektzerstäubern, da bei ihnen keine Zerstäuberkammer vorhanden ist. — Bei Anwendung von Indirektzerstäubern kann man durch das Rücklaufprinzip (die an den Wänden der Zerstäuberkammer ablaufenden Flüssigkeitsanteile nehmen erneut am Zerstäubungsvorgang teil) Flüssigkeit einsparen. Allerdings muß man dafür andere Nachteile in Kauf nehmen (Kap. 28). — Auch sei auf die Möglichkeit hingewiesen, den Wirkungsgrad der Zerstäubung durch Anwendung einer Heißkammer wesentlich zu verbessern, was allerdings auch wieder andere Nachteile mit sich bringt (Kap. 30).

Zu b) 4.: Eine Vergrößerung der Dispersion eines Monochromators bewirkt bei gleicher Spalteinstellung, also bei gleicher lichtauffangender Fläche eine proportionale Verringerung der spektralen Bandbreite. Diese bewirkt ihrerseits wieder eine bessere Trennung von Linie zu Untergrund (Kap. 62) und damit eine etwa proportionale Verbesserung der unteren Nachweisbarkeitsgrenze (Kap. 90). Mit anderen Worten: bei sonst gleichen Apparateeigenschaften (Zerstäuber, Strahlungsempfänger, Elektronik usw.) kann man mit einem Monochromator mit größerer Dispersion (mit besserem Auflösungsvermögen) gleichzeitig auch entsprechend geringere Konzentrationen nachweisen. Da aber andererseits ein (übrigens nicht linearer) Zusammenhang zwischen Anschaffungspreis und Auflösungsvermögen eines Monochromators besteht, ergibt sich ein entsprechender Zusammenhang zwischen Kaufpreis und minimal nachweisbarer Mikromenge mit Hilfe eines Flammenspektrophotometers. Die bei gegebener Optik prinzipiell nicht mehr unterschreitbaren Trenneigenschaften behandelten wir in Kap. 65.

Zu b) 7.: Mit Hilfe einer lichtelektrischen Integration (Kap. 47) kann man bessere Reproduzierbarkeiten erreichen, was zunächst, bei oberflächlicher Betrachtung, einen günstigen Einfluß auf die unteren Nachweisbarkeitsgrenzen (Kap. 90) und damit auf die hier zu besprechenden Mikromethoden zu haben scheint. Tatsächlich steigt aber bei einer Verlängerung der Meßzeit der Substanzbedarf. Nach dieser Überlegung scheint es also zunächst gleichgültig zu sein, ob man mit oder ohne Integration mißt. Tatsächlich gewinnt man doch etwas durch die Integration, bedingt dadurch, daß die während einer Meßzeit (Zerstäubungszeit) erzielten variablen Photoströme in besserer Weise zu einem Gesamt-Meßwert beitragen, als wenn man einzelne Ablesungen während einer Zerstäubungszeit macht und diese Ablesungen dann mittelt. — Wir möchten in diesem Zusammenhang auf die Schwierigkeiten hinweisen, die dadurch entstehen, daß man in den Integralwert auch einzelne „Lichtblitze" (Kap. 47) von Staubteilchen usw. hineinbekommt, von denen man nicht abstrahieren kann. Diese Schwierigkeit kann man prinzipiell durch eine Registriertechnik nach Kap. 56 mit anschließender Integration unter Auslassung der Lichtblitze überwinden. — In letzter Zeit wurde eine Verbesserung der Integrationstechnik dadurch bewirkt, daß man durch einen „elektrolytischen Schalter" (Kap. 47) die Integration dann beginnen läßt, wenn die Flüssigkeit erstmals an die Capillare gebracht wird und die Integration dann automatisch abschalten läßt, wenn die Flüssigkeit verbraucht ist [*255*, *724*]. Auch ist es möglich, den integrierten Photostrom beim Zerstäuben einer „Blindlösung" von dem oben genannten Integral von Untergrund (= Blindwert) + Linie durch geeignete elektronische Schaltungen automatisch abzuziehen [*255*].

Darüber hinaus ist noch folgendes auszuführen: Sollen in einer geringen Substanzmenge mehrere Elemente bestimmt werden, so ist die erforderliche

Mindestmenge für jedes dieser Elemente bereitzustellen, d. h. die erforderlichen Mindestmengen addieren sich. Will man diesen Übelstand vermeiden, so empfiehlt sich die Anwendung von Mehrstrahlverfahren, mit denen man alle interessierenden Elemente in der gleichen Substanz gleichzeitig mißt (Kap. 50).

90. Die Nachweisgrenzen

Wir wollen in diesem Kapitel auf die mit einem bestimmten Flammenphotometer, Flammenspektrophotometer bzw. Flammenspektrographen noch qualitativ nachweisbaren unteren Grenzkonzentrationen (auch „untere Nachweisbarkeitsgrenzen", oder kürzer „Nachweisgrenzen" genannt) eingehen. Diese Grenzen sind nicht nur von der experimentellen Gesamtanordnung und der Zusammensetzung der Lösungen, sondern auch noch von dem jeweils eingestellten Element abhängig (vgl. Tab. 10). Von diesen Grenzen hängen wieder die Mindestkonzentrationen für die Durchführung quantitativer Analysen eines gegebenen Elementes mit vorgegebener relativer Genauigkeit ab. Man nennt diese letztgenannten Mindestkonzentrationen auch Bestimmungsgrenzen. Die Nachweisgrenzen, als auch die davon abhängenden Bestimmungsgrenzen sind von verschiedenen Faktoren abhängig, auf die wir unten zurückkommen. In den nächsten Abschnitten sollen zunächst die Gründe für das Auftreten solcher Grenzen dargestellt und dann eine Definition für die untere Nachweisgrenze gegeben werden.

In jedem Falle werden bei einer Verkleinerung der Konzentrationen und einer Steigerung der Empfindlichkeit der experimentellen Gesamtanordnung, etwa so, daß man immer wieder den gleichen Instrumentausschlag bekommt, die elementspezifischen Anteile an der gesamten Instrumentanzeige immer kleiner. Der Anteil des Untergrundes wird also immer größer. Gleichzeitig nehmen die Schwankungen der Anzeige, relativ zum jeweils vorhandenen Nutzausschlag (Gesamtausschlag minus Blindwert), immer mehr zu. Es gewinnen also bei einer Verkleinerung der Konzentrationen und entsprechenden Empfindlichkeitserhöhungen folgende Vorgänge gleichzeitig die Überhand:

Die Analysenlinien bzw. -Banden bzw. die zugehörigen Photoströme, Instrumentanzeigen usw. heben sich vom Blindwert (Untergrund) und von den unvermeidlichen Schwankungen der Anzeige immer weniger ab, bzw. wenn man die Empfindlichkeit nicht beliebig erhöhen kann, werden die Nutzausschläge schließlich so klein, daß der Einfluß der Ableseungenauigkeiten zu groß wird.

Wenn diese Schwankungen oder diese Ableseungenauigkeiten schließlich so groß geworden sind, daß sie mit dem Nutzausschlag vergleichbar werden, dann sind keine quantitativen Messungen mehr möglich. Werden die Schwankungen schließlich noch größer als die Nutzausschläge, so sind auch qualitative Aussagen über das Vorhandensein eines Elementes nicht mehr möglich. Man hat die Nachweisgrenze unterschritten. Man kann nun darüber streiten, welche Definition man für diese Grenze der Nachweisbarkeit verwenden soll. Wir möchten die Vor- und Nachteile aller möglichen Definitionen im einzelnen nicht erörtern (s. z. B. [*1*]), sondern folgende unten genannte Definition (in Anlehnung an [*410*]) empfehlen. Dazu wollen wir zunächst eine Begriffsbestimmung vornehmen:

Wir kennen einzelne Meßwerte für eine Meßgröße, deren „wahrer Wert" meist nicht bekannt ist. Der wahre Wert kann durch viele Meßwerte (Statistik!) und zugehörige Fehlerdiskussionen nur bis auf einen restlichen, aber nie ganz vermeidbaren Fehler angenähert ermittelt werden (Wahrscheinlichkeitsaussage!). Unter Fehler verstehen wir die Differenz Meßwert minus wahrer Wert. Da man den wahren Wert aber meist nicht kennt, sondern durch die Messungen erst erfahren möchte, hat diese Fehlerdefinition zunächst nur theoretische Bedeutung. In dem „Fehler" stecken zwei wesentlich verschiedene Anteile, ein systematischer Fehleranteil, der eine Mißweisung verursacht, und ein zufälliger Fehleranteil, der eine Streuung hervorruft. Wir kommen darauf in den Kap. 102 und 103 zurück. Wir wollen hier bei der Definition der Nachweisgrenze der Einfachheit halber nur die zufälligen Fehler in die Betrachtung einbeziehen, d. h. wir wollen voraussetzen, daß unsere Messungen „richtig", aber „ungenau" seien. Weiterhin sei vorausgesetzt, daß die Häufigkeit, mit der die mehrfach ermittelten Meßwerte um einen Mittelwert M vorkommen, eine Gaußsche Normalverteilung darstellen, was in der Praxis auch meist der Fall ist. Weiterhin wollen wir unter dem Blindwert denjenigen zeitlich schwankenden Meßwert verstehen, der beim Zerstäuben der „Blindlösung" (Kap. 95) entsteht. Bezeichnen wir die Standardabweichung (Berechnung s. Kap. 102) des Blindwertes mit σ_B und den Mittelwert dieser Blindwerte mit $\overline{x}_B$, so ist die untere Nachweisbarkeitsgrenze $\overline{x} - \overline{x}_B$, zunächst in Skalenteilen ausgedrückt, durch folgende Gleichung definiert:

$$\overline{x} - \overline{x}_B = 3\sqrt{2} \cdot \sigma_B \cong 4 \cdot \sigma_B,$$

oder in Worten ausgedrückt: *Für den sicheren qualitativen Nachweis eines Elementes ist zu fordern, daß die Differenz zwischen der gemittelten analytischen Meßgröße* $\overline{x}$ *(Skalenteile) und dem mittleren Blindwert* $\overline{x}_B$ *größer ist als ein bestimmtes Vielfaches* $k \cdot \sqrt{2}$ *der Standardabweichung* σ_B *der Blindlösung.* Welcher Wert für k zu wählen ist, hängt von der geforderten statistischen Sicherheit ab. Fordert man, wie meist üblich, eine qualitative Nachweissicherheit von 99,7%, so ist bei mehreren (>10) einzelnen Messungen zur Bestimmung von $\overline{x}_B$ und σ_B für k der Wert 3 zu fordern, der oben in die Definitionsgleichung schon eingesetzt wurde.

In der Praxis wird man also bei der Bestimmung der unteren Nachweisgrenze nach dieser Definition etwa wie folgt vorgehen: Man schafft optimale apparative Verhältnisse (s. unten), fertigt dann eine Blindlösung gemäß Kapitel 95 an und zerstäubt diese mindestens 10mal und liest die jeweiligen Blindwerte x_B ab. Aus diesen x_B berechnet man den Mittelwert $\overline{x}_B$ sowie gemäß Kapitel 102 die Standardabweichung σ_B und errechnet dann mit der obengenannten Beziehung $\overline{x}$. Dann stellt man sich 4 Eichlösungen her (Blindlösung + Analysenelement) mit 4 Konzentrationen, die Nutzausschläge $x - \overline{x}_B$ von etwa dem Einhalb-, Ein-, Zwei- und Vierfachen der Standardabweichung der Blindlösung, multipliziert mit $3\sqrt{2}$, hergeben. Eventuell sind dazu Vorversuche notwendig. Die dabei erzielten mehrfach gemessenen und gemittelten Instrumentausschläge seien $\overline{x}_{1/2}$, $\overline{x}_1$, $\overline{x}_2$ und $\overline{x}_4$. Von diesen Mittelwerten ist jeweils das vorher ermittelte $\overline{x}_B$ abzuziehen, und man erhält die elementspezifischen Anteile (d. h. die Nutzausschläge) $\overline{x}_{1/2E}$, $\overline{x}_{1E}$, $\overline{x}_{2E}$ und $\overline{x}_{4E}$. Zeichnet man diese $\overline{x}_{\nu E}$ gegen die zugehörigen Konzentrationen auf Millimeterpapier auf, so erhält man eine Eichkurve. Man überprüfe, daß die Eichkurve in diesem Konzentrationsbereich leidlich geradlinig verläuft. Eichkurvenkrümmungen können allein schon dadurch entstehen, daß man eine Wechselstrom-Meßanordnung mit linearer Gleichrichtung (Kapitel 65) verwendet, bei der der Gleichstromanteil durch das gleichgerichtete Rauschen beträchtlich ist. Man geht nun mit dem oben berechneten $\overline{x} - \overline{x}_B$ in die eben erhaltene Eichkurve ein. Man erhält daraus $\underline{c}$, die untere Nachweisgrenze, in Konzentrationseinheiten ausgedrückt. Man beachte, daß $\underline{c}$ als auch $\overline{x} - \overline{x}_B$ keine „Grenze" im strengen Sinn ist, sondern nur eine Wahrscheinlichkeitsaussage darstellt. Die Varianz an der Nachweisgrenze beträgt nämlich mindestens 33%, d. h. Gehaltsbestimmungen in der Nähe der Nachweisgrenze sind sehr unsicher.

In dieser Definition steckt noch die jeweils gewählte Einstellzeit des Anzeigeinstrumentes, weil bei sonst gleichbleibenden Versuchsbedingungen, aber trägerem Anzeigesystem die Schwankungen verkleinert werden. Da die Trägheit des Anzeigesystems leicht verändert werden kann (Kap. 46), sind so gewonnene Grenzempfindlichkeiten wenig charakteristisch für eine Meßanordnung. Man normiert daher die oben genannten Grenzempfindlichkeitszahlen besser auf gleiche Trägheit, indem man sie mit der Wurzel aus der Einstellzeit multipliziert. Diese Grenzempfindlichkeitszahlen wird man dann zur besseren Unterscheidung von den obengenannten „normierte Grenzempfindlichkeiten" nennen. Bei den nicht normierten Zahlen sollte man die Trägheit (Einstellzeit) des Anzeigesystems mit angeben. Diese Art der Normierung durch Multiplikation mit der Wurzel aus der Einstellzeit ist nur dann exakt gültig, wenn das Störspektrum „weiß" ist, d. h. wenn alle Störfrequenzen gleich oft vorkommen. Diese Voraussetzung trifft allerdings für die Flammenphotometrie nur mit mäßiger Annäherung zu [*65*].

Bei der eben vorgeschlagenen Normierung auf gleiche Zeitkonstante ist zu beachten, daß gleich viele Beobachtungen mit größerer Zeitkonstante naturgemäß eine größere Gesamtmeßzeit erfordern, als solche mit kleiner Zeitkonstante. Dementsprechend verhalten sich auch die benötigten Flüssigkeitsmengen. Betrachtet man hingegen die in einer vorgegebenen Meßzeit (die mit einem vorgegebenen Volumen an Analysenlösung) erreichbare Grenzempfindlichkeit, so schneiden Geräte mit kleiner und großer Zeitkonstante gleich gut ab. Will man die Grenzempfindlichkeitsangaben zweier Autoren miteinander vergleichen, die verschiedene Gesamtmeßzeiten angewandt haben, so wird man besser zuvor auf gleiche Meßzeiten normieren, indem man deren Angaben mit der Wurzel aus der jeweils angewandten Gesamtmeßzeit multipliziert.

Aus einer einwandfrei ermittelten Nachweisgrenze, normiert auf eine bestimmte Gesamtmeßzeit, kann man durch Multiplikation mit der Durchflußmenge (Zerstäubereigenschaft, s. Kap. 26 und 89) die untersten noch nachweisbaren absoluten Substanzmengen unter diesen normierten Meßbedingungen berechnen. Sie liegen bei guten handelsüblichen Geräten in den günstigsten Fällen bei etwa 10^{-10} g.

Weiterhin kann man diejenige untere Konzentration angeben, die erforderlich ist, um eine Messung mit einer bestimmten Genauigkeit durchzuführen. Man spricht auch von einer „Bestimmungsgrenze". Dabei ist zu beachten, daß diese, wie auch die Nachweisgrenze selbst, von etwaigen weiteren Begleitstoffen in der Analysenlösung mit abhängt (s. unten). Verlangt man z. B. eine Meßgenauigkeit von $\pm 2{,}5\%$, so wird man etwa das 14fache[1] dieser unteren Grenzkonzentrationen voraussetzen müssen.

Gelegentlich werden zu günstige untere Nachweisbarkeitsgrenzen angegeben, weil ein extrapolierendes Meß- bzw. Rechenverfahren angewandt wird, das der Problematik solcher Bestimmungen nicht gerecht wird. Das sei an einem Beispiel ausgeführt:

Vorgegeben sei ein Apparat mit bestimmter Optik und Elektronik, dazu eine leidlich konstante Flamme und eine hinreichend konstante Zerstäubung. Man stellt auf die zu bestimmende Wellenlänge ein, wählt beispielsweise 5mal größere Spalte als die, die bei der Grenzempfindlichkeitsdefinition vorausgesetzt wurden (etwa $5 \cdot 0{,}05$ mm $= 0{,}25$ mm) und kompensiert zunächst bei verdunkeltem Strahlungsempfänger den Dunkelstrom, d. h. man stellt das Instrument auf Null. Anschließend öffnet man die Blende und zerstäubt zunächst längere Zeit das Verdünnungsmittel (meist Aqua dest.) und bestimmt dabei (selbstverständlich nach vorheriger Einregelung der dafür erforderlichen Empfindlichkeit) die Ausschläge am Instrument, die von der Flamme und dem Verdünnungsmittel allein herrühren. Anschließend zerstäubt man Lösungen, die nur das interessierende Element in bekannter, aber unterschiedlicher Konzentration in dem gleichen Verdünnungsmittel enthalten und ermittelt, gegebenen-

[1] Da bei der unteren Nachweisgrenze die Genauigkeit 33% beträgt (s. S. 233), muß man also das 33/2,5fache, also mindestens das 14fache dieser Konzentration fordern.

falls durch Interpolation, dabei diejenige Konzentration, bei der sich der Ausschlag des Flammenuntergrundes durch das Zugeben der konzentrierten Lösung gerade verdoppelt. Unter diesen Bedingungen unterscheidet sich also die Linie um 100% vom Untergrund. Dividiert man nun diese Konzentration durch 100, und wegen der größeren Spalte nochmals durch 5, insgesamt also durch 500, so gibt das anscheinend die Konzentration, bei der sich die Linie um 1% vom Untergrund unterscheidet. Setzt man noch voraus, daß die Reproduzierbarkeit von mehrfach wiederholten Messungen $\pm 0{,}3\%$ beträgt, so hat man zunächst den Eindruck, daß man solche kleinen Konzentrationen noch „mit Sicherheit" vom Flammenuntergrund unterscheiden könnte. Um die Berechtigung dieses Vorgehens zu beweisen, müßten folgende Voraussetzungen erfüllt sein:

a) Mit Verkleinerung der Spalte müßte das Verhältnis Linie/Untergrund proportional besser werden.

b) Bei Verkleinerung der Intensitäten durch Konzentrationserniedrigung und durch Spaltverkleinerung müßte die relative mittlere Schwankungsbreite der Gesamtanzeige, z. B. $\pm 0{,}3\%$, gleich groß wie bei hohen Intensitäten sein.

Beide Voraussetzungen sind jedoch nicht erfüllt. Beim Monochromator Beckman-DU z. B., wird bei Verkleinerung der Spalte unterhalb 0,05 mm das Verhältnis Linie zu Untergrund, wegen der kaum vermeidlichen optischen Unzulänglichkeiten (Kap. 62), kaum noch besser. Jedoch verschlechtert sich bei sehr kleinen Spalten (etwa unterhalb 0,03 mm) die relative Ablesegenauigkeit auf dem Instrument, einmal, weil das Signal absolut genommen kleiner wird, andererseits, weil es relativ zum Widerstandsrauschen der üblichen Ableitwiderstände bzw. zum Schroteffekt der Elektronenemission von Dunkelstrom und Photostrom in den Vervielfachern kleiner wird. Mit anderen Worten, es kann in unserem Beispiel die Reproduzierbarkeit nicht mehr zu 0,3% angenommen werden, sondern sie wird bei kleinen Spalten viel schlechter sein. Dazu kommt noch, daß mit abnehmender Konzentration wegen der Krümmung der Eichkurven (z. B. Abb. 7) die Photoströme stärker als proportional der Konzentration abnehmen dürften. Durch diese Einflüsse verschlechtern sich aber erheblich die praktisch erreichbaren unteren Grenzkonzentrationen im Vergleich zu denen, die durch lineare Extrapolation gewonnen wurden.

Aus den angeführten Gründen haben so gewonnene Angaben über die untersten noch nachweisbaren Grenzkonzentrationen wenig praktischen Wert. Man kann sie höchstens zum Vergleich untereinander und als ersten Anhalt für die Größe der zu erwartenden Empfindlichkeiten benutzen.

In der folgenden Tab. 10 geben wir die für das Flammenspektrophotometer Beckman-DU ermittelten Grenzempfindlichkeiten in Milligramm/l an, bei der allerdings eine andere Definition (s. unten) für die Nachweisgrenze verwandt wurde, die jedoch keine wesentlich verschiedenen Werte geben dürfte. Alle Angaben der Tab. 10 (nach [*307a*]) gelten für wäßrige Lösungen mit Ausnahme der Spalten, die mit „org." (= organisches Lösungsmittel) bezeichnet sind. Alle Nachweisgrenzen wurden für einfache Lösungen angegeben, d. h. es wurden Störungen durch andere Elemente (Kap. 96—100) nicht berücksichtigt. Die Nachweisgrenzen wurden für ein Instrument mittlerer Güte mit einer normalen Zerstäuberbrennerkombination (Abb. 21) und einem mittleren Strahlungsempfänger 1P28 (Abb. 34) ermittelt. Die Spannung des Vervielfachers wurde so gewählt, daß die Unruhe der Instrumentenanzeige durch Einflüsse des Elektronenrauschens gerade gleich groß waren wie die Unruhe durch die Flamme ohne Analysenelement. Im roten und ultraroten Teil des Spektrums, d. h. oberhalb 650—670 mμ wurde eine rotempfindliche Photozelle verwandt, mit Ausnahme derjenigen Daten, bei denen ausdrücklich etwas anderes vermerkt ist. Unter Nachweisgrenze wird hier eine solche Konzentration verstanden, die noch einen Nutzausschlag von 1% des Flammenuntergrundes hervorzubringen vermag, vorausgesetzt, daß die Spalte so eingestellt wurden, daß der Flammenuntergrund gerade vollen Skalenausschlag unter sonst optimalen Bedingungen (s. unten) einnimmt. Der Photostrom des Untergrundes mußte also über einen Ableitwiderstand gerade einen Spannungsabfall von 100 mV erzeugen. Die dafür benötigten Spaltweiten betrugen im allgemeinen 0,1—0,2 mm für H_2—O_2-, 0,02—0,05 mm für C_2H_2—O_2- (jedoch in jedem Falle kleinere Spaltweiten bei Verwendung von organischen Lösungsmitteln) und 0,01—0,02 mm für $(CN)_2$—O_2-Flammen. Oberhalb 670 mμ jedoch betrug die Spaltweite meist 1 mm, sofern die rotempfindliche Photozelle verwandt wurde. Bei Verwendung eines rotempfindlichen Vervielfachers hingegen lagen die erforderlichen Spaltweiten wieder bei den obengenannten Werten.

Tabelle 10. *Die Nachweisgrenzen für verschiedene Elemente bei den günstigsten Wellenlängen (nach [307a])*[1] *in mg/l*

Abkürzungen

H_2—Pr = Wasserstoff-Preßluft-Flamme; H_2—O_2 = Wasserstoff-Sauerstoff-Flamme; C_2H_2—O_2 = Acetylen-Sauerstoff-Flamme; $(CN)_2$—O_2 = Dicyan-Sauerstoff-Flamme; *org.* = organisches Lösungsmittel; *I* = Linie des neutralen Atoms; *II* = Linie des einfach ionisierten Atoms; *Bk* = Bandenkopf, verhältnismäßig schmal; *C* = Kontinuum oder sehr breite undifferenzierte Bande; die hier angegebene Wellenlänge ist wenig charakteristisch; wenn auf das *C* ein *I, Bk, Br* oder ähnliches folgt, bedeutet das, daß die letztgenannten Dinge einem starken Kontinuum überlagert sind; *d* = Doppellinie, die mit dem hier verwandten Spektrophotometer meist nicht getrennt werden konnte; *i* = Linie, die man nur im Innenkonus der Flamme beobachtet; *IB* = Linie des neutralen Atoms, die auf einer Bande liegt; *UR* = mit einem rotempfindlichen Vervielfacher aufgenommen; *LL* = letzte Linie; *Br* = scharfer Bandenkopf mit Abschattierung nach der roten Seite; *f* = Interkombinationslinie; *t* = Triplett (Dreifachlinie), ebenfalls nicht aufgelöst, von Ausnahmefällen abgesehen; *w* = weite oder diffuse Bande; () = zweifelhafter Wert, nur ungefähr bestimmt.

Tabelle 10. *Nachweisgrenzen*

Element	Wellenlänge in mμ	Typ	H_2—Pr H_2O	H_2—O_2		C_2H_2—O_2		$(CN)_2$—O_2
				H_2O	*org.*	H_2O	*org.*	
Aluminium	394.40	*LL*	35 LLC	12	0.5	10	0.1	0.4
(Al)	396.15	*LL*	30 LLC	10	0.3	5	0.05	0.3
	467.2	*Br*	13 BrC	5	1		0.6	
	484.2	*Br*	7	3	0.2		0.15	
	510.2	*Br*	10 BrC	5	1		0.6	
Antimon	231.15	*LL*						50
(Sb)	252.85	*I*				(100) i		
	259.81	*I*				(100) i		
Arsen	228.81	*I*						100
(As)	234.98	*I*				(100) i		300
	500	*C*	5					
Barium	455.40	*II*	1.3 C	1.3	0.5	1	0.1	0.1
(Ba)	488	*Bk*	0.10	0.3	0.25	0.2	2	
	493.41	*IIBk*	0.12 C	0.4	0.25	0.2	0.1	0.15
	513	*Bk*	0.07	0.3	0.2	0.15	2	
	553.56	*LL*	0.06	0.25	0.1	0.2	0.2	2
	830	*Bk*	0.05 UR	0.3	0.4	2	(0.03)	
	873	*Bk*	0.12 UR	0.3	0.4	2	(0.03)	
Beryllium	234.86	*LL*						1
(Be)	470.9	*Br*	50 BrC	15		40		
	473.3	*Br*		20		50		

[1] Ergänzt nach persönlichen Mitteilungen von Herrn PAUL T. GILBERT JR., Fullerton, California. — Die wesentlichen Verbesserungen dieser Grenzen durch Ausnützung der Chemiluminescenz in den H_2—Pr-Flammen mit Zusätzen von „org." konnten hier nicht mehr berücksichtigt werden.

Tabelle 10 (Fortsetzung). *Nachweisgrenzen*

Element	Wellenlänge in mμ	Typ	H_2—Pr H_2O	H_2—O_2		C_2H_2—O_2		$(CN)_2$—O_2
				H_2O	*org.*	H_2O	*org.*	
Blei	363.96	*I*	7	2	1.5		2	4
(Pb)	368.35	*I*	3	1	0.7		1	1.5
	405.78	*I*	3	1	0.7		1	1.5
Bor	494	*dBk*	2	0.3	0.2	2	1.2	
(B)	518.0	*Bk*	1.2	0.2	0.12	1.7	0.7	
	547.6	*Bk*	0.9	0.16	0.11	0.7	0.6	
	579	*Bk*	1.5	0.3	0.15	1	1	
Cadmium	228.80	*LL*	50	10		40		0.5
(Cd)	326.11	*f*	0.5	5	2	40	2	25
Caesium	455.54	*I*	0.5	0.4	0.3	30		300
(Cs)	852.11 UR	*LL*	0.01	0.01	0.005	0.01		0.3
	894.35 UR	*LL*	0.03	0.03	0.015	0.03		1
Calcium	393.31	*II*		0.4		0.3		0.02
(Ca)	396.85	*II*		0.5		0.6		0.04
	422.67	*LL*	0.04	0.01	0.006	0.04	0.01	0.03
	554	*Bk*	0.02	0.006	0.004	0.06	0.015	1
	602	*Bk*	0.1	0.015	0.01	0.04	0.03	3
	622	*Bk*	0.02	0.004	0.002	0.02	0.01	1
Cer	494	*BkC*	0.25 C	1.5	2	15 C		
(Ce)	550—600	*C*	0.15	1	1	15		
Chrom	357.87	*I*	0.25	0.12	0.12	0.5	0.010	0.2
(Cr)	425.43	*LL*	0.08	0.10	0.07	0.5	0.011	0.08
	427.48	*LL*	0.09	0.12	0.09	0.6	0.018	0.09
	428,97	*LL*	0.10	0.15	0.12	0.8	0.03	0.12
	520.6	*tI*	0.06 IC	0.15	0.14	1	0.1	0.1
	579.4	*BrC*	0.04	0.5	0.08	0.7		
Cobalt	340.51	*I*	0.25	0.5	0.3	2		1.2
(Co)	341.25	*dLLf*	0.25	0.4	0.3	3		1.1
	345.4	*dILL*	0.22	0.4	0.2	1.5		0.2
	350.23	*I*	0.35	0.6	0.3	3		1.5
	352.8	*tILL*	0.3	0.3	0.2	1.5		1
	387.35	*dI*	0.35	0.5	0.3	2.5		
Dysprosium	526.3	*BBr*		0.15	0.12			
(Dy)	540.0	*Bk*		0.17	0.14			
	572.9	*Bk*		0.08	0.07			
	583.3	*Bk*		0.08	0.07			
Eisen	302.06	*I*		4	3	1		0.2
(Fe)	344.06	*I*		1.6	1	5	1	0.6
	371.99	*LL*	0.12	0.25	0.2	0.7	0.1	0.5
	373.71	*(d)LL*	0.13	0.35	0.2	1.2	0.15	0.7
	374.7	*tLL*	0.15	0.4	0.2	1.7	0.2	1.0
	385.99	*(d)LL*	0.15	0.3	0.2	0.9	0.15	
	564.7	*BrC*	0.06 C	0.25	0.08	1.0	3	
	581.9	*BrC*	0.06 C	0.25	0:08	0.9	3	
Erbium	504	*Bk*		0.3	0.18			
(Er)	552	*Bk*		0.2	0.12			
Europium	459.40	*LL*		0.4	0.3	1		
(Eu)	462.72	*LL*		0.5	0.35	1		
	598	*BkC*		0.1	0.08	(1)		
	623	*wC*		0.15	0.1	(1)		
	702	*w*		0.2	0.1	(1)		
Gadolinium	461.6	*Br*		0.6	0.35			
(Gd)	580.7	*BBrC*	(2)	0.2	0.08	(1)		
	598.7	*BBrC*	(1)	0.12	0.04	(0.5)		
	622	*BkC*	(1)	0.15	0.04	(0.5)		
Gallium	403.30	*LL*	1	0.1	0.07	1		
(Ga)	417.21	*LL*	0.5	0.05	0.03	0.5		
Gold	242.80	*LL*	100	10		9		
(Au)	267.60	*LL*	30	5		6		

Tabelle 10 (Fortsetzung). *Nachweisgrenzen*

Element	Wellenlänge in mμ	Typ	H_2—Pr H_2O	H_2—O_2		C_2H_2—O_2		$(CN)_2$—O_2
				H_2O	*org.*	H_2O	*org.*	
Holmium	515.7	*Br*		0.2	0.2			
(Ho)	527	*Bk*		0.2	0.2			
	532.0	*Bk*		0.2	0.2			
	565.9	*Bk*		0.08	0.06			
Indium	410.18	*LL*	0.07	0.05	0.03	0.3		
(In)	451.13	*LL*	0.04	0.03	0.02	0.2		
Jod[2]	484.5	*BrC*		(10)				
(J)	513.1	*BrC*		(10)				
	530.8	*BrC*		(10)				
Kalium	404.5	*dI*	0.3	0.15	0.1	1		70
(K)	766.49 UR	*LL*	} 0.001	0.0003	0.0002	{0.0003		0.03
	769.90 UR	*LL*				0.0005		0.05
Kupfer	324.75	*LL*	0.16	0.1	0.02	0.1	0.03	0.3
(Cu)	327.40	*LL*	0.25	0.1	0.02	0.1	0.03	0.5
	537	*w*	0.1	0.6	0.5	1.7		
Lanthan	438.0	*BBr*	2	0.4	0.4	0.6	0.13	
(La)	442.3	*BBr*	2	0.4	0.3	0.6	0.12	
	560.0	*Br*	0.6	0.15	0.1	0.6	0.06	
	743 UR	*BBr*	0.3	0.5	0.01	0.1	0.08	
	792 UR	*BBr*	0.4	0.5	0.01	0.1	0.07	
Lithium	610.36	*I*	0.3	0.5	0.3	1		0.4
(Li)	670.78[3]	*LL*	0.001	0.0002	0.00015	0.001		0.003
Lutetium	466.2	*BBr*		0.3	0.13			
(Lu)	517.0	*BBr*		0.2	0.09			
Magnesium	285.21	*LL*	0.1	0.1	0.04	0.15	0.1	0.01
(Mg)	370.2	*Bk*	0.02	0.1	0.1	2		
	381—383[4]	*BBk*	0.02	0.12	0.12	3		
Mangan	403.2	*tLL*	0.02	0.01	0.007	0.02		0.1
(Mn)	538.9	*Br*	0.10	0.20	0.13	1.2		50
	558.6	*Br*	0.08	0.12	0.08	0.6		70
Molybdän	379.83	*LL*	4 C	12 C	1 i	(20) i		3
(Mo)	386.41	*LL*	3.5 C	12 C	1 i	(30) i		10
	390.30	*LL*	3.5 C	12 C	2 i	(40) i		0.9
	550—600	*C*	0.4	1		(3)		
Natrium	330.3	*dI*	4	0.5	1	1		20
(Na)	589.2	*dLL*	0.0003	0.0002	0.00015	0.0004		0.005
	819 UR	*dI*		2	1	0.5		1
Neodym	660	*BBk*		1	0.1	1		
(Nd)	691	*BkC*		1	0.02	2		
	702 UR	*BkC*		1	0.02	1		
	712 UR	*tBkC*		1	0.02	1		
Nickel	341.48	*LL*	0.12	0.2	0.17	1		0.2
(Ni)	346.0	*dLL*	0.22	0.5	0.3	1.5		0.5
	349.30	*LL*	0.4	0.6	0.4	1.4		0.5
	351.51	*LL*	0.22	0.45	0.3	1.1		0.5
	352.45	*LL*	0.13	0.2	0.12	0.7	(0.2)	0.3
	361.94	*I*	0.25	0.45	0.3	2		0.5
Niob (Nb)	550	*C*	2	10		30		
Palladium	340.46	*I*	0.22	0.14		1		0.12
(Pd)	360.95	*I*	0.35	0.22		1.5		0.2
	363.47	*I*	0.18	0.12		1		0.10
Platin	265.95	*LL*	90	13		20		1.2
(Pt)	306.47	*LL*	40	10		15		1.5
Praseodym	576.3	*BrC*		0.7	0.9			
(Pr)	603	*dBr*		1	0.5			
	709.5 UR	*BkC*		(1)	0.2			
	735 UR	*dBrC*		(1)	0.3			
Promethium	(640)	*Bk*		(1)	(0.2)	(10)		
(Pm)	(680)	*Bk*		(1)	(0.2)	(10)		

Tabelle 10 (Fortsetzung). *Nachweisgrenzen*

Element	Wellenlänge in mμ	Typ	H_2—Pr H_2O	H_2—O_2 H_2O	H_2—O_2 *org.*	C_2H_2—O_2 H_2O	C_2H_2—O_2 *org.*	$(CN)_2$—O_2
Quecksilber (Hg)	253.65	*f*	10	30	6	50; 8 t		
Radium	381.44	*II*		(3)				
(Ra)	482.59	*LL*		(2)				
	627	*Bk*		(2)				
	665	*Bk*		(2)				
Rhenium	488.92	*LL*		(100)				
(Re)	527.55	*LL*		(100)				
Rhodium	343.49	*LL*		2		3		
(Rh)	350.25	*LL*		2		6		
	365.80	*I*		2		4		
	369.24	*LL*		0.7		0.8		
Rubidium	420.19	*I*	0.5	0.3	0.2	5		100
(Rb)	780.02 UR	*LL*	0.003	0.003	0.002	0.005		0.1
	794.76 UR	*LL*	0.004	0.004	0.003	0.006		0.2
Ruthenium	349.89	*LL*		2		3		
(Ru)	372.80	*LL*		0.5		0.3		
	379.9	*tLL*		1		0.4		
Samarium	614	*BBkC*		0.25	0.12	5		
(Sm)	624	*BBkC*		0.35	0.12	4		
	642	*tBkC*		0.5	0.10	5		
	652	*BBkC*		0.5	0.09	3		
Scandium	485.8	*Br*		0.5	0.16			
(Sc)	581.2	*Br*		0.25	0.07	2		
	607.3	*tBr*		0.04	0.006	0.3		
	611.0	*tBr*		0.05	0.008	0.4		
Silber	328.07	*LL*	0.10	0.1	0.1	0.2	0.3	0.4
(Ag)	338.29	*LL*	0.04	0.06	0.06	0.2	0.25	0.5
Silicium (Si)	248.7^5	*Br*						
Stickstoff(N)	385.3	*dBr*			60 i			
Strontium	407.77	*II*		0.3	0.2	1		0.03
(Sr)	421.55	*II*		0.5	0.3	2		0.06
	460.73	*LL*	0.02	0.01	0.005	0.06		0.07
	605	*Bk*	0.002	0.01	0.007	0.1		
	666	*Bk*	0.02	0.015	0.01	0.25		
	680	*Bk*	0.04	0.01	0.01	0.3		
Tellur (Te)	372	*BkC*	3	35		700 C		
	390	*BkC*	3	40		600 C		
	413.5	*BkC*	3	40		600 C		
Terbium	534	*Bk*		0.25	0.16			
(Tb)	573	*BkC*		0.2	0.10			
	592.1	*BkC*		0.12	0.06	(1)		
	598.0	*BkC*		0.15	0.07	(1)		
Thallium	377.57	*LL*	0.2	0.1	0.06	1		1.7
(Tl)	535.05	*I*	0.35	0.15	0.1	2		1.2
Thulium	491	*Bk*		0.35	0.2			
(Tm)	538	*Bk*		0.3	0.16			
	541.5	*Bk*		0.3	0.16			
Titan	516.7	*BrC*	0.03 C	0.25		7	7	
(Ti)	544.9	*BrC*	0.03 C	0.22		7	7	
	575.9	*BrC*	0.03 C	0.22		7	7	
	715	*BrC*		0.5		1		
Uran (U)	550	*C*	0.7					
Vanadium	318.4	*tI*						0.5
(V)	437.92	*LL*						1.7
	440.7	*dLL*						1.8
	522.9	*BrC*	0.03	0.35	0.12	2		
	547.0	*BrC*	0.025	0.25	0.10	1.5		
	573.7	*BrC*	0.017	0.25	0.09	1		

Tabelle 10 (Fortsetzung). *Nachweisgrenzen*

Element	Wellenlänge in mμ	Typ	H_2—Pr H_2O	H_2—O_2		C_2H_2—O_2		$(CN)_2$—O_2
				H_2O	*org.*	H_2O	*org.*	
Wismut	306.77	*LL*	50	600		1000 i[1]		3
(Bi)	472.26	*I*	20	40	2000	200		
Ytterbium	398.80	*I*	0.15	0.4	0.08	1		
(Yb)	498.1	*Bk*	0.05	0.2	0.2	2		
	532.5	*Bk*	0.04	0.13	0.13	2		
	555.65	*LLBk*	0.04	0.14	0.16	(1)		
	572.5	*Bk*	0.03	0.09	0.10	(1)		
Yttrium	481.8	*Br*		0.35	0.2			
(Y)	599	*BBr*		0.035	0.010	0.3		
	615	*BBr*		0.035	0.013	0.3		
Zink	213.86	*LL*	2500	500	10	600		1.7
(Zn)	481.05	*I*	30 C	170 C	16 i	i	6 C	
	520—600	*C*	20	80	0.8		2,5	
Zinn	284.00	*LL*		(100)		50 i		1.2
(Sn)	303.41	*LL*		200		200; 25 i		1.0
	332.3	*Br*		30	50	50		
	348.5	*Br*		45	60	50		
	358.5	*Br*		20	45	50		
Zirconium	564	*BkC*		8		(100)		
(Zr)	574	*BkC*		8		(100)		

[1] Man beobachtet diese Linie als Absorptionslinie gegen den heißeren „Untergrund" einer OH-Bande.

[2] Diese Banden werden nur von jodathaltigen Lösungen emittiert [*526*].

[3] Diese Angaben gelten für einen Vervielfacher 1 P 28, der mit einem Rotfilter versehen ist.

[4] Mitunter erscheinen die Bogenlinien 382, 94; 383, 23; 383, 83 innerhalb dieser Bande.

[5] Hier ist die stärkste von verschiedenen schwachen Banden angegeben.

Wie aus Tab. 10 ersichtlich ist, liegen, von den Alkalien und Erdalkalien abgesehen, die meisten Grenzempfindlichkeiten in der Größenordnung von 0,1 bis 10 mg/l. In dieser Konzentration lassen sich etwa 40 Elemente unter den angegebenen Versuchsbedingungen nachweisen, etwa die Hälfte davon zwischen 0,1 bis 1 mg/l, die anderen zwischen 1 bis 10 mg/l. Die Alkalielemente sowie einige weitere Erdalkalien und ähnliche Elemente, wie z. B. Ca, Sr, Mn, Ag, Ga und In, zeigen Nachweisgrenzen, die besser als 0,1 mg/l liegen. Auf der anderen Seite sind 9 Elemente verzeichnet, die sich im Vergleich dazu nur in höheren Konzentrationen oberhalb 10 mg/l nachweisen lassen.

Man kann nun fragen, wie sich die Grenzempfindlichkeiten der Tabelle ändern, wenn man gezwungen ist unter anderen apparativen oder anderen methodischen Bedingungen zu arbeiten. Diese Frage läßt sich schwer allgemein beantworten, da sehr viele Varianten gleichzeitig, z. T. in recht unübersichtlicher und miteinander verflochtener Art, eingehen können. Dazu kommt noch der nicht zu unterschätzende Einfluß der Geschicklichkeit des jeweiligen Beobachters. Ein geübter Experimentator kann z. B. bei der Beobachtung der schwankenden Anzeige eines Ableseinstrumentes gut mitteln bzw. „integrieren", während ein Anfänger von den Schwankungen irritiert wird und häufig diejenigen Stellungen des (Licht-) Zeigers abliest, wo dieser gerade besonders „ruhig" steht. Das sind aber ausgerechnet die Umkehrpunkte des Zeigers, also die Extremwerte, die am wenigsten für den Schwankungsvorgang charakteristisch sind. — Wir müssen uns daher bei der folgenden Besprechung im wesentlichen auf qualitative Angaben beschränken, wobei wir der Kürze halber oft auf andere Kapitel verweisen werden.

a) Die gleichzeitige *Anwesenheit anderer Elemente* und anderer Substanzen in der Analysenflüssigkeit (unter Umständen auch in der Luft des Laboratoriums, s. Kapitel 93) verschlechtert im allgemeinen die unteren Nachweisgrenzen (Ausnahme: organische Lösungsmittel, ferner besondere Zusätze bei einigen Elementen, wie z. B. bei Al, s. Kap. 88). Das liegt an hinzukommenden Querempfindlichkeiten (Kap. 94), an einer Anhebung des Untergrundes durch Kontinua und Bandenemissionen (Kap. 8 und 95) der anderen Elemente, an einer Verschlechterung der Zerstäubung durch Viscositäts- und Oberflächenspannungseinflüsse (Kap. 6 u. 101), ebenso an einer Verlangsamung der Tröpfchenverdampfung in der Zerstäuberkammer und in der Flamme (Kap. 6 u. 7). Auch ist es sehr wichtig, daß das jeweils benützte Lösungsmittel möglichst wenig Fremdelemente, insbesondere nicht das zu messende Element, enthält.

b) *Der Einfluß des Zerstäubers.* Die Eigenschaften des jeweils benützten Zerstäubers, d. h. seine Ansauggeschwindigkeit, die von ihm erzeugte Tröpfchengrößenverteilung u. ä. (Kap. 6 u. 22—31), beeinflussen Verluste zwischen Zerstäuber und Brenner (Transportbeeinflussungen), sowie bei Direkt- und Indirektzerstäubern die Verdampfung der Tröpfchen und festen Teilchen in der Flamme.

c) Ein ungünstig eingestelltes *Verhältnis von Gas/Sauerstoff* bzw. Gas/Luft (s. Kap. 19) beeinflußt die Flammentemperatur. Von dieser Temperatur hängen wieder sehr empfindlich die Emission (Kap. 8) sowie andere Einflüsse ab, die ihrerseits wieder auf die Emission zurückwirken, wie z. B. Dissoziation und Ionisation (Kap. 7).

d) Wenn man die *Beobachtungshöhe* des Meßstrahles in Bezug auf die Flamme ungünstig einstellt, kann man wesentlich schlechtere Nachweisgrenzen erzielen als ein geschickter Experimentator. Im gleichen Zusammenhang sei auf die Bedeutung einer zweckentsprechenden Justierung aller Teile zueinander hingewiesen (Kap. 37, 43, 64 u. a.).

e) *Die spektralen Bandbreiten* (Kap. 40 u. 61) haben einen wesentlichen Einfluß auf die erreichbaren unteren Nachweisbarkeitsgrenzen. Von extrem kleinen Spalteinstellungen abgesehen bedingt eine Verkleinerung der Bandbreite auch eine proportionale Verbesserung der Nachweisgrenze. Hierin sehen wir fast die einzige Möglichkeit, die oben in Tab. 10 angegebenen Grenzempfindlichkeiten wesentlich zu verbessern. Allerdings ist dies Verfahren teuer. Typische Werte für Filterinstrumente findet man bei [*513*]. Als Anhalt mag dienen, daß man die im sichtbaren Spektralbereich angegebenen Grenzempfindlichkeiten der Tab. 10 für die Wasserstoff-Preßluft-Flamme mit 50—200 multiplizieren muß, um auf die Grenzempfindlichkeit eines mit Interferenzfilter und gleicher Flamme ausgerüsteten Gerätes zu kommen. Hierbei sind die niedrigeren Werte für den roten Bereich und die höheren Werte für den violetten Teil des Spektrums anzuwenden.

f) Eine gute *optisch-elektrische Gesamtempfindlichkeit* (Lichtleitwert Kap. 61, spektrale Durchlässigkeit Kap. 59 u. 60, Empfindlichkeit der Strahlungsempfänger Kap. 42, Nachverstärkung Kap. 44 und Anzeigeinstrument Kap. 46) bei möglichst kleinem Rauschpegel (Kap. 65) ist Voraussetzung für das Erreichen guter Grenzempfindlichkeiten. Wir möchten aber ausdrücklich der landläufigen Meinung entgegentreten, daß man durch Empfindlichkeitssteigerung allein immer bessere

Grenzempfindlichkeiten erzielen könne (s. die obige Definitionsgleichung für die Nachweisgrenze!).

g) Das angewandte *Meßverfahren*, d. h. mit oder ohne Leitlinie (Kap. 51), die Zeitkonstante des Meßinstrumentes (Kap. 46), die Art der Integrierung (Kap. 47) bzw. Registrierung mit Integration (Kap. 56), haben ebenfalls einen wesentlichen Einfluß auf die Nachweisgrenzen [*584*]. Man vergleiche dazu die oben gebrachten Überlegungen zu den verschiedenen Normierungen der Nachweisgrenzen. Man kann den Sachverhalt auch wie folgt ausdrücken: Alle Verfahren, die die Schwankungsgröße der Blindwerte σ_B verkleinern, haben gleichzeitig einen günstigen Einfluß auf die Nachweisgrenzen. Die meisten Verfahren zur Verkleinerung der Streuung erfordern aber größere Meßzeiten und damit größere Mengen an Analysenflüssigkeit bzw. Substanz (Kap. 89). Allerdings werden mit Hilfe eines registrierenden und integrierenden Verfahrens die Momentanausschläge besser gemittelt bzw. besser zu einem Integralwert zusammengefaßt. Der Genauigkeitsgewinn und damit der Gewinn an Nachweisgrenze beträgt etwa eine Zehnerpotenz.

91. Die Bestimmungsgeschwindigkeit

Abgesehen von dem einmaligen Einrichten einer Methode für einen bestimmten Anwendungsfall (Erprobung der günstigsten experimentellen Bedingungen, Herstellen von Eichlösungen, Aufnehmen von Eichkurven usw.) werden die flammenphotometrischen Analysen im Vergleich zu einer chemischen Analyse wenig Zeit erfordern. Wir wollen im folgenden diejenigen Faktoren erwähnen, die diesen Zeitbedarf beeinflussen und auf Möglichkeiten hinweisen, diesen Zeitbedarf abermals zu verringern. Diese Zeiteinsparungen werden um so größere praktische Bedeutung haben, je größer die Zahl der anschließend durchzuführenden Serienanalysen ist.

a) Die *Vorbereitung* der Proben zur Analyse, also das Entnehmen und das Aufarbeiten bis zur eigentlichen flammenphotometrischen Bestimmung (Kap. 78, 79, 87 und 88), wird um so mehr Zeit erfordern, je komplizierter dieser Arbeitsgang ist. Im einfachsten Falle kann man die Proben direkt vom Flammenphotometer ansaugen lassen, was z. B. bei Wasseranalysen häufig möglich ist. Der nächst einfache Fall ist derjenige, bei dem man nur eine vorbereitende Verdünnung vor der eigentlichen Analyse durchführen muß, während die Kombination mit chemischen Verfahren, z. B. das vorherige Ausführen von Fällungsreaktionen usw., wesentlich mehr Zeit erfordert. Wie weit man hierbei durch methodisch geschickteres Vorgehen Zeit sparen kann, läßt sich nur von Fall zu Fall entscheiden. Wir verweisen im übrigen auf die genannten Kapitel und auf die vielen Anwendungs-Veröffentlichungen, in denen diesbezügliche Erfahrungen mitgeteilt sind. — Man kann allerdings die ständig wiederkehrenden vorbereitenden Manipulationen bei Serienuntersuchungen mit dem ganzen flammenphotometrischen Meßgang zusammen automatisieren, indem man z. B. durch elektronisch gesteuerte Dosierpumpen die jeweilige Verdünnungsoperation automatisch vorher auf den Probenwechslern erledigen läßt [*80*].

b) Abgesehen von dieser Vorbereitung der Proben hängt die Bestimmungsgeschwindigkeit wesentlich von der angewandten *Apparatur*, von der *Arbeitsorganisation*, d. h. vom Zuführen der Proben, von der Art der Buchführung, vom

Abführen der (teilweise) entleerten Probenbehälter sowie von der Art der rechnerischen Verarbeitung der Ergebnisse (Nachsehen in Eichkurven u. ä.) und dem nachträglichen Anbringen von Korrekturen an den Meßergebnissen ab. — Wir wollen im folgenden im wesentlichen die apparativen und methodischen Gesichtspunkte nennen, die einen Einfluß auf die Bestimmungsgeschwindigkeit haben, wollen aber die organisatorischen Gesichtspunkte nur streifen.

1. Die Art der *Probenwechslung* beeinflußt merklich die Bestimmungsgeschwindigkeit. Wenn man einen Probenwechsler (s. z. B. Abb. 43) für viele Proben hat, dann kann man viele Probenbehälter (mitunter bis zu 40!) gleichzeitig auf einem drehbaren Rundtisch aufsetzen und dann in schneller Folge nacheinander messen. Man kann während dieses „Rundlaufes" die nicht mehr benötigten Behälter entfernen und durch neue ersetzen, ohne daß deswegen der Fortlauf der Messungen unterbrochen werden muß. Wenn dazu dann noch durch eine geschickte Arbeitsorganisation dafür gesorgt wird, daß das Personal für die Vorbereitung der Proben, für das Zuführen und das Entfernen der Behälter in einer guten Relation zum eigentlichen Bedienungspersonal des Flammenphotometers (meist nur 1 Person) steht, dann kann ein Flammenphotometer optimal ausgenutzt werden. Anderenfalls wird man bei großem Arbeitsanfall mehrere Flammenphotometer gleichzeitig einsetzen müssen.

2. Zwischen dem Unterhalten einer Probe unter den Zerstäuber und dem Einstellen eines Endausschlages am Ableseinstrument vergeht eine gewisse *Zeit*, die ebenfalls die Bestimmungsgeschwindigkeit merklich beeinflußt. Diese Zeit ist bei Direktzerstäubern kleiner als bei Indirektzerstäubern, weil sich im letztgenannten Fall in der Zerstäuberkammer erst ein Gleichgewichtszustand einstellen muß.

3. Weiterhin hängt die Einstellzeit am Instrument noch von der *Zeitkonstante* des gesamten optisch-elektrischen Anzeigesystems ab. Wir verweisen auf Kap. 46 u. 65. Bei Kompensationseinrichtungen mit einer Hilfsspannung (Kap. 49) ist der für den Abgleich des Kompensationswiderstandes erforderliche Zeitbedarf meist größer, als der für das Ablesen des Instrumentes, weil man zusätzlich abgleichen und dabei auch auf die Schwingungsdauer des Null-Instrumentes Rücksicht nehmen muß. Bei den Leitlinienmethoden (Kap. 51), vom Behelfsverfahren abgesehen, ist der Zeitbedarf wieder geringer, weil der Abgleich der Kompensationswiderstände schon erfolgen kann, bevor sich das genannte Gleichgewicht eingestellt hat. Im noch nicht vollkonzentrierten Nebel in der Zerstäuberkammer ist nämlich das Verhältnis Analysen- zu Leitelement das gleiche wie später im Gleichgewichtszustand, so daß die Messung bzw. das Abgleichen des Widerstandes schon vorzeitig beginnen kann.

Verwendet man ein Mehrkanal-Flammenphotometer zur gleichzeitigen Bestimmung mehrerer Elemente, so spart man nicht nur Analysenmaterial, sondern auch Meßzeit.

Prinzipiell bestehen keine Grenzen, den ganzen Meßvorgang, ähnlich wie in *Quantometern*, noch weiter zu automatisieren und damit den Zeitbedarf für eine Analyse abermals wesentlich herabzusetzen. So ist es z. B. möglich, das Abziehen des Flammenuntergrundes, des Dunkelstromes usw. automatisch zu erledigen. Auch das Abgleichen bei Kompensationseinrichtungen ist mit Hilfe von Motoren möglich (vollautomatische Quotientenbildung). Prinzipiell lassen sich auch Korrekturen für die Beseitigung von Störeinflüssen durch Lösungspartner (Kap. 96 bis

16*

100) elektronisch ausrechnen so, daß man den fertigen Meßwert direkt auf einen Papierstreifen o. ä. aufdrucken lassen kann. Flammenphotometer bzw. Spektrophotometer mit solchem Bedienungskomfort sind uns noch nicht bekannt. Wir glauben aber, daß die Entwicklung in dieser Richtung weitergehen wird.

Beim Einsatz von *Registrierverfahren* wird im allgemeinen mehr Zeit und Material benötigt, als für das Ablesen eines einzelnen Ausschlages bei einer bestimmten Wellenlänge (Ausschlagsverfahren) erforderlich ist. Die Registriergeschwindigkeit muß auch auf die Einstellzeit des Registrierinstrumentes Rücksicht nehmen, da sonst Fehlanzeigen, z. B. durch „abgeschnittene" Linienmaxima bei der Registrierung, möglich sind. Wenn man ein Spektrum wesentlich schneller darstellen will, empfiehlt es sich, einen Oscillographen zur Hilfe zu nehmen und einen solchen Monochromator zu verwenden, bei dem entweder das Prisma, entsprechend dem zu überstreichenden Wellenlängenbereich, oder einer der Spalte schwingende Bewegungen (s. z. B. [*343a*]) ausführt. An die waagerecht ablenkenden Platten des Oscillographen muß dann eine Wechselspannung gelegt werden, die synchron zu dieser Schwingungsfrequenz liegt.

Fehlererkennung und -beseitigung

92. Einleitung

In Kap. 11 hatten wir im Anschluß an die Grundlagenkap. 5—10 bereits einen Überblick über die verschiedenen, vorher erwähnten Störmöglichkeiten gegeben. In diesem Kap. 11 wurde auch ein uns zweckmäßig erscheinendes Einteilungsschema empfohlen. Wir wollen in den folgenden Kap. 93—104 auf einige Störungen genauer eingehen, Möglichkeiten zur Erkennung von dadurch bedingten Fehlern und praktische Wege zu ihrer Ausschaltung besprechen.

In Kap. 93 wollen wir mögliche Fehler durch Verunreinigungen in den benutzten Gasen bzw. in der umgebenden Atmosphäre besprechen, in Kap. 94 und 95 die Blindwertstörungen durch die Querempfindlichkeit bzw. durch Einflüsse auf den Untergrund. In Kap. 96—100 behandeln wir die spezifischen Emissionsbeeinflussungen durch Lösungspartner und dann in Kap. 101 die unspezifischen Emissionsbeeinflussungen. In den Kap. 102—104 bringen wir mathematische Grundlagenbegriffe für die Festlegung von Fehlergrößen, die für einen objektiven Vergleich verschiedener Verfahren gegeneinander notwendig sind.

Bevor wir auf die möglichen Fehler durch Verunreinigungen in der Luft eingehen, wollen wir noch einige allgemeinere Gesichtspunkte für alle folgenden Kapitel vorweg erwähnen:

Je genauer ein Ergebnis gewünscht wird, um so mehr Fehlerquellen muß man berücksichtigen. Man erleichtert sich daher die Vorarbeit bei der Einrichtung der Methode und auch die ständig wiederkehrende Arbeit beim routinemäßigen Messen erheblich, wenn man sich mit geringeren Genauigkeiten zufrieden geben kann. Welche Genauigkeiten im Einzelfall gefordert werden müssen, kann nur von Fall zu Fall entschieden werden. Wir werden in den späteren Kapiteln bei den Anwendungen gelegentlich auf diese Frage zurückkommen.

Die auf apparative Schwankungen (Gasdruck, Flamme, Verstopfung des Zerstäubers, Nullpunkts-Inkonstanz und Empfindlichkeitsänderungen des Empfängerteils usw.) zurückgehenden Fehler sind am leichtesten erkennbar. Man braucht nur zwischen die Analysen regelmäßig, etwa nach jeder 2.—5. Analyse, eine Haupteichlösung einzuschieben und dabei die Empfindlichkeit und evtl. auch den Nullpunkt der Gesamtapparatur mit Hilfe einer Blindlösung (Kap. 95) zu überprüfen. Fehler dieser Art beeinflussen die in Kap. 102 mathematisch definierte Reproduzierbarkeit der einzelnen Messungen. Der auf die Apparatur, einschließlich Flamme, zurückgehende Gesamtfehler sollte auf alle Fehlerursachen etwa gleichmäßig verteilt sein. So hat es z. B. wenig Zweck, die Genauigkeit eines Apparateteiles, z. B. eines Präzisionspotentiometers, auf $\pm 0{,}025\%$ zu treiben, wenn auf der anderen Seite der benutzte indirekte Zerstäuber wegen ungleichmäßigen Niederschlagens der Tröpfchen in der Zerstäuberkammer (Temperatureinfluß, Kap. 26) nur Reproduzierbarkeiten von $\pm 1\%$ zuläßt.

93. Verunreinigungen in den Gasen und in der umgebenden Luft

Die Preßluft für die Flamme kann Staub, Ölpartikel vom Kompressor, Wasser oder ähnliches enthalten, was zu Fehlmessungen Anlaß geben kann oder zumindest die untere Nachweisbarkeitsgrenze (Kap. 90) verschlechtert. Über die Möglichkeit, in die Preßluftleitungen Luftreiniger einzuschalten, sprachen wir schon in Kap. 16. Ebenso können die benutzten Brenngase Verunreinigungen enthalten. Zum Beispiel findet man im Wasserstoff häufig Kalium, Eisen und einige andere Elemente. Aber auch mit extrem reinen Gasen betriebene Flammen können noch Verunreinigungen aus der umgebenden Luft aufnehmen, sofern man nicht einen geschlossenen Brenner (Kap. 26) verwendet. Jede Flamme saugt bekanntlich zusätzlich Luft aus der Umgebung an, und die Reinheit der Zimmerluft beeinflußt somit die Eigenstrahlung der Flamme.

Man beachte, daß solche z. B. Na-haltigen Staubpartikel nicht nur bei Messungen an den Na-Linien durch das Auftreten von „Lichtblitzen" stören, sondern daß diese Lichtblitze auch den gesamten Flammenuntergrund im gesamten Wellenlängenbereich beeinflussen können. Bekanntlich heben Na und K und viele andere Elemente den Flammenuntergrund an (Kap. 8). Auf diese Weise können „Lichtblitze" auch an anderen Stellen des Spektrums stören, wo man es bei oberflächlicher Betrachtung zunächst nicht vermuten sollte. Bei etwa vorhandenen Querempfindlichkeiten (Kap. 94) können Lichtblitze ähnliche Wirkungen wie die eben genannten Untergrundeinflüsse haben. Darüber hinaus kommt es vor, daß durch gröbere, unverdampfte, glühende Teilchen von schwer verdampfbarem Material Lichtblitze ausgelöst werden, die mit ihrem thermischen Leuchten den gesamten Flammenuntergrund anheben.

Bei der Bestimmung von sehr geringen K-Konzentrationen sollte im Zimmer nicht geraucht werden, da Zigarettenrauch viel K enthält. Eine Reinigung der Zimmerluft ist prinzipiell möglich [*527*], sie erfordert aber größeren Aufwand. — In Industriebezirken können bei starken Luftverunreinigungen, z. B. durch Seifenpulver, Flammenanalysen recht problematisch werden. — Weiterhin ist zu beachten, daß jede Flamme die ihr zugeführten Salze als Staub wieder ausstößt. Die Zimmerluft verunreinigt sich dadurch im Laufe der Messungen von selbst, insbesondere beim Vorliegen von höheren Konzentrationen in den Analysen- und Eichlösungen. Hiergegen schützt man sich, indem man oberhalb der Flamme einen Trichter mit einer Saugleitung anbringt. Ein Exhaustor schafft die von der Flamme ausgehende Verunreinigung ins Freie. Dieses Vorgehen ist um so empfehlenswerter, je kleiner das Zimmer ist. Aus dem gleichen Grunde sollte man mit den weniger konzentrierten Lösungen beginnen und erst gegen Ende einer Meßreihe die höheren Konzentrationen vernebeln. — Bei den älteren Flammenphotometern mit offener Flamme sieht man eine evtl. zunehmende Verunreinigung der Zimmerluft an der Flammenfärbung. Bei den neueren Typen ist der Schornstein meist undurchsichtig. Es empfiehlt sich, in solchen Fällen einen mit nicht leuchtender Flamme brennenden Bunsenbrenner getrennt vom Flammenphotometer als empfindlichen Indicator für den Grad der Zimmerluftreinheit aufzustellen. — Einige ausländische Autoren berichten darüber, daß an Tagen mit Sandstürmen Flammenanalysen nicht durchführbar seien. Ebenso gäbe es in der Nähe der Küste bei starken Meereswinden Schwierigkeiten (Salzpartikel in der Luft [*143*]).

A. Blindwertstörungen

94. Die Querempfindlichkeit

Ein Filter bzw. ein Monochromator sollte im Idealfall nur die zu messende Linie bzw. Bande durchlassen. Tatsächlich wird aber immer ein Wellenlängenbereich durchgelassen. Auch in den übrigen außerhalb dieses Bereiches gelegenen Teilen des Spektrums ist die Durchlässigkeit nicht „0", sondern hat einen endlichen, wenn auch meistens sehr kleinen Wert. Die letztgenannten Fehldurchlässigkeiten für Licht anderer Wellenlängen führen dazu, daß ein für eine bestimmte Wellenlänge vorgesehenes Filter, z. B. für Na bzw. ein auf eine (Natrium-)Linie eingestellter Monochromator, auch Licht anderer Wellenlängen, z. B. von Kalium, hindurchläßt. Dieser Störeinfluß fremder Linien wird Querempfindlichkeit [*632*] genannt. Die Güte der optischen Trennung wird also durch die Querempfindlichkeit charakterisiert, die möglichst klein sein sollte. Leider geben die Gerätehersteller diese Querempfindlichkeiten meist nicht zahlenmäßig an. Solche Angaben wären ein gutes Kriterium für die Güte eines Instrumentes. Bei Monochromatoren rührt diese Restdurchlässigkeit vom Streulicht her, bei Metallinterferenzfiltern z. B. durch Fehler in der aufgedampften Schicht. Wenn der Einbau der Filter und Strahlungsempfänger nicht zweckentsprechend erfolgt, kann auch bei Filtergeräten Streulicht stören. Dies bzw. die Fehldurchlässigkeit von Filtern stört insbesondere dann, wenn sehr schwache Linien (z. B. von Spurenelementen) neben sehr starken Linien (z. B. des Grundstoffes) bestimmt werden sollen. Bei hohen Anforderungen schaltet man deshalb zwei Monochromatoren hintereinander (Doppelmonochromator), bzw. man verwendet mehrere hintereinandergesetzte Metallinterferenzfilter (Mehrschichtfilter) oder „Vorzerleger" bzw. kombiniert Filter und Monochromator. Solche Einrichtungen sind aber teuer und stehen nicht immer zur Verfügung. In diesen und ähnlichen Fällen gilt es, die störenden Streulichtanteile durch eine geeignete Meß- bzw. Eichmethode auszuschalten. Allerdings sollte man grundsätzlich anstreben, die störende Querempfindlichkeit zunächst auf optischem Wege so zu verkleinern, daß sie nicht mehr ins Gewicht fällt.

Man prüft beim Einrichten einer Methode auf eine etwa vorhandene Querempfindlichkeit wie folgt:

Man stellt die zu messende Linie, beispielsweise Na 589 mμ, am Monochromator ein, bzw. bringt bei Photometern das (Na-) Filter in den Strahlengang und stellt am optisch-elektrischen Anzeigesystem eine solche Empfindlichkeit ein, die man für den Nachweis der kleinsten vorkommenden Nutz-(Na-)Konzentrationen braucht. Dazu ist naturgemäß ein Vorversuch nötig. Anschließend bringt man die zu prüfende maximal vorkommende Störkonzentration, beispielsweise K, in die Flamme und beobachtet, welchen Photostrom man unter diesen Bedingungen hinter dem Na-Filter erhält. Bei diesem Versuch darf nur das Störelement in entsprechender Konzentration vorhanden sein. Beobachtet man keinen Instrumentenausschlag, so braucht man sich um die Querempfindlichkeit bei den nachfolgenden Serienmessungen dieser Art nicht mehr zu kümmern.

Erhält man unter den obengenannten Meßbedingungen jedoch einen Ausschlag, so muß nicht unbedingt eine Querempfindlichkeit vorliegen. Es können auch andere Störungen dafür verantwortlich gemacht werden. Wir kommen unten darauf zurück.

Es wird in der folgenden Tabelle vorausgesetzt, daß das Störelement und das Analysenelement in gleicher Gewichtskonzentration vorhanden sind. Die Querempfindlichkeit wird in Prozent der Anzeige des Analysenelementes ausgedrückt.

Tabelle 11. *Querempfindlichkeitsangaben für die häufigsten Störelemente für das in Abb. 29 dargestellte Flammenphotometer [513] mit einer C_3H_8-Preßluftflamme und Anwendung von Interferenzfiltern*

Störelemente	Eingestelltes Filter für:				
	Li 670 mμ	Na 589 mμ	K 770 mμ	Ca 620 mμ	Rb 780 mμ
Lithium	100	0,11	0,04	0,87	0,01
Natrium	0,03	100	0,06	0,87	0,01
Kalium	0,02	0,03	100	0,23	280
Calcium	0,16	0,20	0,01	100	0,01
Rubidium	0,02	0,05	1,70	0,25	100
Caesium	0,02	0,01	0,05	0,24	0,05
Magnesium	0,01	0,01	0,01	0,06	0,01
Strontium	8,50	0,05	0,01	4,05	0,01
Barium	0,07	0,02	0,62	0,83	0,27
Aluminium	0,01	—	0,01	0,01	0,01
Mangan	0,03	0,14	0,29	0,98	0,07
Eisen	0,05	0,06	0,07	2,12	0,05
Kupfer	0,01	0,01	0,01	0,19	0,01

Wir möchten darauf hinweisen, daß die Zahlen der Tab. 11 von der Temperatur der jeweils benützten Flamme abhängen. Im übrigen ändern sich diese Zahlen naturgemäß bei Verwendung von anderen optischen Trenneinrichtungen oder anderen Lösungszusammensetzungen.

Ergibt sich bei der oben genannten Prüfung ein merklicher Ausschlag, so ist zunächst die Ursache möglichst einwandfrei festzustellen. Die beobachtete Störintensität (z. B. von Kalium) braucht nämlich nicht unbedingt durch eine mangelhafte optische Trennung hervorgerufen zu sein.

Ob eine mangelhaft trennende Optik die Ursache für die genannte Störung ist, kann man am einfachsten wie folgt kontrollieren: Man schaltet in den optischen Strahlengang ein zusätzliches Farbglas-(Sperr-)Filter ein, das bei der zu messenden Wellenlänge (z. B. 589 mμ) möglichst gut (z. B. 90%) und bei der Wellenlänge der Störlinie (z. B. K 767 mμ) weniger durchlässig ist (z. B. nur 20% durchläßt, s. auch Kap. 40). Wenn die (Na-)Intensität beim Zwischenschalten des Farbglases im gleichen Maße abnimmt wie die Durchlässigkeit des Sperrfilters an der Stelle der (Na-)Analysenlinie (in diesem Beispiel also um 10%), so weiß man sicher, daß keine Querempfindlichkeit vorliegt. Nimmt jedoch die Intensität stärker als erwartet (stärker als 10%) ab, so ist eine Querempfindlichkeit möglicherweise mit beteiligt.

Hat man ein solches Filter nicht zur Hand, so kann man unter Umständen auch wie folgt vorgehen: Man untersucht die Störintensität in Abhängigkeit von der Störkonzentration und vergleicht die dabei erhaltene Kurve mit der Eichkurve des Störelementes an der vermuteten Störstelle. Das wird meist die stärkste Linie des Störelementes sein (z. B. K 767 mμ). Zeigen beide Kurven ähnlichen Verlauf, z. B. die gleichen S-förmigen Krümmungen oder Knickpunkte (vergleiche Abb. 50), und liegen diese charakteristischen Krümmungsstellen bei gleichen Konzentrationen, so ist eine Querempfindlichkeit anzunehmen.

Gehen diese Querempfindlichkeitsprüfungen negativ aus, ist aber doch ein Störeinfluß des K auf das Na zu verzeichnen, so kann man an folgende andere Störmöglichkeiten denken:

a) Die benutzten Chemikalien waren nicht genügend rein. Im genannten Beispiel kann das Kaliumsalz Spuren von Natrium enthalten haben. Man entscheidet dies z. B. durch Verwenden von Chemikalien verschiedenen Ursprungs und verschiedener Reinheit, durch Messung der vermuteten Verunreinigung bei einer anderen Spektrallinie, durch eine chemische Spurenanalyse u. ä.

b) Die vermeintliche Querempfindlichkeit rührt daher, daß der Flammenuntergrund in der Umgebung der Linie merklich angehoben wird. Man entscheidet dies z. B. durch einmalige Registrierung der Umgebung der zu messenden (Na-) Linie mit und ohne (K-)Störzusatz mit einem Doppelmonochromator, bzw. man verläßt sich auf zuverlässige Literaturangaben. — Im genannten Beispiel ist bekannt, daß K den Untergrund anhebt (Kap. 8). Dieser Einfluß dürfte sich aber nur bei geringen Na- und höheren K-Konzentrationen bemerkbar machen.

Eine Entscheidung zwischen den eben genannten Möglichkeiten a) und b) ist bei Verwendung von Monochromatoren auch dadurch möglich, daß man die Abhängigkeit der Störintensität von der Spaltbreite des benützten Monochromators beobachtet. Im Fall a) wird eine lineare Abhängigkeit herauskommen, im Fall b) eine quadratische (vgl. Kap. 62). Im übrigen verweisen wir auf Kap. 95.

c) Die Anhebung der (Na-) Intensität rührt daher, daß eine spezifische Emissionsbeeinflussung (z. B. von K → Na) vorliegt (Kap. 97). Im gewählten Beispiel kann das tatsächlich der Fall sein. Die Prüfung, ob und gegebenenfalls in welchem Maße die Querempfindlichkeit an der Intensitätserhöhung beteiligt ist, geschieht entsprechend wie bei b) durch Messung bzw. Registrierung der Linienintensitäten und des Flammenuntergrundes mit einer praktisch streulichtfreien Meßanordnung oder, wie am Ende von b) vorgeschlagen, durch Beobachtung der Störintensität in Abhängigkeit von der eingestellten Spaltbreite.

d) Der störende Photostrom wird dadurch verursacht, daß die Linie auf einer Bande eines anderen Elementes, z. B. auf der CaO(H)-Bande, bei 623 oder 554 mμ liegt. Es kann auch vorkommen, daß zwei eng beieinanderliegende Spektrallinien zweier Elemente mit Filtern kaum getrennt werden können. Man prüft dies in der gleichen Art wie b). Im Falle b) und d) kann man eine Verbesserung der Verhältnisse (Na-)Nutzintensität zu Störintensität (hier K bzw. Ca) dadurch erzielen, daß man bei Photometern zwei oder mehr Filter hintereinanderschaltet, bei Monochromatoren dadurch, daß man die Spalte verkleinert bzw. einen Monochromator mit größerer Dispersion verwendet. Die Anforderungen an die Empfindlichkeit des optisch-elektrischen Anzeigesystems steigen dadurch in den meisten Fällen. Ist allerdings eine Bande, z. B. die gelbrote CaO(H)-Bande, um 623 mμ über einer anderen Bande, z. B. über der SrO(H)-Bande, zu messen, dann hilft auch eine gute optische Trennung nichts mehr. Wenn man nicht eines der unten angegebenen Eich- bzw. Korrekturverfahren anwenden oder nach Kap. 86 oder 98 vorgehen will, dann muß man entweder die Störkomponente (Sr) chemisch entfernen (Kap. 88), oder man muß zu einer anderen (von Sr) nicht oder wenig gestörten Wellenlänge (beispielsweise zur grünen CaO(H)-Bande bei 554 mμ) übergehen.

Bleibt trotz der eben genannten optischen Verbesserungen eine störende Querempfindlichkeit übrig, bzw. stehen einem die genannten Mittel nicht zur Verfügung, so kann man diesen Störeinfluß durch ein entsprechendes (Parameter-)Eichverfahren beseitigen: Man bestimmt bei einer Messung jeweils nicht nur die zu messende (Na-)Intensität, sondern auch noch die (K-)Störkonzentration. Man nimmt weiterhin (Na-)Eichkurven bei verschiedenen Konzentrationen des Störelementes (K) auf und verwendet nun diejenige Eichkurve, die für die gerade vorliegende (K-) Störkonzentration gültig ist. Gegebenenfalls muß man zwischen zwei Eichkurven interpolieren. Die Abb. 52 zeigt als Beispiel verschiedene Ca-Eichkurven, die mit einem Filter gewonnen wurden, das merkliche Mengen von Na- und

K-Licht hindurchläßt. Die Na- bzw. die K-Konzentrationen erscheinen hierbei als Parameter.

An dieser Stelle sei der Unterschied des hier besprochenen Parameterverfahrens zu dem später in Kap. 97 besprochenen Verfahren gleichen Namens für die Ausschaltung der Emissionsbeeinflussungen erwähnt: Die Querempfindlichkeit bringt einen additiven, nicht für den Meßwert spezifischen Anteil hinein, den man durch eine Subtraktion ausschalten kann. Bei den Emissionsbeeinflussungen handelt es sich hingegen meist um multiplikative Einflüsse, wobei die Faktoren größer oder kleiner als 1 sein können. Solche Faktoren sind nur durch ein Korrekturverfahren zu beseitigen, bei dem eine Division ausgeführt wird. Man vergleiche auch den Verlauf der hier in Abb. 52 dargestellten Parameterkurven zu denen der Abb. 55. Hier verlaufen die Eichgeraden parallel zueinander, in Abb. 55 gehen sie von einem gemeinsamen Ursprung etwa strahlenförmig auseinander.

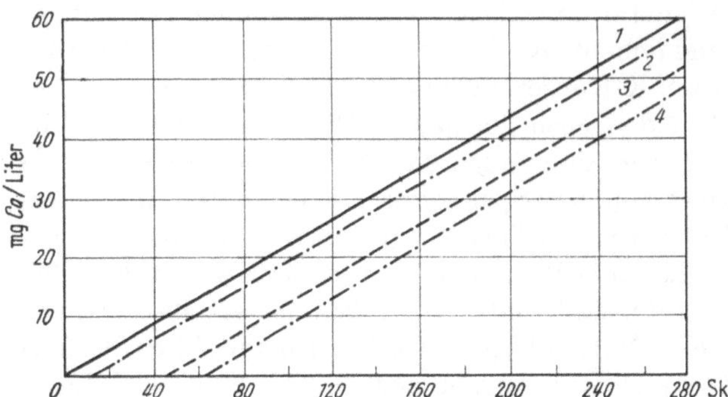

Abb. 52. Calciumeichkurven bei Filterfehldurchlässigkeiten für Natriumlicht (nach [*128*]). *1* Reine Ca-Lösung; *2* wie *1* mit 800 mg K/l; *3* wie *1* mit 800 mg Na/l; *4* wie *1* mit 800 mg K/l + 800 mg Na/l

Erwähnt sei, daß die Querempfindlichkeitszahlen unter Umständen wesentlich von der angewandten Flammentemperatur abhängen können. Stört z. B. bei K-Messungen mit einem Filter für 767 mμ die im Ultraroten gelegene Na-Linie bei 819 mμ, so nimmt dieser Störeinfluß bei Flammen mit niedriger Temperatur (Propan) wesentlich ab, weil die Anregung dieser Linie höhere Temperaturen voraussetzt [*65*] (vergl. Abb. 2).

Wenn die Querempfindlichkeit nicht groß ist und außerdem die Konzentration des Störelementes, z. B. des Grundstoffes, einigermaßen konstant ist, genügt es, in den Eichlösungen diesen kleinen und konstanten Störeinfluß nachzuahmen. Man gibt im Beispiel der Abb. 52 den Ca-Eichlösungen verschiedener Konzentration jeweils den konstanten mittleren Na-Gehalt zu (Vorwegnahmeverfahren). Ist die Konzentration des Störelementes nur annähernd konstant, dann empfiehlt sich eine Kombination zwischen dem eben geschilderten Vorwegnahmeverfahren und dem weiter oben genannten Parameterverfahren: Man stellt sich Eichlösungen mit dem mittleren Störelementgehalt her und verwendet dies für die Routinemessungen. Weiterhin bestimmt man durch Eichlösungen mit hohen und niedrigem Störelementgehalt die Größe des Analysenfehlers. Weichen die Störelementkonzentrationen in den Analysenlösungen erheblich von dem eben genannten Mittelwert ab, dann ist eine entsprechende Korrektur am Analysenergebnis anzubringen. Welchen Weg man in der Praxis am zweckmäßigsten wählt, hängt sehr von den Genauigkeitsansprüchen ab.

Eine größere, störende Querempfindlichkeit, z. B. eine Meßanordnung für das Licht der Linie Na 589 mμ, und Störung durch ein anderes Element, z. B. durch Licht der CaO(H)-Bande bei 554 oder 630 mμ, kann, wie eben dargestellt, durch ein geeignetes Korrekturverfahren, z. B. durch das Parameterverfahren, beseitigt werden. Trotz dieser Korrektur kann es jedoch zu unvorhergesehenen Fehlern durch die spezifischen Emissionsbeeinflussungen der Elemente kommen: Angenommen, es soll wenig Na neben viel Ca bestimmt werden, was z. B. bei analytischen

Aufgaben in der Zementindustrie vorkommt (Kap. 122), dann kann die rechnerische Eliminierung des Querempfindlichkeitseinflusses des Na-Filters für Licht von Ca dazu führen, daß Störeinflüsse, wie z. B. die spezifische Emissionsbeeinflussung (Kap. 96—100), die eigentlich nur das Ca treffen, z. B. Si → Ca, auf dem Umweg über die Querempfindlichkeit auch noch das Na treffen [*224*]. Prinzipiell kann man das in weiteren Korrekturen berücksichtigen, jedoch sieht man aus dieser Bemerkung, daß eine optische Beseitigung der Querempfindlichkeit immer vorzuziehen ist. Auch muß man bedenken, daß die Größe der Querempfindlichkeitsstörung nicht nur von der Konzentration des Störelementes, sondern unter Umständen auch noch von der Konzentration des Analysenelementes selbst abhängen kann, nämlich dann, wenn das Analysenelement die Emission des Störelementes beeinflußt.

Bei komplizierter zusammengesetzten Lösungen ist die oben geschilderte einmalige Prüfung auf Querempfindlichkeiten nicht nur für ein Element, sondern für sämtliche anderen in den Analysensubstanzen vorkommenden Elemente in gleicher Weise durchzuführen, sofern man nicht schon aus anderen Vorversuchen bzw. zuverlässigen Firmenangaben weiß, daß diese oder jene Querempfindlichkeit zu vernachlässigen ist. Es läßt sich sinngemäß wie oben auch ein Eich- bzw. Korrekturverfahren angeben, bei dem die Einflüsse von zwei oder noch mehr Störelementen ausgeschaltet werden. Allerdings wird dieses Verfahren so kompliziert, daß wir auf die Wiedergabe verzichten. Man sollte daher nur optische Einrichtungen verwenden, die gute spektrale Reinheiten (= geringe Querempfindlichkeiten) aufweisen.

Am Schluß des folgenden Kapitels werden wir zeigen, wie man sowohl die eben behandelte Querempfindlichkeit als auch den im folgenden Abschnitt behandelten Flammenuntergrund gemeinsam durch einen einzigen Arbeitsprozeß ausschalten kann.

95. Die Ausschaltung des Untergrundes

Wir wollen zu Beginn dieses Kapitels zunächst der Einfachheit halber voraussetzen, daß störendes Licht von anderen Elementen, hervorgerufen durch die Querempfindlichkeit (Kap. 94), nicht vorhanden oder schon in geeigneter Weise ausgeschaltet sei. Gegen Ende dieses Kapitels wollen wir dann den Fall behandeln, daß Einflüsse von der Querempfindlichkeit und vom hier zu behandelnden Untergrund gleichzeitig zu eliminieren sind. Beide Begriffe gemeinsam fassen wir unter dem Oberbegriff „Blindwertstörungen“ zusammen (Kap. 11).

Jede noch so gute optische Trenneinrichtung läßt einen gewissen Wellenlängenbereich $\Delta\lambda$ (Definition s. Kap. 62) hindurch. Das hat zur Folge, daß man nicht nur die Strahlung der Analysenlinie (bzw. -Bande), sondern auch einen Teil des „Untergrundes“ mit erfaßt. Man kann den Untergrund durch noch so gute optische Trenneinrichtungen zwar verkleinern, aber nie ganz ausschalten. Hierin unterscheiden sich Untergrundeinflüsse prinzipiell von solchen der Querempfindlichkeit (Kap. 94). — Die Intensitäten des Untergrundes setzen sich, wie in den Kap. 8, 9 und 11 ausführlicher dargestellt wurde, aus der Eigenstrahlung der Flamme (Banden- und Kontinuumstrahlung) und aus der darüber gelagerten Strahlung (meist Kontinua, gelegentlich auch Banden und schwache Linien) der in die Flamme hineinzerstäubten Substanzen und Lösungsmittel zusammen. Diese beiden eben genannten Untergrundanteile (Flammenanteil und Anteile, die auf die Lösungspartner zurückgehen) sind leider nicht konstant, sondern von verschiedenen Störeinflüssen in verschiedener Weise und von der Konzentration der Lösungspartner abhängig (Kap. 8, 9 und 11). Das erfordert besondere Maßnahmen zur Ausschaltung dieser variablen Störstrahlung. Im übrigen ist bei gleichbleibender Störung diese Strahlung noch nicht einmal zeitlich konstant, was die unteren Nachweisbarkeitsgrenzen bedingt. Wir verweisen auf Kap. 90. Von diesen kurzzeitigen Schwankungen wollen wir hier nicht sprechen, sondern nur Mittelwerte betrachten. Die Untergrundstrahlung hängt übrigens teils direkt, teils indirekt auch etwas von der Konzentration des Analysenelementes selbst ab. Diesen letztgenannten Anteil des Untergrundes rechnet man allerdings meist nicht zur Störstrahlung, sondern bezieht ihn in die Strahlung des Analysenelementes mit ein.

Wir wollen im folgenden unter der Annahme einer linear arbeitenden Meßeinrichtung praktische Möglichkeiten zur Ausschaltung der Untergrundstrahlung besprechen und wollen dabei folgende 3 Fälle unterscheiden:

1. Die Linienintensität ist so groß, daß man den Flammenuntergrund vernachlässigen kann (einfachster Fall).

2. Der Untergrund ist im Vergleich zur Linie zwar noch klein, aber nicht mehr ganz zu vernachlässigen, und man kann ihn in solchen Fällen meist als konstant voraussetzen. Sein Anteil wird von der Gesamtintensität abgezogen. Das ist auf mehrere Arten möglich, z. B.:

a) Man bestimmt den Untergrund beim Zerstäuben einer Blindlösung, von anderen auch Kompensations- oder Null-Lösung genannt. Darunter verstehen wir eine Lösung, die alle Komponenten der Analysensubstanz einschließlich Verdünnungsmittel mit Ausnahme des zu messenden Elementes enthält. Man subtrahiert diesen dabei erhaltenen Blind-Ausschlag (= Blindwert) vom gemessenen Photostrom sowohl bei den Eich- als auch bei den Analysenmessungen bzw. versetzt den Nullpunkt der Instrumente um ein entsprechendes Stück. Bei Geräten mit Verstärkern bzw. mit Kompensationseinrichtungen sind meist besondere Vorkehrungen für eine elektronische Einstellung des Nullpunktes, d. h. für eine Unterdrückung des Untergrundanteiles, vorgesehen. Dies Vorgehen setzt voraus, daß man für die Herstellung der Blindlösungen Chemikalien zur Verfügung hat, die das zu bestimmende Element nicht oder in vernachlässigbar kleinen Mengen enthalten, und daß man die übrigen Stoffe der Analysenlösung gut nachahmen kann und daß letztere einen genügend konstanten Einfluß auf den Untergrund haben. In einfachen Fällen genügt das Zerstäuben des Verdünnungsmittels allein, also z. B. Aqua dest. Die Berechtigung dieses vereinfachten Vorgehens ist von Fall zu Fall zu prüfen.

b) Man nimmt die Eichkurven mit Eichlösungen auf, die alle wesentlichen Komponenten der Analysensubstanz enthalten (Kap. 83), und zeichnet die Eichkurven ohne vorherige Messung und Subtraktion des Untergrundes. Solche Eichkurven gehen nicht mehr durch den Nullpunkt des Koordinatenkreuzes, sondern sind um den Untergrundanteil, ähnlich wie in Abb. 52, parallel verschoben. Man kann dann sofort den Photostrom der Analysensubstanz mit dem Photostrom der Eichlösungen vergleichen und die zugehörigen Konzentrationen angeben, ohne subtrahieren zu müssen. Man muß die gleichen Voraussetzungen hinsichtlich der Nachahmbarkeit der Analysenlösungen wie bei a) machen. Bei dem hier besprochenen Weg ist allerdings zu berücksichtigen, daß solche Eichkurven nicht bei anderen Aufgaben mit anderen Blindwerten angewandt werden können. Die Lagen der Eich- und Blindwerte sind öfters zwischen den Messungen zu kontrollieren. Dies erscheint uns sehr wichtig, denn Änderungen der Zerstäubung, z. B. durch teilweise Verstopfungen des Zerstäubers, wirken sich in stärkerem Maße auf die Analysenlinie als auf den Untergrund aus, was eine Änderung des Verhältnisses Linie/Untergrund, eine Verschiebung der Eichgeraden in Abb. 53 und damit Meßfehler zur Folge hätte.

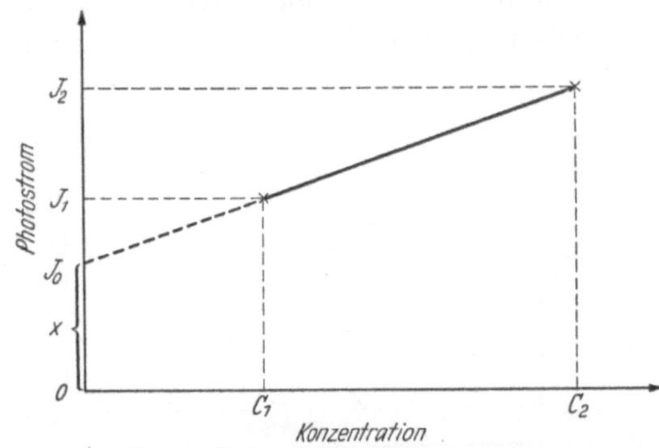

Abb. 53. Bestimmung eines unbekannten Untergrundanteiles durch Extrapolation

c) Man mißt in zwei Eichlösungen ähnlicher Zusammensetzung wie die Analysenlösungen bei zwei verschiedenen, aber bekannten Konzentrationen die Photoströme, und zwar gehöre zur einen Eichlösung mit der Konzentration c_1 der Photostrom I_1 und zur anderen Eichlösung mit der Konzentration c_2 der Photostrom I_2. Dann ergibt sich der Untergrundanteil x, wie Abb. 53 zeigt, durch Verlängerung der Eichgeraden nach links. Man erhält den Schnittpunkt I_0 dieser verlängerten Geraden mit der Ordinatenachse. Statt mit Hilfe einer Zeichnung kann man auch den Untergrundanteil x (= Länge der Strecke vom Koordinatenursprung 0 bis I_0) wie folgt berechnen:

$$x = I_1 - \frac{I_2 - I_1}{c_2 - c_1} \cdot c_1 \text{ oder auch } x = I_2 - \frac{I_2 - I_1}{c_2 - c_1} \cdot c_2.$$

Man muß hierbei voraussetzen, daß die Eichkurve im betrachteten Intervall genügend geradlinig verläuft. Im übrigen gelten die gleichen Voraussetzungen wie oben. Durch Hinzunahme mehrerer Eichpunkte ist eine Erweiterung auch auf den Fall möglich, daß die Eichkurve nicht geradlinig verläuft.

Betont sei nochmals, daß es unzulässig ist, den Untergrund bei leer brennender Flamme zu bestimmen, denn beim Zerstäuben einer Lösung, z. B. Aqua dest., ändert sich diese Untergrundstrahlung (Einfluß der Flammentemperatur usw.). Sie ändert sich abermals, wenn die Analysenlösungen noch andere nicht direkt interessierende Stoffe enthalten, die eine merkliche Kontinuumstrahlung (unter Umständen auch Banden) aufweisen. In der Praxis kommt man allerdings häufig mit dem Flammenuntergrundanteil aus, der sich beim Zerstäuben des Lösungsmittels allein, meist Aqua dest., ergibt. Man spricht in solchen Fällen auch vom „Wasserwert“.

3. Die Linienintensität ist etwa gleichgroß wie die Untergrundstrahlung, und letztere ist im übrigen von Analysenlösung zu Analysenlösung noch verschieden. Dieser Fall tritt bei Messungen in der Nähe der Grenzempfindlichkeiten (Kap. 90) auf, wenn gleichzeitig Stoffe wie Alkalien und gewisse Metalle, Phosphorsäure oder organische Substanzen in der Analysenlösung vorhanden sind, die den Untergrund teils durch Chemilumineszenz, teils durch Änderung der Temperatur oder des

Gehaltes an Molekülen wie CO_2, teils durch Temperaturstrahlung der nicht verdampften Partikelchen mehr oder weniger anheben (Kap. 8 u. 11). Je nach der Konzentration solcher Stoffe gibt es dann eine andere Untergrundstrahlung. Abgesehen von diesen additiven Untergrundeinflüssen dürfte es unter Umständen auch kompliziertere Störeinflüsse geben, die die einzelnen Bestandteile der Untergrundstrahlung, ähnlich wie in Kap. 97 und 98 geschildert, in ihrer Emission teils anheben teils senken. Genauere Untersuchungen darüber stehen noch aus.

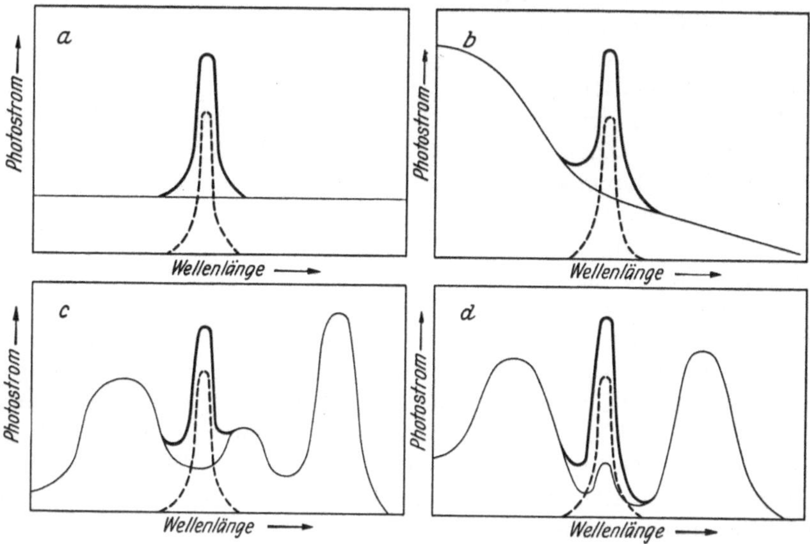

Abb. 54. Die Überlagerung von Linien und Flammenuntergrundintensitäten (schematisch). ——— Flammenuntergrund allein; — — — Linie allein; ━━━ Linie und Flammenuntergrund (Summenkurve). a) Linie über konstantem Untergrund; b) Linie über gleichmäßig fallendem Untergrund; c) Linie über unregelmäßigem Untergrund; d) Linie und ein schwacher Bandenkopf fallen zusammen

Eine ungenügende Berücksichtigung des Untergrundes und seiner Veränderlichkeit kann hier zu erheblichen Analysenfehlern führen. Wir wollen der einfacheren Darstellung wegen zunächst annehmen, daß ein Monochromator (bzw. ein Spektrograph) zur Verfügung steht. Wir haben in der Abb. 54 einige typische Fälle aufgezeichnet. Bei a) braucht der Untergrund nur „neben der Linie“ gemessen und von der Gesamtintensität (Linie + Untergrund) abgezogen zu werden. Bei diesen Messungen „neben der Linie“ erfaßt man meist noch Ausläufer der Linie selbst. Diese Strahlungsanteile sollten streng genommen nicht zum Untergrund gerechnet werden. Es konnte aber gezeigt werden [*692*], daß es nichts schadet, wenn man auf diese Weise einen elementspezifischen Anteil vom Untergrund mit abzieht, denn dieser Anteil ist ja der gesamten Emission der Linie des gesuchten Elementes proportional. Die spektrale Trennung bei der Messung „neben der Linie“ braucht also nicht vollkommen spektral rein zu sein. Im Fall b) ändert sich die Intensität des Untergrundes etwa linear mit der Wellenlänge. Dann wird man den Untergrundanteil im gleichen Abstand oberhalb und unterhalb der Linie messen und den Mittelwert aus beiden Ablesungen vom Gesamtausschlag abziehen. In Abb. 54c ist dies Vorgehen nur noch anwendbar, wenn man die Spalte verkleinert, wobei sich die Basis $\Delta\lambda$ der gemessenen Linie verkleinert (Kap. 62). Im Falle der Abb. 54d führt keines der eben genannten Verfahren zum Ziel, weil hier unglücklicherweise die Spitze einer Bande des Flammenuntergrundes mit einer Linie zusammenfällt. Hier empfiehlt sich folgendes Vorgehen: Man mißt die Blindlösung an der Stelle λ_0 und bestimmt durch Registrieren des Untergrundes oder auch nur durch punktweises Messen an einzelnen Stellen λ eine solche Stelle des Untergrundes λ_1, wo dieser gleichgroß oder immer um einen konstanten Faktor größer oder kleiner ist als an der zu messenden Stelle λ_0. Bei der endgültigen Messung ermittelt man nun einerseits Linie + Untergrund an der Stelle der Spektrallinie λ_0 und bei der anderen im Vorversuch bestimmten Wellenlänge λ_1 nur den Untergrund, multipliziert ihn erforderlichenfalls mit dem Korrekturfaktor und setzt diesen Wert in die Rechnung ein. Diese Arbeitsweise setzt allerdings voraus, daß sich das Vergleichskontinuum in gleicher Weise wie der zu messende Untergrund unter dem Einfluß von Störkomponenten ändert. Dies sollte man im Einzelfall prüfen. Diesen eben geschilderten Arbeitsgang kann man auch bei entsprechend ausgelegter Apparatur automatisieren [*160*, *457*, *458*].

Der Vollständigkeit halber sei noch ein anderes (Spaltvariations-)Verfahren genannt. In Kap. 62 haben wir bereits erwähnt, daß sich beim Ändern von Ein- und Austrittsspalt die Intensitäten von Linie und Kontinuum in verschiedener Weise ändern. Trägt man graphisch über der jeweils eingestellten Spaltbreite die Gesamtintensität auf, so läßt sich der Einfluß dieser beiden Größen einzeln bestimmen. Dieses Verfahren ist nur anwendbar, wenn der Untergrund in der unmittelbaren Umgebung der Linie genügend gleichmäßig verläuft. Wegen der Bandenstruktur der Flammenemission ist diese Voraussetzung nicht immer gegeben.

Der Benutzer eines Filterphotometers hat im allgemeinen nicht die Möglichkeit, die Wellenlänge „neben der Linie" einzustellen bzw. die Spalte zu variieren. Für ihn liegen daher die Verhältnisse schwieriger, und er wird sich deshalb meist mit geringeren unteren Grenzempfindlichkeiten zufrieden geben müssen. In günstig gelegenen Fällen kann er aber entsprechend, wie eben unter 3. angegeben, vorgehen, wenn er an seinem Photometer ein Filter zur Verfügung hat, das nur den Untergrund an einer geeigneten Stelle (s. oben) mißt. Das kann unter Umständen ein Filter sein, das ursprünglich für die Bestimmung eines anderen, gerade in den Lösungen nicht vorkommenden Elementes gedacht war.

Als Maß für die Größe des Untergrundes, der von einer bestimmten Meßanordnung durchgelassen wird, kann eine solche (extrapolierte) Konzentration des zu messenden Elementes dienen, die den gleichen Photostrom erzeugt wie der Untergrund selbst. Man gibt dann den Untergrund in äquivalenten Konzentrationen an [*361*]. Diese Zahlen sind naturgemäß sehr von den Durchlässigkeitszahlen des optischen Systems (Filterdurchlässigkeiten, effektive Bandbreite usw.) und von den gewählten Betriebsbedingungen (Gasgemisch, Verdünnungsmittel usw.) abhängig.

Wir wollen nunmehr den Fall betrachten, daß sowohl eine variable Querempfindlichkeit (Kap. 94) als auch variable Untergrundanteile zu berücksichtigen sind und wollen dabei zunächst die vereinfachende Annahme machen, daß die Intensität der Linie groß gegenüber den im Durchlässigkeitsbereich der Optik erfaßten Blindintensitäten (Untergrund + Querempfindlichkeit) sei. Dann kann man meist mit einem mittleren Blindwert a beiten, den man in gleicher Weise wie den

Untergrund gemäß dem obigen Punkt 2a—c ermittelt, d. h. die oben angegebenen Verfahren zur Ausschaltung des Untergrundes sind unter diesen vereinfachenden Voraussetzungen auch für die Ausschaltung von Untergrund + Querempfindlichkeit (= Blindwert) geeignet.

Schwieriger wird die Situation, wenn Untergrund, Querempfindlichkeitseinfluß und Linien-(Banden-)Intensität von etwa gleicher Größe sind. Man kann dann zunächst wieder daran denken, die optische Trenneinrichtung so zu verbessern, daß die Blindwertstörungen und insbesondere die Querempfindlichkeiten wesentlich kleiner werden. Insbesondere sei an die Sperrfilter (Kap. 94) zur Unterdrückung der Querempfindlichkeit erinnert. Gelingt das, so liegen ähnlich einfache Verhältnisse wie oben vor. Ist das nicht möglich, so kann man zunächst an die Anwendung der weiter oben unter 3. angegebenen Verfahren denken, wobei jeweils statt Untergrund „Blindwert" zu setzen ist. Im schwierigsten Falle, nämlich im Falle 3d, werden sich jedoch aus folgenden Gründen Fehler ergeben: Der dort genannte Korrekturfaktor braucht für den Untergrund und die Querempfindlichkeit nicht gleichgroß zu sein, oder anders ausgedrückt: Ändern sich die Störkonzentrationen, so werden im allgemeinen die Untergrund- und die Querempfindlichkeitsanteile am Blindwert anteilmäßig bei verschiedenen Wellenlängen verschieden stark beteiligt sein. Man hat es hier also mit drei Unbekannten gleichzeitig zu tun (Linie, Untergrund, Querempfindlichkeitseinfluß). Um diese Störeinflüsse in richtiger Größe als Korrektur in das Meßergebnis von Linie + Blindwert einzusetzen, empfiehlt sich z. B. folgendes Vorgehen:

Wir messen an drei vorher ausgesuchten Wellenlängen, nämlich einmal an der zu messenden Analysenlinie (bzw. Bande) λ_0, und an zwei anderen meist etwas darüber und darunter gelegenen Wellenlängen λ_1 und λ_2. λ_1 und λ_2 werden so ausgewählt, daß bei ihnen das Verhältnis U/Q (= Untergrund/Querempfindlichkeitsanteil) möglichst unterschiedlich ist, was man durch geeignete Variation der Störkonzentrationen bzw. mit Hilfe von Sperrfiltern (s. unten) prüfen kann. Nähert man sich z. B. einer starken Störlinie, so wird im allgemeinen Q in stärkerem Maße zunehmen als U. Zur Bestimmung des Linienanteiles L mißt man also:

$$I_0 = L + U_0 + Q_0 \quad \text{an der Stelle } \lambda_0,$$
$$I_1 = U_1 + Q_1 \quad \text{an der Stelle } \lambda_1,$$
$$I_2 = U_2 + Q_2 \quad \text{an der Stelle } \lambda_2,$$

wobei zunächst nur die I_0, I_1 und I_2 direkte Meßwerte darstellen. Macht man wieder, entsprechend wie in Kap. 86, die meist berechtigte Voraussetzung, daß der Gang von U bzw. Q, jedes für sich betrachtet, mit der Wellenlänge konstant, d. h. unabhängig von der jeweiligen Störkonzentration sei, so gilt

$$\frac{U_0}{U_1} = u_{0,1}; \; \frac{U_1}{U_2} = u_{1,2}$$
$$\frac{Q_0}{Q_1} = q_{0,1}; \; \frac{Q_1}{Q_2} = q_{1,2}.$$

Diese Verhältniszahlen u bzw. q lassen sich experimentell ermitteln (s. unten). Setzt man diese Werte in die drei Ausgangsgleichungen ein und löst nach L auf, so erhält man

$$L = I_0 - \frac{u_{01} \cdot u_{12} - q_{01} \cdot q_{12}}{u_{12} - q_{12}} \cdot I_1 + u_{12} \cdot q_{12} \frac{u_{01} - q_{01}}{u_{12} - q_{12}} \cdot I_2$$

Für die praktische Rechnung lassen sich alle Glieder, die nur u und q enthalten, zahlenmäßig zusammenfassen, sodaß sich ein verhältnismäßig einfacher Ausdruck für die gesuchte Linienintensität L und damit auch für den Blindwert an dieser Stelle λ_0 ergibt. Die Bestimmung der U bzw. Q an den Wellenlängen λ_1 und λ_2 kann z. B. dadurch geschehen, daß man zunächst beim Zerstäuben der Blindlösung die Summe von $U + Q$ ermittelt. Dann unterdrückt man, mit einem bzw. mehreren Sperrfiltern (Kap. 94) die Störlinie(n) und erhält jetzt die U-Werte allein. Daraus kann man die Q, und mithin auch die obengenannten Verhältniszahlen u und q berechnen. Diese werden unter den genannten Voraussetzungen für alle folgenden gleichartigen Analysen brauchbar sein.

Abgesehen von diesen hier erwähnten Verfahren zur Ausschaltung des Untergrundes sind noch eine Reihe anderer Methoden erdacht worden, die wir hier nicht alle besprechen können. Wir verweisen auf die Literatur (z. B. [*206, 513, 544*]).

Besondere Schwierigkeiten entstehen bei der Ausschaltung des Untergrundes, wenn es prinzipiell nicht möglich ist, Blindlösungen herzustellen. Das kann z. B. dann der Fall sein, wenn (z. B. La-) Verunreinigungen in einem Element (z. B. Uran) zu bestimmen sind, das selbst den Untergrund in unbekannter Weise erheblich anhebt, und wenn dieses Element nicht in genügender Reinheit zu beschaffen ist. Dann kann man zwar durch Zumischen bekannter (La-)Konzentrationen die Steigung der Eichkurve empirisch ermitteln (Kap. 100), kaum aber deren Schnittpunkt mit den Achsen des Koordinatensystems nach Abb. 53. Das heißt, man kann eine Schar von parallelen Eichkurven zeichnen, ohne leicht entscheiden zu können, welches die richtige ist. In solchen Fällen empfiehlt es sich, in einer Probe eine chemische Bestimmung durchzuführen, damit ein für die Festlegung eines Punktes auf der Eichgeraden notwendiges Wertepaar (Konzentration-Intensität) zur Verfügung steht. Diese Vergleichsprobe läßt man von Zeit zu Zeit zu Eichzwecken zerstäuben.

Statt des bisher beschriebenen rechnerischen Subtrahierens des variablen Untergrundanteiles, evtl. kombiniert mit der Subtraktion der Querempfindlichkeit, ist es möglich, diesen Arbeitsprozeß durch eine geeignete Apparatur automatisch zu erledigen. Beispielsweise ist dies [*457*] dadurch gelöst worden, daß hinter einem großen Gitterspektralapparat zur Bestimmung jedes Elementes jeweils zwei Spalte paarweise angebracht sind (Abb. 44). Von diesen Spalten ist der eine auf die zu bestimmende Linie, der andere auf den Untergrund „neben der Linie" justiert. Durch Einstellung der Dynodenspannungen an den Vervielfachern werden die Empfindlichkeiten beider Einrichtungen abgeglichen. Die verstärkten Photoströme eines SEV-Paares werden gegeneinander geschaltet, so daß das im Stromkreis befindliche Meßinstrument nur noch die Differenz von (Linie + Untergrund) und Untergrund, also die Linie allein anzeigt. Solche Einrichtungen gestatten noch quantitative Messungen, wenn die Linie selbst nur noch $^1/_7$ des Flammenuntergrundanteiles ausmacht.

Neben diesen „physikalischen" Methoden zur Ausschaltung der Untergrundeinflüsse gibt es „chemische" Verfahren, die solche Störpartner, z. B. durch Fällungsreaktionen, entfernen, die den Untergrund besonders stark und in variabler Größe anheben (siehe z. B. [*512*]). Welche chemischen Operationen im Einzelfall empfehlenswert sind, kann man nur von Fall zu Fall entscheiden. Wir verweisen in diesem Zusammenhang auf Kap. 88 und 100.

B. Die Emissionsbeeinflussungen durch Lösungspartner

96. Einleitung

Die in den letzten beiden Kapiteln behandelten Blindwertstörungen sind nur durch eine zusätzliche Fremdstrahlung bedingt. In den folgenden Kap. 97—101 wollen wir nun solche Störungen und Möglichkeiten zu ihrer Ausschaltung betrachten, bei denen die Emission des Analysenelementes *selbst* beeinflußt wird. In den Kap. 97—100 besprechen wir die Emissionsbeeinflussungen, die für gewisse Elemente und Störpartner spezifisch sind (vgl. Kap. 11), während im Kap. 101 die unspezifischen Emissionsbeeinflussungen und Möglichkeiten zu ihrer Ausschaltung behandelt werden. Dabei wollen wir der Einfachheit halber voraussetzen, daß die Filter bzw. die Monochromatoren genügend trennscharf sind, d. h. es soll keine Querempfindlichkeiten (Kap. 94) geben. Auch wird in den Kap. 97—101 vorausgesetzt, daß es keine Störung über den Untergrund gibt, bzw. daß etwa doch vorhandene Störungen dieser Art schon ausgeschaltet seien (Kap. 95).

Diese vereinfachte Darstellung soll nicht zu Fehlern verleiten. In Kap. 97 werden wir z. B. die spezifischen gegenseitigen Emissionsbeeinflussungen von Na $\rightleftarrows$ K besprechen und, nach dem oben Gesagten, Blindwert-(Untergrund-)Einflüsse vernachlässigen. Bekanntlich verstärkt aber gerade anwesendes K und Na die Untergrundstrahlung (Kap. 8) und kann dadurch zusätzlich Fehler verursachen bzw. zusätzliche Emissionsbeeinflussungen vortäuschen. Das heißt mit anderen Worten, man muß nicht nur Korrekturen nach Kap. 97, sondern gleichzeitig auch noch Korrekturen gemäß Kap. 95 am Meßergebnis anbringen. Auf solche Umstände werden wir in den folgenden Kapiteln nicht jeweils erneut hinweisen.

Auch wird in den folgenden Kap. 97—100 der Einfachheit halber angenommen, daß die Eigenschaften des Zerstäubers, die Tröpfchenaussonderung, die Gas- und Luftzufuhr zur Flamme und die Empfindlichkeit des optisch-elektrischen Systems konstant bleiben.

Wir wenden uns also nur *den* Störeinflüssen zu, welche durch die Zusätze in der Analysenlösung, insbesondere durch die Anwesenheit von anderen Elementen (Anionen und Kationen), hervorgerufen werden. Wie in Kap. 11 unterscheiden wir dabei einerseits zwischen spezifischen Beeinflussungen, von denen heutzutage die Ionisations-, Dissoziations- und Verdampfungsbeeinflussung einigermaßen bekannt ist (Kap. 97—100), und andererseits zwischen unspezifischen Transportbeeinflussungen (Kap. 101), zu der z. B. auch der Einfluß von Eiweiß und Alkohol auf die Oberflächenspannung, Viscosität usw. gerechnet werden soll.

Spezifische Emissionsänderungen infolge einer Änderung der Flammentemperatur (Kap. 11) wollen wir hier nicht besprechen. Soweit solche Effekte durch die Anwesenheit von brennbaren Substanzen wie Aceton hervorgerufen werden, wurden sie schon in Kap. 79 besprochen. Nicht brennbare Substanzen haben bei Indirektzerstäubern meist nur einen geringen Einfluß auf die Flammentemperatur, während er bei den Direktzerstäubern zwar bedeutend sein könnte aber nicht leicht abzuschätzen ist (Kap. 7) (vgl. auch *569a*). Wir werden also im folgenden der Einfachheit halber die Flammentemperatur als konstant voraussetzen.

Ganz streng lassen sich allerdings Transportbeeinflussungen (Tröpfchengrößeninterferenzen) von den anderen mehr spezifischen Beeinflussungen und von den Blindwertstörungen nicht abtrennen. Einmal beeinflussen sie die Vorgänge in der Flamme und damit den Flammenuntergrund, zum anderen bringt jede Konzentrationsänderung zwangsläufig eine Änderung der Tröpfchengröße mit sich. Hiervon wollen wir aber zunächst in den Kap. 97—100 nicht sprechen.

Zur Geschichte der Beeinflussungen der Elemente untereinander und von anderen Lösungspartnern möchten wir erwähnen, daß diese z. T. schon sehr früh, z. B. [*125*], bekannt waren. In den späteren Jahren gingen diese Kenntnisse z. T. wieder verloren, vielleicht dadurch bedingt, daß die geringe Meßgenauigkeit der photographischen Verfahren (Flammenspektrographie) diese geringen Einflüsse nicht erkennen ließ. Mit zunehmender Steigerung der Genauigkeit wurden dann immer mehr Beeinflussungen entdeckt. Im folgenden wollen wir Fehlermöglichkeiten durch solche Einflüsse und Möglichkeiten zu ihrer Behebung besprechen.

Stärker als die Blindwertstörungen (Kap. 94—95) erschweren die „echten“ bzw. spezifischen Störungen der Flammenemission die Durchführung von Flammenanalysen. Dies gilt insbesondere dann, wenn höhere Genauigkeitsansprüche bei kompliziert zusammengesetzten Lösungen zufriedengestellt werden müssen. Wir kennen heute sicher noch nicht alle Emissionsbeeinflussungen. Trotzdem kann man anhand einfacher Versuche schnell entscheiden, ob spezifische Emissionsbeeinflussungen beteiligt sind und kann dann sogar ihre Größe angeben (Kap. 100). Man erhält damit die Möglichkeit, die in einfacher Art gefundenen Meßwerte zu korrigieren. Allerdings wird hierdurch die Arbeitsweise erschwert. Die bekanntesten Beispiele solcher Beeinflussungen sollen zunächst dargestellt und dabei Möglichkeiten zur Behebung erwähnt werden, die nicht nur für das gerade beprochene Paar Na $\leftrightarrows$ K gelten.

97. Die spezifischen Beeinflussungen der Alkali-Emissionen

Von den in Kap. 11 besprochenen spezifischen Emissionsbeeinflussungen durch Lösungspartner ist die gegenseitige Ionisationsbeeinflussung der Alkalimetalle weitaus die wichtigste. Sie, sowie Möglichkeiten zu ihrer Korrektur, sollen daher in diesem Kapitel am Beispiel der Na $\rightleftarrows$ K-Störung ausführlicher behandelt werden. Auch Dissoziationsbeeinflussungen durch Halogenide, wie HCl, KCl u. a., können bei flammenphotometrischen Analysen von Alkalien beobachtet werden, aber das meist nur dann, wenn Halogen in erheblichem Überschuß vorhanden ist [*67*, *263*]. Eine etwa vorkommende Verdampfungsbeeinflussung, z. B. durch Al, durch Phosphat- oder Sulfationen, ist bei den Alkalien weit schwächer als bei den Erdalkalien (Kap. 98) und dürfte nur bei hohen Störkonzentrationen zu erwarten sein.

Bei gleichbleibender K-Konzentration und gleichbleibenden Versuchsbedingungen (Zerstäubung, Flamme usw.) wird die Intensität der K-Doppellinie bei 767/770 mμ um so größer, je mehr Na die Analysenlösung enthält. Besonders in den heißeren Flammen, wie z. B. in der C_2H_2-Luftflamme, und bei niedrigeren Konzentrationen des gestörten Elementes tritt diese sehr häufig beobachtete Emissionserhöhung deutlich in Erscheinung. Die Abb. 55 und die Abb. 7 stellen eine Reihe von K-Eichkurven bei verschiedenem Na-Gehalt dar. Man erkennt deutlich:

1. daß bei einem gegebenen Na-Zusatz die Emissionserhöhung noch von der K-Konzentration abhängt; sie ist also nicht durch eine additive Blindwertstörung zu erklären;

2. daß bei einem gegebenen Na-Zusatz die prozentuale Emissionserhöhung für größere K-Konzentrationen geringer ist als für niedrige K-Konzentrationen;

3. daß bei gegebener K-Konzentration die Emissionserhöhung nicht mit dem Na-Zusatz proportional zunimmt, sondern einem Sättigungswert zuzustreben scheint (Abb. 7);

4. daß durch den Na-Zusatz die konkav gekrümmte K-Eichkurve (Kap. 10) begradigt wird.

Ähnliche Beeinflussungen werden auch zwischen den anderen Alkalimetallen beobachtet, dies offensichtlich um so deutlicher, je niedriger die Ionisierungsarbeit der Metallatome ist. Alle diese Erscheinungen können zumindest qualitativ auf die Ionisationsbeeinflussung zurückgeführt werden, wie dies in Kap. 7 und 11 schon dargestellt wurde.

Wie aus der Abb. 55 ersichtlich ist, kann man in gewissen Konzentrationsbereichen solche gegenseitigen Ionisationsbeeinflussungen mit genügender Näherung dadurch beschreiben, indem man von einer ursprünglich gegebenen Eichkurve bzw. Eichgeraden (in der üblichen linearen Darstellung) ausgeht und diese dann mit gewissen, von der Störkonzentration abhängigen Faktoren multipliziert. Trägt man den gleichen Sachverhalt auf doppeltlogarithmischem Papier ähnlich Abb. 50 auf, so erhält man zunächst eine anders aussehende Eichkurve, und die eben genannten Faktoren machen sich als Parallelverschiebungen der Eichkurve (in der doppeltlogarithmischen Darstellung) bemerkbar. Solche Verschiebungen kann man im allgemeinsten Fall durch zwei Einzelverschiebungen, einmal in der Konzentrationsrichtung und einmal in der Intensitätsrichtung beschreiben (log-log translation rule). Bei [*274*] sind die unter gewissen experimentellen Bedingungen gefundenen Parallelverschiebungen für gewisse Störpaare angegeben. Hat man es aber bei experimentellen Anordnungen mit anderen Flammentemperaturen zu tun und/oder sind gleichzeitig mehrere verschiedene Störpartner gleichzeitig vorhanden, so kann man diese Verschiebungen (diese Faktoren) nicht übernehmen. Gewisse Einflüsse, wie z. B. der Einfluß von Phosphorsäure auf die Erdalkalien, lassen sich nicht durch solche Parallelverschiebungen korrigieren.

Wenn man bei praktischen Analysen eine Ionisationsstörung zweier Elemente gegeneinander vermutet, kann man das z. B. wie folgt prüfen: Man stellt zwei Einzellösungen her, von der die eine nur das eine Element und die andere nur das andere Element in entsprechender Konzentration enthält, und mißt die zugehörigen Linien-Intensitäten. Dann stellt man eine Mischlösung her, die beide Elemente gleichzeitig enthält, und mißt wieder die zugehörigen Linienintensitäten. Sind die zuletzt genannten Ergebnisse größer als die erstgenannten (Blindwerte sind als ausgeschaltet angenommen), dann ist wohl eine gegenseitige Ionisationsstörung vorhanden. — Zur praktischen Ausschaltung solcher Ionisationsstörungen möchten wir folgende Hinweise geben:

1. Die Verwendung einer optimalen Flamme. Man kann den gegenseitigen emissionserhöhenden Einfluß der Alkalien aufeinander am einfachsten dadurch ganz wesentlich verkleinern, indem man eine Flamme mit niedriger Temperatur (z. B. Propan-Luft-Flamme) anwendet, weil dann Ionisationen kaum noch vorkommen. Will man gleichzeitig schwerer anregbare Elemente, wie z. B. Cu, mitmessen, oder hat man keine kühlere Flamme zur Verfügung, so muß man mit höheren Flammentemperaturen arbeiten. Dann kann man verschiedene Wege gehen, um diesen Einfluß auf das Meßergebnis auszuschalten, wie wir hier am Beispiel Na $\rightarrow$ K erläutern wollen.

2. Die Parametermethode. Man stellt wie in Abb. 55 eine Reihe von Eichlösungen her, bei denen der Na-Gehalt variiert ist. Man erhält dann eine Kurvenschar von K-Eichkurven mit C_{Na} als Parameter. Man mißt nun nicht nur den Kaliumausschlag in Skalenteilen am Instrument, sondern auch noch bei einer Na-Linie den Na-Anteil, selbstverständlich immer im Vergleich zu Eichlösungen. Für die Bestimmung der K-Konzentration benutzt man nun diejenige Eichkurve, die für den gerade ermittelten Na-Gehalt gültig ist. Notfalls muß man zwischen zwei gemessenen K-Eichkurven (zwei verschiedene Na-Konzentrationen) interpolieren. Dies Verfahren empfiehlt sich, wenn man stark schwankende Na-Konzentrationen erwartet. Bemerkt sei dazu noch, daß diese fächerartige Aufspaltung der K-Eichkurven temperaturabhängig ist, d. h. je höher die Temperatur ist, desto weiter spreizt der Fächer auseinander. Wir möchten bei praktischen Anwendungen von solchen fächerartigen Parameterdarstellungen nach Abb. 55 und auch bei einigen weiteren unten dargestellten Korrekturverfahren (außer Nachahmmethode und Normalisierungsverfahren) hervorheben, daß diese stark vom eingestellten Verhältnis Gas/Sauerstoff und bei Direktzerstäubern auch noch von der Flüssigkeitszufuhr zum Zerstäuber, also auch von teilweisen Verstopfungen des Zerstäubers abhängen, denn bei Änderung dieser Größen ändert sich die Flammentemperatur, damit die Größe der gegenseitigen Beeinflussung und damit die ganze Parameterdarstellung bzw. die Größe der anzubringenden Korrekturen. Diese fächerartige Spreizung ist weiterhin abhängig von der Art der Anionen [*675*].

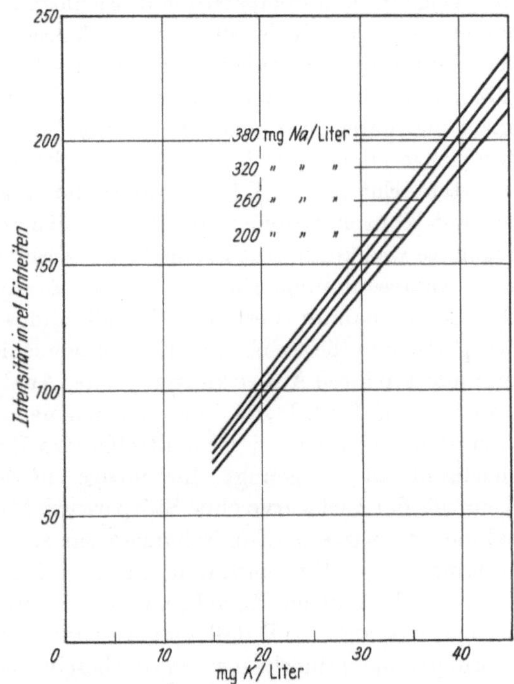

Abb. 55. Kaliumeichkurven (K 767 mμ, nach [*661*]) bei verschiedenem Natriumgehalt (Preßluft-Acetylenflamme)

Erstrebt man große Genauigkeiten und ändert sich die K-Konzentration in der Analysenlösung sehr stark, so muß man bei der Bestimmung der Parameterwerte auch noch den umgekehrten K $\rightarrow$ Na-Einfluß beachten und dementsprechend die für die Korrektur des K erforderlichen Na-Werte auf Grund der gemessenen K-Werte korrigieren usw. Die wirkliche K-Konzentration läßt sich dann also nur nach wiederholten Approximationen finden. Glücklicherweise ist bei vielen Anwendungen, z. B. biologisch-medizinischer Art, der K $\rightarrow$ Na-Einfluß von geringerer Bedeutung als der umgekehrte Einfluß, und man kann dann Korrekturen höherer Ordnung vernachlässigen.

3. Die Nachahmmethode. Man bestimmt zunächst den Na-Gehalt in der Analysenlösung und stellt sich K-Eichlösungen her, die den vorher bestimmten Na-Gehalt haben. Dies Verfahren empfiehlt sich dann, wenn man es mit vielen Analysenlösungen zu tun hat, deren Na-Gehalt nur innerhalb geringer Grenzen schwankt.

4. Das Korrekturverfahren. Wenn die eben in 3. genannte Voraussetzung nur annähernd gilt, ist eine Kombination von 2. und 3. empfehlenswert. Man stellt dann in einer Eichlösungsreihe mit mittlerem Na-Gehalt eine K-Eichkurve auf und arbeitet zunächst nur mit dieser. Nur in den Fällen, in denen die Na-Werte vom Mittelwert stark abweichen, muß man am K-Ergebnis eine Korrektur anbringen. Die Korrekturwerte entnimmt man einer graphischen Darstellung. Die Unterlagen dafür bestimmt man einmal mittels verschiedener K-Eichkurven bei nur wenig wechselndem Na-Gehalt.

5. Zugabeverfahren. Lassen sich die Störpartner, welche eine (annähernd multiplikative) Ionisationsstörung hervorrufen, im einzelnen nicht bestimmen, oder lassen sich diese Störsubstanzen in Eichlösungsreihen nicht oder sehr schwer nachahmen, so läßt sich der unbekannte Anstieg der Eichgeraden (unbekannt durch den Einfluß der Störsubstanzen) empirisch durch ein Zugabeverfahren ermitteln [*275*]. Man gibt dazu z. B. zur Probe eine bestimmte Menge des Analysenelementes hinzu und kann dann aus dem Anstieg bei der Zugabe die tatsächliche Steigung der Eichgeraden unter dem Einfluß der Störung an der gerade untersuchten Stelle ermitteln. Entsprechend kann man auch in anderen Proben mit anderen Analysenelement-Konzentrationen vorgehen. Man kann dann unter Umständen eine unbekannte Eichkurve stückweise durch Geraden approximieren, vorausgesetzt, daß auch Analysenlösungen mit sehr wenig Analysensubstanz zur Verfügung stehen. Dies letztgenannte Verfahren ist allerdings nur dann in Ordnung, wenn die Störpartner in diesen eben genannten verschiedenen Proben gleichgroß sind oder zumindest in ihren Auswirkungen auf das Analysenelement gleichwertig sind. Kann man gar auf Grund von Vorversuchen nach dem oben Erwähnten die Voraussetzung machen, daß dieser multiplikative Einfluß an allen Stellen der Eichkurve gleichgroß ist, so genügt eine einzige $\Delta I/\Delta c$ (Anstiegs-)Untersuchung und die Kenntnis der Eichkurve ohne Störpartner. Man kann dies Verfahren durch Hinzunahme von weiteren Zumischungen zur sog. Doppelkoeffizienten-Methode [*276*] verfeinern. — Wir möchten ausdrücklich darauf aufmerksam machen, daß solche und ähnliche Korrekturverfahren im allgemeinen nicht bei Ca-Bestimmungen und anderen Erdalkalianalysen angewandt werden dürfen, da sich dort die Störungen nicht durch einen Faktor beschreiben lassen (s. Kap. 98).

6. Die Normalisierungs- bzw. Sättigungsmethode.

a) Normalisierung. Hält sich der Variationsbereich des Störelementes (z. B. Na) in mäßigen Grenzen, so kann man die Ionisationsstörung dadurch weitgehend ausschalten, daß man die Konzentration an freien Elektronen in der Flamme auf einen höheren, praktisch konstanten, sog. „normalisierten" Wert bringt. Das kann man durch Zufügen eines anderen Elementes, eines sog. Normalisators (z. B. Cs [*263*], $BaCl_2$ [*332*]), in geeigneter Konzentration erreichen. Da die Ionisationsstörung unter der eingangs gemachten Voraussetzung meist nur wenige Prozent ausmacht, genügt das Einstellen auf eine etwa 10mal höhere Elektronenkonzentration. Auch Na selbst ist im genannten Beispiel dafür geeignet.

Es hat sich gezeigt, daß auch andere in größeren Konzentrationen zugesetzte Elemente wie Al und besonders Pb die gegenseitige Na $\leftrightarrows$ K-Störung mindern [*71, 691*]. Auch diese Verkleinerung der Störung kann mit einer Vergrößerung der Elektronendichte durch das zugegebene Metall erklärt werden, dessen Ionisation meist viel größer ist als dem Gleichgewichtszustand entspricht [*71, 697*].

b) Sättigungsmethode. Variiert hingegen die (z. B. Na-) Störkonzentration stärker, so muß man naturgemäß mit der Normalisierungskonzentration weiter heraufgehen, im Grenzfall schließlich so weit, bis das gestörte Element (z. B. K) nicht mehr merklich ionisiert vorkommt. Dann kann jede noch so große (Na-) Störkonzentration keinen Einfluß mehr auf die K-Emission nehmen. Man spricht dann von einem Sättigungsverfahren.

Experimentell kann man das Eintreten dieser Sättigung leicht feststellen, indem man eine graphische Darstellung der Emissionserhöhung des K als Funktion des zugegebenen Na oder Cs anfertigt. Dabei strebt die K-Emission asymptotisch auf einen Sättigungswert zu, wobei wir von etwaigen Blindwertstörungen gemäß den Voraussetzungen absehen bzw. diese korrigieren wollen (vgl. Kap. 94—95).

Die Anwendung der Sättigungsmethode zur Ausschaltung der Ionisationsbeeinflussung durch Zugabe von einem sehr großen Überschuß an Na bringt einige Nachteile mit sich:

a) Man braucht meist sehr viel Substanz für die Sättigung. Das führt leicht zu Verkrustungen der Zerstäuberdüse und der Brennerkappe.

b) Die erforderliche Reinheit des im Überschuß zugesetzten Na und die Vergrößerung der Blindwertstörung (Querempfindlichkeit + Erhöhung des Untergrundes) bereitet bei geringen Konzentrationen der zu messenden Elemente Schwierigkeiten.

c) Die Luft wird schnell mit Na angereichert, so daß nachfolgende Na-Analysen im gleichen Raum schwer durchführbar sind.

d) Wenn Na zur Normalisierung bzw. Sättigung zugegeben wird, kann man in der gleichen Lösung keine Na-Bestimmungen mehr durchführen.

Eine ähnliche Normalisierungsmethode wie eben läßt sich auch bei Störungen anderer Art anwenden (Kap. 101).

7. Die Verwendung einer optimalen Konzentration (durch geeignete Konzentrierung bzw. Verdünnung). Man kann die Na $\rightarrow$ K-Störung bei einer gegebenen Flamme durch die Wahl einer optimalen Konzentrierung merklich herabsetzen. Es zeigt sich, daß die Ionisation und mithin die Möglichkeit einer Ionisationsbeeinflussung abnimmt, wenn die Lösung stärker konzentriert wird, d. h. wenn der Gesamtgehalt des gestörten Elementes in der Flamme größer wird. Einer stärkeren Konzentrierung sind in der Praxis gewisse Grenzen gesetzt, unter anderem dadurch, daß andere Fehler bei größeren Konzentrationen gerade verstärkt werden (Kap. 101).

Falls schon die verwandten Flammengase selbst eine merkliche Zahl von freien Elektronen liefern (Kap. 7), kann eine Verminderung der Ionisationsbeeinflussung der Alkalien untereinander auch dadurch erreicht werden, daß man eine geeignete Verdünnung der Lösung vornimmt. Die von den Flammengasen gelieferten Elektronen sind dann zahlenmäßig den von den Metallen gelieferten Elektronen überlegen und wirken also „normalisierend“ (vgl. oben). Der in verschiedenen Arbeiten gefundene günstige Einfluß einer größeren Verdünnung bei der Ausschaltung gegenseitiger Alkalibeeinflussungen [*640*] dürfte in dieser Weise erklärbar sein [*65*]. Auch einer zu weit gehenden Verdünnung sind Grenzen gesetzt. Man muß nämlich auf die erreichbaren Nachweisbarkeitsgrenzen (Kap. 90) Rücksicht nehmen, die natürlich von den apparativen Bedingungen (Empfindlichkeit, spektrale Trenneigenschaften usw.) abhängen.

8. Das Messen in optimaler Flammenhöhe. Die Abhängigkeit der Flammentemperatur (Kap. 14) von der Höhe über dem Brenner sowie der unterschiedliche Gehalt an freien Flammenelektronen in verschiedenen Flammenhöhen (Kap. 7) dürfte eine Abhängigkeit der hier diskutierten Ionisationsbeeinflussungen von der Beobachtungshöhe in der Flamme bewirken. Die optimale Beobachtungshöhe wird man am besten jeweils experimentell ermitteln, indem man die Größe der störenden Ionisationsbeeinflussung in verschiedenen Höhen ermittelt. Man wählt dann diejenige Beobachtungshöhe aus, bei der dieser Einfluß am kleinsten ist.

Zum Schluß möchten wir erwähnen, daß man durch Anwendung der Leitlinienmethode (Kap. 51) die Größe der Ionisationsbeeinflussungen mildern, aber grundsätzlich nie ganz aufheben kann. Die restlichen auf die Ionisation zurückgehenden Fehler werden dann am kleinsten sein, wenn die Ionisationsarbeit des Leitelementes möglichst nahe an der des Analysenelementes liegt, d. h. also, wenn beide Elemente möglichst nahe beieinander in der gleichen Spalte des periodischen Systems stehen. Eine weitere Verkleinerung dieser restlichen Störungen durch Zugaben des Leitelementes erklärt sich daraus, daß das Zumischen des Leitelementes zu den Analysen- und Eichlösungen an sich schon einen gewissen „normalisierenden" Einfluß hat (vgl. oben).

In ähnlicher Weise lassen sich auch Störungen durch eine Anregungsbeeinflussung (Kap. 11) mittels der Leitlinienmethode effektiv mildern, wenn die Anregungsenergie der Leitlinie jener der gestörten Linie möglichst nahe kommt. Im übrigen können alle für die direkten Methoden oben aufgeführten Verfahren zur Behebung der Ionisationsbeeinflussung sinngemäß auf die Restfehler bei der Leitlinienmethode angewandt werden.

Es dürfte aus der obigen Besprechung der Methoden zur Behebung von Störungen klar hervorgehen, daß die Schwierigkeiten erheblich mit den Genauigkeitsforderungen wachsen (z. B. wenn wiederholte Approximationen bei dem Parameterverfahren erforderlich sind, vgl. oben). Man sollte daher in der Praxis zunächst prüfen, ob nicht geringere Genauigkeiten zulässig sind, bevor man sich in diese unerfreuliche Materie einarbeitet.

98. Die spezifischen Beeinflussungen der Erdalkali-Emissionen

Die Intensitäten der Flammenlinien von Erdalkalien bzw. die meist zur Messung herangezogenen Banden der Erdalkalimoleküle (CaO; CaOH u. ä.) werden von Anionen und auch von verschiedenen Kationen, wie z. B. Aluminium, Eisen usw., leichter beeinflußt als die Flammenlinien der Alkalien. Hingegen sind die gegenseitigen Störungen der Erdalkalien im allgemeinen bedeutend geringer als die gegenseitigen Störungen der Alkalien, insbesondere, wenn man die Verhältnisse in heißen Flammen für diesen Vergleich heranzieht. Diese geringeren Störungen der Erdalkalien untereinander kann man durch die höhere Ionisierungsarbeit der Erdalkaliatome im Vergleich zu denen der Alkaliatome (siehe auch Kap. 97) erklären. Störungen durch organische Substanzen sind bei den Erdalkalien im allgemeinen nicht wesentlich größer als bei den Alkalien (siehe z. B. [*182, 202, 274*]).

Wir wollen hier die spezifische starke Depression der Erdalkaliemissionen durch Säuren, wie H_2SO_4 und H_3PO_4, und durch einige Elemente, wie Aluminium, besprechen. Diese Darstellung wird sich speziell mit dem recht genau untersuchten Calcium befassen. Sie dürfte aber auch für die anderen Erdalkalien Geltung haben.

Nach einer Beschreibung dieser typischen Depressionseffekte wird die in der allerjüngsten Zeit herausgearbeitete Erklärung dieser Erscheinungen gebracht. Daraus werden dann Methoden zur Ausschaltung dieser Störungen bei flammenphotometrischen Analysen abgeleitet. Einige dieser Methoden sind auch allgemeiner auf andere Störungen anwendbar.

Der Phosphateinfluß auf das Calcium

In Abb. 56 zeigen wir den von der Konzentration abhängigen Einfluß einiger Anionen auf die Ca-Emission (CaOH-Banden bei 554 mμ) bei konstanter Ca-

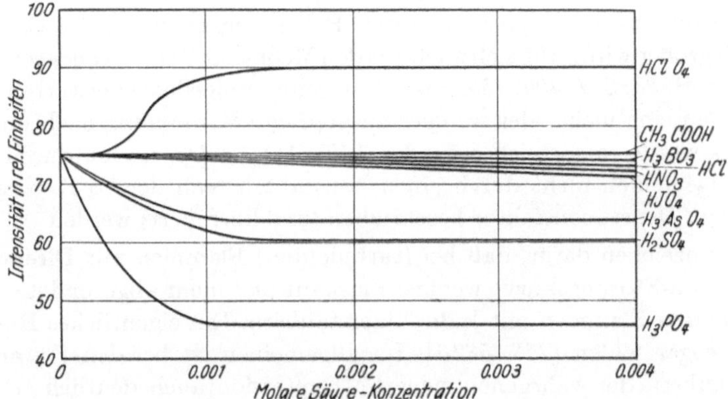

Abb. 56. Der Einfluß einiger Anionen in variabler Konzentration auf die Ca-Lichtemission (554 mμ) bei konstanter Ca-(0,001 m $CaCl_2$-) Konzentration in einer Acetylen-Sauerstoff-Flamme mit Direktzerstäuber (nach [*83*]).

Konzentration. Diese Ergebnisse wurden in einer Acetylen-Sauerstoff-Flamme bei direkter Flüssigkeitszufuhr zur Flamme (Direktzerstäuber Kap. 33) erhalten [*83*].

Eine charakteristische und starke Depression bewirken hier die Säuren H_3PO_4, H_2SO_4 und H_3AsO_4. Auch von vielen anderen Autoren (und unter anderen Versuchsbedingungen) wurden solche oder sehr ähnliche Depressionen des Ca durch P gefunden [z. B. *37*, *70*, *83*, *229*, *274*, *276a*, *400*, *550*, *582a*, *637*], wobei es sich noch herausstellte, daß ähnliche Störungen auch bei den anderen Erdalkalien, sowohl bei Verwendung der Emissionslinien als auch der Banden, auftreten.

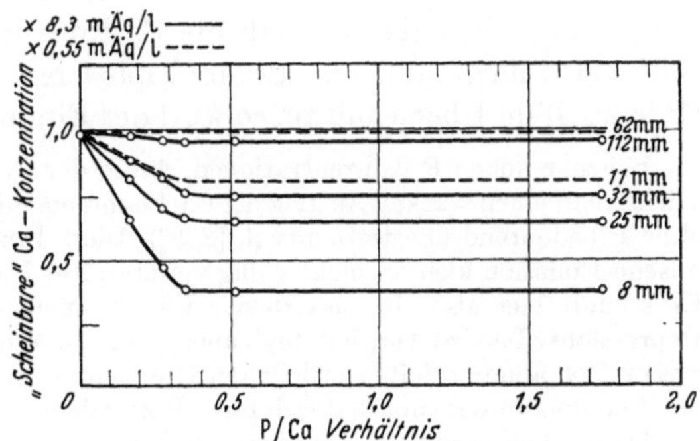

Abb. 57. „Scheinbare" Ca-Konzentration als Funktion des Atomverhältnisses P: Ca mit der Meßhöhe über den inneren Verbrennungskegeln der laminaren Acetylen-Luftflamme als Parameter, für 2 verschiedene Konzentrationen (indirekte Zerstäubung) (nach [*70*]).

Wie man in Abb. 56 sieht, geht die Störung durch P (und S) anfänglich linear mit der Störkonzentration bis das Atomverhältnis Störsubstanz zu Ca die Größenordnung 1 erreicht. In dem nachfolgenden Konzentrationsbereich findet keine zusätzliche Beeinflussung mehr statt (siehe auch Abb. 57). In der P → Ca-Störungskurve tritt dann ein konstanter Endwert auf. Merkwürdigerweise ist der P:Ca-Wert im Knickpunkt im allgemeinen unabhängig von dem Absolutwert der Ca-Konzentration und auch unabhängig von der Meßhöhe in der Flamme, obwohl die relative Höhe des Plateaus davon abhängt (s. Abb. 57). Bei Verwendung ein und desselben Zerstäubers nimmt die Depression mit zunehmender Temperatur der Flamme ab, während das P:Ca-Verhältnis im Knickpunkt dasselbe bleibt [vgl. *70*, *258*, *637*]. Von einzelnen Autoren werden jedoch für das atomare P:Ca-Verhältnis im Knickpunkt etwas verschiedene Werte gefunden (minimal 0,38 und maximal 1,0).

Der aus Abb. 57 ersichtliche Befund, daß bei vorgegebener Meßhöhe in der Flamme die relative Ca-Depression durch P bei Vergrößerung der Ca-Konzentration auch größer wird, läßt sich auch aus den Meßresultaten von anderen Autoren ableiten [s. z. B. *83*, *274*, *400*, *450*, *637*]. Man muß infolgedessen erwarten, daß die Ca-Eichkurven eine mehr oder weniger ausgeprägte Krümmung nach unten aufweisen. Dies wurde tatsächlich gefunden [*70*]. Die Ca-Depression durch P kann somit im allgemeinen nicht durch einen konstanten, von der Ca-Konzentration unabhängigen, Depressionsfaktor beschrieben (und korrigiert) werden.

Es gibt Anzeichen dafür, daß bei (turbulenten) Flammen mit Direktzerstäubern die P $\rightarrow$ Ca-Störungskurve weniger markant und mehr abgerundet erscheint, als bei laminaren Flammen mit Indirektzerstäubern. Ein eigentliches Restniveau kann dann sogar fehlen [*458*, *582a*]. Im allgemeinen ist bei den Flammen mit Direktzerstäubern die wahrgenommene Ca-Depression auch deutlich stärker als bei den Flammen mit Indirektzerstäubern, auch wenn die ersteren heißer sind als die letzteren [*258*, *513*, *637*].

Stellt man Ca-Lösungen her mit konstantem Ca- und S- (bzw. P-) Gehalt, aber mit steigendem P- (bzw. S-) Gehalt, so tritt bei hinreichend großem P- (bzw. S-) Zusatz wieder ein Restniveau auf, dessen relative Höhe vom ursprünglichen S- (bzw. P-) Gehalt unabhängig [*83*] ist. Da der P-Einfluß auf Ca an sich größer ist als der S-Einfluß, kann also in beschränktem Maße eine Anhebung des ursprünglich durch P stärker gesenkten Ca-Ausschlages bei größeren S-Zugaben resultieren. Man sieht daraus, daß die Ca-Emissionssenkungen durch Phosphat und Sulfat sich nicht addieren oder multiplizieren. Gibt man einen der beiden Partner (P bzw. S) im Überschuß zu, so wird der Einfluß des anderen verdrängt.

Bei sehr hohen P-Konzentrationen, die in der Praxis allerdings kaum vorkommen, beobachtet man einen starken Anstieg der Ca-Flammenemission. Dieser kann sogar die Ca-Emission ohne P bedeutend übertreffen (vgl. [*229*]). Diese Emissionserhöhung führt man auf die thermische Emission kleiner, nicht völlig verdampfter P_2O_5- oder ähnlicher Partikel zurück[*228*]. Es kommt hier also ein zusätzlicher Effekt hinzu, der nichts mit dem oben besprochenen Depressionseffekt zu tun hat (vgl. auch [*276 ı*]). Wir wollen diesen im folgenden außer acht lassen. Von anderer Seite wurde in der Umgebung der Linie 423 mμ allerdings keine Anhebung des Flammenuntergrundes durch hohe P-Zugaben festgestellt [*719*].

Diese eben genannte Emissionserhöhung bei hohen P-Zugaben bleibt bei alkalihaltigen Lösungen aus [*229*]. Dies steht nicht unbedingt im Widerspruch zu der eben genannten Deutung [*228*], denn bei der relativ viel stärkeren Alkaliemission dürfte ein solcher Effekt unbemerkt bleiben.

Die eben beschriebene Ca-Depression durch P ist typisch für alle Erdalkalien. Sie wird bei den Alkalien in den meisten Fällen nicht oder nur in geringem Maße gefunden [*228*, *229*, *274*, *289*, *458*].

Der Aluminiumeinfluß auf das Calcium

Eine Verwandtschaft zu der eben besprochenen P- und S-Störung weisen die Störungen der Erdalkali-Emissionen durch Aluminiumsalze auf [*37, 68, 183, 253, 276a, 633*]. Die Aluminiumstörung ist, wie eben bei der Phosphatstörung auch, bei den Erdalkalien wieder viel größer als bei den Alkalien [vgl. *156, 633*]. Ähnlich wie das Aluminium können übrigens auch Fe, Cr, Si, Be, Mo und W auf die Erdalkaliemissionen wirken [vgl. *253, 263, 453, 637, 645*].

Es besteht dabei ein deutlicher Unterschied bezüglich der Größe dieser Einflüsse bei Aluminiumnitrat einerseits und bei Al-Halogeniden andererseits. Bei den ersteren ist die Ca-Emission im Restniveau nur gering bzw. sogar sehr gering,

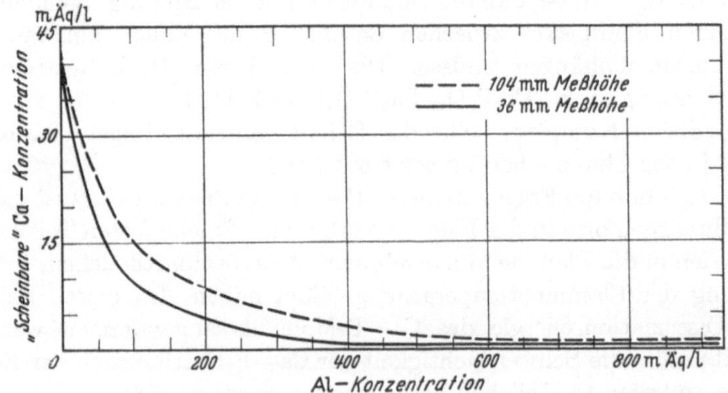

Abb. 58. „Scheinbare" Ca-Konzentration als Funktion der Al-Konzentration für 2 verschiedene Meßhöhen in der laminaren Acetylen-Luftflamme mit indirekter Zerstäubung. Die Ca-Konzentration in der zerstäubten Lösung betrug 41,7 mÄq/l (nach [*70*]).

bezogen auf die Ca-Emission ohne P. Dies trifft auch für größere Beobachtungshöhen in der Flamme zu. Bei einem Überschuß von Al-Chlorid hingegen ist die restliche Ca-Emission bedeutend größer, besonders in größeren Flammenhöhen [vgl. *59, 183, 370a, 582a, 637, 645*]. In Übereinstimmung mit der P-Störung beobachten wir in beiden Fällen aber den anfänglich linearen und starken Abfall der Ca-Emission bei zunehmendem Al-Gehalt (s. auch die Besprechung der indirekten Bestimmungsmethoden von P und Al in Kap. 87b). Wie man in Abb. 58 sieht, fehlt bei der Störkurve des Al-Nitrats der scharfe Knickpunkt.

Wenn die molare Ca-Konzentration die molare Al-Konzentration (Al als Al-Nitrat) bedeutend übertrifft, so ist bei vorgegebener Al-Konzentration der scheinbare absolute Ca-Verlust praktisch unabhängig von der Ca-Konzentration selbst, während mit steigender Al-Konzentration, aber festgehaltenem Ca-Gehalt, der scheinbare Ca-Verlust proportional zunimmt [vgl. z. B. *68*]. Der molare Ca-Verlust pro Mol Aluminium erweist sich also als konstant und ist von der Größenordnung Eins (vgl. mit dem P:Ca-Verhältnis im Knickpunkt der P → Ca-Störungskurve). Bei Zugabe einer konstanten aber relativ geringen Menge Aluminium läuft die Ca-Eichkurve dementsprechend praktisch parallel zur Ca-Eichkurve ohne Al [vgl. *68*]. Wie beim P-Einfluß läßt sich die Ca-Depression durch Al also nicht durch einen konstanten, vom Ca-Gehalt unabhängigen, Depressionsfaktor beschreiben. Weiterhin haben der P- und Al-Einfluß gemeinsam, daß die Größe der Störeinflüsse unabhängig davon ist, ob man das Ca mit Hilfe einer Linie (423 mμ) oder unter Heranziehung einer Bandenemission (z. B. 623 mμ) mißt [*276a*, *637*].

Erklärung

Der emissionserhöhende Effekt des $HClO_4$ (s. Abb. 56), der bei den Alkalien nicht gefunden wird, ist, soweit uns bekannt, noch nicht geklärt [vgl. *228*, *274*]. Der typische Depressionseffekt von Phosphor und Aluminium auf das Calcium und ähnliche Elemente ist aber heute als einigermaßen geklärt anzusehen. Wir wenden uns zuerst dem P-Einfluß zu.

Das konstante Verhältnis P:Ca im Knickpunkt führte viele Autoren [*37*, *458*, *572*, *680*] zu der Hypothese, daß die Depression mit der Bildung irgendeines nicht emissionsfähigen Komplexes zwischen Ca und P mit einem konstanten Molverhältnis zusammenhängen müsse. Die gefundenen P:Ca-Relationen suggerieren Verbindungen wie $Ca_2P_2O_7$, $Ca_3(PO_4)_2$ bzw. Ca_3P_2 [vgl. *83*, *680*]. Durch die Bildung solcher Komplexe sollte der Gehalt emissionsfähiger Ca-Atome und Ca-Moleküle in der Flamme herabgesetzt werden.

Es ergibt sich nun die Frage, ob dieser P—Ca-Komplex im Gaszustand oder in fester bzw. flüssiger Form in der Flamme vorkommt. Solche festen Teilchen könnten sich aus den in die Flamme hineingebrachten Aerosolpartikelchen, evtl. unter Mitbeteiligung der Flammentemperatur, gebildet haben. Im ersten Fall müßte eine hohe Dissoziationsenergie des Ca—P-Moleküls angenommen werden. Im anderen Fall müßte die Schwerflüchtigkeit der Ca—P-Partikelchen zur Erklärung der Verluste an freien Ca-Teilchen herangezogen werden [*458*].

Eine erste Andeutung zur Lösung dieser Frage ergibt sich aus der Beobachtung, daß keine Ca-Depression auftritt, wenn Calcium und Phosphorsäure im Überschuß mit Hilfe zweier parallel geschalteter Zerstäuber getrennt, aber gleichzeitig in die gleiche Flamme eingeführt werden [*70*, *276a*, *562a*, *637*].

Nach den neuesten Anschauungen lassen sich die vorher beschriebenen Beobachtungen durch folgende, etwas schematisch dargestellte, Annahmen über den Störmechanismus P $\rightarrow$ Ca (ohne sonstige Beimengungen) wiedergeben. Bei der Deutung der vorangegangenen Beobachtungen muß man daran denken, daß einer größeren Beobachtungshöhe in der (laminaren) Flamme auch eine längere Verweilzeit der Teilchen in der Flamme entspricht. Wir unterscheiden jetzt [nach *70*] 3 verschiedene Phasen.

1. Phase. Vor oder bei dem Eintritt in die Flamme entwickelt sich aus jedem Aerosoltröpfchen ein festes Teilchen, in welchem Ca unter einem konstanten Atomverhältnis an P gebunden ist. Wenn dabei P in hinreichendem Maße vorhanden ist, wird praktisch alles Ca an P gebunden.

2. Phase. Nehmen wir zunächst an, daß P im Übermaß vorhanden sei. Unter dem Einfluß der hohen Flammentemperatur wird der überschüssige, d. h. der nicht an das Ca gebundene Teil des Phosphors sofort verdampft, d. h. schon unten in der Flamme vom Teilchen abgestreift. Das Teilchen enthält nunmehr nur an P gebundenes Calcium (wahrscheinlich unter Mitbeteiligung von Sauerstoff). Die Größe dieser Partikel hängt unter diesen Voraussetzungen (P im Überschuß) von der Ca-Konzentration, nicht aber von der P-Konzentration der Ausgangslösung ab. Falls Ca im Überschuß vorhanden war, dürften analoge Verhältnisse herrschen.

3. Phase. Solche Ca—P(—O)-Teilchen müßten unter dem Einfluß der Flammentemperatur völlig verdampfen. Infolge der geringeren Flüchtigkeit der Teilchensubstanz [vgl. auch *458*] bestehen aber solche Aerosole in der Flamme doch geraume Zeit und geben dabei durch Verdampfung ständig Ca ab. Der freie Ca-Gehalt in der Flamme wächst somit mit steigender Meßhöhe, d. h. mit der Verweilzeit in der Flamme. Da der Phosphateinfluß beim Zweizerstäuberversuch ausbleibt, müssen wir annehmen, daß im Gaszustand die Bindung von Ca an P völlig aufgehoben ist. Bei gleichzeitiger Zerstäubung von P und Ca in einem Zerstäuber müßte also in hinreichender Meßhöhe in der Flamme alles Ca freigegeben sein. Das Tempo der Freigabe des Ca hängt dabei von der Verdampfungsgeschwindigkeit der Ca—P-Teilchen ab. Diese ist ihrerseits wieder von der ursprünglichen Größe der einzelnen Teilchen abhängig sowie von der mittleren Temperatur [*637*], die diese Partikel in der Flamme annehmen.

Mit Hilfe dieser Hypothesen kann man nun leicht erklären, warum in der P → Ca-Störungskurve ein Knickpunkt und ein von Null verschiedenes Restniveau auftreten muß. Das Molverhältnis im Knickpunkt entspricht dem Verhältnis im Ca—P-Komplex. Das Restniveau nach dem Knickpunkt, d. h. bei höheren P-Konzentrationen, erklärt sich daraus, daß das überschüssige P schon vorher von den Teilchen abgestreift wurde, und daß dieser überschüssige P-Anteil somit keinen Einfluß mehr auf die Verdampfungsgeschwindigkeit des Ca aus den Ca—P(—O)-Partikeln in den höheren Teilen der Flamme hat. Damit sind auch die oben beschriebenen Höhen- und Temperatureffekte verständlich. Ebenso kann man jetzt verstehen, warum bei gleichbleibender Beobachtungshöhe in der Flamme die Erniedrigung des Ca durch P relativ geringer wird, wenn die Ca-Konzentration in der Lösung kleiner ist. Eine geringere Ca-Konzentration bei einem Übermaß an Phosphor bedingt ja eine *relativ* größere Verdampfungsgeschwindigkeit, da die Ca—P-Teilchen dann eben auch kleiner sind[1].

Wenn man mit Hilfe dieser Hypothese die Erscheinungen erklären will, die bei Zugabe von Schwefelsäure zu einer phosphorhaltigen Ca-Lösung oder bei Zugaben von anderen Erdalkalielementen (Pufferung s. u.) beobachtet werden, geht man am besten wie folgt vor: Man stellt sich vor, daß das Sulfat die Bindung des Phosphats mit dem Calcium verdrängt, indem es selbst mit dem Ca eine schwerverdampfbare Verbindung eingeht. Andererseits wird bei hohen Zugaben von anderen Erdalkalien, z. B. von Sr, der größte Teil des Phosphors an dies Element gebunden, so daß ein viel geringerer Teil des Phosphors für die Bindung mit Ca zur Verfügung steht.

Aus diesen Ausführungen folgt, daß die Ca-Depression durch P von der Tröpfchengrößenverteilung des Zerstäubers abhängen muß. Sind die Aerosolpartikelchen sehr klein, dann werden bei gegebener Ca-Konzentration auch die Ca—P(—O)-Partikelchen in der Flamme entsprechend klein sein. Die Verdampfungsgeschwindigkeit ist dann aber relativ größer und folglich auch die prozentuale Freigabe des Calciums. Somit ist in gegebener Meßhöhe die Ca-Emission relativ (d. h. bezogen

[1] Die *absolute* Verdampfungsgeschwindigkeit darf der Oberfläche des Teilchens proportional gesetzt werden. Sie nimmt z. B. bei einer Kugel quadratisch mit dem Radius ab, während die Masse der Kugel mit der 3. Potenz des Radius, also stärker abnimmt. Auch könnte die Erhöhung der Sättigungsdampfspannung bei kleiner werdender Abmessung des Partikelchens die Verdampfungsgeschwindigkeit günstig beeinflussen.

auf die Ca-Emission ohne P) größer als bei gröberer Tröpfchengrößenverteilung. Damit kann man Beobachtungen an handelsüblichen Flammenphotometern [*258*, *513*] erklären, bei denen z. B. durch Einschaltung einer Zerstäuberkammer mit Prallfläche, die ja die gröberen Nebelteilchen aussiebt, die Ca-Störung durch P verringert werden konnte (vgl. auch [*258*]). Mit Hilfe dieser Vorstellung kann man sich auch die eingangs beschriebene Beobachtung erklären, daß die Ca-Depression durch P bei Flammen mit Direktzerstäubern stärker ist als bei Flammen mit Indirektzerstäubern, selbst wenn die Temperatur der Flamme beim Direktzerstäuber höher ist (vgl. auch [*680*]). Den unterschiedlichen P → Ca-Effekt bei Verwendung eines Direktzerstäubers einerseits und eines Indirektzerstäubers andererseits kann man auch auf die im Mittel erreichten Temperaturen der Ca—P-Teilchen in den dabei meist benützten 2 Flammen zurückführen [*637*]. Bei den Direktzerstäubern ist nämlich die Verweilzeit der Teilchen wegen der höheren Ausströmgeschwindigkeit der Flammengase viel geringer als im anderen Falle.

Da das gleichzeitige Vorkommen des Calciums und des Phosphors in den gleichen Aerosolpartikelchen eine wesentliche Bedingung für die Störung ist (s. o.), so ist nicht zu erwarten, daß das Vorkommen etwaiger PH_3-Verunreinigungen in den handelsüblichen Acetylenflaschen die Ca-Emission beeinflussen könnte.

Die oben beschriebenen experimentellen Befunde bei der Beobachtung der Depression des Ca durch das Al weisen ebenfalls auf die Bildung eines schwer verdampfbaren Al—Ca(O)-Komplexes hin. Hierbei möchten wir besonders darauf hinweisen, daß der Al-Einfluß auf das Ca wieder ausbleibt, wenn man Ca- und Al-Salze mit gesonderten Zerstäubern der Flamme zuführt ([*68*, *276a*, *562a*, *637*] und die Diskussion zu [*59*]). Diese Annahme erhält weitere Stützen durch den Verlauf der Höhenabhängigkeit [*68*, *637*] und dadurch, daß viele Gründe für die schwere Flüchtigkeit von Ca-Aluminat-Verbindungen sprechen [*458*].

Der oben beschriebene typische Unterschied in der Größe des Al Chlorid-Einflusses einerseits und des Al Nitrat-Einflusses andererseits erfordert noch eine Erklärung, die wir im folgenden geben wollen: Dies abweichende Verhalten kann man durch die starke Oxydationswirkung des Nitrat Ions und die bekannte Schwerflüchtigkeit des Al-Oxyds erklären. Wenn die Al-Atom-Konzentration die des Ca übertrifft, wird der überschüssige Teil des Al, der nicht an Ca gebunden ist, stark oxydiert. Im Gegensatz zum weit weniger stabilen P_2O verdampft das Al-Oxyd bei der Flammentemperatur nur wenig, so daß die Al—Ca-Verbindung wahrscheinlich in feste Al-Oxyde eingekapselt wird. Es wird so die Verdampfung der Al—Ca-Verbindung und damit auch die Freigabe des Calciums in der Flamme gehemmt. Diese Hemmung ist um so stärker, je höher der relative Al-Überschuß ist, und je größer die absoluten Abmessungen der festen Partikelchen (d. h. also die absolute Al-Konzentration in der Lösung) sind. Bei hinreichend großem Al-Überschuß könnte die Ca-Emission sogar ganz unterdrückt werden. Die Form und Abhängigkeit der Al → Ca-Störungskurve von der Beobachtungshöhe in der Flamme (Abb. 58) lassen sich durch solche Überlegungen qualitativ deuten.

Das Fehlen eines scharfen Knickpunktes bei der Al—Nitrat-Störung erschwert die Bestimmung des molaren Al:Ca-Verhältnisses in der Komplexverbindung. Man könnte dies Verhältnis aus dem Neigungswinkel des anfänglich linearen Abfalles der Al → Ca-Störungskurve ableiten, der wegen der nachträglichen

Verdampfung aber noch von der Meßhöhe abhängt. Man könnte dann entscheiden, ob z. B. eine $CaAl_2O_4$- oder eine $Ca_3Al_2O_6$-Verbindung vorliegt [*458*].

Diese Vorstellungen lassen noch manche Frage hinsichtlich der Störungen des Ca durch P, Al u. ä. Elemente offen. Insbesondere ist die Zusammensetzung der angenommenen komplexen Verbindungen noch nicht eindeutig geklärt. Auch die Verschiedenheit der von den einzelnen Autoren gefundenen Werte des molaren P:Ca- oder Al:Ca-Verhältnisses (s. oben) bedarf noch weiterer Untersuchungen. Zur Lösung dieser Fragen scheinen mehr direkte, nicht optische Messungen unumgänglich.

Wir wollen hier auch erwähnen, daß kürzlich eine abweichende Hypothese der Al- bzw. P- (oder S-) Störung auf die Erdalkalien vorgeschlagen wurde [*582a*]. Auf Grund von Betrachtungen und Experimenten über die amorphe Struktur der festen Partikelchen, die während der sehr kurzen Eindampfungszeit der Nebelteilchen in der Flamme gebildet werden, wird dabei die in der obigen Hypothese angenommene verzögerte Verdampfung der Ca—Al-Teilchen usw. als nicht ausschlaggebend betrachtet. Im Falle von z. B. P-Störungen auf Ca soll dann die Störung auf die Kinetik der CaO-Bildung aus den Ca-(Meta-)Phosphatmolekülen in der *Gas*phase zurückzuführen sein. Diese verhältnismäßig langsam ablaufende Oxydation soll wegen der beschränkten Verweilzeit der Analysensubstanzen in der Flamme nicht vollständig sein, was zur Erklärung der gefundenen Depressionen herangezogen wird. — Diese eben skizzierte Hypothese ist tatsächlich imstande, die experimentellen Resultate des Zwei-Zerstäuberversuches und auch die gefundene Höhenabhängigkeit des Depressionseffektes zu erklären. — Mit ihrer Hilfe scheint es aber nicht möglich zu sein, die Beobachtungen zu erklären, nach denen die Größe der Ca-Depression noch von der Feinheit der Zerstäubung und von der Größe der Ca-Konzentration in der Lösung (bei Überschuß von P, vergleiche oben) abhängt. Zur Erklärung der letztgenannten Beobachtungen müßten dann also noch andere Hypothesen hinzugenommen werden [vgl. *582a*].

Beseitigung der Störungen

Wir wollen uns nunmehr wieder der flammenphotometrischen Praxis zuwenden und uns fragen, wie man die P- oder Al-Störungen beheben oder korrigieren kann. Die hier zu besprechenden Methoden dürften auch für andere Erdalkalien und ähnliche Säuren (wie Schwefelsäure) oder andere Störmetalle, wie Eisen, Geltung haben.

Diese Besprechung teilen wir in 2 Abschnitte. Zuerst fragen wir: Wie kann man die Meßanordnung und die experimentellen Verhältnisse so variieren, daß die Depression der Ca-Emission möglichst gering wird? Im nächsten Abschnitt besprechen wir dann Methoden zur Ausschaltung von Fehlern bei der Konzentrationsbestimmung des Ca, die infolge des restlichen Depressionseffektes noch übrig bleiben, bzw. von Fehlern, die bei fest vorgegebener Meßanordnung entstehen.

1. Die Ca-Depression durch P kann verringert, gegebenenfalls bis auf Null heruntergedrückt werden durch:

a) größere Verdünnung der phosphorhaltigen Ca-Lösung (s. Abb. 57).

b) Beobachtung in größerer Flammenhöhe (s. Abb. 57; vgl. [*276a*]).

c) Wahl einer heißeren Flamme (vgl. z. B. [*70, 258, 637*]). Wenn man entgegen den Empfehlungen in Kap. 19 nicht im Temperaturmaximum der betreffenden Flamme (näherungsweise nicht im Emissionsmaximum des untersuchten Elementes) arbeitet, wird die Störung durch P, Al usw. größer herauskommen, als wenn man in dieses Maximum hineingehen würde. In solchen Fällen genügt zur Verkleinerung der Störungen also schon eine zweckentsprechende Verstellung des Verhältnisses Gas/Sauerstoff-Zufuhr zur Flamme. — Auch sei ausdrücklich darauf hingewiesen, daß die unten genannten Korrekturverfahren nur dann ihre Berechtigung haben, wenn bei solchen Bestimmungen immer wieder das gleiche Verhältnis Gas/Sauerstoff eingestellt wird wie es bei den vorbereitenden Eichmessungen angewandt wurde. Andernfalls werden die P-Störungen usw. sowie die erforderlichen Korrekturen jeweils ganz andere Größen haben [*350a*].

d) Verkleinerung der Tröpfchen, die den Zerstäuber verlassen, z. B. durch Anwendung einer Drosselstelle in der Zerstäubercapillare, durch höhere Drücke, andere Zerstäuber, Ausschaltung der größeren Nebeltröpfchen durch geeignete Zerstäuberkammern mit Prallflächen, Anwendung längerer Schlauchleitungen zwischen Zerstäuberkammer und Brennerkappe usw. (s. o.). Direktzerstäuber scheinen in dieser Hinsicht nicht vorteilhaft zu sein, auch schon darum nicht, weil die mittlere Verweilzeit und folglich auch die mittlere Temperatur der Partikelchen in der Flamme dann wahrscheinlich geringer sind als bei Indirektzerstäubern.

Auch für die Verringerung der Ca-Depression durch Al können die Methoden c) und d) empfohlen werden (vgl. z. B. [*68, 513, 637, 692*]). Bei Anwesenheit von Al-Nitrat kann auch b) empfohlen werden, allerdings nur mit geringerem Erfolg (s. Abb. 58, vgl. [*276a*]). Die Anweisung a) scheint auch für Aluminiumstörungen Geltung zu haben [*692*].

Wegen des zu erwartenden Gleichgewichts zwischen den Ca-Atomen und den Ca-Molekülen in der Flamme wird sich die Ca-Depression in gleicher Weise bei den Ca-Atomlinien wie bei den Ca-Molekülbanden auswirken (vgl. [*370a, 637, 754*]). Dies gilt allerdings nur, wenn man die Ca-Depression als scheinbaren Verlust des Ca-Gehaltes umrechnet. Wegen der Selbstabsorption der Atomlinien bei größeren Ca-Konzentrationen (vgl. [*361*]) könnte die Depression, als *Strahlungs*verlust ausgedrückt, hier geringer sein. Die Störung durch P oder Al auf das Calcium kann also durch Wahl anderer Teile des Ca-Spektrums nicht wesentlich verbessert werden.

2. Wir besprechen nun einige, teilweise auch allgemein anwendbare Methoden, um bei vorgegebener Meßanordnung und bei vorgegebener Verdünnung der Analysenlösung die Auswirkung der Ca-Depression durch P bzw. Al auf das Analysenergebnis auszuschalten.

Das Parallelverfahren. Den gleichbleibenden Störeinfluß P → Ca in einem gewissen Konzentrationsbereich kann man sich für praktische Messungen zunutze machen, indem man durch eine geeignet gewählte Zugabe des Anions [z. B. in Form von $(NH_4)_2HPO_4$] dafür sorgt, daß man immer in den parallel zur Abszisse verlaufenden Teil (Restniveau) des Störeinflusses kommt [*33, 130, 450, 616*]. Vom Sättigungsverfahren (Kap. 97) unterscheidet sich dieses Vorgehen dadurch, daß hier verhältnismäßig wenig Substanz zugeführt wird. Dieses Verfahren ist nur in solchen Fällen gut anwendbar, bei denen die Störcharakteristik einen waagerechten Teil aufweist (z. B. bei dem Sulfat-Ion und bei Aluminiumchlorid, jedoch nicht bei Aluminiumnitrat, s. auch Abb. 56 und 58). Auch die gefundene Ba-Störung durch Zr [*253*] kann in dieser Weise ausgeschaltet werden.

Das Pufferverfahren. Wie oben bereits ausgeführt, kann z. B. der P-Einfluß auf das Ca verringert bzw. ganz unterdrückt werden, wenn man nachträglich Elemente wie z. B. Sr oder Mg zugibt, die ebenfalls durch Phosphor gestört werden. Man sagt dann, die Phosphatstörung wird durch diese nachträglich zugesetzten Substanzen „gepuffert". Substanzen mit solchen Wirkungen nennt man Puffersubstanzen. Umgekehrt kann man bei Sr-Analysen Ca-Salze als Puffer gegen Phosphatstörungen verwenden usw. Auch die Störungen durch Al und Si kann man durch Zugabe von $SrCl_2$ gut puffern [*637*]. Auch Anionen können als Puffer wirken. Für die Pufferung der P- und S-Störung auf Ca ist auch Fe und besonders La (das kein störendes Licht emittiert!) wirksam [*754*].

Die zugegebenen Substanzen dürfen naturgemäß das zu bestimmende Element nicht in merklicher Konzentration enthalten. Außerdem achte man darauf, daß durch das Hinzukommen von Linien oder Banden der Puffersubstanzen keine Störungen auftreten. Wenn man z. B. mit der gelbroten Ca-Bande arbeitet, können bei Sr-Pufferzugabe die Sr-Banden stören. Im gewählten Beispiel geht man daher zu einer anderen Ca-Linie oder anderen Banden, beispielsweise 423 bzw. 554 mμ, über. Weiterhin ist es, insbesondere bei Messungen in der Nähe der unteren Nachweisbarkeitsgrenzen, ratsam, solche Puffersubstanzen zu bevorzugen, die den Flammenuntergrund nicht oder nur unerheblich anheben.

Das Vergleichsverfahren. Statt dieses Pufferverfahrens könnte man auch so vorgehen, daß man ein anderes Erdalkalielement in bekannter Konzentration zusetzt und den Störeinfluß beim zugesetzten Erdalkalielement, z. B. beim Sr, dazu benutzt, um das Calcium entsprechend zu korrigieren. Dies Verfahren ähnelt dem der Leitlinienmethode (Li würde hier als Leitelement natürlich nicht nützen). Außerdem bedingt die Pufferwirkung, daß der Störeinfluß bei beiden Partnern von vornherein kleiner herauskommt. Man muß dabei voraussetzen, daß man bei beiden Erdalkalien im steilen, geradlinigen Teil der Störcharakteristik liegt, und daß keine sonstigen Störsubstanzen vorhanden sind. Wir verweisen auf die Literatur [*645*].

Zur Ausschaltung der hier besprochenen Störungen kommen darüber hinaus auch manche anderen schon früher (Kap. 97) oder noch später (Kap. 100) zu besprechenden Methoden hinzu. Insbesondere werden chemische Methoden zur Beseitigung der Störelemente öfter angewandt. Unseres Erachtens verdienen solche Verfahren nur dann Beachtung, wenn die durchzuführenden Analysen in nicht gar zu großen Stückzahlen zu bearbeiten sind (summierter Arbeitsaufwand für die chemischen Manipulationen), und wenn die chemische Beseitigung (Fällungsreaktion o. ä.) einfach durchführbar ist und den Gang der übrigen flammenphotometrischen Bestimmung nicht stört.

Wir wollen schließlich noch erwähnen, daß nach neueren Untersuchungen [*213, 453, 748*] die Störung der Erdalkali-Emissionen durch Fremdelemente, besonders P und S, durch Zusatz von Äthylendiamintetraessigsäure erheblich zurückgedrängt werden kann. Diese Methode erscheint uns wegen ihrer Einfachheit bemerkenswert [*213, 350, 454, 748*].

99. Verzeichnis von spezifischen Beeinflussungen

Für eine umfassende Darstellung wäre eine Tabelle erwünscht, in der alle spezifischen Beeinflussungen ihrer Größe nach aufgezeichnet sind. Leider ist das z. Z. noch nicht möglich, da es sich um ein sehr großes, wenig erforschtes und von zu vielen anderen, insbesondere apparativen Umständen abhängiges Gebiet handelt. Betrachtet man nur die etwa 50 in der Flamme anregbaren Elemente, so sind prinzipiell etwa $50^2 = 2500$ Möglichkeiten für solche Beeinflussungen gegeben, sofern man sich auf 2 Partner beschränkt. Dazu kommen aber noch Einflüsse von anderen nicht anregbaren Elementen wie Cl, von Komplexen wie SO_4, NO_3, von organischen Substanzen wie Eiweiß, Harnstoff usw. Als weitere Komplikation kommt hinzu, daß die spezifischen Beeinflussungen beim gleichzeitigen Einwirken von mehreren Komponenten keinesfalls additiv oder multiplikativ, sondern viel komplizierter erfolgen [*83*]. Weiterhin ist zu beachten, daß diese Einflüsse noch von der Flammentemperatur und damit wieder von den angewandten Gasen, von deren Mischungsverhältnis, von dem Verdünnungsmittel, von den gerade vorliegenden Konzentrationen usw. abhängen. Bei der Ausarbeitung einer neuen Methode wird man also gut tun, die Größe solcher Einflüsse für den gerade vorliegenden Fall selbst zu untersuchen (Kap. 100). Im Interesse einer Vereinheitlichung der Arbeitsvorschriften wäre aber eine Typenbereinigung der Apparate und eine gute Reproduzierbarkeit der einzelnen Exemplare einer Apparatetype untereinander sehr erwünscht, damit man anderen Orts gesammelte Erfahrungen übernehmen kann. Trotz der Ungunst der Verhältnisse wird man heute schon auf Hinweise verschiedener Autoren zurückgreifen können. Wir stellen im folgenden auszugsweise qualitative Ergebnisse von diesbezüglichen Veröffentlichungen zusammen und verzichten bewußt auf quantitative Angaben, da die obengenannten Variablen eine Übertragung auf andere Apparate meist nicht zulassen. Wir geben dies Verzeichnis allerdings nur mit Vorbehalt wieder, denn in einigen Fällen dürfte nicht mit genügender Gründlichkeit geprüft worden sein, ob die angegebenen Beeinflussungen spezifisch sind, oder ob nicht eine störende Querempfindlichkeit der benutzten Apparatur (Kap. 94), eine ungenügende Ausschaltung des veränderlichen Untergrundes (Kap. 95), andere Einflüsse wie Viscositäts- und Oberflächenspannungsunterschiede (Kap. 101) u. ä. für die Störungen verantwortlich gemacht werden müssen.

In der nachfolgenden Tabelle haben wir zur Vereinfachung nur einen Auszug diesbezüglicher Veröffentlichungen, im wesentlichen nur neuere Arbeiten gebracht. Wir haben uns dabei auf Hinweise beschränkt, in denen nur ein Störpartner und ein Element beteiligt sind. Störungen von Drei- und Mehrstoffsystemen sind also nicht erwähnt. Zur Einsparung von Raum haben wir Störpartner verschiedener chemischer Zusammensetzung, aber ähnlicher Wirkung zusammengefaßt. Zum Beispiel findet man die Einflüsse von P_2O_5, H_3PO_4, $(NH_4)_2HPO_4$ u. ä. unter P, die Einflüsse von HCl, NH_4Cl usw. unter Cl usw. Auch war es nicht möglich, die vielen Alkohole und die vielen anderen organischen Lösungsmittel und sonstige organische Beimengungen einzeln aufzuzählen. Sie sind unter „organische Substanzen“ zusammengefaßt.

Tabelle 12. *Verzeichnis von spezifischen Beeinflussungen*

Die beeinflußten Elemente und die Störelemente sind alphabetisch nach ihrem Symbol geordnet. Zeichenerklärung: ↓ bei Anwesenheit des genannten Störelementes wird die Intensität des beeinflußten Elementes gesenkt, entsprechend umgekehrt ↑. Die Kombination von mehreren Pfeilen, z. B. ↓↓↑ bedeutet: im wesentlichen (z. B. bei kleinen und mittleren Störkonzentrationen) Senkung der Emission, in wenigen Fällen (z. B. bei hohen Störkonzentrationen) Anhebung der Emission. Ein — bedeutet: bei den untersuchten Versuchsbedingungen wurde keine wesentliche Beeinflussung gefunden, während ein Fehlen aller Angaben zeigt, daß hier keine eindeutigen Zusammenhänge festgestellt wurden bzw. nicht aus der Literatur zu entnehmen sind. () = geringfügiger Einfluß; org. S. = organische Substanzen, wie z. B. Alkohol.

Gestörtes Element	Störpartner	Art der Störung	Literatur
Ag	Cl	↓	*228*
	ClO_4	↓	*228, 582*
	Mg		*587*
	NO_3	↓	*228, 582*
	Na	↑	*587*
	P	↑	*228*
	S	↑	*228, 582*
	org. S.	↑↑↓	*228, 582, 587*
Al	Ca	↓	*431b*
	Cl	↑	*431b*
	ClO_4	↓	*431b*
	F	↑↑	*431b*
	K		*334*
	Na		*334*
	P	↓↓	*431b*
	S	↓↓	*431b*
	org. S.	↑↑↓	*219a, 252, 333, 431a*
B	Al	↑	*206*
	Br		*206*
	Ca	↓	*206*
	Cd	—	*206*
	Cl	↓	*228, 580*
	ClO_4	↑	*228, 580*
	Co	↑	*206*
	Cs	↑	*206*
	Cr	↑	*206*
	Cu	↑	*206*
	F	↑	*431b*
	Fe	↑	*206*
	K	↓	*206*
	Li	↓	*206*
	Mg	—	*206*
	Mn	↑	*206*
	NO_3	↑	*206, 228*
	Na	↑	*206*
	Ni	↑	*206, 268*
	P	↑	*206, 228*
	Pb	(↑)	*206*
	S	↓↑	*206, 228, 580*
	Sr	—	*206*
	Zn	↓	*206*
	org. S.	↑↑↓	*206, 228, 431a, 580*
Ba	Al	↓	*253, 274, 633, 647*
	B		*274*
	CO_3	—	*581*
Ba	Ca		*274, 636, 704*
	Cl	—↓	*228, 274, 647*
	ClO_4	—↓	*228, 647*
	Cu	↑	*253*
	F	↑	*581*
	Fe	↓↑	*253, 647*
	K	↑	*647*
	Mg		*274, 647*
	Mn	↑	*647*
	NO_3	↓	*228*
	Na	↑	*274, 647*
	Ni	↑	*253*
	P	↓↓↑	*228, 274, 704*
	Rb		*268b*
	S	↓	*228*
	SiF_6	↑	*581*
	Sr		*274, 636, 647*
	Zr	↓	*253*
	org. S.	↑↑↓	*228, 274, 647*
Ca	Al	↓	*68, 78, 183, 217, 274, 276a 370a, 433, 501, 513, 544, 550, 551, 616, 632, 633, 637, 645*
	As	↓	*83, 452, 644*
	B	↑	*83, 274, 276a*
	Ba	↓	*274, 632*
	Be		*452*
	CO_3		*369*
	Cd	↑	*632*
	Cl	↓↓↑	*83, 189, 228, 239, 274, 369, 616, 680, 703*
	ClO_4	↑↑↓	*83, 228, 274, 688, 703*
	Cr	↓	*632, 645*
	Fe	↓	*183, 294, 433, 544, 551, 616, 645*
	JO_4	↓	*83*
	K	↓	*189, 430, 433, 550, 616, 632, 680, 731*
	Li	↓	*632*
	Mg	↑↓	*189, 274, 433, 543, 616, 632, 688*
	Mn	↓	*433, 513, 550, 632*
	Mo		*452*
	NO_3	↓	*83, 90, 228, 239, 274, 369, 616, 680, 703*
	Na	↓	*189, 274, 430, 433, 616, 632, 680, 731*

Tabelle 12. (Fortsetzung). *Verzeichnis von spezifischen Beeinflussungen*

Gestörtes Element	Störpartner	Art der Störung	Literatur
Ca	P	↓↓↑	*37, 61, 70, 78, 83, 228, 229, 239, 274, 276a, 294, 369, 400, 419, 430, 433, 435, 450, 452, 513, 544, 550, 582a, 616, 637, 680, 686, 704, 754*
	Rb		*268b*
	S	↓	*61, 83, 189, 228, 239, 274, 276a, 369, 452, 510, 613, 616, 680*
	Se		*452*
	Si	↓	*224*
	SiO_2		*637*
	Sr	↑	*189, 274, 544, 637, 688*
	Te	↓	*452*
	Ti	↓	*452, 544, 765*
	TiF_6	↓	*452*
	V		*452*
	W		*452*
	Zn	↓	*632*
	Zr	↓	*253, 452*
	org. S.	↑↑↓	*83, 228, 259, 274, 369, 653, 703*
Co	Fe	↓	*174*
	S	↑	*174*
Cr	Al	↓	*544*
	Cl	↑	*228*
	ClO_4	↓	*228*
	Fe	↓	*174, 544*
	NO_3	↓	*228*
	P	↑	*228, 544*
	S	↑	*174, 228*
	org. S.	↑↑↓	*228, 569a*
Cs	Ca		*274*
	Cl		*274*
	K	↑	*274, 572*
	Na		*274*
	Rb	↑	*572, 575*
	S		*274*
	org.S.	↑↑↓	*274*
Cu	Al	↑	*146, 207*
	Ba	↓	*146*
	Ca		*146*
	Cd	—↓	*146, 207*
	Cl	↓↓↑	*146, 228, 574, 579*
	ClO_4	↑↓	*146, 228, 574, 579*
	Co	↓	*146, 207*
	Cr	—↑	*146, 207*
	Cs	↑	*207*
	Fe	↑	*146, 207*
	K	—↑	*146, 207*
	Mg	↑↓↓	*146, 207*
	Mn	—↓	*146, 207*
	NO_3	↓↑	*146, 228*
	Na	—↓	*146, 207, 345*
	Ni	↑	*146, 207*
	P	↑	*228*
Cu	Pb	—	*207*
	S	↑	*146, 207, 228, 574, 579*
	Sn	↓↑↑	*146*
	Zn	—↑	*207*
	org.S.	↑↑↓	*145, 146, 228, 574, 579*
Fe	Ca		*460*
	Na		*460*
Ga	Cu	↑	*487*
	org.S.	↑↑↓	*146a*
In	Al		*453a*
	Mo		*453a*
	P	↓	*453a*
	S	↓	*453a, 485*
	Te	↓	*453a*
	V		*453a*
	org.S.	↑↑↓	*146a*
K	Al	↓	*335, 537, 632, 716, 742, 760*
	B		*716*
	Ba	↓↑	*537, 632, 760*
	Be	↓	*506*
	Br	↓	*197*
	CO_3	↑	*289*
	Ca	↓↑	*274, 289, 537, 632, 706, 731, 742, 760*
	Cd	↓	*632*
	Cl	↓	*197, 214, 228, 274, 572, 589, 742*
	ClO_4	↑	*228, 274, 572*
	Co	↓	*537*
	Cr	↓	*632*
	Cs	↑	*537, 572*
	Cu	↓	*537*
	Fe	↓	*335, 537, 716, 742*
	Li	↓	*214, 335, 537, 632, 742*
	Mg	↓	*289, 537, 632, 716, 742*
	Mn	↓	*537, 550, 632, 760*
	Mo	↓	*537*
	NO_3	—↓	*197, 228, 289, 742*
	Na	↑↑↓	*64, 67, 134, 143, 274, 289, 332, 334, 354, 537, 632, 661, 691, 731, 742, 760*
	Ni	↓	*537*
	P	↓	*197, 228, 229, 274, 289, 550, 572*
	Pb	↓↑	*537*
	Rb	↑	*537, 572*
	ReO_4	↓	*482*
	S	↓	*197, 228, 289, 572, 742*
	Sr	↓↑	*537, 632*
	Te	↓↑	*537*
	Ti		*716*
	W	↓	*537*

Tabelle 12. (Fortsetzung). *Verzeichnis von spezifischen Beeinflussungen*

Gestörtes Element	Störpartner	Art der Störung	Literatur
K	Zn	↓	*537, 632, 760*
	org.S.	↓↑↑	*96, 228, 274, 289, 653*
La	Al	↓	*490*
	Ba	↓	*490*
	Ca	—↑	*490*
	Ce	—	*490*
	Cl	—	*490*
	ClO_4	—↓	*490*
	Cr	—	*490*
	Cu	↑↓	*490*
	F	↓↓	*490*
	Fe	↑	*490*
	K	—	*490*
	Li	↓	*490*
	Mg	↓	*490*
	Na	—	*490*
	Nd	↓	*490*
	P	↓↓	*490*
	Pr	—↑	*490*
	Rb	—	*490*
	S	↓	*490*
	Th	↑↓	*490*
	Ti	↓	*490*
	U	—	*490*
	Zr	↓	*490*
	org.S.	↑↑↓	*489*
Li	Al	↓	*166, 214, 232, 679, 699, 760*
	B	—	*238*
	Ba	↓↑	*632, 760*
	Be	↓	*506*
	Ca	↓↑	*214, 274, 632, 760*
	Cd	↓	*632*
	Cl	↓↓↑	*214, 228, 274, 572*
	ClO_4	↑	*228*
	Cr	↓	*632*
	Cs		*579*
	Fe	↓	*214*
	K	↑↑↓	*166, 274, 579, 632, 699, 760*
	Mg	↓	*214, 632, 679*
	Mn	↓↑	*632, 760*
	NO_3	↓	*228*
	Na	↑↑↓	*274, 579, 632, 760*
	P	↓↓↑	*228, 274, 572, 699*
	Rb		*699*
	S	↓	*166, 228, 274, 572, 699, 760*
	Ti		*214*
	Zn	↓	*632, 760*
	org.S.	↑↑↓	*96, 228, 264, 274, 718, 760*
Mg	Al	↓	*544*
	Ca	↓↑	*498, 544, 676*
	Cl	↓	*228, 578*
	ClO_4	↑	*228, 578*
	Fe	↑	*550*
	K	↑	*550*
	Mn	↑	*550*
	NO_3	—↓	*228*
	Na	↑	*346, 460*
	P	↓↓↑	*33, 544, 550, 704*
	S	↓	*228, 259, 578*
	Ti	↓	*544*
	org.S.	↑↑↓	*228, 259, 578, 611a*
Mn	Al	↓↑	*544*
	Ca	↑	*544*
	Cl	↑↓	*544*
	Cr	↑	*544*
	Fe	↓↑	*174, 544*
	Mg	↑	*544*
	Na	↑	*544*
	P	↓	*544, 704*
	S	↓	*174, 544*
	Ti	↓	*544*
Na	Al	↓	*64, 65, 67, 156, 163, 232, 334, 335, 367, 537, 632, 716, 742, 760*
	B	↓	*156, 274, 537, 716*
	Ba	↑↑↓	*274, 537, 632, 760*
	Be	↓	*506*
	Br	↓	*197*
	Ca	↑↑↓	*274, 537, 632, 672, 680, 716, 731, 742, 760*
	Cd	↓	*632*
	Cl	↓	*134, 156, 197, 214, 228, 233, 263, 274, 537, 572, 589*
	ClO_4	↓	*228, 274, 572*
	Co	↓	*537*
	Cr	↓↓↑	*537, 632*
	Cs	↓	*233, 537*
	Cu	↓	*537*
	Fe	↑↓	*335, 537, 716, 742*
	K	↑↑↓	*143, 233, 263, 274, 332, 334, 537, 550, 632, 653, 661, 691, 731, 742, 760*
	Li	↓↓↑	*156, 214, 233, 335, 537, 632, 742, 760*
	Mg	↓	*274, 335, 537, 632, 716, 742*
	Mn	↓↓↑	*537, 632, 760*
	Mo	↓	*537*
	NO_3	↓	*197, 228, 274, 537, 589*
	Ni	↓	*537*
	P	↓	*134, 197, 228, 229, 274, 537, 572, 589*
	Pb	↓	*537*
	Rb	↓	*233, 537*
	S	↓	*134, 197, 228, 274, 537, 572, 589, 760*
	Sr	↑	*537, 632*
	Ti		*716*
	Tl	↓	*537*
	W	↓	*537*

Tabelle 12. (Fortsetzung). *Verzeichnis von spezifischen Beeinflussungen*

Gestörtes Element	Störpartner	Art der Störung	Literatur
Na	Zn	↓	*537, 632, 760*
	org. S.	↑↑↓	*96, 134, 228, 274, 589, 653*
Ni	B		*268*
	Co	↑	*174*
	Cr	↑	*174*
	Fe	↑	*174*
	Mn	↑	*174*
	S	↑	*174*
	org.S.	↑↑↓	*268*
P	Ca	↑	*163*
	J	—	*163*
	NO_3	—	*163*
	Na	↑	*163*
	S	—	*163*
	org.S.	↑↑↓	*163*
Rb	Cl		*274*
	Cs	↑	*232, 233, 572, 575*
	K	↑	*232, 233, 274, 572*
	Li	↑	*232, 274*
	Na	↑	*232, 233, 274*
	org.S.	↑↑↓	*274*
Sr	Al	↓↓	*217, 228, 370a, 501, 537, 633, 645*
	As		*452*
	Ba	↑	*213, 216, 582b, 636*
	Be	↓	*228, 452, 453*
	Ca	↑	*213, 216, 274, 314a, 370a, 537, 582b, 636, 700*
	Cl	↓↑	*215, 228, 537*
	ClO_4	↑	*228*
	Cr	↓	*228*
Sr	Fe	↓	*228, 253, 700*
	K	↑↓	*213, 216, 370a*
	Li	↓	*213, 216*
	Mg	↑	*213, 216, 700*
	Mn		*228*
	Mo	↓	*452*
	NO_3	—	*215, 228, 537*
	Na	↓	*213, 216, 700*
	P	↓	*33, 130, 215, 228, 452, 537*
	Rb		*268b*
	S	↓	*215, 228, 452, 537*
	Se	↓	*452*
	Te	↓	*452*
	Ti	↓	*452, 765*
	TiF_6	↓	*452*
	V	↓	*452*
	W	↓	*452*
	Zr	↓	*452*
	org.S.	↑↑↓	*228, 314a*
Tl	Al		*453a*
	Cl	↓	*228*
	ClO_4	↓	*228*
	Mo		*453a*
	NO_3	—	228
	Na	↑	*377*
	P		*228, 453a*
	Rb		*268b*
	S	↓	*228, 453a*
	Te		*453a*
	V		*453a*
	org.S.	↑↑↓	*146a, 228*
V	org.S.	↑↑↓	*431a*

100. Das Erkennen und Beseitigen von Fehlern infolge spezifischer Beeinflussungen

In den Kapiteln 97 u. 98 erwähnten wir bereits im Zusammenhang mit den dort gebrachten spezifischen Störeinflüssen einige Möglichkeiten für ihre Erkennung und für ihre Ausschaltung bzw. Korrektur. Wir wollen hier einige weitere allgemeiner anwendbare Möglichkeiten bringen, die z. T. auch bei nichtspezifischen Störungen (Kap. 101) anwendbar sind. Zunächst soll uns die Frage beschäftigen: „Woran erkennt man das Auftreten von spezifischen Störungen?“ Im Anschluß daran sollen weitere Möglichkeiten zu ihrer Ausschaltung gebracht werden.

a) Das Erkennen von spezifischen Beeinflussungen

1. Eine Möglichkeit zum Erkennen von Ionisationsstörungen hatten wir schon im Kap. 97 gebracht. Das dort erwähnte Verfahren läßt sich auch auf andere spezifische Beeinflussungen verallgemeinern: Man messe jedes in der Analysenlösung vorkommende und nachweisbare Element zunächst einzeln in Eichlösungen,

die nur je *ein* Analysenelement enthalten. Dann messe man in einer Mischlösung mit allen vorkommenden Elementen in entsprechender Konzentration die sich jetzt ergebenden Intensitäten, selbstverständlich jeweils nach vorheriger Ausschaltung von Blindwertstörungen (Kap. 94—95). Sind die letztgenannten Intensitäten in den Mischlösungen in verschiedenem Maße größer oder teilweise auch kleiner als die erstgenannten, so sind spezifische Beeinflussungen beteiligt. Sind jedoch in der letztgenannten Mischlösung die Intensitäten aller Elemente in erster Näherung um einen gleichen (prozentualen) Betrag kleiner oder größer als in den Einzellösungen, so sind nichtspezifische Beeinflussungen (Kap. 101), z. B. eine höhere Viscosität und Dichte der Mischlösung, für diesen Effekt verantwortlich zu machen. Eine sichere Aussage dieser Art ist nur dann möglich, wenn man verschiedene Linien (Banden) verschiedener Elemente einzeln und in der Mischlösung (mehrfach!) mißt, und wenn die dabei gefundenen Unterschiede (im Vergleich zu den Einzelmessungen und auch in Relation zueinander) sich deutlich von der allgemeinen Fehlerbreite der Methode (Kap. 102) abheben. Auch wollen wir wieder voraussetzen, daß die Blindwertstörungen schon durch geeignete Verfahren ausgeschaltet sind. Die zwei letztgenannten Voraussetzungen werden wir im folgenden nicht jeweils erneut hervorheben, sondern als selbstverständlich betrachten.

2. Interessiert man sich nur für die Konzentration *eines* Elementes oder hat man gar ein (z. B. Filter-)Gerät für nur *ein* Element zur Verfügung, so wäre das eben genannte Verfahren unnötig umständlich bzw. gar nicht ausführbar. Man kann dann wie folgt vorgehen [*298*]: Man bestimmt mit Hilfe einer Eichlösungsreihe steigender Konzentration (Kap. 83), die nur das eine Element enthält, eine Eichkurve. Dann ermittelt man mit Hilfe dieser Eichkurve die (vorläufige) Konzentration des gesuchten Elementes in der Analysenlösung. Anschließend verdünnt man die Analysenlösung auf das doppelte Volumen. Erhält man jetzt die halbierte Konzentration, so ist es unwahrscheinlich, daß Störelemente mit spezifischen Einflüssen auf dies Element (auf die Steigung der Eichkurve dieses Elementes) vorhanden sind. Will man diese Wahrscheinlichkeitsaussage weiter festigen, so setze man dies „Halbierungsverfahren" fort, indem man auf das vierfache Volumen verdünnt usw.

3. Statt wie eben unter 2. ein fortgesetztes Halbierungsverfahren anzuwenden, kann man auch ein fortgesetztes Verdoppelungs- oder Zumischverfahren durchführen [*532*], indem man zur Analysenlösung eine gleiche Menge des vorher (vorläufig) ermittelten Elementes (z. B. als Salz) hinzugibt und prüft, ob man unter Verwendung der vorher ermittelten Eichkurve (s. oben unter 2.) auf die doppelte Konzentration kommt usw.

Selbstverständlich lassen sich Verfahren 2 und 3 in Kombination anwenden. Da es Störungen gibt, die in einem gewissen Störkonzentrationsbereich praktisch gleichgroß sind, sich also hier dem Nachweis entziehen würden, ist es empfehlenswert, die eben unter 2. und 3. genannten Prüfungen über einen möglichst großen Konzentrationsbereich, d. h. über einige Zehnerpotenzen, auszudehnen.

b) Das Ausschalten bzw. Korrigieren von spezifischen Störeinflüssen

Wenn die spezifischen Störeinflüsse nicht sehr groß sind, kann ihre Verkleinerung praktisch auf eine Ausschaltung hinauslaufen. Ein systematischer

Fehler durch spezifische Störungen gilt dann als „praktisch" beseitigt, wenn er genau so groß oder kleiner als die zufälligen Fehler des Analysenverfahrens (Kap. 102) geworden ist. Wir wollen daher zunächst die apparativ-methodischen Gesichtspunkte erwähnen, die zu einer Verkleinerung von spezifischen Störungen und damit oft zur praktischen Ausschaltung derselben führen können.

1. Die Verwendung von Flammen mit niedrigen Temperaturen, z. B. bei Störungen durch Ionisation (s. Kap. 7 u. 97).

2. Die Verwendung von Flammen mit hohen Temperaturen, z. B. bei Störungen durch unvollkommene Dissoziation bzw. unvollkommene Verdampfung (s. Kap. 7 u. 98).

3. Die Wahl eines für den jeweiligen Anwendungsfall geeigneten Zerstäubers bzw. einer geeigneten Zerstäuber-Brennerkombination mit einer zweckmäßigen Tröpfchengrößenverteilung bzw./und Tröpfchenaussonderung (Kap. 98, s. auch [*513*]).

4. Das Messen in einer optimalen Höhe innerhalb der Flamme (Kap. 37, 97 u. 98).

5. Die Verwendung einer optimalen Konzentration, d. h. die Anwendung einer geeigneten Verdünnung bzw. Konzentrierung (Kap. 79 u. 97, s. auch [*263*]) bei gegebener Flammentemperatur.

6. Die Verwendung eines optimalen Verdünnungsmittels, das seinerseits wieder Einflüsse auf die Flammentemperatur (s. Pkt. 1.—2. und Kap. 79), auf die Tröpfchengrößenverteilung (Pkt. 3.) und auf die optimale Beobachtungshöhe in der Flamme (Pkt. 4.) hat.

7. Die Anwendung einer Leitlinienmethode (Kap. 51), die bei der hier vorliegenden Aufgabe allerdings nur dann zu einer Verkleinerung der Fehler durch die spezifischen Beeinflussungen führt, wenn das Leitelement so zum Analysenelement ausgewählt ist, daß beide auf Störungen eines dritten Partners wenigstens gleichsinnig, am besten auch noch in gleicher Größe, reagieren. Geht man zu einem anderen Analysenelement über, so muß man im allgemeinen auch zu einem anderen Leitelement (mit geeigneter Konzentration) überwechseln.

In diesem Zusammenhang wollen wir auf einige bereits in Kap. 97 u. 98 im speziellen Zusammenhang gebrachte Verfahren hinweisen, die oft auch auf andere spezifische Emissionsbeeinflussungen angewandt werden können.

8. Die Parametermethode (vgl. Kap. 97). Sie ist nicht nur bei Ionisationsstörungen, sondern ganz allgemein anwendbar. Allerdings wird sie schwer ausführbar, wenn mehr als ein Störpartner zu berücksichtigen ist.

9. Die Nachahmmethode (Kap. 97). Auch sie ist allgemein anwendbar, vorausgesetzt, daß es mit erträglichem Aufwand möglich ist, die Zusammensetzung der Analysenlösung genügend genau nachzuahmen. Sie ist dann empfehlenswert, wenn die Störpartner in den Analysenlösungen hinsichtlich Zusammensetzung und Konzentration annähernd gleich bleiben.

10. Das Korrekturverfahren (Kap. 97). Es gilt hier das gleiche wie eben unter 8.—9. aufgeführt.

11. Die Normierungs- bzw. Sättigungsmethode (Kap. 97). Dies Verfahren ist dann auf andere als auf Ionisationsstörungen anwendbar, wenn die Störung bei steigender Konzentration des Störpartners einem Endwert zustrebt.

12. Das Parallelverfahren (Kap. 98). Es ist dann auf andere Störungen, als in Kap. 98 genannt, anwendbar, wenn die Störcharakteristik einen parallel zur Abszissenachse verlaufenden Teil aufweist. Dann gibt es einen solchen Konzentrationsbereich, in dem die Störung gleichgroß, d. h. unabhängig von der Störkonzentration ist.

13. Das Pufferverfahren (Kap. 98). Es unterscheidet sich von den beiden vorgenannten Verfahren dadurch, daß hier zum Zwecke der Verkleinerung von Störungen nicht das Störelement selbst, sondern ein drittes Element zugesetzt, aber nicht mitgemessen wird. Dies Verfahren empfiehlt sich dann, wenn ein solches (Puffer-)Element zu finden ist, das die Störung von dem Analysenelement „wegnimmt", das Analysenelement gegen die Störung also gewissermaßen immunisiert. Es ist insbesondere bei Mg-Analysen zu empfehlen, da die Verbindungen von Mg mit P, Al, Ti usw. in der Flamme wesentlich weniger stabil sind als die der (Puffer-)Elemente Ca, Sr und Ba. Man kommt daher beim Mg mit wesentlich geringeren Pufferkonzentrationen aus als bei den anderen genannten Elementen [*544*].

14. Das Verdünnungsverfahren. Es gibt eine Reihe von Störungen (z. B. P $\rightarrow$ Ca), deren relativer Einfluß auf das Analysenelement bei Verdünnung kleiner wird. In solchen Fällen kann man also die Störung unter Umständen „praktisch" beseitigen, indem man eine stärkere Verdünnung anwendet, vorausgesetzt natürlich, daß die zu fordernde Analysengenauigkeit durch die Annäherung an die Nachweisgrenzen (Kap. 90) noch gewährleistet ist. Wir möchten aber hervorheben, daß nicht alle Störungen bei stärkeren Verdünnungen kleiner werden. Zum Beispiel werden die Ionisationsstörungen bei geringeren Konzentrationen sogar größer, wenn wir von dem Einfluß der Flammenelektronen (Kap. 97) bei sehr niedrigen Konzentrationen absehen. Bei Störungen nach Art des Kap. 98 ist das Verdünnungsverfahren jedoch anwendbar.

15. Die rechnerischen bzw. graphischen Korrekturverfahren zur Ausschaltung von multiplikativen Störungen (log-log translation, s. Kap. 97). Solche (nur in einem gewissen Konzentrationsbereich mit leidlicher Genauigkeit als multiplikative Störungen beschreibbare) Störungen müssen nicht unbedingt nur Ionisationsstörungen sein. Diese graphischen Verfahren haben gegenüber den folgenden Verfahren 16a und 17 den Vorteil, daß die Eichkurven nicht geradlinig verlaufen müssen.

16. Das Zugabeverfahren [*370, 602a*]. Wir hatten am Anfang dieses Kapitels dies Verfahren zur qualitativen Erkennung von spezifischen Beeinflussungen schon erwähnt. In gewissen Fällen kann man es nach einigen Modifikationen auch für eine quantitative Erfassung des Störeinflusses und damit zur Korrektur von „gestörten" Analysenergebnissen verwenden (s. auch Kap. 97). Die unten zuerst genannte Methode a) berücksichtigt den Fall, daß sich der Störeinfluß in dem interessierenden Konzentrationsbereich als konstanter, d. h. konzentrationsunabhängiger Faktor beschreiben läßt, und daß geradlinige Eichkurven vorausgesetzt werden dürfen. Im Anschluß an diese erste Methode geben wir dann noch eine weitere allgemeiner anwendbare Methode b) wieder, die auch in solchen Fällen brauchbar ist, wo die Intensität I durch die Funktion $I = k \cdot c^m$ (k = Konstante, die aber von der Störkonzentration abhängt, c = Konzentration der Lösung, m = Konstante, die ebenfalls von der Störkonzentration abhängt)

beschrieben werden kann, also keine geradlinige Eichkurve vorliegt. Durch die unten zuerst genannte Zumischtechnik a) wird die unter dem Einfluß der Störursache hervorgerufene stärkere oder schwächere Eichkurvensteigung ermittelt und dann der Berechnung der Analysenwerte zugrunde gelegt. Aus der für den ersten speziellen Fall a) genannten Voraussetzung ergibt sich, daß diese Zumischtechnik nicht bei Störungen nach Art des Kap. 98 angewandt werden darf, jedoch ist sie auch bei nichtspezifischen Störungen (Kap. 101) brauchbar. Die später dargestellte allgemeinere Technik b) ist auch bei Störungen der Erdalkalien (Kap. 98) verwendbar.

a) Ausführung. Es soll an 2 Wellenlängen, einmal an der Wellenlänge λ_0 auf der Linie und einmal an der Wellenlänge λ_1 neben der Linie, zur Ausschaltung des Untergrundes, gemessen werden. Es sei zur Vereinfachung noch vorausgesetzt, daß der Untergrund an den Stellen λ_0 und λ_1 immer gleichgroß sei. A seien die Ausschläge beim Versprühen der Analysenlösung, und $(A + Z)$ die Ausschläge beim Versprühen der Analysenlösung + einer geeigneten Zumischung des Analysenelementes (als Salz). Die Steigung der Eichgeraden unter dem Einfluß der Störkonzentration folgt aus

$$\frac{C_A + C_Z}{C_Z} = \frac{(A + Z)_{\lambda 0} - (A + Z)_{\lambda 1}}{(A + Z)_{\lambda 0} - (A + Z)_{\lambda 1} - (A_{\lambda 0} - A_{\lambda 1})}$$

mit C_Z = Zumischkonzentration. Damit ergibt sich die gesuchte Konzentration, nach entsprechender Umformung zu

$$C_A = C_Z \cdot \frac{A_{\lambda 0} - A_{\lambda 1}}{[(A + Z)_{\lambda 0} - (A + Z)_{\lambda 1}] - [A_{\lambda 0} - A_{\lambda 1}]}$$

In dieser Rechnung steckt, wie einleitend gesagt, die Voraussetzung, daß die Eichkurve geradlinig verläuft. Man kann die Rechnung aber durch Hinzunahme einer weiteren Korrektur auch auf den Fall erweitern, daß man in den gekrümmten Teil einer Konzentrations-Photostromcharakteristik kommt [*316*], vorausgesetzt, daß die Störung trotzdem noch als konstanter konzentrationsunabhängiger Faktor dargestellt werden kann.

b) Wir wollen nun eine Zumischtechnik wiedergeben, die dann empfehlenswert ist, wenn keine geradlinige Eichkurve vorliegt, sondern die Intensität durch die Funktion $I = k \cdot c^m$ dargestellt wird, wobei sowohl k als auch m zwei unbekannte, aber von der Störkonzentration abhängige Konstanten bedeuten [*140a*].

Man trägt nicht, wie oben die Konzentration gegen die Intensität, sondern den Logarithmus der Konzentration gegen den Logarithmus der Intensität auf doppeltlogarithmischem Papier auf. Es finden 3 Intensitätsablesungen statt, und zwar in der Ausgangslösung und in zwei weiteren Lösungen mit zwei verschiedenen Zumischungen zur Ausgangslösung. Da man zunächst die Ausgangskonzentration der Lösung nicht kennt, trägt man die Zumischkonzentrationen gegen die zugehörigen Intensitäten auf. Man erhält dabei im allgemeinen eine Kurve, die nach kleinen Konzentrationen zu steiler verläuft. Addiert man nun zu all diesen Zumischkonzentrationen einen geeignet gewählten Grundbetrag so, daß die Kurve in eine Gerade übergeht, so ist dieser Grundbetrag die gesuchte Konzentration und die Gerade ist die gesuchte Eichgerade. Dies Verfahren wurde schon früher mit Erfolg bei Bogenanalysen angewandt [*62, 243, 409, 600*]. Selbstverständlich läßt sich dies Verfahren auch rechnerisch durchführen [*140a*], worauf wir hier nicht eingehen wollen.

17. Ein spezieller Fall dieses Zugabeverfahrens ist das Verdoppelungsverfahren. Hierbei wird die Zumischkonzentration C_Z so gewählt, daß der Ausschlag a (selbstverständlich wieder nach Abzug des Blindwertes) durch die Zugabe gerade verdoppelt wird. Hierbei muß man einige verschiedene Zumischkonzentrationen „ausprobieren", bis man die geeignete gefunden hat, die gerade diese Verdoppelungsbedingung erfüllt. Sofern die unter 16a. genannten Voraussetzungen auch

hier Gültigkeit haben, ist dann die so ermittelte Zumisch-(Verdoppelungs-)Konzentration C_Z gleichzeitig die gesuchte Konzentration C_A. Dies Verfahren hat gegenüber 16a. den Vorteil, daß man nicht zu rechnen braucht und immer etwa im Genauigkeitsoptimum des Zugabeverfahrens arbeitet. Es hat aber den Nachteil, daß man hier öfters „probieren" muß, was naturgemäß Zeit und Analysenmaterial kostet.

Der durch das Zumischen bei 16a. u. 17. bedingte Verdünnungsprozeß ist in Rechnung zu setzen, oder man muß in *allen* Fällen Verdünnungen anwenden und die durch das Zumischen bedingten Verdünnungen dadurch kompensieren, daß man dann entsprechend weniger verdünnt. Man unterscheidet daher zwischen Standardzugaben bei veränderlichem oder konstantem Volumen. Zu diesem in der Chemie häufig angewandten Zumischverfahren sind verschiedentlich Fehleruntersuchungen angestellt worden. Wir verweisen auf die Literatur [z. B. *140a*, *243*, *316*].

Wir müssen vor der Anwendung solcher Zugabeverfahren warnen, wenn gleichzeitig adsorbierende Substanzen (z. B. Eiweiß) in den Analysenlösungen vorhanden sind.

18. Das Substitutionsverfahren [*544*]. Es mußte bei den beiden vorangegangenen Verfahren 16a. u. 17., jedoch nicht bei 16b., vorausgesetzt werden, daß die Störung, als Faktor ausgedrückt, von der Konzentration des Analysenelementes selbst unabhängig ist. Deshalb waren die beiden genannten Verfahren nicht auf Störungen nach Art von Kap. 98 anwendbar. Diesen Nachteil vermeidet das Substitutionsverfahren, das wir, der einfacheren Darstellung halber, zunächst am Beispiel einer Ionisationsstörung erläutern wollen.

Es wird hierbei, ähnlich wie beim Pufferverfahren und ähnlich wie beim Vergleichsverfahren (Kap. 98) ein Fremdelement zugemischt, diesmal aber nicht in hoher Konzentration, sondern in Konzentrationen, die dem Analysenelement etwa entsprechen (s. unten). An dies zugemischte Fremdelement müssen folgende Bedingungen gestellt werden:

a) Die Strahlung des Fremdelementes darf die Strahlung des Analysenelementes nicht direkt, z. B. über eine Querempfindlichkeit oder durch überlappende Strahlung von Banden, stören.

b) Das Fremdelement X muß an der Reaktion zwischen Störelement (z. B. K) und Analysenelement (z. B. Na) teilnehmen und muß auf die Störung in ähnlicher Art wie das Analysenelement reagieren.

Im genannten Beispiel soll also die Ionisationskonstante J_X (vgl. Kap. 7) des Fremdelementes bei der gegebenen Flammentemperatur möglichst gleich der Ionisationskonstanten J_{Na} des Natriums sein. Nehmen wir der Einfachheit halber zunächst $J_X = J_{Na}$ an, so kann durch Anwendung der Saha-Gleichung (Kap. 7) auf diesen Fall leicht gezeigt werden, daß bei gegebener Störkonzentration (K), die Elektronenkonzentration in der Flamme beim Zerstäuben verschiedener (durch zweifache Zumischung, d. h. von Na und X, hergestellter) Lösungen, dann gleich bleibt, wenn in diesen Lösungen die Summe aus den (molaren) Na- und X-Konzentration konstant bleibt. Dann ist aber für diese verschiedenen Lösungen nach der Saha-Gleichung auch der Ionisationsgrad β des gestörten Elementes (Na) konstant. Die Eichkurve (Na-Emission gegen Na-Konzentration) ist dann für diese Lösungsreihe immer eine *gerade* Linie, von der Selbstabsorption des Na abgesehen, und man kann jetzt das Zugabeverfahren (16.) zur Eliminierung des K → Na Fehlers anwenden. Die (K-)Störkonzentration braucht nicht bekannt zu sein und darf auch variieren.

Man geht wie folgt vor: Es wird eine Lösungsreihe hergestellt, indem man zu der ursprünglichen Probelösung (mit unbekannter Na- und K-Konzentration) sowohl Na als auch X zumischt. Bei den Zumischungen in dieser Reihe soll jeweils die Summe der zugemischten (molaren) Na- und X-Konzentration eine (übrigens) willkürliche Konstante sein. Diese Summe soll aber von der gleichen Größenordnung wie die gesuchte, ursprüngliche Na-Konzentration sein. Man trägt nun für diese Lösungsreihe die Na-Emission als Funktion der *zugemischten* Na-Konzentration graphisch auf. Man extrapoliert dann die so erhaltene Gerade, bis sie die Konzentrationsachse schneidet. Der Abstand dieses Schnittpunktes zum Koordinatenursprung, im Konzentrationsmaßstab ausgedrückt, ist dann die gesuchte, ursprüngliche Na-Konzentration der Analysenlösung.

Die hier beschriebene Methode gilt nur exakt unter idealen Verhältnissen. Im allgemeinen werden die Ionisationskonstanten des gestörten Elementes und des Fremdelementes nicht gleichgroß sein. Auch können diese Elemente in verschiedener Weise Nebenreaktionen (z. B. Hydroxydbildungen) in der Flamme eingehen. Die zweifachen Zumischungen sollen bei nicht gleichen Ionisationskonstanten am besten so vorgenommen werden, daß die Summe der molaren Na-Konzentration plus einem bestimmten Vielfachen oder einem bestimmten Bruchteil der X-Konzentration konstant ist. Man kann diesen Faktor, der noch von der Größenordnung der Störkonzentration abhängt, am besten experimentell bestimmen, indem man nämlich so zumischt, daß wieder eine gerade Linie für die obengenannte graphische Darstellung entsteht. Leider erfordert dies experimentelle Vorgehen einiges „Probieren" und damit Zeit und Analysenmaterial.

Wenn man diesen Nachteil vermeiden will, so kann man in verhältnismäßig einfachen Fällen, wie unten angegeben, rechnen. Setzt man nur voraus, daß keine anderen Nebenreaktionen wie Hydroxydbildungen stören, so kann man den obengenannten Faktor für den allgemeineren Fall $J_X \neq J_{Na}$ wie folgt angeben:

$$\frac{J_{Na}/e + 1}{J_{Na}/e + J_{Na}/J_X}$$

mit e = konstante Elektronenkonzentration. Man sieht daraus, daß im Gegensatz zu den oben gemachten vereinfachten Annahmen ($J_X = J_{Na}$) hier der Faktor von e und damit von der gestörten Konzentration (Na) und von der störenden Konzentration (K) abhängt. Nur, wenn man bei einer sehr starken Ionisation $J_{Na} \gg e$ voraussetzen darf und gleichzeitig auch noch J_{Na}/J_X höchstens von der Größenordnung Eins ist, so ist dieser Faktor von der gestörten und der störenden Konzentration praktisch unabhängig und gleich Eins. Eine entsprechende Unabhängigkeit dieses Faktors gilt dann, wenn bei sehr schwacher Ionisation gleichzeitig folgende Voraussetzungen gemacht werden können: $J_{Na} \ll e$ und J_{Na}/J_X wenigstens von der Größenordnung Eins.

Entsprechend kann man auch bei komplizierteren Störreaktionen, z. B. bei der Störung P → Ca, ein anderes Erdalkalielement, z. B. Ba oder Sr, mehrmals so zumischen, daß wieder eine gerade (Zumisch-)Charakteristik entsteht. Hierbei wird man im allgemeinen keinen solchen Faktor wie oben bei der Ionisation angeben können, da sich die Störeinflüsse von P, Al, Ti usw. über größere Konzentrationsbereiche nicht so einfach wie die Ionisation vorausberechnen lassen (s. die Knickpunkte im Kap. 98). Man wird hier im allgemeinen nur experimentell vorgehen können. Entsprechende Überlegungen gelten für die Anwesenheit von mehreren solcher Störelemente gleichzeitig.

Weitere Vorteile dieser Substitutionsmethode bestehen darin, daß man mit ihrer Hilfe auch nichtspezifische Störungen nach Kap. 101 beseitigen kann und daß, zumindest bei den vorgenannten Störungen, die Intensität des gestörten Elementes durch die Zumischung des Fremdelementes verstärkt wird.

19. Die chemische Beseitigung der Störelemente. Bei komplizierten Analysenlösungen beseitigt man in der letzten Zeit Störelemente oder störende Anionen oft durch chemische Methoden. Dies bringt zwar bei größeren Serienbestimmungen den Nachteil eines summierten Arbeitsaufwandes mit sich, jedoch hält sich dieser, wenn der chemische Arbeitsgang einfach ist und nicht gar zu große Stückzahlen anfallen, in erträglichen Grenzen. So wurde z. B. die Störung der Erdalkalien durch Al beseitigt, indem es durch Pyridin oder Urotropin [*293*] gefällt wurde, oder, bei anderen Methoden wird das Ca als Oxalat gefällt, durch Waschen von den störenden Bestandteilen isoliert und wieder in Lösung gebracht [*508*], oder Phosphor wird durch Ionenaustauscher entfernt [*36*, *61*, *174*, *289*, *337*, *550*] usw. Ferner kann man die in Kap. 88 besprochenen Anreicherungsmethoden auch für die Abtrennung der störenden Lösungspartner verwenden. Ähnliches leisten Extraktionsmethoden [*174*, *208*].

Zu diesen chemischen Methoden zur Beseitigung von Störursachen kann man auch die folgende rechnen: Will man geringe Alkalikonzentrationen in großen Mengen von Erdalkalien bestimmen, so stört die Blindwertstörung durch die Erdalkalibanden. Diese Störung kann man „chemisch“ beseitigen, indem man geeignete Mengen Al zu den Analysenlösungen hinzugibt [*633*]. Durch den chemischen Einfluß des Al auf das Ca in der Flamme (Kap. 98) wird die störende Erdalkaliintensität auf nahezu 0 heruntergedrückt, die Störursache also praktisch beseitigt. Im Gegensatz zu den obengenannten Beispielen tritt hier die chemische Reaktion erst in der Flamme auf.

Zum Schluß möchten wir erwähnen, daß prinzipiell die Möglichkeit besteht, genügend bekannte spezifische Beeinflussungen durch geeignete Daten-Verarbeitungsgeräte auszuschalten. Hierbei wird also z. B. die Störkonzentration mit einem zweiten Meßstrahl erfaßt. Dieser Meßwert steuert z. B. einen motorgetriebenen veränderlichen Widerstand, der eine geeignete (Faktor-)Korrektur am Meßwert nach Art eines Analogrechners anbringt. Von dieser Möglichkeit der Automatisierung solcher Korrekturen ist unseres Wissens bis jetzt noch kein Gebrauch gemacht worden.

101. Die nichtspezifischen Emissionsbeeinflussungen

Wie in Kap. 11 dargestellt, können Lösungspartner eine nichtspezifische Emissionsbeeinflussung der Analysenlinie bzw. Bande verursachen, indem sie den Transport des Analysensalzes in die Flamme und/oder die rechtzeitige Verdampfung der Flüssigkeitsteilchen verschlechtern oder auch fördern. Die Beeinflussung der Verdampfung in der Flamme ist besonders bei Direktzerstäubern zu beachten, während bei den Indirektzerstäubern die Transportbeeinflussung stärker in Erscheinung tritt. Die Gründe für dies unterschiedliche Verhalten sind folgende: Bei den Direktzerstäubern kommen auch große Tropfen bis in die Flamme, die nicht oder nur unvollkommen verdampfen. Durch geringe Änderung der Verdampfungseigenschaften der Analysenflüssigkeit wird der Flamme dann mehr oder weniger anregbare Substanz angeboten. Einflüsse dieser Art bezeichnen wir als Beeinflussung der Flüssigkeitsverdampfung. Umgekehrt wird sich bei den Indirektzerstäubern ein solcher Einfluß nicht in der Flamme auswirken, da die wenige Flüssigkeit, die in sehr feiner Verteilung bis in die Flamme kommt, dort vollständig verdampft. Es wird aber in diesem Falle der vorher in der Zerstäuberkammer ausgesonderte Anteil der Flüssigkeit geändert. Einflüsse dieser Art haben wir Transportbeeinflussung genannt. Beide auf ähnliche Ursachen zurückgehende Störungen entstehen durch Änderungen der physikalischen Eigenschaften der zu zerstäubenden Lösungen (Dichte, Oberflächenspannung, Viscosität, Dampfdruck), z. B. wenn diese neben dem Analysenelement noch andere Salze, Säuren oder organische Substanzen in variabler Konzentration enthalten. Diese physikalischen Eigenschaften beeinflussen die Ansauggeschwindigkeit, die Zerstäubung und die Verdampfung der Analysenlösung (Kap. 6). Um diese unerwünschten Einflüsse auf das Analysenergebnis möglichst weitgehend auszuschalten, gibt es folgende, teilweise schon früher besprochene Möglichkeiten:

a) Man versucht die unterschiedlichen physikalischen Eigenschaften zwischen Analysen- und Eichlösungen einander anzugleichen, indem man z. B. Glycerin, Gelatine, Agar-Agar oder ähnliches den Eichlösungen in geeigneter Menge zusetzt [*502* u. a.]. Solche Zusätze sollten nach Möglichkeit die zu bestimmenden Elemente nicht enthalten und auch frei von solchen Elementen sein, die eine Blindwertstörung oder Emissionsbeeinflussung bewirken können.

b) Man „normalisiert" sowohl die Analysen- als auch die Eichlösungen durch Zugabe eines Salzes wie LiCl, einer Säure wie H_2SO_4 oder organischer Mittel (s. oben) im Überschuß [*241, 263, 563*] auf gleiche Zerstäubung und Verdampfungseigenschaften, d. h. man setzt hier bei b) im Gegensatz zu a) diese Zusatzstoffe nicht nur den Eichlösungen, sondern sowohl den Analysen- als auch den Eichlösungen im Überschuß zu. In dieser Weise können die Einflüsse anderer variabler Partner unbekannter Konzentration kleingehalten bzw. ganz unterdrückt werden (vgl. die Normalisierungsmethode in Kap. 97).

c) Da solche Störungen mit abnehmender Konzentration der störenden Substanz relativ abnehmen, können sie durch Anwendung stärkerer Verdünnungen vermindert werden (vgl. Kap. 79).

d) Die hier besprochenen Störungen sind nicht spezifisch, da sie sich auf alle Elemente gegebener Konzentration und auf ein gegebenes Element bei allen Konzentrationen gleich stark auswirken (Kap. 11). Diese Störungen sind also in erster Annäherung als multiplikativ zu bezeichnen [*274, 275*], d. h. sie können durch einen Störfaktor beschrieben werden. Deshalb kann man diese Störungen durch die Leitlinienmethode sehr gut ausschalten. Dazu kommt noch, daß bei der Leitlinienmethode z. B. LiCl zugegeben wird, das an sich schon eine normalisierende Wirkung hat (vgl. oben).

e) Die in diesem Kapitel genannten Störungen erweisen sich bei Verwendung eines Direktzerstäubers geringer als bei einem Indirektzerstäuber mit Zerstäuberkammer [*563*]. Benutzt man einen Direktzerstäuber mit überwachter Flüssigkeitszufuhr zur Flamme (Kap. 33), so wird im erstgenannten Fall die Störung noch weiter vermindert, aber der Einfluß auf die Verdampfungsgeschwindigkeit der Nebelteilchen in der Flamme bleibt dabei noch bestehen.

Die oben besprochenen Fehlerursachen und ihre Auswirkungen sind leider sehr kompliziert und hängen ganz wesentlich von den jeweils benutzten Apparatekonstanten, insbesondere von den Zerstäubereigenschaften ab. Daher ist es nicht möglich, eine allgemeingültige Korrekturformel, z. B. zur Ausschaltung des Einflusses einer vor der Analyse bestimmten Viscosität, Oberflächenspannung usw., anzugeben. Wir hatten ja schon früher z. B. von dem komplizierten Zusammenhang zwischen Flammenemission und der Ansauggeschwindigkeit (Kap. 6) gesprochen. Allerdings ist es möglich, bei speziellen Anwendungsfällen für fest vorgegebene apparative Verhältnisse eine empirisch ermittelte Korrekturformel zu finden [*545*].

C. Fehlerdiskussion

102. Die zufälligen Fehler

Bestimmt man mit Hilfe einer flammenphotometrischen Methode unter möglichst konstanten Versuchsbedingungen die Konzentration eines Elementes mehrmals hintereinander, selbstverständlich jeweils im Vergleich zu einer Eichlösung, so erhält man keineswegs immer das gleiche Analysenergebnis, sondern vielmehr eine Anzahl von mehr oder weniger streuenden Einzelmessungen. Man nennt solche Streuungen die „zufälligen" Fehler. Abgesehen davon können alle Messungen (einschließlich des daraus zu errechnenden Mittelwertes, s. unten) noch eine systematische Abweichung vom meist nicht bekannten „wahren Wert" aufweisen. Von den letztgenannten systematischen Abweichungen, auch Mißweisungen genannt, sprechen wir erst im folgenden Kapitel. Wir wollen hier zunächst Ursachen für das Auftreten von zufälligen Fehlern nennen, weil sich daraus oft schon Möglichkeiten für die Erkennung der wesentlichsten Komponenten und Möglichkeiten für eine Verkleinerung dieser Streuungen ableiten lassen. Im Anschluß daran werden wir dann Möglichkeiten angeben, wie man solche Streuungen durch Angabe eines Zahlenwertes objektiv ausdrücken kann.

a) Ursachen für das Auftreten von zufälligen Fehlern (= Streuungen).

1. Mögliche Inhomogenitäten der Konzentration in den Analysen- und Eichlösungen. Solche Vorkommnisse sind besonders in Lösungen biologischer Herkunft häufiger anzutreffen.

2. Örtliche Temperaturunterschiede in den genannten Lösungen und unterschiedliche mittlere Temperaturen dieser Lösungen gegeneinander, z. B. infolge Erwärmung beim Festhalten der Probegläschen mit der Hand.

3. Variationen in der Ansaughöhe beim Leersaugen (Zerstäuben) der Flüssigkeit aus den untergehaltenen Gefäßen.

4. Mehr oder weniger ausgeprägte (d. h. teilweise) Verstopfungen der Ansaugcapillare.

5. Das Bilden und Wiederabreißen von Ablagerungen an der Zerstäuberspitze.

6. Ungleichmäßige Zerstäubung durch Druckschwankungen von seiten der Preßluftversorgung (Druckminderventile) oder durch das Auftreten von Druckschwankungen in der Zerstäuberkammer.

7. Variationen in der Tropfenaussonderung und Tröpfcheneindampfung bei Indirektzerstäubern in der Zerstäuberkammer (Temperatureffekt usw.), z. B. infolge unterschiedlicher Zeitabstände zwischen Unterhalten der Analysenlösung und Ablesen des Ausschlages.

8. Unvollkommene Durchmischung von Gas und Luft (Schwadenbildung) und Einflüsse einer ungleichmäßigen Gaszufuhr (Gasdruckminderventil).

9. Zwischenzeitliche Bildung von Ablagerungen an der Brennerkappe.

10. Variationen in der Tröpfchen- und Partikelverdampfung durch Schwankungen in der Tröpfchengrößenverteilung (s. oben) und durch Variation der Flammentemperatur, z. B. infolge Gasdruckschwankungen.

11. Emissionsschwankungen durch Einflüsse der vorgenannten Variablen auf die Atomkonzentration in der Flamme in der gerade interessierenden Beobachtungshöhe, ferner Emissionsschwankungen durch Temperaturschwankungen der Flamme, die ihrerseits wieder von einer Reihe der vorgenannten Variablen (Gaszufuhr, Flüssigkeitszufuhr bei Direktzerstäubern u. a.) abhängen.

12. Schwankungen der Untergrundstrahlung.

13. Nullpunktschwankungen der optisch-elektrischen Meßanordnung.

14. Empfindlichkeitsschwankungen der gleichen Anordnung.

15. Eichfehler, z. B. durch Verschleppung von Analysenlösung in die Eich- oder Blindlösung durch hängengebliebene Tropfen an der Ansaugcapillare, Einfluß der Nullpunktkompensation (Unterdrückung des Untergrundes) auf den Meßwert.

16. Ablesefehler am Instrument.

17. Ablese- und Rechenfehler beim Eingehen in die Eichkurve bzw. beim Anbringen von Korrekturen zur Ausschaltung von Störungen.

b) Die Berechnung der *Standardabweichung* als Maß für die zufälligen Fehler. Der am häufigsten gefundene Meßwert bei großen Beobachtungsreihen mit mehr als 10 Einzelablesungen ist normalerweise identisch mit dem (auf- oder abgerundeten) Mittelwert M (oder auch Durchschnitt genannt) aller Meßwerte. Man findet diesen Mittelwert M durch Addition sämtlicher Einzelmeßwerte c_i und anschließende Division dieser Summe durch die Anzahl der Beobachtungen n:

$$M = \frac{\Sigma c_i}{n} \cdot \qquad i = 1, 2, 3, 4, \ldots n$$

Man spricht auch vom arithmetischen Mittelwert. Je weiter die einzelnen Meßwerte vom Durchschnitt M entfernt sind, um so weniger häufig werden sie bei solchen Meßreihen gefunden. Sehr weit abseits liegende Ergebnisse werden kaum vorkommen. Trägt man nun die Häufigkeit dieser einzelnen Meßergebnisse über den einzelnen Meßwerten bzw. Meßwertintervallen graphisch auf, so erhält man meist näherungsweise eine Glockenkurve[1], die man auch als symmetrische Gaußsche Verteilung bezeichnet. Das Maximum dieser Kurve liegt an der Stelle M. Die Größe der Streuung σ um diesen Mittelwert M ist für die Beurteilung einer Flammenmethode sehr wesentlich. Man charakterisiert diese Streuung σ durch folgenden Ausdruck:

$$\sigma = \sqrt{\frac{\Sigma (M - c_i)^2}{n - 1}} \cdot \qquad i = 1, 2, 3, 4, \ldots n$$

Darin bedeuten $(M - c_i)$ die Differenzen der einzelnen gemessenen Konzentrationen vom Mittelwert. σ wird auch als mittlerer Fehler der Einzelmessung bezeichnet. Diese Bezeichnung ist allerdings unglücklich, weil, wie im folgenden Kapitel noch dargestellt wird, zu diesen Fehlern noch systematische Abweichungen vom „wahren Wert" hinzukommen können. Deshalb benutzt man für σ in diesem Zusammenhang besser die Bezeichnung „Standardabweichung". Die Größe 2σ entspricht dem, was der chemisch arbeitende Analytiker unter „Genauigkeit" versteht. — Dividiert man nun σ durch $\sqrt{n}$, so erhält man die Unsicherheit σ_M

[1] Abweichungen der Gaußschen Verteilung sind dadurch möglich, daß die abgelesenen Werte auf ganze Skalenteile auf- oder abgerundet wurden, und daß die beobachtete Streuung nur wenige solcher Skalenteile umfaßt. Zur Vermeidung solcher Komplikationen vermeide man bei derartigen Untersuchungen das Abrunden.

des Durchschnittswertes M. Man nennt diese Größe σ_M auch „mittleren Fehler des Mittelwertes“

$$\sigma_M = \frac{\sigma}{\sqrt{n}} = \sqrt{\frac{\Sigma (M - c_i)^2}{n(n-1)}}\,.$$

Diese Größe gibt also an, welche Schwankungen des Mittelwertes M zu erwarten sind, wenn man mehrere Meßreihen mit jeweils gleicher Anzahl von Einzelbeobachtungen durchführt. σ_M interessiert z. B. bei Fehlerrechnungen zum Zugabeverfahren (Kap. 100), bei dem nicht ein einzelner Meßwert, sondern der Mittelwert aus mehrfach wiederholten Messungen einzusetzen ist.

Die wesentlichste Größe für die Beurteilung der relativen Genauigkeit oder Reproduzierbarkeit einer Methode ist aber σ. Diese Größe wird meist nicht absolut wie oben, z. B. 10,4 $\pm$0,6, sondern in Prozenten des Mittelwertes M, also z. B. 10,4 $\pm$ 6% angegeben. Es ist

$$\sigma\,(\%) = \frac{100\,\sigma\,(\text{abs.})}{M}\,.$$

Diese Größe nennt man auch prozentuale Standardabweichung.

Im Gegensatz zu den systematischen Fehlern des folgenden Kapitels können solche Reproduzierbarkeitsfehler durch kein Rechenverfahren beseitigt werden. Aus der Größe von σ kann man sofort Aussagen über den gesamten Verlauf der Fehlerverteilung machen. So kommen z. B. Fehler, die innerhalb $\pm\sigma$ liegen nur in $^2/_3$ aller Fälle, solche die größer als 2σ sind, nur in etwa $^1/_{20}$ aller Fälle und Fehler die größer als 3σ sind nur noch in etwa $^1/_{300} = 0{,}3\%$ aller Fälle vor. Allerdings steckt, wie in Kap. 90 schon erwähnt wurde, in solchen Bestimmungen von σ durch Aufstellen von Meßreihen ein gewisser subjektiver Anteil, indem die einzelnen Beobachter bei der Beurteilung eines „mittleren“ Instrumentausschlages verschieden geschickt sind. Erfahrene Beobachter können bei der Beobachtung eines unruhigen Ausschlages gut „integrieren“, während Anfänger dazu neigen, den Extremwerten ein zu hohes Gewicht beizumessen.

Zur Prüfung der Frage, ob die Ergebnisse zweier Meßreihen innerhalb der auftretenden Schwankungen als gleich anzusehen sind oder ob die gefundenen Unterschiede der Mittelwerte der beiden Reihen so groß sind, daß die Differenz als „statistisch sicher“ bezeichnet werden darf, pflegt man daher oft die Grenze 3σ als Kriterium heranzuziehen. Vergleiche dazu auch Kap. 90.

Bei direkten Flammenmethoden, d. h. bei Messungen ohne Anwendung des Leitlinienprinzips, liegt σ je nach Art der Analysensubstanz, nach Art des benutzten Flammenphotometers, je nach Geschicklichkeit des Beobachters und je nach der Art der Anwendung zwischen $\pm 0{,}2$ bis $\pm 5\%$. Diese Fehler können mit Hilfe der Leitlinienmethode auf gut die Hälfte herabgedrückt werden.

Es sei betont, daß dieser relative Fehler im Gegensatz zu chemischen Methoden über weite Konzentrationsbereiche gleich bleibt. Damit werden Flammenmethoden hinsichtlich des Fehlervergleiches mit chemischen Methoden um so günstiger, je geringere Konzentrationen vorliegen. Allerdings gilt hierbei die Einschränkung, daß die Konzentrationen nicht die Größenordnung der Nachweisbarkeitsgrenzen erreichen dürfen, denn in diesem Falle werden die prozentualen Standardabweichungen größer.

Zur Beurteilung der erzielbaren Genauigkeiten und zur Festlegung der Konzentrationsunterschiede, die man noch „mit Sicherheit“ voneinander unterscheiden kann, sind Bestimmungen, d. h. Durchführungen von Meßreihen mit anschließender Berechnung von σ gemäß den obengenannten Ausführungen unerläßlich. Zur Durchführung solcher Meßreihen möchten wir bemerken, daß man bei mehrfach wiederholten Messungen am gleichen Analysenmaterial leicht einer Autosuggestion zum Opfer fällt, indem man bei Ablesungen an einem unruhig tanzenden Lichtzeiger u. ä. unwillkürlich den auf Grund der vorangegangenen Messungen erwarteten oder einen sehr dicht dabeiliegenden Wert abliest. Die Standardabweichungen kommen dann zu gut heraus. Es ist daher besser, wenn solche Mehrfachmessungen zur Fehlerbestimmung in die routinemäßigen Messungen eingestreut werden, ohne daß diese irgendwie besonders gekennzeichnet werden (Blindbestimmungen). Noch objektiver wird das Ergebnis, wenn man dieses Einstreuen an verschiedenen Meßtagen vornimmt und womöglich mehrere Beobachter unabhängig voneinander Messungen unter den gleichen Versuchsbedingungen durchführen läßt. Zur Vermeidung der Autosuggestion kann man auch so vorgehen, daß man einen Beobachter an zwei Lösungen nahezu gleicher Konzentration wie folgt „blinde" Reproduzierbarkeitsmessungen durchführen läßt: Man wähle zwei gleich aussehende Flaschen mit zwei Konzentrationen, deren Unterschied etwa gleich der erwarteten Streuung (vielleicht 1%) ist. Ein Assistent reicht dem Messenden in zufälliger Reihenfolge nacheinander diese zwei Flaschen zu, ohne daß dieser sieht, welche Flasche gerade an der Reihe ist. Der Beobachter ruft dem Assistenten die Ergebnisse zu, die dieser in zwei Spalten einer entsprechend vorbereiteten Liste einträgt.

103. Die systematische Abweichung

Die im letzten Abschnitt genannte Standardabweichung σ ist charakteristisch für die Reproduzierbarkeit öfters wiederholter Messungen. Diese Zahl ist aber kein Kriterium dafür, wie der Mittelwert mit anderen zuverlässigen Methoden, beispielsweise mit dem von guten chemischen Methoden, übereinstimmt. Die Abweichung des im vorigen Abschnitt genannten Mittelwertes M vom „wahren" Mittelwert M_w, sofern dieser nicht durch zufällige Fehler $\sigma/\sqrt{N}$ zu erklären ist, wollen wir systematische Abweichung nennen. Zur Vereinfachung wollen wir zunächst annehmen, daß es mit Hilfe „zuverlässiger" chemischer Methoden möglich ist, M_w zu ermitteln. Solche Abweichungen können folgende Ursachen haben:

1. Fehler in den Eichlösungen, z. B. Wägefehler, Fehler durch Einwiegen von feuchten Substanzen, Verwendung nicht genügend reiner Substanzen, Verschmutzung durch Alkaliabgabe der Glaswandungen usw.

2. Verdünnungsfehler beim Vorbereiten der Proben für die Analyse, also Pipettenfehler usw.

3. Einflüsse von anderen Substanzen, die bei der Analyse nicht direkt interessieren, und die in den Eichlösungen nicht nachgeahmt wurden, also eine teilweise oder ganze Vernachlässigung der spezifischen Beeinflussungen der Elemente (Kap. 96ff.), der Querempfindlichkeit (Kap. 94), des Untergrundes (Kap. 95) usw.

4. Systematische Unterschiede zwischen der Oberflächenspannung und Viscosität der Analysenflüssigkeiten einerseits und den Eichflüssigkeiten andererseits (Kap. 101), Temperatur- bzw. p_H-Unterschiede zwischen diesen Lösungsarten u. ä.

Über die Bestimmbarkeit des „wahren" Wertes mit Hilfe zuverlässiger chemischer Methoden herrscht vielfach Unklarheit. In schwierigen Fällen weisen die mit verschiedenen chemischen Methoden ermittelten Analysenergebnisse erhebliche systematische Unterschiede untereinander auf. Wir erinnern z. B. daran, daß die mit verschiedenen chemischen Methoden ermittelten *mittleren* (!) Serum-Calcium-Werte beim Menschen, je nach der Bestimmungsmethode zwischen 8,8 und 13,2 mg Ca/100 ml liegen [*588*]. In solchen und ähnlichen Fällen benötigen auch die chemischen Methoden, solange man methodisch noch nicht klar sieht, eine gewisse, zunächst ziemlich willkürliche Eichung [*410*]. Diese Eichung kann z. B. darin bestehen, daß man *eine* Methode zur Normmethode erklärt, oder daß man Proben bestimmter, bekannter Zusammensetzung an die einzelnen Institute zu Eichzwecken verteilt.

Die Angaben in der Literatur über solche systematischen Fehler sind weniger zahlreich und zuverlässig, da deren Bestimmung schwieriger ist. Außerdem beachte man, daß beim Vergleich von flammenphotometrisch bzw. spektrophotometrisch gemessenen und errechneten Mittelwerten mit den Mittelwerten anderer Bestimmungsmethoden auch deren systematische Abweichung vom „wahren Wert“ in den Vergleich eingehen. Es ist mitunter müßig, darüber zu streiten, welche der beiden Methoden den größeren Anteil an der gefundenen Abweichung verursacht. Außerdem spielt bei vielen Fragestellungen der Praxis eine systematische Abweichung keine Rolle, z. B. dann nicht, wenn nur die Abweichungen der Konzentrationen in verschiedenen Proben untereinander interessieren, während der Maßstab, mit dem diese Abweichungen gemessen werden, gleichgültig ist. Im übrigen kann der Maßstab durch entsprechende Umbezifferung der Skalen bzw. der Eichkurven jeder Forderung angepaßt werden. Bei Analysen von Spurenelementen mit unzureichenden Methoden kann die systematische Abweichung allerdings größer und bedeutsamer werden.

104. Der Gesamtfehler der Einzelmessung

Bedenklicher stimmt folgendes: Die Störeinflüsse von Lösungspartnern, die Querempfindlichkeiten usw. können in den einzelnen Proben verschiedener Zusammensetzung verschieden groß sein, z. B. dann, wenn die nicht mitbestimmten Störelemente in den einzelnen Proben verschieden groß sind. Dann ist es durchaus möglich, daß die zufälligen Fehler (Reproduzierbarkeitsfehler) bei mehrfacher Bestimmung an ein und derselben großen Probe sehr klein sind, weil gute Versuchsbedingungen vorlagen und in der Meßreihe die Konzentration der Störelemente gleich war. Und es ist weiterhin möglich, daß auch die eben genannte systematische Abweichung der Mittelwerte zweier Bestimmungsmethoden gegeneinander ebenfalls klein ist, weil sich die Einflüsse verschiedener Störelemente in ihrer Gesamtwirkung auf den Mittelwert aufheben, oder weil die zum Vergleich herangezogene chemische Methode zufällig den gleichen systematischen Fehler vom „wahren Wert“ aufweist. Trotz der Kleinheit der zufälligen Fehler, trotz kleiner systematischer Abweichung der Mittelwerte von den „wahren Werten“, sind dann doch erhebliche Abweichungen der Einzelwerte möglich, die weder mit der einen noch mit der anderen bisher genannten Fehlerdefinition erfaßt werden. Wir wollen Fehler dieser Art, einschließlich der vorgenannten, „Gesamtfehler der Einzelmessung“ nennen. Im Kap. 100 gaben wir Methoden an, mit deren Hilfe man solche Fehler erkennen und ausschalten kann.

Anwendungen

Der eilige Praktiker sucht im allgemeinen nach einfachen und zuverlässigen „Vorschriften". Findet er solche, so wird er sie (oft kritiklos) anwenden, um zu den ihn allein interessierenden „Meßergebnissen" zu kommen. Dieser Wunsch nach fertigen „Vorschriften" ist durchaus verständlich. Er kann aber von uns im Rahmen dieses Buches leider nicht erfüllt werden. Folgendes spricht dagegen:

Die Zahl der mit Flammenmethoden untersuchten Analysenmaterialien betrug beim Abfassen der 1. Auflage dieses Buches etwa 700, wobei in jedem Material im Durchschnitt etwa zwei Elemente mit Flammenmethoden untersucht sein dürften. Das allein würde schon etwa 1400 Vorschriften bedingen. Inzwischen dürfte sich die Zahl der angegebenen flammenphotometrischen Analysen gut verdoppelt haben, so daß hier etwa 3000 Vorschriften wiederzugeben wären. Nun ist aber weiter zu bedenken, daß diese Vorschriften nicht nur von der Zusammensetzung und Konzentration der Analysen-, Stör- und Begleitelemente sowie ihren Verbindungen abhängen, sondern daß bei ein und demselben Analysenmaterial und Untersuchung ein und desselben Elementes ganz verschiedene Vorschriften ausgearbeitet werden müssen, je nach dem gerade benutzten Flammenphotometer. Hat man z. B. ein Gerät, das für eine Flamme mit niedriger Flammentemperatur ausgelegt ist, so sind die Ionisationsbeeinflussungen klein oder ganz zu vernachlässigen (Kap. 7, 14 u. 97). Hat man hingegen ein Gerät mit mittlerer oder gar hoher Flammentemperatur, so sind Ionisationsstörungen durch geeignetes methodisches Vorgehen oder durch Anwendung geeigneter Korrekturen (Kap. 97 u. 100) zu beseitigen oder zu korrigieren. Als Beispiel für eine weitere sehr wesentliche Apparateeigenschaft mit Rückwirkungen auf das methodische Vorgehen sei die indirekte und die direkte Zerstäubung, sowie die bei der Zerstäubung und Tröpfchenaussonderung sich gerade einstellende Tröpfchengrößenverteilung genannt. Wir verweisen in diesem Zusammenhang, nur als Beispiel, auf den Störeinfluß von P → Ca, dessen Ausschaltung bzw. Korrektur sehr wesentlich von diesen Apparateeigenschaften abhängt (Kap. 98 u. 100). Da es nun etwa 30 verschiedene Firmen gibt, die z. T. gleichzeitig mehrere Typen von Flammenphotometern nebeneinander herstellen (Tab. 15), möchten wir schätzen, daß es z. Z. etwa 50 verschiedene handelsübliche Typen von Flammenphotometern gibt. Unter der (meist nicht gegebenen) Voraussetzung, daß die einzelnen Geräte einer Type untereinander gleich sind, wären hier also schon 50 mal 3000 = 150000 Vorschriften wiederzugeben, wobei wir mit Laboratoriumsmitteln zusammengestellte Geräte nicht mitgerechnet haben. Das ist aber noch nicht genug. Jedes einzelne Gerät kann nämlich in ganz verschiedener Weise eingesetzt werden [Auswahl verschiedener Analysenlinien bzw. Banden (Kap. 81), Einstellung einer anderen Beobachtungshöhe in der Flamme (Kap. 37), Einstellung eines anderen Gas/O_2-Verhältnisses (Kap. 19), usw.], was wieder Rückwirkungen auf das methodische Vorgehen, z. B. hinsichtlich der anzubringenden

Untergrundkorrekturen (Kap. 95), hat. Wenn man die wesentlichsten Anwendungsparameter eines Gerätes schematisch in 10 große Gruppen einteilt, so wäre die zuletztgenannte Zahl noch mit 10 zu multiplizieren. Das gibt also etwa 1500000 „Vorschriften". Weiterhin ist zu bedenken, daß, abgesehen von diesen methodisch-apparativ bedingten Variablen, noch eine ganze Zahl von anderen Parametern in gewissen Grenzen dem freien Ermessen des einzelnen Untersuchers überlassen sind, z. B. verschiedenartige Vorbereitung der Proben zur eigentlichen Analyse (Kap. 78ff.), Anwendung verschiedener Verdünnungsmittel, Anwendung verschiedener Verdünnungsgrade (Kap. 79), die ihrerseits wieder Rückwirkungen auf die anschließende flammenphotometrische Methode haben. Man kann dann also bei ein und demselben Gerät, demselben Analysenmaterial, demselben Element und ein und derselben Apparateeinstellung noch nach Methode nach Autor A, Methode nach Autor B, Methode nach Autor C . . . unterscheiden. Rechnet man diese nicht zu unterschätzende Variabilität in die obengenannten Zahlen mit ein, so kommen wir zu astronomischen Zahlen, die wir nicht mehr hinzuschreiben wagen.

In dieser schwierigen Situation liegt der Gedanke nahe, sich auf weiter verbreitete Geräte mit fest gewählter Einstellung und auf die am häufigsten analysierten Materialien zu beschränken, von dem dann noch übrigbleibenden Rest an veröffentlichten Vorschriften einige zuverlässig erscheinende auszuwählen und „zu empfehlen". Davon möchten wir aus folgenden Gründen Abstand nehmen:

a) Es werden häufig Vorschriften, die für ein bestimmtes Gerät mit ganz bestimmter Einstellung erprobt wurden, in kritikloser Weise auf andere Geräteeinstellungen oder gar auf andere Gerätetypen übertragen, wobei dann Mißerfolge unberechtigterweise der Vorschrift und/oder dem Empfehlenden zur Last gelegt werden. Ja, mitunter gibt es allein schon dadurch Fehler, daß eine in der Veröffentlichung niedergelegte Geräteeinstellung, z. B. eine Druckeinstellung, bei einem anderen Gerät aus der gleichen Serie etwas anderes bedeutet (anderes Gas/Luftverhältnis, damit andere Flammentemperatur und damit andere Ionisationsstörungen usw.). Wir verweisen in diesem Zusammenhang z. B. auf Kap. 19 u. 97.

b) Über die Verbreitung der einzelnen Gerätetypen gibt es keine Zahlenangaben, sie ist im übrigen noch von Land zu Land verschieden und ändert sich mit der Zeit.

c) Die Autoren dieses Buches sind Physiker bzw. Physiko-Chemiker. Es ist sehr schwer, anderen Fakultäten „Vorschriften" zu machen. Das liegt daran, daß bei solchen Vorschriften nicht nur flammenphotometrische Gesichtspunkte, sondern gleichzeitig auch spezielle Vorsichtsmaßnahmen bei der Entnahme der Proben aus dem Gesamtmaterial (z. B. Bodenproben, Kap. 105; Blutentnahmen Kap. 112, usw.), bei der Aufbewahrung und Aufarbeitung der einzelnen entnommenen Proben zur eigentlichen Analyse zu berücksichtigen sind. Solche Empfehlungen können also nur in Zusammenarbeit mit kompetenten Fachvertretern der einzelnen Disziplinen erarbeitet werden. Allerdings erscheint es uns wesentlich, daß diese einzelnen (Anwendungs-)Disziplinen ihre, z. T. schon alt überlieferten, Vorschriften auf Grund der neu gewonnenen flammenphotometrischen Erkenntnisse, z. B. über den Ablauf von Störmechanismen in Flammen (Kap. 98 u. a.), überprüfen und erforderlichenfalls revidieren.

Wir selbst wollen also aus den genannten Gründen keine Vorschriften wiedergeben, sondern uns auf Referate über die einzelnen Anwendungsgebiete, vom rein flammenphotometrisch-methodischen Standpunkt aus gesehen, beschränken. Im übrigen verweisen wir auf das (nur im Auszug wiedergegebene, aber trotzdem) umfangreiche Literaturverzeichnis am Schluß dieses Buches.

105. Landwirtschaft und Botanik

Die Anwendung der Flammenanalysen in der Landwirtschaft und den verwandten Gebieten ist dank der Arbeiten des Pflanzenphysiologen LUNDEGÅRDH der älteste Zweig dieses Analysenverfahrens. Seine Arbeiten seien daher auszugsweise an den Anfang gestellt. Ihn interessierten einmal die im Boden vorhandenen und von der Pflanze aufnehmbaren Stoffe (Agrikulturchemie, Bodenkunde, Düngerlehre, Pflanzenbau usw.), weiterhin die Zusammenhänge zwischen diesen Konzentrationen im Boden und dem Pflanzenwachstum unter gleichzeitiger Einbeziehung äußerer Umstände, wie Klima, Feuchtigkeit, Temperatur, Sonnenscheindauer usw. (Pflanzenphysiologie). Der Nährstoffgehalt des Bodens hat einen Einfluß auf die Zusammensetzung der pflanzlichen Bestandteile, wobei die Art, die Sorte, der untersuchte Pflanzenteil (Wurzel, Stiel, Blatt, Ähre usw.) und deren Alter eine Rolle spielen. Es ergeben sich hierbei naturgemäß Querverbindungen zu anderen Disziplinen, wie Zoologie, Tierzucht, Tiermedizin, Nahrungsmittelkunde, Agrikulturchemie, Mineralogie, Pflanzenschutz u. a. Die praktische Bedeutung liegt auf der Hand: Bestimmung des Düngerbedarfs des Bodens, Ertragssteigerung, Verbesserung von Qualität und Quantität der pflanzlichen Nahrungsmittel und damit indirekt auch der tierischen Nahrungsmittel, wie Fleisch, Milch usw. Die wichtigste Aufgabe der Düngung ist nach wie vor, Minimumzustände zu beheben (LIEBIG).

Die Stoffwechselbeziehungen, z. B. der Antagonismus zwischen Kalium und Calcium, das Massenwirkungsgesetz, das Donnan-Gleichgewicht usw. sind entsprechende Probleme wie im tierischen Organismus. Die Nahrungsaufnahme erfolgt hier durch die Wurzel, meist in Form von Ionen, und das Wachstum der Pflanze hängt von der Konzentration der Nährstoffe, im wesentlichen Kalium, Calcium, Phosphorsäure, Stickstoff und von den Relationen dieser Stoffe zueinander ab. Dazu kommen dann noch notwendige Spurenelemente, wie Magnesium, Mangan, Kupfer u. a., deren Bedeutung erkannt ist. Ihr Eingreifen in den pflanzlichen Organismus ist noch weitgehend ungeklärt.

Die in den Pflanzen vorhandenen Konzentrationen hängen, abgesehen von klimatischen Faktoren, von der Art und Sorte und vom Nährstoffgehalt des Bodens ab. Der letztgenannte Zusammenhang ist recht kompliziert, denn es kommt dabei unter anderem auf das richtige Verhältnis der Ionen zueinander (Ionen-Antagonismus, Ionen-Interferenz) im Boden an. Das veranlaßte den Pflanzenphysiologen LUNDEGÅRDH, den Düngerbedarf meist nicht aus chemischen Bestimmungen von Bodenauszügen (s. unten), sondern durch Bestimmung der Nährstoffkonzentrationen der auf den Böden gewachsenen Pflanzen mit Hilfe der „Blattanalyse" zu untersuchen. Nachdem nur wenige ähnliche Vorarbeiten mit Hilfe chemischer Methoden vorlagen, beschäftigte er sich anfangs gleichzeitig mit drei Fragen, um die Bodenbeschaffenheit zu charakterisieren:

1. Nährstoffgehalt des Unterbodens.
2. Nährstoffgehalt der Bodenkrume.
3. Nährstoffgehalt der Pflanzensubstanz.

Er spricht in diesem Falle von „Tripelanalysen". LUNDEGÅRDH kam im Laufe der Zeit zu der Ansicht, daß diese Tripelanalysen durch die einfacheren Blattanalysen allein zu ersetzen seien. Diese spiegeln also die Ionenkonzentrationen des Bodens wider, die von der Pflanze aufgenommen werden können (Spiegelanalyse). Dafür eignen sich Totalanalysen von reifen Pflanzen wenig, weil z. B. die Blüten, Ähren, Früchte u. a. auffallend konstante Werte aufweisen. Geeignet erscheinen die Blätter, jedoch kommt es dabei sehr auf den Zeitpunkt der Entnahme an, da sich die Konzentrationen mit dem Alter der Blätter ändern.

Die Analyse der veraschten Blätter auf Kalium und Calcium erledigte er flammenspektrographisch unter Verwendung einer Acetylen-Luftflamme. Er benutzt später dafür einen automatisch arbeitenden „Robot", bei dem das Zuführen der Proben, das Belichten des Filmes, das Entwickeln, Fixieren, Wässern, Trocknen und Auswerten der Filmstreifen automatisch erfolgt [*34*]. Natürlich kann man auch eine weniger luxuriöse Methode dafür verwenden. Untersucht er ausnahmsweise doch Bodenauszüge, dann verwendet er einen Citronensäureauszug. Die Tripelanalysen werden auch heute noch zur Bearbeitung bodenkundlicher Fragen verwandt.

Angeregt durch die Arbeiten von LUNDEGÅRDH wurden auch an vielen anderen Stellen Flammenmethoden zur Bearbeitung pflanzenphysiologischer und landwirtschaftlicher Problemstellungen herangezogen. In Deutschland wurde sie durch das Aufkommen der einfachen Filterphotometer nach SCHUHKNECHT-WAIBEL bzw. ZEISS bekannt und in stärkerem Maße für Boden- und Pflanzenuntersuchungen benützt.

Inzwischen ist die Flammenphotometrie als fester Bestandteil der routinemäßig durchgeführten Untersuchungen, z. B. zur Feststellung des Düngerbedarfes von Böden, in die Laboratoriumspraxis eingegangen. Im genannten Beispiel spielt die zweckmäßige Entnahme der Bodenproben (an mehreren Stellen eines Ackers in zweckmäßiger Art entnommene und gemischte „Durchschnittsproben" von Ober- und Unterboden) eine wesentliche Rolle. Auch ist die Weiterverarbeitung dieser Proben bis zur eigentlichen flammenphotometrischen Analyse wesentlich, damit alle die, aber auch nur *die* Teile des Bodens erfaßt werden, die die Pflanzen aufnehmen können. Wir können auf diese Dinge im Rahmen dieses Buches nicht eingehen, sondern verweisen auf die Literatur [z. B. *50*]. — Nicht nur Bodenproben, sondern auch Pflanzenanalysen sind Gegenstand vieler Routineuntersuchungen. Wir erwähnen z. B. die klassische Keimpflanzenmethode von NEUBAUER. Bei derartigen Untersuchungen sind im Gegensatz zu Bodenuntersuchungen spezielle Veraschungsvorschriften ein wesentlicher Bestandteil der Arbeitstechnik.

Neben diesen zahlreichen Routinemethoden werden naturgemäß in zunehmendem Maße auch schwierigere Fragen mit Hilfe von speziell erdachten flammen-(spektro-)photometrischen Methoden, z. B. das Eingreifen von Spurenelementen in diese komplizierten pflanzenphysiologischen Vorgänge, untersucht. Im Rahmen dieser Forschungen mußte man sich auch mit Störeinflüssen bei flammenphotometrischen Untersuchungen auseinandersetzen und diese unter den hier obwaltenden

Bedingungen auszuschalten versuchen. Solche Untersuchungen kamen naturgemäß auch anderen Fakultäten zugute. Solche allgemeiner interessierenden methodischen Fortschritte sind auszugsweise in die vorangegangenen Kapitel mitaufgenommen worden.

Um den landwirtschaftlich interessierten Lesern das Auffinden von spezieller Literatur zu erleichtern, geben wir hier als Abschluß dieses Kapitels auszugsweise einige Literaturhinweise.

Allgemeinere methodische Arbeiten: *1, 22, 33, 34, 39, 50, 73, 87, 107, 121, 144, 165, 196, 245, 254, 256, 267, 273, 281, 293, 294, 317, 337, 401, 426, 429, 430, 434, 443, 467, 468, 478, 479, 480, 513, 521, 523, 539, 549, 552, 570, 589, 590, 591, 594, 595, 611a, 614, 615, 617, 617a, 617b, 625, 649, 674, 680, 707, 730, 732, 759.*

Arbeiten, die sich mit den Störungen auf die Ca-Anzeige befassen: *61, 258, 551, 616, 644, 680.*

Anwendungen von Ionenaustauschern zur Vermeidung von Fehlern: *61, 288, 289, 617a.*

Spurenelementuntersuchungen: *415, 416, 465, 466, 550, 630.*

106. Nahrungsmitteluntersuchungen (Lebensmittelchemie)

Die Untersuchungen an Nahrungsmitteln decken sich z. T. mit denen in der Tiermedizin, Landwirtschaft, Botanik usw. Folgendes sei zusätzlich ausgeführt: Butter, Milch und ähnliche Nahrungsmittel, die mehr oder weniger feste Substanzen enthalten, müssen vor der Analyse verascht werden, damit keine festen Substanzen den Zerstäuber verstopfen. Hingegen kann man Frischmilch u. ä. direkt zerstäuben. Fruchtsäfte und Getränke mit Fruchtgeschmack sowie alkoholische Getränke, insbesondere Fruchtliköre, sollten bei höheren Genauigkeitsansprüchen ebenfalls vor der Analyse verascht werden, da sie viele Störanteile, wie z. B. variablen Alkoholgehalt, der bekanntlich die Ausstrahlung des Flammenuntergrundes wesentlich beeinflußt, enthalten. Ein höherer Alkoholgehalt täuscht daher mitunter höhere Na- und K-Konzentrationen vor, sofern man nicht den gleichen Alkoholgehalt in den Eichlösungen nachahmt. Die vollständige Nachahmung in den Eichlösungen ist aber schwer, da gleichzeitig noch andere Komponenten mit berücksichtigt werden müssen, so z. B. der Zuckergehalt. Daher ist eine Veraschung vorzuziehen. Die Abb. 59 zeigt als Beispiel den Einfluß von Zucker und Alkohol auf K-Eichkurven.

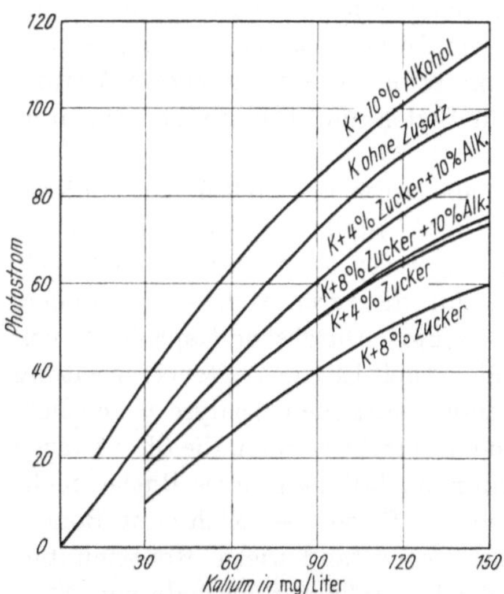

Abb. 59. Der Einfluß von Zucker und Alkohol auf Kaliumeichkurven (nach [*96*])

Statt der Veraschung bzw. anstelle der Nachahmmethode wurde mit gewissem Erfolg auch schon die Leitlinienmethode (Kap. 51) in einer etwas modifizierten

Form [*96*] auf solche Untersuchungen angewandt. Im Prinzip mischt man wieder, wie im Kap. 51, gleiche Mengen Lithium zu den Analysen- und Eichlösungen hinzu und mißt nun die Li-Konzentrationen in den Eichlösungen einerseits, und vergleicht sie mit den gefälschten Li-Konzentrationen in den Analysenlösungen andererseits. Daraus errechnet sich ein Konzentrations-Korrekturfaktor, der in allen übrigen ähnlichen Analysenlösungen eingerechnet werden muß. Bei diesem Vorgehen spart man das vorherige Veraschen. Dieses Vorgehen ist auch bei gekrümmten Li- bzw. K-Eichkurven, d. h. bei höheren Konzentrationen, durchführbar.

Fast alle tierischen und pflanzlichen Produkte enthalten sehr viel Natrium. Wegen dieses Übergewichtes von Natrium sind Natriumanalysen leicht durchführbar. Störungen durch andere Elemente (Kap. 97) sind unter diesen Umständen von vorneherein unwahrscheinlich. Jedoch ist der Natriumgehalt in einigen pflanzlichen Produkten, insbesondere in Früchten, Getreidekörnern, Nüssen u. ä., im Vergleich zur Gesamtasche außerordentlich gering, und dann sind bei Na-Analysen Fehler durch die Anwesenheit der anderen Elemente zu befürchten [*143*]. Auf die Notwendigkeit einer besonders guten Filterung der Na 589 mμ-Linie gegenüber den benachbarten Calciumbanden sei in diesem Zusammenhang wieder hingewiesen.

Die Asche von Bohnen der Type „Phaseolus vulgaris" ist ein typisches Beispiel für eine Pflanze mit geringem Natriumgehalt [*143*]. Sie besteht im wesentlichen aus Kalium, Calcium, Magnesium, Phosphat und Sulfat, während Natrium nur in Spuren vorkommt. Unter diesen Bedingungen sind erhebliche Fehler durch spezifische Beeinflussungen wie Ionisationsstörungen, insbesondere durch die von Kalium auf Natrium, zu befürchten. Man kann sie sehr einfach eliminieren, indem man, wie in Kap. 97 und 100 genauer dargelegt, die Größe der Anhebung durch ein Zugabeverfahren bestimmt. Wenn die Zusammensetzung der übrigen Asche etwa gleichbleibt, kann man daraus eine empirische Korrekturkurve ableiten, d. h. man bestimmt zunächst das Verhältnis Natrium zur gesamten Asche und sieht in der Korrekturkurve nach, wie stark der so gefundene Natriumwert zu korrigieren ist. Die Abb. 60 zeigt als Beispiel ein solche Korrekturkurve.

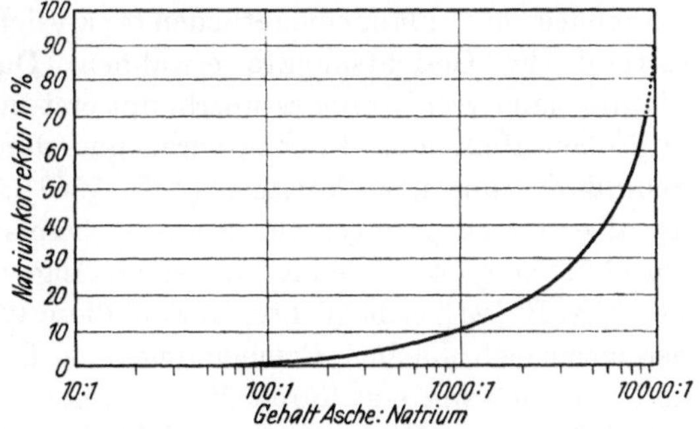

Abb. 60. Korrekturkurve für Na-Analysen, wenn Na im Vergleich zur Gesamtasche sehr gering konzentriert vorkommt [nach *143*]

Die Calcium-Magnesium-Konzentrationen in der Milch interessieren, weil die Stabilität der Caseinpartikel von der Größe dieser Konzentrationen abhängt.

In (Zucker-)Sirup interessieren kleine Kupfer- und Eisenkonzentrationen, weil diese Beimengungen den Vitamin C-Gehalt stören. Man bemüht sich daher, diese Elemente zu entfernen, wenn mit den Sirupen Vitamin C-haltige Getränke gesüßt werden sollen. Der Kupfergehalt muß unter 5 mg/l, der Eisengehalt unter 15 mg/l gehalten werden [*302*].

Naturgemäß ergeben sich, abgesehen von den eingangs genannten Gebieten, noch Querverbindungen zu anderen Disziplinen. Zum Beispiel können sich solche beim Auftreten von Vergiftungserscheinungen bei Mensch und Tier zur Kriminalistik ergeben.

Auf folgende weitere Spezialarbeiten sei verwiesen: *22, 34, 39, 50, 91, 103, 107, 151, 165, 190, 203a, 312, 323, 401, 413, 566, 639, 753.*

Medizin und Zoologie

107. Allgemeines

Schon seit den ersten Anfängen der Spektrochemie wurde auf die Bedeutung dieses schnellen und empfindlichen Analysenverfahrens für biologische und medizinische Fragestellungen hingewiesen. Im übrigen gibt es kaum einen Pionier der Flammenanalysen, der nicht die von ihm meist für andere Zwecke entwickelten Methoden auch auf solche Probleme angewandt hat. So hat beispielsweise schon LUNDEGÅRDH Analysen an Blutseren, an Milch, an Gewebeauszügen u. ä. durchgeführt und schon auf die Vorteile hingewiesen, die sich durch Zugaben von Salzsäure zu den Seren u. ä. Flüssigkeiten ergeben [*33*]. Auch JANSEN, HEYES und RICHTER haben ihre Verfahren auf medizinische Probleme übertragen. Ähnlich war die allerdings wesentlich später einsetzende Entwicklung in den USA, wo auch die Wegbereiter dieser Analysenmethoden, wie BARNES u. Mitarb. [*90*], auf die medizinisch-biologischen Anwendungen hinweisen, bzw. durch solche Problemstellungen auf Flammenmethoden kommen. Zu einem nachhaltigen Einfluß auf die breite Laboratoriumspraxis kam es durch diese Vorläufer noch nicht.

Erst nach 1948, in Deutschland ausgelöst durch die Veröffentlichung von BELKE und DIERKESMANN [*128*], fand diese Methode breitere Anwendung in den Laboratorien. Die Zahl der Veröffentlichungen schnellte plötzlich auf einige Hundert in die Höhe. Heute werden Na und K in Körperflüssigkeiten fast ausschließlich mit Flammenmethoden analysiert. Wir können im folgenden nur methodische Gesichtspunkte erwähnen. Durch den geringen Zeitbedarf für Flammenanalysen wurde es überhaupt erst möglich, statistische Untersuchungen in großen Meßreihen durchzuführen und damit zu mathematisch einwandfreien Schlußfolgerungen zu kommen (z. B. [*149*]). Außerdem ist der Substanzbedarf im allgemeinen geringer als der von chemischen Mikromethoden, was erst die Durchführung fortlaufender Untersuchungen an Kindern und lebenden Kleintieren (z. B. [*93*]) ermöglichte. Nur auf diese Weise wurden schnelle Bestimmungen bei lebensbedrohlichen Erscheinungen, z. B. starkem K-Mangel, durchführbar, und man gewann erst durch die Flammenanalysen einen Einblick, mit welcher Häufigkeit man mit solchen pathologischen Störungen rechnen muß.

Viele Veröffentlichungen über medizinische Methoden bringen Erfahrungsberichte zur Anwendung dieses oder jenes Flammenphotometers bei der Analyse des einen oder anderen Elementes in diesem oder jenem Körpersaft. Zu einer einheitlichen Untersuchungstechnik ist es bis jetzt noch nicht gekommen, denn diese hängt, wie eingangs ausgeführt, erheblich von der flammenphotometrischen Methode bzw. von der dafür zur Verfügung stehenden Apparatur ab.

Im übrigen glauben wir, daß es auch in Zukunft kaum zu einer einheitlichen Arbeitstechnik kommen wird, denn die Forderungen, die durch die einzelnen

Fragestellungen an ein Flammenphotometer gestellt werden, sind gar zu unterschiedlich. Wir kommen in den folgenden Kapiteln darauf zurück.

Allgemeinere Arbeiten, die über die Stellung der Flammenphotometrie zur Medizin und den damit zusammenhängenden Fragen berichten, findet man bei *21, 36, 49, 81, 92, 93, 94, 95, 105, 123, 128, 131, 133, 134, 135, 137, 139, 149, 153, 181, 184, 279, 339—350a, 354, 422, 446, 449, 507, 510, 584, 585, 588, 609, 626, 651, 673, 687, 720, 747, 757.*

108. Das biologisch-medizinische Substrat

Das in biologischen und medizinischen Laboratorien anfallende Analysengut bietet in mancher Hinsicht Vorteile, die für die Anwendung der Flammenanalysen nützlich sind. Auf der anderen Seite enthalten solche Substanzen oft störende Bestandteile wie Eiweiß, Zucker u. ä., die man bei anderen Anwendungen kaum findet, und die das Arbeiten erschweren. Diese Besonderheiten möchten wir wie folgt zusammenstellen:

1. Man hat es hier im Gegensatz zu analytischen Aufgaben bei Metallen, Erzen usw., fast ausschließlich mit *Flüssigkeiten* (Blut, Serum, Urin, Liquor, Schweiß, Speichel usw.) zu tun, was bei Flammenanalysen von Vorteil ist. Nur Flüssigkeiten können von einem lebenden Patienten (Mensch und Tier) ohne Gefahr für Leben und Gesundheit und ohne weitere Nachteile, wie z. B. Narbenbildung bei Probeexcisionen, jederzeit gewonnen werden. Gelegentlich interessiert natürlich auch die Zusammensetzung von festen Körpern (Knochen, Zähnen usw.), jedoch sind das Ausnahmefälle, die meist nur bei Untersuchungen an Leichen vorkommen. Hier soll aber im wesentlichen nur über klinische Untersuchungsmöglichkeiten am lebenden Patienten gesprochen werden.

2. Die *Konzentration* der in den Körperflüssigkeiten vorkommenden Elemente ist im Vergleich zu anderen analytischen Aufgaben der Industrie, bei jeder der genannten Flüssigkeiten leidlich *konstant*. Selbst beim Urin ist, vom Wassergehalt abgesehen, das Verhältnis der einzelnen Elemente zueinander auch nur in mäßigen Grenzen variabel. Dieser Tatbestand bringt Vor- und Nachteile für die Flammenanalysen mit sich:

a) Die *Genauigkeit* muß im Vergleich zu den häufigsten Aufgaben der Industrie und Forschung meist besser sein, damit die kleinen vorkommenden biologischen Schwankungen mit der Bestimmungsmethode noch sicher erfaßt werden können. Was nützt z. B. die übliche Genauigkeit von $\pm 2\%$ bei Konzentrationen, die normalerweise bei einer Versuchsperson bzw. einem Versuchstier nur um $\pm 1\%$ schwanken (z. B. Na-Gehalt im Serum)?

b) Auf der anderen Seite kann man sich die geringe *Schwankungsbreite* zunutze machen, um den ganzen Meßvorgang zu automatisieren. Man kann dadurch solche Bestimmungen von angelernten Kräften ausführen lassen. Bei stark schwankenden Konzentrationen ist das schwerer möglich.

3. Weiterhin ist die *Zusammensetzung* der Körperflüssigkeiten erwähnenswert. Ein großer Teil aller Elemente ist im Menschen bzw. im Tier überhaupt nicht nachweisbar. Das hat ein verhältnismäßig linienarmes Spektrum zur Folge, was die Flammenanalysen erleichtert. Es kommen nur wenige Störungen von Lösungspartnern vor.

4. Erschwert werden solche Analysen durch folgende Umstände:

a) Es sind gewisse Vorsichtsmaßnahmen erforderlich, um eine Übertragung von Krankheiten beim Umgehen mit infektiösem Material zu vermeiden.

b) Manche Körperflüssigkeiten sind nur wenig haltbar. Sollen z. B. Konzentrationsbestimmungen in einem 24 Std.-(Sammel-)Urin durchgeführt werden, so stört, daß während des nicht zu vermeidenden Stehens Urate als Bodensatz ausfallen. — Manche Körperflüssigkeiten verändern sich bereits schon während der Abnahme (z. B. der K-Gehalt im Serum), so daß es prinzipiell unmöglich erscheint, den in vivo vorhandenen (Serum K-)Gehalt zu ermitteln. Wir kommen darauf im Kap. 112 zurück.

c) Die Bindungen einiger hier zu bestimmenden Elemente (z. B. Ca an das Serumeiweiß) sind sehr kompliziert und variabel. Man kann diese Verhältnisse in Eichlösungen kaum mit genügender Näherung nachahmen. Das kann zu manchen Fehlern führen (s. Kap. 114).

d) Manche Begleitstoffe wie z. B. Eiweiß, Bilirubin u. a. haben erhebliche und je nach Konzentration dieser Begleitstoffe verschieden große Einflüsse auf die Oberflächenspannung, die Viscosität und den Gehalt an organischen Bestandteilen. Das kann ebenfalls zu Fehlern Anlaß geben.

109. Das Veraschen bzw. Extrahieren

Eine Reihe von biologischen Flüssigkeiten kann nach entsprechender Verdünnung, aber ohne sonstige weitere Vorbereitung, zerstäubt und gemessen werden. Diese geringe Vorbereitung ist ein großer Vorteil der Flammenanalysen. Bei Gewebsschnitten, Knochen, Faeces u. ä. ist jedoch eine vorherige Veraschung notwendig. Auch bei Körperflüssigkeiten wird man mitunter veraschen, z. B. dann, wenn die Ausgangskonzentration des zu bestimmenden Elementes nicht ausreicht, oder wenn man den Störeinfluß von Eiweiß, Zucker oder ähnlichen Substanzen sicher ausschalten will. Wir wollen hier einiges über solche Veraschungs- bzw. Extraktionsmethoden im Zusammenhang mit der anschließenden flammenphotometrischen Methode ausführen. Jedoch können wir hier nicht auf alle Methoden eingehen. Diese sind in einschlägigen Lehr- und Handbüchern zusammengestellt [z. B. *20, 21*].

Vor dem Veraschen wird man zunächst das Feuchtgewicht und nach dem Trocknen (s. u.) dann das Trockengewicht in einem Wiegeschälchen bestimmen. Bei Flüssigkeiten genügt ein quantitatives Pipettieren und Trocknen. Erst dann erfolgt die eigentliche Veraschung. Dieses vorherige vorsichtige Trocknen des Materials vor der eigentlichen Veraschung ist empfehlenswert, um Materialverluste während des ersten Teiles der Veraschung durch Umherspritzen und Aufblähen zu vermeiden.

Das Trocknen geschieht am einfachsten bei Temperaturen von etwa 80—100° C. Gewebsschnitte u. ä. trocknet man am besten im Vakuum, wobei zur Beschleunigung des Trockenvorganges ebenfalls schwach geheizt werden kann. Dabei ist Vorsicht geboten, damit man durch Umherspritzen keine Substanzverluste erleidet. Wenn man ganz sicher gehen will, führt man eine Gefriertrocknung aus, was jedoch Zeit und apparativen Aufwand erfordert. Ohne Anwendung der Gefriertrocknung genügt eine einstufige (Gasballast-)Pumpe bei gleichzeitiger Anwendung von Trockenmitteln. Die abgepumpten Dämpfe müssen in einen Abzug geleitet werden, da sonst der Geruch stört (Eiweißzersetzung). Das Pumpenöl ist gelegentlich zu erneuern. Das Wägen, Trocknen und abermalige Wägen geschieht am zweckmäßigsten in Wägegläschen, die mit einem Schliffdeckel verschlossen werden können, um das Eindunsten der Flüssigkeit vor der ersten Wägung und eine spätere Verstaubung zu verhindern.

Das eigentliche Veraschen kann einmal durch trockenes, andererseits durch feuchtes Veraschen geschehen. Das Trockenveraschen ohne Zusätze von Oxydationsmitteln bietet den Vorteil, daß keine Verunreinigungen durch die Reagentien hinzukommen. Es geschieht am zweckmäßigsten in nicht zu kleinen Quarzgefäßen, einmal weil diese Gefäße keine Alkalien abgeben und zum anderen, weil sie gegen plötzliche Temperaturschwankungen unempfindlicher sind. Die Gefäße sollen mindestens das 6fache an Volumen der zu veraschenden Substanz haben. Beim Trockenveraschen sind auch Platingefäße brauchbar.

a) Das Trockenveraschen (nach [*143*]) geschieht meist in einem elektrisch geheizten regulierbaren Muffelofen bei 550° C. Man heize langsam hoch, damit das Entweichen von Gasblasen (Aufblähung) langsam erfolgt. Das Substrat bleibt so lange darin, bis man eine graue Asche erhält. Die Temperatur darf keinesfalls über 700° C steigen, da sonst leicht verdampfbare Substanzen wegdestillieren, andererseits darf die Temperatur nicht zu niedrig sein, weil sonst die Veraschung unvollkommen ist bzw. zu lange dauert. Nach dem Veraschen läßt man den Ofen mit der Probe abkühlen, gibt im Überschuß konzentrierte Salzsäure p. a. hinzu und dampft durch vorsichtiges Erhitzen die überschüssige Salzsäure weg. Der Rückstand wird zum zweiten Mal im Muffelofen auf 550° C erhitzt. Diese Temperatur hält man so lange, bis man ein weißes Pulver erhält. Hierfür werden meistens 1—2 Std. benötigt. Erhält man trotz mehrstündigen Erhitzens bei 550° C immer noch kein weißes Pulver, dann lasse man wieder abkühlen und füge diesmal 25%ige reine destillierte Salpetersäure oder ein ähnliches Oxydationsmittel hinzu, trockne wieder und erhitze zum dritten Mal im Muffelofen auf etwa 550° C. Eine dann noch übrigbleibende Farbe rührt vom Eisen her und kann nicht weggebracht werden. Nach dem Abkühlen setze man einige Tropfen reinste konzentrierte Salzsäure zu und verdünne das Ganze quantitativ mit Wasser oder einem anderen geeigneten Verdünnungsmittel. Bei Direktzerstäubern verdünnt man zur Verbesserung der Grenzempfindlichkeiten gern mit Aceton o. ä. Ein Filtern der erhaltenen Lösungen ist selbst mit aschefreien Papieren nicht anzuraten. Einmal geben solche Filter doch noch Spuren von Asche ab, die mit den überaus empfindlichen Flammenmethoden leicht nachgewiesen werden können, andererseits adsorbieren die Fasern des Papieres viele Stoffe.

Besser ist ein Abzentrifugieren von Schwebeteilchen und ein vorsichtiges Abpipettieren der überstehenden klaren Lösung. Wir müssen auch davor warnen, etwa doch benutzte Filtrierpapiere mit den Fingern anzufassen, da Schweiß und Schmutz an den Fingern sehr viele Alkalien enthalten. Weiterhin ist es nicht zulässig, die Asche mit einem Glasstab oder ähnlichem aufzurühren, da man dadurch Alkalien vom Glasstab abreibt und ins Analysengut bekommt.

b) Das Feuchtveraschen. Es gibt eine ganze Reihe von solchen Veraschungsmethoden. Wir beschränken uns hier auf die Wiedergabe einer Methode mit ausschließlicher Verwendung von Salpetersäure [*20, 21*].

Man gibt die zu veraschende Substanz (evtl. auch eine Flüssigkeit wie Serum) in einen Kjeldahl-Kolben, setzt konzentrierte Salpetersäure pro analysi hinzu und läßt das Ganze einige Stunden stehen. Bei Flüssigkeiten nimmt man etwa die gleiche Menge Salpetersäure, bei festen Substanzen etwa das 5—10fache. Nach diesem Stehen, das eine zu stürmische Gasentwicklung vorwegnehmen soll, erhitzt man das Ganze vorsichtig in einem Abzug. Sobald die Entwicklung von braunen nitrosen Gasen aufgehört hat, nach Abkühlen vorsichtig erneut Salpetersäure hinzugeben, abermals erhitzen und so lange fortführen, bis sich der Rückstand nicht mehr dunkel verfärbt. Das Abrauchen der letzten Salpetersäure-Reste muß sehr gründlich erfolgen. Nach dem Erkalten nimmt man, wie beim Trockenveraschen, den Rückstand in verdünnter Salzsäure o. ä. auf.

c) Das Extrahieren. Von einigen Seiten [z. B. *269, 720*] wurde vorgeschlagen, das langwierige und mühselige Veraschen durch ein Extrahieren der interessierenden Bestandteile zu ersetzen. Dazu wird z. B. die zu bestimmende biologische Substanz zerkleinert, gewogen (evtl. auch getrocknet) und einige Stunden mit dem 10- oder mehrfachen des Gewichtes an 0,75 n-Salpetersäure versetzt und mitunter auch nur mit Wasser gekocht. Die überstehende Lösung wird für die eigentlichen Messungen auf das 5—20fache verdünnt. Die Eichlösungen müssen dieselbe Salpetersäurekonzentration aufweisen. Wie weit die mit dieser Technik gewonnenen Ergebnisse mit den obengenannten übereinstimmen, ist unseres Wissens noch nicht systematisch untersucht worden.

110. Das Enteiweißen

Von mehreren Autoren wird ein Enteiweißen vor der eigentlichen flammenphotometrischen Analyse empfohlen. Es handelt sich dabei meist um Vorschriften, die für Geräte mit Direktzerstäubern erdacht wurden.

Vorteile:

a) Etwaige Störungen durch Eiweißcoagula, wie Verstopfungen und Zukleben der Zerstäuber, das Schiefbrennen der Flamme durch abgesetzte Coagula an der Brennerspitze u. ä. entfallen.

b) Die Viscosität der enteiweißten Lösungen entspricht besser den wäßrigen Eichlösungen. Dadurch braucht man nicht so stark zu verdünnen, und man erhält kräftigere, leichter meßbare Flammenemissionen.

c) Die Einflüsse des Eiweißes auf die Flammentemperatur und damit auf die Anregung der Elemente in der Flamme und auf den Untergrund bzw. auf die Blindwerte entfallen.

Nachteile:

d) Größerer Arbeitsaufwand für die Vorbereitung der Analysen.

e) Es besteht die Gefahr, daß mit den Reagentien, z. B. mit der Trichloressigsäure, Verunreinigungen in die Flüssigkeiten verschleppt werden. Allerdings werden Fehler dadurch weitgehend kompensiert, daß man die gleiche Trichloressigsäure (o. ä.) auch zu den Eich- und Blindlösungen zufügt.

f) Der Störeinfluß von P → Ca wird durch anwesendes Eiweiß abgeschwächt [*187*]. Wenn dieses Eiweiß aber gefällt wird, müssen die Störungen durch den variablen P-Gehalt im Serum stärker in Erscheinung treten.

g) Einige Elemente, wie z. B. Ca oder Cu, sind teils adsorptiv, teils chemisch mehr oder weniger fest an die Eiweißmoleküle gebunden. Mit dem Enteiweißen fällt ein Teil der zu bestimmenden Elemente aus [*475a*, *588*]. Dieser Teil entzieht sich der Analyse. Durch vorheriges Ansäuern kann man diesen unerwünschten Einfluß klein halten. Die Analysenergebnisse fallen im Vergleich zu denen ohne Enteiweißen trotzdem niedriger aus. Sie sind bei gleichbleibender Technik untereinander aber vergleichbar. Das Enteiweißen erfordert im Vergleich zum Veraschen weniger Zeit. Auf der anderen Seite entfallen aber, insbesondere beim Trockenveraschen, einige Nachteile des Enteiweißens (e und g).

Das Enteiweißen geschieht meist mit Trichloressigsäure, gelegentlich auch mit Na-Wolframat u. a. Die Eichlösungen müssen entsprechende Zusätze von Trichloressigsäure, Na-Wolframat usw. enthalten. Trichloressigsäure bietet neben den obengenannten Vorteilen noch den, daß einige Störeinflüsse von Lösungspartnern, ähnlich wie beim Zusatz von Äthylendiamintetraessigsäure (Kap. 100) kleiner werden oder ganz entfallen [s. auch *661*].

111. Natrium-Analysen in Körperflüssigkeiten

Die meisten Körperflüssigkeiten, Gewebsauszüge u. ä. geben beim Hineinbringen in eine Flamme eine intensiv gelbe Farbe, was schon qualitativ anzeigt, daß das Licht der Na-Doppellinie 589 mμ überwiegt, und daß dies Element in erheblichen Konzentrationen vorhanden ist. Wegen dieses Übergewichtes über die anderen Bestandteile bereitet die Filterung bzw. die spektrale Abtrennung der Na 589 mμ-Linie bei diesen Anwendungen keine Schwierigkeiten. In vielen Fällen kann man überhaupt auf jede Filterung verzichten. Auch die Reinheit der Gefäße und Zusätze wie Aqua dest. von Restbestandteilen an Na ist, von Ultramikromethoden abgesehen, leicht durchführbar. Größere Störungen durch andere Elemente sind wegen des Übergewichtes von Na bei den meisten Lösungen von vornherein unwahrscheinlich. Man kommt oft mit Eichlösungen aus, die nur Na enthalten. Bei Flammen mit höheren Temperaturen setzt man besser noch einen konstanten K-Anteil zu. Flammen mit niedriger Temperatur sind vorzuziehen, da dann die Ionisationsstörungen entfallen (Kap. 97). — Auf folgendes möchten wir hinweisen:

Es ist zweckmäßig, so weit zu verdünnen, daß man in den geradlinigen Teil der Na-Eichkurven kommt (Kap. 79). Das stärkere Verdünnen (meist 1:1000) macht eine vorherige Enteiweißung oder Veraschung meist überflüssig. Jedoch kann man mit der Na-Doppellinie 589 mμ noch Analysen im gekrümmten Teil der Eichkurven durchführen, wenn man einige praktische Nachteile (Kap. 79) in Kauf nimmt.

Da die Na-Linie bei 819 mμ nicht die Eigenschaft hat, bei höheren Konzentrationen abzubiegen, kann man bei ihrer Verwendung stärkere Verdünnungen umgehen. Auch an die Linie 330 mμ, die man allerdings nur mit Spektrophotometern isolieren kann, sollte man denken [*349*]. Allerdings ist bei Anwendung geringerer Verdünnungen eine vorherige Enteiweißung mit Trichloressigsäure, evtl. unter Hinzunahme von Isopropylalkohol bei Na- (und K-)Analysen, insbesondere bei Anwendung von Zerstäuber-Brenner-Kombinationen, zu empfehlen [*64*, *184*]. Der Vorteil besteht darin, daß keine Störungen durch Eiweiß, z. B. durch Coagula, an der Spitze von Direktzerstäubern bei diesen höheren Konzentrationen auftreten können (vgl. Kap. 110). Andererseits wird durch solche Manipulationen naturgemäß der Zeitbedarf für die Vorbereitung der Seren zur eigentlichen Analyse erhöht.

Folgende Arbeiten befassen sich ausführlicher mit Na-Analysen in Körperflüssigkeiten: *64, 248, 269, 272, 339, 340, 342, 349, 354, 355, 360, 364, 418, 419, 420, 436, 500, 524, 531, 533, 545, 611, 613, 661, 663, 708, 741, 750.*

112. Kalium-Analysen in Körperflüssigkeiten

Kalium ist in den meisten biologischen Flüssigkeiten in geringeren Konzentrationen als Natrium vorhanden. Trotzdem ist die Flammenanalyse, abgesehen von den unten genannten biologisch bedingten Störungen, einfach. Man verwendet meist die K-Doppellinie bei 767 mμ. Bei höheren Flammentemperaturen wird die K-Anzeige durch Na beeinflußt. Flammen mit niedriger Temperatur sind daher vorzuziehen. Anderenfalls muß man den Fehler durch den Na-Einfluß auf die K-Anzeige nach einer in Kap. 97 oder 100 genannten Methode ausschalten. Meist geht man dabei nach der Parameter-Methode vor. Dazugehörige Eichlösungsreihen für die Analyse von Seren gaben wir in Kap. 83 an. Solche Eichlösungen für Seren sind seit einiger Zeit auch im Handel erhältlich[1].

Ein unzweckmäßiges Vorgehen beim Gewinnen der Proben für die K-Analyse führt zu erheblichen Fehlern. Diese können die nachfolgenden flammenphotometrisch gewonnenen Analysenergebnisse in Mißkredit bringen. Deshalb wollen wir hier auf solche Fehlermöglichkeiten eingehen. Übrigens wurden Störeinflüsse dieser Art zum großen Teil erst durch die Flammenmethoden erkannt bzw. die Ursachen dafür aufgeklärt. Wir wollen solche biologisch bedingten Störungen am Beispiel der Messung von K-Konzentrationen in Seren erläutern.

In den Blutkörperchen und insbesondere in den Thrombocyten [*542*] kommt das K in wesentlich höheren Konzentrationen als im Serum (im Plasma) vor. Zwischen diesen corpusculären Bestandteilen des Blutes und dem Serum (dem Plasma) findet ein ständiger K- (und ein antagonistischer Na-) Austausch statt. Das Konzentrationsgefälle wird durch die Lebensprozesse aufrecht erhalten, wozu

[1] Zum Beispiel: Dade Reagents Inc., Miami, Florida; E. Merck AG., Darmstadt und [*513*].

eine geeignete Traubenzuckerkonzentration, Körpertemperatur u. ä. vorhanden sein müssen. Entnimmt man Blut zur Untersuchung, so setzt sehr schnell eine Diffusion des K aus den corpusculären Bestandteilen in das Serum (in das Plasma) ein [*136*] (Einfluß der abnehmenden Traubenzuckerkonzentration, p_H-Verschiebung, Temperaturänderung u. ä.). Dieser Effekt verfälscht also die in vivo vorhandenen K-Konzentrationen im Untersuchungsgefäß. Man mißt nachträglich nur ein Kunstprodukt. Durch eine geeignete Technik bei der Blutabnahme (Kap. 113) kann man erreichen, daß Fehler dieser Art klein und in allen Proben etwa gleich sind. Prinzipiell ist es aber unmöglich, mit einer der hier genannten Methoden die in vivo tatsächlich vorhandenen K-Konzentrationen zu bestimmen. Die bei der Abnahme des Blutes sofort einsetzenden Diffusionen sind übrigens stark von der Temperatur abhängig. Je nach deren Höhe beim Abnehmen des Blutes und bei der Weiterverarbeitung zum Serum erhält man ganz verschiedene K-Konzentrationen [*94*, *136*]. Man sollte sich also bemühen, solche Untersuchungen unter stets gleichen äußeren Bedingungen durchführen.

Ein K-Anstieg kann auch durch eine mehr oder weniger starke Hämolyse hervorgerufen werden [*136*]. Hämolyse und Diffusion lassen sich nicht streng voneinander trennen. Von spektralen Absorptionsmessungen an Seren weiß man, daß nahezu jedes Serum mehr oder weniger stark hämolytisch ist, was man an dem Auftreten von Hb-Absorptionsbanden erkennen kann. Diese Hämolyse ist nur in den wenigsten Fällen intravital vorhanden (z. B. bei hämolytischem Ikterus u. ä.). In den meisten Fällen wird sie jedoch durch die Technik des Abnehmens und die Manipulationen bei der Bereitung des Serums hervorgerufen.

Es liegt der Gedanke nahe, die durch eine mehr oder weniger große Hämolyse erhöhten K-Werte durch eine entsprechende Hb-Messung im Serum zu korrigieren. Leider ist dieser Weg nicht gangbar, weil der K-Verlust der Zellen nicht direkt mit einem Hb-Austritt gekoppelt sein muß. Jedoch kann man Proben mit deutlich sichtbarer Hämolyse kennzeichnen, um Fehler bei der Bewertung der anschließend ermittelten K-Konzentrationen auszuschließen.

Weiter ist zu beachten, daß schon vor der eigentlichen Abnahme der Blutprobe die ursprünglich vorhandenen K-Konzentrationen in vivo durch psychische Effekte u. ä. verfälscht werden. Die Angst des Patienten vor dem Einstich und der Einstichschmerz selbst spielen dabei eine wesentliche Rolle [*95*]. Infolge der psychischen Alteration kommt es zu einem schnell einsetzenden K-Abfall im Serum. Diesen kann man leicht nachweisen, indem man mehrere Probengläser nacheinander mit Blut füllt, numeriert bzw. die Zeit der Abnahme darauf vermerkt und diese Proben einzeln zentrifugiert und analysiert. In den ersten 20 sec der Blutentnahme fallen die K-Konzentrationen sehr deutlich um einige mg/100 ml, um dann langsam wieder zum Ausgangswert zurückzukehren. Weder der Ausgangswert noch der Endwert einer solchen Reihe geben — abgesehen von den oben besprochenen Diffusionen — die in vivo vorhandenen Verhältnisse richtig wieder, denn zum Füllen des ersten Glases benötigt man eine gewisse Zeit, in der die K-Konzentration im Serum nicht konstant bleibt, und der Endwert ist durch den Blutverlust ebenfalls verfälscht. Außerdem ist der Endwert oft nicht meßbar, weil sich die zur Abnahme verwandte Injektionskanüle schon vorher durch Coagula verstopft hat. Das zwischenzeitliche Abfallen der K-Konzentrationen kann man durch eine Vollnarkose, mitunter auch schon durch eine Lokalanaesthesie der Einstichstelle ausschalten [*95*], jedoch ist es nicht sicher, ob die so erhaltenen K-Werte — abgesehen von den obengenannten Diffusionen — nicht noch durch die Einwirkung der Narkotica bzw. Anaesthetica verändert wurden. Im übrigen gibt es eine Art „Gewöhnung", denn bei häufiger wiederholten Einstichen nimmt die Amplitude dieses K-Abfalles ab [*406*]. Für die Praxis ergibt sich daraus: Will man Blut für verschiedene Laboratoriumsuntersuchungen abnehmen, so sollte man nur die zuerst entnommene Probe für die K-Analyse verwenden. Die Zeit zwischen Einstich und Füllen des ersten Glases soll bei allen für Vergleichszwecke herangezogenen Versuchen etwa gleich sein.

Selbstverständlich muß man bei der Entnahme des Blutes peinlichst auf Sauberkeit achten und jede Manipulation unterlassen, die eine Hämolyse verursachen könnte. Im folgenden Kapitel geben wir eine Technik zur Blutentnahme wieder, die diesen Gesichtspunkten Rechnung trägt. Es sind auch einige Gesichtspunkte eingearbeitet, die für Ca-Analysen in Seren (Kap. 114) wichtig sind.

Folgende weitere Literatur über K-Bestimmungen in Körperflüssigkeiten sei empfohlen: *64, 95, 132, 136, 248, 269, 272, 313, 339, 340, 342, 354, 355, 360, 364, 406, 418, 419, 420, 436, 500, 524, 531, 533, 542, 545, 611, 613, 654, 661, 671, 708, 741, 750.*

113. Entnahme von Blut zur Elektrolyt-Bestimmung (in Seren)

1. Blutabnahme früh nüchtern 8 Uhr am noch im Bett liegenden Patienten (beachte Tagesrhythmus, jahreszeitlichen Gang der Ionenkonzentrationen, Einfluß der Nahrungsaufnahme, Einfluß von Bewegung und Atmung, Einfluß der wechselnden Sauerstoffsättigung des Blutes, Einfluß von Therapeutica, wie Ca-Injektionen u. ä.).

2. Zur Blutabnahme weite, innen polierte, saubere und trockene Kanülen verwenden. Bei kurz gestauter Vene einstechen, Stauung kurz vor der Entnahme freigeben.

3. Die ersten $^1/_2$—1 cm^3 Blut mit einer 1—2 cm^3-Spritze ansaugen und verwerfen. Die Spritze von der in der Vene verbleibenden Kanüle entfernen und das aus der Kanüle austretende Blut langsam in ein untergehaltenes, trockenes und sauberes Zentrifugenröhrchen einlaufen lassen. Wenn die Untersuchung im Plasma durchgeführt werden soll, empfiehlt es sich, silikonisierte Zentrifugengläser zu verwenden (Kap. 80). Wenn gleichzeitig für andere Bestimmungen Blut entnommen wird, dann nur die 1. Blutprobe für die K- bzw. Ca-Analyse verwenden. Außerdem soll die Zeit für das Füllen eines Zentrifugengläschens immer möglichst gleich sein, da sich sonst der K-Abfall während der Abnahme störend bemerkbar macht.

4. In eiligen Fällen empfiehlt sich eine Untersuchung im Plasma. Man fügt dazu zur Blutprobe ein gerinnungshemmendes Mittel, z. B. Heparin oder Äthylendiamintetraessigsäure, hinzu und kann sofort zentrifugieren. Man beachte, daß die Plasma-Normalwerte von den entsprechenden Serumwerten etwas verschieden sind [*542*]. Selbstverständlich müssen die Eich- und Blindlösungen eine entsprechende Menge an Anticoagulantien enthalten, was insbesondere bei Ca-Analysen und Zugaben von Äthylendiamintetraessigsäure zu beachten ist. In weniger eiligen Fällen führt man unseres Erachtens besser Serumuntersuchungen aus, da verdünntes Serum günstigere Eigenschaften bei der Zerstäubung hat als ein entsprechend verdünntes Plasma. Dann muß man aber darauf achten, daß die Gerinnungszeit, während der das Serum über dem Blutkuchen steht, immer gleich lang (etwa $^1/_2$—1 Std.) ist, denn durch zu langes Stehen steigen die Serum-K-Werte durch Diffusion aus den corpuscularen Bestandteilen. Man kann diese Diffusion einige Zeit zurückhalten, wenn man zu dem frisch entnommenen Blut Traubenzucker hinzugibt [*136*], jedoch sollte man dann eine entsprechende Menge Zucker auch zu den Eich- und Blindlösungen hinzugeben. — In allen Fällen vermeide man mechanische Erschütterungen beim Transport der Gläschen (Hämolyse durch Stoß), Temperaturunterschiede (Blut nicht in den Kühlschrank oder an ein offenes Fenster stellen), Sonneneinstrahlung (Hämolyse durch UV), Verschmutzung durch Staub o. ä.

5. Nach dem (unter Umständen zweimaligen) Zentrifugieren muß sofort in ein sauberes, trockenes Glas abpipettiert werden. Bei längerem Stehen diffundiert sonst K aus dem Blutkuchen in das überstehende Serum. Zum Pipettieren verwende man eine saubere und trockene Vollpipette. Das Aufbewahrungsgefäß gut mit einem Gummistopfen verschließen. In diesem Zustand kann das Serum bis zur eigentlichen Analyse (bei Na- und K-Analysen maximal 8 Tage Zwischenraum) im Kühlschrank aufbewahrt werden. Das Abmessen der endgültigen Serumprobe mit der Vollpipette muß direkt anschließend an das Zentrifugieren erfolgen, denn

bei länger stehenden Seren machen sich Schichtungserscheinungen störend bermerkbar, die insbesondere bei Ca-Analysen zu erheblichen Fehlern führen können [*491*]. Auch ein Umschütteln länger stehender Seren vor dem Abpipettieren kann diese Entmischungserscheinungen nicht mehr ganz rückgängig machen. Bei Ca-Analysen ist ein längeres Stehen (mehr als 1 Tag) selbst bei Beachtung der oben genannten Gesichtspunkte daher weniger empfehlenswert.

Man vermeide während des ganzen Arbeitsganges jegliche Verschmutzung, z. B. durch eingetrocknete Tropfen von Leitungswasser (Ca-Gehalt), das Hineinfallen von Staub, Fasern von Zellstoff, Korkteilchen u. a. (Verstopfungsgefahr des Zerstäubers, Gefahr der Ca-Abgabe!). Ferner bemühe man sich, den ganzen Arbeitsgang von der Abnahme des Blutes über das Zentrifugieren bis zum Abpipettieren möglichst stets bei gleicher Temperatur durchzuführen, da der K-Austausch mit den Erythrocyten stark von der Temperatur abhängt [*94*, *136*].

Die Reproduzierbarkeit der Elektrolyt-Konzentrationen, insbesondere der K-Werte, wird neben den oben abgehandelten Fehlerursachen noch durch den Erregungszustand des Patienten (Angst vor dem Einstechen, Anblick des Blutes, Einstichschmerz usw.) beeinflußt. Vegetativ labile Patienten zeigen daher von Probe zu Probe stärkere Abweichungen. Auch der Einfluß der Persönlichkeit des Arztes ist nicht unwesentlich.

114. Calcium-Analysen in Körperflüssigkeiten

Die flammenphotometrischen bzw. spektrophotometrischen Na- und K-Analysen haben sich dank ihrer Einfachheit, Schnelligkeit und Genauigkeit und wegen des geringen Substanzbedarfes weitgehend durchgesetzt, die Ca-Analysen bis jetzt jedoch nur zum Teil, obwohl das Interesse, insbesondere von seiten der Kliniker, dafür nicht kleiner ist. Die Gründe für diese geringere Verbreitung der flammenphotometrischen Ca-Analysen in Körperflüssigkeiten sind folgende:

1. Ca-Analysen mit Hilfe der Flamme sind schwieriger, da Erdalkalielemente schwerer anregbar sind. Die zu messenden Intensitäten sind daher wesentlich geringer. Die Ca-Linie 423 mμ ist in den üblichen Acetylen-Preßluft-Flammen verhältnismäßig schwach. Man wählt daher unter diesen Bedingungen meist die CaO(H)-Bande bei 554 mμ oder die bei 623 mμ für den Nachweis des Ca. Wegen der leichteren Abtrennbarkeit der Bande bei 623 mμ von der gelben Na-Linie bevorzugt man meist diese Bande vor derjenigen bei 554 mμ. Bei Verwendung von heißeren Acetylen-Sauerstoff-Flammen hingegen wählt man für den Nachweis gerne die Linie bei 423 mμ.

2. Ca kommt im Vergleich zu Na und K in geringerer Konzentration im Körper vor. Dies führt im Verein mit 1. dazu, daß viele Flammenphotometer für Ca-Analysen in verdünnten Körperflüssigkeiten nicht genügend empfindlich sind.

3. Die meist benützten CaO(H)-Banden bei 623 mμ und bei 554 mμ befinden sich in der Nähe der starken Na-Doppellinie bei 589 mμ. Die Trennung mit Filtern kann daher Schwierigkeiten bereiten (Kap. 40). Auch Monochromatoren geben wegen des erheblichen Übergewichtes von Na einen merklichen Na-Streulichtanteil. Überdies wird der Flammenuntergrund unter den CaO(H)-Banden, je nach dem Na-Gehalt, verschieden stark angehoben. Es kommt daher bei Ca-Bestimmungen leicht zu störenden Querempfindlichkeiten (Kap. 94) und Untergrundstörungen (Kap. 95), die den Analysengang komplizierter gestalten oder bei unzweckmäßigem methodischen Vorgehen zu Fehlern führen. Bei heißen Flammen können überdies schwache Linien des Na bei 568,5 und 615,7 mμ stören.

4. Die Flammentemperatur reicht für die vollständige Verdampfung der Aerosolteilchen, die verschiedene Ca-Verbindungen, z. B. Ca-P(-O), enthalten, nicht aus. Ein Teil des Ca entzieht sich dadurch der Analyse (Kap. 98). Störungen

durch Lösungspartner sind daher bei Ca zahlreicher und meist größer als bei Na und K.

5. Das Ca ist in vielen Körperflüssigkeiten, insbesondere im Serum, nur z. T. dissoziiert. Der größte Teil ist in höchst komplizierter Art teils chemisch fest, teils adsorptiv an das Serumeiweiß gebunden. Diese variablen Bindungen lassen sich mit Eichlösungen nicht nachahmen. Es sind daher, je nach der Art und Menge des Eiweißes und seiner Ca-Bindungen, mehr oder weniger große Fehler zu erwarten, sofern man keine geeigneten Vorkehrungen trifft (s. u.). Das Eiweiß im Serum wirkt überdies, wegen seines Gehaltes an C- und H-Atomen, ähnlich wie Alkohol (Kap. 79, Temperatureffekt, Einfluß auf Tröpfchengrößenverteilung). Außerdem entmischt sich das Ca in Seren beim längeren Stehen (d. h. länger als einen Tag). Diese Entmischungserscheinungen lassen sich durch ein Umschütteln vor dem Pipettieren nur unvollständig rückgängig machen [*491*]. Der letztgenannte Nachteil gilt naturgemäß auch für die chemischen Ca-Bestimmungen, jedoch merkt man dort weniger davon, da chemische Analysen von größeren Volumina ausgehen.

6. Chemische Ca-Analysen sind im Vergleich zu chemischen Na- und K-Bestimmungen einfacher und genauer durchführbar. Sie werden daher noch häufiger angewandt.

Wegen des großen Interesses an einfachen Ca-Schnellbestimmungen werden ständig neue Versuche unternommen, um die genannten Schwierigkeiten zu überwinden:

a) Vorherige Veraschung

Es liegt sehr nahe, die genannten Schwierigkeiten dadurch auszuschalten, daß man eine größere Menge der Körperflüssigkeit, z. B. Serum, zunächst verascht (Kap. 109). Man entfernt dadurch die störenden Eiweißbindungen und bekommt einheitliche Anionen (z. B. NO_3 oder Cl), die man mit Eichsubstanzen leicht nachahmen kann, und man hat überdies die Möglichkeit, höhere Konzentrationen zu erhalten, indem man den Rückstand mit weniger Flüssigkeit wieder aufnimmt. Dies Verfahren ist bei zweckentsprechendem Vorgehen zweifellos sehr gut, nur ist der Zeitbedarf für das Veraschen hoch, wodurch der Vorteil der flammenanalytischen Schnellmethode verlorengeht. Außerdem sind im Rückstand noch Na, K usw. vorhanden. Die Blindwertstörungen müssen bei solchen flammenphotometrischen Messungen also auch berücksichtigt werden. Im übrigen sei bemerkt, daß Veraschung auch schon bei bzw. vor chemischen Bestimmungen angewandt wurde, um die Störung von gefälltem Eiweiß bei der Titration auszuschalten.

b) Halb chemische und halb flammenphotometrische Methode

Weiterhin wurde von verschiedenen Seiten vorgeschlagen [z. B. *185, 502, 508, 509, 622*], das Ca zunächst mit einer chemischen Methode (z. B. mittels Oxalsäure) zu fällen, den Niederschlag zu waschen und dann mit Salzsäure o. ä. wieder aufzunehmen und mit Flammenanalysen die Ca-Konzentration zu bestimmen. Die Vorteile sind ähnlich denen der beim Veraschen genannten. Allerdings bringt diese Methode im Vergleich zur chemischen Bestimmung (ebenfalls Oxalsäurefällung und anschließende Titration) in zeitlicher Hinsicht nur wenige Vorteile. Sie ist aber schneller als die erstgenannte mit Veraschung.

Als Vorteil dieser halb chemischen und halb flammenphotometrischen Methode müssen wir nennen, daß hierbei im Gegensatz zu a) die Elemente Na und K auch bei weniger guten Ca-Filtern nicht stören, da sie nicht im Bodensatz verbleiben, d. h. sie werden fast quantitativ entfernt. Ein kleiner Rückstand stört nicht. Die Eichlösungen brauchen bei dieser Methode nur Calciumsalze zu enthalten. Als Vorteil gegenüber den chemischen Fällungsreaktionen mit Oxalsäure und anschließender Titration ist hervorzuheben, daß gleichzeitig mitausgefallenes Magnesiumoxalat die Analyse nicht stört, da es durch die anschließende flammenphotometrische bzw. spektrophotometrische Messung nicht miterfaßt wird. Ebenso stören nicht andere oxydierbare Substanzen, da keine Titration nachfolgt. Solche störenden oxydierbaren Substanzen können z. B. Reste von gefälltem Eiweiß sein. Nachteil: nicht vollständige Fällung des Ca aus dem Eiweiß, insbesondere, wenn das Serum längere Zeit gestanden hat und wenn sich dadurch Eiweißcoagula gebildet haben [*188*, *475a*]. Den zuletzt genannten Nachteil vermeidet man bis zu einem gewissen Grade, wenn das Serum zur Herauslösung des Calciums aus dem Eiweiß zunächst angesäuert wird. Anschließend erfolgt (s. unten) eine Fällung des Eiweißes, z. B. mit Trichloressigsäure. Die überstehende calciumhaltige Lösung wird abpipettiert und dann entsprechend wie oben die Calciumfällung durchgeführt. Nachteil: größerer Arbeitsaufwand im Vergleich zur obengenannten Methode. Im übrigen dürfte ein Teil des Calciums, trotz der Ansäuerung, vom Eiweiß mitgerissen werden.

c) Fällung des Eiweißes

Die Fehler durch Oberflächenspannungs- und Viscositätsunterschiede, ebenso die durch die variablen Bindungen an das Eiweiß hervorgerufenen, kann man dadurch klein halten, daß man das Eiweiß vorher fällt. Wir verweisen auf Kap. 110. Der Hauptnachteil besteht, vom Zeitbedarf abgesehen, darin, daß mit dem Eiweiß auch Teile des Ca mitgerissen werden. Solche Ca-Analysen fallen daher niedriger aus als solche ohne vorherige Eiweißfällung [*588*]. Wiederholte flammenphotometrische Messungen an einer größeren enteiweißten Serummenge geben aber reproduzierbarere Ca-Werte als die bei nativem Serum gewonnenen (s. unten).

d) Verbesserung der Methoden ohne Serumaufarbeitung

Da sowohl das vorherige Veraschen, das Enteiweißen als auch das Kombinieren mit chemischen Fällungsreaktionen Fehler verursachen kann und zusätzlichen Arbeitsaufwand bedeutet, hat man versucht, die Seren für die Flammenanalysen in ihrer natürlichen Zusammensetzung zu verwenden, aber andere weniger Zeit erfordernde methodische Verbesserungen einzuführen. Folgende Versuche, die nicht nur für Ca-Analysen wichtig sind, seien genannt:

Man verwendet leistungsfähige hochempfindliche Apparaturen mit Vervielfachern, die die benötigten hohen Flammentemperaturen, eine ausreichende Ca-Empfindlichkeit für Messungen in stärker verdünnten Körperflüssigkeiten und eine sehr trennscharfe Optik haben. Es hat sich herausgestellt, daß die Einflüsse verschiedener Störungen (Eiweißeinfluß auf die Flammentemperatur, Phosphoreinfluß auf die Ca-Anzeige u. a.) dann klein bleiben, wenn man Geräte mit Indirektzerstäubern mit sehr guter Tröpfchenaussonderung verwendet (vgl. auch Kap. 98). Sofern man bei solchen Geräten methodisch zweckentsprechend vorgeht

[Anwendung von Blindlösungen für die Berücksichtigung des Na-Einflusses auf den Untergrund, vgl. Kap. 95, Anwendung stärkerer Verdünnungen (etwa 1:20 bis 1:50), um Fehler durch Viscositäts- und Oberflächenspannungsunterschiede zwischen Körperflüssigkeiten und Eichlösungen zu vermeiden und um Fehler von P → Ca klein zu halten usw.], kann man hier in ähnlich einfacher Art wie bei Na- und K-Analysen arbeiten, ohne daß die Restfehler wesentlich größer als dort werden.

Schwieriger liegen die Verhältnisse bei Geräten mit Direktzerstäubern, da hier wesentlich mehr Ballastflüssigkeit in die Flamme gelangt und somit Unterschiede in den Zusammensetzungen von Körperflüssigkeiten und Eichlösungen (z. B. vernachlässigtes Eiweiß in den Eichlösungen) sich hier viel stärker auf die Flammentemperatur, auf die Tröpfchenverdampfung, auf die Dissoziation und ähnliche Eigenschaften auswirken. Bei höheren Genauigkeitsansprüchen sind hier Methoden mit vorheriger Eiweißfällung, mit vorheriger Abtrennung des Ca oder Veraschung des ganzen organischen Materials vorzuziehen (s. oben). Will man diesen umständlichen Weg nicht gehen, so kann man die sich dann einstellenden Fehler durch folgende Maßnahmen klein halten:

a) Man verwende Flammen mit hohen Temperaturen (Acetylen-Sauerstoff) wegen der dann besseren Anregung und Verdampfung.

b) Man arbeite im Temperaturmaximum (Kap. 19), gleiche Gründe wie eben, dazu die im Kap. 19 genannten.

c) Man verwende Zerstäuber mit geringer Ansauggeschwindigkeit und hohem O_2-Druck (kleine Tröpfchen).

d) Man verwende Geräte guter spektraler Trennung (gutes Auflösungsvermögen, kleine spektrale Bandbreite, geringer Streulichtanteil), um die Abtrennung des variablen Untergrundes und die Unterdrückung der Querempfindlichkeit möglichst weit zu treiben. Die Ca-Linie 423 mμ ist hier vorzuziehen.

e) Man wende stärkere Verdünnungen an, am besten unter Verwendung organischer Lösungsmittel, die eine Emissionsverstärkung durch Temperaturerhöhung und/oder durch Verkleinerung der Tröpfchen bewirken können (Kap. 79). Der Einfluß der organischen Bestandteile in den Körperflüssigkeiten auf die Flammentemperatur sowie der Einfluß von oberflächenaktiven Substanzen wie Bilirubin auf die Tröpfchengrößenverteilung wird dadurch gemildert.

f) Man kann durch geeignete Zusätze zur Verdünnungsflüssigkeit, z. B. Äthylendiamintetraessigsäure, einige Fehler, wie den P-Fehler auf Ca, klein halten [*350*, *350a*]. Bei anderen Zusätzen, z. B. Netzmitteln, beachte man, daß deren Auswirkungen auf die Ca-Anzeige in den Körperflüssigkeiten bzw. Eichlösungen verschieden sein können, je nach den sonstigen in den Eichlösungen nicht mitberücksichtigten Begleitstoffen. Zum Beispiel gilt dies unter gewissen Bedingungen für einen Netzmittelzusatz zu Seren und Eichlösungen [*513*] oder für einen P-Zusatz [*187*]. Auch kann man daran denken, durch Zugaben von Sr und anderen „Puffersubstanzen" die Fehler klein zu halten. Wir verweisen auf Kap. 98.

g) Man versucht die Eichlösungen durch geeignete Zusätze wie Gelatine, Hühnereiweiß, Traubenzucker, Harnstoff o. ä. den Körperflüssigkeiten besser anzupassen [z. B. *500*]. Schwierigkeiten bereitet dabei die Haltbarkeit solcher Eichlösungen über längere Zeiten. Es gibt aber in einigen Fällen schon stabilisierte, synthetische Eichlösungen mit Eiweiß u. ä. über den Handel (s. Fußnote S. 303).

Im letztgenannten Beispiel ist jedoch das Ca nicht an das Eiweiß gebunden, was unter gewissen Meßbedingungen zu Fehlern Anlaß geben kann. Die Größe all dieser Restfehler hängt sehr von den jeweils vorliegenden experimentellen Bedingungen ab. Man kann auch natürliche Körperflüssigkeiten mit bekanntem, z. B. chemisch bestimmtem Gehalt, zu Eichzwecken verwenden.

h) Man wendet eine Leitlinienmethode (Kap. 51) an, die besonders bei viscosem Material und geringeren Verdünnungen zu empfehlen ist (Kap. 101).

i) Man bestimmt durch zusätzliche Methoden, z. B. Zugabeverfahren (Kap. 97 bis 100), Korrekturwerte, die man nachträglich an den Meßergebnissen anbringt.

j) Durch Anwendung einer geeigneten Technik bei der Abnahme der Körperflüssigkeiten (Kap. 113) und Weiterverarbeitung bis zur flammenphotometrischen Bestimmung kann man verschiedene Fehler, z. B. die obengenannten Entmischungserscheinungen, klein halten oder ganz ausschalten.

Im Anschluß daran möchten wir auf folgende Einzelveröffentlichungen zu dem in diesem Kapitel behandelten Thema hinweisen: *49, 86, 130, 138, 185, 187, 188, 221, 237, 246, 257, 269, 282, 315a, 337a, 339, 340, 342, 350, 350a, 354, 355, 364, 369, 370, 411, 419, 420, 451, 459, 474, 475a, 491, 502, 504, 508, 509, 524, 545, 564, 570, 596, 596a, 602a, 613, 617b, 621, 622, 646, 703, 708, 719, 746.*

115. Analysen weiterer Elemente

Da die flammenphotometrischen Analysen weniger Zeit und weniger Substanz erfordern als die entsprechenden chemischen Bestimmungsmethoden, wurde sehr bald der Wunsch laut, auch andere Elemente als nur Na, K und Ca mit diesem eleganten Analysenverfahren in Körperflüssigkeiten, Gewebsauszügen usw. bestimmen zu können. Leider ergeben sich folgende Schwierigkeiten:

a) Die weiteren für Flammenanalysen in Frage kommenden Elemente sind wesentlich schwerer anregbar, und

b) diese Elemente kommen überdies in wesentlich geringeren Konzentrationen als Na, K und Ca im Gewebe bzw. in den Körperflüssigkeiten vor.

Die genannten Schwierigkeiten multiplizieren sich also. Die Empfindlichkeiten und Trennschärfen der meist verwandten handelsüblichen Flammenphotometer und Flammenspektrophotometer reichen für diese Anforderungen nicht aus. Es wurden daher verschiedentlich Sonderkonstruktionen von leistungsfähigen Spektralphotometern, meist mit labormäßigen Hilfsmitteln aufgebaut [*345, 346, 710, 712*], um diese Schwierigkeiten zu meistern. Es gelten dabei prinzipiell die gleichen Überlegungen wie in Kap. 89 dargelegt.

Abgesehen davon kann man beim Fehlen von solchen Hochleistungsgeräten die genannten Schwierigkeiten dadurch umgehen, daß man von größeren Substanzmengen ausgeht, diese verascht, bzw. durch chemische Fällungsreaktionen die interessierenden Elemente anreichert und dann mit weniger Flüssigkeit bzw. Säure die Substanz zur eigentlichen Analyse wieder aufnimmt. Wir verweisen auf Kap. 88. Leider ist dies Verfahren umständlich, und der große Substanzbedarf erlaubt keine weite Verbreitung solcher Methoden. — Die Anwendung sehr heißer Flammen bzw. die Anwendung von Flammenabsorptionsmethoden bieten gewisse Aussichten dafür, mit diesen Schwierigkeiten fertig zu werden. Diese Dinge sind allerdings noch im Fluß.

Auf folgende Literatur möchten wir hinweisen:
Mg-Analysen: *49*, *138*, *153*, *203b*, *237*, *346*, *411*, *509*, *652*, *700a*, *708*.
Cu-Analysen: *97*, *345*.
Sr-Analysen: *321*, *710*.

116. Wasseranalysen

Die einfachsten flammenphotometrischen Analysen sind Untersuchungen an natürlichen und industriellen Wässern, da die normalerweise vorhandenen Konzentrationen meist in den günstigsten Analysenbereich fallen (Kap. 79). Man spart daher die vorbereitende Verdünnung, eine vorherige Veraschung usw. Mitunter muß man allerdings Einengungsprozesse (Kap. 79) oder zusätzliche chemische Anreicherungen (Kap. 88) vornehmen, nämlich dann, wenn die Ausgangskonzentrationen im Wasser für die betreffende flammenphotometrische Bestimmung nicht ausreicht. Bei stärker verschmutzten Wässern muß man vor der eigentlichen Analyse gröbere Schwebeteilchen entfernen, damit die Zerstäuber sich nicht verstopfen. Die Herstellung von Eichlösungen ist verhältnismäßig einfach, weil infolge der starken Verdünnungen Störelemente keinen großen Einfluß haben. Es nimmt daher nicht wunder, daß Wasseranalysen bereits in den ersten Anfängen der Flammenphotometrie durchgeführt wurden. KIRCHHOFF und BUNSEN entdeckten 1860 in Mineralwässern das Element Caesium. Seitdem werden Wasseranalysen sowohl in natürlichen Quell-, Fluß- und Seewässern als auch in industriellen Wässern, z. B. destilliertem Wasser, Kondenswässern, Spülwässern, Kesselspeisewässern und Abwässern durchgeführt. Dazu kommen noch Analysen von Ablagerungen solcher Wässer [*640*]. Diese wird man allerdings vor einer Flammenanalyse meist in Lösung bringen. Eine Trennung nach diesen Gesichtspunkten ist schwer möglich, denn die industriellen Abwässer verändern ihrerseits die Zusammensetzung der Flußwässer und umgekehrt. Weiterhin ergeben sich Querverbindungen zu botanischen und zoologischen Problemen, denn das Pflanzenwachstum und das Gedeihen von Tieren in den Wässern ist wieder abhängig von dessen Mineralgehalt. Auch bestehen Beziehungen zur Mineralogie, denn das versickernde Regenwasser löst auf seinem Wege bis zur Quelle Teile der Gesteine, und man kann umgekehrt aus der Zusammensetzung der Quellwässer Rückschlüsse auf ihren Weg in der Erdkruste ziehen.

Mitunter setzt man den Wässern künstlich seltene Salze, z. B. solche des Lithiums zu, um ihren natürlichen Weg zu verfolgen. Dies Verfahren interessiert unter anderen die Hygieniker, die die Trinkwasserversorgung zu überwachen haben. Untersuchungen an heilkräftigen Mineralwässern seien ebenfalls erwähnt. Aus der Fülle dieser Untersuchungsmöglichkeiten einige Beispiele:

Es wurde der Strontiumgehalt im Seewasser verschiedener Ozeane in verschiedenen Tiefen untersucht. Dazu eignet sich die Sr-Linie bei 460,7 mμ. Der Flammenuntergrund wird durch eine Messung „neben der Linie" abgezogen. Solche Untersuchungen interessieren auch im Zusammenhang mit der Beseitigung von radioaktiven Abfällen (z. B. radioaktivem Sr), die man oft in das Meer abführt. — Untergrundstörungen bei flammenphotometrischen Analysen sind in Seewässern durch die relativ hohen Mg-Konzentrationen zu erwarten.

Als Beispiel einer industriellen Wasseruntersuchung sei die Überprüfung der Wasserreinigung durch Ionenaustauscher genannt. Diese Reinigungsverfahren haben zum großen Teil die weit teureren Destillationsverfahren verdrängt. Der Restgehalt an Na, K und Ca wird häufig mit Flammenanalysen bestimmt. Das bedeutet einen großen Zeitgewinn. Das gleiche trifft für die Überwachung aller anderen Wasseraufbereitungsanlagen zu, wobei insbesondere die Frage interessiert, wann die betreffenden Reinigungselemente, z. B. Kunstharzmassen in Ionenaustauschern, erneuert werden müssen.

Bei der Durchführung von Berieselungen für landwirtschaftliche und gärtnerische Zwecke ist der Metallgehalt entscheidend für den Erfolg: Einerseits darf solches Wasser nicht zu viele Substanzen wie Na-Salze enthalten, da sonst Verstopfungen bzw. Korrosionen auftreten, und eine gleichmäßige Berieselung über längere Zeiten nicht gewährleistet ist. Zum anderen dürfen gewisse Bestandteile, wie z. B. Bor, darin nicht in zu hohen Konzentrationen enthalten sein, da dies und andere ähnliche Elemente von den Getreidekörnern usw. leicht aufgenommen werden und toxische Wirkungen entwickeln [*309*]. Andererseits muß aber ein gewisser Mindestgehalt an Bor im Boden erhalten bleiben, da sonst Bormangelerscheinungen an Pflanzen auftreten können.

Kesselwasserspeiseanlagen benutzen meist vorbehandeltes Wasser, das sich in der Zusammensetzung von dem zur Kühlung benutzten Leitungswasser am Kondensator unterscheidet und wegen der zu vermeidenden Korrosionen (s. u.) sehr sauber sein muß. Untersucht man nun laufend den Na- und K-Gehalt des Kesselwassers, so kann man etwa auftretende Kondensatorundichtigkeiten leicht erkennen. Die Zusammensetzung der Ablagerungen in solchen Anlagen gibt einen Anhalt dafür, wie man solche Ablagerungen vermeiden oder zumindest mindern kann. Sie verschlechtern nämlich den Wirkungsgrad von Kessel- und Kondensatoranlagen ganz erheblich, weil der Wärmeaustausch durch Salzschichten hindurch viel schlechter ist als die Wärmeleitung der Metalle. Andererseits interessiert auch, wie stark das jeweils benützte Wasser zu Korrosionserscheinungen an Kesseln, Rohrleitungen, Wärmeaustauschern usw. führt. Solche, oft sehr schnell ablaufenden Korrosionen, können zu Kesselexplosionen führen. Als ein relatives Maß für diese Korrosionsfreudigkeit eines Wassers kann sein Cl-Gehalt dienen. Diesen kann man ebenfalls mit Flammenmethoden, z. B. nach Kap. 87 und 88, bestimmen. Ebenfalls wurde der Sulfatgehalt von Wässern mit Flammenmethoden untersucht [*177*].

Auf folgende Veröffentlichungen möchten wir hinweisen: *73, 89, 189, 201, 309, 359, 363, 383, 460, 484, 570, 624, 640, 659, 693, 731, 740, 751, 755, 756.*

117. Physik, Atomphysik und Elektronik

Naturgemäß haben die Vorgänge in den Flammen das Interesse der Physiker und Physiko-Chemiker gefunden. Die uns aus dieser Forschungsrichtung für die Praxis der Flammenphotometrie wesentlich erscheinenden Ergebnisse stellten wir einleitend in den Kap. 5—11 dar. Die Fortentwicklung der Hilfsmittel zur Konstanthaltung von Flammen kommen auch der experimentellen und theoretischen Forschung zugute, z. B. bei Messungen der Anregungsenergien, der Übergangswahrscheinlichkeiten, der Dissoziations- und Ionisationsgleichgewichte von Molekülen, Atomen usw. Die Beobachtung der z. T. sehr geringfügigen Störungen von Lösungspartnern in der Flamme haben zu manchen theoretischen Untersuchungen angeregt (Kap. 7, 97, 98). Diese sind wieder geeignet, die komplizierten

Vorgänge in den Flammen aufzuklären (Kap. 5) und sind auch für das Verständnis der Vorgänge im Bogen und Funken von Bedeutung [*302*].

Flammenmethoden sind wie geschaffen, um experimentelle und theoretische Untersuchungen über Löslichkeiten, Adsorptionserscheinungen, Korrosionsvorgänge u. ä. durchzuführen, d. h. allen solchen Erscheinungen nachzugehen, bei denen es auf schnelle und genaue Flüssigkeitsanalysen ankommt [*302*]. Im folgenden soll davon gesprochen werden, wie Flammenanalysen bei einigen anderen physikalischen Untersuchungen behilflich sein können.

Bei Kernspaltungsreaktionen kann man zunächst im Ausgangsmaterial die Urankonzentration bei der Reindarstellung mit Flammenmethoden bestimmen [*441a*]. Uran kann man durch eine Ätherextraktion aus dem Nitrat reinigen. Eine der einfachsten und schnellsten Methoden zur Konzentrationsbestimmung des Urans besteht darin, daß man den Ätherextrakt in eine Wasserstoff-Flamme zerstäubt und die verhältnismäßig unspezifische Uranausstrahlung der Flamme mißt [*302*]. Weiterhin kann die hohe Empfindlichkeit der Flammenanalysen für die Alkalien zur Erforschung der bei Kernspaltungsprozessen auftretenden neuen Elemente, einschließlich ihrer stabilen und mit kernphysikalischen Meßanordnungen nicht erfaßbaren Endprodukte, ausgenutzt werden. Ebenso wurden Verunreinigungen in den Ausgangssubstanzen, z. B. in Uran, flammenspektrometrisch ermittelt. Es wurde eine spezielle Methode für die Bestimmung von Natriumverunreinigungen in Uran angegeben. Da Uran den Untergrund erheblich anhebt, wurde für die Bestimmung ein Zugabeverfahren nach Kap. 100 angewandt, d. h. man gibt zur Ausgangslösung bekannte Mengen Na hinzu, um die Ursprungskonzentration von Na festzustellen. Diese Methode ist für Na-Konzentrationen von 2 Teilen bis $5 \cdot 10^3$ Teilen Na in 10^6 Teilen Uran brauchbar [*405*].

Als Komplikation bei solchen spektrochemischen bzw. flammenphotometrischen Untersuchungen an Kernmaterial ist, abgesehen von der gleich zu besprechenden Verseuchungsgefahr, die Isotopieverschiebung von Linien und Banden zu erwähnen. Deshalb sind z. B. quantitative Messungen an ^{10}B-haltigen Lösungen nicht durch Eichung mit normalen B-Eichlösungen möglich [*162*].

Bei all solchen Messungen an aktivem Material benötigt man eine Meßanordnung, die eine Verseuchung der umgebenden Luft und damit eine Gefährdung von Menschen ausschließt. Dazu kann man folgende Wege gehen:

a) Man trennt mit Hilfe chemischer Methoden die nicht direkt interessierenden aktiven Begleitstoffe ab.

b) Man läßt die Flamme in einer Art von geschlossenem Brenner (s. z. B. Abb. 20) brennen, an dessen Oberkante die verseuchte Luft abgesaugt und zunächst durch einen Luftfilter zur Reinigung geleitet wird, bevor sie in die freie Atmosphäre gelangen kann [*414*].

c) Man verwendet Mikro- und Ultramikromethoden (Kap. 89) nicht nur wegen der oft zur Verfügung stehenden sehr kleinen Substanzmenge, sondern auch aus sicherheitstechnischen Gründen, da dann von vorneherein wenig aktives Material in die Luftfilter bzw. in die Atmosphäre gelangt.

Bei der Untersuchung von Leuchtphosphoren wie Zink-Kadmium-Sulfid u. ä. interessieren die geringsten Verunreinigungen [*205*, *587*]. Für die Bestimmung solcher, z. T. sogar notwendiger Verunreinigungen, dienen oft Flammenanalysen. Eine diesbezügliche Methode bestimmt den Na-Gehalt in Konzentrationen von

0,0001—0,001% und den K-Gehalt von 0,001—0,02%. Als Eichsubstanzen dienen Zink-Kadmium-Sulfid-Proben ohne Na und K, denen man diese Elemente in bekannter Menge zufügt [*205*]. — Überhaupt ist die Prüfung von reinsten Metallen bzw. Verbindungen auf etwa vorhandene Spuren und Verunreinigungen, z. B. bei der Bestimmung physikalischer Konstanten in „reinen Stoffen", ein geeignetes Gebiet für die Spektralanalyse und damit bei leichter anregbaren Elementen auch für die Flammenphotometrie. — Die bei Untersuchungen an Halbleitern (Festkörperphysik) interessierenden geringen Verunreinigungen sind hingegen meist so klein, daß man sie spektrochemisch schlecht nachweisen kann. Man verwendet dafür besser massenspektrometrische Methoden.

Als letztes Beispiel für die Bearbeitung eines physikalisch-technischen Problems mit Hilfe von Flammenmethoden wollen wir Untersuchungen über das Abdampfen der Elemente Ba, Sr und Ca aus den Oberflächen von Oxydkathoden in Vakuumröhren erwähnen [*253, 575*]. Die Verdampfungsprodukte fängt man z. B. in einer Teströhre auf einer Quarzplatte auf. Dieser Niederschlag wird nach beendeter Prüfung in Lösung gebracht und flammenphotometrisch untersucht. Dabei muß man nicht nur Störungen von Bestandteilen aus den Oxydkathodenoberflächen, sondern auch solche aus dem Trägermetall mitberücksichtigen.

Auf folgende Literatur sei verwiesen: *162, 205, 240, 253, 414, 441a, 540, 575, 587, 718.*

118. Chemische Industrie und Pharmazie

In der chemischen Industrie und Pharmazie werden die sehr schnellen, spezifischen und oft sehr empfindlichen flammenphotometrischen Analysen zu so vielen und sehr unterschiedlichen Aufgaben herangezogen, daß es nicht möglich ist, hierüber in einem kurzen Referat zu berichten, zumal viele Prüfmethoden aus diesen Industriezweigen nicht veröffentlicht werden. Diese Anwendungen erstrecken sich einmal auf allgemeine analytische Untersuchungen an Ausgangsstoffen, Zwischenprodukten und Fertigfabrikaten sowohl in Entwicklungslaboratorien, Betriebslaboratorien als auch bei lang eingefahrenen Herstellungsprozessen. Es können z. B. gewisse, mehr oder weniger automatisierte Fertigungskontrollen von einem Flammenphotometer erledigt werden, dessen Ausschläge dazu dienen, die Konzentrationen während eines Herstellungsverfahrens in einem bestimmten Sinne (chemische Regeltechnik, Verfahrenskontrolle) so zu steuern, wie es ein optimaler Ablauf des betreffenden Verfahrens gerade erfordert. Dazu wird z. B. von der kontinuierlich durch ein Rohrleitungssystem durchströmenden Flüssigkeit ein kleiner Teil abgezweigt und einem Zerstäuber eines Flammenphotometers zugeführt. Man kann damit industrielle Prozesse über längere Zeiten mit Schreibgeräten kontrollieren, Signalanlagen beim Über- oder Unterschreiten von gewissen Sollkonzentrationen betätigen usw. Auf diese Weise wurden schon die Vorgänge in Kationenaustauschern über längere Zeiten untersucht [*528*].

Von solchen und ähnlichen Anwendungsmöglichkeiten der Flammenphotometrie können wir hier nur einige der veröffentlichten Beispiele erwähnen:

Viele Reinheitsprüfungen von chemischen Produkten werden unter Heranziehung flammenphotometrischer Methoden erledigt, insbesondere, wenn es darum geht, die flammenphotometrisch leicht nachweisbaren Alkalien und Erdalkalien untereinander nachzuweisen, bzw. in beliebigen Materialien aufzuschließen. Bei solchen Reinheitsprüfungen werden gewisse höchstzulässige Konzentrationen festgelegt, über denen die tatsächlichen Konzentrationen nicht liegen dürfen. Das sind Meßaufgaben, die häufig nur mit Flammenmethoden leicht lösbar sind.

Bei vielen industriellen Reaktionen muß man unerwünschte Natriumverbindungen aus dem Niederschlag entfernen, indem man ihn z. B. mit Wasser auswäscht. Mit Hilfe eines Flammenphotometers kann man den jeweiligen Natriumrestgehalt nach ein- bis zwei- und mehrmaligem Waschen bestimmen und sehr schnell Aussagen darüber gewinnen, ob die Reinheit des Bodensatzes ausreicht, oder ob weitere Waschprozesse nachfolgen müssen. — Bei Kesselwasserspeiseanlagen interessiert ebenfalls der Na-Gehalt (Kap. 116).

Um die Herstellung von Phosphorsäure nach dem Naßverfahren wirtschaftlich zu gestalten, muß das Nebenprodukt Calciumsulfat möglichst vollständig und sicher aus der Säure herausgefiltert werden. Man bemüht sich daher, das Kristallwachstum von $CaSO_4$ so zu fördern, daß es leicht filtrierbar wird. Dieses Kristallwachstum wird im wesentlichen durch das Verhältnis Ca-Ionen/Sulfat-Ionen in der Ausgangslösung beeinflußt. Eine Kontrolle dieses Verhältnisses mit chemischen Methoden wäre sehr mühselig, denn man müßte die Oxalatfällung zweimal durchführen, da Eisen, Aluminium und Phosphorsäure den Analysengang stören. Eine Flammenanalyse verkürzt diesen Arbeitsprozeß von mehreren Stunden auf einige Minuten. Da auch die Flammenanalysen durch Aluminium und Phosphorsäure gestört werden (Kap. 98), wendet man hier mit Vorteil eine Leitlinienmethode mit Strontium als Leitelement an. Man erzielt dadurch Genauigkeiten, die mit den chemischen Methoden durchaus vergleichbar sind [*205*].

Erwähnt sei aus der Düngermittelindustrie die Gewinnung von Kalidüngersalzen durch Flotation. Hierbei kann das Flammenphotometer sehr gut den K-Gehalt und den Gehalt sonstiger Beimengungen überwachen.

In der Pharmazie muß z. B. bei der Herstellung von Nährlösungen für die Gewinnung von Antibiotica die Ca-, Mg-, K- und Na-Konzentration überwacht werden, und zwar angefangen vom Ausgangsmaterial über die Zwischenprodukte bis zum fertigen Präparat [*302*]. Auch bei anderen Reinheitsprüfungen pharmazeutischer Präparate werden gern Flammenmethoden herangezogen.

Gibt man zu organischen Säuren Na in geeigneter Form, so werden diese Säuren einen ihrer Bauweise entsprechenden Prozentsatz Na in das entstehende Na-Salz einbauen [*428*]. Diesen flammenphotometrisch bestimmten Na-Gehalt kann man dazu benutzen, um Aussagen über die Art der organischen Säure zu machen. Auf Gemische von verschiedenen bzw. verdünnten Säuren ist es allerdings nicht anwendbar.

Erwähnt sei auch, daß industrielle Dämpfe, Abgase, Rauch u. ä. auf mitgerissene Alkalien u. ä. untersucht werden können [*302*].

Wenn irgendein Schwermetall, z. B. mit Hilfe von Dithizon und Chloroform, ausgewaschen wurde, so bestimmt man dies direkt flammenspektrometrisch im Chloroformextrakt [*208* u. a.]. Im übrigen kann diese Technik dazu verwandt werden, um schwer anregbare Schwermetalle so anzureichern, daß sie mit Flammenmethoden leicht erfaßt werden können (Kap. 88).

Hier bei diesen chemischen Verfahren spielt der Substanzbedarf bei solchen Anreicherungsprozessen im Gegensatz zu den biologisch-medizinischen Anwendungen meist nur eine untergeordnete Rolle. — Auch in der Papierindustrie

[*106, 400, 543*], in der Lackindustrie [*200*], bei der Untersuchung von Industrieabwässern [*73*] und bei vielen anderen Anwendungen haben sich Flammenmethoden einen festen Platz erobert.

Als weitere Literaturquellen können dienen:

Chemische Industrie: *73, 106, 108, 154, 155, 200, 207, 252, 327a, 400, 528, 543, 702.*
Pharmazie: *159, 314, 351, 383, 463.*

119. Geologie und Mineralogie

Bei der Durchführung von Analysen an geologischen Materialien wie Mineralien, Erzen, Tonen, Mineralwässern, Mineralölen usw. können flammenphotometrische Methoden zur Vereinfachung des Analysenganges herangezogen werden. Da solche Materialien Grundlage für viele andere Industriezweige wie z. B. die Metallindustrie, die keramische Industrie, die Glasindustrie, die Zementindustrie, die Treibstoffindustrie usw. sind, ist das Interesse an solchen Analysen groß. Wir wollen uns zunächst auf die Geologie und Mineralogie allein beschränken und kommen in den folgenden Kapiteln auf die speziellen Fragestellungen solcher Industrien zurück.

Zur Geschichte der Flammenmethoden in der Geologie möchten wir bemerken, daß sich schon Kirchhoff und Bunsen mit diesen Materialien beschäftigten und das Element Caesium in Mineralwässern entdeckten (Kap. 4). Ferner hat sich schon Lundegårdh [*33*] eingehend mit Mineralanalysen befaßt, da deren Zusammensetzung in enger Beziehung zu seinen agrikulturchemischen Problemen steht.

Abgesehen von den Mineralwässern (Kap. 116) wird man das Material für die Flammenanalyse im allgemeinen aufarbeiten, d. h. in flüssige Form bringen. Je nach der Zusammensetzung des Materials und je nach der gewünschten Analyse wird man bei der Aufarbeitung anders vorgehen. Die Zusammensetzung der einzelnen Mineralien ist nämlich sehr unterschiedlich, viel unterschiedlicher als beispielsweise biologisch-medizinisches Material. Das erfordert verschiedene Aufarbeitungsmethoden, je nach den physikalischen Eigenschaften und der chemischen Zusammensetzung der einzelnen Proben. Vorschriften für die Vorbereitung verschiedener Materialien zur flammenphotometrischen Analyse sind in der Literatur angegeben (s. z. B. [*532*] und die unten angegebene Literatur). Auch die Durchführung der flammenphotometrischen Untersuchungen erfordert, je nach der Zusammensetzung dieser Proben, ein recht unterschiedliches Vorgehen, denn entsprechend den vorhandenen Begleitelementen und deren Konzentrationen zueinander und zum Analysenelement, müssen andere Störpartner mit anderen Korrekturverfahren (s. Kap. 97—100) angewandt werden. Da man hier ohnehin kaum direkte Analysen der gegebenen Gesteine durchführen kann, sondern mit chemischen Mitteln vorbereiten muß (häufig wird ein chemischer Aufschluß mit Schwefelsäure + Flußsäure durchgeführt), spielen Zeitüberlegungen für die vorbereitenden chemischen Manipulationen keine so große Rolle wie beispielsweise in der Medizin. Es werden hier also häufig Störpartner durch chemische Trennoperationen vor der eigentlichen flammenphotometrischen Analyse beseitigt (z. B. Aluminium, Eisen und Silicium durch Behandlung mit Ammoniumchlorid und Calciumcarbonat), so daß man solche vorbereitenden Arbeiten (s. auch Kap. 88) nicht als schwerwiegenden Nachteil empfindet. Oft kann man den ganzen

Gang der chemischen Aufarbeitung des Materials schon so wählen, daß man nur die interessierenden Elemente erfaßt, die Störpartner also automatisch ohne zusätzliche Trennoperationen ausschaltet.

Auf der anderen Seite wurden naturgemäß verschiedene weitere rein flammenphotometrische Verfahren (vgl. Kap. 97, 98 und 100) angewandt, um Störungen durch Lösungspartner in speziellen Fällen auszuschalten. So wurden z. B. Ca-Analysen in Phosphat-Carbonat-Silicat-Gestein dadurch ermöglicht, daß die Störungen von P und Al auf das Ca durch Hinzufügen großer Mengen Magnesium „gepuffert" wurden. Diese Methode ist verhältnismäßig schnell ausführbar und führt zu Fehlern von nur ± 2% [*433*].

Andere hier zu erwähnende Gesichtspunkte bringen wir in den folgenden Kapiteln über Glasindustrie, keramische Industrie, Zementindustrie usw. — Zum Schluß möchten wir auf folgende flammenphotometrische und methodische Arbeiten zur Geologie und Mineralogie hinweisen: *1, 166, 247, 277, 309, 314b, 315, 317, 365, 433, 501, 516, 532, 562, 735, 736, 737, 742.*

120. Glasindustrie

Die für die Weiterverarbeitung einer Glasschmelze bedeutungsvollen physikalischen Eigenschaften, wie z. B. die Viscosität, hängen in entscheidender Weise von der Zusammensetzung der Glasschmelze, im wesentlichen also vom K_2O- und Na_2O-Gehalt ab. Diese Konzentrationen müssen bei manchen Glasarten überaus genau bestimmt werden, um zuverlässige Voraussagen über das Verhalten der Glasschmelze bei der weiteren Verarbeitung machen zu können. Eine Abweichung von ± 0,2% des Na_2O-Gehaltes kann schon erhebliche Unterschiede des Glasflusses zur Folge haben. Stärkere Abweichungen, z. B. nach unten, können zu Verstopfungen in den Verarbeitungsmaschinen bzw. zu Rissen im Fertigmaterial führen. Diese Natrium- und Kaliumwerte müssen sofort in der frischen Schmelze bestimmt werden, bevor sie zur weiteren Verarbeitung freigegeben wird. Für solche Schnellanalysen von vielen Proben sind die Flammenmethoden wie geschaffen. Flammenmethoden haben daher in den Laboratorien der Glasindustrie einen festen Platz erhalten.

Die Trenneigenschaften der benützten Photometer müssen bei diesen Anwendungen gut sein, denn in Tafelglas z. B. sind Spuren von K_2O neben etwa 15% Na_2O und 10% CaO zu analysieren.

Die für die Analyse erforderliche Aufarbeitung kann in etwas einfacherer Art als bei den Mineralien (Kap. 119) erfolgen, da das auf einer Korundscheibe feinst zerriebene Glaspulver in Flußsäure und Schwefelsäure bzw. in Flußsäure und Perchlorsäure oder auch bei Na-, K- und Al-Analysen in Flußsäure und Oxalsäure [*331*, *333*] leicht löslich ist, und da es meist nur geringste Spuren an Al und Ti enthält. Beim letztgenannten Aufschlußverfahren wird gleichzeitig das möglicherweise störende Ca abgeschieden. Wegen des genannten geringen Al- und Ti-Gehaltes kann die bei den Mineralien genannte Ammoniakfällung und die Säurezugabe unterbleiben. Mitunter genügt für relative Messungen als Vorbereitung schon ein Zerreiben des Glaspulvers in Wasser.

Zur Eichung werden Analysensubstanzen ähnlichen Mischungsverhältnisses mit bekannten Konzentrationen entsprechend wie oben behandelt. Bei Ca-Analysen beachte man, daß das Al stören kann. Wir verweisen auf Kap. 98.

Die gegenseitigen Störeinflüsse von Na ⇆ K kann man unter anderem durch einen $BaCl_2$-Zusatz puffern [*332*]. Im übrigen verweisen wir dazu auf Kap. 97 und 100. Will man Al selbst bestimmen, so gibt man organische Lösungsmittel, insbesondere n-Butanol zum Aufschluß, um die Lichtanregung zu verstärken [*333*]. Bei solchen Analysen sind variable Konzentrationen von Na, K, Ca und Fe als Störungen zu berücksichtigen.

Auf folgende Literatur sei verwiesen: *102, 108, 142, 164, 193, 220, 260, 326, 328, 333, 335, 604, 605, 706, 743, 761, 762, 763.*

121. Keramische Industrie

Auch in den Laboratorien der keramischen Industrie gibt es eine Reihe von Anwendungsmöglichkeiten für Flammenphotometer. Der Alkaligehalt interessiert z. B. in Massen und Glasuren, in Schlicker, Soda und Wasserglas, wo diese Elemente als Hauptbestandteil auftreten. Darüber hinaus will man auch in anderen Materialien wie Tonen, Kaolinen, Titandioxyd u. a. die meist geringeren Alkaligehalte wissen, da diese die Eigenschaften der Fertigprodukte beeinflussen. In mehr oder weniger feuerfesten Schamottsteinen z. B. bestimmt der Alkaligehalt weitgehend die Anwendungstemperatur dieser Steine, da Alkalien bei höheren Temperaturen wie ein Flußmittel wirken. In diesem Zusammenhang interessieren Zonenanalysen von gebrauchten Feuerfeststeinen, z. B. Glaswannensteinen. Bei keramischen Isolatoren bestimmt der Alkaligehalt neben anderen Beimengungen die Isolationseigenschaften. — Die Porzellanindustrie setzt ihre Massen aus Feldspat, Quarz und Kaolin zusammen. Dabei wird der Alkaligehalt in „Feldspat" umgerechnet. Diese Alkalizahlen beeinflussen die Standfestigkeit im Feuer sowie das Schwindverhalten, d. h. die Größenverhältnisse des Fertigfabrikates zur Ausgangsform.

Keramische Produkte werden ähnlich wie die Mineralien (Kap. 119) zur Flammenanalyse z. B. mit Flußsäure vorbereitet, wobei gleichzeitig das SiO_2 ausgeschaltet wird. Sollen tonerdehaltige Schmelzprodukte auf Ca untersucht werden, so beachte man, daß durch den genannten Säureaufschluß Ca nicht vollständig in Lösung geht, vermutlich, weil sich sehr resistente Ca-Aluminate bilden. Bei genaueren Ca-Analysen in hochtonerdehaltigen Stoffen ist daher eine gravimetrische Methode nach vorangegangenem Kaliumpyrosulfat-Schmelzaufschluß zu bevorzugen.

Auf folgende Spezialarbeiten sei verwiesen: *78, 88, 150, 209, 214, 217, 218, 219, 219a, 309, 330, 334, 368a, 445, 650, 716.*

Flammenphotometrische Untersuchungen an Feuerfeststoffen findet man bei *295, 592, 618, 619, 623.*

122. Zementindustrie

Es bestehen enge Zusammenhänge zwischen der Zusammensetzung von Zementen und deren Struktur bzw. deren Festigkeitseigenschaften nach der Verfestigung. Eine Reihe der in diesem Zusammenhang interessierenden Substanzen wie Magnesium, Natrium, Kalium, Calcium usw. lassen sich in den Ausgangsstoffen und in den Fertigfabrikaten flammenphotometrisch erheblich schneller als mit chemischen Methoden bestimmen. Gewisse Schwierigkeiten bereitet bei der direkten Durchführung von Flammenanalysen in Zementen das Verkrusten bzw.

Zukleben der Zerstäuber und Brenner. Einige Hilfsmaßnahmen dagegen seien erwähnt:

a) Man arbeite mit möglichst gering konzentrierten Zementaufschlämmungen.

b) Man spüle sofort nach jeder Bestimmung mit Aqua dest. nach, bzw. man zerstäube nach jeder Bestimmung Aqua dest.

c) Man bereite die Analysensubstanzen mit chemischen Hilfsmitteln so vor, daß sie ihre Neigung zum Verkrusten verlieren, indem man z. B. HCl sowohl zu den Proben als auch zu den Eichlösungen zugibt.

Der Magnesiumgehalt in Zementen beeinflußt wesentlich dessen Festigkeit und die Absetzeigenschaften [*302*]. Magnesiumbestimmungen erfolgen z. B. bei der Wellenlänge 371 mμ, nachdem man zuvor Silicium, Aluminium und Eisen gleichzeitig durch eine chemische Fällungsreaktion, z. B. mit Hilfe von Ammoniumcarbonat, entfernt hat [*192*]. Calcium hebt dabei den Untergrund wegen seines erheblichen Übergewichtes stark an, weshalb sich, abgesehen von entsprechenden Ca-Zugaben zu den Eich- und Blindlösungen, eine gleichzeitige flammenspektrometrische Ca-Analyse zur Korrektur des Untergrundes empfiehlt (Kap. 95). Zu beachten sind Störeinflüsse von Sulfaten, Chloriden und Mn (Kap. 96ff.). Störungen der Ca-Emission (Kap. 98) beeinflussen gleichzeitig den Untergrund unter den anderen Elementen und können somit über Untergrundstörungen (Kap. 95) auch Einflüsse auf die anderen Elemente nehmen.

Weiterhin interessiert der Na-, K-, Li- und Ca-Gehalt in Zementen. Die ersten drei Elemente vermindern die Qualität. Die Bestimmung des Na-Gehaltes bereitet gewisse Schwierigkeiten, weil wenig Na (etwa 0—1%) neben viel Ca bestimmt werden muß. Bei der üblichen Messung mit Farb- oder normalen Metallinterferenzfiltern für die Isolierung der Na-Linie geht wegen des Übergewichtes von Calcium viel Calciumlicht der grünen CaO(H)-Bande (554 mμ) und der orangen Bande (623 mμ) durch das Na-Filter hindurch. Eine Ausschaltung dieses Fehlers durch Querempfindlichkeitskorrekturen (Kap. 94) ist prinzipiell möglich. Bedenklich ist nur, daß sich dann Störeinflüsse auf das Calcium, z. B. der Einfluß von Al $\rightarrow$ Ca auf dem Umweg über die Querempfindlichkeit des Na-Filters für Ca-Licht auch auf die Na-Analyse auswirkt. Bei diesen Analysen sind daher Mehrschichtfilter mit geringer Halbwertsbreite oder Monochromatoren mit nicht zu kleiner Dispersion und engen Spalten zu empfehlen. Man kann dann unter Umständen auf den gleichzeitigen Zusatz von Ca zu den Na-Eichlösungen verzichten. Erwähnt sei in diesem Zusammenhang, daß viele Störeinflüsse auf das Ca um so geringer werden, je höher die Temperatur der angewandten Flamme ist. Umgekehrt werden die Störeinflüsse infolge der Ca-Untergrundanhebung um so kleiner, je niedriger die Flammentemperatur gewählt wird. Wir verweisen auf Kap. 14. — Weiterhin kann man die Störungen von Ca $\rightarrow$ Na dadurch unterdrücken, daß man zu den Eich- und zu den Analysenlösungen größere Mengen Al (z. B. als Nitrat) zufügt [*633*, *634*]. Al senkt die Ca-Intensitäten so stark (Kap. 98), daß letztere nicht mehr stören können.

Lithium wird bei den meisten gravimetrischen Methoden gleichzeitig mit dem Na erfaßt. Ein Vorteil der Flammenmethode ist, daß man Li getrennt neben den anderen Alkalien messen kann. Bei Verwendung von Geräten mit mäßiger optischer Trennung muß man bei den Li-Bestimmungen darauf achten, daß die Eichsubstanzen Ca und Sr in entsprechenden Konzentrationen enthalten, da die beiden letztgenannten Elemente Hydroxydbanden in der Flamme ausstrahlen, die den Untergrund in der Nähe der Li-Linie 671 mμ anheben [*473*].

Auf folgende weitere Literatur sei verwiesen: *74, 98, 222, 224, 225, 226, 231, 244, 266, 308, 310, 473, 565, 686, 745.*

123. Treibstoff- und Öluntersuchungen

Die Zerstäubung brennbarer Stoffe, wie Benzin, Benzol, einschließlich benzinverdünnter Öle usw., ist in Flammenphotometern mit indirekten Zerstäubern (Kap. 26) nicht ganz ungefährlich, da die Brennstoffnebel-Luftgemische explosiv sind und beim Zurückschlagen der Flamme leicht Teile der Apparatur zerstören können. Auch sind Entmischungserscheinungen durch fraktionierte Destillation, insbesondere beim Heißkammerverfahren (Kap. 30), zu befürchten. Man hat daher zeitweilig solche Substanzen eingedampft und verascht, um dann die Rückstände für die eigentliche Flammenanalyse mit Wasser, bzw. verdünnten Säuren, aufzunehmen. Die Entwicklung der direkten Zerstäuber (Kap. 33) ermöglicht hingegen die gefahrlose Bestimmung von gelösten Elementen bzw. Salzen in solchen brennbaren Substanzen ohne vorherige Eindampfung und Veraschung. Es sind dabei naturgemäß einige Vorsichtsmaßnahmen erforderlich, von denen wir unten noch sprechen.

Nachdem die technischen Voraussetzungen für eine einfache, schnelle und gefahrlose flammenphotometrische Untersuchung solcher Lösungen entwickelt waren, wurden in den letzten Jahren diese Untersuchungen in zunehmendem Maße angewandt, und es wurden mit ihrer Hilfe immer mehr Elemente wie Pb [*300, 302, 307a, 402, 661a*], Mn [*661a*], B [*168*], Cu [*403*] und andere in Treibstoffen untersucht. Solche Beimengungen bestimmen wesentlich die Betriebseigenschaften solcher Stoffe, z. B. die Klopffestigkeit oder die Korrosionsfreudigkeit.

Da solche Treibstoffuntersuchungen charakteristisch für alle Untersuchungen an brennbaren Lösungsmitteln sind, wollen wir hier kurz darauf eingehen und dabei gleichzeitig die einzuhaltenden Sicherheitsvorkehrungen besprechen:

Für Treibstoffuntersuchungen verwendet man meist Wasserstoff-Sauerstoff-Flammen, jedoch wurden auch andere Flammen, z. B. Preßluft-Wasserstoff-Flammen, verwandt. Der einzustellende Brenngasdruck bzw. die Brenngaszufuhr kann kleiner als normal sein, da die fein zerstäubten Treibstofftröpfchen mit zur Verbrennung beitragen (vgl. Kap. 79). Da Treibstoffe weniger viscos als Wasser sind und eine kleinere Oberflächenspannung aufweisen, sollte man Zerstäuber mit engen oder langen Capillaren verwenden, damit die Flamme nicht „überfüttert" wird. Damit die Sauberkeit der Innenwände solcher langen und dünnen Capillaren erhalten bleibt bzw. jeweils wiederhergestellt wird, empfiehlt sich ein häufigeres Zerstäuben von Aceton zwischen den jeweiligen Messungen [*661a*].

Folgende Sicherheitsmaßnahmen werden zur Verhütung von Unfällen bzw. Bränden empfohlen:

Man sehe eine Abdeckvorrichtung aus nicht brennbarem Material, z. B. eine Scheibe aus Neopren, über dem Probenglas vor. Dazu wird die Scheibe, die in der Mitte ein kleines Loch hat, von unten über die Ansaugcapillare geschoben, bevor das Probenglas mit dem Treibstoff untergehalten wird. Ein zweites, nicht zentrisches Loch in der Scheibe sorgt für den Druckausgleich. Diese Abdeckscheibe verhindert gleichzeitig das Eindunsten der Probenlösung während der Analyse. Als weitere, in der Praxis kaum benötigte, nur für den äußersten Notfall gedachte Sicherheitsmaßnahmen werden folgende genannt: Eine Zange soll bereitliegen, damit man Probengläser, die Feuer gefangen haben sollten, beiseitestellen kann. Das Feuer löscht man durch Überstülpen eines für diesen Zweck bereitstehenden Bechers. Im übrigen sind größere Mengen von Treibstoff nicht in der Nähe des Flammenphotometers zu lagern. Ein geeigneter Analysengang (s. unten) verhindert, daß Analysenlösungen und Eichlösungen länger als unbedingt erforderlich offen in der Nähe der Flamme bleiben. Diese Vorsichtsmaßnahmen sind empfehlenswert, damit diese Lösungen während des Arbeitsganges ihre Konzentration durch Verdunsten nicht ändern.

Zur Verhütung von Unfällen wird folgender Arbeitsgang empfohlen:

Man stelle sich die Analysenlösung und ein bis zwei Eichlösungen in geschlossenen Flaschen bereit, ferner dazugehörige 5 ml-Probengläschen auf einem Blatt Papier, eine 1 ml-Tropfpipette in einem Glaszylinder, der mit saugfähigem Material ausgelegt ist, und eine unverschlossene Flasche für Lösungsreste. Man öffne die eine Flasche mit der Analysenlösung und überführe mit Hilfe der Pipette das Benzin in ein Probenglas. Danach wird zur Spülung des Glases der Inhalt in die Resteflasche gegossen und der letzte Tropfen aus der Spitze der Pipette in die gleiche Flasche geblasen bevor man mit ihr die eigentliche Probe entnimmt. Nun wird sie zum zweiten Mal mit der gleichen Lösung gefüllt und der Inhalt in das eben gespülte Probenglas überführt. Anschließend bringt man sie sofort in den Aufbewahrungszylinder zurück, das Probenglas unter den Zerstäuber und liest am Flammenspektrophotometer ab. Den Rest der Probe gießt man in die Resteflasche und stellt das Probenglas umgekehrt auf das Papier, verschließt die Flasche mit Analysensubstanz und notiert den abgelesenen Wert. Dann wiederholt sich das gleiche für die nächste Analysenflasche bzw. Eichflüssigkeit. Der Zeitbedarf für einen solchen Arbeitsgang beträgt 35 sec. Ein normales Waschen der Probengläser ist nicht ausreichend, ein vorheriges Auswischen ist schlechter als ein Ausspülen.

Methodische Schwierigkeiten bei direkten flammenphotometrischen Untersuchungen von Treibstoffen entstehen im wesentlichen durch die variablen Eigenschaften der Grundsubstanz. Die jeweils im verschiedenen Mischungsverhältnis vorhandenen leicht flüchtigen Kohlenwasserstoffe haben verschiedene Viscositäten und Oberflächenspannungen, verschiedene Siedepunkte, verschiedene Verbrennungswärmen und damit auch unterschiedliche Einflüsse auf den Untergrund unter den zu untersuchenden Linien und auf die Flammentemperatur. Es ist fast unmöglich, zumindest aber praktisch undiskutabel die verschiedene Zusammensetzung in den Eich- und Blindlösungen jeweils nachzuahmen. Fehler, die durch solche Unterschiede entstehen, hat man durch folgende Maßnahmen klein zu halten oder auszuschalten versucht:

a) Man wendet eine Leitlinienmethode an (Kap. 51 u. 101). Sie ist hier gut brauchbar zur Ausschaltung von Oberflächenspannungs- und Viscositätsunterschieden, jedoch weniger gut für Fehler durch Temperaturunterschiede oder Untergrundeinflüsse.

b) Man arbeitet mit einer Zumischtechnik (Kap. 100). Der Nachteil solcher Methoden besteht hier darin, daß das häufigere Pipettieren mit leicht verdampfbaren Flüssigkeiten wenig angenehm ist und leicht zu (Eindampfungs-)Fehlern führt.

c) Man wendet eine überwachte Flüssigkeitszufuhr an ([*307a*], s. auch Kap. 33). Die dafür erforderlichen Apparaturen sind leider noch nicht im Handel.

d) Man verdünnt sowohl die Eich-, die Blind- als auch die Analysenlösungen in stärkerem Maße mit einem einheitlichen Verdünnungsmittel, z. B. Isooktan. Dadurch werden die unterschiedlichen Eigenschaften der Lösungen gegeneinander kleiner, und sie haben dann nur noch geringen Einfluß auf das Meßergebnis [*402, 481*]. Leider werden die Genauigkeiten bei geringer konzentrierten Elementen dadurch schlechter, da man sich durch stärkere Verdünnungen den Nachweisgrenzen (Kap. 90) immer mehr nähert.

Abgesehen von diesen Treibstoffanalysen werden auch Schmiermittel, Motorenöle und ähnliche Stoffe mit Flammenmethoden untersucht. Die Schmier- und Korrosionseigenschaften solcher Frischöle lassen sich aus ihrer Zusammensetzung weitgehend voraussagen. Die Anwesenheit von verschiedenen Metallen in Schmierölen beeinflußt nämlich ganz wesentlich die Korrosion des mit dem Öl zusammenkommenden Metalls. Spektrochemische Untersuchungen an korrodierten Stählen geben einen Hinweis für den Mechanismus dieser Korrosionserscheinungen. Aus den metallischen Beimengungen in gebrauchten Ölen sieht

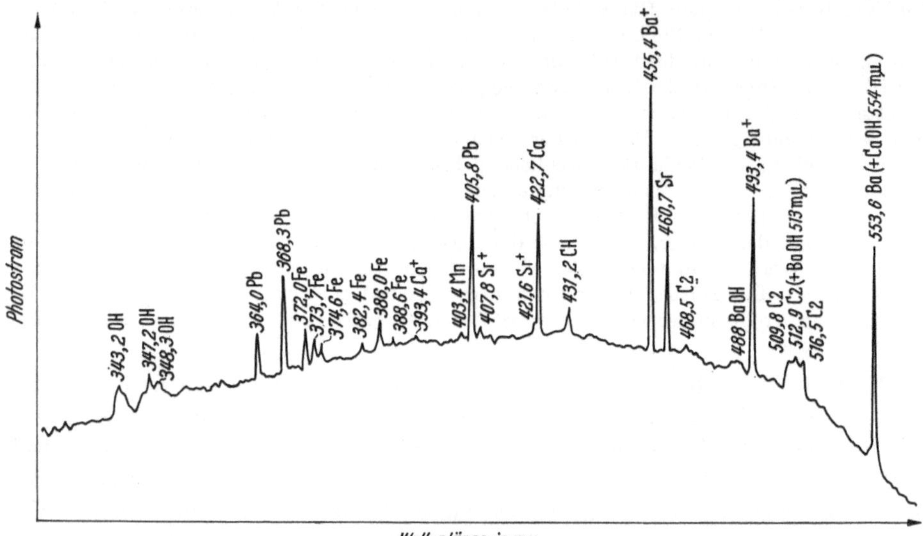

Abb. 61. Flammenspektrum beim Zerstäuben eines (vorher verdünnten) alten Motorenöls. Man sieht, abgesehen vom Flammenuntergrund mit einigen Flammenbanden, eine Reihe von Linien und Banden von Verunreinigungen im Öl, die Rückschlüsse auf die Herkunft und Güte des Motorenöls sowie auf die im Betrieb vorkommenden Korrosionserscheinungen zulassen (nach [*311*])

man, welche Metalle einer Legierung von dem Öl nicht angegriffen werden. Daraus ergeben sich wieder Gesichtspunkte für die Verbesserung der bekannten Ölsorten. Beispielsweise fördern in Ölen vorhandene Kupfersalze die Oxydation und führen zur Schlammbildung. Die Abb. 61 zeigt als Beispiel eine flammenspektrophotometrisch aufgenommene Registrierkurve eines Schmieröls.

Bezüglich des methodischen Vorgehens bei solchen Öluntersuchungen gilt sinngemäß das gleiche wie oben für die Treibstoffanalysen ausgeführt wurde. Einige Anwendungsbeispiele seien referiert:

Es wurden spezielle Methoden zur Ca-Analyse in Schmierölen entwickelt. Dazu wird das Öl vorher mit Benzin verdünnt.

Manche Beimengungen in Rohölen wie Eisen und Nickel zerstören gewisse für die Ölaufbereitung benutzte Katalysatoren. Diese Metalle müssen, falls man sie mit der Flammenmethode findet, vor der Aufbereitung entfernt werden [*265*]. Beimengungen von Natrium in Ölen von Dampfmaschinen geben einen Hinweis für etwa vorhandene Undichtigkeiten vom Kühlwasser her usw. — In Rückständen von Kompressorenölen interessiert Eisen, Nickel, Chrom, Blei, Kupfer, Magnesium und Mangan [*302*].

Da für die Synthese von Treibstoffen Kohle als Ausgangsprodukt dient, interessieren in diesem Zusammenhang auch die in den Kohlensorten vorhandenen Elemente. Wir kommen darauf im folgenden Kapitel zurück.

Auf folgende weitere Literatur zu Treibstoff- und Öluntersuchungen sei verwiesen: *75, 168, 265, 300, 302, 307a, 402, 403, 412, 481, 496, 661a.*

124. Hüttenindustrie, Metall- und Schlackenuntersuchungen

Obwohl die hier zu untersuchenden Materialien meist fest sind und daher häufig direkt mit dem Funken oder Bogen spektrochemisch untersucht werden, können bei speziellen Fragestellungen Flammenmethoden wesentliche Hilfen leisten. Untersucht werden z. B. die Ausgangsmaterialien wie Erze (z. B. Kupferkies, Bauxit), Zuschläge (z. B. $CaCO_3$), Zwischenprodukte (z. B. Roheisen, Rohkupfer, Handelszink), Endprodukte (z. B. legierte Stähle, Al-Mg-Legierungen, Messing, Bronze usw.) und die Abfallprodukte wie Schlacken. Diese Schlacken können bei geeigneter Zusammensetzung wieder Ausgangsmaterial für weitere Industriezweige (z. B. Zementindustrie, Thomasmehlherstellung) sein. Dazu kommen dann noch Untersuchungen an Brennstoffaschen [*635*], an Abgasen, an Abwässern (s. Kap. 116) usw.

Aus der chemischen Zusammensetzung der in den einzelnen Lagerstätten vorkommenden Erze und der Nebengesteine kann man Voraussagen über die Abbauwürdigkeit (Wirtschaftlichkeit), über die Eigenschaften des später daraus erzeugten Rohmetalles, über die zweckmäßigsten Aufbearbeitungsverfahren (z. B. Flotation) und über die Weiterleitung der Fertigung (z. B. Röstung, Verhüttung mit geeigneten Beischlägen, Elektrolyse) bis zum Gebrauchsmetall gewinnen. Von den jeweiligen Beimengungen an Fremdelementen hängen die physikalischen und chemischen Eigenschaften (Schmelzpunkt, Dichte, Zugfestigkeit, Härte, Elastizität, Korrosionsbeständigkeit) dieser Zwischen- und Endprodukte ab. Abgesehen von diesen chemisch beeinflußbaren Materialeigenschaften ist in gewissen Grenzen noch eine weitere Steuerung dieser Eigenschaften durch Vergütung (Temperaturbehandlung, mechanische Behandlung, Alterung) möglich, die, vom flammenphotometrischen Standpunkt aus gesehen, weniger interessiert. Naturgemäß gibt es hier verschiedene Querverbindungen zur Mineralogie und Geologie (Kap. 119) und zu allen metall- und schlackenverarbeitenden Industriezweigen.

Von diesen zahlreichen Anwendungsmöglichkeiten der schnell und genau arbeitenden Flammenmethoden bei solchen Untersuchungen wollen wir im folgenden einige referieren.

In Gußeisen wird normalerweise C, Si, Mn, P, S und Ti chemisch oder spektrochemisch mit dem Funken bestimmt. Mit Flammenmethoden werden mitunter zusätzlich noch Calcium, Magnesium, Natrium und Lithium analysiert. Nach einer dazu ausgearbeiteten Vorschrift [*435*] wird das Metall zunächst in Salzsäure aufgelöst, die unlöslichen Bestandteile werden durch Filtration entfernt. Aus der Lösung wird der größte Teil des Eisens mit Hilfe von Äther extrahiert. Nach einer weiteren Behandlung zur Entfernung von Ätherresten und unlöslichen Bestandteilen wird die wäßrige Lösung direkt in einem Flammenspektrophotometer untersucht und mit passenden Vergleichslösungen geeicht.

In dem eben genannten Beispiel wurde das unerwünschte Eisen durch Extraktion entfernt. Umgekehrt kann man die gute Löslichkeit von Eisen in manchen Lösungsmitteln dazu ausnutzen, um es anzureichern, wenn es selbst in nur kleinen Konzentrationen eines anderen Metalles vorkommt. Ein Beispiel dafür ist die Eisenbestimmung in Aluminiumlegierungen [*208*]. Hier nutzt man mit Vorteil die Tatsache aus, daß sich Eisen in einer in Lösung gebrachten Legierung in Acetylaceton besser löst als die übrigen Bestandteile der Legierung. Man schaltet dadurch manche unerwünschten gegenseitigen Beeinflussungen aus. Außerdem tragen die brennbaren organischen Extraktionsmittel zur Flammengröße und zur Flammenenergie bei. Im genannten Beispiel kann man Eisenbestimmungen bei gleichzeitiger Anwesenheit großer Mengen von Mg, Ca und Al durchführen. Es interessiert aber nicht nur der Eisengehalt in Aluminiumlegierungen, sondern z. B. auch der Na-Gehalt. Dafür wurden spezielle Methoden entwickelt [*161*]. Man löst das Metall in einer Mischung aus Salz- und Salpetersäure auf, fügt Lithiumchlorid als Leitsubstanz zu und verdünnt mit destilliertem Wasser und Methylalkohol.

Weiterhin wurden Methoden zur Bestimmung des Lithiumgehaltes in Magnesium-Lithium-Aluminium-Verbindungen ausgearbeitet [*679*]. Das Metall wird zur Bestimmung in HCl aufgelöst, passend verdünnt und bei der Li-Linie 671 mμ die Intensität gemessen. Es muß der Störeinfluß von Mg auf Li und von Al auf Li berücksichtigt werden. Umgekehrt wurden Methoden ausgearbeitet, um den restlichen Na- und K-Gehalt in gereinigtem Lithiummetall zu bestimmen [*380*].

Man kann den Kupfergehalt in handelsüblichen Legierungen bestimmen. Dabei wird mitunter nachträglich Silbersalzlösung in bestimmter Menge zugegeben, um die Silberlinie 328,0 mμ als Leitlinie verwenden zu können [*207*]. — Da bei komplizierter zusammengesetzten Kupfer-Zinklegierungen mit Zusätzen an Blei, Mangan, Nickel und ähnlichen Metallen Störungen durch Lösungspartner Schwierigkeiten bereiten, fährt man hier mit absorptionsflammenphotometrischen Methoden günstiger [*353*].

In Hochofenschlacken interessiert z. B. der Ca- und der Mg-Gehalt. Durch Zusätze von $SrCl_2$-Lösungen kann man verschiedene Störeinflüsse, z. B. die von Kieselsäure auf Ca, erheblich mildern [*59*]. Zur Unterdrückung des Restfehlers wird die Kieselsäure entweder zuvor mit Flußsäure abgeraucht oder abfiltriert, oder man läßt sie in der Lösung, und der Resteinfluß wird durch eine Korrektur berücksichtigt, was gerade bei den Schlackenuntersuchungen empfehlenswert ist.

Auf folgende weitere Literatur sei verwiesen:

Hüttenindustrie: *59, 126, 156, 161, 167, 179, 210, 212, 213, 231, 239.*

Metallindustrie: *41a, 161, 268, 280a, 322, 324, 327, 367, 379, 435, 485, 487, 506, 512, 561, 679, 699, 725, 733, 743.*

Schlackenuntersuchungen: *379, 388, 515, 583, 677, 692, 715.*

125. Kriminalistik

In der Kriminalistik kommt es häufig darauf an, die Identität von am Tatort gefundenen Substanzen, Spuren von Werkzeugen, Waffen u. ä. mit anderen Substanzen und Gegenständen, die beim Tatverdächtigen gefunden wurden, nachzuweisen. Oft geht es umgekehrt auch darum, die Herkunft von Farbstoffspuren, Ölresten u. ä. in der Kleidung des um ein Alibi bemühten Untersuchungshäftlings aufzuklären. Hierdurch kann oft der objektive Beweis über die Herkunft von verdächtigen Spuren bei der Aufklärung eines Brandes, eines Verkehrsunfalles o. ä. erbracht werden. Hierfür sind spektrochemische Verfahren neben Mikrophotographien, Röntgenmethoden, Gas-Chromatographien u. ä. wegen ihres geringen Materialbedarfs wie geschaffen. Für die Analyse der Alkalien und Erdalkalien, mitunter auch noch einiger anderer Metalle, werden gern Flammenmethoden herangezogen. — Bei Giftmordprozessen gilt es, die Todesursache einwandfrei festzustellen. Hierbei können flammenspektrographische Thallium- bzw. Bleianalysen, gegebenenfalls nach vorangegangener Anreicherung, nützlich sein. Über ein etwas anders gelagertes Beispiel sei referiert:

Ein großer Teil des Rauschgiftschmuggels befaßt sich mit Opium. Opium interessiert nicht nur als solches, sondern ist gleichzeitig noch Grundlage für manche anderen Präparate. Um den illegalen, internationalen Warenaustausch mit Opium zu kontrollieren, muß die geographische Herkunft des Materials ermittelt werden. Erst dann kann man den unerlaubten Handel an der Quelle abstoppen. Man hat dazu die chemischen und physikalischen Eigenschaften des Opiums aller Herkunftsländer eingehend untersucht und hat dabei auch flammenphotometrische Bestimmungen der Asche durchgeführt. Aus der Zusammensetzung der Asche kann man nun nach diesen Erfahrungen auf das Herkunftsland des Opiums rückschließen [*91*].

Anhang

Tabelle 13

Verzeichnis von Flammenlinien und -Banden zwischen 200—1000 mμ alphabetisch nach dem Symbol der Elemente geordnet

Dieses wesentlich erweiterte Verzeichnis geht einerseits auf die in der ersten Auflage genannten Quellen [z. B. *8, 29, 33, 37, 546*], andererseits auf die im Anhang wiedergegebenen Registrierkurven sowie auf neue vergleichende Untersuchungen von Herrn PAUL T. GILBERT in Firma Beckman, Fullerton/Calif. zurück. Diese letztgenannten Untersuchungen sind nur z. T. veröffentlicht [*307, 307a*]. Andere wesentliche Teile davon verdanken wir persönlichen Mitteilungen von Herrn G. Dieser hat seine eigenen Untersuchungen in verschiedenen Flammen (vgl. hierzu auch die Registrierkurven am Schluß dieses Buches) denen früherer Arbeiten (Literaturzusammenstellung, dazu siehe z. B. [*307* und *307a*]) und neueren Veröffentlichungen [z. B. *41c*[1]] gegenübergestellt. In das vorliegende Verzeichnis wurden nur solche Linien und Banden aufgenommen, deren Auftreten in verschiedenen Flammen als einigermaßen gesichert angesehen werden darf. Wir haben Herrn G. für die kritische Durchsicht unseres ersten Entwurfes zu diesem Verzeichnis zu danken. Es ist der Stand unseres Wissens auf diesem Gebiet von Anfang Juli 1960 wiedergegeben.

Unter jedem Element-Symbol stehen, sofern in Flammen anregbar, an erster Stelle die Linien, geordnet nach der Wellenlänge (Einheit: mμ bzw. nm), dann folgen, wieder geordnet nach der Wellenlänge, die hervorstechendsten Bandenköpfe. Die stärksten Analysenlinien bzw. Banden sind in Kursiv ausgezeichnet. Das gleiche Verzeichnis, nur nach Wellenlängen geordnet, folgt in Tab. 14. Relative Intensitätsangaben zu diesen Linien und Banden in den verschiedenen Flammen konnten aus verschiedenen Gründen hier schwer untergebracht werden. Wir verweisen in diesem Zusammenhang auf die Tab. 10 in Kap. 90, wo die dort angegebenen Nachweisgrenzen reziprok zur relativen Intensität angesetzt werden dürfen. Einen ersten Anhaltspunkt für die Intensitäten der Linien und Banden relativ zueinander geben die im Anhang wiedergegebenen Registrierkurven. Zur Einsparung von Raum haben wir über die z. T. noch unklare physikalisch-chemische Herkunft der einzelnen Linien und Banden keine Angaben gemacht. Wir verweisen dazu wieder auf die Registrierkurven am Schluß bzw. auf spezielle Veröffentlichungen [z. B. *307, 307a*].

Es ist schwer, in solch einer Tabelle die Banden unterzubringen. Einmal ist das Auftreten und gegebenenfalls die Intensität der Banden sehr von der Zusammensetzung der Flammengase, von der Flammentemperatur und von den in die Flamme hineingebrachten Elementen und Begleitstoffen abhängig. Zum andern ist die Form und damit die maximale Intensität solcher Banden verschieden, je nach der Dispersion und den spektralen Empfindlichkeitseigenschaften des gerade benutzten Gerätes und den jeweils eingestellten Spaltbreiten. Wir mußten uns daher auf einige wenige häufiger auftretende charakteristische Bandenköpfe beschränken. Das Auftreten hier nicht verzeichneter Banden oder umgekehrt das Fehlen hier verzeichneter Bandenköpfe darf also nicht diesem Verzeichnis zur Last gelegt werden.

Folgende Abkürzungen wurden benutzt:

* Diese Linie bzw. Bande tritt vornehmlich nur in den heißeren (Dicyan-)Flammen auf.

K Es handelt sich um eine kontinuierliche Strahlung oder um eine wenig gegliederte breite Bande, von der nur eine für eine etwaige Messung günstige Wellenlänge angegeben wurde.

( ) Sehr schwache Linie oder Bande bzw. zweifelhafte Angabe.

---

[1] Bei der Korrektur konnten noch die inzwischen erschienenen Ergebnisse von T. C. RAINS, H. P. HOUSE and O. MENIS: Flame spectra of Sc, Y and rare-earth elements. Anal. Chim. Acta **22**, 315 (1960) berücksichtigt werden.

Ag
328,07
338,29

Al
308,22
394,40
396,15

Banden:
350 K
375 K
400 K
435,3
437,4
439,4
447,1
449,4
451,6
453,8
455,8
457,6
464,8
467,2
469,5
471,6
473,6
475,4
484,2
486,6
488,8
507,9
510,2
512,3
514,3
516,1
517,7
519,1
533,7
535,8
537,7
539,5
541,1
542,4

As
228,81
234,98
238,12
245,65
249,29
278,02

Banden:
243,73
243,85
250,36
250,47
256,97
257,09
310,6
310,7
317,1
317,2
320,8
320,9
327,7
327,8
327,9
500 K

Au
242,80
267,60

B

Banden:
345 K
408
418
437
447,6
453
454
471,5
472
493
495
496
518
547
547,6
579
603
620
639
670 K
682
721
775
882

Ba
455,40
493,41
553,56
577,77
597,17
597,28
599,71
601,95
606,31
611,08
614,17
645,09
648,29
649,69
649,88
652,73
659,53
706,00

Banden:
350 K
452,4
453,8
457,9
462,1
463,7
466,4
468,0
472,3
474,1
478,4
483,0
485,1
488
495,1
496,5
500,1
501,2
502
506,6
508,7
513
513,8
516,7
521,5
524
524,4
532,1
535,0
536,7
542,0
545,5
549,3
551,0
560,2
564,4
565,9
567,3
570,1
575,8
580,5
586,5
588,7
597,6
604,0
610,2
611,1
616,5
622,5
629,1
642,3
649,3
656,3
678,3
685,7
693,1
709,7
745
830
873

Be
234,86*
265,05*

Banden:
442,7
445,2
447,5
449,6
451,6
453,6
455,3
470,9
473,3
475,5
477,6
479,5
481,2
482,8
505,4
507,6
509,5
511,2
512,8
514,2

Bi
206,17
211,03
222,83
223,06
227,66
240,09
252,45
262,79
289,80
306,77
472,26

Banden:
350 K
439,4
442,4
454,2
461,9
500 K
530 K
556,4
574
603,7

C
247,86

Banden:
232,2
335,9*
343,3*
386,2*
387,1*
388,3*
416,8*
418,1*
419,7*
421,6*
431,3
436,5*
467,9
468,5
516,5
558,5
650*
711*
728*
789*
808*
917*
1095*

Ca
393,37
396,85
422,67
(428,30)
(430,25)
431,87
443,50
443,57
445,48
445,59

Banden:
544
554
572
602
622
644
824
872
923
981

Cd
228,80
326,11

Kontinuum:
400
500

Ce

Banden:
461,4
462,1
463,0
463,8
468,4
569,4
470,4
479,2
479,9
480,7
481,5
482,2
486,3
490,2
494

Co
227,65
228,78
229,52
229,61
229,67
230,40
230,42
230,90
231,67
232,31
233,60
233,87
234,62
235,29
235,56
235,82
235,87
236,51
236,97
237,19
238,05
238,49
239,20
240,22
240,73
241,16
241,45
241,53
241,93
242,17
242,49
242,92
243,22
243,67
243,90*
245,62
246,08
246,45
246,77
247,03
247,41
247,66
248,36
249,54
250,45
250,69
251,10
251,78
251,79
252,14
252,9
253,01
253,22
253,60
254,43
254,83
255,30
255,68
256,13
256,73
257,22
257,35
259,06
262,24
265,03
267,98
268,53
269,58
276,14
276,42
276,64
277,50
298,72
298,96
300,05
301,36
301,75
303,44
304,25
304,40
304,89
307,23
308,26
308,68
308,96
312,14
313,73
313,99
314,71
315,88
321,92
323,70
333,34
333,41
333,72
335,44
336,71
337,03
338,52
338,82
339,54
340,51
340,92
341,23
341,26
341,72
343.16
343,30
344,29
344,36
344,92
344,94
345,35
345,52
346,28
346,58
347,40
348,34
348,94
349,07
349,13
349,57
350,23
350,63
350,98
351,26
351,35
351,83
(352,01)
352,16
352,34
352,68
352,90
352,94
352,98
353,34
354,33
355,06
355,27
356,09
356,50
356,94
357,50
357,54
358,48
358,52
358,72
359,49
360,21
360,54
362,50
362,78
363,14
364,77
365,25
365,70
368,25
368,31
369,31*
370,41
370,88
373,24
374,55
374,99
380,81
381,63
384,21
384,55
385,10
386,12
387,31
387,40
387,68
388,19
389,41
389,50
390,63
390,99
392,28
393,60
394,09
394,17
394,53
395,29
395,79
397,47
397,87
397,95
398,71
399,17
399,53
399,79
401,09
402,09
402,70
404,54
405,72

405,82
406,64
407,61
408,26
408,63
409,24
411,05
411,88
_412,13_
413,22
419,07
419,84
420,76
423,40
425,23
426,80
428,58
430,32
458,01
472,79
548,33

Banden:
_540_ K
563,5

Cr

298,86*
301,5*
301,8*
302,1*
302,2*
302,44*
_357,87_
_359,35_
_360,53_
363,66*
374,90*
388,68*
390,29*
390,88*
391,92*
398,39*
_425,43_
_427,48_
_428,97_
429,58*
429,70*
429,77
429,97*
430,75*
432,06
432,12
432,16
433,76*
433,94*
434,45
435,18
435,96*
437,13*
449,69*
454,60*
464,62*
_520,45_
_520,60_
_520,84_
524,76*
526,42
529,83*
534,58*
540,98*

Banden:
301,5*
429,8*
432,1*
516,8
522,9
529,3
_535,6_
_541,7_
_556,4_
_562,3_
_579,4_
585,2
_605,2_
639,4
_685_
850,0

Cs

387,64
388,86
_455,54_
_459,32_
525,7
534,0
535,0
(540,6)
541,4
546,59
550,3
556,67
(557,4)
563,52
566,38
(574,6)
(580,3)
583,9
584,47
601,03
603,41
621,29
621,7
635,4
672,33
801,6
807,9
_852,11_
876,14
_894,35_

Cu

_324,75_
_327,40_
_510,55_
570,02
578,21

Banden:
400,5
_428,0_
432,8
440,9
464,8
493
505
_524_
530
_537_
605

Dy

418,68
421,17

Banden:
430
442
453,6
455,5
457,4
457,9
459,8
478
513,4
514,3
_515,8_
519,5
524,7
_526,3_
527,4
528,5
529,9
531,2
533,3
534,8
_540,0_
542,0
545,5
549,3
569,5
_570,6_
572,9
_583,3_
586,8
600,7
603,0
605,7
609,1
612

Er

Banden:
_500_
504
515
_546_
552
560
_565_
566
_601_

Eu

_412,97_
_420,50_
_443,56_
_459,40_
_462,72_
_466,19_
564,58
576,52
601,82

Banden:
474
520
553
571
_594_
598
623
648
_655_
684
_702_

Fe

238,20*
239,56*
248,3
248,8
249,1
252,3
252,7
272,1
293,69*
294,13*
294,79*
295,39*
295,74*
296,53
_296,69_
297,01
_297,32_
298,14*
_298,36_
_299,44_
_300,10_
300,81
_302,06_
302,58
303,74
_304,76_
305,74*
305,91
_344,06_
344,39*
346,59
347,55
347,67
349,06
349,78
351,38
352,13
352,60
355,85
356,54
357,01
_358,12_
358,70
360,89
361,88
363,15
364,78
367,99
368,31
368,74
370,56
370,92
_371,99_
372,26
372,76
373,33
_373,49_
_373,71_
374,3
_374,56_
_374,83_
_374,95_
375,82
376,38
376,72
378,79
379,50
379,85
379,95
381,30
381,58
_382,04_
_382,44_
382,59
383,42
384,04
384,11
385,00
385,64
_385,99_
386,55
387,25
387,86
_388,63_
389,57
_389,97_
390,65
_392,03_
_392,29_
_392,79_
_393,03_
396,93*
400,52*
_404,58_
406,36
407,17
414,39
421,62
425,08*
426,05*
427,18
429,41
430,79
432,58
437,59
_438,35_
440,48
441,51*
442,73
446,17
448,22
511,04
516,75
_526,95_
_532,81_
537,15
540,58
542,97

Banden:
447,8
454,4
460,4
465,9
473,0
492,9
529,0
538,2
543,0
553,1
_558,3_
_561,4_
_564,7_
567,9
_579,0_
_581,9_
_586,8_
597,5
608,5
_609,7_
_618,1_
_621,9_
811

Ga

287,42
294,36
_294,42_
_403,30_
_417,21_

Gd

Banden:
446,3
_448,1_
449,9
_461,6_
463,3
465,2
467,0
471,7
472,6
473,6
475,7
479,9
_481,7_
483,5
485,4
_489,2_
491,0
492,8
509,9
511,7
513,4
525,4
527,5
529,2
531,1
532,6
534,1
535,2
539,9
541,0
542,1
_543,5_
544,6
545,4
546,5
547,5
548,8
563,2
565,3
566,3
_568,1_
569,9
571,5
573,5
575,5
577,0
578,6
_580,7_
581,9
584,7
586,6
591,1
_592,8_
595,0
596,4
598,7
_601_
605,4
609
612
614
618,3
_620,1_
622
624,3
626,5

Ge

249,80
259,25
265,12
265,16
269,13
270,96
275,46
303,91
326,95

H

Banden
von H_2O:
891,6
927,7
938
973

Hg

_253,65_

Ho

Banden:
510,5
_512_
515,7
_526_
527
532,0
556,4
_559_
565,9
569,6
572,8
585,0

In

271,03
275,39
293,26
_303,94_
_325,61_
325,86
_410,18_
_451,13_

Banden:
412,64
413,48
414,25
415,49
416,53
422,41
423,32
424,38
425,76
427,03
428,3
430,15

J

Banden:
435,6
448,8
458,7
_469,4_
_484,5_
_496,4_
_513,1_
_520,9_
_530,8_
549,5
_553,3_
_573,0_

K
299,22
303,48
310,20
310,22
321,70
321,75
344,67
344,77
404,41
404,72
464,16
464,22
474,15
474,43
475,45
475,73
478,69
479,11
480,02
480,52
484,99
485,60
486,36
486,97
494,20
495,08
495,60
496,50
508,42
509,71
509,92
511,22
532,32
533,97
534,30
535,95
578,26
580,20
581,25
583,21
691,13
693,90
696,42
696,47
766,49
769,90
850,35
850,42
890,22
890,40
959,56
959,78
1102,23
1169,02
1177,30
1243,43
1252,30

La
Banden:
354,5
355,3
355,9
356,6
360,4
360,8
361,1
361,5
361,9
362,3
435,6
437,2
437,6
438,0
438,4
441,8
442,3
442,8
443,3
443,8
444,3
444,8
445,3
454,0
458,1
458,5
458,9
459,4
459,8
517,9
520,3
522,8
525,2
527,8
530,2
532,8
535,3
538,0
540,6
543,1
545,7
548,2
550,8
553,4
556,0
558,7
560,0
562,6
565,2
567,9
570,5
573,2
586,6
589,3
592,1
594,8
597,6
600,4
603,1
699,4
701,1
702,4
704,1
705,5
707,1
708,5
710,1
711,6
713,2
716,3
717,9
719,4
738,0
740,4
743,4
746,5
749,7
752,8
756,0
759,2
762,5
787,7
791,1
794,5
798,0
801,5
805,0
808,6
812,2
815,9
845,4
849,0
852,7
856,4
860,1
863,8

Li
323,26
379,47
391,50
413,22
427,33
460,29
497,20
610,36
670,78
812,65

Lu
Banden:
409,5
450,9
453,3
456,1
457,5
466,2
467,2
468,4
469,6
470,8
472,1
473,5
474,9
476,4
478,0
(510,0)
517,0
518,5
520,0
521,5
(523,5)
(540,5)
597,1
599,3
601,4
668,8
674,9
681,0

Mg
277,67
277,83
277,98
278,14
278,30
279,55
280,27
285,21
332,99
333,22
333,67
382,94
383,23
383,83
457,12
516,73*
517,27
518,36

Banden:
362,4
370,2
371,9
372,9
376,7
378,4
379,1
380,7
381,4
382,3
383,4
384,6
387,7
391,2
496,2
497,4
498,6
499,7
500,7
520,6

Mn
257,61*
259,37*
260,57*
279,48
279,83
280,11
403,08
403,31
403,45
404,14*
404,88*
405,55*
407,93*
408,3*
423,52*
445,1*
445,16*
446,20*
460,54
475,40*
476,24*
478,34*
482,35*
539,5
543,3

Banden:
497,6
501,3
505,1
515,8
519,2
522,9
526,7
535,9
538,9
542,4
558,6
561,0
586,0
588,1
615,5
617,6
620,3
810
855

Mo
313,3
315,8
317,0
319,4
320,9
379,83
386,41
390,30

Banden:
550 K
600 K

N
Banden (CN):
335,9
343,3
358,4
386,2
387,1
388,3
416,8
418,1
419,7
421,6
650
711
728
789
808
917
1095

Banden (NH):
336,0
337,0*

Banden (NO):
214,91*
215,49
223,94
224,54*
226,28*
226,94*
*236,33**
237,02
244,00
244,70
247,11*
247,87
255,00
255,90*
258,75*
259,57*
271,3*

Na
330,23
330,30
439,01
439,34
449,43
449,77
454,17
554,52
466,49
466,86
474,80
475,19
497,86
498,28
514,91
515,36
568,27
568,82
589,00
589,59
615,42
616,08
818,33
819,48

Nb
(353,53)

Banden:
450 K
550 K

Nd
Banden:
441,4
451,1
462,0
463,0
464,5
476,9
483
488
495,9
497,6
513,8
525,0
531,4
533,5
550
568,0
572,6
597,1
599,1
600,2
601,0
613
618
621,9
628
635,2
636,9
638,6
642,5
650
654
658,0
659,8
662,5
665
691
695
699,5
703
710
712
715
723
741,5
763
785
830

Ni
299,45
300,25
300,36
301,20
303,79
305,08
305,43*
305,76
306,46
310,16*
310,19
313,41
323,30
324,31
331,57
332,03
332,23
336,16
336,58
336,62
336,96
337,20
337,42
338,06
339,11
339,30
340,96
341,48
342,37
343,36
343,73
344,63
345,29
345,85
346,17
347,25
348,38
349,30
350,09
351,03
351,51
351,98
352,45
354,82
356,18
356,64
357,19
358,79
359,77
360,23
361,05
361,27
361,94
362,47
366,41
367,04
367,41
372,25
373,68
377,56
378,35
380,71
383,17
385,83
397,36

Banden:
475,1
487,7
489,0
493,9
500,7
502,4
517,4
520 K
600 K

O
Banden (OH):
260,85
262,21
281,13
282,90
287,53
289,27
294,52
302,12
306,36
306,72
308,9
312,64
342,81
343,21
347,21

P
Banden:
228,82
229,49
230,17
230,69
231,37
232,06
236,73
237,52
238,35
238,79
239,63
245,46
246,42
247,79
251,87
252,94
254,04
255,50
259,57

Pb
217,00
223,74
224,69
233,24
239,38
240,19
241,17
244,38
244,62
247,64
257,73
261,42
266,32
280,20
283,31
357,27
363,96
368,35
373,99
405,78

Pd
244,79
247,64
276,31
324,27
325,88
328,72
330,21
337,30
340,46
342,12
343,34
344,14
346,08
348,12
351,69
355,31
357,12
360,95
363,47
369,03
371,89
379,92
383,23
389,42
395,86
421,30

Kontinuum:
500 K

Pm
Banden:
640
680

Pr
438
452
460
467
473
482
492
502
513
515,7
530
535,2
536,7
538,2
539,8
541,4
559,7
561,2
562,8
564,5
566,2
567,5
569,1
570,5
572,0
573,0
574,9
576,3
577,7
579,1
592
595,0
602,0
603,8
610,2
613,8
618
626,7
629,8
636,3
639
647,6
649,5
655
664
672
681,8
688,7
692,8
709,5
732,1
737,6
745
749
766,2
788,5
791,5
800,0
805,5
823
851
930

Pt
265,95
306,47

Ra
381,44
468,23
482,59

Banden:
440,5
459,2
471,8
475,0
520
602
621,0
624,7
626,9
628,5
632,9
634,9
665,3

Rb
334,87
358,71
359,16
420,19
421,56
543,15
564,81
572,44
607,08
620,63
629,83
761,89
775,77
780,02
794,76

Re
488,92
527,55

Rh
327,16
328,06
328,36
332,31
333,85
334,42
335,99
336,22
336,84
337,23
339,68
339,97
341,23
343,49
345,52
346,20
347,07
347,48
347,89
349,87
350,25
350,73
352,80
353,81
354,39
354,95
357,02
358,31
359,62
359,71
361,25
362,66
363,95
365,80
366,62
369,07
369,24
370,09
371,30
373,53
374,82
376,51
378,85
379,32
379,93
380,68
381,82
382,23
382,85
383,39
385,65
387,73
391,28
392,22
393,42
394,27
395,89
408,28
412,17
412,89
413,53
419,65
421,11
428,87
437,48
452,87
467,50
474,51

Bande:
542,5

Ru
342,83
343,67
349,89
358,92
359,30
359,62
363,49
366,14
371,93
372,69
372,80
373,04
374,23
376,00
378,61
379,05
379,81
379,89
379,93
392,59
393,18
408,06
411,27
419,76
419,89
419,99
420,60
455,45
458,44
569,90

Sb
206,84
212,75
213,98
214,50
217,59
217,93
220,85
222,08
222,49
231,15
244,55
252,85
259,81
276,99

Bande:
256,5
257,4

Sc
Banden:
450,3
453,7
457,1
460,7
467,3
470,7
474,2
485,8
489,3
509,7
513,4
517,1
535,8
539,6
543,5
572,5
573,7
576,4
577,3
581,2
584,9
588,7
592,8
596,8
601,7
603,6
606,4
607,3
607,9
611,0
615,4
619,3
623
640,8
644,6
647
650
657

Si
Banden:
241,4
248,7
256,4
258,7
266,9

Sm
484,17
488,40

Banden:
472,0
582,0
587
595
603
609
614
624
635
638
642
650,5
652,5
655,5
657,5
668
683

Sn
211,39
214,87
215,25
219,45
219,93
220,97
223,17
224,61
226,89
228,67
231,72
233,48
235,48
238,07
240,82
242,17
242,95
248,34
249,57
254,66
257,16
259,44
266,12
270,65
276,18
277,98
278,50
281,36
284,00
285,06
286,33
300,91
303,41
317,50
326,23
333,06
380,10
452,47

Banden:
320,6
323,0
326,2
329,2
332,3
334,5
335,1
337,5
338,2
338,8
340,7
341,6
344,5
348,5
351,3
353,0
354,2
357,5
358,5
361,5
367,8
369,1
372,1
375,2
377,9
380,3
381,7
383,3
386,3
386,5
387,8
388,4
389,9
392,0
395,1
397,9
398,4
401,9
402,6
407,9
410,9
412,2
414,4
417,4
421,8
424,0
426,2
430,3
434,3
436,5
437,9
441,1
442,9
445,2
449,9
452,2
454,1
457,0
459,1
461,2
463,4
466,1
485

496
516
563

Sr
407,77
421,55
460,73
481,19
483,21
487,63
496,23
550,42
552,18

Banden:
595
597
605
645
659
666
680
704

Tb
Banden:
461
534
542
544
563,9
573
592

598,0
608,0
635

Te
238,32
238,58

Banden:
334,6
338,3
342,2
346,4
351,6
356,1
360,7
366,2
371,1
376,8
382,0
387,9
393,4
395,2
401,0
406,0
407,5
412,5
413,6
418,5
420,5
426,8
431,8
434,3
438,3

440,8
446,0
448,7
455,6
464,0
469,9
471,1
477,4
480,2
486,3
494,1
503,5
511,8
513,9
528,0
550,4
566,8

Ti
Banden:
480,5
484,8
495,5
500,3
516,7
544,9
575,9
673
715

Tl
276,79
291,83
322,98

351,92
352,94
377,57
535,05

Tm
409,42
410,58
418,76
420,37

Banden:
483,0
491
523
534,7
538
541,5
553

U
Kontinu-
um
550

V
304,34*
304,4
305,1
305,22*
305,36*
305,63*
306,05*

306,64*
307,38*
309,31*
310,23*
311,07*
311,84*
312,11*
312,53*
313,03*
313,33*
318,3*
318,4
318,5*
319,07*
319,39*
319,80*
320,24*
320,74*
326,32*
326,77*
327,11*
327,61*
433,0*
433,2*
433,3*
434,10*
435,29*
437,92*
438,47*
439,00*
439,52*
440,06*
440,7
440,8*

444,17*
444,42*
446,03*
459,41*
482,7*
483,0*
483,2*
485,15*
486,47*
487,55*
488,16*
570,2*

Banden:
501,0
505,8
522,9
527,6
547,0
551,7
573,7
608,7
710
747
800

Y
Banden:
465,0
467,6
470,7
481,8
484,2

505,0
507,8
573,0
574,7
576,4
585,9
587,6
597,2
598,8
600,4
602,0
613,2
614,8
616,5

Yb
328,94
328,98
346,44
369,42
398,80
555,65

Banden:
388,0
415
419
444,2
447,6
451,8
457,4
459,0
471,7
473,7

474,8
475,8
477,8
485,0
498,1
517,4
532,5
544,3
555
572,5
587
602

Zn
213,86
268,42
271,25
307,59
328,23
334,50
334,56
334,59
472,22
481,05

Kontinu-
um:
520

Zr
Banden:
564
574

Tabelle 14

Verzeichnis von Flammenlinien und -Banden der vorhergehenden Tabelle 13, diesmal nur nach Wellenlängen geordnet

Gleiche Bezeichnungen und Einheiten wie in der vorangegangenen Tabelle. Ein b hinter der Zahl bedeutet Bande bzw. Bandenkopf, ein k eine charakteristische Stelle eines Kontinuums.

206,17 Bi	222,08 Sb	228,82 b P	233,60 Co	238,12 As	241,45 Co
206,84 Sb	222,49 Sb	229,49 b P	233,87 Co	238,20 Fe*	241,53 Co
211,03 Bi	222,83 Bi	229,52 Co	234,62 Co	238,32 Te	241,93 Co
211,39 Sn	223,06 Bi	229,61 Co	234,86 Be*	238,35 b P	242,17 Co
212,75 Sb	223,17 Sn	229,67 Co	*234,98 As*	238,49 Co	242,17 Sn
213,86 Zn	223,74 Pb	230,17 b P	235,29 Co	238,58 Te	242,49 Co
213,98 Sb	223,94 b NO	230,40 Co	235,48 Sn	238,79 b P	*242,80 Au*
214,50 Sb	224,54 b NO	230,42 Co	235,56 Co	239,20 Co	242,92 Co
214,87 Sn	224,61 Sn	230,69 b P	235,82 Co	239,38 Pb	242,95 Sn
214,91 b NO*	224,69 Pb	230,90 Co	235,87 Co	239,56 Fe*	243,22 Co
215,25 Sn	226,28 b NO*	*231,15 Sb*	236,33 b NO*	239,63 b P	243,67 Co
215,49 b NO	226,89 Sn	231,37 b P	236,51 Co	240,09 Bi	243,73 b As
217,00 Pb*	226,94 b NO	231,67 Co	236,73 b P	240,19 Pb	243,85 b As
217,59 Sb	227,65 Co	231,72 Sn	236,97 Co	240,22 Co	243,90 Co*
217,93 Sb	227,66 Bi	232,06 b P	237,02 b NO	240,73 Co	244,00 b NO
219,45 Sn	228,67 Sn	232,2 b C_2	237,19 Co	240,82 Sn	244,38 Pb
219,93 Sn	228,78 Co	232,31 Co	237,52 b P	241,16 Co	244,55 Sb
220,85 Sb	*228,80 Cd*	233,24 Pb	238,05 Co	241,17 Pb	244,62 Pb
220,97 Sn	228,81 As	233,48 Sn	238,07 Sn	*241,4 b Si*	244,70 b NO

244,79 Pd
245,46 b P
245,62 Co
245,65 As
246,08 Co*
246,42 b P
246,45 Co
246,77 Co
247,03 Co
247,11 b NO*
247,41 Co
247,64 Pb
247,64 Pd
247,66 Co
247,79 b P
247,86 C
247,87 b NO
248,3 Fe
248,34 Sn
248,36 Co
248,7 b Si
248,8 Fe
249,1 Fe
249,29 As
249,54 Co
249,57 Sn
249,80 Ge
250,36 b As
250,45 Co
250,47 b As
250,69 Co
251,10 Co
251,78 Co
251,79 Co
251,87 b P
252,14 Co
252,3 Fe
252,45 Bi
252,7 Fe
252,85 Sb
252,90 Co
252,94 b P
253,01 Co
253,22 Co
253,60 Co
253,65 Hg
254,04 b P
254,43 Co
254,66 Sn
254,83 Co
255,00 b NO
255,30 Co
255,50 b P
255,68 Co
255,90 b NO
256,13 Co
256,4 b Si
256,5 b Sb
256,73 Co
256,97 b As
257,09 b As
257,16 Sn
257,22 Co
257,35 Co
257,4 b Sb
257,61 Mn*
257,73 Pb
258,7 b Si
258,75 b NO*
259,06 Co
259,25 Ge
259,37 Mn*
259,44 Sn
259,57 b NO
259,57 b P
259,81 Sb
260,57 Mn*
260,85 b OH
261,42 Pb
262,2 b OH
262,24 Co
262,79 Bi
265,03 Co
265,05 Be*
265,12 Ge
265,16 Ge
265,95 Pt
266,12 Sn
266,32 Pb
266,9 b Si
267,60 Au
267,98 Co
268,42 Zn
268,53 Co
269,13 Ge
269,58 Co
270,65 Sn
270,96 Ge
271,03 In
271,25 Zn
271,3 b NO*
272,1 Fe
275,39 In
275,46 Ge
276,14 Co
276,18 Sn
276,31 Pd
276,42 Co
276,64 Co
276,79 Tl
276,99 Sb
277,50 Co
277,67 Mg
277,83 Mg
277,98 Sn
277,98 Mg
278,02 As
278,14 Mg
278,30 Mg
278,50 Sn
279,48 Mn
279,55 Mg
279,83 Mn
280,11 Mn
280,20 Pb
280,27 Mg
281,1 b OH
281,36 Sn
282,90 b OH
283,31 Pb
284,00 Sn
285,06 Sn
285,21 Mg
286,33 Sn
287,42 Ga
287,53 b OH
289,27 b OH
289,80 Bi
291,83 Tl
293,26 In
293,69 Fe*
294,13 Fe*
294,36 Ga
294,42 Ga
294,52 b OH
294,79 Fe*
295,39 Fe*
295,74 Fe*
296,53 Fe
296,69 Fe
297,01 Fe
297,32 Fe
298,14 Fe*
298,36 Fe
298,72 Co
298,86 Cr*
298,96 Co
299,22 K
299,44 Fe
299,45 Ni
300,05 Co
300,10 Fe
300,25 Ni
300,36 Ni
300,81 Fe
300,91 Sn
301,20 Ni
301,36 Co
301,5 Cr*
301,5 b Cr*
301,75 Co
301,8 Cr*
302,06 Fe
302,1 Cr*
302,12 b OH
302,2 Cr*
302,44 Cr*
302,58 Fe
303,41 Sn
303,44 Co
303,48 K
303,74 Fe
303,79 Ni
303,91 Ge
303,94 In
304,25 Co
304,34 V*
304,40 Co
304,4 V*
304,76 Fe
304,89 Co
305,08 Ni
305,1 V*
305,22 V*
305,36 V*
305,43 Ni
305,63 V*
305,74 Fe*
305,76 Ni
305,91 Fe
306,05 V*
306,18 Co
306,36 b OH
306,46 Ni
306,47 Pt
306,64 V*
306,72 b OH
306,77 Bi
307,23 Co
307,38 V*
307,59 Zn
308,22 Al
308,26 Co
308,68 Co
308,9 b OH
308,96 Co
309,31 V*
310,16 Ni*
310,19 Ni
310,20 K
310,22 K
310,23 V*
310,6 b As
310,7 b As
311,07 V*
311,84 V*
312,11 V*
312,14 Co
312,53 V*
312,64 b OH
313,03 V*
313,3 Mo
313,33 V*
313,41 Ni
313,73 Co
313,99 Co
314,71 Co
315,8 Mo
315,88 Co
317,0 Mo
317,0 b As
317,2 b As
317,50 Sn
318,3 V*
318,4 V
318,5 V*
319,07 V*
319,39 V*
319,4 Mo
319,80 V*
320,24 V*
320,6 b Sn
320,74 V*
320,8 b As
320,9 b As
320,9 Mo
321,70 K
321,75 K
321,92 Co
323,0 b Sn
323,0 Tl
323,26 Li
323,30 Ni
323,70 Co
324,27 Pd
324,31 Ni
324,75 Cu
325,61 In
325,86 In
325,88 Pd
326,11 Cd
326,2 b Sn
326,23 Sn
326,32 V*
326,77 V*
326,95 Ge
327,11 V*
327,16 Rh
327,40 Cu
327,61 V*
327,7 b As
327,8 b As
327,9 b As
328,06 Rh
328,07 Ag
328,23 Zn
328,36 Rh
328,72 Pd
328,94 Yb
328,98 Yb
329,2 b Sn
330,0 b HCO
330,23 Na
330,30 Na
331,57 Ni
332,03 Ni
332,23 Ni
332,3 b Sn
332,31 Rh
332,99 Mg
333,06 Sn
333,22 Mg
333,34 Co
333,41 Co
333,67 Mg
333,72 Co
333,85 Rh
334,42 Rh
334,5 b Sn
334,50 Zn
334,56 Zn
334,59 Zn
334,6 b Te
334,87 Rb
335,1 b Sn
335,44 Co
335,9 b CN*
335,99 Rh
336,0 b NH
336,16 Ni
336,22 Rh
336,58 Ni
336,62 Ni
336,71 Co
336,84 Rh
336,96 Ni
337,0 b NH
337,03 Co
337,23 Rh
337,30 Pd
337,20 Ni
337,42 Ni
337,5 b Sn
337,7 b HCO
338,06 Ni
338,2 b Sn
338,29 Ag
338,3 b Te
338,52 Co
338,8 b Sn
338,82 Co
339,11 Ni
339,30 Ni
339,54 Co
339,68 Rh
339,97 Rh
340,46 Pd
340,51 Co
340,7 b Sn
340,92 Co
340,96 Ni
341,23 Co
341,23 Rh
341,26 Co
341,48 Ni
341,6 b Sn
341,72 Co
342,12 Pd
342,2 b Te
342,37 Ni
342,81 b OH
342,83 Ru
343,16 Co
343,21 b OH
343,3 b CN*
343,30 Co
343,34 Pd
343,36 Ni
343,49 Rh
343,67 Ru
343,73 Ni
344,06 Fe
344,14 Pd
344,29 Co
344,36 Co
344,39 Fe*
344,5 b Sn
344,63 Ni
344,67 K
344,77 K
344,92 Co
344,94 Co
345 k B

345,29 Ni
_345,35 Co_
345,52 Co
345,52 Rh
_345,85 Ni_
_346,08 Pd_
_346,17 Ni_
346,20 Rh
_346,28 Co_
346,4 b Te
_346,44 Yb_
346,58 Co
346,59 Fe
347,07 Rh
347,2 b OH
_347,25 Ni_
_347,40 Co_
347,48 Rh
347,55 Fe
347,67 Fe
347,89 Rh
348,12 Pd
348,34 Co
348,38 Ni
348,5 b Sn
348,94 Co
349,06 Fe
349,07 Co
349,13 Co
_349,30 Ni_
349,57 Co
349,78 Fe
349,87 Rh
_349,89 Ru_
350 k Al
350 k Ba
350 k Bi
350,09 Ni
350,2 b HCO
_350,23 Co_
_350,25 Rh_
_350,63 Co_
350,73 Rh
350,98 Co
_351,03 Ni_
_351,26 Co_
_351,3 b Sn_
351,35 Co
351,38 Fe
_351,51 Ni_
351,6 b Te
_351,69 Pd_
351,83 Co
_351,92 Tl_
351,98 Ni
(352,01 Co)
352,13 Fe
352,16 Co
352,34 Co
_352,45 Ni_
352,60 Fe
_352,68 Co_
_352,80 Rh_
352,90 Co
_352,94 Co_
352,94 Tl
_352,98 Co_
353,0 b Sn
353,34 Co
(353,53 Nb)
353,81 Rh
354,2 b Sn
354,33 Co
354,39 Rh
354,5 b La
354,82 Ni
354,95 Rh
355,06 Co
355,27 Co
355,3 b La
355,31 Pd
355,85 Fe
355,9 b La
356,09 Co
356,1 b Te
356,18 Ni
356,50 Co
356,54 Fe
356,6 b La
_356,64 Ni_
_356,94 Co_
357,01 Fe
357,02 Rh
357,12 Pd
357,19 Ni
357,27 Pb
357,50 Co
357,5 b Sn
_357,54 Co_
_357,87 Cr_
_358,12 Fe_
358,31 Rh
358,48 Co
358,5 b Sn
358,52 Co
358,70 Fe
358,71 Rb
358,72 Co
358,79 Ni
358,8 b HCO
_358,92 Ru_
359,16 Rb
_359,30 Ru_
_359,35 Cr_
359,49 Co
_359,62 Rh_
_359,62 Ru_
359,71 Rh
359,77 Ni
360,21 Co
360,23 Ni
360,4 b La
_360,53 Cr_
360,54 Co
_360,7 b Te_
360,8 b La
360,89 Fe
_360,95 Pd_
_361,05 Ni_
361,1 b La
361,25 Rh
361,27 Ni
361,5 b La
361,5 b Sn
361,88 Fe
361,9 b La
_361,94 Ni_
362,3 b La
_362,4 b Mg_
362,47 Ni
362,50 Co
362,66 Rh
362,78 Co
363,14 Co
363,15 Fe
_363,47 Pd_
363,49 Ru
363,66 Cr*
363,95 Rh
_363,96 Pb_
364,77 Co
364,78 Fe
365,25 Co
365,70 Co
_365,80 Rh_
_366,14 Ru_
_366,2 b Te_
366,41 Ni
366,62 Rh
367,04 Ni
367,41 Ni
367,8 b Sn
367,99 Fe
368,25 Co
368,31 Co*
368,31 Fe
_368,35 Pb_
368,74 Fe
369,03 Pd
369,07 Rh
_369,1 b Sn_
_369,24 Rh_
369,31 Co*
_369,42 Yb_
370,09 Rh
_370,2 b Mg_
370,41 Co
370,56 Fe
370,88 Co
370,92 Fe
_371,1 b Te_
371,30 Rh
371,89 Pd
371,9 b Mg
371,93 Ru
_371,99 Fe_
_372,1 b Sn_
372,25 Ni
372,26 Fe
372,69 Ru
372,76 Fe
_372,80 Ru_
372,9 b Mg
373,0 b HCO
373,04 Ru
373,24 Co
373,33 Fe
_373,49 Fe_
373,53 Rh
373,68 Ni
_373,71 Fe_
373,99 Pb
374,23 Ru
374,3 Fe
374,55 Co
_374,56 Fe_
374,82 Rh
374,83 Fe
374,90 Cr*
_374,95 Fe_
374,99 Co
375 k Al
375,2 b Sn
375,82 Fe
376,00 Ru
376,38 Fe
376,51 Rh
376,7 b Mg
376,72 Fe
376,8 b Te
377,56 Ni
_377,57 Tl_
377,9 b Sn
378,35 Ni
378,4 b Mg
378,61 Ru
378,79 Fe
378,85 Rh
379,05 Ru
379,1 b Mg
379,32 Rh
379,47 Li
379,50 Fe
379,81 Ru
_379,83 Mo_
379,85 Fe
379,89 Ru
379,92 Pd
379,93 Rh
_379,93 Ru_
379,95 Fe
_380,10 Sn_
380,3 b Sn
380,68 Rh
_380,7 b Mg_
380,71 Ni
380,81 Co
381,30 Fe
_381,4 b Mg_
_381,44 Ra_
381,58 Fe
381,63 Co
381,7 b Sn
381,82 Rh
_382,0 b Te_
_382,04 Fe_
382,23 Rh
382,3 b Mg
_382,44 Fe_
382,59 Fe
382,85 Rh
382,94 Mg
383,17 Ni
_383,23 Mg_
383,23 Pd
_383,3 b Sn_
383,39 Rh
_383,4 b Mg_
383,42 Fe
_383,83 Mg_
384,04 Fe
384,11 Fe
384,21 Co
_384,55 Co_
384,6 b Mg
385,00 Fe
385,10 Co
385,64 Fe
_385,65 Rh_
_385,83 Ni_
_385,99 Fe_
386,12 Co
_386,2 b CN*_
386,3 b Sn
_386,41 Mo_
_386,5 b Sn_
386,55 Fe
387,1 b CH
_387,1 b CN*_
387,25 Fe
387,31 Co
_387,40 Co_
387,64 Cs
387,68 Co
_387,7 b Mg_
387,73 Rh
387,8 b Sn
_387,86 Fe_
_387,9 b Te_
_388,0 b Yb_
388,19 Co
388,3 b CN*
388,4 b Sn
_388,63 Fe_
388,68 Cr
388,86 Cs
_389,41 Co_
389,42 Pd
389,50 Co
389,57 Fe
389,9 b Sn
_389,97 Fe_
390,29 Cr*
_390,30 Mo_
390,63 Co
390 65 Fe
390,88 Cr*
390,99 Co
_391,2 b Mg_
391,28 Rh
391,50 Li
391,92 Cr
392,0 b Sn
_392,03 Fe_
392,22 Rh
392,28 Co
_392,29 Fe_
392,59 Ru
_392,79 Fe_
_393,03 Fe_
393,18 Ru
_393,37 Ca_
393,4 b Te
393,42 Rh
393,60 Co
394,09 Co
394,17 Co
394,27 Rh
_394,40 Al_
394,53 Co
395,1 b Sn
395,2 b Te
395,29 Co
395,79 Co
395,86 Pd
395,89 Rh
_396,15 Al_
_396,85 Ca_
396,93 Fe*
397,36 Ni
397,47 Co
397,87 Co
_397,9 b Sn_
397,95 Co
398,39 Cr*
398,4 b Sn
398,71 Co
_398,80 Yb_
399,17 Co
_399,53 Co_
399,79 Co
400 k Al
400 k Ba
400 k Bi
400 k Cd
400,5 b Cu
400,52 Fe*
_401,0 b Te_
401,09 Co
401,9 b Sn
402,09 Co
402,6 b Sn
402,70 Co
403 b Fe
_403,08 Mn_
_403,30 Ga_
_403,31 Mn_
_403,45 Mn_
404,14 Mn*
_404.41 K_
404,54 Co
_404,58 Fe_
_404,72 K_
404,88 Mn*

405,55 Mn*
405,72 Co
405,78 Pb
405,82 Co
406,0 b Te
406,36 Fe
406,64 Co
407,17 Fe
407,5 b Te
407,61 Co
407,77 Sr
407,9 b Sn
407,93 Mn*
408 b B
408,06 Ru
408,26 Co
408,28 Rh
408,3 Mn*
408,63 Co
409,24 Co
409,42 Tm
409,5 b Lu
410,18 In
410,58 Tm
410,9 b Sn
411,05 Co
411,27 Ru
411,88 Co
412,13 Co
412,17 Rh
412,2 b Sn
412,5 b Te
412,64 b In
412,89 Rh
412,97 Eu
413,22 Co
413,22 Li
413,48 b In
413,53 Rh
413,6 b Te
414,25 b In
414,39 Fe
414,4 b Sn
415 b Yb
415,49 b In
416,53 b In
416,8 b CN*
417,21 Ga
417,4 b Sn
418 b B
418,1 b CN*
418,5 b Te
418,68 Dy
418,76 Tm
419 b Yb
419,07 Co
419,65 Rh
419,7 b CN*
419,76 Ru
419,84 Co
419,89 Ru
419,99 Ra
420,19 Rb
420,37 Tm
420,50 Eu
420,5 b Te
420,6 Ru
420,76 Co
421,11 Rh
421,17 Dy
421,30 Pd
421,55 Sr
421,56 Rb
421,6 b CN*
421,62 Fe
421,8 b Sn
422,41 b In
422,67 Ca
423,32 b In
423,40 Co
423,52 Mn*
424,0 b Sn
424,38 b In
425,08 Fe*
425,23 Co
425,43 Cr
425,76 b In
426,05 Fe*
426,2 b Sn
426,80 Co
426,8 b Te
427,03 b In
427,18 Fe
427,33 Li
427,48 Cr
428,0 b Cu
(428,30 Ca)
428,3 b In
428,58 Co
428,87 Rh
428,97 Cr
429,41 Fe
429,58 Cr*
429,70 Cr*
429,77 Cr
429,8 b Cr*
429,97 Cr*
430 b Dy
430,15 b In
(430,25 Ca)
430,3 b Sn
430,32 Co
430,75 Cr*
430,79 Fe
431,3 b CH
431,8 b Te
431,87 Ca
(431,96 Cr)
432,06 Cr
432,1 b Cr*
432,12 Cr
432,16 Cr
432,58 Fe
432,8 b Cu
433,0 V*
433,2 V*
433,3 V*
433,76 Cr*
433,94 Cr*
434,10 V*
434,3 b Sn
434,3 b Te
434,45 Cr
435,18 Cr
435,29 V*
435,3 b Al
435,6 b J
435,6 b La
435,96 Cr*
436,5 b C_2*
436,5 b Sn
437 b B
437,13 Cr*
437,2 b La
437,4 b Al
437,48 Rh
437,59 Fe
437,6 b La
437,9 b Sn
437,92 V
438 b Pr
438,0 b La
438,3 b Te
438,35 Fe
438,4 b La
438,47 V*
439,00 V*
439,01 Na
439,34 Na
439,4 b Al
439,4 b Bi
439,52 V*
440,06 V*
440,48 Fe
440,5 b Ra
440,7 V
440,8 b Te
440,8 V*
441,1 b Sn
441,4 b Nd
441,51 Fe*
441,8 b La
442 b Dy
442,3 b La
442,4 b Bi
442,7 b Be
442,73 Fe
442,8 b La
442,9 b Sn
443,3 b La
443,50 Ca
443,56 Eu
443,57 Ca
443,8 b La
444,17 V*
444,2 b Yb
444,3 b La
444,42 V*
444,8 b La
445,1 Mn*
445,16 Mn*
445,2 b Be
445,2 b Sn
445,3 b La
445,48 Ca
445,59 Ca
446,0 b Te
446,03 V*
446,17 Fe
446,20 Mn*
446,3 b Gd
447,1 b Al
447,5 b Be
447,6 b B
447,6 b Yb
447,8 b Fe
448,1 b Gd
448,22 Fe
448,7 b Te
448,8 b J
449,4 b Al
449,43 Na
449,6 b Be
449,69 Cr*
449,77 Na
449,9 b Gd
449,9 b Sn
450 k Nb
450,3 b Sc
450,9 b Lu
451,1 b Nd
451,13 In
451,6 b Al
451,6 b Be
451,8 b Yb
452 b Pr
452,2 b Sn
452,4 b Ba
452,47 Sn
452,87 Rh
453 b B
453,3 b Lu
453,6 b Be
453,6 b Dy
453,7 b Sc
453,8 b Al
453,8 b Ba
454 b B
454,0 b La
454,1 b Sn
454,17 Na
454,2 b Bi
454,4 b Fe
454,60 Cr*
455,3 b Be
455,40 Ba
455,45 Ru
455,5 b Dy
455,54 Cs
455,6 b Te
455,8 b Al
456,1 b Lu
457,0 b Sn
457,1 b Sc
457,12 Mg
457,4 b Dy
457,4 b Yb
457,5 b Lu
457,6 b Al
457,9 b Ba
457,9 b Dy
458,01 Co
458,1 b La
458,44 Ru
458,5 b La
458,7 b J
458,9 b La
459,0 b Yb
459,1 b Sn
459,2 b Ra
459,32 Cs
459,40 Eu
459,4 b La
459,41 V*
459,8 b Dy
459,8 b La
460 b Pr
460,29 Li
460,4 b Fe
460,54 Mn
460,7 b Sc
460,73 Sr
461 b Tb
461,2 b Sn
461,4 b Ce
461,6 b Gd
461,9 Bi
462,0 b Nd
462,1 b Ba
462,1 b Ce
462,72 Eu
463,0 b Ce
463,0 b Nd
463,3 b Gd
463,4 b Sn
463,7 b Ba
463,8 b Ce
464,0 b Te
464,16 K
464,22 K
464,5 b Nd
464,62 Cr*
464,8 b Al
464,8 b Cu
465,0 b Y
465,2 b Gd
465,9 b Fe
466,1 b Sn
466,19 Eu
466,2 b Lu
466,4 b Ba
466,49 Na
466,86 Na
467,0 b Gd
467 b Pr
467,2 b Al
467,2 b Lu
467,3 b Sc
467,50 Rh
467,5 Y
467,6 b Y
467,9 b C_2
468,0 b Ba
468,23 Ra
468,4 b Ce
468,4 b Lu
468,5 b C_2
469,4 b Ce
469,4 b J
469,5 b Al
469,6 b Lu
469,9 b Te
470,4 b Ce
470,7 b Sc
470,7 b Y
470,8 b Lu
470,9 b Be
471,1 b Te
471,5 b B
471,6 b Al
471,7 b Gd
471,7 b Yb
471,8 b Ra
472 b B
472,0 b Sm
472,1 b Lu
472,2 Zn
472,26 Bi
472,3 b Ba
472,6 b Gd
472,79 Co
473,0 b Fe
473 b Pr
473,3 b Be
473,5 b Lu
473,6 b Al
473,6 b Gd
473,7 b Yb
474 b Eu
474,1 b Ba
474,15 K
474,2 b Sc
474,43 K
474,51 Rh
474,80 Na
474,8 b Yb
474,9 b Lu
475,0 b Ra
475,1 b Ni
475,19 Na
475,4 b Al
475,40 Mn*
475,45 K
475,5 b Be
475,7 b Gd
475,73 K
475,8 b Yb
476,24 Mn*
476,4 b Lu
476,9 b Nd
477,4 b Te
477,6 b Be
477,8 b Yb
478 b Dy

478,0 b Lu
478,34 Mn*
478,4 b Ba
478,69 K
479,11 K
479,2 b Ce
479,5 b Be
479,9 b Ce
479,9 b Gd
480,02 K
480,2 b Te
480,5 b Ti
480,52 K
480,7 b Ce
481,05 Zn
481,19 Sr
481,2 b Be
481,5 b Ce
481,7 b Gd
481,8 b Y
482 b Pr
482,2 b Ce
482,35 Mn*
482,59 Ra
482,7 V*
482,8 b Be
483,0 b Ba
483 b Nd
483,0 b Tm
483,0 V*
483,2 V*
483,21 Sr
483,5 b Gd
484,0 Y
484,2 b Al
484,2 Sm
484,2 b Yb
484,5 b J
484,8 b Ti
484,99 K
485 b Sn
485,0 b Yb
485,1 b Ba
485,15 V*
485,4 b Gd
485,60 K
485,8 b Sc
486,3 b Ce
486,3 b Te
486,36 K
486,47 V*
486,6 b Al
486,97 K
487,55 V*
487,63 Sr
487,7 b Ni
488 b Ba
488 b Nd
488,16 V*
488,4 Sm
488,8 b Al
488,92 Re
489,0 b Ni
489,2 b Gd
489,3 b Sc
490,2 b Ce
491,0 b Gd
491 b Tm
492 b Pr
492,8 b Gd
492,9 b Fe
493 b B
493 b Cu
493,41 Ba
493,9 b Ni
494 b Ce
494,1 b Te
494,20 K
495 b B
495,08 K
495,1 b Ba
495,5 b Ti
495,60 K
495,9 b Nd
496 b B
496 b Sn
496,2 b Mg
496,23 Sr
496,4 b J
496,5 b Ba
496,50 K
497,20 Li
497,4 b Mg
497,6 b Mn
497,6 b Nd
497,86 Na
498,1 b Yb
498,28 Na
498,6 b Mg
499,7 b Mg
500 k As
500 k Bi
500 k Cd
500 b Er
500 k Pd
500,1 b Ba
500,3 b Ti
500,7 b Mg
500,7 b Ni
501,0 b V
501,2 b Ba
501,3 b Mn
502 b Ba
502 b Pr
502,4 b Ni
503,5 b Te
504 b Er
505 b Cu
505,0 b Y
505,1 b Mn
505,4 b Be
505,8 b V
506,6 b Ba
507,6 b Be
507,8 b Y
507,9 b Al
508,42 K
508,7 b Ba
509,5 b Be
509,7 b Sc
509,71 K
509,9 b Gd
509,92 K
510 b Be
(510,0 b Lu)
510,2 b Al
510,5 b Ho
510,55 Cu
511,04 Fe
511,2 b Be
511,22 K
511,7 b Gd
511,8 b Te
512 b Ho
512,3 b Al
512,8 b Be
513 b Ba
513 b Pr
513,1 b J
513,4 b Dy
513,4 b Gd
513,4 b Sc
513,8 b Ba
513,8 b Nd
513,9 b Te
514,2 b Be
514,3 b Al
514,3 b Dy
514,91 Na
515 b Er
515,36 Na
515,7 b Ho
515,7 b Pr
515,8 b Dy
515,8 b Mn
516 b Sn
516,1 b Al
516,5 b C_2
516,7 b Ba
516,7 b Ti
516,73 Mg*
516,75 Fe
516,8 b Cr
517,0 b Lu
517 b Yb
517,1 b Sc
517,27 Mg
517,4 b Ni
517,4 b Yb
517,7 b Al
517,9 b La
518 b B
518,36 Mg
518,5 b Lu
519,1 b Al
519,2 b Mn
519,5 b Dy
520 b Eu
520,0 b Lu
520 b Ra
520 k Zn
520 k Ni
520,3 b La
520,45 Cr
520,60 Cr
520,6 b Mg
520,84 Cr
520,9 b J
521,5 b Ba
521,5 b Lu
522,8 b La
522,9 b Cr
522,9 b Mn
522,9 b V
523 b Tm
(523,5 b Lu)
524 b Ba
524 b Cu
524,4 b Ba
524,7 b Dy
524,76 Cr
525,0 b Nd
525,2 b La
525,4 b Gd
525,7 Cs
526 b Ho
526,3 b Dy
526,42 Cr
526,7 b Mn
526,95 Fe
527 b Ho
527,4 b Dy
527,5 b Gd
527.55 Re
527,6 b V
527,8 b La
528,0 b Te
528,5 b Dy
529,0 b Fe
529,2 b Gd
529,3 b Cr
529,83 Cr*
529,9 b Dy
530 k Bi
530 b Cu
530 b Pr
530,2 b La
530,8 b J
531,1 b Gd
531,2 b Dy
531,4 b Nd
532,0 b Ho
532,1 b Ba
532,32 K
532,5 b Yb
532,6 b Gd
532,8 b La
532,81 Fe
533,3 b Dy
533,5 b Nd
533,7 b Al
533,97 K
534,0 Cs
534 b Tb
534,1 b Gd
534,30 K
534,58 Cr*
534,7 b Tm
534,8 b Dy
535,0 b Ba
535,0 Cs
535,05 Tl
535,2 b Gd
535,2 b Pr
535,3 b La
535,6 b Cr
535,8 b Al
535,8 b Sc
535,9 b Mn
535,95 K
536,7 b Ba
536,7 b Pr
537 b Cu
537,15 Fe
537,7 b Al
538 b Tm
538,0 b La
538,2 b Fe
538,2 b Pr
538,9 b Mn
539,5 b Al
539,5 Mn
539,6 b Sc
539,8 b Pr
539,9 b Gd
540 b Co
540,0 b Dy
(540,5 b Lu)
540,58 Fe
(540,6 Cs)
540,6 b La
540,98 Cr*
541,0 b Gd
541,1 b Al
541,4 Cs
541,4 b Pr
541,5 b Tm
541,7 b Cr
542,0 b Ba
542,0 b Dy
542 b Tb
542,1 b Gd
542,4 b Al
542,4 b Mn
542,5 b Rh
542,97 Fe
543,0 b Fe
543,1 b La
543,15 Rb
543,3 Mn
543,5 b Gd
543,5 b Sc
544 b Ca
544 b Tb
544,3 b Yb
544,6 b Gd
544,9 b Ti
545,4 b Gd
545,5 b Ba
545,5 b Dy
545,7 b La
546 b Er
546,5 b Gd
546,59 Cs
547 b B
547,0 b V
547,5 b Gd
547,6 b B
548,2 b La
548,33 Co
548,8 b Gd
549,3 b Ba
549,3 b Dy
549,5 b J
550 k Mo
550 k Nb
550 b Nd
550 k U
550,3 Cs
550,4 Sr
550,4 b Te
550,8 b La
551,0 b Ba
551,7 b V
552 b Er
552,2 Sr
553 b Eu
553 b Tm
553,1 b Fe
553,3 b J
553,4 b La
553,56 Ba
554 b Ca
554,52 Na
555 b Yb
555,65 Yb
556,0 b La
556,4 b Bi
556,4 b Cr
556,4 b Ho
556,67 Cs
(557,4 Cs)
558,3 b Fe
558,5 b C_2
558,6 b Mn
558,7 b La
559 b Ho
559,7 b Pr
560 b Er
560,0 b La
560,2 b Ba
561,0 b Mn
561,2 b Pr
561,4 b Fe
562,3 b Cr
562,6 b La
562,8 b Pr
563 b Sn
563,2 b Gd
563,5 b Co
563,52 Cs
563,9 b Bi
563,9 b Tb
564 b Zr

564,4 b Ba
564,5 b Pr
564,58 Eu
564,7 b Fe
564,81 Rb
565 b Er
565,2 b La
565,3 b Gd
565,9 Ba
565,9 b Ho
566 b Er
566,2 b Pr
566,3 b Gd
566,38 Cs
566,8 b Te
567,3 b Ba
567,5 b Pr
567,9 b Fe
567,9 b La
568,0 b Nd
568,1 b Gd
568,27 Na
568,82 Na
569,1 b Pr
569,5 b Dy
569,6 b Ho
569,9 b Gd
569,90 Ru
570,02 Cu
570,1 b Ba
570,2 V*
570,5 b La
570,5 b Pr
570,6 b Dy
571 b Eu
571,5 b Gd
572 b Ca
572,0 b Pr
572,44 Rb
572,5 b Sc
572,5 b Yb
572,6 b Nd
572,8 b Ho
572,9 b Dy
573,0 b J
573,0 b Pr
573 b Tb
573,0 b Y
573,2 b La
573,5 b Gd
573,7 b Sc
573,7 b V
574 b Bi
574 b Zr
(574,6 Cs)
574,7 b Y
574,9 b Pr
575,5 b Gd
575,8 b Ba
575,9 b Ti
576,3 b Pr
576,4 b Pr
576,4 b Y
576,52 Eu

577,0 b Gd
577,3 b Sc
577,7 b Pr
577,77 Ba
578,21 Cu
578,26 K
578,6 b Gd
579,0 b Fe
579 b B
579,1 b Pr
579,4 b Cr
580,20 K
(580,3 Cs)
580,5 b Ba
580,7 b Gd
581,2 b Sc
581,25 K
581,9 b Fe
581,9 b Gd
582,0 b Sm
583,21 K
583,3 b Dy
583,9 Cs
584,47 Cs
584,7 b Gd
584,9 b Sc
585,0 b Ho
585,2 b Cr
585,9 b Y
586,0 b Mn
586,5 b Ba
586,6 b Gd
586,6 b La
586,8 b Dy
586,8 b Fe
586,8 b Sm
587 b Yb
587,6 b Y
588,1 b Mn
588,7 b Ba
588,7 b Sc
589,00 Na
589,3 b La
589,59 Na
591,1 b Gd
592,1 b La
592,1 b Tb
592,5 b Pr
592,8 b Gd
592,8 b Sc
594 b Eu
594,5 b Sm
594,8 b La
595,0 b Gd
595 b Sr
595,0 b Pr
596,4 b Gd
596,8 b Sc
597 b Sr
597,1 b Lu
597,1 b Nd
597,17 Ba
597,2 b Y
597,28 Ba

597,5 b Fe
597,6 b Ba
597,6 b La
598 b Eu
598,0 b Tb
598,7 b Gd
598,8 Y
599,1 b Nd
599,3 b Lu
599,71 Ba
600 k Mo
600 k Ni
600,2 b Nd
600,4 b La
600,4 b Y
600,7 b Dy
601 b Er
601 b Gd
601,0 b Nd
601,03 Cs
601,4 b Lu
601,7 b Sc
601,82 Eu
601,95 Ba
602 b Ca
602,0 b Pr
602 b Ra
602,0 b Y
602 b Yb
603 b B
603,0 b Dy
603,1 b La
603,4 b Sm
603,41 Cs
603,6 b Sc
603,7 b Bi
603,8 b Pr
604,0 b Ba
605 b Cu
605 b Sr
605,2 b Cr
605,4 b Gd
605,7 b Dy
606,31 Ba
606,4 b Sc
607,08 Rb
607,3 b Sc
607,9 b Sc
608,0 b Tb
608,5 b Fe
608,7 b V
609 b Gd
609 b Sm
609,1 b Dy
609,7 b Fe
610,2 b Ba
610,2 b Pr
610,36 Li
611 b Sc
611,08 Ba
611,1 b Ba
612 b Dy
612 b Gd
613 b Nd

613,2 b Y
613,8 b Pr
614 b Gd
614 b Sm
614,17 Ba
614,8 b Y
615,4 b Sc
615,42 Na
615,5 b Mn
616,08 Na
616,5 b Ba
616,5 b Y
617,6 b Mn
618 b Nd
618 b Pr
618,1 b Fe
618,3 b Gd
619,3 b Sc
620 b B
620,1 b Gd
620,3 Mn
620,63 Rb
621,0 b Ra
621,29 Cs
621,7 Cs
621,9 b Fe
621,9 b Nd
622 b Ca
622 b Gd
622,5 b Ba
623 b Eu
623 b Sc
624 b Sm
624,3 b Gd
624,7 b Ra
626,5 b Gd
626,7 b Pr
626,9 b Ra
628 b Nd
628,5 b Ra
629,1 b Ba
629,8 b Pr
629,83 Rb
632,9 b Ra
634,9 b Ra
635 b Sm
635 b Tb
635,2 b Nd
635,4 Cs
636,3 b Pr
636,9 b Nd
638 b Sm
638,6 b Nd
639 b B
639,4 b Cr
639,5 b Pr
640 b Pm
640,8 b Sc
642 b Sm
642,3 b Ba
642,5 b Nd
644 b Ca
644,6 b Sc
645 b Sr

645,09 Ba
647 b Sc
647,6 b Pr
648 b Eu
648,29 Ba
649,3 b Ba
649,5 b Pr
649,69 Ba
649,88 Ba
650 b CN*
650 b Nd
650 b Sc
650,5 b Sm
652,5 b Sm
652,73 Ba
654 b Nd
655 b Eu
655 b Pr
655,5 b Sm
656,3 b Ba
657 b Sc
657,5 b Sm
658,0 b Nd
659 b Sr
659,53 Ba
659,8 b Nd
662,5 b Nd
663,4 b Ba
664 b Pr
665 b Nd
665,3 b Ra
666 b Sr
668 b Sm
668,8 b Lu
670 k B
670,78 Li
672 b Pr
672,33 Cs
673 b Ti
674,9 b Lu
678,3 b Ba
680 b Pm
680 b Sr
681,0 b Lu
681,8 b Pr
682 b B
683 b Sm
684 b Eu
685 b Cr
685,7 b Ba
688,7 b Pr
691 b Nd
691,13 K
692,8 b Pr
693,1 b Ba
693,90 K
695 b Nd
696,42 K
696,47 K
699,4 b La
699,5 b Nd
701,1 b La
702 b Eu
702,4 b La

703 b Nd
704 b Sr
704,1 b La
705,5 b La
706,00 Ba
707,1 b La
708,5 b La
709,5 b Pr
709,7 b Ba
710 b V
710 b Nd
710,1 b La
711 b CN*
711,6 b La
712 b Nd
713,2 b La
715 b Nd
715 b Ti
716,3 b La
717,9 b La
719,4 b La
721 b B
723 b Nd
728 b CN*
732,1 b Pr
737,6 b Pr
738,0 b La
740,4 b La
741,5 b Nd
743,4 b La
745 b Pr
745 b Ba
746,5 b La
747 b V
749 b Pr
749,7 b La
752,8 b La
756,0 b La
759,2 b La
761,89 Rb
762,5 b La
763 b Nd
766,2 b Pr
766,49 K
769,90 K
775 b B
775,77 Rb
780,02 Rb
785 b Nd
787,7 b La
788,5 b Pr
789 b CN*
791,1 b La
791,5 b Pr
794,5 b La
794,76 Rb
798,0 b La
800,0 b Pr
800 b V
801,5 b La
801,6 Cs
805,0 b La
805,5 b Pr
807,9 Cs

808 b CN*	*819,48 Na*	850,35 K	863,8 b La	*894,35 Cs*	973 b H_2O
808,6 b La	823 b Pr	850,42 K	*872 b Ca*	917 b CN*	981 b Ca
810 b Mn	*824 b Ca*	*851 b Pr*	*873 b Ba*	923 b Ca	1095 b CN*
811 b Fe	*830 b Ba*	*852,11 Cs*	876,14 Cs	927,7 b H_2O	1102,23 K
812,2 b La	830 b Nd	852,7 b La	882 b B	930 b Pr	1169,02 K
812,65 b Li	845,4 b La	855 b Mn	890,22 K	938 b H_2O	1177,30 K
815,9 b La	849,0 b La	856,4 b La	890,40 K	959,56 K	1243,43 K
818,33 Na	850,0 b Cr	860,1 b La	891,6 b H_2O	959,78 K	1252,30 K

Tabelle 15. *Verzeichnis von Herstellern von Flammenphotometern, bzw. Spektralphotometern (Stand Anfang 1960)*

Dieses Verzeichnis erhebt keinen Anspruch auf Vollständigkeit. Die Angaben wurden nach Firmendruckschriften und ähnlichem Informationsmaterial zusammengestellt. Abkürzungen:

A = Absorptionsmethode
E = Emissionsmethode
F = Filtergerät
PM = Prismenmonochromator
GM = Gittermonochromator
IK = Interferenzkeil
Pr = Preßluft
EK = eingebauter Kompressor

I = Indirektzerstäuber
D = Direktzerstäuber
PhE = Photoelement
PhZ = Photozelle
CdS = Cadmiumsulfid-Zelle
M = Multiplier
PhP = Photoplatte
GV = Gleichstromverstärker

WV = Wechselstromverstärker
V = Verstärker
AM = Ausschlagsmethode
KM = Kompensationsmethode
LM = Leitlinienmethode
R = Anschluß eines Registriergerätes möglich

Nr.	Name und Anschrift des Herstellers	Bezeichnung des Modells	Methode	Spektr. Zerleg.	Brenngas	O_2 bzw. Pr.	Zerstäuber	Strahlungs-Empfänger	Verstärker	Anzeige	Bemerkungen
1	Baird-Atomic Inc. Cambridge 38, Mass.	KY	*E*	*F*	Leuchtgas Propan Butan	*Pr*	*I*	*PhZ*	*V*	*AM* (+*LM*)	Liefert auch Eichlösungen
2	Baldwin Instruments Co. Ltd. Dartford/Kent		*E*	*F*	Acetylen	*Pr*	*I*	*PhZ*	*V*	*AM* + *LM*	Nach R. Baker
3	Beckman Instr. Fullerton/Calif. und München 45	DU + B	*E*	*PM*	Acetylen und Wasserstoff	O_2	*D*	*PhZ* + *M*	*GV*	*KM* + *R*	
4	Coleman Instruments Inc. Maywood, Ill.	21	*E*	*F*	Leuchtgas Propan Butan	O_2	*D*	*PhE*	*V*	*KM*	
5	Electronest Ottenhausen- Saarbrücken	StA Med Spez	*E* *E* *E*	*F* *F* *F*	Acetylen Acetylen Acetylen + Wasserstoff	*Pr* *Pr* O_2	*I* *I* *I*	*PhE* + *PhZ* *PhE* + *PhZ* *PhE* + *PhZ*	— — —	*AM* *AM* *AM*	Nach Prof. Schuhknecht Kühlung von Optik und *PhZ*
6	Electro-Synthèse Paris 13ᵉ	F. 56	*E*	*F*	Propan Butan	*Pr*	*I*	*PhE*	—	*AM*	
7	Evans Electroselenium Ltd. Harlow/Essex		*E*	*F*	Leuchtgas Propan Butan	*Pr*	*I*	*PhE*	—	*AM*	
8	Hilger u. Watts Ltd. London N. W. 1	H 770 oder H 700 + H 868	*E*	*PM*	Wasserstoff	O_2	*I*	*PhZ* + *M*	*GV*	*KM* *R*	Getrennte Zuführung von H_2 u. Nebel-O_2, gekühlte Brennerkappe
		H 909	*A*	*PM*	Propan	*Pr*	*I*	*PhZ* (+ *M*)	*GV*	*KM*	
9	Jarrel-Ash Comp. Newtonville 60, Mass.	8200	*E*	*GM*	Wasserstoff od. Acetylen	O_2 O_2	*D*	*M*	*GV*	*AM* + *R*	
10	Jouan Paris 6ᵉ		*E*	*F*	Leuchtgas Propan Butan	*Pr* *EK*	*I*	*PhE*	—	*AM*	Mit Heißkammer, Gelatinefilter
			E	*GM*	Acetylen	O_2	*D*	*PhZ*	*WV*	*AM*	

11	Kipp u. Zonen Delft/Holland		*E*	*F*	Propan Acetylen	*Pr*	*I*	*PhE*	—	*AM*	
12	Dr. B. Lange Berlin-Zehlendorf	2	*E*	*F*	Leuchtgas Propan Benzingas	*Pr*	*I*	*PhE*	—	*AM* (+*LM*)	
		6	*E*	*F*	wie bei 2	*Pr* *EK*	*I*	*PhE*	*V*	*AM*(+*LM*)	
13	Marius, Utrecht/Holl.		*E*	*F*	Propan	*Pr*	*I*	*PhZ*	*WV*	*AM* + *LM*	registrierendes Gerät mit automat. Probenwechslung f. 24 Proben
14	Metrohm A. G. Herisau (Schweiz)	E1007 E1006	*E*	*PM*				*PhZ* + *M*	*WV*	*AM*	
15	Netheler und Hinz Hamburg-Wellingsbüttel	Eppendorf	*E*	*F*	Propan Acetylen Wasserstoff	*Pr* $+O_2$	*I*	*M*		*AM*	Liefert auch Eichlösungen
		Eppend. II	*E*	*F*	Propan	*Pr*	*I*	*PhZ*	*GV*	*AM*	Zerstäubung mit Gas
16	Gebr. Netzsch Selb/Bayern		*E*	*IK*	Acetylen	*Pr*	*I*	*M*	*GV*	*KM*	Gleichzeitig Colorimet.
17	North American Philips Comp. Inc. MT. Vernon, N. Y.	12130	*E*	*F*	Leuchtgas Propan	*Pr*	*I*	*PhE*	—	*KM* + *LM*	3 verschiedene Strahlengänge
18	Optica Milano	CF 4	*E*	*GM*	Acetylen oder H_2	O_2	*D*	*M*	*GV* *WV* *R*	*KM*	
		B 2 oder S 2	*E*	*GM*	wie CF 4	O_2	*D*	*PhP*	—	—	
19	Optische Werke, Jena	III	*E*	*F*	Acetylen	*Pr*	*I*	*PhE*	—	*AM*	
20	Perkin-Elmer Norwalk/Conn. und Überlingen/See	146	*E*	*PM*	Leuchtgas Propan Acetylen	*Pr*	*I*	*PhZ*	*V*	*KM* + *LM*	
21	Process und Instr. Brooklyn 33, N. Y.	1 B	*E*	*F*	Propan	*Pr*	*I*	*PhE*	—	*AM* + *LM*	
22	Sigrist und Weiss A.G. Zürich (Schweiz)	U P3/I	*E*	*F*	Propan Acetylen	*Pr*	*I* o. *D*	*PhZ* oder *M*	*WV*	*KM* optisch	Kontinuierl. messende Flammenphotometer
23	Technicon-Instruments Corp. Chauncey, New York		*E*	*F*	Propan	O_2	*D*	*CdS*	*VR*	*LM*	Vorherige automatische Dialyse u. Verdünnung der Proben, überwachte Flüssigkeitszufuhr. Probenteller f. 40 Proben
24	Unicam Instr. Ltd. Cambridge/Engl.	SP 900	*E*	*PM*	Propan Acetylen Wasserstoff	*Pr*	*I*	*PhZ* + *M*	*WV* +*R*	*AM*	
25	Carl Zeiss Oberkochen/Württ.	PF 5	*E*	*F*	Acetylen Propan	*Pr*	*I*	*M*	*GV*	*AM*	
		PMQ II	*E*	*PM*	Acetylen Wasserstoff	O_2	*D*	*M*	*WV* *R*	*AM*	

Literatur

Allgemeinere Erläuterungen über die Gesichtspunkte, die uns zu der getroffenen Literaturauswahl geführt haben, findet man in dem Vorwort zu diesem Buch. — Ein * hinter der Literaturnummer bedeutet: In dieser Arbeit sind viele Literaturzitate zu finden, die wir zum weiteren Studium empfehlen.

a) Bücher

1. BURRIEL-MARTÍ, F., and J. RAMÍREZ-MUÑOZ: Flame photometry, a manual of methods and applications. Amsterdam, London, New York. Princeton 1957.

1a. CANNON, C. G. (Herausgeber): Electronics for spectroscopists. London 1960.

2. CORDES, H.: Propan-Ratgeber. Lübeck 1957.

3. D'ANS, J., u. E. LAX: Taschenbuch für Chemiker und Physiker. Berlin: Springer-Verlag 1949.

4. DELAHAY, P.: Instrumental analysis. New York 1957.

5. FINKELNBURG, W.: Einführung in die Atomphysik, 5. u. 6. Aufl. Berlin-Göttingen-Heidelberg: Springer-Verlag 1958.

6. FLÜGGE, S.: Handbuch der Physik. Band XXVIII: Spektroskopie II. Berlin-Göttingen-Heidelberg: Springer-Verlag 1957

6a. FLÜGGE, S.: Handbuch der Physik, Bd. VIII/1: Strömungsmechanik. Berlin-Göttingen-Heidelberg: Springer-Verlag 1959.

7. GARDINER, K. W.: Flame photometry, aus W. G. BERL: Physical methods of chemical analysis. New York 1956.

8. GATTERER, A., J. JUNKES u. V. FRODL: Spektren der seltenen Erden. Vatikanstadt 1945.

9. — — and E. W. SALPETER: Molecular spectra of metallic oxides. Vatikanstadt 1957.

10. GAYDON, A. G.: Dissociation energies and spectra of diatomic molecules. London 1953.

11. — and H. G. WOLFHARD: Flames, their structure, radiation and temperature. London 1953.

12. — The spectroscopy of flames. London 1957.

13. GEIGER, H., u. K. SCHEEL: Handbuch der Physik Bd. VII: Mechanik der Flüssigkeiten und gasförmigen Körper. Berlin 1927.

14. GORBACH: Mikrochemisches Praktikum aus Anleitungen f. d. chem. Laboratoriumspraxis. Berlin-Göttingen-Heidelberg: Springer-Verlag 1956.

15. GROTRIAN, W.: Graphische Darstellung der Spektren von Atomen und Ionen mit ein, zwei und drei Valenzelektronen. Berlin 1928.

16. HALD, P. M.: Determination with the flame photometer, aus M. B. VISSCHER: Methods in medical research, Vol. IV. pp. 79—105, Chicago 1951.

17. HANLE, W.: Anregung der Spektren. Aus: Hand- und Jahrbuch der chemischen Physik. EUCKEN-WOLF, 9/III. Leipzig 1937.

18. HARLEY, H. J., and S. E. WILBERLY: Instrumental analysis. New York 1954.

19. HERZBERG, G.: Molecular spectra and molecular structure. I. Spectra of diatomic molecules New York 1953.

20. HINSBERG, K., u. K. LANG: Med. Chemie. München — Berlin 1957.

21. HOPPE-SEYLER, D. F., u. W. THIERFELDER: Handbuch der physiologisch- und pathologisch-chemischen Analysen. Berlin-Göttingen-Heidelberg: Springer-Verlag 1959.

22. HUMPHRIES, E. C.: Mineral components and ash analysis, flame photometer, aus: Moderne Methoden der Pflanzenanalyse. Bd. I, 474—476, Edited by PAECH and M. V. TRACEY. Berlin-Göttingen-Heidelberg: Springer-Verlag 1956.

23. IVENSKAYA, N. D.: Spektral'nyĭ analiz. Moskau 1955.

24. IWANTSCHEFF, G.: Das Dithizon und seine Anwendung in der Mikro- und Spurenanalyse. Weinheim 1958.

25. JOST, W.: Explosions- und Verbrennungsvorgänge in Gasen. Berlin 1939.

26. KAYSER, H., bzw. H. KAYSER u. H. KONEN: Handbuch der Spektroskopie (mit Fortsetzungen) Leipzig 1900—1932; dort zahlreiche Literatur über die Flammenspektrophotometrie vor 1900.

27. KIBISOV, G. J., K. H. E. STERIN u. T. O. VREDEN-KOBETSKAYA: Spektral'nyĭ analiz. Moskau 1955.
28. KORTÜM, G.: Kolorimetrie, Photometrie und Spektrometrie. Berlin-Göttingen-Heidelberg: Springer-Verlag 1955.
29. LANDOLT-BÖRNSTEIN: Physikalisch-chemische Tabellen I, 2; 6. Aufl. Berlin: Springer-Verlag 1951.
30. LANGE, B.: Kolorimetrische Analyse. 5. Auflage. Weinheim 1956.
31. LEWIS, B., and G. VON ELBE: Combustion, flames and explosions of gases. New York 1951.
32. — R. N. PEASE and H. S. TAYLOR: Combustion processes. Princeton 1956.
33. LUNDEGÅRDH, H.: Die quantitative Spektralanalyse der Elemente. I. Teil Jena 1929; 2. Teil Jena 1934.
34. — Die Blattanalyse. Die wissenschaftlichen und praktischen Grundlagen einer pflanzenphysiologischen Methode der Bestimmung des Düngerbedürfnisses des Bodens. Jena, 1945.
35. MACHE, H.: Die Physik der Verbrennungserscheinungen. Leipzig 1918.
36. MARGOSHES, M., and B. L. VALLEE: Flame photometry and spectrometry. Principles and applications, aus: D. GLICK: Methods of biochem. anal. Bd. 3, 353. New York 1956.
37. MAVRODINEANU, R., et H. BOITEUX: L'analyse spectrale quantitative par la flamme. Paris 1954.
37a. MEGGERS, W. F.: Chart of the atoms. Chicago 1959.
38. MITCHELL, A. C. G., and M. W. ZEMANSKY: Resonance radiation and excited atoms. New York 1934.
39. MITCHELL, R. L.: Commonwealth Bureau of Soil Science Technical, Communication No. 44. The spectrograpchi analysis of soils, plants and related materials. Harpenden/England 1948.
40. MORITZ, H.: Spektrochemische Betriebsanalyse. Stuttgart 1956.
41. PEARSE, R.W.B., and A. G. GAYDON: The identification of molecular spectra. New York 1950.
41a. POLUEKTOV, N. S.: Schnellanalysenmethoden mit Hilfe der Flammenphotometrie in der farbigen Metallurgie. Moskau 1958 (in russisch).
41b. — Flammenphotometrische Analysenmethoden. Moskau 1959 (in russisch).
41c. RUSANOV, A. K., u. N. V. ILJASOVA: Atlas von Flammen-, Bogen- und Funkenspektren der Elemente. Gosgeoltechnidat. Moskau 1958 (in russisch).
42. SCHEICHEL, L.: Brandlehre und chemischer Brandschutz. 2. Aufl. Heidelberg 1958.
43. SCHELLER, H.: Einführung in die angew. spektrochem. Analyse. Berlin 1960.
44. SEITH, W., u. K. RUTHARDT: Chemische Spektralanalyse. 5. Aufl. v. W. ROLLWAGEN. Berlin-Göttingen-Heidelberg: Springer-Verlag 1958.
45. SHERMAN, J.: Emission spectrography, aus W. G. BERL: Physical methods in chemical analysis. New York 1950.
46. SIMON, H., u. R. SUHRMANN: Der lichtelektrische Effekt und seine Anwendungen. 2. Aufl. Berlin 1958.
47. SOMMERFELD, A.: Atombau und Spektrallinien. 7. Aufl. Braunschweig 1951.
48. STUART, H. A.: Molekülstruktur. (Bestimmung von Molekülstrukturen mit physik. Methoden.) Berlin 1934.
49. TELOH, H. A.: Clinical flame photometry. Springfield, Ill. 1959.
50. THUN, R., R. HERRMANN u. E. KNICKMANN: Handbuch der landwirtschaftlichen Versuchs- und Untersuchungsmethodik (Methodenbuch). Band I. Die Untersuchung von Böden. Radebeul und Berlin 1955.
51. UNSÖLD, A.: Physik der Sternatmosphären. 2. Aufl. Berlin-Göttingen-Heidelberg: Springer-Verlag 1955
52. VALLEE, B. L.: A synopsis of the instrumentation and principles of flame spectrometry, aus: Methods of trace analysis (Editor JOHN H. YOE). New York 1956.
53. WEST, W.: Chemical application of spectroscopy. New York 1957.
54. WESTPHAL, W. H.: Physik. Berlin-Göttingen-Heidelberg: Springer-Verlag 1947.
55. WHYTLAW-GRAY, R.: Smoke, a study of aerial disperse systems. London 1932.
56. WILLARD, H. H., L. L. MERRIT, jr., and J. A. DEAN: Instrumental methods of analysis. New York 1951.
57. ZAĬDEL, A. N., V. K. PROKOF'EV and S. M. RAISKI: Tables of spectrum lines. Berlin 1955.
58. ZWORYKIN, V. K.: Photoelektrische Zellen. Berlin-Göttingen-Heidelberg: Springer-Verlag 1958.

b) Einzeldarstellungen

59. ABRESCH, K., u. W. DOBNER: Erfahrungen mit der Flammenspektrometrie bei der Bestimmung von Ca und Mg im Eisenhüttenlaboratorium. Arch. Eisenhüttenwes. **29**, 25 (1958).
60. Acetylenverordnung. Bonn 1947.
61* ADAMS, F., and R. D. ROUSE: Use of an anion exchange resin to eliminate anion interference in Ca determination by flame photom. Soil Sci. **83**, 305 (1957).
62. ADDINK, N. W. H.: Leitprobenfreie Verfahren. Mikrochim. Acta (Wien) **1955**, 703.
63. ALKEMADE, C. T. J.: Effects of ionization in an acetylene flame. Physica **18**, 933 (1952).
64. — J. SMIT and J. C. M. HATTINGA-VERSCHURE: A further contribution to the development of the flame photometric determination of sodium and potassium in blood serum. Biochim. biophysica Acta (Amsterdam) 8, 562 (1952).
65* — A contribution to the development and understanding of flame photometry. Diss. Utrecht 1954.
66. — and J. M. W. MILATZ: A double-beam method of spectral selection with flames. Appl. sci. Res. B **4**, 289 (1955). u. J. Opt. Soc. Amer. **45**, 583 (1955).
67* — The influence of flame characteristics on the emission. Coll. Spectr. Int. VI. Amsterdam 1956.
68. — und M. E. J. JEUKEN: Zur Frage des Aluminiumeinflusses auf die Calciumemission in der Flamme. Z. analyt. Chem. **158**, 401 (1957).
69. — and W. J. LAVÈN: A null instrument for accurate measurements of small a.c. currents. Appl. sci. Res. B **6**, 337 (1957).
70. — und M. H. VOORHUIS: Zur Frage des Phosphoreinflusses auf die Calciumemission in der Flamme. Z. analyt. Chem. **163**, 91 (1958).
71. — Über den Mechanismus einiger Beeinflussungen in der Flammenphotom. Coll. Spectr. Int. VIII, Luzern 1959.
72. ALLAN, J. E.: Atomic absorption spectrophotometry with special reference to the determination of Mg. Analyst **83**, 466 (1958).
72a. — The determination of iron and manganese by atomic absorption. Spectrochimica Acta **10**, 800 (1959).
73. American Public Health Association: Flame photometric method, in: „Standard methods for the examination of water, sewage and industrial wastes.“ 10th ed. 191 (1955).
74. American Society for Testing Materials: A.S.T.M. method for cement by flame photom. Am. Soc. Testing Materials Philadelphia, A.S.T.M. standards on cement (with related information). Designation C 228—49T, 57 (1952).
75. — — — — Proposed method of test for residual fuel oil by flame photometer. Amer. Soc. Testing Materials, Proc. **53**, 372 (1953).
76. — — — — American Soc. Testing Materials methods for emission spectrochemical analysis 2nd Ed. Philadelphia 1957.
77. ANGOT, J.: Séparation et dosage de traces de Na contenues dans des sels de K. Microchim. Acta (Wien) **1959**, 346.
78. Anonym: Flame photometer in clay analysis. (A new rapid method for alkali determination.) Brit. Clay Worker. September 1955.
79. — Use of perchloryl fluorine in flame photom. Analytic. Chem. **30**, 1160 (1958).
80. — Automatic flame photometer. Anal. Chem. **31**, 111 A (11), (1959).
81. ARCHIBALD, R. M.: Clinical chemistry. Analytic Chem. **27**, 677 (1955).
81a AVNI, R., and C. T. J. ALKEMADE: The rôle of some organic solvents in flame photometry, Mikrochim. Acta **1960**, 460.
82. Baird Associated, Inc. (Cambridge 38, Mass., USA): A survey on flame photom. Better Analysis, Newsletter **4** (1954), and Bulletin 37.
83. BAKER, G. L., and L. H. JOHNSON: Effects of anions on calcium flame emission in flame photometry. Analytic. Chem. **26**, 465 (1954).
84. BAKER, M. R., and B. L. VALLEE: Cyanogen-oxygen flame as a spectrochemical source. J. opt. Soc. America **45**, 773 (1955).
85. — K. FUWA, R. E. THIERS and B. L. VALLEE: Spectral excitation in high temperature flames as a function of sample flow. J. opt. Soc. America **48**, 576 (1958).
85a. — and B. L. VALLEE: A theory of spectral excitation in flames as a function of sample flow. Anal. Chem. **31**, 2036 (1959).

86. Baker, R. W. R.: The determination of Ca in serum by flame photometer. Biochem. J. 59, 566 (1955).
87. Baldwin Instr. Co Ltd.: Flammenphotometer. Brockland Works, Dartford/Kent G. B.
88.* Bannerjee, S. K.: Flame photom. as a quantitative technique in ceramic laboratories. Indian. Ceram. 3, 165 (1956).
89. Barnes, H.: The analysis of sea water. A review. Analyst 80, 573 (1955).
90. Barnes, R. B., D. Richardson, J. W. Berry and R. L. Hood: Flame photometry, a rapid analytical procedure. Ind. Engng. Chem., analyt. Edit. 17, 605 (1945).
91. Bartlet, J. C., C. G. Farmilo and L. J. Pugsley: Determination of the origin of opium by means of the composition of the ash. Analytic. Chem. 27, 320 (1955).
92. Baumann, R., u. R. Herrmann: Mikroanalyse des Serum-Elektrolytgehaltes aus dem Capillarblut. Z. exp. Med. 120, 172 (1953).
93. — — Erfahrungen mit der Mikromethode bei fortlaufenden Bestimmungen von Na, K und Ca im Serum der lebenden Ratte. Z. exp. Med. 124, 404 (1954).
94. — — Über Konzentrationsänderungen von Na, K und Ca im Blut in Abhängigkeit von der Temperatur. Ärztl. Wschr. 1954, 902.
95. — — u. R. Metzger: Über Fehler bei der Bestimmung der Elektrolyte Na, K und Ca im menschlichen Serum. Ärztl. Wschr. 1954, 204.
96. Bauserman, H. M., and R. R. Cerney: Flame spectrophotometric determination of sodium and potassium. Analytic. Chem. 25, 1821 (1953).
97. Beauchene, R. E., A. D. Berneking, W. G. Schrenk, H. L. Mitchell and R. E. Silker: The quantitative estimation of amino nitrogen by determination of bound Cu with the flame photometer. J. biol. Chem. 214, 731 (1955).
98. Becker, F.: Über die Anwendung der Flammenspektrophotometrie in der Analyse von Zementen und verwandten Stoffen. Zement-Kalk-Gips 4, 93 (1951).
99. Beckman-Bull. 167-F. Beckman Instr. Inc. South Pasadena/Calif. 1950.
100. — — 259. Beckman Instruments Inc. South Pasadena/Calif. 1951.
101. — — 10, 3 (1953) Beckman Instr. Inc. South Pasadena/Calif.
102. Beckman Instruments, Inc. (Fullerton, Calif., USA u. München 45): Beckman Model B. A photometer makes possible the routine analysis of Na and K oxides in glass melt. Appl. Data, B-14-C.
103. — — Beckman spectrophotometer solves 8 food processing problems. Appl. Data, DU-4-F.
104. — — Beckman flame photometer cuts MgO analysis time for 12 samples from hours to 3 hours. Appl. Data, DU-6-C.
105. — — New flame photometric method for Na and K in serum. Appl. Data, DU-12-B.
106. — — Rapid flame analysis cuts chemical losses in paper pulp mill. Appl. Data, DU-23-P.
107. — — Beckman flame spectrophotometer increases accuracy and enables rapid determination of traces of Cu, Fe and Mg in plant nutrient solutions. Appl. Data, DU-24-A.
108. — — Analysis of glass and its raw materials. Beckman application information I D 516 (1956).
109. — — Notes on the new flame unit for the Beckman model DU quartz spectrophotometer. Beckman Bull. 7, 4 (1952).
110. — — Detection limits in parts per million and the principal emisson lines of twenty-five metallic elements for the Beckman flame spectrophotometers with phototubes and multiplier phototubes. The Beckman Bull. 7, 6 (1952).
111. Beckman: New flame photometer speeds, simplifies Na and K analysis. Beckman Bull. 16, 1 (1955).
112. Beckman Instruments, Inc.: The new Beckman 9200 flame attachment for the Model DU spectrophotometer. Beckman Bull. 167 (1950).
113. — — Beckman flame spectrophotometer. Bulletin 167-E.
114. — — Instructions for serving the Beckman 10300 flame attachment. Bulletin 211.
115. — — Instructions for the Beckman Model B flame attachment. Bull. 278, 1951.
116. — — Flame analysis by Beckman. Beckman Bull. 325 (1954).
117. — — Emission characteristics of typical elements determinable by flame photom. Data Sheet 3 (1952).
118. — — Beckman flame attachment simplified and improved. Laboratory 20, 32 (1950).

119. Beckman: Flame attachment for model DU Beckman spectrophotometer. Laboratory **21**, 74 (1951).
120. Beckman Instruments, Inc.: Removal of anion interference in flame spectrophotom. Beckman techn. data 80842 (1955).
121. — — Flame spectrophotom. in agronomy. Beckman techn. data 80845 (1955).
122. — — Qualitative determination of metals by flame spectrophotom. Beckman techn. data 80847 (1955).
123. — — Na and K determination in human blood serum by flame photom. Beckman techn. data 80860 (1956).
124. — — Determination of Na and K in biological materials. Beckman techn. data 80861 (1956).
124a. Beckman: The determination of Ca in blood serum. Technical Data DU-70-B (T), 1957.
125.* Beckmann, E., u. P. Waentig: Photometrische Messungen an der gefärbten Bunsenflamme. Z. physik. Chem. **68**, 385 (1910). Dort zahlreiche Literaturhinweise über die davorliegende Zeit.
126.* Beeghly, H. F.: Ferrous metallurgy. Analytic. Chem. **29**, 638 (1957).
127. Belcher, H., and T. M. Sugden: Studies on the ionization produced by metallic salts in flames. II. Reactions governed by ionic equilibria in coal-gas/air flames containing alkali metal salts. Proc. Roy. Soc. London A **202**, 17 (1950).
128. Belke, J., u. A. Dierkesmann: Eine flammenphotometrische Methode zur Bestimmung von Natrium, Kalium und Calcium in biologischen Flüssigkeiten. Naunyn-Schmiedebergs Arch. exp. Path. Pharmakol. **205**, 629 (1948).
129. Benzon, V. M., and J. L. Kassner: Flame spectrometric determination of lithium in lithium minerals. Analytic. Chem. **26**, 1855 (1954).
130. Bernhardt, D., u. R. Herrmann: Verbesserungsvorschläge für die flammenphotometrische Serum-Calcium-Analyse. Ärztl. Wschr. **10**, 61 (1955).
131. Bernstein, R. E.: The estimation of serum K and Na by means of the internal standard flame photometer. South African J. med. Sci. **14**, 163 (1949).
132. — Serum K by internal standard flame photom. Nature (London) **165**, 649 (1950).
133. — Correction of sources of error in the estimation of Na, K, Ca in biol. fluids and tissues by flame spectrophotometry. Biochim. biophysica Acta (Amsterdam) **9**, 576 (1952).
134* — The determination of K and Na in biological fluids by flame spectrophotom. South African J. med. Sci. **17**, 101 (1952).
135. — The K, Na and Ca contents of gastric juices. I. Normal values. J. Lab. clin. Med. **40**, 707 (1952).
136. — Serum and plasma preparation for K analysis: effects of anticoagulants, storage, time and temperature before separation and haemolysis. South African J. med. Sci. **18**, 99 (1953).
137. — Flame analysis of Na and K in small volumes of serum, heparized plasma and cerebrospinal fluid. Amer. J. clin. Pathol. **23**, 933 (1953).
138. — Sources of interferences in flame spectrometric estimation of Ca and Mg in biological fluids and tissues. Colloq. Spectrosc. Int. VI. Amsterdam 1956.
139* — The rôle of atomization in the accurate flame-photometric determination of cations in biological fluids. South African J. med. Sci. **20**, 57 (1955).
139a. Bernstein, R. E.: Internal standardisation with Li, its use in flame photometry for biological specimens. S. Afr. J. med. Sci. **23**, 103 (1958).
140. Berry, J. W., D. G. Chappell and R. B. Barnes: Improved method of flame photometry. Ind. Engng. Chem., analyt. Edit. **18**, 19 (1946).
140a. Beukelman, T. E., and S. S. Lord: The standard addition technique in flame spectrometry. Appl. Spectroscopy **14**, 12 (1960).
141. Biffen, F. M.: Sodium and potassium determination in refractory materials, using flame photometer. Analytic. Chem. **22**, 1014 (1950).
142. Billings, D.: Determination of Ca in glass by flame photom. Glass Industry **36**, 255 (1955).
143.* Bills, Ch. E., F. G. McDonald, W. Niedermeyer and M. C. Schwartz: Reduction of error in flame photometry. Analytic. Chem. **21**, 1076 (1949).

144. BLACK, I. A., and E. SMITH: Routine determination of exchangeable bases in soils by the LUNDEGÅRDH Flame Spectrographic Method. J. Sci. Food. Agr. **1**, 201 (1950).
145. BODE, H., u. H. FABIAN: Organische mit Wasser nicht mischbare Lösungsmittel in der Flammenphotom. Fresen. Z. analyt. Chem. **162**, 328 (1958).
146. — — Zur flammenphotometrischen Bestimmung des Cu. Z. analyt. Chemie **163**, 187 (1958).
146a. — — Zur flammenphotometrischen Bestimmung der Elemente Gallium, Indium, Thallium. Z. analyt. Chem. **170**, 387 (1959).
147. BOERS, A. L., C. T. J. ALKEMADE and J. A. SMIT: The yield of resonance fluorescence of Na in a flame. Physica **22**, 358 (1956).
148. BOESCHOTEN, F., J. M. W. MILATZ and C. SMIT: The application of photo-multiplier tubes to the detection of weak light intensities. Physica **20**, 139 (1954).
149. BOHNSTEDT, R. M., R. HERRMANN, R. BAUMANN u. H. FÜLLER: Flammenphotometrische Kalium-Calcium-Untersuchungen im Serum von Ekzematikern und Gesunden. Ärztl. Forsch. **7**, I, 82 (1953).
149a. BOLLE-JONES, E. W., V. R. MALLIKARJUNESWARA and K. RATNASINGAM: Flame photometric determination of potassium and calcium and the chemical estimation of phosphorus magnesium and manganese in leaves of hevea. J. Rubber Res. Inst. Malaya **15**, 86 (1957).
149b. BOLT, W., H. v. MALLINCKRODT, H. VALENTIN u. H. VENRATH: Methodische und fehlerkritische Betrachtung der flammenphotometrischen Bestimmung von Natrium, Kalium und Calcium im menschlichen Serum. Z. ges. exp. Med. **126**, 526 (1956).
149c. BOND, R. D., and H. C. T. STACE: The transmission characteristics of some interference filters for use in flame photometry. Analyst **83**, 679 (1958).
149d. — and J. T. HUTTON: The use of sulphuric acid to depress the interference of calcium in the determination of sodium with an E. E. L. flame photometer. Analyst **83**, 684 (1958).
150. BOSCH, H.: Über die flammenphotometrische und komplexometrischen Möglichkeiten zur Bestimmung kleiner Gehalte an Ca und Mg in Silikaten. Tonindustrie-Ztg. **81**, 7 (1957).
151. BOVAY, E.: Dosage de K, Ca, Mg, Na dans les cendres végetales par spectrophotométrie de flamme et dosage de N-total par semi-micro destillation. Mitt. Lebensmittelchem. u. Hygiene **46**, 540 (1955).
152. BOYCKS, E. C.: Instrumental studies in flame-spectrometry. Diss. Wisconsin 1955.
153. BOYLE, A. J., T. WHITEHEAD, E. J. BIRD and T. M. BATCHELOR: The use of the emission spectrograph for the quantitative determination of Na, K, Ca, Mg and Fe in plasma and urine. J. Lab. clin. Med. **34**, 625 (1949).
154. BRABSON, J. A., and W. D. WILHIDE: Flame photometric determination of calcium in wet process phosphoric acid. Analytic. Chem. **26**, 1060 (1954).
155. — — Flame photometric determination of Ca in wetprocess phosphoric acid. Analytic. Chem. **26**, 1663 (1954).
156. BRAICOVICH, L., et M. F. LANDI: Détermination du Na par spectrophotométrie de flamme dans l'oxyde d'aluminium. Colloq. Spectr. Intern. VI, Amsterdam 1956.
157. BREALEY, L., and R. E. ROSS: Flame photometers, a description of two instruments. Analyst **76**, 334 (1951).
158. — The determination of potassium in fertilizers by flame photometry. Analyst **76**, 340 (1951).
159. — D. C. GARRAT and K. A. PROCTOR: The application of emission spectrography to pharmaceutical analysis. J. Pharmacy Pharmacol. **4**, 717 (1952).
160. BRECH, F.: A multi-channel flame spectrometer. Spectrochim. Acta **8**, 125 (1956).
161. BREWSTER, D. A., and C. J. CLAUSEN JR.: Sodium content in aluminium speedily analysed. Iron Age **166**, 88 (1950).
162. BRICKER, C. E., W. A. DIPPEL and N. H. FURMAN: Studies in flame photom.; the determination of B. Nuclear Sci. Abstr. **6**, 212 (1952).
163. BRITE, D. W.: Flame photom. of organic phosphorus. Analytic. Chem. **27**, 1815 (1955).
164.* BRODERICK, E. J., and P. G. ZACK: Flame spectrophotom. for determination of Na, K and Li in glass. Analytic. Chem. **23**, 1455 (1951).

164a. BRODY, K. J.: Some applications of photomultiplier tubes to spectrographic analysis. J. Opt. Soc. Amer. **42**, 408 (1952).

165. BROWN, J. G., O. LILLELAND and R. K. JACKSON: Use of flame methods for the analysis of plant material for potassium, calcium, magnesium and sodium. Proc. Amer. Soc. Horticult. Sci. **56**, 12 (1950).

166. BRUMBAUGH, R. J., and W. E. FAMUS: Determination of lithium in spodumene by flame photometry. Analytic. Chem. **26**, 463 (1954).

167. BRYAN, H. A., and J. A. DEAN: Extraction and flame spectrophotometric determination of Cr. Analytic. Chem. **29**, 1289 (1957).

168. BUELL, B. E.: A direct flame photometric determination of B in organic compounds. Analytic. Chem. **30**, 1514 (1958).

169. BULEWICZ, E. M., C. G. JAMES and T. M. SUGDEN: Photometric investigations of alkali metals in hydrogen flame gases. II. The study of excess concentrations of hydrogen atoms in burnt gas mixtures. Proc. Roy. Soc. London A **235**, 89 (1956).

170. — Flame spectrum of barium: Red and infra-red bands. Nature (London) **177**, 670 (1956).

171. — and T. M. SUGDEN: Spectrometric measurements of the concentrations of free radicals in hydrogen flames. Coll. Spectr. Int. VI, Amsterdam 1956.

172. BUNGE, W., u. R. NEUBER: Tabellen zur Berechnung flammenphotometrischer Serienanalysen. Chem. Techn. **8**, 733 (1956).

173. BURRÍEL-MARTÍ, F., and J. RAMÍREZ-MUÑOZ: Methods of previous concentration in the spectrochemical determination of trace elements. Mikrochem. verein. Mikrochim. Acta **1951**, 495.

174. — — et M. C. ASUNCIÓN-OMARREMENTERIA: Application de la photométrie de flamme à l'analyse des éléments différents aux alcalins et alcalino-terreux. Mikrochem. verein. Microchim. Acta **1956**, 362.

175. — Problèmes actuels que présente la chimie analytique de quelques éléments à l'état de trace. XV Congrès int. Chim. pure et appl. p. 71. Lissabon 1956.

176. — J. RAMÍREZ-MUÑOZ and M. C. ASUNCIÓN-OMARREMENTERIA: Interferences of three elements in flame-photometry. Anal. chim. Acta **17**, 545 (1957).

177. — — M. O. L. REXACH, and M. DE LIZARDUY: Flame photometric determination of sulfate ion. Anal. chim. Acta **17**, 559 (1957).

178. CADLE, R. D., and P. L. MAGILL: Preparation of solid and liquid-in-air suspensions. Ind. Engng. Chem., analyt. Edit. **43**, 1331 (1951).

179. CALKER, J. VAN: Über Wechselwirkungseffekte der Legierungsbestandteile bei der Leuchtanregung von Messinglegierungen, sowie analoge Effekte zwischen den gleichzeitig in einer Flamme angeregten Substanzen und ihre quantitative Behandlung. Coll. Spectr. Int. VIII, Luzern 1959.

180. CALCOTE, H. F.: Mechanisms for the formation of ions in flames. Combustion and Flame **1**, 385 (1957).

180a. CANDLER, C.: A linear-plate characteristic and an intensity scale. Spetrochim. Acta **8**, 262 (1956).

181. CARAWAY, W. T., and H. FANGER: Ultramicro procedures in clinical chemistry. Amer. J. clin. Path. **25**, 317 (1955).

182. CATON, R. D., and R. W. BREMNER: Some interferences in flame photometry. Analytic. Chem. **26**, 805 (1954).

182a. COHAJ, N. S., and S. L. MANDELSTAM: On influences upon the intensity of spectral lines in the spectrum of flame. Optika i spectroskopija **7**, 141 (1959).

183. CENCELJ, J.: Die indirekte flammenphotometrische Aluminiumbestimmung. Coll. Spectr. Int. VI, Amsterdam 1956.

184. CHANEY, A., and A. BECKMAN: New flame photometric method for sodium and potassium in serum. Applic. Data for Beckman Instr. DU-12-B (1953).

185. — Interference-free calcium determinations in biological materials, developed with Beckman flame photometer. Beckman Reprint DU-9-B (1953).

186. CHARTON, M., and A. G. GAYDON: Band spectra emitted by Sr and Ba in arcs and flames. Proc. physic. Soc. A **69**, 520 (1956).

187. CHEN, P. S., and T. Y. TORIBARA: Determination of Ca in biol. materials by flame photom. Analytic. Chem. **25**, 1642 (1953).

188. CHEN, E. S., and T. Y. TORIBARA: Some errors in the determination of calcium in aged blood serum, eliminated by flame photometry. Analytic. Chem. **26**, 1967 (1954).
189. CHOW, T. J., and T. G. THOMPSON: Flame photometric determination of strontium in sea water. Analytic. Chem. **27**, 18 (1955); **27**, 910 (1955).
190* CHRISTIANSON, G., R. JENESS and S. T. COULTER: Determination of ionized calcium and magnesium in milk. Analytic. Chem. **26**, 1923 (1954).
191. CLARK, R. O., and L. R. PRITCHARD: Introduction to symposion in flame photometry. Amer. Soc. Testing Materials, Techn. Publ. No. 116, 1 (1951).
192. CLOSE, P., E. SMITH and M. T. WATSON JR.: Determination of magnesium oxide by hydrogen flame spectrophotometry. Analytic. Chem. **25**, 1022 (1953).
193. — and M. T. WATSON JR.: Determination of K in glass with the hydrogen flame photometer. J. Amer. Ceram. Soc. **37**, 235 (1955).
194. CLOUSTON, J. G., A. G. GAYDON and I. I. GLASS: Temperature measurements of shock waves by the spectrum-line reversal method. Proc. roy. Soc. London A **248**, 429 (1958).
195. COBINE, J. D., and D. A. WILBUR: Electronic torch. Electronics **1951**, 92.
196. Coleman Instruments, Inc. (Maywood, Ill. USA).: Coleman tools for science. Bull. B-228, 26 (1954).
197. COLLINS, G. C., and H. POLKINHORNE: An investigation of anionic interference in the determination of small quantities of K and Na with a new flame photometer. Analyst **77**, 430 (1952).
198. CONRAD, A. L., and W. C. JOHNSON: Flame photometer techniques. Analytic. Chem. **22**, 1530 (1950).
199. CONWAY, J. B., W. F. R. SMITH, W. J. LIDDELL and A. V. GROSSE: The production of flame temperature of 5000° K. J. Amer. chem. Soc. **77**, 2026 (1955).
199a. COOLEY, M. L.: Determination of calcium in feeds by flame photometry. Cereal Chem. **30**, 39 (1953).
200. COX, D. S.: Flame photom. and (absorption) spectrophotometry can play a bigger rôle in analytical paint control. Canad. Paint Varnish Mag. **29**, 10, 42 (1955).
201. CROSS, J. T.: Determination of lithium in water by flame spectrophotometry. J. Amer. Water Works Ass. **43**, 50 (1951).
202. CURTIS, G. W., H. E. KNAUER and L. E. HUNTER: The effects of organic solvents on the flame photometric emission of certain elements. Amer. Soc. Testing Materials, Symposium on Flame Photometry, Techn. Publ. **116**, 67 (1951).
203. DALLAVALLE, J. M., C. ORR JR. and H. G. BLOCKER: Fitting bimodal particle size distribution curves. Ind. Engng. Chem. **43**, 1377 (1951).
203a. DAVID, D. J.: Determination of zinc and other elements in plants by atomic-absorption spectroscopy. Analyst **83**, 655 (1958).
203b. DAVIS, S.: A flame photometric method for the determination of plasma magnesium after hydroxyquinoline precipitation. J. biol. Chem. **216**, 643 (1955).
204. — and J. H. SIMPSON JR.: The determination of serum bicarbonate by flame photom. J. biol. Chem. **219**, 885 (1956).
205. DEAL, B. S.: Flame photometric determination of sodium and potassium in zinc cadmium sulfide phosphors. Analytic. Chem. **26**, 598 (1954).
206. DEAN, J. A., and C. THOMPSON: Flame photometric study of boron. Analytic. Chem. **26**, 1855 (1954); **27**, 42 (1955).
207. — Flame photometric determination of copper in nonferrous alloys. Analytic. Chem. **26**, 1855 (1954); **27**, 1224 (1955).
208. — and J. H. LADY: Application of organic solvent extraction to flame photometry. Analytic. Chem. **27**, 1533 (1955).
209. — and J. C. BURGER JR.: Flame spectrophotometric determination of Fe in siliceous materials. Analytic. Chem. **27**, 1052 (1955).
210. — and J. H. LADY: Flame spectrophotometric determination of Cu in ferrous alloys. Analytic. Chem. **28**, 1887 (1956).
211. — and J. C. BURGER JR.: Flame spectrometric study of Ba. (Vortragsreferat) Spectrochim. Acta **9**, 172 (1957).
212. — and C. CAIN JR.: Flame spectrometric determination of Cu, Ni and Mn in aluminium base alloys. Analytic. Chem. **29**, 530 (1957).

212a. Dean, J. A., and M. B. Carnes: The role of organic solvents in flame photometry. 10th Annual Pittsburgh conference on analytical chemistry and applied spectroscopy. March 1959.

213. Debras, J., et I. A. Voinovitch: L'effet exercé par l'E.D.T.A. sur l'émission du strontium dans la flamme oxyacétylénique en présence d' éléments perturbateurs. Coll. Spectr. Int. VII, Lüttich 1958, in Rev. univ. Mines **15**, 408 (1959).

214. — — Dosage des ions Li, Na et K dans les silicates, par photométrie de flamme. Bull. Soc. franç. Céram. **38**, 77 (1958).

215. — — Spectrophotométrie. — Sur les possibilités de détection de la formation de certains composés du Sr par spectrophotométrie de flamme. C. R. Acad. Sci. (Paris) **247**, 2328 (1958).

216. — — Etude de l'émission du Sr dans la flamme oxyacétylénique en présence de Ca, Mg, Ba, Na, K et Li. Chem. Analit. **3**, 303 (1958).

217. — — Dosage direct du Sr par spectrophotométrie de flamme en présence des éléments perturbateurs (Al, Ti, Fe, Ca, Mg, Na, K, Li). C. R. Acad. Sci. (Paris) **248**, 77 (1959)

218. Debras-Guédon, J., et I. A. Voinovitch: Dosages directs et simultanés de Sr, Ca, Na, K et Li en présence d'Al, Fe, Ti et Mg par spectrophotométrie de flamme. C. R. Acad. Sci. (Paris) **248**, 3421 (1959).

219. — — Dosage direct de Sr, Ca, K, Li, Na par spectrophotométrie de flamme. Coll. Spectr. Int. VIII, Luzern 1959.

219a. — — Dosage direct de l'aluminium dans les silicates par spectrophotométrie de flamme. C. R. Acad. Sci. (Paris) **249**, 242 (1959).

220. Demoulin, R., et L. Léger: Dosage rapide du sodium dans les verres par spectrophotométrie de flamme. Verres et Réfractaires **7**, 331 (1953).

221. Denson, J. R.: Flame photometric determination of electrolytes in tissue and of calcium in serum. J. biol. Chem. **209**, 233 (1954).

222. Diamond, J. J., and L. Bean: Use of the Beckman and Perkin-Elmer flame photometers for the determination of alkalies in portland cement. Symposion on Flame Photometry, Amer. Soc. Testing Materials, Techn. Publ. 116, 28 (1951).

223. — and B. Bean: Flame photom. of alkalies and alkaline earths. Am. Soc. Testing Materials, Reprint 128 (1951).

224. — and L. Bean: Improvements in flame photometric determination of sodium in portland cement. Analytic. Chem. **25**, 1825 (1953).

225. — Flame photometric determination of Sr in portland cement. Analytic. Chem. **27**, 913 (1955).

226. — Flame photometric determination of Mn in cement. Analytic. Chem. **28**, 328 (1956).

227. Diederichsen, J., and H. G. Wolfhard: Spectrographic examination of gaseous flames at high pressure. Proc. roy. Soc. London A **236**, 89 (1956).

228.* Dippel, W. A.: A fundamental study of analytical flame photometry. Diss. Princeton 1954. (81 Zitate).

229. — C. E. Bricker and N. H. Furman: Flame photometric determination of phosphate. Analytic. Chem. **26**, 553 (1954).

230. — — Flame photometric determination of Mn. Analytic. Chem. **27**, 1484 (1955).

231. Dobner, W.: Flammenphotometrische Bestimmung von Ca und Mg in Schlacken. Zement, Kalk, Gips **10**, 388 (1957).

232. Doiwa, A.: Welche Faktoren bestimmen die Genauigkeit der flammenphotometrischen Alkali- und Erdalkalianalysen? Dipl. Arbeit Frankfurt a. M., 1955.

233. — Das Problem der „dritten Partner" in der Flammenspektrom. Diss. Frankfurt a. M. 1956.

234. Domange, L., et S. Longuevalle: La photométrie de flamme. Revue gén. Sci. **58**, 7 (1952)

234a. Dorche, J., M. Rollet et C. Costet: Application de la spectrophotométrie de flamme à l'analyse des médicaments. I et II. Ann. pharm. franç. **13**, 283, 288 (1955).

235. Dreisbach, R. H.: Simplified recording photometer for flame analysis. Analytic. Chem. **31**, 479 (1959).

235a. Dryer, R. L.: Semi-micro flame photometry of serum sodium and potassium. Clin. Chem. **2**, 112 (1956).

236. Dubbs, C. A.: Increased sensitivity for the Perkin-Elmer flame photometer. Analytic. Chem. **24**, 1654 (1952).
237. Dulce, H. J.: Flammenphotometrische Bestimmung von Ca und Mg im Harn. Hoppe-Seylers Z. physiol. Chem. **302**, 102 (1955).
238. Dutina, D.: Estimation of boron-10 burnup by flame photometric lithium determination. Analytic. Chem. **30**, 2006 (1958).
238a. Eckhard, S., u. A. Püschel: Volumen-, Temperatur- und Intensitätsmessungen an Knallgasflammen. Z. analyt. Chem. **172**, 334 (1960).
239. Edgcombe, L. G., and D. R. Hewett: A rapid flame-photometric method for the determination of Ca in coal ash and coke ash. Analyst **79**, 755 (1954).
240. Edgerton, J. H., H. G. Davis, L. C. Henley and M. T. Kelley: Filter system for radioactive exhaust from flame spectrophotometer. Analytic. Chem. **28**, 557 (1956).
241. Eggertsen, F. T., G. Wyld and L. Lykken: Control of interferences caused by acids and salts in the flame photometric determination of sodium and potassium. Symposion on flame photometry, Amer. Soc. Testing Materials, Techn. Publ. 116, 52 (1951).
242. Ehrsam, H.: Zur Kenntnis der Flammenphotometrie von Alkalisalzen. Diss. Zürich 1951.
243. Eichhoff, H. J., u. E. Mainka: Über die Genauigkeit spektrochemischer Additionsverfahren. Mikrochem. verein. Microchim. Acta **1955**, 298.
244. Eichler, B.: Photometrische Untersuchungen an Zementen. Eine vereinfachte amerikanische Methode der Alkalibestimmung. Chem. Age **62**, 857 (1950).
245. Elektronest: Anleitung zum Flammenphotometer nach Dr. Schuhknecht, Ottenhausen-Saarbrücken.
246. Elert, B. T.: A flame photometric method for Ca determination by direct serum dilution and comparison with the permanganate titration method. Amer. J. Med. Technol. **21**, 297 (1955).
247. Ellestad, R. B., and E. L. Horstman: Flame photometric determination of Li in silicate rocks. Analytic. Chem. **27**, 1229 (1955).
248. Elliot, H. C., and H. L. Holley: Serum sodium and potassium values in 400 normal human subjects, determined by the Beckman flame photometer. Amer. J. clin. Path. **21**, 831 (1951).
249. Elliot, F. H.: Determination of the characteristics of a flame photometer and effects of interfering substances. Canad. J. Technol. **29**, 111 (1951).
250. Engström, R. W.: Multiplier-phototube-characteristics: Application to low light levels. J. opt. Soc. Amer. **37**, 420 (1947).
251. Erdey, L., u. Gy. Svehla: Bestimmung von Ca-Ionen durch flammenphotometrische Titration. Z. analyt. Chem. **154**, 406 (1957).
252. Eshelman, H. C., J. A. Dean, O. Menis and T. C. Rains: Extraction and flame spectrophotometric determination of Al. Analytic. Chem. **31**, 183 (1959).
253. Ettre, K., u. J. Adám: Flammenphotometrische Bestimmung der Erdalkalimetalle bei Anwesenheit von Fremdmetallen. Fresen. Z. analyt. Chem. **155**, 105 (1957).
254. Evans Electroselenium Ltd., Harlow, Essex, England: Flame photometer. J. sci. Instruments **29**, 381 (1952); **30**, 216 (1953).
255. Exley, D., and D. Sproat: An ultra-micro flame spectrophotometer. J. sci. Instruments **35**, 202 (1958).
255a. Fabrikova, E. A.: Erhöhung der Empfindlichkeit und Genauigkeit der flammenphotometrischen Caesiumbestimmung in Mineralien. Z. anal. Chim. **14**, 41 (1959).
256. Fields, M., P. J. T. King, J. R. Richardson and L. D. Swindale: Estimation of exchangeable cations in soils with the Beckman flame spectrophotometer. Soil Sci. **72**, 219 (1951).
257. Filcek, M.: Die flammenphotometrische Calciumbestimmung im Serum. Ärztl. Lab. **4**, 118 (1958).
258. — Die Ausschaltung des Phosphateinflusses bei der flammenphotometrischen Ca-Bestimmung. Z. Pflanzenernähr., Düng., Bodenkunde **85**, 112 (1959).
259. Fink, A.: Die Verwendung alkoholischer Lösungen bei der flammenphotometrischen Analyse. Mikrochem. verein. Microchim. Acta **1955**, 314.

260. Fischer, J.: Die Anwendung physikalischer Methoden in der chemischen Analyse des Glases. Vortrag auf der 23. Glastechn. Tagung München 24. 5. 1949. Glastechn. Ber. **22**, 390 (1949).
261. — u. H. Zettler: Erfahrungen mit dem Flammenphotometer nach Riehm-Lange. Chemie-Ingenieur-Technik **24**, 146 (1952).
262. — — Beiträge zur Flammenspektrometrie. Angew. Chem. **65**, 569 (1953).
263. — u. A. Doiwa: Die verschiedenartigen Störungen in der Flammenspektrometrie und ihre Ausschaltung durch Normalisatoren. Colloq. Spectroscop. Int. VI, Amsterdam 1956.
264. — — Zum Problem der Partner bei der Flammenspektrometrie. Mikrochem. verein. Microchim. Acta **1956**, 353.
264a. Fisher, A. M., u. A. J. Finkelstein: Flammenphotometrische Kaliumbestimmung in Natriumsalzen. Zavod. lab. **23**, 788 (1957).
265. Foote, P. D.: Optics in the oil industry. J. opt. Soc. Amer. **42**, 886 (1952).
266. Ford, C. L.: Determination of Na and K oxides by flame photom. in portland cement raw materials and mixtures and similar silicates. Analytic. Chem. **26**, 1578 (1954).
266a. Ford, C. L.: Successive determination of manganese, sodium und potassium in cement by flame photometry. Bull. A. S. T. M. Nr. 233, 57 (1958).
267. Ford, O. W.: Determination of potash in fertilizers. J. Ass. Off. Agr. **33**, 268 (1950); **34**, 660 (1951); **35**, 674 (1952); **36**, 649 (1953); **37**, 363 (1954); **38**, 444 (1955); **39**, 598 (1956); **40**, 722 (1957).
268. Fornwalt, D. E.: A flame spectrophotometric method for the determination of Ni and B in plating solutions. Analyt. chim. Acta **17**, 597 (1957).
268a. Foster, W. H., and D. N. Hume: Factors affecting emission intensities in flame photometry. Analyt. Chem. (U.S.A.) **31**, 2028 (1959).
268b. Foster, W. H., and D. N. Hume: Mutual cation interference effects in flame photometry. Anal. Chem. **31**, 2033 (1959).
269. Fox, C. L., E. B. Freeman and S. E. Lasker: A stable internal standard flame photometer for sodium, potassium, lithium and calcium analyses in biological fluids and a study of ion interference. Symposion on flame photometry. Amer. Soc. Testing Materials, Techn. Publ. 116, 13 (1951).
270. — Stable internal standard flame photometer for potassium and sodium analyses. XII. Intern. Congr. pure and appl. Chem. 39, 1951.
271. — Design, construction and operation of a stable internal standard flame photometer for sodium, potassium and lithium analysis in biological fluids. Analytic. Chem. **23**, 137 (1951).
272. Frankenberg, B., V. Hospadaruk and A. H. Neufeld: Flame spectrophotom. II. Na and K in blood and urine. Canad. med. Ass. J. **65**, 388 (1951).
273.* French, Jeanne R.: Determination of alkali metal and alkaline-earth elements by flame photom.: A Bibliography. Technical Information Extension, Oak Ridge, Tennessee, 1955.
273a. Freytag, H. E.: Flammenphotometrische Rubidiumbestimmung. Z. anal. Chem. **136**, 161 (1952).
274. Fukushima, S., M. Shigemoto, I. Kato and K. Otozai: A relationship between interfering substances in flame spectrophotometry. Mikrochem. verein. Mikrochim. Acta **1957**, 35.
275. — K. Takahashi, S. Terasaka and K. Otozai: New applications of addition-standard technique in flame spectrophotometry. Mikrochem. verein. Mikrochim. Acta **1957**, 183.
276. — K. Yukawa, M. Shigemoto and K. Otozai: Another new application of standard-addition technique in flame spectrophotom. Mikrochem. verein. Mikrochim. Acta **1958**, 553.
276a. — Mechanism and elimination of interference in flame photometry. Microchim. Acta **1959**, 596.
277. Fuwa, K.: Spectrochemical analysis of fluorine by the band spectrum of CaF. III. Studies on the fluorine contained in sediments and soils at Tamagawa hot springs in Akita prefecture. J. Chem. Soc. Japan, pure Chem. Sect. **75**, 1257 (1954).

278. FUWA, K.: Spectrochemical analysis of fluorine by the use of band spectra of Ba fluoride. J. Chem. Soc. Japan, pure Chem. Sect. **76**, 14 (1955).

278a. — R. E. THIERS and B. L. VALLEE: A burner for cyanogene flame spectroscopy. Analytic. Chem. **31**, 1419 (1959).

278b. — — — and M. R. BAKER: Sample flow rate. A critical parameter of spectral excitation in cyanogen- and hydrogen-oxygen flames. Analyt. Chem. (USA) **31**, 2039 (1959).

279. GABSCH, H.-CH.: Die Bestimmung biologisch wichtiger Alkali- und Erdalkalimetalle durch Flammenphotometrie. Ärztl. Lab. **2**, 210 (1956).

280. GAGE, J. C.: A controlled fluid-feed atomizer. J. sci. Instruments **30**, 25 (1953).

280a. GALLOWAY, N. MCN.: Flame-photometric determination of silver in blister copper. Analyst **83**, 373 (1958).

281. GAMMON, N. JR: Determination of total K and Na in sandy soils by flame photom. Soil Sci. **71**, 211 (1951).

282. GARCIA-LLAUFADÓ, J. G.: Simplified estimation of Ca in biological materials by flame photom. J. clin. Path. **7**, 110 (1954).

283. GAYDON, A. G.: Flame spectra. Nature (London) **165**, 170 (1950).

284. — Energy transfer in hot gases. Nat. Bur. Stand. Circ. **523**, 1 (1954).

285. — Green and orange band spectra of CaOH, CaOD and Ca-oxide. Proc. Roy. Soc. London A **231**, 437 (1955).

286. — Laboratory production and assignment of spectra of alkaline earth hydroxides and oxides. Mémoires Soc. R. Sci. Liège IV. **18**, 507 (1956).

287. GEFFCKEN, W.: Das Wellenbandfilter, ein Interferenzfilter mit besonders hoher Leistung. Z. angew. Physik **6**, 249 (1954).

288. GEHRKE, C. W., H. E. AFFSPRUNG and E. L. WOOD: Flame photometric determination of K with ion-exchange separation of interfering anions. J. Agr. Food Chem. **3**, 48 (1955).

289* — and E. L. WOOD: Application of ion exchange to flame spectrophotometry and determination of K in fertilizers. Res. Bull. **1957**, 635, Univ. Missouri.

290. GEORGII, H. W.: Einige Versuche zur experimentellen Bestimmung der Verdampfungsgeschwindigkeit kleiner Tröpfchen. Z. Aerosol-Forsch. **3**, 496 (1954).

291. GERBER, C. R., N. H. ISHLER and E. BORKER: Determination of iron, manganese, copper and cobalt by the flame photometer. Analytic. Chem. **23**, 684 (1951).

292. GERGELY, G., and P. F. VARÁDI: A simple flame photometer of high sensitivity. Acta Physica, Acad. Sci. Hungaricae **5**, 51 (1955).

293. GETTKANDT, G.: Ein Beitrag zur flammenphotometrischen Ca-Bestimmung in Pflanzenaschen. Z. Pflanzenernähr., Düng., Bodenkunde **74**, 135 (1956); **78**, 187 (1957).

294. — Eine schnell durchführbare flammenphotometrische Ca-Bestimmung im salzsauren Bodenauszug. Landwirtsch. Forsch. **11**, 93 (1958).

295. GIESEN, K., u. P. KAMPA: Untersuchungen des Alkali-Gehalts feuerfester Stoffe mit dem Flammenphotometer nach RIEHM-LANGE. Forschungsber. Wirtschafts- und Verkehrsministeriums Nordrhein-Westfalen **29**, 29 (1954).

296. GILBERT, P. T. JR.: Determination of sodium and calcium by flame photometry. National Technical Laboratories, South Pasadena/Calif. Bull. TP 1248-I (1948).

297. — Flame spectrophotometry. Scalacs **4**, 263 (1949).

298. — R. C. HAWES and A. O. BECKMAN: Beckman flame spectrophotometer. Analytic. Chem. **22**, 772 (1950).

299. — A flame spectrophotometer with integral burner-atomizer. Analytic. Chem. **23**, 684 u. 1050 (1951).

300. — Determination of tetraethyllead in gasoline by flame photometry. Symposion on flame photometry. Amer. Soc. Testing Materials, Techn. Publ. **116**, 77 (1951).

301. — Silicone water-repellents for general use in the laboratory. Science **114**, 637 (1951).

302. — Flame photometry — New precision in elemental analysis. Industr. Laboratories **3**, 41 (1952).

303. — The use of silicone water-repellents in the laboratory. Chemist-Analyst **41**, 52 (1952).

304. — Oxycyanogen flame photom. Vortrg. v. d. Pittsburgh Conference on Analytical Chemistry and Applied Spectroscopy März 1958.

305. — Determination of In by flame photom. Spectrochim. Acta **12**, 397 (1958).

306. GILBERT, P. T. JR.: Determination of Cd by flame photom. Analytic. Chem. **31**, 110 (1959).

307. — Flame spectra of the elements. Beckman Instruments, Inc. Fullerton, Calif., Bull. 753 (1959).

307a*— Analytical flame photom.: New developments. Beckman Instruments, Inc., Fullerton, Calif. Paper No. 227 (1959). ASTM, Joint Spectroscopy Symposium, San Francisco Okt. 1959.

307b. — Flame analysis for the rarer elements. The Analyzer **1960**, 3.

308. GILLE, F.: Bestimmung der Alkalien in Zementen und Rohmehlen mit dem Flammenphotometer nach RIEHM-LANGE. Zement-Kalk-Gips **5**, 208 (1952).

309. GILLILAND, J. L.: Applications of flame photometry for the analysis of alkalies in silicates, waters and metals. Symposion on Flame Photometry, Amer. Soc. Testing Materials, Techn. Publ. 116, 33 (1951).

310. — Determination of alkalies in portland cement. Amer. Soc. Testing Materials, Reprint 129 (1951).

311. GLEASON, S. I., and G. HOLD: New horizons in flame analysis. Beckman Bull. Nr. **16**, 4 (1955).

312. GLENDENING, B. L., D. B. PARRISH and W. G. SCHRENK: Spectrographic determination of Rb in plant and animal tissue. Analytic. Chem. **27**, 1554 (1955).

313. GLICK, D., R. H. SWIGART, S. N. NAGYAR and H. P. STECHLIN: Studies in histochemistry XXXII. Flame photometric determination of K in microgram quantities of limes, and the distribution of K and lipid in the adrenal of the monkey and the gunea pig. J. Histochem. Cytochem. **3**, 6 (1955).

314. GOLDSTEIN, S. W., and D. P. SANDERS: The application of flame photom. to the assay of some N. F. and U.S.P. solutions. Drug Standards **22**, 137 (1954).

314a. GORDON, G. D.: Mechanism and speed of breakup of drops. J. appl. Phys. **30**, 1795 (1959).

314b. GROVE, E. L., C. W. SCOTT and F. JONES: The effects of the radiation interference of hydrogen and the alkali elements upon the resonance line intensities of the alkali elements in flame photometry. 10th Annual Pittsburgh Conference on Analytical Chemistry and Applied Spectroscopy, March **1959**.

314c. GUNDLACH, H.: Beitrag zur flammenphotometrischen Strontiumbestimmung in strontiumarmen Mineralen. Z. anal. Chem. **171**, 9 (1959).

315. GURWITSCH, J. G., u. J. J. CHANAJEW: Bestimmung des K in Gesteinen und Mineralien nach der Flammenphotometermethode. Nachr. Akad. Wiss. UdSSR Geol. Ser. **21**, 101 (1956).

315a. HÄUSSLER, A., u. P. HAJDU: Die flammenphotometrische Bestimmung von Na, K und Ca im Serium und Harn, unter besonderer Berücksichtigung der hauptsächlichen Störungen. Mitt. d. Dtsch. Pharmaz. Ges. u. der Pharmaz. Ges. d. DDR. **29**, 73 (1959).

316. HALPERIN, A., and S. SAMBURSKY: The use of self-absorbing spectral lines in quantitative determination of rubidium. J. opt. Soc. Amer. **42**, 475 (1952).

317. HALSTEAD, W. J., and B. CHAIKEN: Flame photometer determination of sodium and potassium in soils and their siliceous materials. Publ. Roads **26**, 99 (1950).

318. HANSEN, G.: Photoelektrische Aufgaben bei optischen Instrumenten. Optik **1**, 227, 269 (1946).

319. — Abbildung von Volumenstrahlern in Spektrographen. Optik **6**, 337 (1950).

320. — Vergleich der Leistung von Auge, photographischer Schicht und elektrischen Strahlungsempfängern bei spektralphotometrischen Arbeiten. Mikrochim. Acta **1955**, 709.

320a. HARRIS, E. J.: Use of photomultiplier in the flame photometric analysis of substances with emission bands in the red. J. sci. Instruments **36**, 369 (1959).

321. HARRISON, G. E.: Estimation of Sr in biological materials by means of a flame spectrophotometer. Nature (London) **182**, 792 (1958).

322. HOURIGAN, H. F., and J. W. ROBINSON: Determination of Na in aluminium-copper alloys using the flame photometer. Anal. chim. Acta Pays-Bas **16**, 161 (1957).

323. HAVE, A. J. V. D., and H. MULDER: Flame-photometric estimation of the Na, K and Ca content of milk and cheese. Netherl. Milk Dairy J. **11**, 128 (1957).

324. HEGEDÜS, A., K. FUKKER u. M. DVORSZKY: Mikrochemische Untersuchungen bezüglich des Na-Gehaltes von Aluminiumoxyden mit dem Flammenphotometer. Magyar Kémiai Folyóirat **59**, 334 (1953).

325. Hegedüs, A. J., T. Millner u. E. Pungor: Flammenphotometrische Mikrobestimmung von Ca, Sr und Ba nebeneinander. Magyar Kémiai Folyóirat 59, 304 (1953).
326. — u. M. Dvorszky: Die schnelle Mikrobestimmung von Na, Ka und Li in Gläsern mit dem Flammenphotometer. Mikrochem. verein. Mikrochim. Acta **1959**, 160.
327. — J. Neugebauer u. M. Dvorszky: Die Mikrobestimmung von Na-, Ka- und Ca-Spuren in Wolframmetall und Wolframoxyden mit dem Flammenphotometer. Mikrochem. verein. Mikrochim. Acta **1959**, 282.
327a.* — Flammenanalyse, ein Fortschrittsbericht. Mikrochem. verein. Mikrochim. Acta **1959**, 735.
328. Hegemann, Fr., u. B. Pfab: Ein Verfahren zur genauen Bestimmung von Natrium mit dem Zeiss'schen Flammenphotometer. Glastechn. Ber. **26**, 238 (1953).
329. — — Über Korrekturverfahren für die flammenphotometrische Natriumbestimmung bei Gegenwart von Calcium. Glastechn. Ber. **27**, 189 (1954).
330. — V. Caimann u. H. Zoellner: Systematische Untersuchungen zur genauen Bestimmung von Natrium mit dem Flammenphotometer von C. Zeiss, Jena, Ber. dtsch. keram. Ges. **31**, 315 (1954).
331. — u. B. Pfab: Die quantitative flammenphotometrische Bestimmung von Natrium und Kalium im Kalk-Natron-Glas. Glastechn. Ber. **28**, 85 (1955).
332. — H. Kostyra u. B. Pfab: Flammenphotometrische Bestimmung von Na und K mit $BaCl_2$ als Pufferungszusatz. Glastechn. Ber. **30**, 14 (1957).
333. — W. Hert u. W. Schmidt: Die flammenspektrometrische Bestimmung von Al im Glas. Glastechn. Ber. **31**, 81 (1958).
333a. — u. L. Süss: Flammenspektrometrische Bestimmung von Natrium in aluminiumreichen Gläsern. Glastechn. Ber. **31**, 185 (1958)
334. — u. W. Hert Die quantitative flammenphotometrische Bestimmung von K, Na, Ca und Al in Kaolin. Bericht dtsch. keram. Ges. **35**, 258 (1958).
335. — W. Schmidt u. W. Hert: Über den Einfluß von Fremdionen auf die flammenspektrometrische Na- und Ka-Bestimmung bei der Glasanalyse. Glastechn. Ber. **32**, 15 (1959).
336. Heggen, G. E., and L. W. Strock: Determination of trace elements. Analytic. Chem. **25**, 859 (1953).
337. Hemingway, R. G.: Determination of Ca in plant material by flame photom. Analytic. Chem. **28**, 106 (1956) and The Analyst **81**, 164 (1956).
337a. Henly, A. A., and R. A. Saunders: Determination of calcium in biological material. Analyst **83**, 584 (1958).
338. Hennig, F., u. C. Tingwaldt: Die Temperatur der Acetylen-Sauerstoffflamme. Z. Physik **48**, 805 (1928).
339. Herrmann, R.: Zur flammenphotometrischen Analyse von Natrium, Kalium und Calcium im Serum. Z. ges. exp. Med. **118**, 187 (1952).
340. — u. R. Baumann: Eine Mikromethode zur flammenphotometrischen Bestimmung von Na, K und Ca. Z. ges. exp. Med. **119**, 487 (1952).
341. — u. H. Schellhorn: Ein neuer Zerstäuber für die Flammenphotometrie. Z. angew. Physik **4**, 208 (1952).
342. — Flammenphotometrische Ultramikroanalyse von Na, K und Ca im Serum. Z. ges. exp. Med. **122**, 84 (1953).
343. — Zerstäuberprobleme bei flammenphotometrischen Arbeiten. Z. Aerosol-Forsch. **3**, 16 (1954).
343a. — Zur Herstellung von Spektren auf einem Oscillographenschirm mit Hilfe von einem schwingenden Spalt. Optik **11**, 505 (1954).
344. — Flammenphotometrie mit Leitlinieneichung. Optik **12**, 189 (1955).
345. — Flammenspektrometrische Cu-Bestimmung im Serum. Z. ges. exp. Med. **126**, 334 (1955).
346. — Flammenspektrometrische Mg-Bestimmung im Serum. Z. ges. exp. Med. **126**, 371 (1955).
347. — u. H. Schellhorn: Eine Zerstäuber-Brenner-Kombination für die Flammenspektrometrie. Z. angew. Physik **7**, 572 (1955).
348. — Flammenphotometrie im medizinischen Laboratorium. Ärztl. Laboratorium **1956**, 229.

349. HERRMANN, R.: Flammenspektrophotometrische Na-Analysen mit der Doppellinie bei 330 mμ. Z. ges. exp. Med. **129**, 55 (1957).
350. — Verbesserung der flammenspektrometrischen Serum-Ca-Analysen durch Zusätze von Äthylendiamintetraessigsäure. Naturwissenschaften **46**, 492 (1959).
350a.— u. W. RICK: Probleme bei flammenphotometrischen Serumanalysen. II. Tschechoslovakischer Spektrographischer Kongress, Tatra-Lomnitz Oktober 1959.
351. HERSHENSON, H., and D. F. SMITH: Production control of polyelectrolyte parenterals with a flame photometer. J. Amer. Pharm. Ass. **44**, 731 (1955).
352. Hilger Uvispek: Flame Spectrophotometer. Hilger & Watts LTD. Hilger Division London N.W. 1.
353. Hilger Journal: Atomic absorption spectroscopy **5**, 12 (1958).
354. HILGERS, A.: Erfahrungen bei flammenphotometrischen Na, K und Ca-Bestimmungen im Blutserum. Hoppe-Seylers Z. physiol. Chem. **294**, 61 (1954).
355. — Zur genauen flammenphotometrischen Bestimmung von Na-, K- und Ca im Harn. Hoppe-Seylers Z. physiol. Chem. **304**, 193 (1956).
356. HINNOV, E.: A method of determining optical cross sections. J. opt. Soc. Amer. **47**, 151 (1957).
357. HINSVARK, O. N., S. H. WITTWER and H. M. SELL: Flame photometric determination of calcium, strontium and barium in a mixture. Analyt. Chemistry **25**, 320 (1953).
358. HINZE, J. O.: Critical speeds and sizes of liquid globules. Appl. Sci. Res. A **1**, 273 (1949).
359. HITSCHCOK, R. D., and W. L. STARR: Spectrographic techniques as applied to the analysis of water. Appl. Spectroscopy **8**, 5 (1954).
360. HOLIDAY, E. R., and J. K. R. PREEDY: The precision of a direct-reading-flame-photometer for the determination of Na and K in biological fluids. Biochem. J. **55**, 214 (1953).
361. HOLLANDER, T., A. J. BORGERS and C. T. J. ALKEMADE: A contribution to the application of flame photometry on Ca, Sr, Ba and Li. Appl. Sci. Res. **5** B, 409 (1956).
362. HONMA, M., and C. L. SMITH: Quantitative analysis of organic nitrogen by flame spectroscopy. Analytic. Chem. **26**, 458 (1954).
363. — Flame photometric determination of chloride in sea water. Analytic. Chem. **27**, 1656 (1955).
364. HONOLD, R.: Über die Fehlergröße und Fehlermöglichkeiten bei der Bestimmung von Na, K, Ca im Harn bei Routinebestimmungen mit dem Flammenphotometer. Diss. Freiburg i. B. 1953.
365. HORSTMAN, E. L.: Flame photometric determination of Li, Rb and Cs in silicate rocks. Analytic. Chem. **28**, 1417 (1956).
366. HOSPADARUK, V., B. FRANKENBERG and A. H. NEUFELD: Flame spectrophotometry. I. Standardization of the instruments. Canad. Med. Ass. J. **65**, 264 (1951).
367. HOURIGAN, H. F., and J. W. ROBINSON: Estimation of Na in Al using the flame. Analytica chim. Acta (Amsterdam) **13**, 179 (1955).
368. HOUSE, H. P., and J. M. ROGERS: Factors involved in the application of flame photometry to the determination of alkalies in mixtures. Analytic. Chem. **26**, 1855 (1954).
368a. HOWLING, H. L., and P. E. LANDOLT: Determination of Li in silicate minerals and leach solutions by flame photometry. Analytic. Chem. **31**, 1818 (1959).
369. HÜBENER, H. J.: Die flammenphotometrische Bestimmung des Calciums im Blutserum. Hoppe-Seylers Z. physiol. Chem. **289**, 188 (1952).
370. — H. MAURER u. T. WALTHER: Eine einfache Differenzmethode zur genauen flammenphotometrischen Serum-Calcium-Bestimmung. Klin. Wschr. **31**, 1095 (1953).
370a. HULDT, L.: On the influence of foreign elements on the intensity of spectrum lines in the flame of acetylene. Ark. Mat. Astr. Fysik **33** A, 22 (1946).
371. — Eine spektroskopische Untersuchung des elektrischen Lichtbogens und der Acetylen-Luft-Flamme mit besonderer Hinsicht auf ihre Anwendung als Lichtquelle für die quantitative Spektralanalyse. Diss. Uppsala 1948.
372. — u. E. KNALL: Druckverbreiterung der gelben Na-Linien in der Acetylenflamme. Z. Naturforsch. **9**a, 663 (1954).
373. — — Über Selbstabsorption und Linienform im Bandenspektrum von OH in Flammen. Naturwissenschaften **41**, 421 (1954).
374. — u. A. LAGERQVIST: Termchemata von CaO, SrO und BaO. Ark. Fysik **9**, 227 (1955).

375. Huldt, L., u. E. Knall: Über eine mögliche Polymerbildung von Sr und Ca in Flammen. Ark. Fysik **11**, 229 (1956).

376. — u. A. Lagerqvist: Zum Ursprung der Bandenspektren von Ca und Sr. Ark. Fysik **11**, 347 (1956).

377. Hultgren, R.: The spark-in-flame method of spectrographic analysis and a study of the mutual effects of elements of one anothers emission. J. Amer. chem. Soc. **54 II**, 2320 (1932).

378. Hunter, F. R.: Flame photometric determination of Na and K. J. biol. Chem. **192**, 701 (1951).

379. Ikeda, S.: Flame spectrochemical analysis. I. Determination of a microamount of Na in aluminium metal. J. Chem. Soc. Japan, pure Chem. Sect. **76**, 354 (1955). II. Microdetermination of Ca and Mg. J. Chem. Soc. Japan, pure Chem. Sect. **76**, 783 (1955). III. Determination of Mg in aluminium alloys. J. Chem. Soc. Japan, pure Chem. Sect. **76**, 1122 (1955). IV. Determination of Ca and Mg oxides in basic slag. J. Chem. Soc. Japan, pure Chem. Sect. **76**, 1258 (1955). V. Determination of Mn. J. Chem. Soc. Japan, pure Chem. Sect. **78**, 913 (1957).

380. Inman, W. R., R. A. Rogers and I. A. Fournier: Determination of sodium and potassium in lithium metal by flame photometer. Analytic. Chem. **23**, 482 (1951).

381. Ishida, R.: Quantitative spectrochemical analysis by flame photom. I. Quantitative spectrochemical analysis of Mn by flame photom. J. Chem. Soc. Japan, pure Chem. Sect. **73**, 35 (1952). II. Quantitative spectrochemical analysis of alkali metals by flame photom. J. Chem. Soc. Japan, pure Chem. Sect. **76**, 56 (1955). III. Quantitative analysis of La using La-band-spectrum. J. Chem. Soc. Japan, pure Chem. Sect. **76**, 60 (1955). IV. Temperature measurement of flame sources by means of reversal of resonance line. J. Chem. Soc. Japan, pure Chem. Sect. **77**, 238 (1956). V. The CaF-band-spectrum. J. Chem. Soc. Japan, pure Chem. Sect. **77**, 241 (1956). VI. The sensitivity of various spectral lines in flames. J. Chem. Soc. Japan, pure Chem. Sect. **77**, 242 (1956).

382* — Some problems on flame-spectrophotom. J. Spectroscopical Soc. Japan **4**, 3 (1956).

383. Ishidate, M., Y. Mashiko and Y. Kanroji: Studies on mineral water. I. Determination of Na-ion by flame spectrophotom. J. Pharm. Soc. Japan. **75**, 1492 (1955).

384. Ivanov, D. N.: Improvement of sensitivity of determination of elements in flame test. Zavodsz. Lab. **14**, 1136 (1949).

385. — Flammenphotometrische Bestimmung des Ca. Z. anal. Chim. (UdSSR) **9**, 344 (1954).

386. — Flame photoelectric method for determination of Ca in solutions. J. Anal. Chem. UdSSR **9**, 383 (1954).

387. — u. B. J. Kaplan: Flammenphotometrische Verfahren zur Li-Bestimmung. Zavodsz. Lab. **22**, 569 (1956).

388. Jackson, P. J., and A. C. Smith: A rapid method for determining of K and Na in coal ash and related materials. J. appl. Chem. G. B. **6**, 547 (1956).

389. Jacquinot, P.: The luminosity of spectrometers with prisma gratings, or Fabry-Pérot étalons. J. opt. Soc. Amer. **41**, 761 (1954).

390. — Luminosity of spectrometers. J. opt. Soc. Amer. **45**, 996 (1955).

391. James, C. G., and T. M. Sugden: Resonance radiation from hydrogen flames containing alkali metals. Nature (London) **171**, 428 (1953).

392. — — Use of the nitric oxide/oxygen continuum in the estimation of the relative concentrations of oxygen atoms in flame gases. Nature (London) **175**, 252 (1955).

393. — — A new identification of the flame spectra of the alkaline earth metals. Nature (London) **175**, 333 (1955).

394* — — Photometric investigations of alkali metals in hydrogen flame gases. I. A general survey of the use of resonance radiation in the measurement of atomic concentrations. Proc. Roy. Soc. London A **227**, 312 (1955).

395. — — Photometric investigations of alkali metals in hydrogen flame gases. III. The source of the alkali metal continuum. Proc. Roy. Soc. London **248**, 238 (1958).

396. Jarrel-Ash Comp., Newtonville 60, Mass., Mod. 8200.

397. Jefferson, J. H.: Flame spectrophotometric determination of Mg. Diss. Abstr. **16**, 231 (1956).

398. Jenaer Glaswerk Schott u. Gen., Mainz: Optische Filter, Glasfilter, Interferenzfilter.

399. Jentzsch, D., u. G. Jacob: Die Anwendung des Flammenphotometers zur Bestimmung von Li, Na und Ka in Alkalisalzen und hochkonzentrierten Alkalisalzlösungen. Chem. Techn. **7**, 93 (1955).

400. Johnson, A. F., and K. A. Jurbergs: Flame photometric determination of Na in pulp. Symposium on new methods for analytical characterization of cellulose, of the Amer. chem. Soc., Atlantic City (1956).

401. Johnston, B. R., C. W. Duncan, K. Lawton and E. J. Benne: Determination of K in plant materials with a flame photometer. J. Ass. Off. Agr. Chemists **35**, 813 (1952).

402. Jordan, J. H. jr.: Determining TEL in gasoline by flame photometry. Petroleum Refiner **32**, 139 (1953).

403. — Cu (in gasoline) analysis by flame photom. Petroleum Refiner **33**, 158 (1954).

404. Jouan: Flammenphotometer. 113 Boulevard Saint-Germain, Paris 6e. s. Chim. analytique **36**, 336 (1954).

405. Judd, W. C., and L. P. Pepkowik: The flame photometric determination of sodium in uranyl nitrate solutions. Spectrochim. Acta **6**, 248 (1954); Analytic. Chem. **26**, 432 (1954).

406. Kafka, J., u. R. Herrmann: Über Fehler bei der Bestimmung der Elektrolyte Na, K und Ca im menschlichen Serum. Ärztl. Wschr. **1954**, 547.

407. Kaiser, H.: Der Einfluß des Untergrunds auf die Gestalt spektrochemischer Eichkurven. Spektrochim. Acta **3**, 297 (1948).

408. — u. G. Hansen: Näherungsformeln für die Auflösung und die Bestrahlungsstärke in Abhängigkeit von der Spaltbreite. Spektrochim. Acta **3**, 433 (1948).

409. — Über ein „vollständiges" Rechengerät für spektrochemische Analysen. Spectrochim. Acta **4**, 351 (1951).

410. — u. H. Specker: Bewertung und Vergleich von Analysenverfahren. Fresen. Z. analyt. Chem. **149**, 46 (1956).

411. Kapuscinski, V., N. Moss, B. Zak and J. Boyle: Quantitative determination of calcium and magnesium in human serum by flame spectrophotometry. Amer. J. clin. Path. **22**, 687 (1952).

412. Karchmer, J. H., and E. L. Gunn: Determination of trace metals in petroleum fractions. Analytic. Chem. **24**, 1733 (1952).

413. Keirs, R. J., u. S. J. Speek: Die Bestimmung von Natrium, Kalium und Calcium in Nahrungsmitteln, insbesondere Milch. J. Dairy Sci. **33**, 413 (1950).

414. Kelley, M. T., D. J. Fisher and H. C. Jones: High-sensitivity, recording, scanning flame spectrophotometer. Analytic. Chem. **31**, 178 (1959).

414a. Ketelaar, J. A. A., C. Haas, F. N. Hooge and R. Broekhuysen: Far infrared emission spectrum of flames. Rotational spectrum of OH-radical and determination of flame temperature. Physica **21**, 695 (1955).

415. Kick, H.: Zur flammenphotometrischen Bestimmung von Calcium, Magnesium und Mangan in Pflanzenaschen und Bodenauszügen. Z. Pflanzenernähr., Düng., Bodenkunde **67**, 53 (1954).

416. — Flammenphotometrische Messungen mittels eines Monochromators in Verbindung mit einem Sekundärelektronenverstärker mit Photokathode. Z. Pflanzenernähr., Düng., Bodenkunde **60**, 163 (1953).

416a. — Flammenphotometrische Bestimmung des Mangans in Pflanzenaschen in Gegenwart von K und Ca. Z. anal. Chem. **151**, 406 (1956).

416b. — u. R. Bucher: Flammenphotometrische Bestimmung von Magnesium in Pflanzenaschen und Böden. Landwirtsch. Forsch. **10**, 96 (1957).

416c. — Die flammenphotometrische Strontiumbestimmung in Gegenwart von Ca, Ba, Mg und Y für agrikulturchemische Zwecke in Bodenauszügen und Pflanzenaschen. Z. anal. Chem. **163**, 252 (1958).

417. King, W. H., and W. Priestley: A modified recording flame photometer. Symposium on flame Photometry. ASTM Techn. Publ. Nr. 116, 97 (1951).

418. Kingsley, G. R., and R. R. Schaffert: Effect of organic solvents on the emission spectra of sodium and potassium in serum and aqueous solutions. Science **116**, 359 (1952).

419. — — Direct microdetermination of sodium potassium and calcium in a single biological specimen. Analytic. Chem. **25**, 1738 (1953).

420. KINGSLEY, G. R., and R. R. SCHAFFERT: Microflame photometric determination of sodium potassium and calcium in serum with organic solvents. J. biol. Chem. **206**, 807 (1954).
421. Kipp-Flammenphotometer. Kipp u. Zonen, Delft-Holland.
422. KLYNE, W.: The use of the flame photometer in a clinical laboratory. Spectrochim. Acta **4**, 64 (1950).
423. KNEWSTUBB, P. F., and T. M. SUGDEN: Observations on the kinetics of the ionization of alkali metals in flame gases. Trans. Faraday Soc. **54**, 372 (1958).
424. — — Mass-spectrometric observation of ions in flames. Nature (London) **181**, 474 (1958).
425. — — Mass spectrometry of the ions present in hydrocarbon flames. VII. Symposium on Combustion. London-Oxford 1958.
426. KNICKMANN, E.: Aus der Praxis der Flammenphotometrie. Z. Bodenkunde u. Pflanzenernähr. **54**, (99), 117 (1951).
427. KNIGHT, S. B., W. C. MATHIS and J. R. GRAHAM: Mineral analysis with the flame photometer. Analytic. Chem. **23**, 1704 (1951).
428. — and M. H. PETERSON: Flame photometric determination of sodium in salts of organic acids. Analytic. Chem. **24**, 1514 (1952).
429. KNUTSON, K.: Flame photometric determination of Mg in plant material — A study of the emission of Mg in a highly reducing oxygen-acetylene flame. Analyst **82**, 241 (1957).
430. KÖHNLEIN, J., u. K. E. LÜCKE: Zur flammenphotometrischen Calciumbestimmung. Z. Pflanzenernähr., Düng., Bodenkunde **57** (102), 114 (1952).
431. KONOPICKY, K., u. P. KAMPA: Beitrag zur flammenphotometrischen Bestimmung des Ca. Forschungsber. des Wirtschaftsmin. Nordrhein-Westf. **1955**, Nr. 149, 5.
431a. — u. W. SCHMIDT: Erweiterte Möglichkeiten der Flammenphotometrie. Z. anal. Chemie **173**, 358 (1960)
431b. — — Die Emissionserhöhung des Al-Flammenspektrums durch Fluorid-Ionen. Z. anal. Chem. (im Druck 1960).
432. KONSCHAK, M.: Sicherheitstechnische Fragen beim Umgang mit Gasen. Aufklärungsbl. f. Arbeitschutz **1952**, H. 22, S. 9 und H. 23, S. 12.
433. KRAMER, H.: The flame photometric determination of calcium in phosphate, carbonate and silicate rocks. Analytica chim. Acta (Amsterdam) **17**, 521 (1957).
433a. KRAMER, H., and L. J. PINTO: Flame-photometric determination of sodium in uranium ores. US. Atomic Energy Comm., Rep., NBL-143, 17 (1958).
434. KROPIK, K.: Flammenphotometrische Bestimmung von Ca in Bodenauszügen. Z. Pflanzenernähr., Düng., Bodenkunde **70**, 138 (1955).
435. KUEMMEL, D. F., and H. L. KARL: Flame photometric determination of alkali and alkaline earth elements in cast iron. Analytic. Chem. **26**, 386 (1954).
436. KÜHNS, K., u. G. MÜLLER: Ergebnisse und Fehlerquellen flammenphotometrischer K- und Na-Analysen in Serum und Organen mit einer modifizierten Apparatur von B. LANGE. Hoppe-Seylers Z. physiol. Chem. **294**, 86 (1954).
437. LADENBURG, R., u. R. REICH: Über selective Absorption. Ann. Physik **42**, 181 (1913).
438. LADY, J. H.: Application of solvents extractions to flame spectrophotom. Diss. Tenness. USA 1955.
439. LAGERQVIST, A.: Das Bandenspektrum des Ca-Oxyds in dem violetten und ultravioletten Gebiet. Naturwissenschaften **40**, 268 (1953).
440. — Ultra-violet and blue bands of calcium oxide. Arch. Fysik 8, 83 (1954).
441. — u. L. HULDT: Die Träger der Flammenspektren der Erdalkalimetalle. Naturwissenschaften **42**, 365 (1955).
441a. LAGOS, A. E.: Estimation of traces of Ga, Zn and Tl by flame spectrophotometry, its application in the analysis of high purity uranium. "Peaceful uses of atomic energy". Proc. Int. Conf. Geneva 8, 307 (1956).
442. LANE, W. R.: Shatter of drops in streams of air. Ind. Engng. Chem. **43**, 1312 (1951).
443. LANGE, B.: Flammenphotometer, Modell 6. Berlin-Zehlendorf 1959.
444. LANGMUIR, J.: The evaporation of small spheres. Physic. Rev. **12**, 368 (1918); zit. n. [290].
445. LEHMANN, H., u. W. PRALOW: Über die Bestimmung von Natrium, Kalium und Calcium in den Rohstoffen und Fertigfabrikaten der Silicatindustrie mit dem Flammenphotometer. Tonindustrie-Ztg. **76**, 33 (1952).

446. Leppänen, V., and N. Hallman: Improved instrument for internal standard flame photom. Scand. J. clin. Lab. Invest. **5**, 250 (1953).

447. Lewis, B., and G. von Elbe: Stability and structure of burner flames. J. chem. Physics **11**, 75 (1943).

448. Leyton, L.: An improved flame photometer. Analyst **76**, 723 (1951).

449. — Improved flame photometer. Biochem. J. **50**, Proc. XL (1952).

450. — Phosphate interference in the flame-photometric determination of calcium. Analyst **79**, 497 (1954).

451. Llaurado, J. G.: Simplified estimation of Ca in biol. materials by flame photometry. J. clin. Path. (London) **7**, 110 (1954).

451a. Luck, C. P., and P. G. Wright: Aqueous humour of the hippopotamus. Nature (Lond.) **2**, 1595 (1959).

452* Malinowski, J.: Indirekte Methoden in der Flammenanalyse, Teil I. Vortrag vor der Polnischen Akademie der Wissenschaften, Warschau, April 1958. Teil II von J. Malinowski, W. Rutkowski u. S. Szymczak: Bericht Nr. 110/VIII d. Polnischen Akademie der Wissenschaften, Institut f. Kernforschung Warschau 1959; Teil III von J. Malinowsky u. D. Dancewicz: Bericht Nr. 110/VIII d. Polnischen Akademie der Wissenschaften, Institut f. Kernforschung Warschau 1959.

453* — u. D. Dancewicz: Indirekte Methoden in der Flammenanalyse: Indirekte flammenphotometrische Be-Bestimmung in Berylliumbronzen. Coll. Spectrosc. Int. VII. Lüttich 1958; Rev. univ. Mines **15**, 405 (1959); II. Tschechosl. Spektrogr. Kongress, Tatra-Lomnitz, Oktober 1959.

453a. — – u. S. Szymcziak: Untersuchungen über die flammenphotometrische Gallium-, Indium- u. Thallium-Bestimmung. Bericht Nr. 113/VIII d. Polnischen Akademie d. Wiss., Inst. f. Kernforschung, Warschau 1959.

454. — Über den Einfluß der Aethylendiamintetraessigsäure auf die Störungen der Emission des Ca und Sr in der Flamme. Coll. Spectr. Int. VIII, Luzern 1959.

454a. Malmstadt, H. V., and W. E. Chambers: Precision null-point atomic absorption spectrochemical analysis. Anal. Chem. **32**, 225 (1960).

455. Mandelstam, S. L.: Use of flame in spectrum analysis. C. R. (Doklady) Acad. Sci. URSS XXII, 403 (1939).

456. Manna, L. D., H. Strunk and S. L. Adams: Flame spectrometric determination of microgram quantities of Cu. Analytic. Chem. **28**, 1070 (1956).

456a. — — — Flame spectrophotometric determination of microgram quantities of magnesium. Anal. Chem. **29**, 1885 (1957).

456b. Marcinka, K.: Der Einfluß einiger einwertiger aliphatischer Alkohole auf die Emission von Mg in der Flamme. II. Tschechoslovakischer Spektrographischer Kongreß, Tatra-Lomnitz, Oktober 1959.

457. Margoshes, M., and B. L. Vallee: A multichannel flame spectrometer employing automatic background correction. Analytic. Chem. **27**, 320 (1955).

458. — — Instrumentation and principles of flame spectrometry. I. Effect of extraneous ions in simultaneous determination of five elements. Analytic. Chem. **28**, 180 (1956). II. Automatic background correction for multichannel flame spectrometer. Analytic. Chem. **28**, 1066 (1956).

458a. — and B. F. Scribner: The plasma jet as a spectroscopic source. Spectrochim. Acta **1959**, 138.

458b. Marius, Utrecht/Holland, Ganzenmarkt 4—8.

459. Marquardt, G. H., G. M. Cummins, M. L. Phillips and C. I. Fisher: Flame photometric determination of plasma Ca. Amer. J. clin. Path. **26**, 1094 (1956).

460. Marsh, G. E.: Determination of dissolved solids in water samples by flame photometer. Analytic. Chem. **27**, 320 (1955); Appl. Spectroscopy **10**, 8 (1956).

461. — A routine flame-photometric determination of organic chloride. Applied Spectroscopy **12**, 113 (1958).

462. Martens, H. P.: Dosage du K dans les engrais composés par la photométrie des flammes. Chim. et Ind. **7**, 135 (1956); Chim. Anal. **39**, 361 (1957).

463. Mashiko, Y., and Y. Kanroji: Studies on mineral analysis. II. Separation and determination of Li-ion. J. pharmac. Soc. Japan (Yakugakuzasshi) **76**, 441 (1956). III. Determination of K-ion. J. pharmac. Soc. Japan (Yakugakuzasshi) **76**, 689 (1956).

464. Mason, W. B.: Use of radioactive phosphors as luminous standards in flame photometry. Determination of Calcium. Analytic. Chem. **27**, 320 (1955).

465. Massey, H. F.: Flame photometric estimation of Cu. Application to plant tissue. Analytic. Chem. **29**, 365 (1957).

466. Mathis, W. T.: Report on spectrographic methods. Spectrographic methods for determining K, Ca, Mg, P, Mn, Fe, Al, Na and B in lucerne. J. Ass. Off. Agr. Chemists **35**, 406 (1952).

467. — Report on spectrographic methods. Spectrographic and flame photometric standards. J. Ass. Off. Agr. Chemists **36**, 411 (1953).

468. — Report on the flame photometric determination of K and Na in plant tissue. J. Ass. Off. Agr. Chemists **38**, 387 (1955); **39**, 419 (1956).

469*. Mavrodineanu, R.: Bibliography on analytical flame spectroscopy I and II. Appl. Spectroscopy **10**, 51, 137 (1956).

469a*. — Bibliography on analytical flame spectroscopy 1956 — March 1959. Part I. Applied Spectroscopy **13**, 132 (1959); Part II. Applied Spectroscopy **13**, 149 (1959); Part III. Applied Spectroscopy **14**, 17 (1960).

470. — Quelques considérations sur l'analyse spectrale quantitative par la flamme. Coll. Spectr. int. VIII, Luzern 1959.

471. Mayer, F. X.: Bericht über den I. Internationalen Kongreß in Graz, Juli 1950: Die Spektralanalyse in der Mikrochemie. Spectrochim. Acta **4**, 539 (1952).

472. Mazzamaro, P., and G. Tatoian: Determination of small concentrations of sodium. Analytic. Chem. **26**, 1512 (1954).

473. McCoy, W. J., and G. G. Christiansen: The determination of lithium oxide in Portland Cement by flame photometer. Symposion on flame photometry. ASTM Techn. Publ. Nr. 116, 44 (1951).

474. McIntyre, I.: The determination of Ca in biological fluids by flame photom. Recueil Trav. chim. Pays-Bas **74**, 498 (1955).

475. — and J. E. S. Bradley: An ultraviolet flame photometer. Biochem. J. **62**, 38 P (1956).

475a. — The flame-spectrophotometric determination of calcium in biological fluids and an isotopic analysis of the errors in the Kramer-Tisdall procedure. Biochem. J. **67**, 164 (1957).

476. McNally, J. R., G. K. Werner and D. D. Smith: Further investigations of spectro-isotopic analysis of lithium. J. opt. Soc. Amer. **42**, 870 (1952).

477*. Meggers, W. F., and B. F. Scribner: "Index to the literature on spectrochemical analysis, 1920—1939", 2nd ed. Philadelphia. Amer. Soc. Testing Materials, 1941.

478. Mehlich, A., and R. J. Monroe: Report on K analysis by means of flame photometer methods. J. Ass. Off. Agr. Chemists **35**, 588 (1952).

479. — and M. E. Harvard: Potassium analysis in soils plant materials by flame photometer methods. J. Ass. Off. Agr. Chemists **36**, 227 (1953).

480. — Flame photometric methods for exchangeable K. J. Ass. Off. Agr. Chemists **39**, 330 (1956).

481. Meine, W.: Flammenphotometrische Bestimmung von Bleitetraäthyl in Vergaserkraftstoffen. Erdöl u. Kohle **8**, 711 (1955).

482. Melaven, A. D., and A. J. Chadwell: Influence of perrhenate ion on flame photometric determination of potassium. Analytic. Chem. **25**, 1934 (1953).

483. Meloche, V. W.: A review of flame photometry: Symposion on flame photometry. Amer. Soc. Testing Materials, Techn. Publ. Nr. 116, 3 (1951).

484. — and R. Shapiro: Determination of calcium and magnesium in lake waters. Analytic. Chem. **26**, 347 (1954).

485. — J. B. Ramsay, D. J. Mack and T. V. Philip: Determination of indium in aluminium bronze alloys by flame photometry. Analytic. Chem. **26**, 1387 (1954).

486* — Flame photom. Analytic. Chem. **28**, 1844 (1956).

487. — and B. L. Beck: Flame spectrophotometric determination of Ga in Cu-Ga alloys. Analytic. Chem. **28**, 1890 (1956).

488. MENIS, O., H. P. HOUSE and T. C. RAINS: Indirect flame photometric method for determination of halides. Analytic Chem. **29**, 76 (1957).
489. — T. C. RAINS and J. A. DEAN: A study of the flame emission characteristics of La in an aqueous-alcoholic medium. Analytica chim. Acta **19**, 179 (1958).
490. — — — Extraction and flame spectrophotometric determination of La. Analytic. Chem. **31**, 187 (1959).
491. MERKER, W., u. R. HERRMANN: Über eine Fehlerquelle bei der Calciumbestimmung im Serum. Ärztl. Wschr. **9**, 1146 (1954).
492. Metrohm, A. G.: Flammenphotometer. Herisau (Schweiz).
493. MITCHELL, R. L., and J. M. ROBERTSON: The effect of aluminium on the flame spectra of the alkaline earths: a method for the determination of aluminium. J. Soc. Chem. Ind. **55**, 269 (1936).
494. — Flame photometry. Spectrochim. Acta **4**, 62 (1950).
495. MITSCHERLICH, A.: Beiträge zur Spektralanalyse. Poggendorfs Ann. **116**, 499 (1862).
496. MOBERG, M. L., V. B. WAITHMAN, W. H. ELLIS and H. D. DEBOIS: Determination of calcium in lubricating oils by flame spectrophotometry. Symposium on flame photometry. Amer. Soc. Testing Materials Techn. Publ. Nr. 116, 92 (1951).
497. MONTGAREUIL, P. G. DE: Contribution à l'étude des interactions chimiques dans les flammes. Thèse, Université de Paris, 1954.
498. MONVOISIN, J., et R. MAVRODINEANU: Quelques améliorations aux dispositifs de spectrophotométrie de flamme. Spectrochim. Acta **4**, 152 (1950).
499. — — Dispositif simple pour spectrographie de flamme. Spectrochim. Acta **4**, 396 (1951).
500. MOSHER, R. E., A. J. BOYLE, E. J. BIRD, S. D. JAKOBSEN, TH. M. BATCHELOR, L. T. ISERI and G. B. MYERS: The use of flame photometry for the quantitative determination of sodium and potassium in plasma and urine. Amer. J. clin. Path. **19**, 461 (1949).
501. — E. J. BIRD and A. J. BOYLE: Flame photometric determination of calcium in brucite and magnesite. Analytic. Chem. **22**, 715 (1950).
502. — M. ITANO, A. J. BOYLE, G. B. MYERS and L. T. ISERI: The quantitative estimation of calcium in human plasma by flame spectrophotometry. Amer. J. clin. Path. **21**, 75 (1951).
503*. MOSS, M. L.: Nonferrous Metallurgia. Analytic. Chem. **29**, 670 (1957).
504. MÜLLER, E. R.: Zur Frage der Bindung des Calciums im Serum. Naturwissenschaften **40**, 442 (1953).
505. MULLIGEN, B. W., and A. F. HAUGHT: Correction for instrumental drift in flame photom. J. Res. NBST **61**, 499 (1958).
506. MULLIN, H. R., and T. P. SHEEHY: Determination of sodium, potassium and lithium in beryllium solutions by flame photometry. Analytic. Chem. **25**, 529 (1953).
506a. MURTHY, G. K., and McL. WHITNEY: A plan for the rapid determination of the major cations in milk. J. Dairy Sci. **39**, 364 (1956).
507. MUTH, H. W., u. W. BECKMANN: Klinische Flammenphotometrie. Ärztl. Wschr. **1952**, 961.
508. — Flammenphotometrische Calciumbestimmung im Serum. Ärztl. Wschr. **1953**, 160.
509. — Kombinierte chemisch-flammenphotometrische Ca- und Mg-Bestimmungen. Ärztl. Laboratorium **2**, 243 (1956).
510. NATELSON, S.: The routine use of the Perkin-Elmer flame photometer in the clinical laboratory. Amer. J. clin. Path. **20**, 463 (1950).
511. NEEB, K. H., u. W. GEBAUHR: Flammenphotometrische Bestimmung geringer K-Mengen in Na und seinen Verbindungen nach Anreicherung mittels Tetraphenylborammonium. Z. analyt. Chem. **162**, 167 (1958).
512. — Flammenphotometrische Bestimmung geringer Natriummengen in Al. Coll. Spectr. Int. VIII, Luzern 1959.
513. Netheler u. Hinz G.m.b.H.: Handbuch Flammenphotometer „Eppendorf". Hamburg-Wellingsbüttel 1955.
514. Netzsch, Gebr.: Präzisions-Spektrometer nach Dr. ZOELLNER, Selb/Bayern 1955.
515. NEUBERGER, A., E. SCHÖFFMANN u. K. HERKENHOFF: Beitrag zur schnellen Untersuchung der Hochofenschlacke. Arch. Eisenhüttenwesen **29**, 35 (1958).
516. — — — Die schnelle Untersuchung von Erzen und ähnlichen Stoffen. Arch. Eisenhüttenwesen **29**, 547 (1958).

517. Nielsen, S. O.: Simple recording attachment for a Beckman DU spectrophotometer. Rev. sci. Instruments **26**, 516 (1955).

517a. Nikonova, M. P.: Die Flammenphotometrie mit Farbenstrahlintegration. VIII. Mendelevkongreß für reine und angewandte Chemie. Moskau 1959.

518* Noebels, H. J.: Applications of flame photometry. Analytic. Chem. **26**, 432 (1954); u. Beckman Reprint R-60.

519. North American Philips Co., Inc., Mount Vernon, N. Y.: Flame photometer. Rev. sci. Instruments **26**, 420 (1955). Bull. 13—55a (1955).

520. Nukiyama, S., and Y. Tamasawa: An experiment on the atomization of liquid by means of an air stream. Trans. Soc. Mechanical Engrs. (Japan) **5**, 63 (1938).

521. Obolenskaja, L. J.: Bestimmung von K und Na im Boden nach dem photometrischen Verfahren. Pochvovedenie, Bodenkunde (russ.) 1951, 420.

522. Odeen, M. H.: Review of recent applications of the Beckman flame spectrophotometer. Beckman Bull. No. 3, 4 (1950).

523. Oelschläger, W.: Flammenphotometrische Bestimmung von K und Na in Heu und anderen pflanzlichen Substanzen. Fresen. Z. analyt. Chem. **149**, 191 (1956).

524. Oer, A. von u. H. J. Höfert: Zur Methodik der flammenphotometrischen Bestimmung von Na, K und Ca im Blutserum. Naunyn-Schmiedebergs Arch. exp. Path. Pharmakol. **214**, 109 (1951).

525* Ohyagi, Y.: Present aspect of flame spectrochemical analysis. Japan Analyst **4**, 179 (1955).

526. — Flame spectrochemical studies of biochemical materials. I. Sampling and preparatory treating. Science of Light **7**, 14 (1958).

527. Olney, J. M., and A. H. James: An air cleaning apparatus for the flame photometer. Science **115**, 244 (1952).

528. Opler, A., and J. H. Miller: Applications of a modified spectrophotometer for microspectrometry, microdensitometry and continuous flame photometry. J. opt. Soc. Amer. **42**, 784 (1952).

529. Optica Milano (Italien): Flammenzusatz zum CF 4.

530. Optische Werke Jena: Flammenphotometer III.

531. Orskov, S. L.: Determination of K and Na in blood and tissues with fl. phot. after electrolysis. Acta physiol. scand. (Stockh.) **27**, 321 (1953).

532. Osborn, G. H., and H. Johns: The rapid determination of sodium and potassium in rocks and minerals by flame photometry. Analyst **76**, 410 (1951).

532a. Ounsted, D.: Flame photometer for measuring sodium aerosol concentration in furance gases. J. Inst. Fuel **31**, 474 (1958).

533. Overmann, R. R., and A. K. Davis: The application of flame photometry to sodium and potassium determinations in biological fluids. J. biol. Chem. **168**, 641 (1947).

534. Padley, P. J., and T. M. Sugden: Chemiluminescence and radical re-combination in hydrogen flames. Reports of VIIth Symposium on Combustion, London, Oxford 1958.

535. Page, F. M.: The determination of the electron affinity of the hydroxyl radical by microwave measurements of flames. Faraday Soc. Disc. **1955**, Nr. 19, 87.

536. — and T. M. Sugden: The mechanism of the ionization of alkali metals in hydrogen flames. Trans. Faraday Soc. **53**, 1092 (1957).

537. Parks, Th., H. O. Johnson and L. Lykken: Errors in the use of a model 18 Perkin-Elmer flame photometer for the determnaition of alkali metals. Analytic. Chem. **20**, 822 (1948).

538. Penner, S. S., and R. W. Kavanagh: Radiation from isolated spectral lines with combined Doppler and Lorentz broadening. J. opt. Soc. Amer. **43**, 385 (1953).

539. Perkin-Elmer Corporation, Norwalk, Conn. u. Überlingen/See (Deutschland). Instruction manual, flame photometer Model 146.

540. Perman, J.: Flammenphotometrische Li-Bestimmung in Kernmaterialien. Coll. Spectr. int. VIII, Luzern 1959.

540a. Perman, J.: Pneumatic atomizer for flame photometry. Repts. of J. Stefan Institute. Ljubljana **3**, 179 (1956).

541. Perry, J. W.: Luminosity of spectrometers. J. opt. Soc. Amer. **45**, 995 (1955).

542. PFLEIDERER, TH., P. O. HARDEGG u. W. HARDEGG: Zur Bestimmung des K-Spiegels im Blutplasma. Klin. Wschr. **37**, 39 (1959).
543. PHIFER, L. H.: Flame photometric determination of Ca in cellulose. Analytic. Chem. **29**, 1528 (1957).
544. PIETZKA, G., u. H. CHUN: Flammenphotometrie I. Angew. Chem. **71**, 276 (1959).
545. PIGOR, E.: Zur flammenphotometrischen Bestimmung von Calcium, Natrium und Kalium im Blutserum. Methodik und Beeinflussung durch Viscosität und Oberflächenspannung. Diss. Gießen 1954.
546. PINTA, M.: Spectres de flammes des terres rares. J. des Recherches CNRS **21**, 260 (1952).
547. — Contribution à l'étude des spectres de flamme. Thèse Paris 1953.
548. — Photométrie de flamme. Chim. analytique **36**, 126 (1954).
549. — and C. BOVE: Reduction of errors in plant analysis by the flame spectrophotometer. C. R. Acad. Sci. (Paris) **243**, 179 (1956).
550* — — Application de la spectrophotométrie de flamme à l'analyse du milieu végétal. Mikrochem. verein. Mikrochim. Acta **1956**, 1788.
551. — et H. AUBERT: Dosage de l'aluminium dans les extraits de sols par utilisation de l'interaction de l'aluminium sur le calcium dans la flamme. C. R. Acad. Sci. (Paris) **244**, 873 (1957).
552. PIPER, E., u. H. HAGEDORN: Flammenphotometrische Kaliumbestimmung in Mischdüngern aus Thomasmehl und Kalisalzen. Arch. Eisenhüttenwesen **22**, 299 (1951).
553*. PISSAREW, W. D.: Methoden zur Spektralanalyse von Lösungen. Zav. Lab. **22**, 462 (1956), (in russisch).
553a. PLANGOL, H., et M. BREDILLET: Dosage du sodium et du potassium sériques par spectrophotométrie de flamme. Bull. Soc. chim. Biol. **38**, 563 (1956).
554. PLEYLER, E. K., and C. J. HUMPHREYS: Infrared emission spectra of flames. J. Res. Nat. Bur. Stand. **40**, 449 (1948).
555. — Flame spectrum of acetylene from 1 to 5 microns. J. Res. Nat. Bur. Stand **42**, 567 (1949).
556. — Infrared flame spectra. Mikrochem. verein. Mikrochim. Acta **1955**, 421.
557. POLIT, J., u. J. GARCIA-LLAURADO: Ein im Laboratorium leicht herzustellendes Flammenphotometer. Biochem. Z. **323**, 418 (1953).
558. Polizeiverordnung über den Verkehr mit brennbaren Flüssigkeiten. Bonn 1947.
559. POLUEKTOV, N. S.: Flammenphotometrie. Zav. Lab. **21**, 1045 (1955) (in russisch).
560. — L. J. KONOSSENKI u. M. P. NIKONOVA: Über die Empfindlichkeit und Spezifität der flammenphotometrischen Li-Bestimmung. Z. analyt. Chem. **12**, 10 (1957).
561. — M. P. NIKONOVA u. a.: Determination of Sr in ores by means of flame spectrophotom. Zh. an. Khim. **12**, 689 (1957).
561a. — u. M. P. NIKONOVA: Der wechselseitige Einfluß von Elementen auf die Strahlungsintensität in Flammen. 1. Mitt. Zwei Zerstäuberversuche. Z. anal. Chim. (USSR) **13**, 635 (1958) (in russisch).
562. — — u. R. A. VITKUN: Die flammenphotometrische Bestimmung von Na und K in Mineralien. Z. analyt. Chem. **13**, 48 (1959).
562a. — Die Bildung der chemischen Verbindungen als Ursache der Zusammensetzung der Lösung auf die Strahlungsintensität der Elemente in einer Flamme. VIII. Mendelevkongreß für reine und angewandte Chemie. Moskau 1959 (in russisch).
563. PORTER, P., and G. WYLD: Elimination of interferences in flame photom. Analytic. Chem. **27**, 733 (1955).
564. POWELL, F. J. N.: The determination of Ca in biol. fluids by flame photometry. J. clin. Pathol. **6**, 286 (1953).
565. PRITCHARD, L. R.: Application of flame photometer to portland cement analysis. Pit and Quarry **41**, 83 (1948).
566. PRO, M. J., and A. P. MATHERS: Determination of added distinctive cations in whiskeys I. Flame photometric determination of Sr. J. Ass. Off. Agr. Chemists **39**, 225 (1956). II. Flame photometric determination of Li. J. Ass. Off. Agr. Chemists **39**, 236 (1956). III. Flame spectrophotometry determination of Cs and Rb. J. Ass. Off. Agr. Chemist. **39**, 506 (1956).
567. Process and Instruments: Flammenphotometer. Brooklyn 33, N. Y.

568. PROEHL, E. C., and W. P. NELSON: The flame photometer in determination of sodium and potassium. Amer. J. clin. Pathol. **20**, 806 (1950).
569. PRUVOT, P.: Les spectrophotomètres des flammes. Ingénieurs et Techniciens **103**, 93 (1957).
569a. PUFFELES, M., and N. E. NESSIM: Comparison of flame photometric and chemical methods for determining sodium and potassium in soil, plant material, water and serum. Analyst **82**, 467 (1957).
570. — — Direct flame-photometric determination of Ca in soil and plant extracts, water and serum. Analytica chim. Acta **20**, 38 (1959).
571. PUNGOR, E., u. A. HEGEDÜS: Flammenphotometrie. Quantitative Spektralanalyse durch Flammenerregung 1. und 2. Mitt. Magyar Kémi. Lapja **9**, 178 (1954).
572. — u. E. E. ZAPP: Flammenphotometrische Untersuchung der Alkalimetalle. Acta chim. Acad. Sci. hung. **7**, 185 (1955); Magyar Kémiai Folyóirat **61**, 117 (1955).
573. — u. A. HEGEDÜS: Untersuchungen zur flammenphotometrischen Bestimmung von Ca, Sr und Ba nebeneinander. Ung. Z. Chem. **61**, 308 (1955).
574. — Beiträge zu den theoretischen Fragen der Flammenphotometrie. Diss. Magyar Tudományos Akadémia, Kémiai Tudományok Osztalya, Budapest 1956. (Kritische Zusammenfassung der vorangegangenen Arbeiten.)
575. — A. HEGEDÜS, I. KONKOLY-THEGE u. E. ZAPP: Über die Rolle der Flammentemperatur bei der flammenphotometrischen Analyse der Alkalimetalle. Mikrochem. verein. Mikrochim. Acta **1956**, 1247.
576. — — Flammenphotometrische Mikrobestimmung von Ca, Sr und Ba nebeneinander. Fresen. Z. analyt. Chem. **151**, 375 (1956).
577. — u. E. E. ZAPP: Beiträge zur flammenphotometrischen Bestimmung der Alkalimetalle. Acta chim. Acad. Sci. hung. **10**, 1 u. 179 (1956); Magyar Kémiai Folyóirat **61**, 421 (1955).
578* — u. I. KONKOLY-THEGE: Flammenphotometrische Untersuchungen von Mg-Verbindungen. Acta chim. Acad. Sci. hung. **11**, 23 (1957); Magyar Kémiai Folyóirat **62**, 17 (1956).
579. — — Flammenphotometrische Untersuchung der an Molekülbanden gemessenen Emissionen. I. Flammenphotometrische Eigenschaften der Cu-Salze. Acta chim. Acad. Sci. hung. **13**, 1 (1957); Magyar Kémiai Folyóirat **62**, 228 (1956).
580. — — Flammenphotometrische Untersuchung der auf Molekülbanden gemessenen Emissionen. II. Flammenphotometrische Untersuchung der Borsäure. Acta chim. Acad. Sci. hung. **13**, 39 (1957); Magyar Kémiai Folyóirat **62**, 231 (1956).
581. — u. E. E. ZAPP: Flammenphotometrische Bestimmung geringer Mengen Ba in bariumsulfathaltigem Material. Mikrochem. verein. Mikrochim. Acta **1957**, 150.
582. — u. I. KONKOLY-THEGE: Flammenphotometrische Untersuchung der atomaren Emissionen. I. Flammenphotometrische Eigenschaften der Silbersalze. Acta. chim. Acad. Sci. hung. **13**, 235 (1958); Magyar Kémiai Folyóirat **62**, 225 (1956).
582a.— Flammenphotometrie — Neuere Entwicklung der Praxis und der Grundideen. II. Tschechoslovakischer Spektrographischer Kongreß, Tatra-Lomnitz, Oktober 1959.
582b. — u. I. KONKOLY-THEGE: Flammenphotometrische Bestimmung kleiner Strontium. mengen neben viel Calcium und Barium. Mikrochim. Acta **1959**, 712.
582c. — u. A. HEGEDÜS: Beiträge zur flammenphotometrischen Analyse der Erdalkalimetalle. Mikrochim. Acta **1960**, 87.
582d. PÜSCHEL, A., u. S. ECKHARD: Organische Lösungsmittel in der Flammenspektrometrie. Arch. Eisenhüttenwes. **30**, 731 (1959).
583. RADMACHER, W., u. W. SCHMITZ: Analytische Schnellmethoden zur Untersuchung von Brennstoffasche. Brennstoff-Chemie **38**, 270 und 308 (1957).
584. RAMSAY, J. A.: The determination of sodium in small volumes of fluid by flame photometry. J. exp. Biol. **27**, 407 (1950).
585. — S. W. H. W. FALLOON and K. E. MACHIN: An integrating flame photometer for small quantities. J. sci. Instruments **28**, 75 (1951).
586. — — and R. H. J. BROWN: Simultaneous determination of Na + K in small volumes of fluid by flame photometry. J. exp. Biol. **30**, 1 (1953).
587. RATHJE, A. O.: Flame photometric determination of silver in Cd and Zn-Sulfide phosphors. Analytic Chem. **27**, 1583 (1955).
588. RAUSCH, J., u. E. H. GRAUL: Fehlerkritische Untersuchungen an blutchemischen Bestimmungsmethoden. Ärztl. Wschr. **1949**, 524 u. 564.

589. Rauterberg, E.: Kaliumbestimmung auf flammenphotometrischem Wege. Z. angew. Chem. **53**, 477 (1940).
590. — Kaliumbestimmung auf flammenphotometrischem Wege. Ernährung, Pflanze **37**, 73 (1941).
591. — u. E. Knippenberg: K-Bestimmung auf flammenphotometrischem Wege. Forschungsdienst Sond. G. **15**, 150 (1941).
592. Reich, H. F., u. F. Grabbe: Flammenspektrographische Bestimmung von Alkalien und Ca in feuerfesten Stoffen mit Propangas. Tonind. Ztg. und Keram. Rdsch. **79**, 127 (1955).
593. Rice, J. K.: Quality measurements by flame photometer. Combustion USA. **28**, 57 (1956).
594. Riehm, H.: Bestimmung von Natrium, Kalium und Calcium im Flammenphotometer nach Riehm-Lange. Z. analyt. Chem. **128**, 249 (1948).
595. — Neues über die Lactatmethode. Z. Pflanzenernähr., Düng., Bodenkunde. **40** (85), 152 (1948).
596. Riethmüller, H. U., u. A. Bretschneider: Zur Fehlerbreite der flammenphotometrischen Ca-Bestimmung im menschlichen Serum (und Urin). Hoppe-Seylers Z. physiol. Chem. **293**, 49 (1953).
596a*. — Emissionsspektroskopische Methoden insbesondere zur Bestimmung von Ca in biologischem Untersuchungsmaterial (Sammelreferat). Mikrochem. verein. Mikrochim. Acta **1953**, 178 (118 Zitate).
597. Robinson, A. R., K. J. Newman and E. J. Schoeb: Mineral analysis of biological material by flame spectroscopy. Analytic. Chem. **22**, 1026 (1950).
598. Robinson, A. M., and T. C. J. Ovenston: A simple flame photometer for internal standard operation and notes on some new liquid spectrum filters. Analyst **76**, 416 (1951).
599. — — The determination of Li in Mg-Li-alloys by internal standard flame photom. Analyst **79**, 47 (1954).
600. Rosendahl, F.: Eine spektrochemische Analysenmethode zur quantitativen Spurenbestimmung in Titandioxyd. Diss. Dortmund/Bonn 1955.
601. — Strahlengang im Flammenphotometer und Beeinflussung der Alkalibestimmung. Tonind. Ztg. **20**, 223 (1956).
602. — Untersuchung der statistischen Streuung der Restgehaltsbestimmung nach dem spectrochemischen Zugabeverfahren. Spectrochim. Acta **10**, 201 (1957).
602a. Rothe, C. F., and L. A. Sapirstein: A self-standardization method for flame spectrophotometric determination of Ca in biologic materials. Amer. J. clin. Pathol. **25**, 1076 (1955).
603. Rothermel, D. L.: Discussion, Symposion on flame photom. A.S.T.M. Nr. 116, 117 (1951).
604. — and M. E. Nordberg: A flame photometric estimation of the durability of glass. Amer. Ceram. Soc. Bull. **31**, 324 (1952).
605. Roy, N.: Flame photometric determination of Na, K, Ca, Mg and Mn in glass and raw materials. Analytic. Chem. **28**, 34 (1956).
606. Roynette, A., et J. Baron: Dosage des alkalins par spectrophotométrie de flamme. Bull. Soc. France Céram. **22**, 2 (1954); **24**, 3 (1954); **27**, 5 (1954).
607. Russanow, A. K., E. W. Gussjatzkaja u. N. W. Iljassowa: Photometrische Flammenmethode zur Na- und K-Bestimmung in Lösungen. Zavodskaya Lab. **16**, 447 (1950) (in russisch).
608. Russell, B. J., J. P. Shelton and A. Walsh: An atomic-absorption spectrophotometer and its application to the analysis of solutions. Spectrochim. Acta **8**, 317 (1957).
609. Ryssing, E.: Influence of the surface tension in serum and urine on the flame-photometric analysis. Scand. J. clin. Lab. Invest. **5**, 321 (1953).
610. Sage, S. J.: New Ca-filter for flame-photom. Spectrochim. Acta **8**, 125 (1956).
611. Sanduzzi, J.: A rapid method for determining Na and K by flame photom. Amer. J. Med. Technol. **20**, 375 (1954).
611a. Schachtschabel, P., u. U. Schwertmann: Der Einfluß von Alkohol bei der flammenspektrometrischen Bestimmung des pflanzenverfügbaren Magnesiums im Boden. Z. Pflanzenernähr., Düng., Bodenk. **82**, 38 (1958).
612. Schäfer, Kl., u. K. Staab: Mechanismus der Beeinflussung der Linienintensität bei der Flammenphotometrie. Naturwissenschaften **39**, 375 (1952).

613. SCHAFFERT, R. R.: Flame photometric microdetermination of Na, K and Ca in serum. J. biol. Chem. **206**, 807 (1954).
614. SCHALL, E. D., and R. R. HAGELBERG: Application of flame photom. to the determination of potash in fertilizers. J. Ass. Off. Agr. Chemists **35**, 757 (1952).
615. — K-analysis of twelve years Magruder check samples of fertilizers by flame photom. J. Ass. Off. Agr. Chemists **36**, 902 (1953).
616. SCHARRER, K., u. J. JUNG: Fehlerquellen bei der flammenphotometrischen Ca-Bestimmung und ihre Behebung. Z. Pflanzenernähr., Düng., Bodenkunde **67**, 240 (1954).
617. — u. K. MENGEL: Die flammenphotometrische Bestimmung von Mg in Bodenauszügen. Landwirtsch. Forsch. **9**, 204 (1956).
617a. — — Die Anwendung von Ionenaustauschern bei der spektral- photometrischen Emissionsanalyse. Z. Tierphysiol. Tierernähr. u. Futtermittelk. **13**, 142 (1958).
617b. — — Die Bestimmung von K, Na, Ca, Mg und P in physiologischen Flüssigkeiten. Z. Tierphysiol. Tierernähr. u. Futtermittelk. **15**, 1 (1960).
618. SCHÄTZER, L.: Beschleunigte Analyse von Feldspäten, Kaolinen, Tonen und keramischen Massen unter Anwendung der Flammenphotometrie. Silikattechn. **6**, 335 (1955).
619. SCHINKMANN, A.: Das Flammenphotometer im Dienste der Keramik. Silikattechn. **2**, 163 (1951).
620. SCHLÄFER, R.: Neue Interferenzmonochromatfilter. Colloq. Spectr. Int. VI, Amsterdam 1956.
621. SCHLÜTZ, G. O.: Die quantitative flammenphotometrische Bestimmung des Calciums im Blutserum. Schweiz. med. Wschr. **83**, 383 (1953).
622. — Die quantitative flammenphotometrische Halbmikrobestimmung des Calciums in 0,1 cm^3 enteiweißtem Vollblut. Schweiz. med. Wschr. **83**, 452 (1953).
622a. SCHMAUCH, G. E., and E. J. SERFASS: Use of perchloryl fluorine in flame photometry. Appl. Spectroscopy **12**, 98 (1958); Anal. Chem. **30**, 1160 (1958).
623. SCHMIDT, W., u. K. KANOPICKY: Flammenphotometrische Bestimmung des Al in Tonerdesilikaten. Ber. dtsch. keram. Ges. **35**, 317 (1958).
624. SCHMITZ, W.: Flammenphotometrische Analysenverfahren in der Wasseranalyse. Jahresbericht der Limnologischen Flußstation Freudenthal 1950, 45.
625. SCHNEIDER, R.: Flame-photometric determination of Ca in plant ashes. Landw. Forsch. **6**, 200 (1954).
626* SCHÖNBERG, W. D. VON: Zur Technik der Flammenphotometrie in der Klinik. Naunyn-Schmiedebergs Arch. exp. Pathol. u. Pharmakol. **214**, 358 (1952).
627. SCHRENK, W. G., and F. M. SMITH: Flame photometer attachment as an excitation source for the spectrograph. Analytic. Chem. **22**, 1023 (1950).
628. — Flame Photometry. Analytic. Chem. **22**, 1202 (1950).
629. — and B. L. GLENDENING: Performance of interference filters in simple flame photometer. Analytic. Chem. **27**, 1031 (1955).
630. SCHRÖDER, D.: Die flammenphotometrische Bestimmung des Ba. Z. Pflanzenernähr. u. Bodenkultur **73**, 86 (1956).
631. SCHUHKNECHT, W.: Spektralanalytische Bestimmung von Kalium. Angew. Chem. **50**, 299 (1937).
632* — Beitrag zur Methodik und Technik von Flammenspektrographie und Flammenphotometrie. Optik **10**, 245, 269 (1953).
633. — u. H. SCHINKEL: Die flammenphotometrische Bestimmung geringer Mengen von K, Na u. Li neben großen Mengen von Erdalkalien. Z. analyt. Chem. **143**, 321 (1954).
634. — Die flammenphotometrische Bestimmung geringer Mengen von Ca neben großen Mengen von Na. Fres. Z. analyt. Chem. **157**, 338 (1957).
635. — u. H. SCHINKEL: Die flammenphotometrische Bestimmung des Alkaligehaltes von Brennstoffaschen. Brennstoff-Chemie **38**, 275 (1957).
636. — — Die flammenphotometrische Bestimmung von Ca, Sr und Ba nebeneinander. Z. analyt. Chem. **160**, 23 (1958).
637. — — Beitrag zur Deutung von Verdampfungs-, Zersetzungs- und Anregungsvorgängen in Flammen. Der Einfluß von Al, Kieselsäure und Phosphorsäure auf die flammenphotometrische Erdalkalibestimmung. Z. analyt. Chem. **162**, 266 (1958).

638. SCHÜTZ, W.: Intensität und natürliche Breite des blauen Cs-Dubletts I. Z. Physik **64**, 682 (1930).
639. SCHWARZ, G., u. B. KRAUSS: Die flammenphotometrische Bestimmung von Kalium, Natrium und Calcium in Milch. Kieler milchwirtschaftl. Forschungsber. **4**, 579 (1952).
640. SCOTT, R. K., V. M. MARCY and J. J. HRONAS: The flame photometer in the analysis of water and water-formed deposits. Symposion on Flame Photometry. Amer. Soc. Testing Materials, Techn. Publ. Nr. 116, 105 (1951).
641*. SCRIBNER, B. F., and W. F. MEGGERS: Index to the literature on spectrochemical analysis, 1940—1945, Part 2, Philadelphia. Amer. Soc. Testing Materials 1947.
642*. — — Index to the literature on spectrochemical analysis, Part 3, 1946—1950. Amer. Soc. Testing Materials 1954.
643*. — Emission spectroscopy. Analytic. Chem. **30**, 596 (1958).
644. SEAY, W. A., O. J. ATTOE and E. TRUOG: Elimination of calcium interference in photometric determination of sodium in soils and plants. Soil Sci. **71**, 83 (1951).
645. SERVIGNE, M.: Quelques résultats dans l'analyse des éléments par spectrophotométrie de flamme. Chim. Analytique **36**, 115 (1954).
646. SEVERINGHAUS, J. W., and J. W. FERREBEE: Calcium determination by flame photometry, methods for serum, urine and other fluids. J. biol. Chem. **187**, 621 (1950).
647* SHAW, W. M.: Indirect flame spectrophotom. determination of sulfate sulfur. Analytic. Chem. **30**, 1682 (1958).
648. SHIMP, N. F.: Methods and results of spectrochemical analysis of biological materials. Diss. Abstr. **16**, 1058 (1956).
649. SHOGI, K., and S. NAKATA: The rapid determination of K, Ca and Mg in plant material by hydrogen flame spectrophotom. Proc. Amer. Soc. hort. Sci. **64**, 299 (1952).
650. SHORTER, A. J.: Flame photometer in silicate analysis. Analytic. Chem. **28**, 1060 (1956).
651. SHUKERS, C. F.: Review of estimation of serum sodium and potassium. Amer. J. clin. Pathol. **22**, 606 (1952).
652. SIDNEY, D.: A flame photometric method for the determination of plasma Mg after hydroxyquinoline precipitation. J. biol. Chem. **216**, 643 (1955).
653. SIEBERT, H., u. S. RAPOPORT: Über die emissionssteigernde Wirkung von Elektrolyten und Methanol bei der flammenphotometrischen Kaliumanalyse. Biochem. Z. **326**, 413 (1955).
654. — — Zur flammenphotometrischen Kaliumbestimmung im Blutserum: Verwendung emissionssteigernder Zusätze. Dtsch. Gesundh.-Wes. **10**, 481 (1955).
655. — Über die Steigerung der Emission bei der Flammenphotom. Diss. Berlin (Humboldt-Universität) 1955.
656. — u. S. RAPOPORT: Über emissionssteigernde Effekte in der Flammenspektrophotometrie. Fres. Z. analyt. Chem. **150**, 81 (1956).
657. Sigrist u. Weiss AG.: Flammenphotometer. Zürich (Schweiz).
658. SIMS, E. A. H., and L. KAPLOW: Exclusion of bair-borne contamination in flame photom. J. Lab. clin. Med. **41**, 303 (1953).
659. SMALES, A. A.: The determination of strontium in sea water by a combination of flame photometry and radiochemistry. Analyst **76**, 348 (1951).
660. SMIT, J. A., and A. J. H. VENDRIK: Ionization of metal vapors in a flame. Physica **14**, 505 (1948).
661. SMIT, J., C. T. J. ALKEMADE and J. C. M. HATTINGA-VERSCHURE: A contribution to the development of the flame-photometric determination of sodium and potassium in blood serum. Biochim. biophys. Acta **6**, 508 (1951).
661a. SMITH, G. W., and A. K. PALMBY: Flame photometric determination of Pb and Mn in gasoline. Analytic. Chem. **31**, 1798 (1959).
662. SMITH, H., and T. M. SUGDEN: Studies on the ionization produced by metallic salts in flames III. Ionic equilibria in hydrogen/air flames containing alkali metal salts. Proc. Roy. Soc. London A **211**, 31 (1952). IV. The stability of gaseous alkali hydroxides in flames. Proc. Roy. Soc. London A **211**, 58 (1952).
663. SMITH, R. G., P. CRAIG, E. J. BIRD, A. J. BOYLE, L. T. ISERI, S. D. JACOBSON and G. B. MEYERS: Spectrochemical values for sodium, potassium, iron, magnesium and calcium in normal human plasma. Amer. J. clin. Path. **20**, 263 (1950).

664. Smithells, A., and F. Dent: The structure and chemistry of the cyanogen flame. J. chem. Soc. 65, 603 (1894).
664a. Smoczkiewiczowa, A.: Sodium, potassium, calcium and chloride ion contents and protein fractions in the fluids of chick embryos. Nature (Lond.) 2, 1260 (1959).
665. Snelleman, W., and J. A. Smit: Photo-electric temperature measurement by line reversal. Physica 21, 946 (1955).
666. Sobolev, N. N., E. M. Mesheritscher and G. M. Rodin: Dependence of the intensity of spectral lines on the concentration of the element in the flame. Izvest. Akad. Nauk UdSSR Ser. Fiz. 14, 737 (1950). Abh. Sowjet. Physik, III, Berlin (1953).
667. — — u. G. M. Rodin: Abhängigkeit der Intensität der Spektrallinien von der Konzentration eines Elementes in einer Flamme. Z. exp. u. theor. Phys. (UdSSR) 21, 350 (1951).
668. — Über die Form und Breite von Spektrallinien, die durch eine Flamme und durch einen Gleichstromkohlebogen ausgestrahlt werden. Coll. Spectr. Int. VI. Amsterdam, 1956.
669. Solomon, A. K., and D. C. Caton: Modified flame photometer for microdetermination of Na and K. Analytic. Chem. 27, 1849 (1955).
670. Someren, E. van, and W. H. Strorey: A joint meeting of the industrial spectroscopy group of the institute of physics and the photoelectric spectrometry group. March 18th, 1949 in London. Summary of the discussion: Spectrochim. Acta 4, 66 (1950).
671. Sommer, H.: Beitrag zur flammenphotometrischen K-Bestimmung im Serum und Plasma von Schweinen. Mh. Veterinärmed. 11, 154 (1956).
672. Spector, J.: Mutual interferences and elimination of Ca interference in flame photom. Analytic. Chem. 27, 1452 (1955).
673. Spencer, A. G.: Flame Photometry. Lancet 259, 623 (1950).
674. Spindler, F., u. E. F. Wolf: Flammenphotometrische Bestimmung von Ca. Landwirtsch. Forsch. 9, 179 (1956).
675. Staab, K.: Die Flammenphotometrie als analytisches Verfahren. Diss. TH-Karlsruhe 1953.
676. Stace, H. C. T.: The spectrochemical determination of Mg in soil extracts by the Lundegårdh air-acetylene flame technique. J. Counc. Sci. Ind. Res. Austral. 21, 305 (1948).
676a. — Flame photometry. Summary of flame excitation methods of spectrochemical analysis. Soils and Fertilizers 22, 157 (1959).
677. Standen, G. W., and C. B. Tennant: Flame photometric determination of Ca in furnace slags. Analytic. Chem. 28, 858 (1956).
678. Steens-Lievens, A.: Photométrie de flamme. J. Pharmac. Belgique. 11—12, 541 (1956).
679. Strange, E. E.: Determination of lithium in a magnesium alloy by the flame photometer. Analytic. Chem. 25, 650 (1953).
680. Strasheim, A., and J. P. Nell: The flame photometric determination of Ca in plant and biological materials. J. Sth. Afr. chem. Inst. N. S. 7, 79 (1954).
681. — and R. J. Keddy: A mathematical method of comparing spectrochemical results. Appl. Spectroscopy 12, 29 (1958).
682. Straub, W. A., S. H. Bauer and W. D. Cooke: Spark-in-flame spectroscopy. Spectrochimica Acta 12, 377 (1958).
683. Straubel, H.: Elektrostatische Zerstäubung von Flüssigkeiten. Naturwissenschaften 40, 337 (1953).
684. — Ein neuer Zerstäuber für das Flammenphotometer. Z. Aerosol-Forsch. 4, 178 (1955); Exp. Techn. Phys. 3, 89 (1955); Mikrochem. verein. Mikrochim. Acta 1955, 329.
685. — Verdampfungsgeschwindigkeit und Ladungsänderung von Flüssigkeitstropfen. Dechema-Monogr. 32, 153 (1959).
686. Streed, E. R., and U. W. Stoll: Flame method for estimating cement content of soil-cement and pozzolan-cement-mixtures. Amer. Soc. Testing Materials, Bull. 1953, 58.
687. Strickland, R. D., and C. M. Maloney: Indirect method for determination of serum inorganic sulfate by flame spectrophotom. Amer. J. clin. Pathol. 24, 1100 (1954).
688. Strohmeyer, F. B., B. E. Leach and R. G. Heath: Flame photometric determination of calcium and magnesium. Analytic. Chem. 25, 1935 (1953).

689. STUART, W. A., M. SIMPSON and W. H. HARDWICK: The determination of Li, Na and K in mixtures with the "EEL" flame photometer. Analyst G. B. **82**, 200 (1957).
690. STUMPF, K. E.: Flammenphotometrische Bestimmung geringer Sr-Gehalte in Ba-Verbindungen. Angew. Chem. **66**, 756 (1954).
691. — Über die gegenseitige Beeinflussung der Emission von Natrium und Kalium bei ihrer flammenphotometrischen Bestimmung. Vortr. Coll. Spectr. int. VI Amsterdam 1956.
692. — u. TH. GONSIOR: Die flammenphotometrische Schnellbestimmung von Hochofenschlacken. Vortrag Coll. Spectr. VII Lüttich, 1958, in Rev. univ. Mines **15**, 404 (1959).
693. SUGAWARA, L., T. KOJAMA and T. KAWASAKI: Flame photometric determination of alkali and alkali earth elements in waters. I. Na and K. II. Ca, Sr and Ba. Bull. chem. Soc. Japan **29**, 679, 683 (1956).
694. SUGDEN, T. M.: The use of microwaves in the study of ionic and chemical equilibria at high temperatures. Faraday Soc. Disc. **1955**, No. 19, 68.
695* — and R. C. WHEELER: The ions produced by traces of alkaline earths in hydrogen flames. Faraday Soc. Disc. **1955**, Nr. 19, 76.
696. — and E. M. BULEWITZ: Spectrometric measurements of the concentrations of free radicals in hydrogen flames. Vortr. Coll. Spectr. Intern. VI Amsterdam 1956.
697. — and P. F. KNEWSTUBB: Ionization produced by compounds of lead in flames. Res. Correpondence **9**, 8 (1956).
698. — Determination of the dissociation constants and heats of formation of molecules by flame photom. I. Equilibrium in flame gases and general kinetic considerations. Trans. Faraday Soc. **52**, 1465 (1956).
699. SYKES, P. W.: Investigations into methods of determination of Li in its ores. Analyst **81**, 283 (1956).
700. TAYLOR, A. E., and H. H. PAIGE: Determination of microgram quantities of strontium in solutions. Analytic. Chem. **27**, 282 (1955).
700a. TELOH, H. A.: Estimation of Mg in serum by means of flame spectrophotometry. Amer. J. clin. Path. **3o**, 129 (1958).
701. THIELE, W.: Instrumentation and procedure in flame photom. Eng. Dig. **19**, 526 (1958).
702. TODD, H. E., and H. M. TRAMUTT: Flame photometric determination of rubber solids, deposited on cords and fabrics. Analytic. Chem. **26**, 1137 (1954).
703. TORIBARA, T. Y., A. DEWY and H. WARNER: Flame photometric determination of Ca in biological materials. Effect of low level impurity from Ca oxalate precipitation. Analytic. Chem. **29**, 540 (1957).
704. TÖRÖK, T.: Die spektrotitrimetrische Bestimmung der Erdalkalimetalle und der Phosphate. Z. analyt. Chem. **119**, 120 (1940).
705. Unfallverhütungsvorschriften der Berufsgenossenschaft der Feinmechanik und Elektrotechnik VBG 15, Zentralstelle für Unfallverhütung, Bonn (Rhein), Reuterstr. 157/159.
706. UNGER, J., u. L. UNGER: Bemerkungen zur flammenphotometrischen Bestimmung von K und Na in Glas. Glastechn. Ber. **29**, 154 (1956).
707. Unicam Instr. Ltd. Cambridge/England: Flame Spectrophotometer SP 900. Analytic. Chem. **30**, 73 (1958).
708. VALENCIA, P.: Spectrophotométrie de flamme et dosage des ions Na, K, Ca et Mg dans le plasma et les tissus. Bull. Soc. Chim. biol. **38**, 1071 (1956).
709. VALLEE, B. L.: Fundamental considerations in flame photometry. Annual Pittsburgh Conference on Analytical Chemistry and Applied Spectroscopy. Spectrochim. Acta **6**, 248 (1954); Analytic. Chem. **26**, 432 (1954).
710. — Simultaneous determination of sodium, potassium, calcium, magnesium and strontium by a new multichannel flame spectrometer. Nature (London) **174**, 1050 (1954).
711. — and M. R. BAKER: Cyanogen-oxygen flame as a spectroscopic source. Analytic. Chem. **27**, 320 (1955).
712. — and M. MARGOSHES: Instrumentation and principles of flame spectrom. Multichannel spectrometer. Analytic. Chem. **28**, 175 (1956).
713. — and A. F. BARTHOLOMAY: The cyanogen-oxygen flame in flame photometry. New source for quantitative determination of microgram amounts of metals. Analytic. Chem. **28**, 1753 (1956).
714. — The cyanogen flame as a spectrochemical source. Coll. Spectr. Int. VI, Amsterdam 1956.

740. WILL, E. G., and B. SCHWARZKOPF: Flame spectrophotometric determination of Ca in potable water supplies. J. Amer. Water Works Ass. 47, 253 (1955).

714a. VALLEE, B. L.: Selected topics in flame photometry. ASTM Joint Spectroscopy Symposium. San Francisco, Oktober 1959.

715. VELKEH, S.: Über die Analyse von Schlacken. T. Kjems Berves. Metallurg. 17, 20 (1957).

716. VOINOVITSCH, I. A., et J. DEBRAS: Influence du mode d'attaque des silico-alumineux de la présence d'ions perturbateurs sur l'analyse photométrique du Na et du K. Bull. Soc. France Céram. 32, 29 (1956).

717. — J. DEBRAS-GUEDON et E. VILNAT: Coll. Spectr. Int. VIII, Luzern 1959. Sur une nouvelle méthode d'analyse spectrographique par injection des solutions à l'aide de gaz.

718* VUKANOVIC, D. D.: Flame photometric determination of Li in different organic solvents. Bull. Instit. nuclear Sci. "Boris Kidrich" 8, 43 (1958).

719. WAGNER, K. T.: Untersuchungen über die Verwendbarkeit der Ca-Linie bei 423 mμ für flammenspektrophotometrische Serum-Calcium-Analysen. Diss. Gießen 1957.

720. WALLACE, W. M., M. HOLLIDAY, M. CUSHMANN and J. R. ELKINTON: The application of the internal standard flame photometer to the analysis of biologic material. J. Labor. clin. Med. 37, 621 (1951).

721. WALSH, E. G.: Internal standard flame photometry. J. sci. Instruments 29, 23 (1952).

722. WALSH, A.: The application of atomic absorption spectra to chemical analysis. Spectrochim. Acta 7, 108 (1955).

723. WARREN, R. L.: A flame photometer for routine biochemical use. J. sci. Instruments 29, 284 (1952).

724. — Ein vielseitiges Mikroproben-Flammen-Spektrophotometer. Coll. Spectr. int. VIII, Luzern 1959.

725. WASILKO, E. G.: Flame photometric determination of Pb and Cu in plating bath solutions. Spectrochim. Acta 8, 125 (1956).

726. WATANABE, H., and K. K. KENDALL, JR.: Flame spectrograms: I. Common metals. Appl. Spectroscopy 9, 132 (1955).

727. WEHNER, G., u. W. BUNGE: Erfahrungen bei der flammenphotometrischen Analys einiger technisch wichtiger Alkali- und Erdalkaliverbindungen. Chem. Techn. (Berlin) 5, 251 (1953).

728. WEICHSELBAUM, T. E., and P. L. VARNEY: A new method of flame photometry. Proc. exp. Biol. (N. Y.) 71, 570 (1949).

729. — and H. W. MARGRAF: The quantitative and macro-analysis of cations and anions by flame photometry. Analytic. Chem. 23, 684 (1951).

730. WERK, O.: Untersuchungen über den K- und Ca-Gehalt von Blättern, feucht und trocken gezogener Pflanzen. Diss. Hann. 1953.

731. WEST, P. W., P. FOLSE and D. MONTGOMERY: Application of flame spectrophotometry to water analysis. Determination of Na, K and Ca. Analytic. Chem. 22, 667 (1950).

732. WESTERHOFF, H.: Flammenphotometrische Bestimmung von Ca in Futtermitteln. Landwirtsch. Forsch. 7, 128 (1955).

733. WEVER, F., W. KOCH u. G. WIETHOFF: Flammenspektralanalytische Untersuchungen von Schwermetallen, besonders zur Bestimmung der Ferritzusammensetzung in Stählen. Arch. Eisenhüttenwesen 24, H. 9/10 (1953).

734. WHISMAN, M., and B. H. ECCLESTON: Flame spectra of twenty metals using a recording flame spectrophotometer. Analytic. Chem. 27, 1861 (1955).

735. WHITE, C. E., M. H. FLETCHER and J. PARKS: Determination of lithium in rocks-fluormetric method. Analytic. Chem. 23, 478 (1951).

735a. WHITE, J. U.: Precision of a simple flame photometer. Analytic. Chem. 24, 394 (1952).

736. WIETHAN, K.: Anwendung der Flammenphotom. im Eisenhüttenlaboratorium. Diss. T. H. Aachen 1953.

737. WIETHOFF, G.: Flammenspektralanalytische Untersuchung von Schwermetallen, besonders zur Bestimmung der Ferritzusammensetzung in Stählen. Diplomarbeit, Max-Planck-Instit. für Eisenforsch. 1953.

738. WILBERG, E.: Flammenphotometrische Lithium-Bestimmung. Z. analyt. Chem. 131, 405 (1950).

739. WILEY, J. T., and T. B. SMITHERMAN: Improved results in flame photometry. Analytic. Chem. 24, 2016 (1952).

741. WILLEBRANDS, A. F. JR.: The determination of sodium and potassium in blood serum and urine by means of the flame photometer. Rec. Trav. chim. Pays-Bas **69**, 799 (1950).
742. WILLGALLIS, A.: Beitrag zur flammenphotometrischen Alkalianalyse von Gesteinen. Fres. Z. analyt. Chem. **157**, 249 (1957).
743. WILLIAMS, J. P., and B. P. ADAMS: Flame spectrophotometric analysis of glasses and ores. I. Li, K and Cs. J. Amer. ceram. Soc. **37**, 306 (1954).
744. WILLITS, C. O., and J. A. CONELLY: Atomizer for flame spectrophotometry. Analytic. Chem. **24**, 1525 (1952).
745. WILSON, T. C., and N. J. KROTINGER: Flame photometric determination of magnesium oxide in Portland cement. Amer. Soc. Testing Materials, Bull. April 1953, 56.
746. WINER, A. D., and D. M. KUHNS: Ca-determination by flame-spectrophotometry. A rapid method for 0,1 ml samples. Amer. J. clin. Pathol. **23**, 1259 (1953).
747. — and K. F. ERNST: The use of flame photometry in the clinical laboratory. U.S. Armed Forc. Med. J. **5**, 823 (1954).
748. WIRTSCHAFTER, J. D.: Suppression of radiation interference in flame-photom. by protective chelation. Science **125**, 603 (1957).
749. WITHE, J. U.: Precision of a simple flame photometer. Analytic. Chem. **24**, 394 (1952).
750. WOLDRING, M. G.: Flame photometric determination of Na and K in some biological fluids. Analytica chim. Acta **8**, 150 (1953).
751. WOODCOCK, A. H., and A. A. T. SPENCER: An airborne flame photometer and its use in the scanning of marine salt particles. J. Meteor. USA **14**, 437 (1957).
752. WRIGHT, B. M.: Flame photometry. Lancet **1950**, 883.
753. WURZIGER, J.: Über die flammenphotometrische Bestimmung und den Gehalt von Na und K im Wein. Dtsch. Lebensmittelrdsch. **51**, 124 (1955).
754. YOFÈ, J., and R. FINKELSTEIN: Elimination of anionic interference in flame photometric determination of Ca in the presence of phosphate and sulphate. Analytic. chim. Acta **19**, 166 (1958).
755. ZAGRODSKI, S., u. H. ZAORSKA: Flammenphotometrische Bestimmung von Salzspuren in Kesselspeisewasser. Chem. Techn. **10**, 210 (1958).
756. ZAIDMAN, N., and D. ORECHKIN: Flame photometric determination of Na and other alkali elements in wash waters and in contact catalysts. Novosti Neftyanoi Tekh. Neftepererabotka **25** (1955) (in russisch).
757*. ZAK, B., R. E. MOSHER and A. J. BOYLE: A review on flame analysis in the clinical laboratory. Amer. J. clin. Pathol. **23**, 60 (1953).
758. Zeiss, C., Oberkochen: Flammenphotometer PF 5, Gebrauchsanweisung G 50-620/1-d. Flammenzusatz zum PM QII.
759. — Literaturverzeichnis über Flammenphotometrie. 50-801-d.
759a. — Flammenspektren. Druckschrift 150-812-d.
760. ZETTLER, H.: Die Methoden der Flammenspektrophotometrie und ihre Anwendungen. Diss. Frankfurt a. M. 1953.
761. ZOELLNER, H.: Flammenphotometer zur Alkalibestimmung. Glas-Email-Keramo-Technik **2**, 290 (1951).
762. — Genauigkeit physikalischer und chemischer Meßverfahren. Glas-Email-Keramo-Technik **2**, 349 (1951).
763. — Welche Faktoren beeinflussen die Genauigkeit der flammenphotometrischen Alkalibestimmung? Glas-Email-Keramo-Technik **2**, 378 (1951).
764. — Ein neuer Zerstäuber für die Flammenphotometrie. Glas-Email-Keramo-Technik **5**, 164 (1954).
765. — 2 Jahre Betriebserfahrung mit Flammenphotometer, Colorimeter und Spektrometer. Vortrag 24. 10. 1955 v. d. Dtsch. ker. Ges., Düsseldorf.
766. ZWETSCH, A.: Bemerkungen zum Gebrauch des Flammenphotometers. Sprechsaal für Keramik-Glas-Email **85**, 91 (1952).

Nachtrag

704a TSKHAI, N. S., and S. L. MANDELSTAM: Influence on the intensities of spectral lines in flame spectra. Optika i. Spectroskopiia **7**, 141 (1959); Optics and Spectroscopy **7**, 91 (1959)

Sachverzeichnis

Die Nummern sind Seitenzahlenhinweise, die kursiv gesetzten Zahlen geben wesentliche Seitenzahlen mit ausführlichen Angaben über den betreffenden Gegenstand an. Bekannte, häufig wiederkehrende und sehr allgemeine Begriffe wie Analyse, Konzentration, Wellenlänge, Intensität usw. konnten nicht aufgenommen werden. Bei anderen häufig wiederkehrenden Ausdrücken, die einer Definition bedürfen, wie Flammenphotometrie, Ångström-Einheit usw. wurden nur Hinweise auf die Seitenzahl der betreffenden Definition oder Erläuterung gegeben. Bei einer Anzahl von wesentlichen und für die Flammenphotometrie charakteristischen Begriffen wurden hier, zur Unterstützung des Lesers beim Durchsehen von englischer Literatur, die englischen Synonyma in Klammern zugefügt. — Die Elemente sind unter ihren Namen (z. B. Wasserstoff), nicht unter ihrem Symbol (z. B. H) zu finden. Bei chemischen Verbindungen wurde der Kürze halber oft umgekehrt verfahren. Querhinweise sollen in solchen und ähnlichen Fällen das Auffinden erleichtern.

Registrierkurven von Flammenspektren

Die nachfolgenden Vorbemerkungen gelten für alle 74 Registrierkurven gemeinsam, sofern in den speziellen Angaben bei den einzelnen Kurven nicht ausdrücklich etwas anderes gesagt ist.

Diese Zusammenstellung von Registrierkurven von insgesamt 36 verschiedenen Elementen verdanken wir Herrn Paul T. Gilbert, B. S., M. A. in Firma Beckman Instruments, Fullerton, California, der diese Kurven zum größten Teil selbst aufgenommen und auch mit Wellenlängenangaben und Daten über die Herkunft der Banden beschriftet hat. Die gleiche Zusammenstellung ist auch für die von ihm verfaßte Übersetzung der 1. Auflage dieses Buches in die englische Sprache vorgesehen. Einige dieser Kurven gehen auf frühere Veröffentlichungen zurück, was gegebenenfalls dann in den Bildunterschriften vermerkt ist. Die Darstellungen Nr. 21, 27, 51—54, ferner 62 und 64 gehen auf bisher unveröffentlichte Registrierungen von Hideo Watanabe, ebenfalls in Firma Beckman, zurück. Teile des gesamten Materials sind auch für Veröffentlichungen an anderer Stelle (American Society for Testing Materials, sowie für einen Beitrag von Wyatt über Flammenphotometrie in "Comprehensive Analytical Chemistry") vorgesehen. Der Firma Beckman, sowie den einzelnen Verlagen, sei für das Überlassen dieses Materials besonders gedankt.

Die Reihenfolge der hier gebrachten Flammenspektren verschiedener Elemente entspricht der Reihenfolge dieser Elemente im periodischen System, wobei zuerst alle Hauptgruppen und erst später die Nebengruppen aufgeführt sind. In einigen Fällen wurden auch Registrierkurven der leerbrennenden Flamme gebracht, wobei das Einordnen in dies Schema nach dem Hauptbestandteil (z. B. Kohle) des betreffenden Gases geschah. Die nachfolgende alphabetische Übersichtstabelle gibt einen Überblick darüber, in welchen Darstellungen Linien bzw. Banden einzelner Elemente zu finden sind. Am Ende größerer Gruppen sind Spektren von Mischlösungen aufgenommen, aus denen man die Lage der einzelnen Linien oder Banden verschiedener Elemente zueinander gut ersehen kann.

Die Registrierkurven verschiedener Elemente zeigen nur in gewissen Teilen des Spektrums interessante Einzelheiten, während andere Teile nahezu „leer" bleiben. In solchen Fällen sind die interessanten Teile des Spektrums in verschiedene Einzeldarstellungen aufgeteilt, wobei der Wellenlängenmaßstab der Teildarstellungen mitunter stärker gedehnt wurde. Nur auf diese Weise war es möglich, viel Informationsmaterial auf verhältnismäßig kleinem Raum zu bringen. Zum Teil geschah die Aufteilung der Spektren in mehrere Teildarstellungen auch aus Formatgründen.

Aus den Bildunterschriften sind die jeweils benützten Flammen zu entnehmen. Da sich verschiedene Elemente in den heißen Flammen bedeutend besser darstellen lassen als in den kälteren Flammen, sind in solchen Fällen Registrierkurven in 2 verschiedenen Flammen hintereinander gebracht, wobei die heißere, aber wenig gebräuchliche, $(CN)_2$-Flamme jeweils an letzter Stelle steht. — Um zu zeigen, wie sich die einzelnen Linien bzw. Banden aus den Banden des Untergrundes bei verschiedenen Konzentrationen bzw. bei Anwendung verschiedener Spaltbreiten abheben, sind teilweise die Konzentrationen bzw. die benützten Spaltbreiten variiert und die zugehörigen Darstellungen getrennt nebeneinander oder auch übereinander gebracht. Man kann dann aus den Kurvendarstellungen die jeweils zugehörigen Konzentrationen bzw. Spalteinstellungen entnehmen.

Die Registrierkurven von Flammenspektren sind, soweit in den Unterschriften ausdrücklich nichts anderes vermerkt ist (z. B. die Angabe: höhere Dispersion), mit einem Beckman-DU-Gerät mit einem Vervielfacher 1 P28, sowie mit den zu diesem Gerät lieferbaren elektronischen Zusatzteilen für das Registrieren solcher Kurven, aufgenommen. Die an dem Monochromator eingestellten Spaltbreiten (meist 0,01 mm) sind in den Bildunterschriften angegeben, jedoch muß man bei diesen Angaben bedenken, daß die zugehörigen effektiven spektralen Bandbreiten um einen Betrag höher liegen, der einer Spaltbreite von etwa 0,03 mm (im sichtbaren Spektralbereich, im UV noch etwas mehr) äquivalent ist (vgl. dazu Kap. 62). Der Ordinatenmaßstab, d. h. die Empfindlichkeitseinstellung ist in den einzelnen Darstellungen verschieden gewählt. Es handelt sich also um relative Intensitätsangaben. Jedoch kann der jeweils beim Zerstäuben von Aqua dest. (in Ausnahmefällen wurde ein anderes Lösungsmittel verwandt, was dann aber besonders vermerkt ist) registrierte Untergrund für einen Intensitätsvergleich der einzelnen Kurven gegeneinander herangezogen werden. Die Abszissenachse mit der Wellenlängenteilung ist gleichzeitig die Null-Linie bei verdunkeltem Vervielfacher. Wenn Teile einer Registrierkurve mit verschiedenen Empfindlichkeitseinstellungen, verschiedenen Konzentrationen oder bei verschiedenen Spalteinstellungen gewonnen wurden, ist das in den Bildunterschriften oder an den Kurven besonders vermerkt. Solche Variationen mußten in verschiedenen Fällen vorgenommen werden, um den Aussagewert der Kurven in Teilen des Spektrums mit sehr unterschiedlichen Flammenintensitäten nicht zu gefährden. — Sofern mehrere Kurven übereinander registriert sind und ausdrücklich nichts anderes gesagt ist, stellt die unterste Kurve jeweils die Registrierung beim Zerstäuben von Aqua dest. bzw. des gerade benützten Lösungsmittels dar.

In einigen Fällen mußte das Wasser (z. B. in Darstellung 7, 21 u. 36) angesäuert werden. Dann erscheinen Fremdlinien, die auf das sich etwas auflösende Capillarenmaterial (Pd, Fe, Ni, Cr und Mn) zurückgehen. Auch bei Verwendung von nicht angesäuertem Wasser erscheinen Fremdlinien, die auf die praktisch nicht vermeidbaren Verunreinigungen in den reinsten (pro analysi) Analysensubstanzen, in dem Aqua dest., z. T. auch aus der Luft, zurückgehen. Außerdem sieht man in einigen Darstellungen einzelne Hg-Linien, die auf Streulicht der Raumbeleuchtung (Leuchtstoff-Lampen) zurückgehen. Solche Fremdlinien sind in den einzelnen Kurvendarstellungen besonders bezeichnet. Nur bei Al wurde keine Substanz pro analysi, sondern technisches Al verwandt. Daher sieht man in diesem Falle eine starke Na-Intensität, sowie eine Ga-Linie bei 417 mμ.

Da aus äußeren Gründen eine Umbeschriftung der Registrierkurven von der englischen in die deutsche Sprache nicht durchführbar und in den meisten Fällen auch nicht notwendig war, haben wir uns darauf beschränkt, die wenigen englischen Fachausdrücke in den Kurven, in den zugehörigen Bildunterschriften zu erläutern. Die Beschriftung der Bandenköpfe entspricht der üblichen Bezeichnung. Es sind, jeweils in Klammern, die Schwingungsübergänge (z. B. 5,4) angegeben, wobei die erste Zahl den höheren Term, die niedrigere Zahl den tieferen Term bedeuten.

Alphabetisches Verzeichnis der Elemente,

deren Linien oder Banden in den folgenden Registrierkurven (Nr. 1—74) von Flammenspektren zu sehen sind.

Die arabischen Nummern hinter den Elementen geben die Nummern der entsprechenden Registrierkurven wieder. Die jeweils davor gesetzten römischen Ziffern geben die Tafeln an, auf denen die betreffenden Kurvendarstellungen zu finden sind. Fettgedruckte arabische Nummern bedeuten, daß die betreffende Registrierung nur das genannte Element und keine anderen Elemente gleichzeitig zeigt.

Aluminium Al X/28, XXI/56, XXI/57
Antimon Sb XXV/**67**
Barium Ba IV/11, VI/**16**, VII/**17**
Beryllium Be III/**7**
Blei Pb XXIV/**66**
Bor B XX/**55**
Cadmium Cd XIX/**53**
Caesium Cs I/4, II/**6**
Calcium Ca I/1, I/3, IV/11, V/**12**, V/14, XXI/57
Cer Ce VII/**19**
Chrom Cr III/7, IV/11, VI/15, VIII/21, IX/**24**, IX/**25**, X/**26**, XII/34, XIII/35
Cobalt Co XV/**39**, XIV/**40**, XV/**41**, XVI/**42**, XVI/**43**
Eisen Fe III/7, IV/11, VI/15, VIII/21, XII/33, XII/34, XIII/35, XIII/**36**, XIV/**37**, XIV/**38**, XXI/56, XXIV/64
Gallium Ga XXI/56, XXI/**58**
Indium In IV/11, VI/15, XII/34, XIII/35, XXII/**59**, XXII/**60**, XXII/**61**
Kalium K I/3, I/4, II/5, IV/11, VI/15, XII/33, XIII/35
Kohle C XX/54, XXIII/**63**
Kupfer Cu IV/11, VI/15, IX/22, XII/34, XVIII/**47**, XXIII/65
Lanthan La VII/**18**
Lithium Li I/1, IV/11, VI/15
Magnesium Mg I/3, III/**8**, IV/**9**, IV/**10**, VI/15, XII/33, XII/34, XIII/35
Mangan Mn III/7, IV/11, XI/**30**, XI/**31**, XI/**32**, XII/33, XIII/35, XV/41, XXI/56
Molybdän Mo X/**27**, X/28, X/**29**
Natrium Na I/**2**, I/3, I/4, XXI/56
Nickel Ni III/7, IV/11, VI/15, VIII/21, XII/33, XII/34, XIII/35, XV/41, XVII/**44**, XVII/**45**, XVII/**46**
Palladium Pd VIII/21, XIII/36
Quecksilber Hg XX/**54**
Rubidium Rb I/4, II/**5**
Silber Ag III/7, IX/22, XVII/46, XVIII/**48**, XXIII/65
Strontium Sr IV/11, V/**13**, V/**14**, VI/15, XII/33, XIII/35
Thallium Tl XXIII/**62**
Vanadium V VIII/21, IX/22, IX/**23**
Wismut Bi XXV/**68**, XXV/**69**, XXV/70, XXV/71, XXV/**72**
Ytterbium Yb VIII/**20**
Zink Zn XVIII/**49**, XVIII/**50**, XIX/**51**, XIX/**52**
Zinn Sn XXIV/64, XXIII/65

1. *Lithium*; 10 und 1400 mg Li/l; H_2-O_2-Flamme; Spalt: 0,01 mm. Auf die Kurve mit 10 mg Li/l ist gleichzeitig die Registrierkurve von Wasser mit aufgenommen. Man sieht, daß sich die zwei letztgenannten Kurven nur wenig voneinander unterscheiden. Hingegen wird bei Zusatz von größeren Li-Mengen (Kurve mit 1400 mg Li/l) der Untergrund deutlich angehoben. ppm = mg/l, blank = Blindlösung.

2. *Natrium*; 800 mg Na/l in einer Mischung von Petroläther und Isopropanol; H_2-O_2-Flamme; Spalt: 0,02 mm. Man sieht seltenere Na-Linien im Bereich von 420—620 mμ, darunter den Untergrund mit gut abgestuften CH- und C_2-Banden. Nach [*168*].

3. *Salzsole* natürlicher Herkunft, nachträglich verdünnt 1:10; H_2-O_2-Flamme; Spalt: 0,008 mm. Man kann deutlich die Lage der Na-, K- und Sr-Linien zueinander und zu den MgOH- und MgO-Banden erkennen. bands = Banden.

4. *Peruanische Salzsole* (linke Darstellung) mit verschiedenen Alkalimetallen einschließlich Rb, nachverdünnt 1 : 1; rechts daneben die Darstellung für eine Mischung von 10 mg Rb/l und 10 mg Cs/l; in beiden Fällen H_2-O_2-Flamme; Spalt: 0,02 mm. Diese Kurven sind zur Darstellung der im ultraroten Spektralbereich gelegenen Linien mit einem Vervielfacher RCA C 7160 aufgenommen. Außer den im roten und ultraroten Teil des Spektrums gelegenen Na-, K-, Rb- und Cs-Linien sieht man auch Banden von H_2O.

5. *Rubidium*; 2 g Rb/l; H_2—O_2-Flamme; unterhalb etwa 675 mμ mit einer Spaltbreite von 0,012 mm, oberhalb davon mit einer Spaltbreite von 0,025 mm aufgenommen. Nach [*726*].

6. *Caesium*; 2 g Cs/l; H_2—O_2-Flamme, im übrigen gleiche Bemerkungen wie zur Darstellung Nr. 5.

7. *Beryllium*; 10 g Be/l; H_2—O_2-Flamme; Spalt: 0,01 mm. Darunter ist bei gleicher Empfindlichkeitseinstellung die Registrierkurve des benützten Wassers zu sehen. Die Übersetzung der Beschriftung rechts von dem Bandenkopf bei 470,9 mμ heißt: grünes System, links davon: blaues System von BeO.

8. *Magnesium*; 1 g Mg/l; H_2—O_2-Flamme; Spalt: 0,02 mm. Darunter die Kurve des Lösungsmittels. Nach [*726*]. band(s) = Bande(n).

9. *Magnesium*; H_2—O_2-Flamme; Spalt: 0,01 mm. Drei Einzeldarstellungen. Die linke Darstellung zeigt Mg in einer Konzentration von 0,5 mg Mg/l in 100%igem Aceton, die mittlere Darstellung 5 mg Mg/l in 99%igem Aceton und die rechte Darstellung 500 mg Mg/l in 90%igem Aceton. Die relativen Empfindlichkeitseinstellungen am Gerät verhalten sich bei diesen drei Einzelregistrierungen wie 5,0 : 2,3 : 1,0.

10. *Magnesium*; 30 mg Mg/l; $(CN)_2$—O_2-Flamme; Spalt: 0,01 mm. blank = Blindwert.

11. *Mischung verschiedener Erdalkalimetalle*; H_2—O_2-Flamme; Spalt: 0,02 mm. Man kann aus der Darstellung den Eichvorgang für eine halbquantitative Analyse mit Hilfe eines Registriergerätes ersehen. Die oberste Kurve zeigt eine Registrierung einer Eichlösung (standard); darunter ist eine Analysenlösung (unknown) ähnlicher Zusammensetzung aber unbekannter Konzentration, registriert, darunter die letzte Kurve nochmals, aber bei einer auf die Hälfte herabgesetzten Empfindlichkeit (unknown, half sensitivity). Std. = standart = Eichlösung; Unkn. = unknown = Analysenlösung.

12. *Calcium*; 1 g Ca/l; H_2—O_2-Flamme; Spalt: 0,01 mm, oberhalb etwa 700 mμ 0,34 mm. Man sieht Ca- und Ca^+-Linien, außerdem CaOH- und CaO-Banden. Die Registrierkurve des Lösungsmittels (Wasser) zeigt die um 900—1000 mμ gelegenen Wasserbanden, die den CaO-Banden der erstgenannten Kurve überlagert sind. Nach [*726*]. bands = Banden.

13. *Strontium*; 100 mg Sr/l; H_2—O_2-Flamme; unterhalb 620 mμ mit einem Spalt von 0,01 mm, oberhalb davon mit einem Spalt von 0,02 mm registriert. slit = Spalt.

14. *Strontium*; 100 mg Sr/l; $(CN)_2$—O_2-Flamme; Spalt: 0,01 mm. violet = violett.

15. *Verschiedene Elemente* in einer vorgemischten (!) Acetylen-Sauerstoff-Flamme; Spalt: 0,01 mm. 20 mg Cr/l; 20 mg Cu/l; 60 mg Fe/l; 10 mg In/l; 20 mg K/l; 4 mg Li/l; 20 mg Mg/l; 60 mg Ni/l und 4 mg Sr/l.

16. *Barium*; 1 g Ba/l; H_2—O_2-Flamme. Unterhalb etwa 700 mμ beträgt der Spalt: 0,025 mm, oberhalb davon 0,2 mm. Bands = Banden. Darunter die Registrierkurve des benützten Wassers. Nach [*726*].

17. *Barium*; 100 mg Ba/l; $(CN)_2$—O_2-Flamme; Spalt: 0,01 mm.

18. *Lanthan*; 1 g La/l; H_2—O_2-Flamme; Spalt: 0,01 mm. Übersetzungen: Ultraviolet-System = Ultraviolettes Bandensystem. Blank = Lösungsmittel. Sens. 1, 2 und 5 = Empfindlichkeitseinstellung 1, 2 und 5. Blue System = Blaues Bandensystem. Yellow System = Gelbes Bandensystem. Die unterste Kurve ist die des benützten Wassers.

19. *Cer*; 1 g Ce/l; H_2—O_2-Flamme, Spalt: 0,01 mm. Übersetzungen: Blank = Lösungsmittel; Bands = Banden; Sequence = Bandengruppe; Unidentified = noch nicht identifiziert.

20. *Ytterbium*; 0,1 und 1,0 g Yb/l; H_2—O_2-Flamme; Spalt: 0,01 mm. Übersetzungen: Band = Bande; probably = wahrscheinlich; possibly = möglicherweise; blank = Lösungsmittel

21. *Vanadium*; 500 mg V/l; H_2—O_2-Flamme; Spalt: 0,04 mm. Band heads = Bandenköpfe.

22. u. 23. *Vanadium*; 1 g V/l; $(CN)_2$—O_2-Flamme; Spalt: 0,01 mm. Übersetzungen: Violet = violett; more — less cyanogen = mehr oder weniger Dicyan.

24. *Chrom*; 1 g Cr/l; H_2—O_2-Flamme. Unterhalb etwa 700 mμ mit einer Spaltbreite von 0,015 mm, oberhalb davon mit einer Spaltbreite von 0,2 mm registriert. Bands = Banden. Bei 900—1000 mμ Wasserbanden. Nach [*726*].

25a u. b. *Chrom*; 100 mg Cr/l; $(CN)_2$—O_2-Flamme. Spalt: 0,01 mm. Übersetzungen: All other peaks are probably... = alle übrigen Maxima sind wahrscheinlich...; lower-higher sensitivity = niedrigere bzw. höhere Empfindlichkeit; violet = violett.

26. *Chrom*; 100 mg Cr/l (zwei Teildarstellungen); jedesmal $(CN)_2$—O_2-Flamme; Spalt: 0,01 mm. Fortsetzung der Darstellungen Nr. 25a und 25b nach längeren Wellenlängen zu. Übersetzungen: less — more cyanogen = weniger bzw. mehr Dicyan.

27. *Molybdän*; 5 g Mo/l; H_2—O_2-Flamme; unterhalb etwa 700 mμ Spaltbreite 0,03 mm, oberhalb davon etwa 0,2 mm. Blank = Wasser.

28. Mischung von *Molybdän*, 5 g Mo/l und *Aluminium*, 1 g Al/l; $(CN)_2$—O_2-Flamme; Spalt: 0,01 mm; violet = violett.

29. *Molybdän*; 1 g Mo/l; $(CN)_2$—O_2-Flamme; Spalt: 0,01 mm. Übersetzung: violet = violett.

30. *Mangan*; 800 mg Mn/l; H_2—O_2-Flamme. Unterhalb etwa 700 mμ betrug der Spalt 0,015 mm, oberhalb davon 0,2 mm. Bands = Banden. Nach [*726*].

31. *Mangan*; $(CN)_2$—O_2-Flamme; Spalt: 0,01 mm, drei getrennte Darstellungen in verschiedenen Wellenlängenbereichen mit jeweils verschiedener Konzentration. Links: 100 mg Mn/l; Mitte 10 g Mn/l; rechts: 1,2 g Mn/l; head = Bandenkopf; violet = violett.

32. *Mangan*; 10 g Mn/l; $(CN)_2$—O_2-Flamme; Spalt: 0,01 mm. Bands = Banden; violet = violett.

33. *Verschiedene Elemente*; 600 mg Fe/l; 600 mg Ni/l; 200 mg K/l; 40 mg Sr/l; 200 mg Mg/l; H_2—O_2-Flamme; große Dispersion; Spalt: 0,005 mm.

34. *Verschiedene Elemente*; 200 mg Cr/l; 200 mg Cu/l; 600 mg Fe/l; 600 mg Ni/l; 100 mg In/l; 200 mg Mg/l und andere Elemente; H_2—O_2-Flamme; Spalt: 0,01 mm. Blank = Wasser ohne Elementzusätze.

35. *Verschiedene Elemente*; 200 mg Crl/; 600 mg Fe/l; 600 mg Ni/l; 100 mg In/l; 200 mg Mg/l; 40 mg Sr/l; 200 mg K/l und andere Elemente; H_2—O_2-Flamme; Spalt: 0,01 mm. Blank = Wasser ohne Zusätze.

36. *Eisen*; 2,5 g Fe/l; H_2—O_2-Flamme; unterhalb etwa 700 mμ beträgt die Spaltbreite 0,015 mm, oberhalb davon 0,26 mm. System = Bandensystem. Nach [*726*].

37. *Eisen*; 1 g Fe/l; $(CN)_2$—O_2-Flamme; Spalt: 0,01 mm. Iron = Eisen; violet = violett.

38. *Eisen*; (rechte Darstellung) 50 mg Fe/l; $(CN)_2$—O_2-Flamme; Spalt: 0,01 mm. Linke Darstellung: Wasser ohne Fe-Zusatz (blank), zum Vergleich.

39. folgt auf Tafel XV. Es ist der kurzwellige Anfang der aneinandergefügt zu denkenden Darstellungen 39, 40, 41, 42 und 43.

40. *Kobalt*; 10 g Co/l; H_2—O_2-Flamme; Spalt: 0,01 mm. Fortsetzung der Darstellung Nr. 39 auf Tafel XV nach der langwelligen Seite.

39. *Kobalt*; 10 g Co/l; H_2—O_2-Flamme; Spaltbreite: 0,02 mm von 228—250 mμ; Spaltbreite: 0,01 mm von 246—280 mμ. Unidentified = noch nicht identifiziert; slit = Spalt.

40. steht auf Tafel XIV, es stellt eine Fortsetzung der Tafel Nr. 39 nach der langwelligen Seite dar.

41. *Kobalt*; 10 g Co/l; H_2—O_2-Flamme; zwei Einzeldarstellungen, die Fortsetzungen von Nr. 39 und 40 nach der langwelligen Seite darstellen. In der linken Darstellung betrug die Spalteinstellung 0,005 mm, in der rechten Darstellung unten ebenfalls 0,005 mm, in der darüber registrierten Kurve jedoch 0,01 mm. Slit = Spalt; blank = Blindwert.

42. *Kobalt*; 10 g Co/l; H_2—O_2-Flamme; Spalt: 0,01 mm. Diese Darstellung bringt den Bereich von 300—650 mμ z. T. nochmals (vgl. Nr. 41), jedoch in einer stärker gerafften Übersichtsdarstellung. Die Registrierung des Untergrundes (Blank) erfolgte hier bei einer 12,5mal höheren Empfindlichkeitseinstellung (sensitivity).

43. *Kobalt*; 1,1 g Co/l; $(CN)_2$—O_2-Flamme; Spalt 0,01 mm. Nahezu gleicher Wellenlängenbereich wie in der Darstellung Nr. 41, diesmal aber in einer Flamme mit wesentlich höherer Temperatur. Bands = Banden; violet = violett.

44. *Nickel*; 2 g Ni/l; H_2—O_2-Flamme; Spalt: 0,015 mm unterhalb 700 mμ, oberhalb davon Spaltbreite 0,16 mm; bands = Banden. Nach [*726*].

45. u. 46. *Nickel*; 100 mg Ni/l; $(CN)_2$—O_2-Flamme; Spalt: 0,01 mm. More — less cyanogen = mehr bzw. weniger Dicyan. violet = violett.

47. *Kupfer*; 2 g Cu/l; H_2—O_2-Flamme; Spaltbreite: 0,017 mm unterhalb etwa 700 mμ, oberhalb davon Spaltbreite 0,2 mm. Bands = Banden; rotational lines = Rotationslinien. Nach [*726*].

48. *Silber*; 1 g Ag/l; H_2—O_2-Flamme; Spalt: 0,015 mm. Teilausschnitt aus [*726*].

49. u. 50. *Zink*; 5 g Zn/l; Wasserstoff-Luft-Flamme. Bei 49 (links) Spaltbreite (= slit): 0,02 mm, bei 49 (Mitte) Spalt: 0,01 mm, bei 50 (rechts) Spalt: 0,1 mm. Bands = Banden.

51. *Zink*; 5 g Zn/l; H_2—O_2-Flamme; Spalt: 0,06 mm. Die unterste Kurve stellt den Flammenuntergrund beim Zerstäuben von Wasser dar. Man sieht deutlich den Einfluß von Zn auf den Untergrund.

52. *Zink*; 500 mg Zn/l in 90%igem Aceton; Acetylen-O_2-Flamme; Spalt: 0,02 mm. Stray light = Streulicht. Gleiche Bemerkungen wie zu 51. Wegen der Acetylen-Sauerstoff-Flamme sieht man hier im Gegensatz zu 51. den Einfluß von Zn auf die Intensitäten der Swan-Banden.

53. *Cadmium*; 5 g Cd/l; H_2—O_2-Flamme; Spalt in der linken Darstellung 0,1 mm, in der rechten Darstellung 0,02 mm. Zero-line = Grund- oder Null-Linie.

54. *Quecksilber*; 10 g Hg/l; Acetylen-O_2-Flamme; Spaltbreite: 0,08 mm. Bands = Banden.

55. *Bor*; 1 g B/l; H_2—O_2-Flamme; Spalt: 0,014 mm. Sensitivity 0,2 bedeutet gleiche Registrierung wie darüber, jedoch mit einer auf 0,2 erniedrigten Empfindlichkeit. Blank (full sensitivity) = Wasser ohne Borzusatz bei voller Empfindlichkeit registriert.

56. *Aluminium*; 5 g Al/l; H_2—O_2-Flamme; Spalt: 0,01 mm. Bands = Banden.

57. *Aluminium*; 1 g Al/l + Ca-Zusatz; $(CN)_2$—O_2-Flamme; Spalt: 0,01 mm; violet = violett.

58. *Gallium*; 100 mg Ga/l; H_2—O_2-Flamme; Spalt: 0,01 mm. Es handelt sich hierbei um ein synthetisches Spektrum, d. h. es wurden in eine echte Registrierung des Untergrundes die Linien des Ga mit vorher errechneten Linienhöhen und Bandbreiten eingezeichnet.

59. *Indium*; 0,2 und 2 g In/l; H_2—O_2-Flamme; Spalt: 0,02 mm unterhalb 279 mμ, oberhalb davon Spalt (slit): 0,01 mm. An den besonders bezeichneten Stellen ist die Empfindlichkeit (sensitivity) umgeschaltet, oder es wurde zu einer anderen Konzentration (ppm = mg/l) übergegangen. Unterhalb von 306 mμ ist auf die Registrierkurve mit 2 g In/l gleichzeitig die Registrierkurve des Wassers (blank) darauf registriert (superposed).

60 u. 61. *Indium*; 0,2 und 2 g In/l; H_2—O_2-Flamme; Spalt 0,01 mm. Fortsetzung der Darstellung 59. nach der langwelligen Seite, sich teilweise mit 59. überlappend. Gleiche Bemerkungen wie bei 59. Das Lösungsmittel (blank) und die Lösung mit 2 g In/l sind bei der Empfindlichkeitseinstellung (sens.) 5 aufgenommen. Probably = wahrscheinlich; bands = Banden.

62. *Thallium*; 5 g Tl/l; H_2—O_2-Flamme; Spalt: 0,015 mm.

63. *Kohle*; (leerbrennende Dicyan-Flamme); Spalt: 0,01 mm. Rotational structure = Rotationsstruktur; head = Bandenkopf.

64. folgt auf Tafel XXIV.

65. *Zinn*; 2 g Sn/l; $(CN)_2$—O_2-Flamme; Spaltbreite: 0,01 mm.

64. *Zinn*; 20 g Sn/l; H_2—O_2-Flamme; es wurden verschiedene Spaltbreiten angewandt, die auf der Zeichnung jeweils vermerkt sind. Übersetzungen: tin = Zinn; slit = Spalt; blank = Wasser ohne Zinnzusatz; main system = Hauptsystem.

65. erscheint auf Tafel XXIII.

66. *Blei*; 2 g Pb/l; H_2—O_2-Flamme; unterhalb etwa 650 mμ mit einer Spaltbreite von 0,022 mm, oberhalb davon mit einer Spaltbreite von 0,2 mm registriert. Nach [*726*].

67. *Antimon*; $(CN)_2$—O_2-Flamme; Spalt: 0,01 mm. Die rechte Darstellung zeigt eine Registrierung mit 1 g Sb/l, die linke Darstellung Wasser ohne Sb.

68. u. 69. *Wismut*; 10 g Bi/l; H_2-Luft-Flamme. Linke Darstellung (68.) Spaltbreite: 0,01 mm, rechte Darstellung (69.) Spaltbreite: 0,05 mm. Bands = Banden; probably = wahrscheinlich.

70. u. 71. *Wismut*; 10 g Bi/l; H_2—O_2-Flamme; Spaltbreite: 0,01 mm, linke Darstellung (70.) mit einer relativen Empfindlichkeit von 0,046, rechte Darstellung (71.) mit einer relativen Empfindlichkeit von 1,0 aufgenommen.

72. *Wismut*; $(CN)_2$—O_2-Flamme; Spalt: 0,01 mm, linke Darstellung Wasser, mittlere Darstellung 200 mg Bi/l, rechte Darstellung 1 g Bi/l.

73. u. 74. *Dicyan-Sauerstoff-Flamme,* Innenkonus. 74. stellt die Fortsetzung von 73. nach der langwelligen Seite dar. Übersetzungen: system = Bandensystem; change of scale = Änderung der Wellenlängenskala; violet = violett; red system = rotes Bandensystem; tail bands = Schwanzbanden.

Additional material from *Flammenphotometrie,*
ISBN 978-3-662-11750-7, is available at http://extras.springer.com